# 景德镇陶瓷科技史

主编◎张德山

江西高校出版社
JIANGXI UNIVERSITIES AND COLLEGES PRESS

**图书在版编目(CIP)数据**

景德镇陶瓷科技史/张德山主编.--南昌:江西高校出版社,2023.3(2024.9重印)

ISBN 978－7－5762－3744－3

Ⅰ.①景⋯　Ⅱ.①张⋯　Ⅲ.①陶瓷—技术史—景德镇　Ⅳ.①TQ174

中国国家版本馆 CIP 数据核字(2023)第 037332 号

| | |
|---|---|
| 出 版 发 行 | 江西高校出版社 |
| 社　　　址 | 江西省南昌市洪都北大道 96 号 |
| 总编室电话 | (0791)88504319 |
| 销 售 电 话 | (0791)88522516 |
| 网　　　址 | www.juacp.com |
| 印　　　刷 | 三河市京兰印务有限公司 |
| 经　　　销 | 全国新华书店 |
| 开　　　本 | 700mm×1000mm　1/16 |
| 印　　　张 | 37.5 |
| 字　　　数 | 580 千字 |
| 版　　　次 | 2023 年 3 月第 1 版 |
| | 2024 年 9 月第 2 次印刷 |
| 书　　　号 | ISBN 978－7－5762－3744－3 |
| 定　　　价 | 98.00 元 |

赣版权登字 -07 -2023 -241

陶瓷从它诞生那一刻,就是科学和艺术的结晶,科学与艺术这对孪生子始终是推动陶瓷不断发展的根本动力。

恩格斯在《家庭、私有制和国家的起源》一书中指出:"可以证明,在许多地方,也许是在一切地方,陶器的制造都是由于在编制的或木制的容器上涂上黏土使之能够耐火而产生的。在这样做时,人们不久便发现,成型的黏土不要内部的容器,也可以用于这个目的。"原始先民们利用水和土相融合成为泥料,通过火的烧成,使泥坯发生化学变化成为陶,这是人类第一次将一种自然物通过化学反应转化为一种人造物的伟大科学实验,是科学技术使土变成陶的伟大实践。随着科学技术的发展,人们发现了高岭土,以高岭土为原料,质地纯净、洁白细腻的瓷器诞生了,这是世界陶瓷科技史上又一次伟大的质的飞跃。在其后的数千年里,陶瓷一直随着科学技术的不断发展、材料的日新月异,不断推陈出新。

陶瓷的发明是科学技术的产物,而陶瓷又是随着科学技术的不断发展而逐步发展的。这主要表现在原料的选择与加工、快轮的发明与使用、窑炉的发明改进和火候控制这三大工艺技术流程的变革上。

陶器生产,有一系列科技与工艺流程,从材料的选择、加工、成型到装饰、焙烧等,每一个过程都涉及科学与艺术。如陶器的坯体在高温焙烧中处于塑性状态,随着水分等物质的挥发和胎壁的硬化,它不断收缩。如若造型形体结构比例不当,重量分布不均,可能导致产品变形而成废品。又如陶瓷表面釉色和彩绘装饰是美的呈现,但能否形成以及是否能达到预定的设计目标,均由对火候的控制所决定。正是基于这个原因,人们往往把陶瓷称为"火与土的艺术",是造型、装饰、材质、技术等多元素构成的一个整体,是科学与艺术的结合,具有物质和精神双重文化特征。

景德镇陶瓷之所以能一枝独秀,完全得益于陶瓷科技的不断发展和创新。概括起来,主要有三大因素:人才、科技、创新。

人才是景德镇陶瓷发展的根本。景德镇自古以来就是一座多元、开放、包容的城市。宋元时期,北方战乱,大批北方身怀绝技的窑工,将先进陶瓷技术带到景德镇。明清两代御窑厂的设置,更是将国内最优秀的陶瓷人才、最优质的陶瓷材料、最先进的陶瓷技术、最雄厚的陶瓷财力集中到景德镇,并实施最严苛的管理。大量人才聚集,加速了优秀工匠与陶瓷客商在城市的集聚,"海樽山俎,咸萃于斯",形成了"匠从八方来,器成天下走"的局面。正所谓"陶户与市肆当十之七八,土著居民十之二三"[1],清康熙二十一年(1682年)饶州通判、署浮梁知县陈淯曾评论说:"浮处万山之中,而景德一镇,则固邑南一大都会也。殖陶之利,五方杂居,百货俱陈,熙熙乎称盛观矣。"[2]正是这些优秀陶瓷人才,才使得景德镇陶瓷"行于九域,施及外洋"。

科技是景德镇陶瓷发展的关键。陶瓷的产生和发展无时无刻不与科技的进步相随,陶瓷的每一次重大成就,无不有赖于制瓷技术上

---

① 傅振伦.《景德镇陶录》详注[M].北京:书目文献出版社,1993:112.
② 傅振伦.《景德镇陶录》详注[M].北京:书目文献出版社,1993:112.

不断取得的重大突破。如果没有陶瓷原料的选择和精制从"一元配方"到"二元配方"的突破，没有陶瓷釉料的配制由单一釉灰制釉到"釉灰＋釉果"的二元配方和"重复煨烧＋尿沤"工艺的突破，没有窑炉技术从模仿北方龙窑、馒头窑到创制葫芦窑、镇窑的突破，就没有今天的景德镇。景德镇陶瓷正是成功地实现了陶瓷科技这三大技术突破，才不断创造、不断发展，从而取得一个又一个的进步和成就。

创新是景德镇陶瓷发展的动力。艺术的生命在于创新，陶瓷更是如此。景德镇陶瓷的发展正是在陶瓷技术上实现了材料、釉、窑炉三大科技突破后，在陶瓷产品上，不断创新、精益求精、尽善尽美，才促成了景德镇青白瓷的发明、彩绘瓷的突破、颜色釉瓷的辉煌三个里程碑式的产品创新；正是景德镇陶瓷产品不断创新，积淀了博大、丰富的陶瓷艺术文化和表现形式，造就了成千上万的能工巧匠，形成了一门独特的艺术门类，把景德镇陶瓷艺术推向了一个又一个高峰，使景德镇陶瓷走向辉煌。

因而，景德镇陶瓷的发展，是陶瓷科学技术发展的产物，是通过人才、科技、创新来实现的。科技创新是景德镇陶瓷发展的不竭动力。

张德山

2022 年 6 月 18 日于景德镇学院

# 目 录
CONTENTS

# 第一章 景德镇陶瓷科技发展概述

陶瓷是中国的伟大发明,它从诞生的那一天起,就是科技、艺术、文化的结合。水、火、土的使用,各异的造型,多变的装饰,不同的装烧工具,不断改进的工艺技术,无不体现科技、艺术、文化相结合的魅力。它的发展过程蕴藏着十分丰富的科技、艺术、文化内涵,一部陶瓷史,就是一部陶瓷科技、艺术、文化史。

## 第一节 陶瓷与陶瓷科技

### 一、陶与瓷

陶的甲骨文为"🄯",从"阜",上下二人登上窑包之意。金文为"🄰",意为一人弯腰伸手用一根木杵捣泥制器。小篆为"🄱",外从"勹",内从"缶",意为入坯土为器。后为"🄲",从"阜","阜"与"丘"同义,《释名》曰:"土山曰阜。阜,厚也,言高厚也。"因"地之卑湿",不能造穴,故"依山阜而为匋",则记作"陶",意为人从土山上取土制"缶",通"窑"。清人张亮采在《中国风俗史》中指出:"陶,窑字,古止作匋。外从勹,象形。内从缶,指事也。"《一切经音义》引《集训》中解释:"陶,烧瓦器土室也。"由此可知古人对"陶"的本质解释为"瓦器"。

瓷,从瓦,从次,次亦声。"瓷"字始见于篆书"🄳",最早出现在晋代潘岳的《笙赋》"披黄苞以授甘,倾缥瓷以酌醽"句中,"缥瓷"即指当时的青釉瓷。"瓷"从瓦,篆书之形像相扣的两片瓦,表示瓷是用土烧制的质地坚、色泽美的瓦器;从次,有第二之意,表示第一次入窑烧成的陶器,涂上釉后第二次烧成瓷器。唐代《考声切韵》中指出:"瓷,瓦类也,加之以药面而色泽光也。"宋代《集韵》中说:"瓷,陶器致坚者。"明代《天工开物》中解释:"陶成雅器,有素肌玉骨之象焉。"[1]可见,人们对瓷的认识首先是从以釉敷面,使其外表光泽雅致,再到后来

---

[1] 熊寥,熊微.中国陶瓷古籍集成[M].上海:上海文化出版社,2006:194.

逐步认识其胎体坚实透明,素肌玉骨。

表1-1　陶与瓷的区别

| 类别 | 陶 | 瓷 |
| --- | --- | --- |
| 材料 | 一般黏土(陶土) | 高岭土(瓷土) |
| 烧成温度 | 800—1100 ℃ | 1200—1400 ℃ |
| 气孔率 | 12%—38%(透气性好) | 2%—8%(透气性差) |
| 吸水率 | 大于10%(吸水性强) | 小于0.2%(吸水性弱) |
| 含铁量 | 大于3% | 小于3% |
| 含硅量 | 大于70% | 小于70% |
| 透明度 | 不透明 | 半透明 |
| 硬度 | 质地疏松,硬度低 | 质地致密,硬度高 |
| 风格 | 古朴粗犷 | 精致细腻、光洁优雅 |
| 施釉情况 | 不施釉 | 施釉 |
| 声音 | 沉闷 | 清脆 |

**二、陶瓷科技**

科学是有组织的经验集合,本质是一种社会活动。达尔文认为科学就是整理事实,从中发现规律,得出结论。英国科学家贝尔纳在《科学的社会功能》一书中认为科学是一种建制、一种方法,是许多经验日渐成长而愈加有组织的集合。技术是人类力求控制无机和有机环境的手段,始于人类制造工具以满足自己主要需求的过程,产生于实践之中,只有通过实践才能传递下去,也就是说,一种技术是由个人创获而社会保持的操作法。法国启蒙思想家狄德罗在《百科全书》中指出:技术是为某一目的共同协作组成的各种工具和规则体系。因而,技术是人类为了实现社会需求而创造的手段和方法体系,是人类利用自然规律控制、改造自然的过程和能力,是科学知识、劳动技能和生产经验的物化形态。

景德镇陶瓷科技史是人类科学技术史的重要组成部分,是人类陶瓷史的重要组成部分,是一门边缘学科、交叉学科。景德镇陶瓷科技史以陶瓷科技、陶瓷历史、陶瓷考古、陶瓷工艺学、陶瓷学等为基础,以景德镇陶瓷科技发展为研究对象,研究陶瓷生产过程中科学技术问题、工艺问题、材料问题、烧成问题、包装运输问题,展示陶瓷生产过程、工艺发展过程、科技进步过程及其社会影响,回答了景德镇陶瓷在中国及至世界有过什么样的科学技术价值、产生过什么样的作用与影响、走过怎样的发展道路、在世界陶瓷科学技术史中占有怎样的地位等问题,阐明景德镇陶瓷科学技术的来龙去脉、前因后果,揭开了陶瓷科学技术奥秘,向世人展示了一幅真实可靠的景德镇陶瓷科技历史画卷。

历史上,系统完整的景德镇陶瓷科技史料缺乏,大多散布于正史、政书、宫廷档案、地理、方志和文人笔记之中。景德镇第一部研究陶瓷科技史的著作是南宋时期蒋祈的《陶记》,它系统地阐述了景德镇宋、元时期瓷窑生产、税务征收、陶业分工、产品种类与式样、材料等级和来源、瓷窑规格、釉彩种类、管理与惩罚制度等,还涉及烧制程序、火候、瓷器销售和地区等内容,它是景德镇乃至中国第一部有关陶瓷生产技术、管理及其行销方面的论著,是研究景德镇陶瓷科技史和陶瓷史的珍贵典籍,也是世界上最早的陶瓷史。第二部陶瓷科技重要文献是明代宋应星的《天工开物·陶埏》,专门记述了砖、瓦和瓷器的制作工艺,记述了白瓷与青瓷从取土、制坯的过程到各式工具、釉色配制、装匣、举火、熄火等制作工艺,以及窑变和颜料回青的使用,是系统记载景德镇陶瓷工艺的重要文献。再有就是清代唐英的《陶冶图说》,介绍了采石制泥、淘练泥土、炼灰配釉、制造匣钵、圆器修模、圆器拉坯、琢器做坯、采取青料、拣选青料、印坯乳料、圆器青花、制画琢器、蘸釉吹釉、旋坯挖足、成坯入窑、烧坯开窑、明炉暗炉、束草装桶、祀神酬愿等 20 个陶瓷烧制工艺流程,用图文结合的形式,系统直观地介绍景德镇陶瓷制作工艺,成为世界上最早的陶瓷工艺学专著。还有清代朱琰的《陶说》和蓝浦的《景德镇陶录》。《陶说》通过"说今""说古""说明""说器",对景德镇清代前期瓷器的型制、种类、仿造、烧制过程、原料配制方法、装饰技法、制作工序、烧造方法和工匠种类等进行系统整理与记述,是一部文献整理式的中国陶瓷历史著作。《景德镇陶录》依次描绘了景德镇陶瓷从取土、练泥,到镀匣、修模、洗料、做坯、印坯、旋坯、画坯、荡渤、满窑、窑器、彩器、炉烧的 14 道工序及操作过程,记述了景德镇瓷窑的种类、窑户类型、工匠分工、作坊种类、辅助性产业、瓷器花式种类、陶彩配制、原料制备、烧造工艺、仿古制作、管理体系、产品销售等,是第一部系统研究景德镇陶瓷业的专著。这些著作都对景德镇陶瓷科技进行了试探性研究,属于早期研究成果,但它们还不能称为专门的陶瓷科技史。

近现代以来,景德镇陶瓷历史研究不断深入,专著和论文迅速增多,如江思清的《景德镇陶瓷史稿》、周仁等的《景德镇瓷器的研究》、中国硅酸盐学会的《中国陶瓷史》等纷纷面世。特别是随着现代考古学的引入,陶瓷材料科学的发展,陶瓷历史研究的科技成分越来越重,出现了以周仁、李家治等为代表的陶瓷材料学家,孙瀛洲、耿宝昌等为代表的传统鉴定家,童书业、傅振伦等为代表的文献研究学者,陈万里、冯先铭等为代表的考古学家等。李家治等出版了《中国科学技术史:陶瓷卷》,一些高校陶瓷与材料专业开设了"陶瓷技术史"课程。当前,陶瓷科技史研究表现为多学科交叉综合研究、跨学科综合研究的特点,正朝着微观纵深和宏观综合研究方向发展。

景德镇作为"世界瓷都",历史上陶瓷产业兴盛,陶瓷科技发达,一直走在世界前列。但景德镇陶瓷研究长期以来都只停留在文化、艺术、历史的层面,缺少陶瓷科技史的系统研究,对景德镇陶瓷科技发展缺少总结和概括,这与"世界瓷都"的地位不相称。我们需要对景德镇陶瓷科技史进行系统总结和研究,填补这一领域研究的空白,向世人展示景德镇陶瓷科技发展成就,服务于"景德镇国家陶瓷文化传承创新试验区"建设。

## 第二节　景德镇陶与瓷的时代

景德镇陶瓷生产历史悠久,和人类其他地区文明发展的历史一样,景德镇也分为陶器时代和瓷器时代。近年来,景德镇地区人类考古发现10多处旧石器时代和新石器时代的人类文化遗址,揭开了景德镇早期人类烧制陶器的历史新篇章。

早在新石器时代,景德镇地区就出现了原始陶器。景德镇地区最早的人类活动遗址是涌山岩洞遗址,位于景德镇乐平市北33公里涌山镇涌山村鸡公山山腰仙岩洞内。1962年11月,中国科学院古脊椎动物与古人类研究所对涌山岩洞遗址进行了发掘,经过旧石器考古专家、古人类学家贾兰坡先生鉴定,涌山洞穴遗址为"更新世中期"洞穴遗址[①],距今约50万年。在遗址所在地涌山鸡公山发现大量的原始软陶(图1-1)、夹砂陶、红陶、灰陶等残片,涉及各个阶段、各种品类。这里发现了新石器时代的陶鼎足(距今约5000年)、商代陶片(距今约3300年)、西周时期原始青瓷豆(距今约3000年)。遗址周围采集到大量的红陶、白陶、印纹硬陶、黑彩红陶残片(图1-2),还有红陶黑彩陶罐、陶狗;纹饰有席纹、方格纹、菱形纹、几何纹等,器型以碗、盘、罐、豆等常见生活器皿为主,涉及新石器、商周、秦汉、唐代等历史时期。从出土遗物和采集的汉代、唐代

---

① 黄万波,计宏祥.江西乐平"大熊猫－剑齿象"化石及其洞穴堆积[J].古脊椎动物学报,1963,7(2):185.

陶瓷器标本来看,特别是印纹硬陶和早期原始瓷共同出土,我们可以推测景德镇地区在汉代或者稍晚一段时期可能就已经烧制原始瓷器,并且陶瓷器烧制历史的延续性较好,在景德镇区域千余年都没有中断。

图 1-1　涌山岩洞遗址软陶残片

图 1-2　涌山岩洞遗址印纹硬陶残片

景德镇地区最早出土陶器的人类文化遗址是万年仙人洞遗址,遗址坐落于江西万年县大源乡境内,明正德七年(1512年)前属于乐平。1993年和1995年中美联合考古队对遗址进行了两次发掘,发现一些红陶残片。遗址下层遗存中陶器多粗砂红陶(图1-3),器类仅见罐一种,表现出较强的原始性。上层遗存中有了较大的进步,陶器有夹砂红陶、泥质红陶、细砂或泥质的灰陶,器类有罐、豆、壶等。陶器都已破碎,从残片观察,器型大多是手工捏制而成的圆底罐(图1-4),器内壁凹凸不平,胎壁厚薄不匀,胎质粗劣,有些还掺和了蚌末、石英粒;

图 1-3　万年仙人洞遗址红陶

图 1-4　万年仙人洞遗址复原的陶罐

陶色很不稳定,有的在同一块陶片上呈现红、灰、黑三色;内壁和外壁均饰粗绳纹。这些都显示当时的制陶技术尚处于原始阶段。2009 年,江西省文物考古研究所专家与北京大学、美国哈佛大学学者对陶片进行碳十四测定,证实仙人洞遗址出土陶器的年代可以追溯到距今 2 万年前,是目前世界上已发现陶器的最早年代[1]。

　　景德镇乐平洪岩遗址在乐平市洪岩镇,是一处新石器时代人类文化遗址,出土了古人类早期烧制的原始印纹软陶片(图 1-5)。

---

　　[1]　詹明荣.从"天下第一陶"谈景德镇陶瓷文化渊源[G]//灿烂的文明:景德镇陶瓷历史文化论坛论文汇编.北京:中国文联出版社,2011:6.

图 1 - 5　乐平洪岩遗址出土的原始软陶片

景德镇乐平高岸岭遗址在乐平城区东南,它被多数学者确认为新石器末期到夏时期的文化遗存。1979 年考古队对高岸岭遗址进行了发掘,出土了新石器时代的印纹硬陶(图 1 - 6)、陶鼎、陶豆、黑釉陶杯、带把豆、陶网坠和炼制陶器时用的器底垫。这些出土文物说明当时景德镇地区制陶技术已经成熟,使用黑釉和印纹硬陶,预示着原始青瓷的出现和瓷器时代的到来①。

图 1 - 6　景德镇乐平高岸岭遗址出土的印纹硬陶残片

1982 年至 1983 年文物普查中发现乐平商周时期文化遗址 14 处,其中乐平涌山镇张家店商代遗址采集到鬲、豆、罐、盘等曲折纹、云台纹、网纹夹砂陶片;乐平礼林镇湾里山西周、东周遗址采集到大量鬲、坛、盆、罐、壶等印纹陶片。2004 年乐平塔山镇南岸村塔山工业园出土一件西汉双系麻布纹侈口平底陶罐,

① 余庆民.乐平陶瓷考古 60 年述评[G]∥灿烂的文明:景德镇陶瓷历史文化论坛论文汇编.北京:中国文联出版社,2011:12.

1979年乐平韩家村东汉墓出土一件低温绿釉陶鼎。

2009年在乐平城北新区凤凰大道某工地墓葬中出土一件南朝梁"大通三年"青瓷盅(图1-7),表明景德镇地区的器皿开始由陶向瓷过渡。①

**图1-7　乐平城北新区出土的南朝梁"大通三年"青瓷盅**

从这些出土文物和文物普查中我们可以看出,最迟从汉代开始,景德镇就已经进入原始瓷的时代。

有文字记载的景德镇最早的制瓷时间是汉代,乾隆四十八年(1783年)《浮梁县志》记载:"新平冶陶,始于汉季。大抵坚重朴茂,范土合埴,有古先遗制。"②新平镇是景德镇最早的名称,当时制作的瓷器,应当属于原始瓷器或早期瓷器,粗糙厚实,瓷质不纯。此时处于"耕而陶"的发展阶段,瓷器"只供迩俗粗用",并不远销。

三国、两晋、南北朝时期,南方经济有了明显的进步。景德镇的陶瓷业有了进一步的发展,陶器生产已进入瓷器阶段。据记载,东晋时有位名叫赵慨的人,运用福建、浙江等地的制瓷技术对景德镇陶瓷的胎釉配制、成形和焙烧等工艺进行了一系列重大改革,为发展景德镇的陶瓷生产做出了重要贡献。明人詹珊在《师主庙碑记》中说,明洪熙元年(1425年),在景德镇御窑厂建立了"佑陶灵祠",奉祀晋代人赵慨为制瓷师主,这被认为是景德镇在晋代造瓷的一个佐证。蓝浦说,这里"水土宜陶,陈以来土人多业此"③。生产的人多了,陶瓷业逐步与农业分离,陶瓷产品也随着产量的增加而远销各地,这就开始为朝廷所注意。

---

① 余庆民.乐平陶瓷考古60年述评[G]//灿烂的文明:景德镇陶瓷历史文化论坛论文汇编.北京:中国文联出版社,2011:13.

② 熊寥,熊微.中国陶瓷古籍集成[M].上海:上海文化出版社,2006:79.

③ 傅振伦.《景德镇陶录》详注[M].北京:书目文献出版社,1993:5.

乾隆四十八年《浮梁县志》记载：“陈至德元年，大建宫殿于建康，诏新平以陶础贡，雕镂巧而弗坚，再制不堪用，乃止。”①说的是公元583年，陈叔宝登上皇位，在建康（今江苏南京）大造宫室，令新平镇为华林园烧制陶瓷柱础。当时，新平镇已制出雕镂精致的陶础，但原料强度和火候温度都达不到烧制柱础的要求，柱础承受不了沉重压力而“不堪用”。这虽是一次失败的记录，但说明景德镇的名声已经传开了。

新平瓷业发展到唐高祖武德年间（618—626年）有了长足的进步。据后世多篇文献记载，当时出现了两位因陶瓷工艺精湛而颇享盛名的人物，一名陶玉，一名霍仲初。乾隆四十八年《浮梁县志》中有这样两则记载，一则是关于“霍窑”的记载：“新平霍仲初，制瓷日就精巧，唐兴素瓷在天下，仲初有名。”②另一则是关于“陶窑”的记载：“武德四年，有民陶玉者，载瓷入关中，称为假玉器，献于朝廷，于是诏仲初等暨玉制瓷进御。”③陶玉是新平镇钟秀里人，新平镇在昌江之南，因此也称他为昌南镇人。武德四年（621年），他载运自己制作的瓷器进入关中，并向朝廷进贡。陶玉所制瓷器精美，质量已接近珍贵的玉器，当时被称赞为“假玉器”。从此，昌南镇的瓷器载誉海内。霍仲初是昌南镇东山里人，他的窑烧制素色瓷，即青瓷，但他烧制的素色瓷比一般的青瓷要略胜一筹，主要是“土壤腻质薄”，尤其是经过精工制作的一些产品，达到了“莹缜如玉”的程度。当时人们把他的窑称为“霍窑”，产品称为“霍器”。蓝浦《景德镇陶录》卷五记载：“陶窑，唐初器也。土惟白壤，体稍薄，色素润。镇钟秀里人陶氏所烧造。《邑志》云：唐武德中，镇民陶玉者载瓷入关中，称为‘假玉器’，且贡于朝，于是昌南镇瓷名天下。”④“霍窑，窑器色亦素，土壤腻质薄，佳者莹缜如玉。为东山里人霍仲初所作，当时呼为‘霍器’。《邑志》载：唐武德四年，诏新平民霍仲初等制器进御。”⑤武德四年，唐高祖颁发诏令，指名要霍仲初、陶玉等“制器进御”。

唐代的景德镇瓷业，不仅见于文献记载，从景德镇地区已出土的唐代瓷器及瓷窑遗址也可窥见一斑。1980年在湖田窑采集到白釉八面体形状的执壶短

① 熊寥,熊微.中国陶瓷古籍集成[M].上海:上海文化出版社,2006:79.
② 熊寥,熊微.中国陶瓷古籍集成[M].上海:上海文化出版社,2006:79.
③ 熊寥,熊微.中国陶瓷古籍集成[M].上海:上海文化出版社,2006:79.
④ 傅振伦.《景德镇陶录》详注[M].北京:书目文献出版社,1993:62.
⑤ 傅振伦.《景德镇陶录》详注[M].北京:书目文献出版社,1993:62.

流一件,很具唐代风格;1982年5月,红光瓷厂建车间挖基时,发现唐代至五代的窑业遗物堆积,并在距地表约7米深的黄土中,出土了唐代青瓷玉璧形圈足碗残片一件,它和唐代越窑、长沙窑的同类产品造型相同,但胎、釉质有所差别,应属当地产品[①]。1990年昌河机械厂干部徐恒君在白虎湾收到了当地农民挖"香菇棚"出土的青釉瓷碾残件。此碾船形,中槽为月牙形,高6.8厘米,残长12厘米(全长约25厘米),宽6厘米,青釉似蟹壳色,开细片,施釉不到底,下半部釉剥落严重。胎呈灰色,颗粒较大,夹有杂质,见孔隙,似乎胎土只经练而未经淘洗后再练,比五代青瓷胎粗,沙底,左边刻有行书"大和五年"(831年)铭文,右边一直线、一曲折线相间成两组(图1-8)[②]。这是景德镇首次发现带纪年铭的唐代青瓷,是佐证景德镇唐代瓷业的宝贵资料。

**图1-8 青釉瓷碾残件**

2013年3月至11月,景德镇南窑遗址被发掘。南窑遗址在乐平接渡镇南窑村,距发现世界上最早陶器的万年仙人洞遗址仅十几公里。南窑遗址是一座唐代龙窑遗址,出土大量青瓷(图1-9),它始烧于中唐,兴盛于中晚唐,衰落于晚唐后期,距今1200多年。

---

① 黄云鹏.景德镇五代瓷业概况及产品特征[J].景德镇陶瓷,1987(4):6.

② 黄云鹏.景德镇首次发现带纪年铭的唐代青瓷[J].南方文物,1992(1):115.

图1-9　景德镇南窑遗址出土产品

　　2013年1月16日,景德镇兰田窑遗址发掘取得重要成果,发掘的出土物时间可以追溯到中晚唐和五代时期,遗物丰富,是制瓷业较为成熟时期的产物。以上发现至少表明,景德镇有唐代的窑址存在,分布在镇内和镇郊的南河两岸,但规模较小,烧造时间不会很长,是瓷业的萌芽阶段。

图1-10　兰田窑青釉双系罐

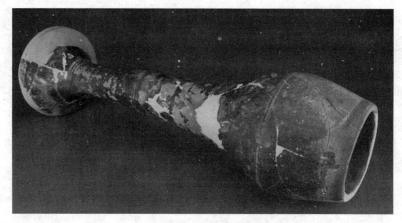

图 1-11　兰田窑青绿釉腰鼓

　　20 世纪 50 年代,考古工作者在景德镇市区的黄泥头、白虎湾、杨梅亭、盈田等地发现多处五代窑址,挖掘出大量的瓷器碎片,这些瓷器碎片确切地证明了那个时期这里烧造的瓷器是青瓷和白瓷,而且以青瓷为主。器型主要有盘、碗、壶、水盂、碟等,盘、碗为大宗。瓷胎厚薄不一,釉色是被称为"蟹壳青"的灰青色釉,近似越窑的色彩,有些瓷器略带绿色,与玉器很像,被称为"假玉器"是很贴切的。唐末五代时,除烧制青瓷外,这里又是南方烧造白瓷最早、规模最大的窑场,仅白虎湾一处就有 30 多座。从现存的大量出土资料看,白瓷色调纯正,洁白度高达 70 度,吸水率、透光度都达到现代瓷器的标准,瓷质超过越窑,当时居全国之首。

图 1-12　五代黄泥头窑青瓷

**图 1-13　五代杨梅亭窑青白瓷**

虽然古文献中尚不见有对景德镇五代瓷业的记述,但五代窑址在景德镇已发现多处,其中以湖田古窑址、杨梅亭古窑址和白虎湾古窑址的出土瓷器最为丰富。景德镇五代湖田、杨梅亭、白虎湾、黄泥头窑场是目前已发现的南方地区最早烧造白瓷的窑址。从这些窑址的分布和出土的大量碎片,可以窥见当时景德镇瓷业的规模,也可以说明,景德镇在唐、五代已全面进入瓷器时代。

宋代景德镇陶瓷工艺水平有了很大提高,瓷窑逐步向景德镇集中,窑场主要位于昌江及其支流东河、南河、西河岸畔,主要生产青白瓷,瓷胎细腻、致密、洁白,釉层较厚,釉色莹润青翠,青中闪白,白中透青,近似玻璃透明状。此时器物种类显著增多,造型趋于挺拔,装饰丰富多彩。蒋祈《陶记》一书记载,景德镇有窑约三百座,这个数字应为南宋末年及元代时民窑的窑数。正是由于景德镇烧造出清淡高雅、俊秀挺拔的青白瓷,瓷窑规模极其庞大,产量十分丰富,景德镇从此跻身于宋代名窑之列,受到朝廷的垂青。宋真宗赵恒于景德年间(1004—1007 年)在此置镇,赐名"景德",置监镇官,奉御董造,制器进御,命陶工书建年"景德"于器底,于是"天下咸称景德镇瓷器,而昌南之名遂微"①。元丰五年(1082 年)朝廷在此置税收机构——"瓷窑博易务",负责管理包括税收

① 傅振伦.《景德镇陶录》详注［M］.北京:书目文献出版社,1993:62.

在内的窑务。

**图 1-14　北宋青白釉刻花莲纹注碗**

　　元代，景德镇制瓷工艺发生变革。元以前，景德镇制胎原料一直为单一的瓷石；到了元代，便开始采用瓷石加高岭土的"二元配方"法。这种配方有效地提高了瓷器的烧成温度，减少了瓷器的变形率，增强了瓷器的硬度，提高了瓷器的白度和透明度。这是景德镇陶瓷工艺划时代的进步。元代景德镇成功烧造了青花瓷，开辟了由素瓷转向彩瓷的新时代；发明了釉里红色釉，创出了釉里红装饰及青花釉里红装饰；烧成了高温蓝釉、铜红釉，创出了金彩、釉上三彩、银红釉、青地白釉等装饰，改变了陶瓷装饰一直以单一釉为主的状况，形成了一大批颇具时代特色的新器型。元代在景德镇设置"御土窑"，专门烧造皇家御用器皿，朝廷"每岁差官监造器皿以贡"，"烧罢即封，土不敢私也"①。宫廷用瓷多是根据元廷直接设置的"将作院"，向所属画局颁发纹饰样式，通过遣派到景德镇的监陶官来完成的。元朝还在景德镇设立全国唯一的瓷业行政管理机构——"浮梁瓷局"，对景德镇制瓷业实行管理。元代"御土窑"和"浮梁瓷局"为后来明清"御窑厂"的建立，奠定了基础和提供了雏形。

---

　　① 孔齐. 至正直记[M]//中国陶瓷文化研究所. 中国古代陶瓷文献影印辑刊：第6辑. 广州：世界图书出版广东有限公司，2012.

**图 1 – 15 元青花"鬼谷子下山"罐**

明代,景德镇瓷业蓬勃发展。"洪武二年,设厂于镇之珠山麓,制陶供上方,称官瓷,以别民窑。"①"御器厂"的设置,承担了为宫廷、皇家提供优质瓷器的任务。为了满足宫廷的需要,往往不惜代价,不计工本,向高精发展,促使景德镇的制瓷业不断增加新品种,提高产品质量,从而带动了整个景德镇瓷业的发展,这是日后景德镇成为全国制瓷中心的必要条件。尤其是明中叶以后,制瓷技艺更加高超,产品精美。明人王世懋在《二酉委谭摘录》中记载:"天下窑器所聚,其民繁富甲于一省。余尝以分守督运至其地,万杵之声殷地,火光烛天,夜令人不能寝,戏目之曰:四时雷电镇。"明代景德镇制瓷工艺继续精进,青花装饰水平进一步提高,烧成了玲珑瓷及青花玲珑瓷,创造了斗彩、填彩、青花五彩装饰技法,烧出了祭红釉、宝石红釉、翠青釉、天青釉、黄釉、娇黄釉三彩、素三彩、孔雀绿、花三彩、瓜皮绿、鱼子绿及矾红釉等多种色釉瓷,烧造出气势雄伟的大龙缸,创出一批新器型,出现了薄如竹纸的薄胎瓷。此时的装烧工艺也有新发展,出现了蛋形窑的雏形,开始使用瓷质垫饼装烧瓷器,发明了纽线吊装法。由于"御器厂"的设立,制瓷技艺日益精进,生产规模巨大,景德镇已成为全国制瓷中心。

---

① 傅振伦.《景德镇陶录》详注[M].北京:书目文献出版社,1993:5.

**图1-16 明弘治黄釉青花花果纹大盘**(故宫博物院藏)

清代,景德镇的瓷业与明代一样,代表了整个封建时代的高水平,其中康熙、雍正、乾隆三朝的制瓷技艺达到了历史的高峰,为我国封建社会瓷业的黄金时代。顺治十一年(1654年),承袭明朝的制度,改"御器厂"为"御窑厂",开始大规模的官窑器生产,创烧出"郎窑红"、粉彩、珐琅彩等大批精美的御用瓷器。装饰方面,高温、低温颜色釉精彩纷呈,彩绘山水、人物、花鸟、写意之笔,青绿渲染之制,四时远近之景,无所不有,而且"规抚名家,各有原本";造型设计上,则从古礼器尊鼎卣爵之款制,到瓜瓠花果象生之作,应有尽有。此时的陶瓷制作继承了中国古代制瓷工艺的精华,所仿历代名瓷几乎无所不有,同时吸收了东西方艺术成就,极大地丰富了我国的制瓷工艺,力求新的创造,真可谓集各种技艺之大成。乾隆后期,景德镇的瓷业开始走下坡路。鸦片战争以后,中国沦为半封建半殖民地,在外国侵略者和

**图1-17 清雍正粉彩花蝶胆式瓶**(故宫博物院藏)

国内反动统治的双重压迫下,中国民族工业受到严重摧残,景德镇瓷业也每况愈下。到1911年,辛亥革命推翻帝制,"御窑厂"终止,至此景德镇御窑历经542年的漫长历程,走进了历史。

民国时期,上层腐败,外敌侵略,经济萧条,民不聊生,在这种情势下,景德镇的陶瓷生产继续下滑,生产规模日渐萎缩,陶瓷产品不仅产量少,而且质量粗劣,陶瓷装饰不断退步。但在陶瓷艺人的努力下,景德镇陶瓷仍然有一些创新,推出了不少新品种,创造出"浅绛彩"文人瓷画,出现了"珠山八友",开创了刷

花装饰,吸收借鉴西方绘画手法,推出新彩、贴花装饰,取得了令人瞩目的成就。

图1-18　潘陶宇的人物瓷板画

　　新中国成立后,景德镇陶瓷业重新焕发生机,历经工艺美术合作社、公私合营、对资本主义工商业进行改造、发展国营、改革开放、陶瓷企业十年改制等时期,进行了一系列恢复发展工作,景德镇陶瓷工业有了巨大的发展,取得了可喜的成绩,获得新生。生产规模不断扩大,在新中国成立前原有的小作坊基础上重新组建成立了建国、人民、新华、宇宙、东风、艺术、光明、红星、红旗、为民等十余家大型瓷厂,人们习惯性地称之为“十大瓷厂”。制坯工艺日趋先进,陶瓷科技日新月异,焙烧方式几经改革,陆续以倒焰式煤窑、煤烧隧道窑、油烧隧道窑、气烧隧道窑、气烧梭式窑取代了过去以松柴为燃料的蛋形窑。生产方式上逐渐以注浆成型工艺代替手辘轳、雕镶、印坯等,实现了标准化、系列化、商品化的窑具、模具、装饰材料专业化生产。陶瓷产业结构发生了历史性的变革,由过去单一的日用瓷生产,已发展成为日用瓷、工艺美术瓷、建筑卫生瓷、工业用瓷、电子陶瓷、特种陶瓷和高技术陶瓷等多门类的瓷业生产。景德镇陶瓷艺术步入一个崭新的时代,焕发出新的活力,发明和创造了色釉彩、综合彩、现代陶艺、现代青花、釉中彩等不少新彩类、新形式、新技法、新工艺,同时传统装饰艺术也大放异彩。随着改革开放和市场经济的发展,自20世纪90年代开始,“十大瓷厂”陆续停产或进行改制,出现了一大批民营陶瓷企业。新中国成立后,国家加大了对陶瓷文化遗址的保护。1982年湖田古瓷窑址被国务院列为第二批全国重点文物保护单位。1982年景德镇被国务院批准为首批历史文化名城。2001年高岭古矿遗址被列为全国重点文物保护单位,2005年被列为国家首批"国家矿山公园"。2006年御窑厂遗址被列入第六批古遗址类全国重点文物保护单位,2013年入选第一批国家考古遗址公园名单,2017年被列入《中国世界文化遗产预备名单》。特别是近年来,在国家文化创意产业政策的推动下,景德镇陶瓷文化创意产业得到快速发展。2019年,国务院正式批复了《景德镇国家陶瓷文化传承创新试验区实施方案》,在景德镇全域范围内建设国家陶瓷文化传承创新试验区,推动陶瓷文化产业创新发展,发展陶瓷文化旅游业,加强陶瓷人才队伍建设,提升陶瓷文化交流合作水平,支持将试验区建设纳入国家文化发展等重大规划,鼓励试验区先行先试,保护好、传承好、利用好景德镇优秀陶瓷文化,发挥文化对产业转型升级的积极作用,协调推进区域高质量发展。国家陶瓷文化传承创新试验区建设是景德镇千载难逢的机遇,是时代赋予景德镇的重大历史使命,使景德镇陶瓷文化发展站在了一个新的历史起点和世界高度,展现出巨大的发展潜能。

图1-19 光明瓷厂及其生产的产品

## 第三节 景德镇陶瓷科技三大技术突破、三大里程碑式的产品创新

李家治在《中国科学技术史:陶瓷卷》总论中总结,中国陶瓷的创造和成就基本上可以用五个里程碑概括它们的发展进程,用三大技术突破总结它们的主要成就[1]。我们也可以将景德镇陶瓷科技发展成就概括为三大技术突破和三大里程碑式的产品创新。

---

① 卢嘉锡,李家治.中国科学技术史:陶瓷卷[M].北京:科学出版社,1998:1-11.

景德镇之所以能取得今天这样的历史成就,成为世界瓷都,完全取决于其自身陶瓷科技的发展,有赖于其制瓷技术上不断取得的重大突破。归纳起来,可以概述为三大技术突破。

第一大技术突破:陶瓷原料的选择和精制从"一元配方"到"二元配方"。

元代以前,景德镇制瓷材料一直使用"一元配方",即单一瓷石(磁石)制造瓷器。瓷石由花岗岩长期受热液作用和风化作用而形成,主要含石英和绢云母。由于它是石质,须用水碓粉碎,是天然配好的制瓷原料,在 1200—1250 ℃的温度下可以单独烧成瓷器。但瓷石原料中氧化铝含量低,单一瓷石配方中三氧化二铝的含量一般低于 18%,热稳定性差,胎土韧性不佳,焙烧时容易变形、开裂。南宋时期,景德镇附近上层风化的瓷石已经枯竭,出现制瓷原料危机。元代,景德镇陶工发现了麻仓土,即高岭土。它是由长石类岩石经几百万年的风化后形成的,主要成分是二氧化硅($SiO_2$)和三氧化二铝($Al_2O_3$),其中三氧化二铝含量超过 30%。景德镇人将高岭土按一定比例掺入到瓷石中,提高了原料中的铝含量,增强了坯泥硬度,使瓷胎色泽更白,可耐受 1280—1300 ℃ 的高温,在高温下不易变形,这就是"瓷石 + 高岭土"的二元配方。二元配方制胎是景德镇制瓷工艺一次重要的技术革命,是制瓷原料配方的关键性突破,这一技术的发现,改善和优化了景德镇瓷胎性能,为景德镇烧造高温大件瓷和颜色釉瓷创造了条件。

第二大技术突破:釉料配制从单一釉灰制釉到"釉灰 + 釉果"的二元配方和"重复煨烧 + 尿沤"工艺的进步。

唐代景德镇釉料采用单一釉灰制釉,将石灰石块与柴草交替叠放进行煅烧,其目的仅是粉碎石灰石用于制釉,属于单一"欠烧"石灰石制釉。五代以后,景德镇采用"釉灰 + 釉果"的二元配方制釉。釉果是风化较浅的瓷石,与胎用的瓷石相比,$Al_2O_3$ 含量略低,$K_2O$、$Na_2O$ 等助熔剂含量高;釉灰是用熟石灰和狼萁草等多次层叠煨烧,再经陈腐、粉碎、淘洗等过程制得的釉用原料。"釉灰 + 釉果"成为景德镇主要的制釉方式。

在釉灰制备中,清代景德镇采用多次重复煨烧工艺和尿沤工艺。多次重复煨烧,提高了炼灰中 $CaCO_3$ 的转化率,增加了炼灰的出灰量,最终得到成分稳定的釉灰;尿沤工艺使尿液中的尿素经分解后生成 $(NH_4)_2CO_3$,与 $Ca(OH)_2$ 反应,既能提高 $CaCO_3$ 的转化率,又能产生解凝电解质,有利于提升釉浆的性能,并直接减少煨烧次数。"釉灰 + 釉果"的二元配方和"重复煨烧 + 尿沤"工艺,是景德镇制釉技术的重大发明与突破,使"釉"的制备工艺达到合理完善的程度。

第三大技术突破:窑炉和烧成技术的改进和创新。

唐宋时期景德镇的窑炉主要是龙窑。从元代开始,由于制瓷工艺发生了重大变革,结束了以单色釉为主的局面,高温颜色釉、青花瓷对窑炉的结构提出了新的要求,迫使景德镇必须对窑炉技术进行彻底变革。于是景德镇在传统龙窑的基础上,吸收了可以烧制高温瓷器的馒头窑的优点,创制了葫芦形窑。明末,由于景德镇瓷业规模扩大,产量增多,瓷业分工越来越细,葫芦窑窑体较小、容积不大、前后温差较大等缺陷越来越明显,已不能适应景德镇瓷业发展的需要。于是,景德镇对葫芦窑进行了改革,创建了一种新型的窑炉——"镇窑",也称"蛋形窑""柴窑"。镇窑的发明,是景德镇窑焙烧技术的一次重要突破,彻底改变了景德镇陶瓷的烧成面貌。镇窑提高了窑内烧成温度,形成了窑内递次温差,可装烧高火、中火、低火瓷坯,使一个窑内就可以同时烧成不同温度要求的瓷器。同时,因窑内腔较高(最高高度近6米),便于装烧大件制品,满足多品种生产的需要,所以镇窑成为清代景德镇的主要窑炉。

景德镇陶瓷发展除了在陶瓷技术上实现了三大突破外,在陶瓷产品上也不断创新,实现了景德镇陶瓷产品发展的三个里程碑式的产品创新。

第一个里程碑式的产品创新:青白瓷的发明。

宋代,景德镇窑工在借鉴越窑青瓷和北方邢窑白瓷的基础上,创烧出了一种独具风格的瓷器。因它的釉色介于青白二色之间,青中有白,白中显青,因此称为青白瓷,俗称"影青""隐青""映青"。又因其"光致茂美,四方则效",受到宋真宗的喜爱,命昌南镇进贡御瓷,并底书"景德",于是"天下咸称景德镇瓷器"。冯先铭在《中国陶瓷考古概况》一文中指出:"瓷器仿玉器始于宋代,以江西景德镇首先仿制成功,当时有'假玉器''饶玉'之称……"[①]青白瓷由于胎、釉中铁元素的含量极低,釉的玻璃相清澈,因此,产品胎质细洁,釉色青莹。景德镇的这一成功发明,很快影响到当时的福建、浙江、广东、广西、安徽、湖北、湖南、四川等地,各地相继出现了一批烧制青白釉瓷器的窑场,进而形成了一个庞大的青白窑系。景德镇青白瓷的发明这一里程碑式的贡献和制瓷工艺这一突破性进展,为后代进一步烧制枢府白釉瓷、青花瓷、永乐甜白釉瓷、颜色釉瓷和

---

① 冯先铭.中国陶瓷考古概论[J].古陶瓷研究,1982(1):4-11.

彩绘瓷提供了良好的工艺条件和物质基础。

第二个里程碑式的产品创新:彩绘瓷的突破。

元代,景德镇成功创烧出成熟的青花瓷。青花瓷的发明,是中国陶瓷从素瓷向彩瓷过渡的里程碑。在青花装饰出现之前,中国陶瓷装饰主要依靠雕塑、刮花、印刷等装饰。随着青花瓷的发明,陶瓷不再追求"似冰如玉"的效果,而是走向具有独特装饰图案的彩瓷领域。青花瓷的烧制成功,是景德镇陶工智慧的结晶,使中国画与瓷器的结合更加成熟,改变了过去素瓷的颜色。随后,青花釉里红、斗彩、五彩、粉彩等彩瓷,色彩缤纷,争奇斗艳,开启了中国陶瓷装饰技术的新纪元。

第三个里程碑式的产品创新:颜色釉瓷的辉煌。

颜色釉瓷是指在釉中掺入不同金属氧化物和天然矿石作为着色剂,施在瓷器的坯上,再将坯高温焙烧,烧成后呈现不同颜色的瓷器。景德镇窑的颜色釉瓷集天下各窑之大成,烧造出许多颜色釉珍品,其釉色可谓五彩缤纷,晶莹夺目,被誉为人造宝石,有"入窑一色,出窑万彩"之说。特别到清代,景德镇更是达到登峰造极的境地,各大名窑的颜色釉,景德镇无不能仿,而且仿亦必肖,无所不有。景德镇颜色釉瓷以其丰富多彩、明亮如镜的釉色,丰富的科学技术内容,精致完美的器型,多彩的艺术表现,成为工艺美术史上一颗闪耀夺目的明珠,创造了颜色釉瓷的辉煌,形成了我国瓷釉百花争艳、流传千古而独步天下的局面。

景德镇陶瓷正是通过这三大技术突破和三个里程碑式的产品创新,在千年的制瓷历史中不断创造、不断发展,取得了一个又一个陶瓷科技进步和成就,从而使景德镇逐步成为全国制瓷中心、世界瓷都。

## 第四节　景德镇陶瓷科技成就的历史作用及其影响

景德镇陶瓷在长达千年的不断发展过程中,取得了许多突出的成就,三大技术突破和三个里程碑式的产品创新不仅对景德镇陶瓷本身的发展起了决定性的作用,而且对中国和世界有关国家陶瓷的发展和生活都产生了重大的影响。

**一、青白瓷的出现,直接促进了彩绘瓷的诞生,改变了过去陶瓷装饰素瓷的局面**

青白瓷是在白釉瓷和青釉瓷的基础上发明的,并很快形成了一个庞大的青白窑系。元代进一步发展出枢府白釉瓷,明永乐时期烧造出甜白釉瓷。高质量的白釉瓷摆脱了 $Fe_2O_3$ 对瓷釉着色的干扰,为后世颜色釉瓷和彩绘瓷的逐步发展提供了技术上和物质上的保障。元代以后,景德镇出现了青花瓷和颜色釉瓷,彩绘瓷就是在高质量的白釉瓷基础上发展起来的。景德镇的各种颜色釉、青花、釉里红、斗彩、五彩和粉彩瓷等,特别是青花瓷和粉彩瓷的大量生产,没有高质量的白釉瓷是无法实现的。因此,青白瓷的发明,开辟了景德镇陶瓷装饰由素瓷向彩绘瓷发展的新道路,形成了今天陶瓷装饰色彩缤纷、争奇斗艳的新局面。

**二、高岭土的使用,直接推动了欧洲和世界各国陶瓷产业的发展**

景德镇瓷器之所以能一直处于世界领先地位,其主要原因就是在瓷胎配方中使用高岭土。高岭土的发现和应用,传播到西欧并影响全世界,应是中国对世界陶瓷工业的突出贡献。早在 1712 年,法国传教士殷弘绪就将高岭土和景德镇的制瓷技术通过《中国瓷器见闻录》和《中国陶瓷见闻录补遗》两封信介绍给欧洲,在信中详细描述了"白不(dǔn)子"和"高岭"的使用性状,并将高岭土实物带至法国,希望能在欧洲找到相同的黏土。殷弘绪的两封信,在欧洲掀起了一股寻找高岭土、仿制中国瓷器的热潮。1750 年,英国在康瓦尔发现高岭土,开始仿造中国瓷器。欧洲硬质瓷就是在使用了高岭土之后烧制成功的,可见高岭土的使用对改进瓷器的质量至关重要。

1771 年、1869 年和 1882 年,日本、法国和德国分别将我国明代科学家宋应星所著的《天工开物·陶埏》翻刻和节译介绍到日本和西欧。1856 年和 1910 年,中国古代第一篇制瓷工艺的著作《陶记》被节译成法文和英文而传播到西方。景德镇的制瓷技术为亚洲、欧洲各国所吸收,对世界有关国家的瓷器业发展产生过直接和间接的影响。

1869 年,德国著名地质学家李希霍芬考察了景德镇的高岭土,并在他的名著《中国》第三卷中,对瓷石和高岭土做了详细的阐述,还根据汉语"高岭"读音将其译成"Kaolin"。该书是西方地质界从岩石学角度论述中国高岭土的第一部专著,也是世界上介绍高岭土的第一部论著。"高岭"这一名词从此成为国际矿物学的专用名词,流传到全世界。

**三、景德镇陶瓷作为奢侈品,直接影响人类文明和改变人们的生活**

景德镇陶瓷作为"丝绸之路"上三大重要产品之一,远销世界各地,东至朝鲜、日本,南至南亚、东南亚各国,西至中亚、中东各国,甚至到达非洲、欧洲、美洲各国。由于其从宋代开始就通过海路远销,直接促进了海上"陶瓷之路"的诞生,成为影响世界的世界商品,也是畅行世界几个世纪的顶级昂贵的奢侈品。

景德镇瓷器迷倒了无数欧洲人。随着景德镇瓷器的外销,17—18世纪欧洲就掀起了一股"中国热""中国风"。

1562年纽伦堡首版的《山间邮车》一书中,马德休斯就曾写道:"皇室或贵族是否占有东方瓷器,是关系到他们声望的问题。"

1670年,法国路易十四甚至在凡尔赛宫修建了一座瓷宫,重金收购景德镇订烧的青花瓷、五彩瓷。世界各国皇宫都陈列着景德镇瓷器,如普鲁士国王腓特烈二世无忧宫内就陈列着各种名画和景德镇瓷器。

1717年,奥古斯特二世与普鲁士国王达成一项交换协议,用自己600名御林军将士,与对方交换回127件景德镇瓷器。

1753年,瑞典国王阿尔道夫·福雷德里克下令按景德镇瓷瓶画像秘密建造了"中国宫"。

欧洲某些国家的君主在有关的法令中甚至规定了瓷具制作的用色,用政府行为强制性地保护和保持景德镇瓷器独具的艺术特色和审美魅力。例如,18世纪法国的一项法令规定,制造商只能制作特定的瓷具,白瓷或釉上彩的陶瓷要按景德镇的方式用蓝色绘画。

景德镇瓷器曾在某些东南亚、欧洲、拉美国家具有"货币"职能,可与人的"生命"等值。在菲律宾,瓷器成为金银的等价物,可以在市面上流通,还可以用作借贷的抵押品和缴纳法庭罚金的"货币",新郎给新娘的聘金全部或部分是瓷器。苏门答腊的巴塔克族有一条不成文的规定,若男人对妇女有非礼行为,则须用瓷器赔偿损失。部落之间、家庭之间发生械斗,和解时也以景德镇瓷器作为赔偿,一般是一条人命索赔一只瓷瓮。

景德镇瓷器的外销推动了中国与世界各国文化艺术的相互融合,不但让中国影响了世界,而且让世界影响了中国。17—18世纪,中国瓷器外销,促使西方艺术风格从巴洛克艺术向洛可可艺术转变。中国瓷器在造型、纹饰、绘画艺术上以其强烈的艺术感染力和扩张力对欧洲洛可可绘画艺术风格产生了巨大的影响,并逐渐渗入到洛可可艺术的方方面面。

景德镇瓷器的输入改变了世界许多地方的生活方式、卫生习惯和文化礼仪。景德镇瓷器结束了东南亚、西亚国家用植物叶子作饮食用具的时代,丰富和提升了他们的饮食文化。

　　景德镇瓷器进入欧洲之前,当地普通人用粗陶或木制器皿作食器,上流社会往往采用金属器皿。当景德镇瓷器传入欧洲之后,景德镇瓷器成了欧洲千家万户民宅室内最喜爱陈设的装饰品。"温和的中国茶可以把野兽变成人",当饮茶习惯在英国等国成为时尚后,瓷器成为欧洲普通家庭的日常生活用具。

　　此外,景德镇瓷器给世界各国的社会经济、宗教文化带来很大的影响。菲律宾民间故事中,把景德镇瓷器人格化、动物化,瓷器成为民间故事的重要题材,各种仪式、宴会都离不开瓷盘、瓷瓮等瓷器,一些地区流传着"会说话的陶瓷""会呻吟哭泣的陶瓷"等传说。印尼的一些地方用瓷碗作乐。在10世纪至13世纪,景德镇陶瓷在伊斯兰教盛行的地区都是向佛塔奉献的供品。在非洲东部居民心目中,景德镇精美的瓷器不仅仅是日常生活用品,还常常象征着幸福、吉祥、如意和对未来的憧憬。他们用景德镇瓷器来装饰墓碑,已经成为东非沿海许多地区的一种民间习俗。

　　在历史上,景德镇的瓷器贸易为世界文化、政治、经济、科技等方面的发展做出过许多重要的贡献。剑桥大学李约瑟博士在《中国科学技术史》中以浩瀚的史料、确凿的证据向世界表明:"中国文明在科学技术史上曾起过从来没有被认识到的巨大作用","在现代科学技术登场前十多个世纪,中国在科技和知识方面的积累远胜于西方"。

　　瓷器,它的发展过程蕴藏着十分丰富的科学技术和艺术内涵。从陶瓷诞生的那一天起,它就是科学技术和艺术相结合的产物。人类利用水与火的作用,将泥土转变成陶瓷,并在其身上充分表现出科学技术和艺术相结合的魅力。随着青白瓷、颜色釉瓷、彩绘瓷和雕塑瓷依次在技术上取得一个又一个突破,并进入科学技术王国,艺术也以其丰富多彩的表现力,在这些永远留存于天地间的基材上创造了许多不朽的杰作,同样使它们成为我国文化艺术百花园中的一朵奇葩。

# 第二章　景德镇瓷土开采与加工

景德镇的陶瓷原料主要有瓷石、麻仓土、高岭土、黏土、瓷土等,特别是瓷石、高岭土蕴藏十分丰富,为景德镇陶瓷产业的发展提供了强大的原料支撑。

## 第一节　景德镇陶瓷原料的种类与产地

### 一、景德镇陶瓷原料的种类

瓷石,是一种由石英、绢云母组成,并含有若干长石、高岭土等的岩石状矿物,呈致密块状,外观为白色、灰白色、黄白色和灰绿色,有的呈玻璃光泽,有的呈土状光泽,断面常呈贝壳状,无明显纹理。瓷石除了可以单独制瓷外,还可以配合高岭土制胎,有些矿区的瓷石还适用于配釉,所以又称"釉石"。

麻仓土,元明时期景德镇制瓷的主要原料,它被发现使用于高岭山黏土开采前,因产于景德镇附近的麻仓山而得名。麻仓土主要由长石、石英组成,细粒结构,长石、石英呈细粒状、致密块状,岩石高岭土化,较疏松,手轻捏即成泥沙。《江西省大志·陶书》中有关于麻仓土的记载,谓麻仓山"土埴垆匀,有青黑缝糖点白玉金星色。……麻仓官土每百斤值银七分,淘净泥五十斤,曝得干土四十斤"[①]。

高岭土,是一种主要由高岭石组成的黏土,其矿物成分除高岭石外,还含多量的石英和云母,因首先发现于江西省景德镇东北的高岭村而得名,国际上对这类特殊的黏土均称为"高岭"(Kaolin)。景德镇使用的高岭土,又有明砂高岭土、星子高岭土、西港高岭土和临川高岭土等多种。

黏土,是一种含水铝硅酸盐矿物,由长石类岩石经过长期风化与地质作用而生成。它是多种微细矿物的混合体,主要化学成分为二氧化硅、三氧化二铝和结晶水,同时含有少量碱金属、碱土金属氧化物和着色氧化物等。黏土是陶瓷生产的基础原料。

---

① 熊寥,熊微.中国陶瓷古籍集成[M].上海:上海文化出版社,2006:33 - 34.

瓷土,由高岭土、长石、石英等组成,主要成分为二氧化硅和三氧化二铝,并含有少量氧化铁、氧化钛、氧化钙、氧化镁、氧化钾和氧化钠等。瓷土主要由花岗岩、细晶岩、石英斑岩等酸性火成岩经热液蚀变或风化形成,在我国分布甚广。

**二、景德镇陶瓷原料的产地**

南宋以前,景德镇制瓷就地取材,如浮梁南河与小南河一带的湖坑、南山、三宝蓬、柳家湾、白虎湾、何家蓬、牛氏岭、月山下、小坞里、凤凰咀等出产瓷石的地方都相继兴起了中小型窑场,均有烧造瓷器的古窑遗址,这些地方都是瓷用原料产地。整个唐、北宋时期景德镇青白瓷所用的原料是相同的,都是单一瓷石成瓷。

从南宋末年起,景德镇的瓷用原料产地开始有了零星记载。蒋祈在《陶记》中记载:"进坑石泥,制之精巧。湖坑、岭背、界田之所产已为次矣。比壬坑、高砂、马鞍山、磁石堂,厥土、赤石,仅可为匣模,工而杂之以成器,则皆败恶不良,无取焉。"[1]进坑即今天浮梁湘湖镇进坑村,是宋代景德镇重要的瓷石产地,用那一带出产的瓷石制成泥料,能烧出质地精美的瓷器。湖坑在今天景德镇湖田村以南的三宝蓬,岭背在浮梁县与乐平交界处,界田在今天浮梁县鹅湖镇界田村,这些地方所产的瓷石,质量就会差一点。而壬坑、高砂、马鞍山、磁石堂所产的厥土、赤石,只能作匣具。

南宋后期景德镇出现了制瓷原料短缺的危机,北宋时期所用的容易采掘、质地优异、不易变形的上层瓷石已开采枯竭,只剩下下层不易采掘、质地差、在高温下容易坍塌变形的瓷石。陶工们为摆脱危机,进行了大量的瓷土试验,最后终于找到优质瓷土——麻仓土,采用瓷石加麻仓土的二元配方制造瓷胎,摆脱了制瓷原料短缺的危机。

元、明时期,麻仓土为官府垄断,元代称"御土",明代称"官土"。元代孔齐《至正直记》卷二记载:"饶州御土,其色白如粉垩。每岁差官监造器皿以贡,谓之御土窑。烧罢即封,土不敢私也。"[2]文中仅描写了"御土"的外貌和所有者,未说明其具体产地。明代王宗沐《江西省大志》卷七《陶书》"砂土"条记载:"陶土出浮梁新正都麻仓山,曰千户坑、龙坑坞、高路坡、低路坡,为官土。"[3]新正都

---

① 熊寥,熊微.中国陶瓷古籍集成[M].上海:上海文化出版社,2006:178.

② 熊寥,熊微.中国陶瓷古籍集成[M].上海:上海文化出版社,2006:186.

③ 熊寥,熊微.中国陶瓷古籍集成[M].上海:上海文化出版社,2006:33.

的麻仓山即今景德镇市浮梁县鹅湖镇东埠以东至瑶里一带,大体范围是:东面以南泊分水岭为界,西界约距东埠二公里处,北面以茅家山分水岭为界,南面以东河为界与高岭山隔河相望,凡是这个小盆地内的丘陵均为麻仓山。

　　明万历前,景德镇的瓷用原料仍然以麻仓土为主,万历后,麻仓土开始枯竭,才被高岭土所取代。宋应星在《天工开物》中记载:"土出婺源、祁门二山。一名高粱山,出粳米土,其性坚硬;一名开化山,出糯米土,其性粢软。两土和合,瓷器方成。"[①]这里所讲的"高粱山",其实是浮梁县的高岭山,在浮梁县和婺源县两县交界处。清人《南窑笔记》曾有这样的记载:"高岭土出浮梁县东乡之高岭山。"高岭山现为景德镇浮梁县鹅湖镇高岭村所在地。"挖取深坑之土,质如蚌粉,其色素白,有银星,入水带青色者佳。淘澄做方块,晒干,即名高岭。其性硬,以轻松不压手者为上。"[②]世界各地都把这一产地的地名——"高岭"作为"瓷土"这一术语的通称。由于它"质如蚌粉","有银星",可用明矿开采,故称它为"明砂高岭",又由于它产自东河流域地带,故也有人称它为"东流高岭"。高岭土可塑性弱,耐火度可达1710 ℃左右,为各种瓷坯胎骨的主要原料。

**图2-1　高岭土古矿遗址**

清乾隆后期在境内又发现李黄(坊)高岭。李黄(坊)高岭产于景德镇市东

---

① 熊寥,熊微.中国陶瓷古籍集成[M].上海:上海文化出版社,2006:203.
② 熊寥,熊微.中国陶瓷古籍集成[M].上海:上海文化出版社,2006:659-660.

北浮梁县天宝乡李黄村（今里黄），是继明砂高岭开采后，于清乾隆后期被发现与开采的高岭土矿。但因乡民牟利争相开采，争斗不断，以致酿成命案，故被官方勒令封禁，现仅存古碑记事佐证。

清嘉庆时期发现大洲高岭。大洲高岭位于景德镇市西北45公里的浮梁县黄潭乡龙潭，史称西港高岭或大洲李家田高岭，是景德镇开采的主要高岭土矿之一。蓝浦《景德镇陶录》卷四"高岭"条记载："高岭，本邑东山名，其处取土作不……近邑西李家田大洲上，亦出土可用，不大下于东（指东埠）土。但造佳瓷者必求东埠出者耳。"[1]因明砂、李黄高岭土遭封禁，18世纪末，景德镇开始使用大洲高岭土，但因地表土层较厚，矿体较深，开采困难，产量很低，淘洗出土率较低，仅为13%左右，不久便大量开采星子高岭土，清朝末年，大洲高岭便无人问津。1940年，星子县（今庐山市）为日军侵占，星子高岭供应困难，遂由私人组织开采大洲高岭土，1945年后又告中断。

枫源高岭，矿体位于景德镇市南面87公里的乐平县（今乐平市）白塔乡枫源村境内，周围5公里都是瓷土区。其质为白色微黄的土类，内含石英粗粒，可塑性稍弱，可配制上等瓷坯。当地曾流传有这样的歌谣："梅蓝镇，浮梁管，一口气画二十四个莲花碗。"

清人张九钺在《南窑笔记》中记载，境内"另有红泥一种，出镇（城区）之鸡脚岭白石林者佳"[2]。而产自原浮梁东乡方家山之红泥，块色粉红，故亦被命名为"红高岭"，但经烧则为白色，至于所谓"小黑土"，则产自原浮梁南乡。

清代景德镇还利用"滑石""石末"作为制作特殊器物的瓷用原料，如《南窑笔记》中记载："以滑石代高岭配合，名铁骨泥。"[3]明人王宗沐在《江西省大志》中记载："石末出湖田，和官土造龙缸，取其坚也。"[4]

景德镇以外有星子高岭，产于星子县西部、西南部及北部余家斜、板桥上、王虎港、大排岭等处，距景德镇城区200多公里，可塑性弱，耐火度在1790 ℃以上，可作为境内明砂高岭即东港高岭的代用品，但比不上西港高岭。清同治《南康府志》卷四《物产》"附白土案"条录道光十九年（1839年）文书称："景德镇各窑制造瓷器。所谓高岭，即庐山所出白土，无论粗细瓷器，必须以之配合，即御

① 傅振伦.《景德镇陶录》详注［M］.北京：书目文献出版社，1993：51.
② 熊寥，熊微.中国陶瓷古籍集成［M］.上海：上海文化出版社，2006：660.
③ 熊寥，熊微.中国陶瓷古籍集成［M］.上海：上海文化出版社，2006：660.
④ 熊寥，熊微.中国陶瓷古籍集成［M］.上海：上海文化出版社，2006：34.

窑制造上用瓷器亦须配用。"此时,庐山白土(星子高岭)已取代了高岭山的高岭土。"监生詹铭等供称:庐山白土,历来无人开挖,自夏家坞夏姓(锡忠)在景德镇烧窑,始取白土运赴景镇售卖,获利数倍,以后即有星(子)都(昌)两县民人徐坤牡等陆续在大排岭、七溪坞、五福港、余家斜等处,开设数十厂。"①可见乾隆后期至道光间,景德镇制瓷所用的高岭土多来自星子县。由于洗土淘沙冲塞山涧,以致堰水不通,农田受害,加之农村封建意识,认为穿山凿岭破坏龙脉及祖坟风水,于是道光二十年(1840年)星子高岭被全面封禁停采。

砂子岭高岭,产于江西抚州市西北32公里的临川县云山乡和进贤县李家渡乡交界处的砂子岭,矿体分布在五里墩、圳上一带,临近公路,距抚河仅4公里,交通运输十分便利。该矿属中粒白云母花岗岩风化残积型高岭土矿床,按制瓷配方进行成瓷试验,成型性能良好,干燥过程无开裂变形现象,烧成品无针孔等缺陷,可达到高级日用瓷标准。砂子岭高岭据传在清乾隆年间(1736—1796年)就已开采。清光绪三十二年(1906年)由李家渡私人开采加工经营,矿名为"华营公司",1920年增开义堂公司,1940年增开同兴公司,各公司年产量为400吨至500吨,1948年相继关闭。民国时期砂子岭高岭淘洗加工技术简陋,质量不稳定,含铁量较高,多用于冬青、兰边等青釉瓷的坯胎原料。

临川高岭,产于临川县北乡,距景德镇城区约200公里,也为土类,废土层很薄,可用明坑开采,品质和星子高岭相似。

石头口高岭,产于余干城北20公里处,距景德镇城区约140公里,品质不纯,耐火度很高,但可用来配制粗瓷。

余江高岭,产于江西省余江县马荃乡境内。该矿区位于低坡红壤丘陵地带,属半风化残积型高岭土,表层覆盖的红壤土厚0.3—1.5米,适于露天开采。近代用于制日用粗瓷,后改进工艺,提高质量,小规模开采。

贵溪高岭,产于鹰潭贵溪龙虎山撮头窝、牛仔坞、皇封源、余家岭等处。距景德镇城区约170公里,土质粗松,带淡黄色,含有石英、云母等,可塑性稍弱,淘细的土质,烧色极白,品质亦优。

余家高岭,位于江西贵溪西南余家丰泉岭。矿区地层主要由下侏罗纪地层所组成,高岭土是由下侏罗纪底部的长石砂岩受风化作用形成的原生高岭土矿床。上层高岭土呈白色,夹淡黄绿色,土状松散,夹有细粒的石英和极微小的白

---

① 熊寥,熊微.中国陶瓷古籍集成[M].上海:上海文化出版社,2006:88.

云母片及黄褐色条带，色白，有细小分布均匀的红色斑点。下层高岭土比上层呈色更白，杂质较少。主要的矿物成分为高岭石，其次为石英和少量的云母、长石。该矿的高岭土中铁、钛等有害杂质含量都很少，可塑性较高，强度较大，工艺性能好，是一种质优的高岭土。

五府山高岭，位于江西上饶西南 64 公里的五府山垦殖场的西详排。1964年，景德镇陶瓷厂采用这里的高岭土作为釉面砖的主要原料，并经地质勘探单位探明储量可供大规模生产使用。1965 年 6 月，江西省计委批准同意将该矿划归景德镇陶瓷厂经营管理。

用于瓷器成型的石质胎骨原料，被称为"瓷石"，景德镇境内有"东港瓷石"，产于原浮梁南乡之东流和凤凰咀等处，可作为制作上等瓷器的胎骨原料配合使用。产于距城区仅 10 公里的"三宝篷瓷石"，矿坑有芭蕉坞、猪婆山、新四股等处，可供制作上等瓷配釉用。境内还有"寿溪坞瓷石"，产于原浮梁东乡之寿溪坞，带淡褐色，可塑性尚佳，多用于"二白釉"和"四大器"等类的瓷器。"礼林里瓷石"，产于乐平礼林乡烟包山，瓷石分硬质与软质两种，前者为白色石块，品质纯粹，溶固无吸水性，配合上等瓷的坯釉使用。新中国成立后，景德镇曾发动群众找矿报矿，"以近代远，以优代劣"，曾发现石岭、二亭下、紫金岩、苏家庄、来龙降等地瓷石，并曾加以试验配用。

境外瓷石，有祁门平里、郭口所产，清代中叶，为境外余干瓷石所代替。《景德镇陶录》记载："坪里（即平里）土、葛口（即郭口）土，皆祁门县所产。自余干土出，而坪里、葛口之土用者少矣。"[1]祁门所产瓷石，还有开化山、容口太和坑以及横路头的瓷石，特别是后者，色白带褐，属混合微细的白云片，可塑性很强，耐火度在 1470 ℃以上，为上等瓷用坯料。余干瓷石，产于余干县东南面梅港附近各村落，其中梅港、阳坊、缪坊、塞里和黄金埠马岭等处，品质以黄金埠马岭所产为最优。此外还有余江瓷石，又称安仁瓷石，产于余江县城以北的流源等地，矿山有宋源、老虎源、船峰等处。还有唐湾瓷石，产于贵溪唐湾。

---

① 傅振伦.《景德镇陶录》详注［M］.北京：书目文献出版社，1993：52.

## 第二节 景德镇陶瓷原料的开采与加工

制瓷原料分瓷石、高岭土和釉三大类,瓷石为制作坯胎之土,高岭土为掺和瓷石中起骨子作用之土,釉为敷于坯胎表面起光滑作用之土。有个比方,瓷石是肌肉,高岭土是骨骼,釉是皮肤,故制造瓷器,这三种土缺一不可。景德镇之所以千年窑火不衰,重要原因之一就是浮梁及周边地区盛产这三种瓷土。

### 一、瓷石的开采与加工

从地质学的范畴分析,景德镇属于较古老而不稳定的陆台,地形以低山丘陵为主。在漫长的地质年代里,这里多为内浅海或内陆湖,经过亿万年的变化,沉积了许多矿藏;岩浆因活动侵入地壳,从而集聚了各种可以制瓷的矿物。这些矿物,有石质的,也有土质的。石质矿物经过加工制成不子和釉果,土质矿物经过加工制成高岭土。石质矿物是制成不子还是制成釉果,区别在于石质及其耐窑火的温度,现在,许多人将制不和制釉的矿物统称为"瓷石"。

瓷石是以石英、绢云母为主体的矿物,是制造不子和釉果的原料,分为风化型和未风化型,矿床多为脉状分布。制不子的矿床主要分布在浮梁的东流、柳家湾、三宝蓬、寿溪和余干的金埠、梅港,以及安徽省的祁门等地;制釉果的矿床主要分布在浮梁的瑶里、鄱阳的陈湾(今属景德镇市)等地。

表 2-1 景德镇历代使用主要瓷石化学成分[1]

| 原料名称 | $SiO_2$ | $Al_2O_3$ | $Fe_2O_3$ ($TiO_2$) | CaO | MgO | $K_2O$ | $Na_2O$ | | 灼失 | 合计 |
|---|---|---|---|---|---|---|---|---|---|---|
| 进坑瓷碗残片 | 77.64 | 16.93 | 0.73 | 1.07 | 0.62 | 2.46 | 0.47 | | 0.36 | 100.28 |
| 进坑瓷石(下层) | 75.46 | 14.35 | 0.81 | 1.14 | 0.55 | 1.40 | 3.90 | | 2.01 | 99.62 |
| 南港瓷石(原矿) | 76.75 | 15.01 | 0.49 | 0.17 | 0.19 | 1.92 | 3.5 | | 1.63 | 99.66 |
| 南港不子 | 76.82 | 14.22 | 0.61 | 1.10 | 0.31 | 2.24 | 0.68 | | 3.61 | 99.59 |
| 柳家湾瓷石(原矿) | 76.32 | 14.60 | 0.50 | 0.27 | 0.23 | 2.92 | 1.90 | | 3.47 | 100.21 |
| 柳家湾雷蒙粉 | 77.54 | 14.15 | 0.58 | 0.68 | 0.46 | 2.61 | 0.21 | | 3.76 | 99.99 |
| 宁村瓷石(原矿) | 77.40 | 14.29 | 0.71 | 0.54 | 0.45 | 2.83 | 0.15 | | 3.28 | 99.65 |

---

[1] 景德镇市地方志办公室.中国瓷都·景德镇市瓷业志:市志·2 卷[M].北京:方志出版社,2004:23-24.

续表 2 – 1

| 原料名称 | $SiO_2$ | $Al_2O_3$ | $Fe_2O_3$ ($TiO_2$) | CaO | MgO | $K_2O$ | $Na_2O$ | | 灼失 | 合计 |
|---|---|---|---|---|---|---|---|---|---|---|
| 宁村雷蒙粉 | 76.06 | 14.58 | 0.63 | 0.72 | 0.44 | 2.90 | 0.40 | | 3.82 | 99.55 |
| 宁村风化土 | 63.25 | 23.17 | 1.06 | 0.85 | 0.84 | 4.25 | 0.48 | $Li_2O$ 0.42 | 5.76 | 100.08 |
| 三宝蓬瓷石（原矿） | 74.21 | 15.58 | 0.70 | 0.97 | 0.05 | 1.99 | 4.12 | | 1.81 | 99.43 |
| 三宝蓬不子 | 76.54 | 15.37 | 0.47 | 0.63 | 0.38 | 2.05 | 4.48 | | 1.61 | 101.53 |
| 寿溪瓷石 | 77.70 | 16.20 | 1.18 (0.13) | 0.03 | 0.24 | 3.97 | 0.56 | MnO 0.04 | | 99.92 |
| 余干瓷石（原矿） | 75.47 | 14.60 | 0.59 | 1.13 | 0.30 | 3.93 | 1.74 | | 2.60 | 100.36 |
| 余干不子（老虎口） | 74.62 | 15.68 | 0.65 (0.08) | 1.12 | 0.51 | 3.67 | 0.23 | | 3.64 | 100.12 |
| 余干大山水库瓷石 | 74.22 | 14.66 | 0.52 | 1.64 | 0.40 | 3.64 | 1.90 | | 2.81 | 99.79 |
| 东乡小璜瓷石 | 74.04 | 14.80 | 0.45 | 1.64 | 0.30 | 3.80 | 1.87 | | 3.17 | 100.07 |
| 东乡小璜不子 | 75.13 | 15.84 | 0.82 | 1.10 | 0.44 | 2.70 | 0.19 | | 3.72 | 99.40 |
| 余江瓷石（原矿） | 79.74 | 13.49 | 0.26 | 0.34 | 0.12 | 0.70 | 0.09 | | 4.74 | 99.48 |
| 贵溪上祝瓷石（原矿） | 76.25 | 15.28 | 0.45 | 0.21 | 0.17 | 2.96 | 0.17 | | 3.53 | 99.02 |
| 上祝不子（一级） | 74.21 | 16.40 | 0.48 | 0.45 | 0.22 | 4.21 | 0.17 | | 3.43 | 99.57 |
| 上祝不子（精选） | 64.77 | 22.88 | 0.65 | 0.78 | 0.54 | 4.87 | 1.22 | MnO 0.11 | 4.20 | 100.02 |
| 倒樟树瓷石（原矿） | 77.21 | 15.75 | 0.38 | 0.19 | 0.08 | 0.32 | 0.02 | 0.15 | 5.44 | 99.54 |
| 倒樟树不子（精选） | 70.84 | 20.38 | 0.37 | 0.19 | 0.05 | 0.45 | 0.05 | 0.13 | 7.04 | 99.50 |
| 安徽祁门瓷石 1 | 75.20 | 15.90 | 0.79 | 1.82 | 0.37 | 5.30 | 5.30 | | 1.62 | 106.30 |
| 祁门瓷石 2 | 75.67 | 15.89 | 0.51 | 0.54 | 0.13 | 3.35 | 2.02 | | 1.67 | 99.78 |
| 祁门不子 | 73.06 | 16.96 | 0.47 | 1.46 | 0.39 | 2.55 | 2.00 | | 3.59 | 100.48 |
| 江西南丰瓷土 | 72.48 | 18.12 | 0.28 | 0.22 | 0.38 | 4.28 | 0.26 | | 3.36 | 99.38 |
| 都昌化民瓷土 | 74.65 | 18.61 | 0.57 | 0.17 | 0.25 | 未测 | 未测 | | 3.40 | |
| 福建泰宁瓷土 | 76.26 | 16.06 | 0.36 | 0.24 | 0.25 | 1.59 | 0.08 | | 5.23 | 100.07 |

南宋前,景德镇制瓷原料仅用瓷石,多系裸露的表矿体,经长年风化,质地

较松,其实是一种硬土块。人们顺着露头的矿体往下和四周挖掘,刨去表层泥土和植物,使矿体露出来,然后依据裸露地表的矿体,跟踪开采,只需用铁锄镐耙挖取,开采容易,成本较低。矿石开采后,按照制瓷的工艺要求,进行必要的粉碎、淘洗加工,即可制作瓷器。

南宋以后,裸露的表矿体已开采完毕,深层瓷石开采就变得困难复杂。张裴然在《江西陶瓷沿革》一书中记载:"制瓷原料之采掘方法,可分为二种,即竖坑法与横坑法。竖坑即由上掘下,法颇简单;横坑即由山之侧面穿一隧道,隧道空间用木料横直支持。土质原料只需用锄掘取之,石质原料则先用薪柴附石着火出裂纹,然后用铁钎凿下,或先于石之适当处,凿一洞孔,填入黑硝,引火炸裂之。"①

据陈海澄在《景德镇瓷录》中介绍,矿山为山主所有,采矿点叫"土坑"。采矿业多为合伙经营,也有山主独自经营或出租。开采矿物除了投资者要有足够的资金外,还得有一支开矿队伍。这支队伍中,有一个至关重要的技术人员,叫"扶塘师傅"。扶塘师傅是采矿多年有实际经验的人,他的职责是探明矿脉,对矿物进行鉴定,以及决定采取何种方式开矿。鉴定的方法是取少许矿物进行粉碎和淘洗,之后将纯土做成块状,放入窑里烧制,叫"试照子",通过对照子进行分析,得出矿物的开采价值。他既是技术指导,又是总指挥。另外开矿队伍中还要挑选数名懂石性、会安装土硝的放炮人,其余均为开矿的劳动力。这些人多半来自乐平和婺源农村,他们把开白土矿称作"做土"。做土的时间一般在秋后,到大年前停工。这种半年时间的开矿有两种原因:一是农民收割以后有充裕的时间搞副业;二是上半年雨水多,加之开矿由老板供给膳宿,雨天不能生产,浪费钱财。

开采矿石的方式有两种:一种是明矿,即露天开采法;一种是暗矿,用竖井或横洞开采法。明矿前期投资多,出矿石迟,但较为安全,又不浪费矿源,只要矿物丰富,基本上可以采掘干净,有成本低的优点。暗矿前期投资少,能早出矿石,但有不安全和浪费矿源以及成本高的缺点。至于采取哪种方式,还得根据矿床的深浅来决定。

采矿前,老板要购置锤、钎、黑硝、耙、锄、镐、簸箕等工具,还要选向阳有水源的山坡搭置茅屋,采木条置床,以及置办炊具等物。

---

① 张裴然.江西陶瓷沿革[M].上海:启智书局,1930:35.

明矿，先用人工大面积地挖掉覆盖在矿床上面的泥土，显出采矿的面积叫"塘口"。上层瓷石较为松散，便于采掘；下层矿石越来越硬，于是矿工采用烧岩和炸岩法开采。烧岩法始于宋代，是将一定数量的薪柴堆于采矿工作面，点火烧岩。未点火前，应准备打湿的稻草或茅柴松枝，同时准备适量黄豆和白酒，将柴点燃，如火力不足，即倾白酒助燃，烧到一定火候，倾入黄豆，覆盖湿草，将火焖盖；黄豆受热后流油而不使火熄灭，保持火堆内一定温度，焖烧两天；瓷石矿体受热膨胀，矿岩烧裂，出现松动，用铁凿随裂纹锤击凿下或撬离原岩，将瓷石采下运出。炸岩法就是用黑硝炸裂矿石，然后用工具掘采。黑硝炸裂需打炮眼，打炮眼的人骑马式坐在矮凳上，凳子一头有两只脚，一头无脚，无脚的一头搁在高处，有脚的一头放在低处。打眼人一手扶着钢钎，一手拿着短柄形似蘑菇的圆铁锤，连续不断地打在钢钎上，并同时给水；随着炮眼的加深，要换用长钢钎，打到 1 米以上时，便另打炮眼。时近中午，扶塘师傅便命令全场停止工作，打眼人便用干布揩干炮眼里的积水。此时，放炮师及助手将黑硝装入炮眼，安上引线，当大家都离开现场后，由放炮师放炮。下午，大部分人继续打炮眼，少部分人用撬棍从爆破开缝的地方将矿石撬起，再用大铁锤将大矿石打成 20 公斤以下的块头，然后由挑手挑出塘口，另行堆放。傍晚，又放炮。当塘口打深后有泉水渗入塘内时，要派专人用水车车干水。到民国初年，这种浅矿很少了，多数是用暗矿采掘方式采矿。

暗矿，分两种开采方式。一是竖井采掘法。掘竖井和掘吃水井的方法基本相同。井型有圆形和长方形两种。圆井的井口直径 1 米以上，当掘下 1 米以后，就用大竹子劈成四片后在井下围成圆圈，以防泥石塌方。长方形的井口长约 2 米，宽约 1 米。掘下 1 米以后，用 2 米长、1 米宽的木料围成长方形，也是防止塌方。在井口，用一根粗木料从中隔开，形成两个井口。在井面，用四根木条扎成两个木杈，绞车就安在两个木杈的中间。绞车安绳索，用以放工人下井和吊装矿石出井。在井下，工人顺着矿源打眼、装硝、放炮。如果四周都是矿石，就四面开花。二是横洞采掘法。掘横洞也叫"打眠垄"，是在山坡上开凿隧道采矿。打横洞首先要"装厢"，即在洞坑的两侧各竖一根长约 2 米、直径约 10 厘米的木料，叫"厢树"。厢树上端对中往下锯 10 厘米，再将一侧锯掉，形成上下两个半圆形，叫"碗口"。再取一根长约 1.5 米、直径亦为 10 厘米的木料，叫"搭脑"，两端亦锯成碗口，横架在两边厢树之上，成梯形摆放，即上小下大，这叫"一对厢"。土质松的洞坑，每隔 70 厘米一对，土质硬的，不超过 1 米一对。搭脑上面铺木板,木板上又铺一层槎柴,以挡住上面落下的碎石土。如果察觉哪边厢树负荷过重,就要"扛眠牛",即取一根长 3 至 4 米、直径 14 厘米以上的粗木料,放在不胜负荷的搭脑的一侧,下面用 3 至 4 根厢树顶住这根"眠牛"。打到矿石以后,厢树和眠牛就可以不安装或少安装。由于在洞中也要凿眼放炮,厢树和眠牛会因受震而损坏,所以要及时采取补救措施。矿石运至井外或洞外,自有专门将矿石加工成不子或釉果的碓户购买和运走。①

图 2 - 2  矿坑遗址

瓷石加工成不子,由专门经营这种行业的碓场进行,因碓户必须具备水碓,故名。河流自古就是景德镇采矿取石的巨大动力,水碓又须设在水力资源丰富的地方,所以浮梁的东河、南河及其支流,甚至小溪,各种水碓星罗棋布。瓷工们利用天然水流的落差,在各支流上安装用以粉碎瓷石,制作瓷土、釉果的水轮车和水碓。这大大减少了人力耗费,又保证了原料质量,在原料粉碎上起到了特殊作用。据《景德镇陶录》记载:"邑东王港以上,有二十八滩,每滩皆有水碓,春土作不。"②最盛时水碓超过 6000 架,每当春夏水发,车轮飞转,水碓起扬,隆隆如轻雷的水碓声处处可闻,蔚为壮观,构成了古代业陶都会的奇异景观。清

---

① 陈海澄. 景德镇瓷录[M]. 景德镇:《中国陶瓷》杂志社,2004:1 - 2.
② 傅振伦.《景德镇陶录》详注[M]. 北京:书目文献出版社,1993:52.

朝乾隆年间主持重编《浮梁县志》的凌汝绵在《昌江杂咏》中说得十分真切："重重水碓夹江开,未雨殷传数里雷。春得泥稠米更凿,祁船未到镇船回。"①

水碓有三种,大的叫"缭车",建在大河和主要支流两旁;中等的叫"下脚龙",建在大水沟两旁;小的叫"鼓儿",建在小溪两旁。

缭车碓,建在大河和主要支流两旁,车轮一般4到5米,用木条缠扎而成,水力从下面推动车轮。缭车的用水设备主要有堰、景华、天门枋、闸水龙、水仓、水槽等。缭车的木质结构复杂,由车网、车心、碓拨、碓栅、碓脑、碓嘴、碓臼等部件组成。从结构看,除碓嘴为生铁外,其余全为木料,又很少刨削打眼,真可谓巧夺天工。

图 2-3　缭车碓

下脚龙碓,建在大水沟两旁,在大沟中用石料砌坝,大沟旁开小沟,亦用石料砌成。小沟里的水进入水槽处安装闸门。闸门用木板制成,高约70厘米。水槽进口处宽1米,车网下面宽约80厘米,长约3.2米,亦用石料砌成。下脚龙碓直径2—3米,用木料制成车轮,水从下推动车轮,牵引连接碓头的车轮主轴旋转,带动碓头粉碎瓷石。

---

① 童光侠. 中国历代陶瓷诗选[M]. 北京:北京图书馆出版社,2007.

图2-4　下脚龙碓

　　鼓儿碓,建在小溪两旁,是最小的一种水碓,因车网形似鼓而得名。鼓儿碓直径有1—1.5米,形状与下脚龙碓相似,但水由上而下使车轮旋转带动碓头工作。鼓儿碓上面的水流上有一水闸,水碓工作时,启开水闸,闲时拉下水闸,这样瓷工可以自由用水。

图2-5　鼓儿碓

　　水碓的厂房分碓棚和摊棚两部分。碓棚是水碓舂矿石的地方,碓场向矿主购买矿石后,用独轮车运到河边,装来的矿石倒在河边或沟边,让水冲刷余泥,之后,用八磅铁锤打碎,再用一磅铁锤敲成鸡蛋般大小的石块,然后倒进碓臼。水碓在水流的驱动下,驱动水轮,水轮带动碓杆和碓杵一起一落,碓杵嘴落入方形的碓坑,其自上而下的冲击力将坑内的瓷石击碎。碓杵嘴落点在碓坑偏外一方,碓坑偏内一方竖一木板,这样使碓坑里的瓷石能上下自行翻动,达到均匀粉碎的目的。石料由此变成了粉料。[①]

摊棚是淘洗、制不、晾干的场所,由淘塘、淀塘、干塘等组成,其他工具还有制不专用桌、制不专用木盒、吸水砖、晾干不子的架子等。所谓棚,其实都是茅草房,结构简单,四面无墙壁,屋檐低矮,只有2米左右。缭车的碓棚面积约90平方米,摊棚很大,面积约300平方米。下脚龙碓和鼓儿碓的碓棚和摊棚有的连在一起,有的分开,面积也有大有小,一般在200—250平方米。碎石舂成细末后,工人双手抱住碓脑,挂在预先吊好的绳索或篾环上,用铁勺将粉末舀起,过筛倒进淘塘。当取了五臼细末,淘塘就加水,用铁耙来回搅动,搅成糯糊状后,用木勺舀到淀塘里。淀塘里的泥浆约淀6小时后,放开隔墙半腰的洞孔,淀塘里上面的清水回流到淘塘,再用木勺将泥浆舀到干塘,或者舀到清扫后四周用泥巴作拦坝的地下,让其自然干燥。泥干燥到可以成堆而不下沉时,便可制不。[②]

制不时,先将湿泥搬到桌上,堆成小堆,另把托板托着木盒放在桌上,抓一把干粉末,撒在盒子内空和四角,再抓一团泥,揉成圆状,用力搭在盒子里,再用手拍紧,然后用钢丝弓锯掉余泥,盖上碓户牌号印,退开盒子后面的活档子,取下盒子,托板托上湿泥坯,侧着放在货架的吸水砖上,一块不子便制成了。

缭车碓车身大,动力足,碓臼多,在雨水均匀时,每车年产量可达14万块,但对水源要求特别高,故建造得比较少。下脚龙碓对自然条件的要求适中,建造最多,每车年产量约5万块。鼓儿碓虽然造价不高,但动力有限,每车年产量只有2万块。这三种碓的建造使大小河流和大小水沟的水力资源得到了充分的利用,既降低了加工成本,又保证了景德镇产瓷原料的供给。但碓车的产量也受到自然条件的限制,雨水好的年份,可生产九个月,遇到干旱,则不到半年。

碓厂雇工不多,资本大的每碓也只有2—4人。受雇者又多为半工半农,既在碓棚生产,又在自己家里种田。他们的工资按件核算,每一小万块(即1万斤,计2500块,每块4市斤),可挣干谷5石(每石130市斤),包括伙食以及过节、过年的酒菜在内,一年可挣干谷40石,可舂成大米4500余斤。

碓产与白土行(即牙行)一般都有固定的买卖关系,称"宾主",成品由白土

---

① 陈海澄.景德镇瓷录[M].景德镇:《中国陶瓷》杂志社,2004:3－6.

② 陈海澄.景德镇瓷录[M].景德镇:《中国陶瓷》杂志社,2004:5－6.

行经销,并送货上门,有的碓户则直接售给窑户。①

图2-6　瓷土不子

新中国成立后,景德镇瓷石开采发生了深刻变化,随着矿山开采机械化程度越来越高,炸药种类和配料也不断得到改进。20世纪50年代,景德镇瓷石开采普遍采用电力引爆,既提高了工效,又保证了安全。1958年,在江西省陶瓷原料矿山工作会议"改革工具、更新设备、迅速改变矿山面貌"的号召下,开始采用机械凿岩,推行浅眼冲击式钻眼(凿岩)。冲击式钻眼法是利用钎子的冲击作用将岩石凿碎,破碎后,岩粉用人工、压气或压力水将其排出眼外,钎子凿碎岩石,形成圆形炮眼。浮东瓷石矿首次使用风钻,改手工打眼为机械凿岩。其工作特点是以压缩空气为动力,作用于钎尾上的冲击力使钻头的刃锋打进岩石内,而将其破碎击下,形成炮眼。凿岩机按动力不同分为风动(气动)、电动、内燃和液压凿岩机;按使用方法分手持式、气腿式、导轨式和伸缩式等。20世纪70年代,随着电力工业的发展,各主要矿山供电设施逐步完善,基本上实现了机械凿岩。20世纪80年代,采矿生产过程中采用的炸药主要是以硝酸铵为基本成分的铵梯炸药、铵油炸药、铵沥蜡炸药等。陶瓷矿山大量使用的是铵梯炸药。

新中国成立后,景德镇瓷石加工工艺也发生了深刻变化。传统水碓生产受到自然条件的制约,生产能力小,远不能满足日益发展的陶瓷工业的需求。20世纪50年代中叶,景德镇出现了机碓粉碎加工技术。这种工艺以电力作为动力,采用压滤机(又名榨泥机)脱水,机械制不,大大提高了瓷石粉碎加工的生产

---

① 陈海澄.景德镇瓷录[M].景德镇:《中国陶瓷》杂志社,2004:5-6.

能力,成为景德镇地区 50 年代至 60 年代陶瓷原料的主要加工方式。1954 年,公私合营南河瓷土厂在里村童街建起一个以柴油机为动力的机碓车间,装有机碓 64 架。1955 年,公私合营利民瓷厂在河西三间庙建起 64 架机碓的车间,后并入南河瓷土厂。1955 年国家拨款 20 万元,在里村老鸦滩建机碓 258 架,建成一个年产 4400 吨的机碓车间。1958 年,市瓷土厂建成三个机碓车间,共装有机碓 598 架,高峰期机碓加工的原料达 3 万吨。机碓粉碎加工的原理与水碓粉碎加工基本相同,其工艺流程为:选洗矿—颚式破碎机粗碎—机碓粉碎—贮浆池沉淀—浓缩池浓缩—压滤脱水—制不(机械或手工)—入库。机碓布置为横向排列,占地面积广,能源消耗大。

1957 年,景德镇市瓷土厂(江西省陶瓷工业公司原料总厂的前身)从上海引进雷蒙机粉碎设备,以颚式破碎机、斗式提升机、矿石料仓、雷蒙粉袋装打包机和除尘设备等,组成一条自动化的矿石粉碎生产线。该工艺的引进使陶瓷原料加工方式发生了深刻的变化,使瓷石粉碎能力得到极大的提高,而占地面积大大缩小,且工艺简单,操作方便,适应了景德镇瓷业生产发展的要求。然而,当时的雷蒙机粉碎的瓷石粉细度达不到制瓷工艺的要求,雷蒙机只能作为一种"中碎"设备,还需将物料投入球磨机进行"细碎",以 2 台雷蒙机配 20 台球磨机建立电动粉碎车间。球磨机粉碎效率低,使雷蒙机的加工能力受到了很大的限制。1966 年,江西省陶瓷工业公司将雷蒙机的改造列为主要科技项目,在瓷土厂组织专门的攻关小组,从分析整机部件性能入手,将气流分级器叶片由原来的 60 片增加到 120 片,并提高其转速,增加机内阻力,以气流调节物料粉碎所需细度,于 1967 年 5 月攻克难关,使雷蒙机加工的瓷石粉细度过 35 目筛筛余小于 0.5%,达到了规定的技术要求,从而大幅度提高了粉碎瓷石的加工能力,缩短了瓷石加工的生产周期。雷蒙机也由原来的 2 台增至 11 台,使原料加工适应了景德镇陶瓷工业的发展。1978 年,这项新工艺荣获市重大科技成果奖。雷蒙机粉碎工艺已成为景德镇瓷石类原料粉碎加工的重要方式,雷蒙机磨碎的瓷石粉(简称雷蒙粉)在瓷石加工总量中达到 80% 以上。

江西省陶瓷工业公司原料总厂除粉碎加工单一的瓷石粉外,还可按照瓷器坯胎原料配方,将数种瓷石粉碎后再加高岭土等混合加工成粉料,瓷厂购进此粉只需加水淘洗去渣,滤去水分经练泥后即可使用①。

---

① 景德镇市地方志办公室.中国瓷都·景德镇市瓷业志:市志·2 卷[M].北京:方志出版社,2004:9 – 10.

## 二、高岭土的开采与加工

高岭土为土质土,主要由颗粒细小的高岭石和埃洛石所组成。最早发现并应用于制瓷的高岭土产于浮梁瑶里麻仓村,时称"麻仓土",由于这种土非常珍贵,被列为官土,只限于"御用制瓷"。后来又在东埠高岭村发现了高岭土。清同治八年(1869年),德国地质学家李希霍芬来高岭村考察之后,著文向全世界介绍高岭矿石,从此高岭土和高岭石成为两个地质术语而名扬天下。

表2-2　景德镇高岭村高岭土化学成分①

| 原料名称 | $SiO_2$ | $Al_2O_3$ | $Fe_2O_3$ | CaO | MgO | $K_2O$ | $Na_2O$ | 灼失 |
|---|---|---|---|---|---|---|---|---|
| 高岭土不 | 49.65 | 33.82 | 1.13 | 0.33 | 0.23 | 2.70 | 1.03 | 11.84 |
| 高岭土不 | 48.08 | 36.43 | 0.65 | 0.53 | 0.17 | 1.90 | 1.44 | 11.40 |
| 高岭土精泥 | 47.77 | 37.18 | 0.74 | 0.45 | 0.38 | 2.10 | 0.53 | 11.31 |
| 高岭土不 | 50.46 | 33.76 | 0.60 | 0.07 | | | | |
| 高岭土不 | 49.65 | 33.20 | 0.73 | 0.33 | 0.23 | 2.70 | 1.03 | 10.24 |
| 精淘高岭土 | 48.59 | 36.63 | 0.65 | | | | | |
| 粗淘高岭土 | 50.61 | 34.93 | 0.64 | 0.42 | 0.06 | 0.97 | 2.70 | 9.90 |
| 水旋高岭土 | 47.28 | 37.41 | 0.78 | 0.36 | 0.10 | 2.51 | 0.23 | 12.00 |
| 粗淘高岭土 | 51.46 | 33.03 | 0.93 | 0.59 | | 2.70 | 1.64 | 9.27 |
| 2号矿探样品 | 47.10 | 36.22 | 0.90 | | | | | 12.90 |
| | 46.18 | 36.09 | 0.60 | 0.05 | | | | 13.10 |
| | 46.64 | 36.22 | 0.90 | 0.04 | | | | 12.90 |
| | 48.40 | 35.54 | 0.55 | 0.04 | | | | 12.20 |
| | 49.08 | 34.19 | 0.90 | 0.05 | | | | 11.83 |
| | 51.40 | 32.02 | 0.60 | 0.15 | | | | 11.00 |
| 1号矿探样品 | 50.24 | 33.51 | 1.10 | 0.02 | | | | 11.00 |
| | 51.06 | 32.15 | 1.14 | 0.10 | | | | 10.67 |
| | 48.66 | 33.86 | 1.10 | 0.15 | | | | 11.47 |
| | 49.14 | 34.44 | 1.06 | 0.15 | | | | 11.70 |
| | 49.16 | 33.94 | 0.99 | 0.10 | | | | 11.22 |
| | 49.44 | 33.44 | 1.06 | 0.05 | | | | 11.36 |
| 3号矿探样品 | 50.04 | 29.57 | 1.14 | 0.06 | | | | 9.87 |
| | 53.28 | 29.19 | 0.68 | 0.24 | | | | 8.66 |
| | 54.28 | 27.66 | 0.63 | 0.24 | | | | 7.99 |

① 景德镇市地方志办公室.中国瓷都·景德镇市瓷业志:市志·2卷[M].北京:方志出版社,2004:34.

续表2-2

| 原料名称 | SiO$_2$ | Al$_2$O$_3$ | Fe$_2$O$_3$ | CaO | MgO | K$_2$O | Na$_2$O | 灼失 |
|---|---|---|---|---|---|---|---|---|
|  | 49.48 | 31.09 | 1.00 | 0.06 |  |  |  | 9.81 |
|  | 49.44 | 31.60 | 0.88 | 0.21 |  |  |  | 10.59 |
|  | 49.99 | 31.03 | 0.88 | 0.30 |  |  |  | 9.83 |

由于高岭土是由细小颗粒状矿石所组成的土质土,所以矿床的开采比石质矿要简便得多,只要找到矿源以后,用铁锄挖掘即可,故矿主将开采和加工连成一体,省去了中间环节。但在开矿前,也要聘请有丰富经验的"扶塘师傅",负责勘察矿床、取样试烧,以及聘请工人进行开矿井、搭工棚、淘洗加工等工作。

矿床经勘察选定之后,取原矿土数斤用水分几次淘洗,洗净杂质晒干后,取一二小块送到窑里"试照",如果质量符合要求,含土率又在50%以上,就立即开采。有的矿床含土率仅30%,如迫切需要,也着手开采。

开采的方法也分明矿和暗矿,即露天开采和坑道开采,采取哪种方法,视其离地面深浅而定。露天开采较为简单,只要铲除地面杂草灌木,刨开淤泥积石后,从上往下挖掘即可。这种方法成本低,效率高。有的矿床较深,便采取坑道式采矿,尽管连连支撑"厢树"和"扛眠牛"(支架),但由于矿体酥松,因坍塌造成人身伤亡的事故常有发生。后来,除了矿源非常丰富之地,均采用露天开采法。

矿坑确定之后,选一块地势平坦且又向阳的地方为摊棚。摊棚为大草棚,结构简单,面积随矿床多寡而定。棚内顺地势挖坑,用石料砌成上、中、下三个阶梯式的连体大窖,每只窖长约6米,宽约5米,深约0.8米。每只窖之间的墙壁中,各开闸门一方,为关放水浆用。有的矿主,将窖开在露天之下,但也要搭一个较小的草棚,为将矿土制成砖块状之处。还有一道重要设施为水沟,沟很长,顺地势挖,直到连接水源。所经过的地段,有的用石料砌结;若山脚是岩石,则必须开凿;有的地段地势低洼,便用竹枧为渡槽。水沟的宽与深视情况而定,有的长达一二里之遥。人们挖出矿土后,倾倒在沟里,利用水的冲击力,将化了的泥浆冲入窖中。有的矿坑离作坊很近,就直接倾倒在第一层窖中。泥浆或矿土达到一定的积量时,关闭水源,用铁耙反复搅动,数分钟后,渣滓沉淀于窖底,再放开闸门,泥浆经过筛滤流入第二层窖中,又反复搅动,沉淀后放入第三层窖中。经过两次过滤,已是纯泥浆了,这时,用2斤石膏溶于水,倒入窖中,约20分钟后,开闸门放出清水,尔后用木棒在沉淀了的稀泥上挨次拍打,使内含的水分挤出来,用勺舀出,下面便是带有黏性的湿土,再用以铁丝为弦的木弓,将湿土锯成块状,取出后放在桌上稍微晾干,然后印制成砖块状。

打砖的长桌用厚木料制成,砖匣用四块可拆开的木料制成,底下另有托板。砖匣的内空根据砖块体积而定。明砂高岭印成的砖块很小,长约 8 厘米,宽约 6 厘米,厚约 3 厘米,重量约 16 两,为今天的 1 斤 4 两,故称作"不子"。星子高岭印成的砖块大,长约 14 厘米,宽约 10 厘米,厚约 8 厘米,重量约 3 斤 2 两,也称"不子"。打砖槌亦为木制,捶打时,取一团泥,填满匣的四角,捶打要结实,再用弓锯锯掉上面余泥,盖上货主牌号印。制成的泥坯或放在货架上晾干,或码放在露天下晒干,至此,全部工序完毕。

劳动组合一般为七八人,除扶塘师傅这个工头之外,没有工种之分,从采矿、淘洗、打砖、晒干全部完成。一窑泥的制作称"一夫泥",星子高岭一夫泥制泥坯 500 块,一天可制二夫泥。这种工人多数为当地农民,有的矿亦雇佣闲散劳动力,没有行帮组织,工资为计件结算。[①]

新中国成立后,景德镇高岭土加工工艺采用水旋分离法(简称"水选"),这是一种先进的高岭土加工工艺。1958 年 9 月,由中央投资新建的国营景德镇瓷厂进行原料精选加工及工艺试验时,采用传统淘洗加工的高岭土细度达不到要求,配料可塑性差,难以适应阳模压坯成型。因此,当时援建的捷克斯洛伐克潘道夫里契克工程师推荐采用水旋分离器精选高岭土,并设计出直径 50 毫米的水旋分离器草图,由景德镇陶瓷机械厂制造,经过多次工艺试验,效果很好。1972 年,景德镇市大洲高岭土矿推广两级水旋分离选矿,再经过振动筛剔除杂质,高岭土细度由过去人工淘洗时的 87% 提高到了 99.2% 。以后星庐高岭土矿和抚州砂子岭高岭土矿均全面推行圆盘式组合水旋器,一般可安装 6 台 Φ100 毫米或 Φ150 毫米的水力旋流器,并配以三级水选工艺,质量大大提高。高岭土细度(颗粒)直径小于 40 微米的大于 90% ,最大颗粒直径小于 60 微米。在筛选工艺上,过去淘洗泥浆一般用栅筛和粗筛放置淘浆池浆沟内,只能剔除粗砂及草木杂物。采用二级水旋分离后,高岭土泥浆中的云母因质轻形薄,仍不能从水旋器中分离出来,只有通过惯性振动筛才能清除,现在矿山普遍都采用各种筛分机械。

采用筛分机械后,高岭土加工质量得到很大的改善。在除铁工艺上,为提

---

① 陈海澄.景德镇瓷录[M].景德镇:《中国陶瓷》杂志社,2004:7.

高高岭土的白度,清除其中含铁杂质,普遍采用了过滤式料浆磁选机和高梯度磁选设备。在压滤脱水工艺上,经过水旋过筛及除铁后的高岭土料浆含水率一般在50%,不适于高岭土成型。过去长期使用沉淀脱水方法,靠太阳晒干,生产周期长,沉淀池占地面积大、成本高,生产规模和产量受到限制。采用了压滤机械——隔膜泵和框板式压滤机后,可以连续生产。在制不工艺上,经过脱水的泥饼放入制砖机内螺旋搅动推出的泥砖叫"不子",待全干后可成叠堆放或运出①。

# 第三节　景德镇陶瓷坯料发展的历史演变

江西万年仙人洞遗址中出土的新石器时期的夹粗砂红陶与乐平涌山洞遗址出土的新石器至商周时期的夹砂陶和几何印纹硬陶陶片,这些陶器胎料均为当时就地采取的低熔度黏土,其中还掺和了蚌末、石英粒,陶器呈色不稳定,同一片陶片上有红、黑、灰三种颜色。随着时间的推移,景德镇地区在汉唐时期完成了从陶到瓷的转变,创烧出原始青瓷,进入瓷器时代。景德镇陶瓷坯料的发展,历经了"一元配方"到"二元配方"的历史性转变。

**一、景德镇陶瓷坯料"一元配方"时代**

元代以前,景德镇瓷器制胎仅用瓷石矿的上层瓷石一种原料,粉碎后加水淘洗制成坯泥,为"一元配方"。

瓷石是一种主要由石英和绢云母组成的岩石,既具有适当的可塑性,又具有一定的助熔作用,制成瓷胎在1200 ℃左右的温度中烧造成型,因此可以单独用作制瓷原料。单一瓷石配方中 $Al_2O_3$ 的含量一般低于18%。

景德镇地区发现的最早的制瓷遗迹是乐平南窑遗址和浮梁兰田窑遗址,均属于中晚唐时期的窑业遗址,生产青釉瓷、白釉瓷、酱釉瓷、黑釉瓷,以青釉瓷为主。乐平南窑出土的唐代青瓷与兰田窑出土的唐代青瓷胎体化学组成方面差异较小,都是采用类似配方制胎。

全留洋等人的研究发现,景德镇南窑青瓷胎体中 $SiO_2$ 的含量大多为71.27%—74.85%,$Al_2O_3$ 含量较低,分布区间为15.66%—19.37%(表2-3),反映了南窑青瓷是就地取材,使用的是含铝量较低的单一制瓷原料制胎,且含

---

① 景德镇市地方志办公室.中国瓷都·景德镇市瓷业志:市志·2 卷[M].北京:方志出版社,2004:12.

有一定量的杂质。

表 2 - 3　南窑样品瓷胎主次量元素化学组成( wt.% )①

| 样品 | Na₂O | MgO | Al₂O₃ | SiO₂ | K₂O | CaO | TiO₂ | Fe₂O₃ |
|---|---|---|---|---|---|---|---|---|
| NY - 1 | 0.75 | 0.94 | 17.39 | 73.34 | 2.58 | 0.22 | 0.68 | 3.10 |
| NY - 2 | 0.03 | 0.78 | 17.56 | 72.83 | 2.72 | 0.22 | 0.71 | 4.16 |
| NY - 3 | 0.85 | 0.61 | 15.66 | 74.64 | 2.51 | 0.27 | 0.60 | 3.86 |
| NY - 4 | 0.37 | 0.59 | 16.91 | 74.71 | 2.31 | 0.16 | 0.62 | 3.31 |
| NY - 5 | 0.54 | 0.97 | 17.55 | 73.21 | 2.52 | 0.38 | 0.60 | 3.24 |
| NY - 6 | 0.54 | 0.78 | 19.37 | 71.27 | 2.84 | 0.39 | 0.58 | 3.23 |
| NY - 7 | 0.40 | 0.81 | 18.85 | 73.08 | 2.65 | 0.20 | 0.71 | 2.31 |
| NY - 8 | 0.66 | 0.92 | 17.80 | 72.83 | 2.63 | 0.20 | 0.59 | 3.42 |
| NY - 9 | 0.03 | 0.73 | 18.79 | 73.31 | 2.32 | 0.18 | 0.63 | 3.00 |
| NY - 10 | 0.57 | 1.09 | 19.03 | 71.41 | 2.62 | 0.21 | 0.76 | 3.32 |
| NY - 11 | 0.13 | 0.63 | 16.81 | 74.85 | 2.36 | 0.33 | 0.82 | 3.06 |

吴隽等人的研究表明,唐代兰田窑青瓷和五代兰田窑青瓷主要制胎原料配方变化不大,青瓷胎体中 $SiO_2$ 的含量大多在 73%—77% ,少数高达 79% 左右; $Al_2O_3$ 的含量基本在 14%—19% 的范围之内变动(表 2 - 4),说明这两个时期都是采用单一的一元瓷石配方制胎。

表 2 - 4　兰田窑样品瓷胎的化学组成均值与标准差( % )②

| | | Na₂O | MgO | Al₂O₃ | SiO₂ | K₂O | CaO | TiO₂ | Fe₂O₃ |
|---|---|---|---|---|---|---|---|---|---|
| 兰田窑唐代青瓷 | 均值 | 0.22 | 0.69 | 16.87 | 75.31 | 2.44 | 0.19 | 0.70 | 2.19 |
| | 标准差 | 0.16 | 0.15 | 1.73 | 2.24 | 0.27 | 0.06 | 0.25 | 0.26 |
| 兰田窑五代青瓷 | 均值 | 0.26 | 0.74 | 16.99 | 75.16 | 2.53 | 0.25 | 0.65 | 2.05 |
| | 标准差 | 0.15 | 0.13 | 1.22 | 1.51 | 0.17 | 0.09 | 0.07 | 0.31 |

而同一时期,景德镇杨梅亭、白虎湾、黄泥头等唐、五代窑址白瓷胎原料配方中 $SiO_2$ 的含量大多在 74.58%—79.46% ;$Al_2O_3$ 的含量基本在 15.72%—

---

① 全留洋,吴隽,张茂林,等.乐平南窑青瓷胎釉组成配方的 EDXRF 分析研究[J].中国陶瓷,2016,52(12):121 - 123.

② 吴隽,何旗航,张茂林,等.唐、五代景德镇蓝田窑青瓷科技研究[J].文物保护与考古科学,2015,27(2):1 - 5.

19.24%的范围之内变动(表2-5),这也说明这些窑址瓷胎原料配方与兰田窑基本相同,都是采用单一的一元瓷石配方制胎。

表2-5 唐、五代瓷胎及其原料的化学组成①

| 序号 | 年代、窑场、器物种类 | 成分(%) | | | | | | | | | |
|---|---|---|---|---|---|---|---|---|---|---|---|
| | | $SiO_2$ | $Al_2O_3$ | $Fe_2O_3$ | $TiO_2$ | $CaO$ | $MgO$ | $K_2O$ | $Na_2O$ | $MnO$ | $P_2O_5$ |
| 1 | 唐杨梅亭 T2-1白碗胎 | 77.48 | 16.93 | 0.77 | — | 0.80 | 0.51 | 2.63 | 0.35 | 0.12 | — |
| 2 | 唐杨梅亭 T2-2白碗胎 | 76.96 | 18.04 | 0.81 | — | 0.57 | 0.35 | 2.97 | 0.25 | 0.07 | — |
| 3 | 唐白虎湾 TS3-1白胎 | 74.58 | 19.24 | 1.12 | 0.33 | 1.27 | 0.20 | 2.35 | 0.56 | 0.13 | — |
| 4 | 唐白虎湾 TS3-2白胎 | 75.84 | 18.33 | 1.00 | 0.21 | 0.73 | 0.76 | 2.44 | 0.40 | — | — |
| 5 | 五代黄泥头 白瓷NO10胎 | 78.23 | 16.80 | 0.64 | 0.03 | 0.28 | 0.29 | 0.86 | 0.67 | 0.13 | — |
| 6 | 五代黄泥头 白瓷NO11胎 | 78.42 | 16.50 | 0.59 | 0.04 | 0.28 | 0.42 | 0.87 | 0.68 | 0.11 | — |
| 7 | 五代黄泥头 白瓷NO23胎 | 78.05 | 16.30 | 0.60 | 0.03 | 0.44 | 0.40 | 3.02 | 0.64 | 0.12 | — |
| 8 | 五代黄泥头 白瓷NO24胎 | 76.21 | 18.49 | 0.59 | 0.02 | 0.17 | 0.42 | 3.07 | 0.81 | 0.13 | — |
| 9 | 五代黄泥头 白瓷NO25胎 | 79.46 | 15.72 | 0.65 | 0.03 | 0.25 | 0.32 | 2.74 | 0.64 | 0.09 | — |

宋代景德镇的湘湖、白虎湾、黄泥头、湖田、南市街、柳家湾、杨梅亭、小坞里、银坑坞等窑场均烧造青白瓷,此时是青白瓷的鼎盛时期。宋代景德镇湖田窑、湘湖窑一度采用过三宝蓬瓷石为制胎原料,胎中 $SiO_2$ 平均含量为74.31%,$Al_2O_3$ 平均含量为19.13%,胎中四种助熔剂 $CaO$(1.04%)、$MgO$(0.35%)、$K_2O$(2.75%)和 $Na_2O$(1.17%)的总含量为5.31%。

宋代景德镇窑瓷石质瓷器的胎中 $Al_2O_3$ 的平均含量为19.13%,胎中 $K_2O$

① 熊寥.中国古代制瓷工程技术史[M].太原:山西教育出版社,2014:174.

含量(平均为2.75%)均大于$Na_2O$含量(平均为1.17%),这一特征与景德镇湖田三宝蓬瓷石(表2-6,第5、6号)的化学组成相符,表明宋代景德镇一度采用过三宝蓬单一瓷石为制胎原料。

表2-6 宋代瓷胎及其原料的化学组成[①]

| 序号 | 年代、窑场、器物种类 | 成分(%) | | | | | | | | | |
|---|---|---|---|---|---|---|---|---|---|---|---|
| | | $SiO_2$ | $Al_2O_3$ | $Fe_2O_3$ | $TiO_2$ | $CaO$ | $MgO$ | $K_2O$ | $Na_2O$ | $MnO$ | $P_2O_5$ |
| 1 | 宋湖田 S9-1 青白胎 | 76.24 | 17.56 | 0.58 | 0.06 | 1.36 | 0.10 | 2.76 | 1.02 | 0.03 | |
| 2 | 宋湖田 S9-2 青白胎 | 74.70 | 18.65 | 0.96 | 0.03 | 1.01 | 0.50 | 2.79 | 1.49 | 0.08 | |
| 3 | 宋湖田 S9-3 青白胎 | 70.90 | 22.16 | 0.92 | 0.07 | 0.84 | 0.18 | 2.50 | 1.70 | 0.06 | |
| 4 | 宋湘湖 S10-1 青白胎 | 75.41 | 18.15 | 0.81 | 0.35 | 0.96 | 0.63 | 2.95 | 0.46 | 0.09 | |
| 5 | 景德镇三宝蓬 瓷石1号标本 | 65.47 | 22.99 | 1.14 | | 0.58 | 0.09 | 5.46 | 0.07 | | |
| 6 | 景德镇三宝蓬 瓷石2号标本 | 71.10 | 18.10 | 0.70 | | 0.55 | 0.09 | 4.10 | 4.77 | | |

南宋时期,景德镇的文献资料开始对陶瓷生产进行记载。蒋祈在《陶记》中对南宋后期景德镇窑场规模、原料概况、胎釉配制、成型分工、生产品种、烧窑概况等加以叙述,对当时的胎质原料进行了记载:"进坑石泥,制之精巧。湖坑、岭背、界田之所产已为次矣。比壬坑、高砂、马鞍山、磁石堂,厥土、赤石,仅可为匣模,工而杂之以成器,则皆败恶不良,无取焉。"[②]文中的"进坑"即今天景德镇市浮梁县进坑村,"湖坑"即今天景德镇湖田村,"岭背"为今天景德镇牛角岭背,而"界田"就是今天景德镇市鹅湖镇界田村,这几个地方皆产瓷石,只有进坑最优。文中所记的制胎原料仅有"石泥"一种,没有其他材料,可见,南宋时期也是瓷石一种原料制瓷,仍然是"一元配方"。

① 熊寥.中国古代制瓷工程技术史[M].太原:山西教育出版社,2014:281-288.

② 熊寥,熊微.中国陶瓷古籍集成[M].上海:上海文化出版社,2006:178.

## 二、景德镇陶瓷坯料"二元配方"时代

景德镇附近的瓷石经过唐宋时期数百年的开采和使用,使得表层最优质的材料使用殆尽。深采下去是未经风化的瓷石,氧化铝含量降低,直接影响到瓷器的品质,导致南宋末期瓷器塑形难,高温烧造易变形,瓷器质量显著下降。

元、明时期景德镇找到了新的制瓷原料,"御土"和"麻仓土",$Al_2O_3$ 含量超过 20%,有效地解决了景德镇制瓷原料的危机问题,进入了坯料"二元配方"新时代。

所谓"二元配方",就是将瓷石粉碎后淘洗制成砖状,谓不子,再加以高岭土进行配方。高岭土主要成分为硅铝酸盐,质地细腻,白度高,易分散悬浮于水中,具有良好的可塑性和黏结性。人们发现将高岭土与瓷石按一定比例配方,制成的坯泥硬度大大提高,且瓷胎色泽更白,在高温下也不易变形。这一技术的发现改善和优化了景德镇瓷胎性能,为景德镇高温大件瓷和颜色釉瓷的烧造创造了条件。

较早记载景德镇使用高岭土类材料制瓷的是元末孔齐的《至正直记》:"饶州御土,其色如粉垩。每岁差官监造器皿以贡,谓之御土窑。烧罢即封,土不敢私也。"[1]

从元代景德镇窑场烧造的瓷胎的化学组成来看,胎中 $SiO_2$ 平均含量为 73.40%,$Al_2O_3$ 平均含量为 19.99%,胎中四种助熔剂 CaO(0.31%)、MgO(0.21%)、$K_2O$(2.85%)、$Na_2O$(2.17%)总含量为 5.54%(见表 2-7)。$Al_2O_3$ 平均含量接近 20%,高于宋代水平,说明元代景德镇窑场烧造的瓷胎已经加入了"御土"。

表 2-7　元代瓷胎的化学组成[2]

| 序号 | 年代、窑场、器物种类 | 成分(%) | | | | | | | | | |
|---|---|---|---|---|---|---|---|---|---|---|---|
| | | $SiO_2$ | $Al_2O_3$ | $Fe_2O_3$ | $TiO_2$ | CaO | MgO | $K_2O$ | $Na_2O$ | MnO | $P_2O_5$ |
| 1 | 元大都出土 YM74-1 青白胎 | 74.02 | 19.34 | 1.17 | 0.06 | 0.12 | 0.12 | 2.84 | 2.69 | 0.06 | 0.04 |
| 2 | 元大都出土 YM74-2 青白胎 | 72.08 | 21.01 | 0.84 | 0.09 | 0.40 | 0.23 | 2.50 | 2.56 | 0.05 | 0.04 |

---

① 熊寥,熊微.中国陶瓷古籍集成[M].上海:上海文化出版社,2006:186.
② 熊寥.中国古代制瓷工程技术史[M].太原:山西教育出版社,2014:451-458.

续表 2-7

| 序号 | 年代、窑场、器物种类 | 成分（%） | | | | | | | | | |
|---|---|---|---|---|---|---|---|---|---|---|---|
| | | SiO$_2$ | Al$_2$O$_3$ | Fe$_2$O$_3$ | TiO$_2$ | CaO | MgO | K$_2$O | Na$_2$O | MnO | P$_2$O$_5$ |
| 3 | 元景德镇 Shufu-2 枢府胎 | 73.75 | 19.52 | 1.40 | 0.23 | 0.18 | 0.21 | 3.18 | 2.03 | 0.08 | 痕量 |
| 4 | 元景德镇 Shufu-3 枢府胎 | 72.73 | 20.70 | 1.16 | 0.21 | 0.14 | 0.17 | 2.74 | 2.39 | 0.07 | 痕量 |
| 5 | 元景德镇 Shufu-4 枢府胎 | 72.15 | 21.59 | 1.19 | 0.20 | 0.06 | 0.18 | 2.81 | 2.12 | 0.07 | — |
| 6 | 元景德镇 Shufu-5 枢府胎 | 73.06 | 20.89 | 1.17 | 0.20 | 0.10 | 0.25 | 2.84 | 1.96 | 0.07 | — |
| 7 | 元景德镇 Shufu-64 枢府胎 | 72.71 | 21.43 | 1.25 | 0.09 | 0.18 | 0.20 | 3.07 | 1.57 | 0.05 | — |
| 8 | 元大都出土 YG IV-3 枢府胎 | 72.04 | 20.45 | 0.98 | — | 0.16 | 0.11 | 3.16 | 3.43 | 0.07 | 0.04 |
| 9 | 元大都出土 YG V-3 枢府胎 | 72.00 | 21.28 | 1.27 | 0.16 | 0.20 | 0.16 | 2.87 | 1.76 | 0.07 | 0.05 |
| 10 | 元大都出土 YM74 IV-5 青花胎 | 71.95 | 20.75 | 0.84 | 0.12 | 0.15 | 0.16 | 2.73 | 2.76 | 0.09 | 0.05 |
| 11 | 元至元墓 Y-10 青花观音胎 | 74.62 | 18.75 | 1.17 | 0.17 | 0.28 | 0.18 | 2.80 | 2.42 | 0.06 | 0.29 |
| 12 | 元景德镇湖田 Y-8 青花胎 | 74.91 | 19.47 | 0.16 | 0.07 | 0.90 | 0.08 | 3.03 | 2.39 | — | — |
| 13 | 元湖田 HT-1-1 青花胎 | 73.03 | 20.55 | — | 0.04 | 0.20 | 0.26 | 3.08 | 1.79 | 0.06 | — |
| 14 | 元湖田 HT-1-2 青花胎 | 71.55 | 21.02 | 0.89 | — | 0.66 | 0.48 | 3.64 | 1.88 | | — |
| 15 | 元保定窖藏青花八棱梅瓶胎 | 73.68 | 19.43 | 1.43 | 0.08 | 0.64 | — | 2.39 | — | 0.04 | 0.79 |
| 16 | 景德镇落马桥 YL-1 青花胎 | 74.76 | 17.74 | 1.17 | 0.11 | 0.35 | 0.18 | 2.80 | 2.50 | 0.06 | 0.04 |
| 17 | 景德镇落马桥 YL-2 青花胎 | 74.71 | 19.62 | 0.82 | 0.09 | 0.07 | 0.18 | 2.56 | 1.31 | 0.06 | 0.03 |

续表 2-7

| 序号 | 年代、窑场、器物种类 | 成分（%） | | | | | | | | | |
|---|---|---|---|---|---|---|---|---|---|---|---|
| | | $SiO_2$ | $Al_2O_3$ | $Fe_2O_3$ | $TiO_2$ | CaO | MgO | $K_2O$ | $Na_2O$ | MnO | $P_2O_5$ |
| 18 | 景德镇落马桥 YL-3 青花胎 | 69.75 | 22.63 | 1.15 | 0.09 | 0.17 | 0.19 | 2.84 | 2.56 | 0.07 | 0.04 |
| 19 | 景德镇落马桥 YL-4 青花胎 | 73.45 | 19.56 | 0.90 | 0.09 | 0.13 | 0.19 | 2.50 | 2.07 | 0.07 | 0.02 |
| 20 | 元釉里红玉壶春瓶残器胎 | 75.21 | 19.68 | 0.73 | 0.08 | 0.23 | 0.27 | 2.77 | 1.05 | — | — |
| 21 | 元釉里红 1 号残片胎 | 75.64 | 18.29 | 1.07 | 0.07 | 0.32 | — | 2.78 | — | 0.04 | — |
| 22 | 元釉里红 2 号残片胎 | 75.46 | 18.54 | 1.11 | 0.07 | 0.19 | — | 2.87 | — | 0.06 | — |
| 23 | 元釉里红 3 号残片胎 | 76.03 | 18.83 | 0.81 | 0.05 | 0.17 | — | 2.35 | — | 0.06 | — |
| 24 | 元釉里红 4 号残片胎 | 74.46 | 19.48 | 1.23 | 0.10 | 0.14 | — | 2.63 | — | 0.06 | — |
| 25 | 元釉里红 5 号残片胎 | 73.36 | 20.71 | 1.33 | 0.08 | 0.27 | — | 2.64 | — | 0.07 | — |
| 26 | 元湖田窑 158 号黑釉瓷胎 | 71.18 | 18.44 | 4.84 | 1.22 | 0.23 | 0.46 | 2.46 | 0.35 | — | — |

明代王宗沐在《江西省大志》中记载的就更加清楚："陶土出浮梁新正都麻仓山，曰千户坑、龙坑坞、高路坡、低路坡，为官土。……麻仓官土每百斤值银七分，淘净泥五十斤，曝得干土四十斤。……余干不土八十斤值二钱，婺源不土九十斤值八分。……石末出湖田，和官土造龙缸，取其坚也""本厂烧造瓷器旧用浮梁县新正都麻仓等处白土……近用该县地名吴门托新土……造龙缸参用余干、婺源不土及石末坯屑相兼匀和，取其泥质坚劲，以便成造。"①记载中明确指出这一时期同时使用麻仓土（官土）、余干不土、婺源不土、石末、坯屑等多种原料制造瓷器，并详细记录了制造龙缸的原料的具体配比情况。"大样鱼缸，每只约用官土百八十斤、余干不土百三十斤、坯屑五十斤、石末一升、石斛纸五十张、釉土五十斤、炼灰三十斤造成。缸坯约重二百斤。二样鱼缸，每只约用官土百

---

① 熊寥,熊微. 中国陶瓷古籍集成[M]. 上海：上海文化出版社,2006:33-34,48-49.

四十斤、余干不土百斤、坯屑三十五斤、釉土三十五斤、石斛纸四十张、石末一升、炼灰二十斤造成。缸坯约重一百五十斤。大样瓷缸,每只约用官土百三十斤、余干不土八十斤、坯屑三十斤、石斛纸三十张、石末一升、釉土三十斤、炼灰二十斤造成。缸坯约重一百二十斤。二样瓷缸,每只约用官土百斤、余干不土七十斤、坯屑二十五斤、石斛纸二十五张、石末八合、釉土二十五斤、炼灰一十五斤造成。缸坯约重百斤。"[1]麻仓土(官土)与余干不土、婺源不土和湖田石末混在一起使用,作用是造龙缸时能使胎体坚硬。

明末宋应星在《天工开物》中进一步明确指出景德镇"二元配方"工艺:"土出婺源、祁门两山。一名高梁山,出粳米土,其性坚硬;一名开化山,出糯米土,其性㷭软。两土和合,瓷器方成。"[2]

清康熙五十一年(1712 年),法国传教士殷弘绪在《中国陶瓷见闻录》中写道:"瓷用原料是由叫作白不子和高岭的两种土合成的。后者(高岭)含有微微发光的微粒,而前者只呈白色……""精瓷之所以密实,完全是因为含有高岭,高岭可比作瓷器的神经。""一个豪商说,若干年前,英国人,也许是荷兰人把白不子买回本国,试图烧造瓷器,但他没有使用高岭,因而事归失败……这个商人笑着对我说:'他们不用骨骼,而只想用肌肉造出结实的身体。'"

乾隆年间张九钺《南窑笔记》"高岭"一条记载:"出浮梁县东乡之高岭山,挖取深坑之土,质如蚌粉,其色素白,有银星,入水带青色者佳。淘澄做方块晒干,即名高岭。其性硬,以轻松不压手者为上。"在"合泥"一条记载:"不子性软,高岭性硬,用二种配合成泥,或不子七分、高岭三分,或四六分,各种配搭不同……凡一切瓷器坯胎骨子,俱用合泥做造。"[3]

这些文献均清楚地记述了景德镇制瓷工艺"二元配方"的形成过程,显示出景德镇陶工们至明代中期对高岭土和瓷石的性能已高度娴熟掌握。至此,景德镇制瓷"二元配方"工艺已发展成熟。

崔剑锋等人对历年景德镇地区陶瓷出土考古材料进行科学技术分析,发现景德镇地区元代和明代中期出土的瓷器瓷胎中 $Al_2O_3$ 含量高于 20% 低于 23% 的产品,是使用了一种含有高岭土的瓷石,属于天然"二元配方"。直至明末,瓷胎中 $Al_2O_3$ 含量超过 23%,反映出高岭土的人为加入。清初,$Al_2O_3$ 含量进一步

① 熊寥,熊微. 中国陶瓷古籍集成[M]. 上海:上海文化出版社,2006:49.

② 熊寥,熊微. 中国陶瓷古籍集成[M]. 上海:上海文化出版社,2006:203.

③ 熊寥,熊微. 中国陶瓷古籍集成[M]. 上海:上海文化出版社,2006:659 - 660.

增加,达到30%左右,说明"二元配方"达到了真正成熟。

因此,无论文献记载还是科学分析,都说明景德镇瓷器生产"二元配方"的真正形成时期或为明末,具体时间约在嘉靖、万历之际,此时高岭土开始得到大规模开发,"二元配方"因此得以规模化运用于景德镇瓷器生产。

表2-8　五代至清景德镇出土瓷器胎体 $SiO_2$、$Al_2O_3$ 含量描述性统计[①]

| 时代 | 样本量 | $SiO_2$ | | $Al_2O_3$ | |
|---|---|---|---|---|---|
| | | 平均质 | 方差 | 平均质 | 方差 |
| 五代 | 100 | 74.87% | 1.72 | 17.45% | 1.33 |
| 宋 | 36 | 75.98% | 1.92 | 17.72% | 1.27 |
| 元 | 85 | 72.24% | 1.81 | 19.65% | 1.31 |
| 明 | 136 | 73.75% | 1.99 | 20.05% | 2.06 |
| 清 | 50 | 68.18% | 3.04 | 25.13% | 3.20 |

## 第四节　景德镇制瓷原料配方

景德镇制瓷原料配方在宋代以前用单一瓷石制胎,北宋以前用质地优异的上层瓷石制胎,南宋时用中下层瓷石制胎,元代以后用瓷石加高岭土的"二元配方"制胎。张九钺在《南窑笔记》中记载:"不子性软,高岭性硬,用二种配合成泥,或不子七分、高岭三分,或四六分,各种搭配不同……凡一切瓷器坯胎骨子,俱用合泥做造。"[②]上色瓷器则用祁门一品,以高岭混合,约四六均搭。其余各不耐火力,皆不及祁门,故不宜二品并用,诸不可独用,其性不一,耐火力亦有强弱之分。景德镇窑工通过长期实践,形成了一套以高岭土不子为基准的坯料配备方法:"三吃",即七块瓷石不子,吃三块高岭不子;"对吃"即五块瓷石不子,吃五块高岭不子;"四吃",即六块瓷石不子,吃四块高岭不子;"三五吃",即六块半瓷石不子,吃三块半高岭不子。

---

① 崔剑锋,艾沁哲,肖红艳.景德镇瓷器生产"二元配方"起源初探:兼论高岭土开发史[J].故宫博物院院刊,2020(5):29.

② 熊寥,熊微.中国陶瓷古籍集成[M].上海:上海文化出版社,2006:660.

表2-9　景德镇民国时期坯料配方①

| 瓷器种类 | 原料名称 | 配比 | 百分比 | 瓷器种类 | 原料名称 | 配比 | 百分比 |
|---|---|---|---|---|---|---|---|
| 上等、中等薄胎瓷 | 祁门不子 | 10块 | 76.6 | 灰器（较粗碗碟） | 余干不子 | 100块 | 78.1 |
| | 星子高岭 | 7块 | 23.4 | | 石头口高岭 | 35块 | 21.9 |
| 小型雕削美术瓷 | 银坑仵不子 | 10块 | 90.1 | 二白釉瓷（兰边三大碗等） | 余干不子 | 100块 | 77 |
| | 星子高岭 | 3块 | 9.9 | | 星子高岭 | 30块 | 23 |

传统瓷胎由一种瓷石或多种瓷石和高岭土配制而成,分厚胎、中胎、薄胎。其传统厚胎配方为祁门57.5%、星子28.9%、三宝蓬13.6%;中胎配方为祁门72.6%、星子27.4%;薄胎配方为祁门63.2%、星子36.8%。

表2-10　景德镇瓷石—高岭组成配方实例②

| 南港 | 祁门 | 余干 | 三宝蓬 | 星子高岭 |
|---|---|---|---|---|
| 50%—56% | — | 8%—14% | 12%—16% | 20%—24% |
| 42% | 12% | 15% | 5% | 26% |
| 64% | — | 6% | 6% | 24% |
| 35% | — | 18% | 19% | 28% |

这种传统的配料方法一直沿用至1950年。1965年以后,景德镇制瓷原料绝大多数采用袋装雷蒙粉(雷蒙机粉碎的瓷石),而高岭原料仍然采用不子。在这种情况下,仍然采用数块、数袋估算,无法保证配方准确(每袋雷蒙粉重量不准确,一般误差高达10%—20%,不子原料重量也有误差)。此后各瓷厂均采用了测原料水分,以重量配料的方法。

20世纪50年代中期,景德镇推行以煤代柴烧炼瓷器,但使用传统制瓷原料配方,导致釉面较为逊色,经陶瓷科技人员反复试验,研制出以煤为燃料烧成洁白釉面的产品。该产品的坯胎原料配方中,采用长石—石英—高岭的"三元配方"。此后,"三元配方"不断调整发展,产生了多元配制坯料的新工艺。

---

① 景德镇市地方志办公室.中国瓷都·景德镇市瓷业志:市志·2卷[M].北京:方志出版社,2004:101.

② 景德镇市地方志办公室.中国瓷都·景德镇市瓷业志:市志·2卷[M].北京:方志出版社,2004:102.

表 2-11 景德镇长石—石英—高岭组成配方实例①

| 长石 | 石英 | 临川高岭 | 祁门 | 滑石 |
|------|------|----------|------|------|
| 30% | 22% | 48% | | |
| 10% | 23% | 55% | 10% | 2% |
| 8% | 18% | 50% | 22% | 29% |

传统的景德镇坯胎配方,主要靠经验,但由于瓷石的风化程度及矿脉不同,其结构成分也不相同,往往同一种原料,前后耐火度不同,很容易造成制品变形。因此,随着科学的发展,新中国成立后,景德镇通过使用化学方法对原料进行分析检测,通过实验,基本掌握了景德镇原料配方的各氧化物含量范围,在煤窑烧成温度 1280—1320 ℃ 的范围内,坯胎配方中化学成分 $SiO_2$ 为 68%—70%、$Al_2O_3$ 为 20%—28%;碱金属与碱土金属氧化物含量在 5%—6.5% 之间为宜,如果 $SiO_2$ 大于 7%,$Al_2O_3$ 低于 20%,产品玻璃相过多,易产生严重变形。

表 2-12 景德镇市部分瓷厂坯料配方②

| 厂名 | 配方(%) | | | | | |
|------|----------|--------|----------|----------|--------|--------|
| | 星子高岭 | 余干瓷石 | 三宝蓬瓷石 | 柳家湾瓷石 | 南港瓷石 | 祁门瓷石 |
| 为民瓷厂 | 25 | 15 | 10 | 50 | | |
| 红星瓷厂 | 28 | 28 | 19 | | 35 | |
| 人民瓷厂 | 26 | 15 | 5 | | 42 | 12 |
| 宇宙瓷厂 | 30 | | 10 | 30 | 30 | |
| 建国瓷厂 | 33.4 | 40 | | | 26.6 | |
| 新华瓷厂 | 24 | 6 | 6 | | 64 | |

① 景德镇市地方志办公室.中国瓷都·景德镇市瓷业志:市志·2 卷[M].北京:方志出版社,2004:102.

② 景德镇市地方志办公室.中国瓷都·景德镇市瓷业志:市志·2 卷[M].北京:方志出版社,2004:102.

表 2 - 13　景德镇市部分瓷厂坯料化学成分①

| 厂名 | 化学成分（%） | | | | | | | |
|---|---|---|---|---|---|---|---|---|
| | SiO₂ | Al₂O₃ | Fe₂O₃ | CaO | MgO | K₂O | Na₂O | 总量 |
| 为民瓷厂 | 74.10 | 20.98 | 0.70 | 0.50 | 0.20 | 3.00 | 0.72 | 100.20 |
| 红星瓷厂 | 69.77 | 23.76 | 0.87 | 0.84 | 0.34 | 3.08 | 1.24 | 99.90 |
| 人民瓷厂 | 69.70 | 24.10 | 0.80 | 0.97 | 0.35 | 3.18 | 1.05 | 100.15 |
| 宇宙瓷厂 | 70.43 | 24.00 | 0.81 | 0.70 | 0.29 | 3.19 | 0.57 | 99.99 |
| 建国瓷厂 | 69.50 | 24.60 | 0.92 | 0.95 | 0.30 | 3.41 | 0.99 | 100.67 |
| 新华瓷厂 | 70.50 | 23.20 | 0.85 | 0.89 | 0.37 | 3.12 | 0.94 | 99.87 |

长石—石英—高岭组成的"三元配方"，其成型塑性比瓷石—高岭配方组成稍差，主要是瘠性原料过多之故，但成型后坯体透水性快，而干燥强度较大，成型 9″—10″ 平盘脱模后，盘底不易下沉，而瓷石—高岭组成配方则反之。

# 第五节　瓷土经营机构

南宋以前，烧瓷者为土著，瓷业为副业的特征很显著。瓷土原料的采掘加工与瓷业生产为一体。南宋至元代，瓷业逐渐与农业分离。明清时已有专门开采、生产瓷土的农户，形成专门行业。

## 一、白土行

明代以后，随着陶瓷生产逐步向景德镇市区集中，瓷土必须从开采地区向市区运输，然后转卖给各坯户，因而形成了瓷土买卖的中介机构"白土行"。向焯在《景德镇陶业纪事》中说："白土行亦仲贾商之一。瓷土抵镇，必经该行之手，而转售于需用之各窑户。亦有自行囤积，而随时贩卖者。其余土商所取之手续费料，约为百分之二三云。"②白土行是碓户和窑户之间专门经营白土的中介经营行业，开设白土行首先须领有牙行官帖，得到允许以后才能开设，并向政府缴纳牙税，在成交额中提取 2%—3% 的佣金。前期各白土行基本上是碓户开的，专门经营自己开采的瓷土品种。但到了清朝晚期，出现了专门经营瓷土的

---

① 景德镇市地方志办公室.中国瓷都·景德镇市瓷业志：市志·2 卷[M].北京：方志出版社，2004：103.

② 熊寥，熊微.中国陶瓷古籍集成[M].上海：上海文化出版社，2006：716.

商行,经营方式为两种:一种是委托、代售的性质,瓷土运到景德镇后,白土行负责免费接待碓户,等瓷土销售后,收取3%的佣金;另一种是单纯的买卖关系,白土行收购碓户的瓷土,自行销售,自负盈亏。1949年前夕,景德镇三十余行中,小户居多,除少数大户到产区收买矿石,租用设备、劳力生产瓷土,运抵景德镇销售外,一般是代客买卖。在此行业中,浮梁籍人经营此业者,多为大地主。民国初期,瑶里的釉果,几乎为当地一位姓吴的大地主所操纵。

**二、专业瓷土公司**

新中国成立以后,政府十分重视陶瓷原料产地的生产,召集原有的水碓、土坑老板和股东开会恢复生产,组织陈湾瓷土开采筹备委员会,并和浮梁、鄱阳烧窑同业公会一起进行瓷土生产。为了加强对瓷土市场的管理,1950年成立了景德镇市瓷土公司,在原料产地进行瓷土矿石开采和维修水碓业务,逐步恢复停工多年的东港高岭土原料的开采,专业经营瓷土,扶助生产,并对私营工商业进行社会主义改造,以取代瓷土行和部分经纪商贩,逐步将农村加工瓷土的水碓以公私合营和合作社的形式集中组织起来,发挥他们的积极性,以稳定瓷土的供应市场,保证瓷业生产主要所需。1951年,公私合营"景德镇市南河瓷土产销厂"成立,1957年易名为"景德镇市机械瓷土制造厂",1958年改称"景德镇市瓷土厂",1972年改称"景德镇市瓷石矿"。1985年,为加强对陶瓷矿山和陶瓷原料的管理,江西省陶瓷工业公司原料总厂成立,将三宝蓬、浮东、宁村、新矿(何家蓬)4户矿山和陶瓷工业公司原燃料供应处的瓷土原料业务划归总厂统一领导,形成了原料专业化产销联合体。瓷业原料的供应,按照瓷土季节性生产的特点,采取计划分配、市场调节、包产包销、加工销售等6种方式经营,形成和建立起一套比较健全、完善的瓷土采购、运输、供应和储存的经营管理体系,保障了景德镇瓷业生产需要。

# 第三章　景德镇陶瓷釉料开采与加工

釉,从"采","由"声,通"油""浊"。东汉许慎在《说文解字》中称:"采辨别也,象兽指爪分别也。""由"的本义是"不确定、不固定、滑动"。"釉"最初被称作"油",因为它像油一样亮亮的。后来,为与食用"油"相区分,改为"釉"。其本义是覆盖在陶器表面烧制而成的玻璃质薄层。

## 第一节　景德镇釉料配制演变过程

商周时期,先民在烧制陶器时,偶然发现个别陶器表面有一些星星点点发亮的东西。这些东西如玻璃质般富有光泽,不吸水,明亮、好看,且能擦拭。随后,人们开始留意,经观察,发现造成"闪闪亮"的原因是窑内的草木燃料经燃烧后,其灰尘落到了器物表面而形成的。于是,人们开始尝试把燃烧过的草木灰调成泥浆,并将它们涂抹到陶坯表面,然后入窑烧制,"釉"随之诞生,陶瓷出现了,人类实现由陶到瓷的转变。

草木灰之所以会使陶器表面形成一层明亮的釉,是因为草木灰中含有氧化钙的成分。氧化钙是一种助熔剂,它能够将陶坯成分中的石英、长石熔化并在器表形成一种玻化物,这种玻化物便是釉。人类早期,使用的草木灰釉是一种天然釉,在此基础上,发明出各种"人工釉"。因此,釉是指将某些天然矿物(石英等)或植物磨成粉末,再与陶土混合制成釉浆并涂抹于器体,经烧制后在器物表面形成的一种玻璃质薄层。

### 一、唐代景德镇釉料采用单一釉灰制釉

景德镇关于釉料最早的文字记载是说,何稠为了烧制琉璃,到新平镇采办制造琉璃的原料,烧制绿釉器皿。《隋书·何稠传》记载:"时中国久绝琉璃之作,匠人无敢措意,稠以绿瓷为之,与真无异。"[1]到唐代景德镇有琉璃窑。吴极在《昌南历记》中记载:"镇在唐代瓷窑之外,又有琉璃窑,为市埠桥(今小港嘴)

---

① 傅振伦.《景德镇陶录》详注[M].北京:书目文献出版社,1993:128.

盛姓所业。有盛鸿者,登乾元(758—760 年)第,为利州司马,擢行人。其族人以救造不称获罪,鸿疏辨免,不欲族裔承匠籍,遂废其业。"①

目前,景德镇地区发现的最早的制瓷遗迹是乐平南窑遗址和浮梁兰田窑遗址,均属于中晚唐时期窑业遗址,生产青釉、白釉、酱釉、黑釉瓷,以青釉瓷为主。南窑遗址出土的青釉瓷器为灰釉,釉中 CaO 含量为 14.18%—17.72%,MgO 为3.14%—4.84%(表 3-1)。景德镇主要有两种石灰石,即黝黑色比较纯净的钙质石灰石和褐色的镁质石灰石。南窑制备青釉使用了石灰石烧炼的釉灰,而且烧制釉灰的石灰石是含镁量比较高的褐色镁质石灰石。兰田窑出土的灰釉标本,唐代部分与南窑标本基本一致,五代部分标本釉的化学组成中 CaO 和 MgO含量发生了变化,CaO 含量由 14% 左右增加到 17% 左右,MgO 含量由 4% 左右降低为 1% 左右,TiO$_2$ 含量由 0.4% 左右降低为 0.1% 左右,Fe$_2$O$_3$ 含量由 2% 左右降低为 1% 左右(表 3-2),说明兰田窑唐代青釉瓷使用了镁质石灰石烧炼后制取的釉灰,五代使用了黝黑色比较纯净的钙质石灰石烧炼后制取的釉灰。

表 3-1  南窑样品瓷釉主次量元素化学组成(wt.%)②

| 样品 | Na$_2$O | MgO | Al$_2$O$_3$ | SiO$_2$ | K$_2$O | CaO | TiO$_2$ | Fe$_2$O$_3$ |
|---|---|---|---|---|---|---|---|---|
| NY-1 | 0.03 | 4.57 | 11.20 | 62.16 | 1.92 | 16.19 | 0.40 | 2.53 |
| NY-2 | 0.61 | 4.32 | 11.65 | 62.07 | 2.24 | 14.18 | 0.42 | 3.51 |
| NY-3 | 0.58 | 4.43 | 11.40 | 59.34 | 1.64 | 17.62 | 0.38 | 3.62 |
| NY-4 | 0.36 | 3.68 | 12.31 | 62.49 | 1.78 | 15.26 | 0.43 | 2.69 |
| NY-5 | 0.46 | 3.89 | 11.48 | 60.63 | 2.06 | 17.72 | 0.37 | 2.31 |
| NY-6 | 0.03 | 3.18 | 11.75 | 60.81 | 3.39 | 16.90 | 0.35 | 2.59 |
| NY-7 | 0.26 | 4.84 | 13.06 | 60.27 | 2.90 | 14.79 | 0.40 | 2.48 |
| NY-8 | 0.71 | 3.14 | 11.22 | 62.99 | 2.22 | 16.43 | 0.38 | 1.91 |
| NY-9 | 0.03 | 4.33 | 11.79 | 63.23 | 1.81 | 15.05 | 0.40 | 2.35 |
| NY-10 | 0.03 | 4.34 | 11.48 | 62.56 | 1.87 | 15.24 | 0.43 | 3.07 |
| NY-11 | 0.03 | 4.38 | 11.76 | 60.11 | 3.78 | 15.76 | 0.39 | 2.78 |

① 傅振伦.《景德镇陶录》详注[M].北京:书目文献出版社,1993:149.
② 仝留洋,吴隽,张茂林,等.乐平南窑青瓷胎釉组成配方的 EDXRF 分析研究[J].中国陶瓷,2016(12):123.

表 3 - 2　兰田窑样品瓷釉主次量元素化学组成( wt. % )①

| 样品 | Na₂O | MgO | Al₂O₃ | SiO₂ | K₂O | CaO | TiO₂ | Fe₂O₃ |
|------|------|------|------|------|------|------|------|------|
| T - 01 | 0.45 | 3.31 | 13.62 | 60.19 | 3.72 | 13.27 | 0.50 | 2.76 |
| T - 02 | 0.03 | 4.08 | 12.83 | 62.18 | 2.58 | 13.67 | 0.48 | 2.00 |
| T - 03 | 0.21 | 3.93 | 12.49 | 61.83 | 3.23 | 13.75 | 0.44 | 2.05 |
| T - 04 | 0.03 | 4.32 | 11.67 | 60.57 | 2.85 | 16.26 | 0.40 | 1.87 |
| T - 05 | 0.03 | 4.02 | 12.59 | 62.15 | 2.83 | 13.87 | 0.48 | 1.99 |
| T - 06 | 0.12 | 4.25 | 12.19 | 61.45 | 2.55 | 14.63 | 0.49 | 2.05 |
| T - 07 | 0.34 | 3.94 | 13.75 | 61.75 | 2.41 | 13.31 | 0.50 | 1.96 |
| T - 10 | 0.33 | 4.24 | 11.34 | 60.29 | 1.76 | 16.81 | 0.50 | 2.58 |
| T - 11 | 0.18 | 3.71 | 14.40 | 62.61 | 2.66 | 11.93 | 0.61 | 1.87 |
| T - 12 | 0.21 | 3.47 | 11.70 | 60.89 | 2.21 | 16.73 | 0.50 | 2.20 |
| T - 13 | 0.03 | 3.91 | 12.41 | 61.76 | 2.77 | 14.66 | 0.43 | 1.98 |
| W - 01 | 0.24 | 2.11 | 13.38 | 61.07 | 1.86 | 18.68 | 0.71 | 0.71 |
| W - 02 | 0.41 | 1.62 | 12.28 | 65.68 | 2.65 | 14.87 | 0.10 | 0.59 |
| W - 03 | 0.03 | 1.54 | 12.59 | 66.00 | 2.47 | 14.08 | 0.12 | 1.24 |
| W - 04 | 0.45 | 1.89 | 13.38 | 63.47 | 1.93 | 15.83 | 0.09 | 1.08 |
| W - 05 | 0.58 | 0.78 | 12.75 | 61.71 | 1.63 | 19.70 | 0.08 | 0.91 |
| W - 06 | 0.03 | 1.68 | 13.12 | 62.91 | 2.26 | 17.32 | 0.09 | 0.75 |
| W - 07 | 0.35 | 1.23 | 13.80 | 61.54 | 2.08 | 17.77 | 0.15 | 1.16 |
| W - 08 | 0.22 | 1.68 | 12.32 | 63.96 | 4.96 | 14.12 | 0.11 | 0.79 |
| W - 09 | 0.28 | 0.87 | 12.80 | 61.66 | 1.90 | 19.96 | 0.05 | 0.65 |
| W - 10 | 0.30 | 1.35 | 13.07 | 61.51 | 3.01 | 18.13 | 0.13 | 0.69 |
| W - 11 | 0.13 | 1.40 | 13.27 | 62.38 | 4.19 | 15.98 | 0.08 | 0.74 |
| W - 12 | 0.35 | 1.16 | 14.39 | 61.86 | 1.94 | 17.14 | 0.18 | 1.08 |

注:T 指唐代;W 指五代。

　　唐代以前,景德镇主要是将石灰石块与柴草交替叠放进行煅烧,其目的仅是粉碎石灰石用于制釉,属于单一"欠烧"石灰石制釉阶段。石成灰也经历了由

---

① 全留洋,吴隽,张茂林,等. 乐平南窑青瓷胎釉组成配方的 EDXRF 分析研究[J]. 中国陶瓷,2016(12):124.

黝黑色比较纯净的钙质石灰石替换褐色镁质石灰石的过程①。

**二、五代以后景德镇采用"釉灰＋釉果"的"二元配方"制釉**

湘湖窑、黄泥头窑、杨梅亭窑均是景德镇五代窑址。从出土的白瓷和青瓷样本表3－3、表3－4中可以看出，釉中CaO含量较高，白瓷釉中CaO含量基本在10％左右，青瓷釉中CaO含量皆高于13％，个别样品甚至在18％以上；$K_2O$的含量基本为2％—4％；$Na_2O$和MgO等含量较低。显然，五代景德镇窑白瓷和青瓷瓷釉以CaO为主要助熔剂，属高温钙釉。景德镇传统制釉由釉果（风化较浅的瓷石）和釉灰（柴草与石灰石煅烧而成）配成，釉果提供了较多的$K_2O$，而釉灰有较高含量的CaO、$MnO_2$和$P_2O_5$。因此，从瓷釉元素组成特征分析结果来看，五代时期景德镇白瓷和青瓷瓷釉即已开始使用釉果加釉灰的"二元配方"②。

釉果是风化较浅的瓷石，与胎用的瓷石相比，$Al_2O_3$含量略低，$K_2O$、$Na_2O$等助熔剂含量高。而釉灰是用熟石灰和狼萁草等多次层叠煨烧，再经陈腐、粉碎、淘洗等过程制得的釉用原料。景德镇从五代开始，直到民国时期，主要制釉方式都是采用"釉灰＋釉果"的"二元配方"制釉，直到近代，才改用长石制釉。

表3－3　湘湖窑样品瓷釉主次量元素化学组成（wt.％）③

| 样品 | $Na_2O$ | MgO | $Al_2O_3$ | $SiO_2$ | $K_2O$ | CaO | $TiO_2$ | $Fe_2O_3$ | $MnO_2$ | $P_2O_5$ |
|---|---|---|---|---|---|---|---|---|---|---|
| 湘湖窑白瓷1 | 0.03 | 0.79 | 14.84 | 67.60 | 2.71 | 12.11 | 0.02 | 0.90 | 0.19 | 0.11 |
| 湘湖窑白瓷2 | 0.19 | 0.76 | 14.58 | 73.58 | 2.87 | 6.29 | 0.03 | 0.71 | 0.23 | 0.10 |
| 湘湖窑白瓷3 | 0.03 | 1.26 | 13.93 | 71.61 | 2.95 | 8.31 | 0.03 | 0.87 | 0.13 | 0.20 |
| 湘湖窑白瓷4 | 0.03 | 1.34 | 15.88 | 65.55 | 3.60 | 11.79 | 0.03 | 0.78 | 0.24 | 0.17 |
| 湘湖窑白瓷5 | 0.29 | 1.49 | 14.19 | 71.58 | 2.78 | 8.00 | 0.03 | 0.64 | 0.16 | 0.15 |
| 湘湖窑白瓷6 | 0.21 | 0.77 | 12.72 | 69.02 | 2.26 | 13.29 | 0.03 | 0.71 | 0.15 | 0.13 |
| 湘湖窑白瓷7 | 0.03 | 0.97 | 15.07 | 71.66 | 3.35 | 6.97 | 0.05 | 0.90 | 0.13 | 0.15 |
| 湘湖窑白瓷8 | 0.03 | 0.98 | 14.30 | 71.21 | 2.02 | 9.52 | 0.05 | 0.91 | 0.13 | 0.26 |

① 李其江,张茂林,熊露,等.景德镇"釉灰"的发展演变研究[J].陶瓷学报,2020,41(1):117.

② 张茂林,周剑,李其江,等.景德镇五代瓷器组成配方的EDXRF分析[J].光谱学与光谱分析,2012(5):1416.

③ 张茂林,周剑,李其江,等.景德镇五代瓷器组成配方的EDXRF分析[J].光谱学与光谱分析,2012(5):1414.

续表 3 - 3

| 样品 | Na₂O | MgO | Al₂O₃ | SiO₂ | K₂O | CaO | TiO₂ | Fe₂O₃ | MnO₂ | P₂O₅ |
|---|---|---|---|---|---|---|---|---|---|---|
| 湘湖窑白瓷 9 | 0.25 | 1.48 | 14.41 | 71.46 | 2.23 | 8.44 | 0.05 | 0.69 | 0.09 | 0.25 |
| 湘湖窑白瓷 10 | 0.21 | 1.31 | 13.48 | 66.31 | 2.90 | 13.90 | 0.03 | 0.88 | 0.24 | 0.17 |
| 湘湖窑白瓷 11 | 0.29 | 1.01 | 12.23 | 68.86 | 2.68 | 13.31 | 0.03 | 0.59 | 0.11 | 0.11 |
| 湘湖窑白瓷 12 | 0.17 | 1.24 | 14.46 | 65.87 | 2.39 | 14.22 | 0.02 | 0.64 | 0.15 | 0.26 |
| 湘湖窑青瓷 1 | 0.25 | 0.99 | 14.16 | 62.99 | 1.79 | 17.03 | 0.21 | 1.58 | 0.07 | 0.16 |
| 湘湖窑青瓷 2 | 0.37 | 1.91 | 14.15 | 61.00 | 1.97 | 18.00 | 0.15 | 1.45 | 0.08 | 0.26 |
| 湘湖窑青瓷 3 | 0.30 | 1.34 | 14.80 | 62.99 | 1.85 | 15.77 | 0.13 | 1.82 | 0.09 | 0.18 |
| 湘湖窑青瓷 4 | 0.20 | 1.82 | 13.75 | 64.52 | 1.98 | 15.48 | 0.20 | 1.08 | 0.17 | 0.29 |
| 湘湖窑青瓷 5 | 0.54 | 1.73 | 13.96 | 62.05 | 1.91 | 17.01 | 0.17 | 1.64 | 0.08 | 0.23 |
| 湘湖窑青瓷 6 | 0.23 | 1.88 | 13.96 | 61.22 | 1.93 | 18.19 | 0.15 | 1.44 | 0.08 | 0.22 |
| 湘湖窑青瓷 7 | 0.25 | 1.56 | 13.95 | 63.82 | 3.75 | 13.92 | 0.14 | 1.54 | 0.05 | 0.16 |
| 湘湖窑青瓷 8 | 0.14 | 0.68 | 14.14 | 60.77 | 4.36 | 17.05 | 0.13 | 1.72 | 0.06 | 0.16 |
| 湘湖窑青瓷 9 | 0.03 | 1.65 | 14.62 | 61.53 | 1.95 | 17.58 | 0.14 | 1.49 | 0.05 | 0.18 |
| 湘湖窑青瓷 10 | 0.59 | 0.99 | 14.66 | 63.55 | 5.33 | 13.06 | 0.09 | 0.72 | 0.07 | 0.19 |
| 湘湖窑青瓷 11 | 0.28 | 3.30 | 13.26 | 61.75 | 2.68 | 16.65 | 0.15 | 0.93 | 0.51 | 0.48 |
| 湘湖窑青瓷 12 | 0.21 | 1.11 | 13.65 | 62.38 | 2.60 | 17.39 | 0.11 | 1.55 | 0.07 | 0.18 |

表 3 - 4　五代瓷釉和部分制釉原料的化学组成①

| 序号 | 年代、窑场、器物种类 | 成分（%） | | | | | | | | | |
|---|---|---|---|---|---|---|---|---|---|---|---|
| | | SiO₂ | Al₂O₃ | Fe₂O₃ | TiO₂ | CaO | MgO | K₂O | Na₂O | MnO₂ | P₂O₅ |
| 1 | 五代景德镇黄泥头 Y20 青瓷 | 59.93 | 15.38 | 1.47 | 0.26 | 17.94 | 1.66 | 0.87 | 0.24 | 0.12 | 0.33 |
| 2 | 五代景德镇黄泥头 10 号白瓷釉 | 66.18 | 15.41 | 1.19 | 0.05 | 12.72 | 1.37 | 1.73 | 0.45 | 0.25 | 0.19 |
| 3 | 五代景德镇黄泥头 11 号白瓷釉 | 67.53 | 14.55 | 1.13 | 0.04 | 11.42 | 1.50 | 2.27 | 0.31 | 0.24 | 0.56 |
| 4 | 五代景德镇黄泥头 23 号白瓷内釉 | 73.22 | 13.96 | 1.13 | 0.03 | 5.59 | 1.61 | 2.47 | 0.56 | 0.18 | 0.15 |

---

① 熊寥. 中国古代制瓷工程技术史［M］. 太原：山西教育出版社，2014：196 - 202.

续表 3 - 4

| 序号 | 年代、窑场、器物种类 | 成分（%） | | | | | | | | | |
|---|---|---|---|---|---|---|---|---|---|---|---|
| | | $SiO_2$ | $Al_2O_3$ | $Fe_2O_3$ | $TiO_2$ | $CaO$ | $MgO$ | $K_2O$ | $Na_2O$ | $MnO_2$ | $P_2O_5$ |
| 5 | 五代景德镇黄泥头 23 号白瓷外釉 | 74.25 | 13.22 | 1.16 | 0.04 | 5.93 | 1.57 | 2.46 | 0.48 | 0.16 | 0.15 |
| 6 | 五代景德镇黄泥头 24 号白瓷釉 | 70.48 | 14.31 | 0.83 | 0.04 | 9.02 | 1.41 | 2.52 | 0.37 | 0.20 | 0.38 |
| 7 | 五代景德镇黄泥头 25 号白瓷釉 | 67.29 | 15.70 | 1.02 | 0.05 | 10.73 | 1.74 | 1.87 | 0.35 | 0.18 | 0.67 |
| 8 | 五代唐杨梅亭白碗 T2 - 1 釉 | 68.77 | 15.47 | 0.73 | 0.04 | 10.92 | 1.16 | 2.60 | 0.24 | 0.23 | — |

宋代景德镇湖田窑、湘湖窑青白瓷标本中，釉中 $CaO$、$K_2O$、$Na_2O$ 和 $MgO$、$MnO_2$、$P_2O_5$ 含量与五代基本一致，说明宋代景德镇窑瓷釉仍然由釉果和釉灰配成。

表 3 - 5　宋代瓷釉和部分制釉原料的化学组成[①]

| 序号 | 年代、窑场、器物种类 | 成分（%） | | | | | | | | | |
|---|---|---|---|---|---|---|---|---|---|---|---|
| | | $SiO_2$ | $Al_2O_3$ | $Fe_2O_3$ | $TiO_2$ | $CaO$ | $MgO$ | $K_2O$ | $Na_2O$ | $MnO_2$ | $P_2O_5$ |
| 1 | 宋湖田窑 S9 - 2 号青白瓷釉 | 66.68 | 14.30 | 0.99 | 痕量 | 14.87 | 0.26 | 2.06 | 1.22 | 0.10 | 0.51 |
| 2 | 宋湘湖窑 S10 - 1 号青白瓷釉 | 67.26 | 17.08 | 0.93 | 0.12 | 10.05 | 1.90 | 2.27 | 0.31 | 0.15 | — |

### 三、近现代长石釉

长石釉是在清代晚期由欧美传入中国的制釉新方法，20 世纪 30 年代以后，景德镇开始尝试用长石替代釉灰制釉。

长石是一族矿物的总称，呈架状硅酸盐结构。其化学成分是钾、钠、钙和钡的铝硅酸盐，主要类型有钾长石、钠长石、钙长石和钡长石。长石硬度较高，粉碎加工难度大，只有掌握了近现代的机械加工手段后，才有可能以其配釉。新中国成立后，景德镇各大瓷厂陶瓷制作的机械化程度越来越高，采用球磨设备加工釉料，同时由于"以煤代柴"，传统灰釉因在煤炭或煤气燃烧时瓷器易犯"吸

---

① 熊寥. 中国古代制瓷工程技术史［M］. 太原：山西教育出版社，2014：323.

"烟"毛病,景德镇开始普遍采用长石釉。

长石釉属透明釉的一种,其特点是釉面硬度高,光亮透明,有柔和感,烧成范围宽(1260—1350 ℃),高温黏度大,不易流淌,发色均匀,原料来源广,化学成分稳定,适合大规模工业化生产。

## 第二节　景德镇釉灰烧制工艺

### 一、石灰石煅烧

石灰石是制作釉灰的重要原料,景德镇主要有两种石灰石,一种是黝黑色比较纯净的钙质石灰石,一种是褐色的镁质石灰石。石灰石在制作釉灰前必须经过煅烧。宋代蒋祈在《陶记》中记载:"攸山、山槎灰之制釉者取之。而制之之法,则石垩炼灰,杂以槎叶、木柿,火而毁之,必剂以岭背'釉泥'而后可用。"[①]这里的"石垩"就是石灰石,"火而毁之"就是将块状的石灰石煅烧成熟石灰粉。

石灰石的煅烧是石灰石粉碎的过程,是变成熟石灰的过程,也是和柴草混合的过程。早期煅烧石灰石采用平地堆烧,与平地堆烧陶器一样,温度只能达到 800 ℃左右。根据石灰石煅烧分解的化学反应过程,该温度下煅烧石灰石是难以煅烧充分的。后期景德镇煅烧石灰石主要是采用石灰窑煅烧。

石灰石煅烧工艺:

(1)选择石灰石矿山,采掘较纯的石灰石,开采方式与瓷石开采方式一致。

(2)结砌石灰窑。石灰窑一般设在原料开采地附近,沿山坡开挖一圆筒体,内用石块衬砌,其内径约 3.5 米,高约 4 米,没有顶盖,窑门高约 1.4 米,宽约 40 厘米。

(3)堆填石灰石。煅烧石灰时,先沿窑底用石灰石置一圈约 20 厘米宽的石灰石圈,往上逐渐把石圈直径缩小,至高度约 2 米时封闭成一个像"窝窝头"状的石灰石砌体。然后在这个砌体上堆满石灰石块至筒体顶部,再用石灰石砌成一个弧形弯顶作为窑顶。原料堆好后,封闭窑门,但必须留出投柴孔和出灰孔,投柴孔在窑门上端,出灰孔在窑门下端。

(4)燃料准备。煅烧石灰石的燃料主要是槎叶、木柿、桃竹叶、狼萁草等柴草。

---

① 熊寥,熊微.中国陶瓷古籍集成[M].上海:上海文化出版社,2006:178.

（5）石灰石煅烧。经过上述准备之后，即可点火煅烧。烧至窑顶冒青烟，即为烧好；如冒黑烟，则没有烧好。也可通过石灰石的颜色来判断，石灰石烧至白中带红色，是烧好的；如果是红色，则尚未烧好，须继续煅烧。每窑一般可装700担石灰石（一般每担约110市斤），用柴500担，每次窑可烧约5万斤熟石灰，烧成时间约三昼夜。熄火后冷却，出窑搬至室内存放，以备制釉灰用。①

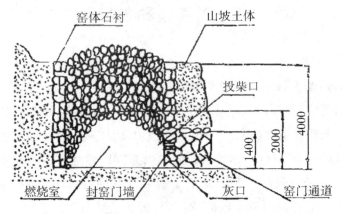

图 3 - 1　石灰窑示意图

## 二、釉灰烧制

釉灰是制釉的重要原料，是形成景德镇瓷器釉面白里泛青、如脂如玉般温润的传统风格最主要的工艺因素，是景德镇传统陶瓷的灵魂。历史上景德镇有"无灰不成釉"的传统。

有关釉灰烧制，在陶瓷相关文献中有一些记载，最早记载釉灰烧制的文献是宋代蒋祈的《陶记》。《陶记》中记载："攸山、山槎灰之制釉者取之。而制之之法，则石垩炼灰，杂以槎叶、木柿，火而毁之，必剂以岭背'釉泥'而后可用。"②宋元时期是采用石灰石与槎叶、木柿煅烧，制成釉灰。

明代宋应星在《天工开物·陶埏》中记载："凡饶镇白瓷釉，用小港咀泥浆和桃竹叶灰调成，似清泔汁，盛于缸内。"③明代是采用石灰石与桃竹叶煅烧，制成釉灰。

清代唐英在《陶冶图说》中记载："陶制各器，惟釉是需，而一切釉水无灰不成其釉。灰出乐平县，在景德镇南百四十里。以青白石与凤尾草迭叠烧炼，用

①　许垂旭，刘祯.景德镇传统釉灰烧制过程的查证[J].景德镇陶瓷，1987（1）：20 - 22.

②　熊寥，熊微.中国陶瓷古籍集成[M].上海：上海文化出版社，2006：178.

③　熊寥，熊微.中国陶瓷古籍集成[M].上海：上海文化出版社，2006：206.

水淘洗即成釉灰。"①

张九钺在《南窑笔记》中"灰"条记载："出浮梁之长山,取山之坚石,火炼成灰,复用蕨炼之三昼夜,舂至细,以水澄之。用入釉内,以发瓷之光气。盖釉无灰则枯槁无色泽矣"②。

法国传教士殷弘绪在给奥日神父的信中说："此石的油(釉)决不单独使用,而必须掺以另一种活性油,其配制方法如下。取大块生石灰,用手洒上少量水,使它化成粉末,然后铺上一层凤尾草,再在其上面敷一层熟石灰。这样交替地敷多层后,用火点燃凤尾草。在它全部烧尽之后,再把燃灰和凤尾草相间地铺上几层,用火点燃。这一过程至少要连续重复五六次,重复次数越多,油的质量就越好。"可见,清代采用石灰石与凤尾草(狼萁草)等蕨类植物煅烧,制成釉灰。

景德镇传统釉灰制作基本流程为:开采石灰石→煅烧成生石灰(氧化钙)→自然消解或加水为熟石灰(氢氧化钙)→再与狼萁草叠加煨烧→利用煨烧狼萁草产生的二氧化碳把熟石灰转变为碳酸钙。

釉灰具体制作过程如下:

(1)选取石灰石。选取被土覆盖的黑色石灰石,颜色越黑越好,黑色石灰石出灰量高。

(2)煅烧石灰石。将黑色石灰石敲成小碎块,堆装于石灰窑内煅烧分解成生石灰。

(3)消解石灰石。将已烧好的生石灰运至炼灰场摊开,洒上少量水,使生石灰吸收湿气自然消解成粉末状熟石灰,剔去未烧好的石灰石块,待用。

(4)准备狼萁草。从山上砍来一定量的狼萁草等蕨类植物,堆放在炼灰场内,待用。

(5)煨烧釉灰。在炼灰场内,选一块平整的场地,在地面先铺一层狼萁草,柴头与柴梢交叉堆放成一柴层,再将熟石灰过筛于狼萁草上,熟石灰填充于狼萁草的空隙中,这样狼萁草与熟石灰接触面大,使熟石灰与狼萁草之间的化学反应加速。当熟石灰有十厘米左右厚再铺第二层狼萁草,如此一层狼萁草一层熟石灰,柴层与熟石灰交互堆叠,一般是三层柴、三层灰,也可以是四层。每一柴层宽约86厘米(以操作人员能伸手至柴层中央为度),层高约40厘米(未加

① 熊寥,熊微.中国陶瓷古籍集成[M].上海:上海文化出版社,2006:300.
② 熊寥,熊微.中国陶瓷古籍集成[M].上海:上海文化出版社,2006:661.

熟石灰时的柴层高),长度不限,最后堆叠成高 1 米、长 3 米、宽 2 米的长方形火床。堆放的堆数可视产量而定,可以是一堆、二堆至几堆。如用多堆进行烧灰,则堆与堆之间需留出操作通道,宽约 60 厘米(以操作人员可在堆之间操作为度)。柴堆堆放好后,即可在四周点火煨烧,煨烧约 6 小时后,即可把开煨烧堆,翻动搅拌,使其完全烧尽,上、下灰混合,煨烧均匀。待余火熄灭冷却后,再用同样的方式进行第二次煨烧(称复灰)。铺柴法与第一次相似,柴层铺好后,把第一次烧的灰用铁铲直接铲在柴层上,不用再筛,其各层的柴、灰量与第一次同,点火也与第一次同,经过第二次煨烧后,不需把开柴、灰堆,接着进行第三次煨烧。第三次煨烧不用狼萁草,把处于高热状态的灰料铲成一堆,此时未烧尽的狼萁草会继续燃烧,直至熄灭。如此连续三次煨烧的时间需持续两昼夜,熄火后加水陈腐,再存放腐化数日。

(6)淘洗及尿沤。陈腐过的釉灰加水淘洗,去掉漂浮的狼萁草梗及大块杂质,舀取上面的细浆部分为"头灰",沉淀的粗渣为"二灰",有的加入尿液,进行尿沤陈腐,尿沤数月,方得"釉灰"。

### 三、釉灰制备演变过程

景德镇釉灰制备的发展演变过程,经历了几个阶段,逐步走向成熟。

#### (一)"釉灰"制备初级阶段——"欠烧"石灰石阶段

唐宋时期景德镇制取"釉灰"处于"欠烧"石灰石的初级阶段,其目的仅是粉碎石灰石用于制釉。煅烧工艺过程是石灰石块与柴草交替叠放进行煅烧。

#### (二)"釉灰"制备中级阶段——出现煨烧工艺

元明时期,"釉灰"制备采取熟石灰与柴草交替叠烧。南宋到元代,煨烧使用槎叶木柿,明代末期煨烧使用桃竹枝叶。这一时期出现煨烧工艺,是景德镇"釉灰"制备的中级阶段。

#### (三)"釉灰"制备高级阶段——煨烧工艺成熟

清代早期,景德镇"釉灰"制备进入高级阶段。这一时期"釉灰"制备使用狼萁草,经过多次重复煨烧,最终得到成分稳定的釉灰。多次煨烧工艺提高了炼灰中 $CaCO_3$ 的转化率,增加了炼灰的出灰量,节约了成本,提高了效率。

#### (四)"釉灰"制备成熟阶段——引入尿沤工艺

清朝末年,景德镇"釉灰"制备引入尿沤工艺。尿液中的尿素经分解后生成 $(NH_4)_2CO_3$,与 $Ca(OH)_2$ 反应,既能提高 $CaCO_3$ 的转化率,又能产生解凝电解质,有利于提升釉浆的性能,并直接减少煨烧次数,使"釉灰"制备工艺达到合理完善的程度。①

### 四、釉灰质量检测

烧制后的釉灰是否合乎要求,在没有仪器测定之前,主要是根据烧灰工的经验来判断。凡未经煨烧以及没有烧好的灰会"咬人",附着于皮肤上,抓破皮肤之后会溃烂,用舌头舔舐灰,会感到舌尖有黏舌感,且有苦涩味。烧好的灰釉无黏舌感,且无苦涩味。此外,还可以通过用铁铲铲出釉灰观察其流动情况来判断,如果铲出一铲灰后,上面的灰不会往下流动,则是烧好的灰;如果铲出一铲灰后,上面的灰会往下流,那就是没有烧好。没有烧好的灰需加狼其草进行复烧,直到合格为止。

### 五、釉灰经营机构——"水灰店"

"水灰店"又称"灰渣店",是专门收购釉灰,加工制成水灰(助熔原料)售卖的专业户。清代,大多数中小窑户因资金短缺和场地狭小,不能自制水灰,配釉时,只有以高价向大厂购买,于是,水灰店应运而生。"水灰店"采取前店后厂形式,前店售卖,后厂加工。雇工很少,多以家庭成员为主,属于个体经营。

釉灰烧好后,送到景德镇的灰行,由灰渣店收购,再加工成水灰售卖。水灰加工的方法为:先把购进的釉灰分别堆放在靠墙角落,经常洒水,保持湿润,并加入尿液,将釉灰尿沤,以助陈腐和解凝;经过一年左右,然后用筲箕计量,倒入木桶2至3筲,加水5至6倍,进行搅拌、除杂、沉淀,待灰浆平面露出清水时,将细浆舀入陶缸。如此反复淘洗两三次,所取得的细浆,即为水灰。首批取得的水灰称"头灰",头灰性燥,只适用于普通瓷。将沉渣取出再粉碎、再淘洗,二次取得的水灰称"二灰",二灰性纯,工艺性能好,广泛用于中、高级细瓷。头灰与二灰,要分缸做标记。灰行加工成水灰后,出售给坯户配釉使用。

出售的水灰,外观呈灰白色,细度万孔筛余 0.5% 以下,浓度为灰与水各半。用户买去,不必重复加工,即可与同等浓度的釉浆,按预定的"盆口"(比例)配合成釉。出卖以泥锅为计量单位。锅口径约 32 厘米,中央深约 9 厘米,每锅水灰重约 4 公斤。1931 年,每锅头灰价 8 枚铜板,二灰 10 枚铜板。对于长年用户,则发给纸质折子记账,写明牌号、年用量计划、每担(10 锅)议定价格和预交

---

① 李其江,张茂林,熊露,等.景德镇"釉灰"的发展演变研究[J].陶瓷学报,2020(1):41.

款等项。以后,用户就凭折子零星取用。水灰店认折子不认人,每次记上日期和数量,同时在自己账簿上记账。季末小结,年终清账。

20世纪30年代以后,脱胎细瓷改用灰不(石灰石粉),双造粉定改用花乳石(白云石)。新中国成立后,各大瓷厂陶瓷制作的机械化程度越来越高,采用球磨设备加工釉料和灰釉,水灰的销路锐减,一大批水灰店改行他业。自倒焰煤窑在全市推广后,传统灰釉因在煤炭或煤气燃烧时瓷器易犯"吸烟"毛病,水灰店消失。

现代,各瓷厂设立了原料精制车间,这些车间根据本厂生产品种的需求,制作和配出釉料。配釉方式从原始转化为现代化,采取科学配方,不同的配方釉料使瓷器的釉面产生不同的效果。现代的配料,以球磨机粉碎代替烧灰,加入氯化铵等化学成分,以适应现代化大生产的需要。

## 第三节　景德镇釉果制作工艺

### 一、景德镇釉石产地

岭背釉石。蒋祈《陶记》记载:"攸山、山槎灰之制釉者取之。而制之之法……必剂以岭背'釉泥'而后可用。"①岭背即今景德镇市南河一带,这是现在已知的关于使用岭背釉石配釉最早的文字记载。

瑶里釉石,又称瑶里釉果、东乡釉果,产于景德镇市北东55公里的浮梁县瑶里乡。瑶里釉石始采于明代,清朱琰在《陶说》中记载:"釉土,出新正都。曰长岭,作青黄釉;曰义坑,作浇白器釉。二处皆有柏叶斑。又出桃树坞,青花白器通用之。"②新正都即今瑶里,长岭、义坑即今长岭、义坑,桃树坞即今褚树坞。清代蓝浦所著《景德镇陶录》也称:"釉土出新正都,最上者为长岭,为义坑。长岭作青黄釉,义坑作浇白釉。"③瑶里已开采的矿坑有得儿坝、中船石、蛤蟆石、褚树坞、屋柱槽、粟米槽、搭桥、长岭、瑶屋里、上竹槽、扫帚坞、青树下、新口矿等,其中得儿坝、屋柱槽、青树下矿的质量最好。

新中国成立后,建立了国营浮东瓷石矿、陈湾瓷石矿、三宝蓬瓷石矿等大型釉石矿区,采用机械开采,产量大,基本满足陶瓷生产需要。

① 熊寥,熊微.中国陶瓷古籍集成[M].上海:上海文化出版社,2006:178.
② 朱琰.《陶说》译注[M].傅振伦,译注.北京:轻工业出版社,1984:128.
③ 傅振伦.《景德镇陶录》详注[M].北京:书目文献出版社,1993:120.

表 3-6 景德镇釉石化学成分一览表①

| 名称 | $SiO_2$ | $Al_2O_3$ | $Fe_2O_3$ ($TiO_2$) | CaO | MgO | $K_2O$ | $Na_2O$ | MnO | 灼失 | 合计 |
|---|---|---|---|---|---|---|---|---|---|---|
| 瑶里青树下釉石 | 75.45 | 15.39 | 0.46 (0.1) | 1.24 | 0.14 | 3.47 | 1.60 | | 2.59 | 100.34 |
| 瑶里青树下釉果 | 73.99 | 15.55 | 0.57 | 1.76 | 0.33 | 2.88 | 2.63 | | 2.88 | 100.59 |
| 瑶里屋柱槽釉石 | 76.50 | 15.25 | 0.64 (0.06) | 2.03 | 0.16 | 2.45 | 2.99 | 0.02 | | 100.04 |
| 瑶里得儿坝釉石 | 75.36 | 14.86 | 0.62 (0.15) | 1.44 | 0.10 | 3.75 | 1.66 | | 2.75 | 100.54 |
| 陈湾釉石(原矿) | 74.53 | 15.59 | 1.37 (0.03) | 痕量 | 0.22 | 1.44 | 5.85 | | 0.79 | 99.79 |
| 陈湾釉果 | 74.43 | 16.40 | 0.71 | 1.06 | 0.39 | 2.30 | 4.96 | | 1.31 | 101.56 |
| 都昌釉果 | 75.23 | 15.14 | 0.24 | 0.51 | 0.21 | 2.07 | 5.39 | | 1.73 | 100.52 |

## 二、釉果制作工艺

### (一)釉果经营机构——"釉户""釉果行"

制造釉果的专业户叫"釉户",也叫"碓户"。釉户大多设在陡滩急流的河边、溪边,好利用这种天然水力,在沿涧两岸装置水碓,从事釉石舂造。釉户拥有碓棚、水碓、淘洗池、沉淀池,以及釉果制作的工具设施——碎石工具、各种耙子、各种簸箕、果模、整果板和挑箩等。水碓根据水源大小,分别装置缭车碓、下脚龙碓、鼓儿碓三种,舂造方式与瓷石舂造方式一样。

釉户从矿山采来釉果矿石,有的釉户不自己开采釉果矿石,则从矿石山场买来矿石,运至碓场,制作釉果。

釉户一般在春天发水时节,即夏历三月初一开车舂碓;秋天水枯时,即七月十五停碓。有时根据生意好坏,将舂碓时间缩短或延长。

釉户制成的产品称"釉果",即一种配釉用的瓷石土砖块。釉户将配釉用的瓷石,以水碓舂碎,淘净沉淀,其后成型,制成大小不一的土砖状块,这便是"釉果",又称"釉泥""釉石"。

---

① 景德镇市地方志办公室.中国瓷都·景德镇市瓷业志:市志·2 卷[M].北京:方志出版社,2004:44.

图 3 - 2　釉果不子

**(二)釉果制作工艺**

釉果制作主要有开采矿石、破碎清洗矿石、舂碓起碓、淘洗沉淀、凝固成型等过程。釉果制作的工具及设施有水碓、各种水池、各种耙子、各种簸箕、果模、整果板和挑箩。

1. 开采矿石

釉矿开采与瓷石开采方式一样,先选好矿山,明矿采用露天开采法,暗矿采用竖井或横洞开采法。矿石开采后运至井外或洞外,堆放在一起,等待专门将矿石加工成釉果的碓户购买和运走。

2. 破碎清洗矿石

釉石开采运到碓棚后,碓棚工人用铁锤将其打碎成3—5厘米小块,以便清洗和舂碎。为了保证釉料质量,打碎的小块釉石必须用水洗涤,由工人用簸箕盛装釉石,挑到水碓旁的小河中,提着簸箕浸入水中,上下抖动,将釉石上的泥土灰尘及杂质让流水冲走。

3. 舂碓起碓

将破碎清洗过的釉石放进水碓,进行舂碎,再将舂细的釉石粉末从碓臼中铲出,用竹箕运送,投入淘洗池中进行淘洗化浆。

4. 淘洗沉淀

在淘洗池中,将釉石泥浆充分搅拌,舀入排砂沟,让其流入沉淀池,使粗颗粒沉淀至池底。将沉淀池中的釉石浆体舀入稠化浓缩池,使浆体沉降下来,进行固液分离沉淀。

5. 凝固成型

稠化浓缩池中的釉石泥浆水分蒸发到一定程度时,工人即赤脚入池踩泥,

图 3 – 3　舂碓起碓

一般要踩三遍。踩泥后，还要把干的砖块插入釉泥中，或者将釉泥铲起，平铺在碓棚内干燥的吸水砖地面上，以进一步降低含水率。待釉泥干燥不黏手时（釉泥含水率为 20% 左右），用"井"字形木模，制成砖状不子。不子干燥后呈白色，浸水后崩解。

制不过程是先将湿泥搬到桌上，堆成小堆，另把托板托着木盒放在桌上，抓一把干粉末，撒在盒子内空和四角，再抓一团泥，揉成圆状，用力搭在盒子里，再用手拍紧，然后用钢丝弓锯掉余泥，盖上碓户牌号印，退开盒子后面的活档子，取下盒子，将托板托上湿泥坯侧着放在货架或吸水砖上，一块釉果不子便制成了。

6. 晾晒成不

成型的釉果不子，放入碓棚四周的不架上，使其自然晾晒风干，成为釉果。

釉果晾晒风干后，由釉户用独轮车或小船运送到景德镇，卖给作坯房或"釉果行"。釉果行是釉果原料的经营机构，是釉户与坯房的中间商。开设釉果行，首先要"捐贴"，一次性捐银圆 100，经总商会复核后发文准许开业。釉果行有三种经营方式：第一种是独立经营，即从碓户处购来釉果，自行销售；第二种是委托、代售，即碓户们雇船或车辆送到釉果行，货卖以后，釉果行收取销售总额 3% 的佣金；第三种是自产自销，即资本雄厚的碓户一方面在山里开矿设碓，生产釉果，一方面在景德镇开设釉果行。

## 第四节　景德镇釉料配制工艺

景德镇传统的配釉工艺是釉果加釉灰的"二元配方"。釉果是一种风化较浅的瓷石，主要成分是二氧化硅和三氧化二铝，釉灰是由石灰石和凤尾草制炼，用水淘细经陈腐而成的，主要成分是石灰石。

明代宋应星在《天工开物·陶埏》中记载："凡饶镇白瓷釉，用小港咀泥浆和桃竹叶灰调成，似清泔汁，盛于缸内。"①泥浆即釉泥，又叫釉果；石灰与桃竹叶灰合成的叫釉灰，用釉果和釉灰淘洗即成釉汁。

唐英在《陶冶图说》中说："以青白石与凤尾草迭叠烧炼，用水淘洗即成釉灰。配以'白不'细泥，与釉灰调合成浆，稀稠相等，各按瓷之种类以成方加减。盛之缸内，用曲木棍横贯铁锅之耳，以为臿注之具，其名曰'盆'。如泥十盆，灰一盆为上品瓷器之釉；泥七八而灰二三为中品之釉；若泥灰平对灰多于泥则成粗釉。"②

法国传教士昂特雷科莱（殷弘绪）在给奥日神父的信件中介绍："将石灰和凤尾草灰这样配合后，倒入盛满水的缸内，再按约一百比一的比例掺以石膏，拌匀混合液，停止搅拌后放置起来，直至在其表面出现皮层为止。然后，取出皮层，移入别的容器内，该操作要重复数次。若器底产生了泥浆的沉淀，则将容器倾斜，排除余水，再取底浆。此浆就是二级釉（日文中无），应与上述的釉浆加以混合。为了使两种釉浆充分混合，必须使它们的浓度相等。为了测定这两种釉浆的浓度是否相等，分别将白不子碎块泡于这两种釉浆内，看两者的吸附层厚度是否相等。上面谈了这两种油的性质。在用量方面，岩石油同由石灰和凤尾草灰制成的油的混合比例，以十比一为最好，最低限度也不可把岩石油的配比减少到三以下。"③

以上记载，较完整地再现了景德镇的传统制釉工艺。景德镇传统配釉方法是以盆数为计算单位的，即以同等稠度的釉果浆与釉灰浆，用浅铁锅量出釉果浆若干盆，配以釉灰浆一盆为配釉的标准。窑户将釉灰买来，与釉果按一定的比例配合，即成传统的灰釉。配合比例，根据各自产品所需，以釉灰为基数，上

---

① 熊寥,熊微.中国陶瓷古籍集成[M].上海:上海文化出版社,2006:206.
② 熊寥,熊微.中国陶瓷古籍集成[M].上海:上海文化出版社,2006:300.
③ 周思中.中国陶瓷名著校读[M].武汉:武汉大学出版社,2016:406.

等瓷器的釉为釉果 12 盆,釉灰 1 盆(含釉灰约 7.7%);中等瓷器的釉为釉果 8 盆,釉灰 1 盆(含釉灰约 11%);粗瓷为釉果 4 盆,釉灰 1 盆(含釉灰约 20%),配成传统灰釉。

民国时期,景德镇采用河南花乳石配釉,以增加瓷釉白度。新中国成立以后,为适应煤窑烧成,大多以长石釉代替石灰釉。长石釉主要由长石、石英和高岭土配制而成,以滑石代替石灰石作助熔剂;长石一般约 50%,石英 25%—30%,高岭土 8%—10%,滑石 9%—12%,还有少量的石灰石和氧化锌等,成熟温度为 1320—1370 ℃。

景德镇釉的种类主要有:(1)传统釉(石灰—碱釉),以瑶里釉果为主,占 60%—80%,再配以釉灰;(2)混合釉,以釉果 30%—48% 配以长石、石英 34%—55%;(3)长石釉,长石 50%、石英 30%、滑石 9%—12%、高岭土 8%—10%。[1]

---

① 景德镇市地方志办公室.中国瓷都·景德镇市瓷业志:市志·2卷[M].北京:方志出版社,2004:42.

# 第四章　景德镇陶瓷燃料采伐与加工

陶瓷是泥与火的艺术,瓷器烧成,赖于窑火。燃料是景德镇陶瓷生产的重要能源,景德镇陶瓷燃料历经了窑柴、煤炭、重油、煤气、电的系列变迁,每一次变迁都标志着陶瓷生产科技水平的提高,都对景德镇的生态环境产生了巨大影响。

## 第一节　古代景德镇陶瓷燃料采伐与加工科技

新中国成立之前,景德镇陶瓷燃料主要是窑柴,所谓"一里窑,十里焦"。景德镇地处丘陵怀抱之中,森林资源丰富。松树和杉木是境内主要树种,松树含松油,是最理想的制瓷燃料,杉木是盖厂房不可缺少的材料。还有满山遍野的俗称狼其草的蕨类,是制瓷配釉不可缺少的材料。

### 一、窑柴生产

窑柴主要分布在浮梁的东、南、西、北乡的通航地区,其次分布在鄱阳、乐平、余干、万年、婺源、祁门等县的通航山区。其砍伐、加工的情况大致为:由当地柴农先在山上将松树砍倒,砍去枝丫,再把松干运至山下,将其锯成长约7.2寸的段,然后把木段劈成厚约5分的片,运送到景德镇窑场。

千百年来景德镇陶瓷生产不知烧掉了多少松林,每年的冬至到来年春分的农闲时期,都有自称"柴客"的柴商进山,到山主家中去买柴,这叫"求判"。山主带柴客到林间实地考察议价,交易确定后,立判约为据,写明山名、地点、田界及山价,砍伐时如越界,由柴客负责。判山定好后,柴商请包工头砍伐,包工头带砍伐工进山,选择避风向阳处搭建住栅,砌好锅灶。开工之日,柴商要请砍伐工喝酒,称为"祈福",同时要烧香烧纸,放鞭炮祭拜土地、山神、煞神,祈求平安。

松木砍下山后,先要锯成木段,再按要求劈成符合规格的块状窑柴,窑柴的长度是按保柴公所定下的标准,不得小于6.8寸。窑柴规格有五种类型,根据不同长度划分窑柴质量等级:一为天字号,又阔又长,是直径1尺以上的窑柴片;二为地字号,是直径5寸以上1尺以下的窑柴片;三为三开片,是直径5寸左右,劈成3块的窑柴片;四为双开片,是直径5寸以下,只能劈成2块的窑柴片;五为"鹿子",是直径2寸以下,无法开片的棍子柴。但"金钱鹿子"松柴虽小,却特别耐火,反而售价最高。

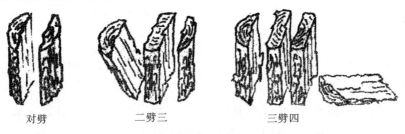

対劈　　　　　　二劈三　　　　　　　三劈四

**图4-1　窑柴等级**

砍伐工的工资以"棍"为单位,窑柴劈成块后再堆放成码,两头以树打桩,使码摆平不倒,依次一排排成方阵。丈量时,用长5尺的长方体丈量,高2尺,长4尺,或高2.2尺,长4.4尺为一角,四角为一棍。前者曰"四八"尺,一般用于山区;后者曰"八八"尺,一般用于大河附近的山头。①

**二、窑柴运输**

窑柴运输以往有水路和陆路两种。水路有用小船直接到山下装运刚砍下山的窑柴给窑户的,这叫"下山柴"。窑柴运输有专门的船帮和码头,1939年,有都昌、乐平、鄱阳、余江、余干、南昌、广昌、浮梁、祁门、抚州10个帮,共有各种木船3250只。船帮对船只的水路限制很严,东河的船不能走西河,西河的船也不能跑东河,各有航区。浮梁的东、西、南、北乡都有小河通昌江,东河的船叫"东港子",分为两种:一种叫"鸦尾船",船身较窄,船尾高翘并分叉,形如鸦尾,吃水浅,载重4吨左右,一人驾驶,是景德镇港的"门户船";另一种叫"婺源瓢船",船身狭长如瓢,载重4吨左右。南河的叫"南港子",船头高翘,并有一个大孔,载重约4吨,是运载窑柴的无帆小木船。西河的叫"西港子",船身较大,船底较宽,载重约10吨,为都昌籍人专有,是运载瓷土和窑柴的无帆小木船。北河的叫"北港子",船身较大,平时载重4吨,涨水载重7吨,是运载窑柴的无帆小木船,抗日战争前夕,多达800只。还有一种在昌江下游运输窑柴的叫"雕子船",为鄱阳连湖人驾驶,又称"连湖佬船",船身较大,桅杆较高,载重8—9吨。诗人郑廷桂在《陶阳竹枝词》中说:"坯房挑得白釉去,匣厂装将黄土来。上下纷争中渡口,柴船才拢槎船开。"①景德镇河西中渡口、刘家码头(俗称窑柴码头)是当时重要的窑柴码头。

另一种是漂运"放水柴",这种运柴方式在当时较为普遍,因运输费用低,且窑柴经水泡后耐烧,火势稳定,没有"下山柴"那样干燥易爆火星,因而是当时主要的窑柴运输方式。"放水柴"售价也比"下山柴"高。

漂运"放水柴"先要在上游起柴的船运码头附近扎好关栅,关栅大小要根据窑柴担数而定,大关栅窑柴担数在 1000 担以上。大关栅要用大小杉木 120 根以上,用铁丝和缆绳一根根相扣扎紧,固定在河口狭窄处,两端紧靠山塝,不得显露空隙。关栅入水约 30 厘米,出水面高约 1 米,人可在上面起柴,不会下沉。数量少的视情况扎"中关"或"小关"。关栅必须扎牢固,如遇山洪暴发,沉关走柴,放柴人不负责任。若正常情况关栅没沉,或起柴不快造成柴漂走,放柴者要赔偿损失。关栅扎好后,等河水涨到一定程度,就风雨无阻地把所运窑柴抛入水中,顺水漂下。放柴人撑一竹排或木排,尾随其后,维护窑柴顺利漂流。②

图 4-2 漂运"放水柴"

陆路是靠独轮车辅助运输。独轮车运窑柴非常艰辛,一般是枯水季节或是

---

① 童光侠.中国历代陶瓷诗选[M].北京:北京图书馆出版社,2007:160.
② 陈海澄.景德镇瓷录[M].景德镇:《中国陶瓷》杂志社,2004:44-46.

船只不能到的大山里面,只有靠独轮车在山间小道上行走几十里山路送到景德镇窑户家里。

图 4－3  独轮车运窑柴

**三、窑柴交易**

在清同治年以前,柴客从景德镇附近乡村运来窑柴,并直接卖给窑户,窑户付给柴钱。在瓷价下跌,窑柴滞销时,窑户还提出赊账。柴客家居乡下,来镇催账很不方便,常常落脚在挑窑柴的把头家中,甚至有时往返多次才能收到柴钱,经济上很不合算。而把头与窑户经常来往,柴客便请把头代办买卖手续,或请把头牵线搭桥去推销窑柴。把头从中帮忙,很有作用,不仅可得到现金,还能卖出好价钱。同治年间,这些精明的柴棚把头开始挂起窑柴行的招牌来。于是,专门经营窑场燃料的行业"窑柴行"诞生了。

到民国时期,景德镇的"窑柴行"有90余家,主要云集在中渡口至毕家弄及戴家弄一带,都昌、抚州、南昌、鄱阳、吉安、浮梁和祁门等地柴行较多。柴行有大、中、小之分。由于规模不同,其经营方式也各异。大字号柴窑资本雄厚,主要经营"放水柴",从中获取高额利润。所谓的"放水柴",就是在春雨季节利用靠近山场的水溪,放水而下,流到航道附近待运。做水柴生意的都是当地大地主、士绅和专门从事窑柴生意的大柴行。大柴行主要依靠这些大柴客组织柴源,双方议定柴数和价格,并由柴行预付30%的定金,以便柴客用于窑柴生产。柴行可从中盈利30%左右,是暴利行业。当年大字号柴行有抚州的"赖德昌"、南昌的"悦来"和"谢祥容"、吉安的"永和祥"、都昌的"永和隆"和"方振光"以及祁门的"谢茂顺"等。这些大柴行年经营的窑柴多达80余万担,占全镇窑柴总供应量三分之一以上。

中等柴行主要是经营"下山柴",也经营部分放水柴。所谓的"下山柴",指的是可以挑到航运码头附近待运的窑柴。这种柴山头费高,挑运费贵,且其资金一般由柴客自筹,柴行没有货款,故柴行所获盈利也少,仅有10%左右。

小柴行资金微薄,经营的全是下山柴,为柴客代卖。柴客是临时性的,利用农闲时间自砍自锯自挑,然后凑船运上镇来卖。也有一些船民付山头费,雇人锯柴挑运到镇上推销的。小柴行就是同这些柴客打交道,为他们服务,但下山柴成本高,所获盈利也只有10%左右。

窑柴运到景德镇,必须投落"窑柴行",向窑柴行交代装运船数、船帮姓名及停泊码头后,柴客(即乡下的窑柴老板)就无权过问。至于起柴担数,属何等级,每担价值,柴客一概不知。下山柴(即"船柴")和放水柴(即"水柴"),价格是有区别的。放水柴因被水浸泡,已失去燥性,不但耐烧,还火性温和,不致爆发火星,损害瓷器,所以每担价值较下山柴要高2—3角钱。结账期视柴市的销和滞而定,畅销期两三天可结账,滞销期即延时四至六天不等。

窑柴议好价钱后,需要挑到窑场。挑窑柴是指专门从河里的窑柴船上,将运来的窑柴挑到窑场的短途运输行业。挑柴人员多是松散临时的,行业是松散没有组织的。窑柴行与窑户在窑柴买卖完成时立一契约,写明担数、价格、窑名等之后,窑柴行到窑场与下港先生商议启运日期,再到挑柴的把头家里,请其帮助组织挑柴人,再到窑柴船上,请船户把船开到启运的码头。

把头受柴行聘用,为挑窑柴人与柴行的中介,有的把头自己也挑柴,愿挑柴的只需经人介绍,领担夹篮即可,不想挑了就退回夹篮。但把头还是要找一些闲散劳动力作为相对固定的挑柴人力。挑柴时,把头在固定人员中指定一位临时领头人协助自己计筹和传递信息。第一担由他启挑,叫"开篷"。他挑到窑里,告诉下港先生某柴行的窑柴已经开篷,下港先生立即坐在柴楼门口,过筹验收。窑柴开篷后,挑者蜂拥而上,装满夹篮后鱼贯而入,把头、柴行人和看筹人立于船下,发给每人长短筹码各一根,下港先生目测认为满担,便倒在指定的地方,认为不满担,不予验收,要挑者担回补满。每逢发生此事,挑者站立一边,叫"坐阁楼",等人少时,向下港先生说些好话,答应下一担补几块,才肯罢休。因有些挑柴人常趁机偷柴,从中间抽走几块,这叫"老鼠洞"。又因窑柴长时间泡在水里,一担重达100多斤,挑者称为"铁板水脚"。为了减轻一点重量,装柴时下面架空,按习惯允许穿过手的巴掌,但不许穿过拳头,有经验者,下面虽空,上面却塞得很紧,若不这样,一经颠簸,柴沉压于底,会出现"打爆",即散落在地,这时,要重新再装叠,就很难装满担了。

挑窑柴非常辛苦,一担压肩,除了路途,还要上"三层天",第一层是从河下上十几米高的墩头(岸),第二层是上十几级台阶的柴楼,第三层是上楼以后又要上几米高的一字跳板。每挑完一担柴,大汗如雨,衣衫湿透。

一船柴挑完后,把头与下港先生结算总数,下港先生开具收据,把头又以收据与窑柴行结算力资,挑柴人凭小筹码向把头兑换力资。窑柴行、把头、挑柴人之间没有隶属和雇佣关系,只有经济和管理关系。①

**四、窑柴储存**

窑场往往须保持一定的窑柴储存量。而把所储存的窑柴不论是短期的或时间较长的,都堆放在地势比较干燥和日照通风条件良好又靠近窑场的露天里,这样可以少占窑屋建筑面积和便于周转以及缩短搬运距离。

堆放的方法是将窑柴码成形似一座长方形或四方形的亭屋,上层披水如盖瓦,堆底留有通风道。采取这种堆放方法,是为了避免窑柴下雨淋湿,在保持干燥的同时,可借助窑柴堆层之间的空隙通风,防止霉烂变质。

图4-4　窑柴堆

**五、窑柴管理机构**

民国时期,景德镇窑柴经营秩序比较混乱,有的柴客借柴行的钱,却不把窑柴卖给柴行;有的柴客只求窑柴的数量,却不顾窑柴的质量;有的窑柴行囤积居奇,高抬柴价;有的烧窑户收到窑柴,却有钱都不兑现,以至于窑柴被偷、码头斗

---

① 陈海澄.景德镇瓷录[M].景德镇:《中国陶瓷》杂志社,2004:44-46.

殴等事件时有发生,这不仅给窑柴行、烧窑户及柴客的利益造成损害,还导致烧窑业燃料供应严重不足,直接影响了景德镇的瓷器生产。1916年,窑柴行、烧窑户和柴客三方经过协商,并报浮梁县政府批准和江西省政府备案,共同组建"浮梁县保柴公所"和"浮梁县保槎公所",保柴公所属于陶庆窑,赖德馨担任首任所长,主持公所事务。保槎公所属于陶成窑。

保柴公所的基本职能是:协调和解决行帮(窑柴行)、窑帮(烧窑户)和客帮(柴客)之间因窑柴引起的争端及重大事项;加强窑柴行的统一经营,力求满足窑场对窑柴供应的要求;做好窑柴码头的治安工作,严防窑柴被盗。

为了加强窑柴的统一管理,保柴公所成立不久就采取了一系列的管理措施:①规定了窑柴质量的等级和规格。窑柴的长度不得短于0.68市尺,并按照树心好坏和干湿程度划分出"天字号""地字号""三开片""双开片"四个等级的窑柴;②统一了从装运码头到启运码头的航运费以及挑窑柴的力资;③统一了夹篮和筹码的管理,建立了严格的年检制度;④严禁一切偷柴行为,严禁镇民买柴烧饭,严禁剥窑柴皮,凡被洪水冲走的窑柴,任何单位和个人捞起后不得变卖或留作自烧,一律由公所按成本价的5%向捞取人就地赎回;⑤烧窑户只能向窑柴行买柴,窑柴行必须满足窑柴供应的要求,柴客只能卖柴给窑柴行,不得直接卖给烧窑户。

保槎公所的任务是巡夜值班防火防盗,组织中介槎柴交易。当时提供给槎窑的能源槎柴,由船装运,在靠近某槎窑的地方卸下,这些卸在河边等待运输的槎柴,常常会被人私自拿去做生活燃料,为了防止偷窃,保槎公所每天派所丁巡视。

保柴公所、保槎公所的建立,实现了对全镇窑柴市场的严格管理,对景德镇制瓷业的发展起到了推动作用。

## 第二节　新中国成立后景德镇陶瓷燃料的发展

新中国成立后,窑柴行消亡。1951年3月,"浮梁专区窑柴联营公司"建立,隶属于浮梁专区木柴分公司,同年下半年,由公私合营的联营体制改为国营,取名为"浮梁专区景德镇窑柴公司"。1952年5月,窑柴公司并入"浮梁专区贸易公司景德镇市瓷业公司",归于此公司原燃料供应处。1954年景德镇瓷业原料公司组建,1956年江西省陶瓷工业公司供销处成立,1957年改为景德镇市瓷业物资供应处。1959 年景德镇市工业原燃料管理局成立,1960 年撤销管理局,成立景德镇市陶瓷工业原燃料管理处。1973 年,恢复江西省陶瓷工业公司原燃料供应处,每年按照景德镇陶瓷产业生产计划,负责陶瓷工业煤炭、重油、化工原料的采购供应。

20 世纪 50 年代初,景德镇为解决窑柴资源短缺问题,进行窑炉改造,随着"以煤代柴"的试验成功,窑柴这一古老的制瓷燃料基本被淘汰,制瓷燃料改为煤炭,窑柴成为历史。1957—1961 年,景德镇以本省的董家山煤矿、萍乡高坑煤矿、钟家山煤矿、天河煤矿、丰城煤矿、仙槎煤矿供应煤炭。1962 年,国家计委开始安排淮南煤矿、大同煤矿、峰峰煤矿的优质煤炭用于景瓷生产,同时扩大新余花鼓山煤矿、桥头坦煤矿、萍乡鸣山煤矿的优质煤炭供应。1964 年,为统一地方煤炭经营管理,景德镇将属于本市的董家山煤矿、仙槎煤矿划归市煤建公司经营,煤炭由矿到市直达运输,同时逐年扩大淮北、大连、枣庄等煤矿煤炭供应,1972 年又增加山西路安煤矿、万山煤矿的煤炭来源。历年来,先后有 18 个大中型煤炭企业为景德镇提供煤炭来源,其中省外 8 家,省内 10 家,支持景瓷生产。

景德镇陶瓷生产 1976 年开始以油代煤的能源变革,陶瓷系统先后建成不同类型的油窑 26 座,日用重油 100 吨,年耗量达 3.6 万吨。重油计划由国家计委统一安排,供应地主要有广东茂名、浙江镇海、江西九江、湖南岳阳等炼油厂。

1982 年,国家计委批准景德镇建设"景德镇焦化煤气厂",投资 1.03 亿元,建设 10 万平方米厂房、一座 42 孔 80 型焦化炉、7 台煤气发生炉,1986 年正式竣工投产,日产热值 3400 大卡的混合煤气 40 万标准立方米、焦炭 28 万吨,实现景德镇烧瓷能源向第四代煤气转化。

1989 年,景德镇开始推进陶瓷电子技术改造,随着电热辊道烤花窑的出现,陶瓷烤花能源由煤气转化为电能。当前,景德镇烧瓷能源主要是煤气和电,以清洁卫生的煤气和电能替代煤炭、重油能源,彻底改变了景德镇烧造能源结构,优化了景德镇自然环境,实现了陶瓷生产"低能耗、低排放、低污染"。

# 第五章  景德镇颜色釉料配制与加工

釉是熔融在黏土制品表面上的一层薄薄的、均匀的玻璃质层。如果在釉料中加入某种金属氧化物，釉面就会显现出某种固有的色泽，这就叫"颜色釉"。

## 第一节  景德镇颜色釉发展的历史

景德镇的颜色釉在景德镇的瓷业生产上具有重要地位。历代颜色釉瓷数量之多、产品之精、颜色之全、质量之美，是国内外其他瓷窑无法比拟的。

### 一、宋代以前景德镇颜色釉

青瓷是颜色釉的鼻祖，远在商周时期，便出现了青黄釉陶器，到汉末晋初，产生了青釉瓷，唐代创造出以黄、紫、绿为主的唐三彩。

景德镇颜色釉的渊源和演变也是从青色釉开始的。目前，景德镇发掘最早的窑址为乐平南窑和景德镇浮梁兰田窑，均为唐中、晚期窑址，出土了大量青瓷、白瓷和酱黑釉瓷。唐代景德镇青瓷、酱黑釉瓷的出现，开启了景德镇颜色釉的新篇章。

五代时期，景德镇先后仿造了多种青釉，以仿造龙泉窑青釉为主，兼有哥窑与弟窑的风格。仿哥窑特色是百圾碎（纹片），先由吉州窑所仿，然后传到景德镇。仿弟窑则取粉青、翠青两种。五代的青瓷釉烧造处在景德镇的湘湖、湖田一带。

宋代青白瓷是景德镇的一大创造，以景德镇窑为代表的青白瓷具有独特风格，因为它的釉色介于青白二色之间，青中有白，白中显青，因此又称"影青瓷"。已发现的窑址，如湖田、湘湖、杨梅亭、南市街、黄泥头、柳家湾等，均有青白瓷烧造。青白瓷这种特定色调与景德镇当地的制釉原料有密切关系。蒋祈在《陶记》中记载，"攸山、山槎灰之制釉者取之。而制之之法，则石垩炼灰，杂以槎叶、木柿，火而毁之，必剂以岭背'釉泥'而后可用"[①]，明确说明景德镇青白釉是用

----

① 熊寥,熊微.中国陶瓷古籍集成[M].上海:上海文化出版社,2006:178.

楂叶、木柿灰、石灰和釉泥等不同原料配成的。这是世界上最早记述景德镇瓷釉生产的文字。

宋代景德镇还仿过定窑、钧窑红釉,以红紫二色为主,窑变也是仿红瓷的产物。宋人周辉在《清波杂志》中记载:"饶州景德镇,陶器所自出。大观间有窑变,色红如朱砂……比之定州红瓷,色更鲜明。"①钧窑烧瓷,窑变是时常有的。清乾嘉间,蓝浦在《景德镇陶录》中记载:"均(钧)器,仿于宋末,即宋初之禹州窑。"②朱琰在《陶说》中引《通雅》记载:"均州有五色,窑变则时有之。报国寺观音,窑变也。"③可见钧红与景德镇的铜红釉是早有渊源的。

**二、元代景德镇颜色釉**

元代,景德镇制瓷工艺有了新的突破,采用瓷石加高岭土的"二元配方",使用葫芦窑,提高了烧成温度,促使了青花、釉里红的烧成。特别是高温烧成的卵白釉、红釉和蓝釉,是景德镇熟练掌握各种呈色剂的重要标志。因而,元代景德镇窑在中国陶瓷史上有着极为重要的地位。

卵白釉是元代景德镇窑所创烧的一种新型高温色釉,因其釉质白色中微微泛青,并且带有一层鸭蛋皮的色泽,故被称为卵白釉。又因卵白釉瓷器纹装饰中往往刻有"枢府"二字,故又将其称为"枢府釉"。卵白釉釉色润泽失透,是一种含钙量低,含钾、钠成分高的石灰碱釉。元末孔齐在《至正直记》中记载:"饶州御土,其色白如粉垩。每岁差官监造器皿以贡,谓之御土窑。烧罢即封,土不敢私也。或有贡余土作盘、盂、碗、碟、壶、注、杯、盏之类,白而莹色可爱。底色未着油药处,犹如白粉,甚雅。"④明初曹昭在《格古要论·古饶器》中记载:"御土窑者,体薄而润,最好。有素折腰样,毛口者,体虽厚,色白且润,尤佳,其价低于定。元朝烧小足印花者,内有枢府字者高。"⑤

铜红釉是元代的一种创新品种,又称红釉、釉里红釉,釉色浅处鲜红雅洁,色深处为紫红,因而又称元红、元紫。铜红釉是以氧化铜掺入釉内作为呈色剂,在1200 ℃以上高温中还原焰烧成的。元代开始熟练地掌握这一铜红釉烧成技术,开始大量烧造全身鲜红色的高温铜红釉,仿钧在红、紫两方面都有成就,而

① 傅振伦.《景德镇陶录》详注[M].北京:书目文献出版社,1993:115.
② 傅振伦.《景德镇陶录》详注[M].北京:书目文献出版社,1993:29.
③ 朱琰.《陶说》译注[M].傅振伦,译注.北京:轻工业出版社,1984:87.
④ 熊寥,熊微.中国陶瓷古籍集成[M].上海:上海文化出版社,2006:186.
⑤ 熊寥,熊微.中国陶瓷古籍集成[M].上海:上海文化出版社,2006:228.

紫更胜于红,所以后世称元紫。寂园叟在《匋雅》中说:"宋钧之紫汗漫全体,元瓷之紫聚于二鱼。宋钧之紫汗漫全体,仿钧之紫漫晕其半。宋钧之紫多在外层,仿钧之紫内外各半。宋钧之紫汗漫全体,仿钧之紫自成片段。"但由于铜红釉的加工和烧造技术难度大,故铜红釉陶瓷器的产量低,造型少,成品率低,釉色亦不够鲜亮,多呈偏暗的猪肝色,釉面多处有猩红斑点,表现出元代红釉初创时期的原始性。元代在铜红釉的基础上,运用铜红料和青花钴料在坯体上绘制纹饰,盖一层透明石灰质青白釉,上釉后成功烧成青花釉里红瓷器。元青花釉里红,成为陶瓷装饰历史上重要发明之一。

**图5-1 元青花釉里红瓷仓**

元代还烧成了高温蓝釉,是后来霁蓝釉的前身,以氧化钴掺入釉内作为呈色剂,施青白釉,在高温中还原焰烧成。元代高温蓝釉主要为"蓝地白花",且大多为云龙纹。

元代景德镇窑颜色釉品种逐渐增多,结束了景德镇瓷器釉色仿青类玉的单一局面,为明清两代景德镇颜色釉的发展奠定了基础。

**三、明代景德镇颜色釉**

元代以后,景德镇以外的各大窑场日趋衰落,具有特殊技能的制瓷工匠便向瓷业发达的景德镇集中,特别是那些带有家传秘方的色釉艺人的到来,开创了景德镇高低温颜色釉的新局面。明代景德镇无论是高温颜色釉还是低温颜色釉都得到很大的发展,从传世或出土的陶瓷制品看,明代景德镇颜色釉的釉色品种比之前有所增多,出现了众多颜色釉新品种。

在高温颜色釉方面,明代景德镇颜色釉最突出的成就是永乐、宣德时期的甜白、霁红、霁青。清人张九钺在《南窑笔记》中记载,宣窑"又有霁红、霁青、甜白三种尤为上品"①。甜白釉创烧于永乐年间,因施以温润如玉的白釉,釉料含铁量低,釉色精细纯净,温润如玉,给人以"甜"的感受,故名"甜白",又因在此白瓷上可以填彩进行绘制,又称"填白",有"白如凝脂,素犹积雪"之誉。"霁红"有二种。一种为鲜红,又叫祭红、积红、宣烧,永乐年间御窑成功烧出的"鲜红釉",釉厚如脂,光莹鲜艳,有"永乐以鲜红为宝"之说。《景德镇陶录》记载:"宣德间,厂窑所烧,土赤埴壤质骨如珠砂,诸料悉精。青花最贵,色尚淡彩。尚深厚,以甜白、棕眼为常,以鲜红为宝。"②另一种为"宝石红",为宣德年间烧造,比永乐鲜红釉更胜一筹,胎质细腻坚致,釉汁晶莹似红宝石。所用釉料,《博物要览》记载:"宣德年造红鱼靶杯,以西红宝石为末,鱼形自骨内烧出,凸起宝光。"③《南村随笔》记载:"宣德祭红,以西红宝石末入汹,凸起者,总以汁水莹厚,如堆脂,汁纹鸡桔,质料腻实,不易茅葭。"④《南窑笔记》记载:"霁红釉用白釉、麻仓釉为主,入红铜花、紫英石配合,加乐平绿石、火青少许。宣烧于秋冬风霜,窑百不得一,故一切釉水以霁红为难。旧红名鲜红,又名宣烧,盖珍重之也。"⑤宣德时期还烧造出祭蓝釉,以氧化钴(CoO)为呈色剂,于生坯施釉,1280—1300 ℃高温下一次烧成。其釉色蓝如深海,釉面匀净,呈色稳定,后人称其为"霁青",又因其呈色稳定、明亮如宝石,与甜白、霁红并列,推为宣德颜色釉三大"上品"。《南窑笔记》记载:"霁青用元子料配釉。甜白以麻仓为主,俱为难得者。"⑥

① 熊寥,熊微.中国陶瓷古籍集成[M].上海:上海文化出版社,2006:655.
② 傅振伦.《景德镇陶录》详注[M].北京:书目文献出版社,1993:64.
③ 朱琰.《陶说》译注[M].傅振伦,译注.北京:轻工业出版社,1984:114.
④ 朱琰.《陶说》译注[M].傅振伦,译注.北京:轻工业出版社,1984:114.
⑤ 熊寥,熊微.中国陶瓷古籍集成[M].上海:上海文化出版社,2006:655.
⑥ 熊寥,熊微.中国陶瓷古籍集成[M].上海:上海文化出版社,2006:655.

**图5－2　明嘉靖霁蓝釉梅瓶**

在低温颜色釉方面,明代也有出色的成就。弘治年间,以含铁的天然矿石为呈色剂,采用浇釉方法经低温氧化焰焙烧,烧制出黄釉瓷器,并随着釉中的铁含量比率增减,烧制出"鸡油黄""鹅黄""娇黄""粉黄""蛋黄"等各种黄色调瓷器。明代中期以后便有黄釉青花,有用"沥粉"技法的黄釉白花,有再施绘绿、紫、白釉综合装饰的黄釉绿彩和黄釉紫彩等的"浇黄釉三彩"和用黄、绿、紫色釉搭配的"素三彩"。正德年间,景德镇窑改用"牙硝"为熔剂,创烧出"孔雀绿"低温色釉,釉汁晶莹鲜艳,颇似孔雀羽毛上的亮蓝色,又俗称"珐翠釉",常与珐黄、珐紫、珐白、珐蓝等釉搭配,综合装饰成"珐花三彩"。《南窑笔记》记载:"法蓝、法翠二色,旧惟成窑有,翡翠最佳。本朝有陶司马驻昌南传此二色。云出自山东琉璃窑也。其制:用涩胎上色,复入窑烧成者,用石末、铜花、牙硝为法翠。加入青料为法蓝。今仿者甚夥。"①嘉靖年间,创烧出"瓜皮绿"釉,釉色像嫩柳新荷般鲜绿,光亮透剔,亦有通体开细小纹片的,俗称"鱼子绿"。嘉靖年间,上等红料断绝,红釉质量已逐渐下降,便改烧低温矾红釉,以硫酸亚铁为呈色剂,将釉料刷抹在素胎上,经低温烧成,故又称"抹红"。

在仿烧各大名窑色釉方面,明代景德镇颜色釉大量仿烧宋代各大名窑色

---

① 熊寥,熊微.中国陶瓷古籍集成[M].上海:上海文化出版社,2006:658.

釉,并有所创新。如永乐年间御窑厂创烧出的"翠青釉",是仿宋龙泉粉青釉而具有高度成就的标准色,釉色似刚刚剥叶的新篁,娇翠细嫩,晶莹光润,透明度良好。宣德年间仿宋代汝窑天青釉尤为精美,成化年间则以仿宋代哥瓷为最突出。明代还仿宋代官窑、耀州窑、东窑等青釉,其中的翠青、天青、豆青、粉青、冬青等色釉,逐渐成为景德镇窑的传统颜色釉产品,有的加以发展为描金、"沥粉"、彩绘等综合装饰。有关仿厂官窑,《南窑笔记》中记载:"其色有蟮鱼黄、油绿、紫金诸色,出直隶。厂窑所烧,故名厂官。多缸、钵之类。釉泽苍古,配合诸窑,另成一家。今仿造者,用紫金杂釉,白土配合,胜于旧窑。"[1]有关仿其他诸釉,《南窑笔记》中记载:"吹青、吹红二种,本朝所出。月白釉、蓝色釉、淡米色釉、米色釉、淡龙泉釉、紫金釉六种,宣成以下俱有。以上各种,俱系窑内所出釉之正色,仍有浅深变色种类甚多。吹洋红、吹矾红、吹月白、吹松色、吹黄、吹绿、吹青、吹翡翠、吹粉青、吹紫、吹官粉、吹洋青、吹油绿、吹古铜等色,皆系炉内颜色,非窑内釉比也。其均窑及法蓝、法翠,乃先于窑中烧成无釉涩胎,然后上釉,再入窑中复烧乃成。惟蓝翠一火即就,均釉则数火乃得,流淌各种天然颜色。炉均一种,乃炉中所烧,颜色流淌中有红点者为佳,青点次之。"[2]有关釉色配料,《南窑笔记》中记载:"别有紫金釉一种,色黄紫,性耐火,坚实,出景镇山土春成。宋、明碗碟用以镶口,适用不弰边,深则为紫金,淡则成米色。凡配龙泉、冬青,宋釉、厂官及观、哥等釉,俱入紫金少许。盖它釉纯白,以紫金稍度变其色耳。有麻仓釉一种,多用于仿古釉,宣釉为最,甜白亦用此种釉,肥润,有橘皮纹,出浮梁麻仓窑。凡釉多陈贮久愈妙。"[3]

明代景德镇窑烧制的各种高低温颜色釉,集钧、汝、官、哥、定、龙泉各窑之大成,并加以创新和提高,形成自身传统的颜色釉。这些颜色釉比较集中地代表了明代景德镇各种颜色釉的烧造程度和水平。

**四、清代景德镇颜色釉**

清代前期康熙、雍正、乾隆三朝,景德镇制瓷达到了我国制瓷工艺的历史高峰,陶瓷制作出现了崭新的局面,无论是颜色釉还是彩瓷的烧制,均已进入陶瓷生产的鼎盛时代。

康熙时期的颜色釉,不但继承了明代所取得的成就,而且有了较大的发展

① 熊寥,熊微.中国陶瓷古籍集成[M].上海:上海文化出版社,2006:656.
② 熊寥,熊微.中国陶瓷古籍集成[M].上海:上海文化出版社,2006:658-659.
③ 熊寥,熊微.中国陶瓷古籍集成[M].上海:上海文化出版社,2006:660.

和提高。康熙早期,臧应选督烧的"臧窑",最突出的成就主要表现在颜色釉方面,《景德镇陶录》记载:时所烧造的厂器"诸色兼备,有蛇皮绿、鳝鱼黄、吉翠、黄斑点四种尤佳。其浇黄、浇紫、浇绿、吹红、吹青者亦美"①。郎廷极督烧的"郎窑",其最突出的成就是在仿造宣德祭红釉的基础上,创造了举世闻名的郎窑红,使明代后期一度中断的高温铜红釉制作再度复兴。此时景德镇的红釉品种很多,有郎窑红、霁红等,其中尤以郎窑红最为名贵。除郎窑红以外,这时还创烧了一种"桃花片"的色釉,俗称"美人醉"或"豇豆红"。

图 5 - 3　清康熙郎窑红釉花囊

雍正时期,唐窑在颜色釉方面的成就也很突出。雍正六年(1728 年),朝廷委派内务府员外郎唐英协助年希尧驻厂督陶,故称为"唐窑"。远至宋代各地名窑,近至康熙景德镇御窑,唐窑几乎无釉不仿。唐英在雍正十三年(1735 年)撰写的《陶成纪事碑》里面记载,雍正朝仿古创新品种达 57 种之多,其中颜色釉就有 40 余种。其颜色釉瓷品种,主要有祭红、珊瑚红、胭脂红、天蓝、洒蓝、孔雀蓝、瓜皮绿、松石绿、冬青、粉青、浇黄、淡黄、茶叶末釉、乌金釉、仿古玉陶瓷釉、仿木纹釉、炉钧釉,仿宋代五大名窑等,品类繁多,各色齐备,仿古创新,集其大成。而且在仿制古代名贵釉色时,因为多数没有现成的配方,在反复试制过程中,由于配方中各种原料的比例、烧成气氛、火度及窑位的差异都会影响呈色,

---

① 傅振伦.《景德镇陶录》详注[M].北京:书目文献出版社,1993:68.

这就必然衍生出新的釉色品种，如《陶成纪事碑记》中介绍仿钧釉时，就有"新得新紫、米色、天蓝、窑变四种"①。唐窑釉色品种繁多，千变万化，比较突出的仍是青釉和红釉。红釉瓷主要表现在仿造钧窑釉、宣红釉和成功地烧造窑变方面。雍正七年（1729年）春，唐英曾派厂署幕友吴尧圃前往钧州调查钧釉配制法。其时钧窑早已停烧，烧制技术自然失传，但到七月，唐窑就着手仿造钧釉器，一年以后即获成功，"呈进仿钧窑瓷炉大小十二件"，并且得到雍正帝的赞赏。唐窑不断改进胎釉原料结构和烧成制度，使红釉器质量大大提高。《景德镇陶录》记载："均红器古作者，土质粗疏，微黄，釉色虽肖，究非佳品。今镇陶选用净细白填土，范胎为之，再上均红釉，故红色衬出，愈滋润，所谓玫瑰、海棠、骡肝、马肺等样，皆胜于往古所造。"②红釉器成为景德镇流传至今的传统名贵色釉品种。唐窑的青釉主要是仿汝窑和龙泉窑。汝窑釉色，从传世品看，主要是卵青色和鱼子纹开片。唐窑除仿"铜骨鱼子纹汝釉"外，还仿"铁骨无纹汝釉"及"天青"釉。《竹园陶说》记载："尤以天青一种，至为神化，幽淡隽永，引人入胜，非红瓷可能望其项背也。"除"天青"外，唐窑仿造龙泉窑的梅子青、粉青，也很成功。《景德镇陶录》记载："龙泉窑……第工匠稍拙，制法不甚古雅耳。景德镇唐窑有仿龙泉宝烧一种，尤佳。"③《匋雅》记载："雍正所仿龙泉皆无纹者也，制佳而款精，后起者胜，岂不然欤？"④可见唐窑的青釉烧制技术已达到相当熟练程度。

乾隆时期，延续了雍正时期景德镇制瓷业的兴旺，将我国古代制瓷工艺推向顶峰。乾隆前中期，仍然以唐窑为代表，仿制各类颜色釉，洒蓝、霁蓝、霁红、矾红、珊瑚红、粉黄、浇黄、松黄绿、瓜皮绿、鱼子绿、孔雀绿、紫金釉等高低温颜色釉比前代有了进一步提高。这一时期，创烧了低温"炉钧花釉""茶叶末"釉和名贵的"三阳开泰"釉。还有模仿其他材质的品种，如仿金陶瓷釉、仿银陶瓷釉、仿古玉陶瓷釉、仿古铜陶瓷釉、仿木纹陶瓷釉、仿石陶瓷釉、仿漆器陶瓷釉等，形态逼真，惟妙惟肖，常能以假乱真。特别是颜色釉综合装饰技巧，如色釉开光彩绘、色釉沥粉堆雕等，表明颜色釉装饰技巧更趋进步。

① 熊寥,熊微.中国陶瓷古籍集成[M].上海:上海文化出版社,2006:297.
② 傅振伦.《景德镇陶录》详注[M].北京:书目文献出版社,1993:148.
③ 傅振伦.《景德镇陶录》详注[M].北京:书目文献出版社,1993:78.
④ 杜赋.中国陶瓷"四书"[M].济南:齐鲁书社,2015:464.

**图 5 - 4 清乾隆胭脂红釉菊瓣盘**

嘉庆时期,多承袭旧制,对于色釉的研制,创新之作很少。嘉庆后期,制作工艺趋于低下,渐显粗率之风。

道光时期,景德镇御窑厂生产的衰落状况有增无减,特别是鸦片战争爆发后,御窑厂经费短缺,生产规模大幅减少,瓷器的产量和质量都显著下降。

咸丰时期,内忧外患,咸丰五年(1855 年),景德镇被农民起义军占领后,御窑厂生产被迫停止。民间专门从事这种色釉研制工作的艺人纷纷改行,致使许多名贵色釉研制和生产工艺技术逐步丢失,这是清末景德镇的色釉研制工艺没有进一步发展的根本原因。

同治时期,政局动荡不安,社会纷争不断,经济衰败不堪,景德镇御窑厂的生产更加萎靡不振,曾一度跌入低谷,技艺低劣,制作粗糙。同治七年(1868 年),同治皇帝大婚,御窑厂专门制作了一批精美瓷器,以黄釉彩绘瓷居多,即在黄釉上彩绘、写字,如黄釉描金"万寿无疆"字碗、黄釉描金"喜"字百蝶纹碗、黄釉红蝠纹碗等,颇具特色。

光绪时期,尽管国家仍处于内忧外患的困境之中,但是社会局面相对稳定,尤其是光绪帝大婚,慈禧两次大寿,御窑厂烧造大量瓷器。从传世品来看,其颜色釉瓷品种主要有珊瑚红陶瓷釉、芸豆红陶瓷釉、霁蓝、天蓝、粉青、冬青、玫瑰紫、孔雀绿、厂官釉、紫金釉、乌金釉、窑变釉、炉钧釉、仿哥釉、仿官釉等。

宣统时期,仅有短短三年,景德镇御窑厂仍有生产,但数量不多,品种亦多袭旧制。从传世品来看,其颜色釉瓷品种主要有珊瑚红、黄釉、绿釉、蓝釉、厂官釉、窑变釉、仿哥釉、仿官釉等。

总之,清代景德镇颜色釉极其丰富,它充分反映了景德镇陶工的创造智慧和当时颜色釉制作工艺的水平。

### 五、民国时期景德镇颜色釉

民国时期,景德镇仿古之风盛行,传统颜色釉重新获得发展,恢复烧造了难度极大的祭红、豇豆红、天青、豆青、祭蓝、仿钧釉、窑变花釉等色釉,还仿烧出大批康熙、雍正、乾隆时期的颜色釉产品,并出现了几位专门从事景德镇色釉装饰方面的名家。广东人吴霭生,1909年赴景德镇创建了合光瓷庄,他改良瓷釉,发明用花乳石配制白釉,大获成功。其创新的白釉,釉层肥厚滋润,如脂如玉,洁白如绫,故其窑被称为"玉绫窑"。当时他烧制祭红釉、美人醉也较为成功,曾以一对窑变醉红大花钵参加巴拿马国际博览会获金奖。擅长乌金釉的鄢儒珍,创办了"鄢德亿瓷号"。他烧出的乌金釉乌黑铮亮,又在黑色釉面上用金水描绘纹饰,使黑釉锦上添花,成为风靡全镇的新颖产品。1915年,鄢德亿瓷号生产的乌金釉获巴拿马博览会金奖。同时,这一时期还涌现出擅长宋钧花釉的聂物华、擅长钧红釉的李其才,擅长红釉的余略昼,专门研究各种低温釉的余一龙,专门研究釉里红、美人醉的杜金标,专门研究乌金釉和茶叶末釉的左冬苟,专门研究孔雀蓝釉和各类青釉的陈鸿高等。他们这些民间的颜色釉艺人,把当时景德镇的颜色釉瓷制作技术推向了一个新的境界。

### 六、新中国成立后景德镇颜色釉

新中国成立后,党和政府十分重视景德镇传统颜色釉的恢复与发展。1954年成立了"景德镇陶瓷工业科学研究所",将民国时期健在的身怀绝技的色釉艺人集中到陶研所工作,成立颜色釉组。研究所每年抽调5—8名优秀的大学毕业生进颜色釉组,拜师学艺,学习颜色釉的配制方法,为后来进一步继承和发展景德镇颜色釉打下了良好的基础。1954年,中国科学院上海冶金陶瓷研究所派出有关专家和技术人员到景德镇陶瓷研究所,总结老艺人的颜色釉配方和制作工艺,并对景德镇颜色釉所采用的各种土质原料进行化学分析,提供数据资料。1959年新中国成立十周年庆典,景德镇陶瓷研究所在小柴窑中烧制成功了达到清官窑水平的霁红、霁蓝、宋钧花釉、美人醉等不少断代的颜色釉品种。这一时期,先后成功研制了钧红、茶叶末、乌金釉、釉里红、郎窑红、天青、美人醉、宋钧、祭红、厂官、蓝窑变、蓝花釉、火焰红、粉青、玉青、豆绿、高温黄釉、硅锌矿结晶釉共18种高温颜色釉和金星绿、翡翠、哥绿、柳绿、象牙黄、鱼子绿、辣椒红、荔枝红、鱼子黄、紫丁香共 10 种低温颜色釉。

1968 年,陶研所被解散,颜色釉的研究和发展工作中断。部分颜色釉艺人和科技人员调到建国瓷厂,自此建国瓷厂逐渐成为景德镇传统颜色釉的试制研究和生产的中心。1974 年,建国瓷厂完成新北京饭店宴会厅陶瓷颜色釉壁画《漓江新春》的试制任务,这是我国第一幅大型高温颜色釉瓷片镶嵌壁画,由 124 种颜色的 30 多万块高温瓷片组成,它的试制成功表明景德镇高温颜色釉瓷片制作水平达到了一个新的高度。1975 年,景德镇雕塑瓷厂、建国瓷厂分别试制成功铁红结晶釉。1976 年,建国瓷厂完成油烧铜红釉科研项目,釉面质量达到柴窑水平,突破了铜红釉必须在松柴窑中烧成的旧模式,为此后进一步改进铜红釉生产燃料跨出了可贵的一步;同时又试制成功"无铅钧红釉",彻底消除了铅中毒的危险,釉面质量超过含铅钧红釉水平。1979 年,建国瓷厂试制成功大件郎红釉新配方,并在柴窑中一次烧成,其代表作品《郎红釉美人肩花瓶》多次被选作出访的国礼。1985 年,大件郎红釉新配方获国家科技进步三等奖。1982 年,在景德镇第一届国际陶瓷节中,创新的颜色釉产品获奖有近十种,其中最突出的是邓希平研制的高温铜红釉新品种——凤凰衣釉。该釉新的窑变花釉配方和制作工艺,使变化万千的各色花纹在红釉中由里向外逐渐显露出来,出现了釉里藏花的美妙艺术效果。这种工艺随后发展出各种颜色的羽毛花釉系列产品。羽毛花釉制作工艺是 20 世纪 80 年代景德镇铜红釉窑变制作工艺的重大创新成果。1983 年,景德镇又研制成功"陶瓷彩虹釉"。这种釉料由稀土元素配制,经 1300 ℃高温与陶瓷坯胎同时烧成,可在盘类产品上出现赤、橙、黄、绿、青、蓝、紫等七种颜色的色环,颜色过渡十分自然、协调且釉面光亮无比,是十分高雅的一种全新的釉料。"陶瓷彩虹釉"在 1989 年获国家发明四等奖,1990 年获第 39 届尤里卡国际发明博览会金奖。

20 世纪 90 年代,景德镇颜色釉烧成工艺有了重大改进,采用各式液化气窑代替柴窑烧造颜色釉,许多传统釉料面临严峻的考验,新的配方和工艺应运而生。适应气窑生产的钧红、郎窑红、三阳开泰、祭红、窑变、玫瑰紫等铜红釉配方在短短的几年中被研制出来,并已开始小批量生产。进入 20 世纪 90 年代以后,随着对铜红釉烧成过程中窑变现象的理解不断加深,掌握窑变的技术更加成熟,颜色釉的装饰方法有了很大的创新,出现了颜色釉窑变综合装饰。在一件作品上不仅可运用吹、涂、点、淋、浇等多种传统施釉方法,还可运用多种窑变釉的互相渗透现象,创作出理想效果的颜色釉窑变综合装饰命题作品。例如:

为迎接香港回归创作的颜色釉窑变综合装饰《东方之珠》,就是通过窑变现象,巧妙形成紫荆花、海浪、火焰等纹饰;为庆祝新中国成立 50 周年创作的颜色釉窑变综合装饰作品《普天同庆小口球瓶》,利用黄、红、蓝等多种窑变釉互相渗透,烧制出层层焰火齐放、表现出万家欢庆的热烈气氛。颜色釉窑变综合装饰命题作品的创作成功,标志着颜色釉生产工艺、创作水平都达到了更高的境界。

**图 5-5 三阳开泰扁肚瓶**

近年来,在广大瓷业工人和科技人员的努力下,大部分失传的名贵色釉都得到恢复和提高,创造了火焰红、灯芯红、桃红、粉红、李子红、玉青、鸭蛋青、海青、茶青、竹叶青、豆绿、墨青、翠绿、墨绿、灰绿、灰蓝、铁花釉、乌金花釉、虎斑釉、蓝钧釉、象牙黄、太火绿、芒果釉、结晶釉、正黄等色釉以及釉上堆花工艺。颜色釉综合装饰工艺使颜色釉得到新的发展和提高,并且被广泛地用于陈设瓷、日用瓷、卫生瓷、建筑瓷等方面,极大地扩大了颜色釉的应用范围。

# 第二节 颜色釉原料

颜色釉原料与普通釉料基本相同,但含有一定比例的呈色原料(着色剂)和帮助发色的辅助原料,如乳浊剂、助熔剂、氧化剂、还原剂等。过去大多采用天然矿物,新中国成立后多采用化工原料。

## 一、呈色原料

呈色原料是颜色釉中发色的原料,通常分为含金属化合物的天然矿物和经人工提纯的化工原料两大类。古代景德镇颜色釉原料大多采用含有铁($Fe$)、铜($Cu$)、钴($Co$)、锰($Mn$)等金属氧化物的天然矿物,经粉碎、过筛、淘漂等工序,除去杂质配制各种色釉。到清代以后,着色金属原料才不断增多。新中国成立后,着色原料数量增加,色彩丰富,绝大部分都采用化工原料。

**(一)铁的化合物**

铁的化合物能配制黄、红、棕、褐、青、黑等色釉。

含铁的天然矿物很多,分布很广,特别是在黏土中存在着各种铁的化合物。因生成条件不同,铁含量差别很大,且含有其他金属氧化物,影响颜色变化。黏土中若含4%以上的氧化铁,则烧后黏土呈深赤色或带有褐色及紫色;然而铁含量在3%以下时,则显示黄色或乳白色。

铁在陶瓷生产上是最有害的杂质,但氧化铁在颜色釉制作上却有其特殊价值,而且使用得也最早,唐宋的名窑青瓷、影青瓷都是用氧化铁着色的。青瓷的青色,就是由于釉中含有一定比例的氧化铁,经还原焰烧成后变成了低价铁而呈现出来的,根据不同的铁含量和烧成条件,就青色而言就有影青、粉青、豆青、梅子青、蟹甲青等数十种之多。如果烧成气氛不好,釉料中的部分铁与氧气结合而变成 $Fe_2O_3$,会使色调变成黄色。当铁含量增加到5%左右,会变成浓黄色;如含铁量达到13%以上,就变成了乌金釉。$Fe_2O_3$ 在低温气氛中烧成可成红色,有名的矾红和珊瑚色就是用 $Fe_2O_3$ 着色的。

紫金土,是一种含铁的红色土块,因配制紫金釉而得名(实际上是一种浅棕色釉),在景德镇市雷公山及近郊的小山坡上到处都有。一般的紫金土经淘洗去渣后,含氧化铁约6%—7%,可用作配制传统的冬青、天青、粉青、龙泉、紫金、乌金、茶叶末等色釉。

乌金土,产于景德镇东郊李家坳小土斜壁上,它没有较大的矿脉供大型开采,只有鸡蛋大小的土硬块分布在黄土层中,数量不多,质量也不稳定,外观带微黑棕褐色,含 $Fe_2O_3$ 13.4%,很早就被景德镇色釉艺人用来配制乌金釉,效果甚好。好的乌金土除有30%的氧化铁外,还有8%—10%的氧化锰。

赭石,为一种品位不高的赤铁矿石,其中氧化铁的含量约38%,含硫量在1%以下,外貌呈赭红色,块状,因而称赭石。景德镇市附近也有,但人们喜用庐山所产的赭石。使用前略经挑选并碾碎过筛,赭石在高温色釉中作为乌金、茶叶末釉的着色剂,在低温色釉中则用以配制浇黄釉、鸡油黄。

龙泉石,是一种淡青色的天然矿物,大多凿成石柱用作石材,产自江西上饶,过去多用它配制各种青釉,尤以龙泉釉效果最佳,故俗称它为龙泉石。

表 5 - 1 铁系釉用化工着色原料①

| 名称 | 分子式 | 分子量 | 性状 | 用途 |
|---|---|---|---|---|
| 氧化铁（三氧化二铁） | $Fe_2O_3$ | 159.70 | 红色或黑色无定形粉末不溶于水，熔点 1560 ℃ | 配制黄、红、青、褐、棕、黑等色釉 |
| 硫酸亚铁（青矾、皂矾） | $FeSO_4 \cdot 7H_2O$ | 278.03 | 蓝绿色单斜晶体，在 64—90 ℃失去 6 个结晶水，300 ℃失去全部结晶水，在空气中风化并氧化呈黄褐色，溶于水 | 配制黄、红、青、褐、棕、黑等色釉 |
| 硝酸铁 | $Fe(NO_3)_3 \cdot 9H_2O$ | 404.02 | 淡紫色单斜晶体，熔点 47 ℃，在 125 ℃分解，易溶于水 | 配制黄、红、青、褐、棕、黑等色釉 |
| 氯化铁（三氯化铁） | $FeCl_3 \cdot 6H_2O$ | 270.32 | 橘黄色晶体，熔点 37 ℃，沸点 280 ℃，极易溶于水 | 配制黄、红、青、褐、棕、黑等色釉 |

### （二）铜的化合物

铜的化合物能配制红、绿、青、蓝等色釉。

宋代创造的铜红釉开始用铜矿石作着色釉，以后采用铜器加工过程中的铜屑（又称铜花）。中国名贵的传统铜红釉如郎窑红、祭红、钧红等，就是以胶体铜来着色的。

铜的呈色与基础釉和烧成气氛有密切关系，如烧制铜红釉时，还原气氛过重会引起暗红色。釉料组成中含有 1% 左右的 $SnO_2$ 和 0.5% 的 $Fe_2O_3$，有助于铜还原成红色。$Fe_2O_3$ 的含量过高能引起紫红色。铜在碱性无铅釉中呈蓝色，在铅釉中呈绿色。

碳酸铜，天然的产物有两种，均为盐基性碳酸铜。一为孔雀石，其化学式为 $CuCO_3 \cdot Cu(OH)_2$；一为蓝铜石，其化学式为 $2CuCO_3 \cdot Cu(OH)_2$。使用前应将它们粉碎，用水簸法去粗渣后备用。现在多使用化工原料，质地较纯，可以直接配入低温色釉中。

氯化铜，为浅绿色结晶小粒，易溶于水，分子式为 $CuCl_2 \cdot 2H_2O$，可以直接引入低温色釉的基础釉中进行着色。

铜花，是铜器作坊轧延捶打剩下的铜皮铜屑，其中铜和铜的氧化物含量为 96.6%，经过淘洗去污，细磨至无颗粒感，再烘干备用。

---

① 景德镇市地方志办公室. 中国瓷都·景德镇市瓷业志：市志·2 卷［M］. 北京：方志出版社，2004：61.

表 5-2　铜系色釉用化工着色原料①

| 名称 | 分子式 | 分子量 | 性状 | 用途 |
|---|---|---|---|---|
| 氧化铜 | $CuO$ | 79.45 | 黑色粉末,不溶于水,但溶于氨水,成为深蓝色溶液 | 配制铜红、绿、青、蓝等釉 |
| 氧化亚铜 | $Cu_2O$ | 143.08 | 暗红色或橙色粉末,不溶于水 | 配制铜红、绿、青、蓝等釉 |
| 氯化铜 | $CuCl_2 \cdot 2H_2O$ | 170.05 | 绿色结晶粉末 | 配制铜红、绿、青、蓝等釉 |
| 碱式碳酸铜 | $CuCO_3 \cdot Cu(OH)_2$ | 221.11 | 绿色粉末,不溶于水,在 200 ℃分解成氧化铜 | 配制铜红、绿、青、蓝等釉,但着色力弱于氧化铜 |
| 硫酸铜 | $CuSO_4 \cdot 5H_2O$ | | | |

## (三)钴的化合物

钴的化合物能配制蓝、绿、黑、褐等色釉。

中国钴矿以氧化锰为主要成分,钴含量很少,并含有其他金属氧化物。钴矿成分复杂,烧成温度及火焰性质对呈色变化很大。元明时期,景德镇采用上等的进口钴土矿,后采用本地和乐平、上高、赣州、吉安、丰城以及浙江、云南等地产的天然钴土矿。

钴的发色能力很强,并具有呈色稳定和耐高温等特点,釉料中只需加 0.1% 的氧化钴便能形成鲜明的青蓝色。青花料主要用氧化钴来着色,钴若加入铜红釉料中能使呈色红中泛紫,钴与铜、铁并用,能制成黑色釉。

土青,北宋时期景德镇附近采掘的一种青花料,含钴量很低,当时加工技术简单,烧出的色调暗晦带灰蓝。这种土料在距镇南 15 公里之团山一带仍可掘到。

铁骨泥,搓洗青花料时水中沉淀的废渣,除其中尚含有少量的钴,还含有较多的锰铁等,景德镇用它和乌金土配制乌金釉。

珠明料,是一种灰黑色的钴土矿,产自云南省曲靖地区,除大量用来彩绘上等青花瓷外,也常用来配制霁蓝釉、天青釉等。

---

① 景德镇市地方志办公室. 中国瓷都·景德镇市瓷业志:市志·2 卷[M]. 北京:方志出版社,2004:62.

表5-3　钴系色釉用化工原料[1]

| 名称 | 分子式 | 分子量 | 性状 | 用途 |
|---|---|---|---|---|
| 氧化亚钴 | $CoO$ | 74.94 | 橄榄色粉末,溶于盐酸和硝酸,在空气中易氧化成 $Co_2O_3$ | 蓝釉、海碧、钴青、乌金和青花料 |
| 氧化钴 | $Co_2O_3$ | 156.88 | 灰黑色粉末,溶于酸,在600—700 ℃转化成 $Co_3O_4$,1150—1200 ℃转化成 $CoO$ | 蓝釉、海碧、钴青、乌金和青花料 |
| 四氧化三钴 | $Co_3O_4$ | 240.82 | 黑色粉末,超过1200 ℃转化成 $CoO$ | |
| 硫酸钴 | $CoSO_4 \cdot 7H_2O$ | 281.11 | 棕红色结晶,溶于水。其水溶液呈红色,系为 $Co^{2+}$ 所致 | |
| 硝酸钴 | $Co(NO_3)_2 \cdot 6H_2O$ | 291.05 | 棕红色结晶,溶于水 | 除上述外,还适宜于制天青色釉 |
| 碳酸钴 | $CoCO_3$ | | | 可配制蓝釉 |

### (四)锰的化合物

锰的化合物能配制淡红、紫、褐等色釉,天然矿物有黝锰矿、软锰矿等,含锰为40%—95%,其色在褐色与黑色之间,可配制棕色或褐黑色釉。江西赣州产的土料(叫珠子)含 MnO 在20%左右,用于低温铅釉中,能生成美丽的紫色。锰与铁还可配制成天目釉,用于结晶釉中易生成较大的晶花。

叫珠子,产自江西赣南、吉安、上高一带。质量较珠明料差的一种原料,氧化钴含量波动在0.8%和1.5%之间,而氧化锰的含量超过20%。在中国名贵的低温色釉珐花三彩中常用它来做珐紫釉的着色剂,浇黄三彩中常用它做浅紫釉的着色剂。

表5-4　锰系色釉用化工着色原料[2]

| 名称 | 分子式 | 分子量 | 性状 | 用途 |
|---|---|---|---|---|
| 二氧化锰 | $MnO_2$ | 86.93 | 黑色结晶粉末,不溶于水 | 配制淡红、紫、褐等色釉 |
| 磷酸锰 | $Mn_3(PO_4)_2 \cdot 3H_2O$ | 408.88 | 白色粉末,不溶于水 | 配制桃红色釉 |

---

[1] 景德镇市地方志办公室. 中国瓷都·景德镇市瓷业志:市志·2卷[M].北京:方志出版社,2004:63.

[2] 景德镇市地方志办公室. 中国瓷都·景德镇市瓷业志:市志·2卷[M].北京:方志出版社,2004:64.

**续表 5 - 4**

| 名称 | 分子式 | 分子量 | 性状 | 用途 |
|------|--------|--------|------|------|
| 碳酸锰 | $MnCO$ | 114.90 | 白色或微红色粉末,不溶于水,露于潮湿空气中,因氧化逐渐变成棕黑色 | 配制桃红色釉,呈色良好 |
| 硫酸锰 | $MnSO_4 \cdot 7H_2O$ | | | |

## (五)铬的化合物

铬的化合物能配制绿、黄、红、褐、黑等色釉。在高温碱质釉中,铬一般呈绿色,在高铝或锡釉中呈紫红色,在低温碱质釉中呈黄色,在铅釉中呈米红色,与铁、钴并用可制成黑色釉。天然矿物中常用重铬酸钾($K_2Cr_2O_7$)。

铬渣,又称铝铬渣,墨绿色块体,局部为深玫瑰红色,具有层片状结构,包含少量的蜂窝状小孔洞,有玻璃光泽,常可见方片状结晶。质硬而脆,破碎时多片状颗粒,其比重为 3.40—3.53,体积密度为 3.08—3.21,质地细密,气孔率波动在 1.8%—8.1%,吸水率仅 0.6%—2.5%。铬渣是用金属铝粉从粉状三氧化二铬中置换金属铬时的产物,其主要成分是三氧化二铝(69% 左右)和少量残存氧化铬(达 13%),由于是提取铬剩下的工业废渣,故价格低廉,在色剂配方中引入 25%—70% 的铬渣代替工业氧化铝和氧化铬,可降低釉料成本 10%—30%。20 世纪 80 年代后铬渣用来配制草绿、棕红、咖啡、墨绿、灰黑等色剂的颜色釉面砖。

**表 5 - 5　铬系色釉用化工着色原料①**

| 名称 | 分子式 | 分子量 | 性状 | 用途 |
|------|--------|--------|------|------|
| 三氧化二铬 | $Cr_2O_3$ | 132 | 绿色结晶粉末,熔点高达 2435 ℃,不溶于水,微溶于酸 | 配制铬锡红、铬绿、铬铝红、铬黄 |
| 重铬酸钾 | $K_2Cr_2O_2$ | 294.21 | 橙色的结晶体,溶于水,在 398 ℃熔化,500 ℃分解 | 配制铬锡红、铬绿、铬铝红、铬黄 |
| 铬酸铅 | $PbCrO_4$ | 323 | 中性铬酸铅呈黄色,通称为铬黄 | 低温红釉,常用于铅的精陶色釉 |
| 碱式铬酸铅 | $2PbO \cdot PbCrO_4$ | 546 | 通常呈红色,又称为铬红 | 低温红釉,常用于铅的精陶色釉 |

① 景德镇市地方志办公室. 中国瓷都·景德镇市瓷业志:市志·2 卷[M]. 北京:方志出版社,2004:64.

### (六)镍的化合物

镍的化合物能配制黄褐、青灰、绿、红紫等色釉。镍在碱性熔剂中呈绿褐色或黄绿褐色,含铅量高时呈深褐色,含大量硼砂时呈黄褐色,温度高时为绿色。在钴蓝釉中引入镍0.6%左右,可使色料倾向茄蓝。用镍制造的色釉,呈色变化很大,在结晶釉中单独使用镍,晶花与底色可以形成两个色调,配制色釉大多用化工原料。

表 5 - 6　镍系色釉用化工着色原料①

| 名称 | 分子式 | 分子量 | 性状 | 用途 |
|---|---|---|---|---|
| 氧化镍(三氧化二镍) | $Ni_2O_3$ | 165.38 | 黑色粉末,不溶于水,在600℃时可还原成 $NiO$ | 配制黄褐、青灰、绿紫等色釉 |
| 硫酸镍 | $NiSO_4 \cdot 7H_2O$ | 280.87 | 呈绿宝石的结晶,溶于水,受热易分解 | 配制黄褐、青灰、绿等色釉 |

### (七)锑的化合物

锑的化合物能配制黄、橙、灰等色釉,在配制色釉中常用化工原料。

表 5 - 7　锑系色釉用化工着色原料②

| 名称 | 分子式 | 分子量 | 性状 | 用途 |
|---|---|---|---|---|
| 五氧化二锑 | $Sb_2O_5$ | 323.52 | 淡黄色粉末,不溶于水,在930℃失去氧化成 $Sb_2O_3$ | 与氧化铬、氧化钛和氧化铝并用,可制成铬钛锑黄;与二氧化锡并用,可制成深灰色色釉 |
| 三氧化二锑 | $Sb_2O_3$ | 291.52 | 白色粉末,不溶于水,熔点656℃,加热变红,冷后又变白 | 配制低温黄色釉,宜于在铅釉中发色 |
| 锑酸钾 | $KSbO_3$ | 210 | 白色粉末,可与硝酸铅一起熔融形成黄色锑酸铅 | 配制锑黄,俗称"拿浦"黄 |

### (八)钒的化合物

钒的化合物可配制黄、绿、蓝、黑等色釉。常用的化工原料是五氧化二钒

---

① 景德镇市地方志办公室.中国瓷都·景德镇市瓷业志:市志·2卷[M].北京:方志出版社,2004:65.
② 景德镇市地方志办公室.中国瓷都·景德镇市瓷业志:市志·2卷[M].北京:方志出版社,2004:65.

（$V_2O_5$），它为结晶粉末或棕色针状晶体，熔点 690 ℃。结晶粉末钒是新近用作陶瓷颜料的元素。用氧化锡和氧化锆加入适量的钒可制成黄色颜料。钒烧后外观呈褐色，加入含镁的釉中呈桂花黄色，用于石灰釉中呈柠檬黄色。用氧化锆、石英及钒可制得蓝绿色颜料。钒与 $ZrO_2$、$SiO_2$ 和 NaCl 并用可制得钒蓝，与 $Fe_2O_3$ 和 CoO 并用可制得钒黑等。在高温下，钒呈色稳定，特别是钒锆黄颜料适用于高温釉下颜料。

### （九）镉的化合物

镉的化合物可配制镉红、镉黄等色。常用化工原料碳酸镉（$CdCO_3$）为白色粉末，不溶于水，有毒。镉加热至 300 ℃ 以上分解成 CdO，与硒化物、硫化物并用，可得黄、红色。硫化镉（CdS），为黄色无定形粉末，微溶于水，可制成镉黄。

### （十）铀的化合物

铀的化合物能配制橙、黑、黄、红等色，常用的化工原料有铀酸钠（$Na_2UO_4$）、三氧化铀（$UO_3$）。铀在低温铅釉中呈橙色，在碱性釉中呈深黄色。如著名的西红柿红是在含铅釉或含铬及钾的釉中加入 20% 铀酸钠，在 1000 ℃ 以下用氧化焰烧成的。铀用高温氧化焰烧成呈现橙黄色，在高温还原焰下可呈色调非常稳定的黑色颜料和黑色釉。

### （十一）稀土元素氧化物

稀土元素是指化学元素周期表中第三族的一个分组的元素。通常把镧（La）、铈（Ce）、镨（Pr）、钕（Nd）、钷（Pm）、钐（Sm）、铕（Zn）、钆（Gd）称为轻稀土，把铽（Tb）、镝（Dy）、钬（Ho）、铒（Zr）、铥（Tm）、镱（Yb）、镥（Lu）、钪（Sc）、钇（Y）称为重稀土。由于稀土元素具有独特的原子结构和特性，可以利用它作为着色剂和助色剂来制造各种陶瓷颜色釉和颜料，具有色彩鲜艳、呈色稳定均匀、遮盖力强等优点。稀土元素中的铈（Ce）、镨（Pr）、铒（Er）、钕（Nd）等氧化物，用于配制陶瓷色料，产生的镨黄、钕黄等的色调非常柔和悦目。CeO 与氧化铌（NbO）、二氧化硅配合，可得娇黄色，再加 $Er_2O_3$ 可得橘黄色。$Pr_6O_{11}$、CeO 与氧化锆、二氧化硅配合，可得柠檬黄。柠檬黄与钒锆等配合，可得绿色。另外，$Pr_6O_{11}$ 与氧化硒配合可得一系列美丽的色调。$Nd_2O_3$ 与氧化硒配合可得娇嫩的玫瑰色。釉玻璃中加入 $Nd_2O_3$，可得紫罗兰色彩，且多有二色性，可制作变色釉。

表 5 - 8　景德镇颜色釉烧成火焰性质与呈色关系①

| 金属 | 还原焰呈色 | 氧化焰呈色 | 金属 | 还原焰呈色 | 氧化焰呈色 |
|---|---|---|---|---|---|
| 铁 | 绿色 | 赤褐色 | 钛 | 暗橙黄色 | 橙黄色 |
| 铜 | 赤色 | 绿色 | 锑 | 无色 | 黄色 |
| 铬 | 绿色 | 黄绿（红色） | 铱 | 灰色 | 黑色 |
| 钴 | 青蓝色 | 青色 | 金 | 蔷薇色 | 蔷薇色或紫色 |
| 锰 | 褐或黑褐 | 紫或赤褐 | 银 | 蔷薇色 | 黄色 |
| 镍 | 灰色 | 绿色 | 铂 | 灰色 | 灰色 |
| 铀 | 黑色（带绿） | 鲜黄 | | | |

表 5 - 9　景德镇颜色釉中有色金属的呈色及配料②

| 呈色\ 氧化物 | 铬 | 铁 | 钴 | 铜 | 锰 | 镍 |
|---|---|---|---|---|---|---|
| 红色 | 粉红（与氧化锡、石灰一道）、铬红 | 铅釉中为铁红 | | 还原焰中为大红 | 铅釉中为紫色，还原焰中为粉红 | 深红 |
| 蓝色 | 在无铅碱釉内 | 与氧化钴一道使用 | 据氧的含量为多色相 | 碱釉时为埃及蓝 | 与氧化钴一道使用 | 与氧化钴一道使用为代尔夫特蓝 |
| 紫色 | | | | 还原焰为红紫色 | 氧化焰及碱釉时为暗紫色 | |
| 黄色 | 铬黄 | 在碱与石灰釉内 | | | 还原状态下为黄色 | |
| 褐色 | 与氧化铁一道将出现多种色相 | 碱与石灰釉还原焰 | | | 锰褐色 | 与氧化锌一道使用 |
| 绿色 | 铬绿、还原时为绿褐 | 还原状态 | 铁化合物与氧化铀 | 硼酸铅釉呈绿色、碱铅釉中为土耳其蓝 | | |
| 灰色 | 与氧化铁一道使用 | 与锰、钴、铬氧化物一道使用 | 与镍一道使用为青灰色 | | 与氧化铁一道使用 | 还原状态 |

---

① 景德镇市地方志办公室.中国瓷都·景德镇市瓷业志:市志·2 卷[M].北京:方志出版社,2004:66.

② 景德镇市地方志办公室.中国瓷都·景德镇市瓷业志:市志·2 卷[M].北京:方志出版社,2004:67 - 68.

续表 5 – 9

| 呈色\氧化物 | 铬 | 铁 | 钴 | 铜 | 锰 | 镍 |
|---|---|---|---|---|---|---|
| 黑色 | 与氧化铁一道时各种色相 | 氧化铬、其他氧化物 | 铁化合物及氧化铀 | | 与氧化铜和氧化钴一道使用为金属黑 | |
| 备注 | 添量为2%—5%,耐高温 | 最适量5%—10%,5%以下色淡,10%以上为金星釉 | 少量(0.5%—4%)呈色,耐高温 | 最适量1%—6%,超量为金属状点降低 | 最适量5%—10%,应当低温 | 少量0.2%—1%,引入所有氧化物更佳,高温 |

续表 5 – 9(接)

| 呈色\氧化物 | 铀 | 锑 | 钛 | 锡 | 镉 | 金 | 银 |
|---|---|---|---|---|---|---|---|
| 红色 | 铅釉中为金黄 | | 与氧化钴一道使用还原焰 | 与硫化镉混用,镉红 | 与硒混用,硒红 | 深红、鲜红 | |
| 蓝色 | | | 还原 | | | | |
| 紫色 | | | 还原焰与氧化钡或氧化锆一道使用 | 金黄色 | | 红紫色 | |
| 黄色 | 碱釉中为淡黄色 | 与氧化铅一道使用为淡纳黄 | 与氧化铁一道使用 | | 自黄至金黄各种色 | | 麦秆黄 |
| 褐色 | | 氧化锰与氧化铁 | | | | | |
| 绿色 | 还原状态,若氧化状态应与氧化钴一道使用 | | 与氧化钴一道使用 | | | | |
| 灰色 | 还原状态 | | | | | | |
| 黑色 | 还原状态 | | | | | | |
| 备注 | 适量5%—6%的氧化物量呈多种色调 | 可用作结晶釉 | 仅用于高温 | 2%—3%即够极低温使用 | 色调随升温而愈浓 | 还原状态极低温 | |

表5-10　着色剂在不同釉料中的呈色变化（氧化气氛）①

| 着色剂 | 在透明釉中的加入量（%） | 铅釉 | 铅硼釉 | 碱金属釉 | 备注 |
|---|---|---|---|---|---|
| 氧化铜 | 1—6 | 草绿 | 蓝绿 | 土耳其蓝 | |
| 氧化钴 | 1—5 | 蓝色 | 蓝色 | 蓝色 | 高含量时在氧化镁釉中变为钴镁红 |
| 氧化铁 | 1—5 | 黄褐 | 褐色 | 褐色 | 在高硼酸质釉中变为金星釉 |
| 氧化锰 | 1—5 | 紫褐 | 紫褐 | 紫褐 | 用碳酸锰时更美丽 |
| 氧化镍 | 0.1—0.5 | 黄褐 | 褐色 | 褐色 | 在多铅釉中变为赤色 |
| 氧化铬 | 0.1—0.4 | 黄绿 | 绿色 | 绿色 | 在高温釉中变为绿色 |
| 氧化铀 | 1—6 | 柠檬黄 | 黄色 | 橙黄色 | |
| 氧化铜 | 1—6 | 草绿 | 蓝绿 | 土耳其蓝 | |

表5-11　着色剂在同一釉中剂量不同的呈色变化（还原气氛）②

| 着色剂 | 剂量（摩尔数） | 色调变化情况 | 备注 |
|---|---|---|---|
| 氧化钴 | 0.025—0.1 | 由浅蓝到深蓝 | 在石灰釉中 |
| 氧化铬 | 0.015—0.15 | 由浅绿到深蓝 | 在石灰釉中 |
| 氧化锰 | 0.1—0.25 | 微紫—深紫—褐—深褐 | 在碱金属釉中用氧化焰提成 |
| 氧化钛 | 0.07—0.144 | 由浅黄到深黄 | 在长石釉中 |
| 氧化铜 | 0.08—0.017 | 由明红到深红 | 在石灰釉中 |
| 氧化铁 | 0.015—0.106 | 由浅青到青绿 | 在石灰釉中 |

## 二、助色原料

### （一）氧化钙（CaO）

　　颜色釉的重要成分，通常取自天然的混合矿物和单种矿物，其中含有适量的 $SiO_2$、$Al_2O_3$ 和少量的氧化铁、氧化钛等杂质。氧化钙的熔融作用显著，当烧成温度在 1200 ℃ 以上时，在较高氧化硅含量的釉中，能降低釉在熔融时的黏

① 景德镇市地方志办公室. 中国瓷都·景德镇市瓷业志:市志·2卷[M]. 北京:方志出版社,2004:69.

② 景德镇市地方志办公室. 中国瓷都·景德镇市瓷业志:市志·2卷[M]. 北京:方志出版社,2004:69.

度,增加釉的流动性和光泽度,并能增强釉在坯体上的附着作用,提高釉与坯体之间的结合能力,有利于防止秃釉。颜色釉中钙的成分,取自石灰石、方解石、釉灰、寒水石、萤石等。

寒水石,产于景德镇与乐平交界的山区一带,是一种质地很纯的方解石,含氧化钙在 55% 以上,是景德镇常用的钙质原料中含钙最高的原料,而氧化铁的含量很低,一般都在 0.02% 左右。常见的寒水石有两种不同的外观状态:一种呈水晶模样,是透明多面体结构;一种则是乳白色,不透明,类似纯石膏结构。两者的化学组成基本一致,生产上后者居多。

云母石,是一种海产小贝壳,并非矿物学上的云母,是过去景德镇的习惯叫法。云母石中氧化钙含量在 54% 以上,仅次于寒水石,而氧化镁的含量在 0.15% 以下,又是钙质原料中含镁最少的原料。

海浮石,是一种近海海底或海边所产的石灰岩,外观是灰黄色孔状团块。其中,氧化钙含量为 40% 左右,$SiO_2$ 为 12% 左右,氧化铝 2.7% 以上,氧化镁 3.5%,是一种质地较差的钙质原料。除了有些祭红配方中应用外,其他釉料中很少用。

珊瑚,是在深海中生长的珍贵原料,通常所见的为红、白二色珊瑚居多。其边碎料可用作珍贵颜色釉的原料,其中含氧化钙在 50% 左右。它与石灰石、寒水石等钙质原料的不同之处是氧化镁含量很高,一般都在 4.5% 以上,且含有 0.5% 以下的硫。

### (二)氧化镁(MgO)

配釉原料为长石、石灰石等时,常含有少量氧化镁。镁在釉中处于低温时,具有耐火性,而在较高温度时,变成强熔剂,并增加釉的流动性;在还原焰烧成时,使釉面白度增加,并可防止釉面龟裂。但镁含量高的釉对釉下彩绘不利,如光泽不良、秃釉等。釉中氧化镁成分多取自滑石、白云石、白土或纯氧化镁和碳酸镁等,镁像其他碱土金属一样,对颜色釉具有显色作用,在一定情况下能促进釉的乳油化。

白土,产于景德镇柳家湾及乐平一带,外观呈灰白色,是一种含镁的高硅质原料。镁含量约为 7%—8%,$SiO_2$ 在 82% 以上。景德镇有的传统色釉要引入一定数量的白土,才能呈现一定的艺术效果。

### (三)氧化钡(BaO)

氧化钡取自硫酸钡($BaSO_4$,又名重晶石)或碳酸钡($BaCO_3$,一名毒重石)。

碳酸钡为白色粉末,在白釉中加入 1%—2%,能提高釉的光泽度,扩大烧成范围,在颜色釉中作为稳定剂、助熔剂使用,能使釉料易熔。与铅比较,氧化钡具有抵抗气氛作用的优点,在还原气氛中煅烧也不会出现灰暗色调。但由于钡化合物微具毒性,因此大大限制了它的广泛使用。

**(四)氧化铈($CeO_2$)**

氧化铈是黄色粉末,能在高温还原气氛中烧成黄色和黑色釉。氧化铈加入锆黄釉中,会使原来的葵黄色调转变为红色调的橘黄。氧化铈引入普通釉料中,能提高釉的乳浊效果,比氧化锡的效果显著。使用氧化铈应在磨料中加入,不能加在熔块中,否则会严重降低乳浊效果。

**(五)氧化锌($ZnO$)**

氧化锌俗名锌白,是白色粉末,比重5.5—5.6。它是制造颜色釉应用最广的一种辅助原料,在不同的颜色釉中分别可作熔剂、乳浊剂、调色剂、结晶剂等,在日用瓷釉料中起熔剂作用。$ZnO$ 和 $MgO$、$Al_2O_3$ 混合使用,可提高乳油能力,亦为无光釉的主要促进剂之一,在釉中用量过饱和时,可形成硅酸锌结晶。氧化锌在陶瓷颜料中是一种主要的调色剂,如蓝色的钴蓝盐和氧化锌共同加热可呈现海蓝色,$Co - Cr$ 虽呈蓝绿色,但加入适量的氧化锌可得到棕色、褐色。用等量的 2% 左右的氧化锌和氧化钛可配制成钛黄釉,发色鲜艳。氧化锌在釉料及彩料中能降低热膨胀系数,提高釉彩对温度急变的抵抗性,并增强其化学稳定性。

**(六)铅化合物**

铅化合物是釉料中最常用的助熔剂,为制造低温颜色釉的主要原料。它可以从不同的原料中获得,常用的有氧化铅、铅丹、铅白等。

氧化铅($PbO$),又名密陀僧,具有不同的形态,在陶瓷上使用的品种有黄色或微红色的所谓片状密陀僧,由铅在空气中氧化而成。它的熔融作用很强,使釉具有良好的流动性和较宽的烧成范围,在800—900 ℃烧成的低温色釉中,$PbO$ 与 $SiO_2$ 之比应控制在3:1以内,铅含量过高,易引起釉面龟裂和增大铅溶出量。

铅丹($Pb_3O_4$),又名红丹,根据制造方法的不同,颜色可自鲜红至橙红,粉末状,有毒,比重变动于8.5 和 9.1 之间。铅丹是 $PbO$ 在 500 ℃左右的温度下,长时间煅烧而制得的,其中含有 $SiO_2$、$Al_2O_3$、$Fe_2O_3$、$CaO$ 等物质。铅丹常与硼化合物及硅酸盐类矿物制成陶瓷用的低温熔块,它可以使釉具有易熔性、光亮、高的机械强度、弹性和热稳定性。

铅白[$2PbCO_3 \cdot Pb(OH)_2$]，又名铅粉，学名碱性碳酸铅，是一种较重的灰白以至纯白色粉末，在 400 ℃左右时分解生成 $PbO$、$CO_2$ 和 $H_2O$。它的品质纯，粒子细，比重较其他铅化合物小，易于悬浮，制成的釉浆不会产生沉淀现象。铅的化合物还能与 $SiO_2$、$B_2O_3$ 及其他碱土金属生成一系列低温共熔物，可以帮助颜色釉显色，是低温色釉中必不可少的助熔剂。铅釉的流动性好，黏度小，气泡容易排出，釉面光泽度最高。但其缺陷是化学稳定性差，易被酸及含酸之湿空气所侵蚀，在还原焰及有大量还原剂存在时，容易还原成金属铅而使釉显露灰色。

陀星石，产于江西省各地，其中氧化铅的含量 60% 左右，氧化钙含量 15% 左右，是一种很强的熔剂原料，在瓷釉和色釉中也有较大用处。由于含硫较多（含 $SiO_3$ 19.82%），大大限制了它的应用。

**（七）锶化合物**

作为釉原料的锶化合物，一般为碳酸锶（$SrCO_3$）。天然产出的为碳酸锶矿，人造碳酸锶是由云青石（$SrSO_4$）制成的。氧化锶（$SrO$）的性质介于氧化钙和氧化钡之间，氧化锶和氧化钡相似，都可作为强熔剂。由于氧化锶无毒性，所以比氧化钡使用更广泛。在日用瓷中它代替氧化钙、氧化锌，增加釉的流动性和溶解度，降低软化温度，稍许提高釉的热膨胀系数，对于无铅无硼釉的颜色和釉的表面光泽的改善有着较好的效果，能够在较低的温度下熔融，烧成范围较宽，釉面也光洁平滑。

**（八）氧化钛（$TiO_2$）**

在颜色釉中氧化钛既是一种良好的乳浊剂，又可作为花釉等色釉的着色剂。天然的含钛矿物，如钙钛矿（$CaO \cdot TiO_2$）、钛铁矿（$FeO \cdot TiO_2$）、榍石（$CaO \cdot TiO_2 \cdot SiO_2$）等，都含有杂质，对于陶瓷白釉，多使用较纯的化工原料，以 $TiO_2$ 含量为 98%—99%、$Fe_2O_3$ 小于 0.10% 为佳。氧化钛可使釉色鲜明，质地致密，亦可制成无光釉。氧化钛的乳浊作用和结晶的生成，决定于釉的组成及烧成制度。含氧化锌的精陶釉内引入金红石 5%，可得黄色乃至浅棕色的结晶釉；有些高温花釉也常用氧化钛，在钧红釉成瓷次品上滴加含 $TiO_2$ 的乳浊釉，可在还原焰烧成美丽的"窑变"钛花釉；在铜绿釉中可调色变为青绿色，加入钴蓝釉中可使色调变绿；在含锌和镁的碱性釉中能生成象牙色的乳浊釉。

### （九）氧化锡（$SnO_2$）

锡石是自然界中的矿物,将灼热的锡在热空气中氧化即成氧化锡,它可作为乳油剂。氧化锡的乳浊作用是由于它在釉液中作为固体细粒分离出来,其乳浊能力与釉的组成、烧成气氛和它的颗粒大小有关。氧化锡是制造颜色釉的一种主要原料,玫瑰色的铬锡红彩料就是由不同比例的氧化锡、氧化铬再加入石英、石灰、硼砂等原料混合煅烧而成的,氧化锡起着分散载体的作用,使色彩稳定。在铜红釉中常引入1%左右的氧化锡作为保护胶体而促使红色较为稳定,在其他绿色、蓝色、黄色彩料或色釉中也常常用到氧化锡,在铅釉中氧化锡可提高其抗酸性能,降低铅的溶出量。

### （十）氧化锆（$ZrO_2$）

自然界的氧化锆矿物原料主要有斜锆石（$ZrO_2$）和锆英石（$ZrO_2 \cdot SiO_2$）。锆英石是火成岩深层矿物,颜色有淡黄、棕黄、黄绿等,比重4.6—4.7,硬度7.5,具有强烈的金属光泽,可为陶瓷釉用原料。纯的氧化锆是一种高级耐火原料,其熔融温度约为2900 ℃,它可提高釉的高温黏度和扩大黏度变化的温度范围,有较好的热稳定性,其含量为2%—3%时,能提高釉的抗龟裂性能。因它的化学惰性大,故能提高釉的化学稳定性和耐酸碱能力,还能起到乳浊剂的作用。在建筑陶瓷釉料中多使用锆英石,一般用量为8%—12%。氧化锆也是"釉下白"的主要原料,为黄绿色颜料良好的助色剂。若想获得较好的钒锆黄颜料,必须选用质纯的氧化锆。

### （十一）硼化合物

颜色釉中常用的硼化合物主要有氧化硼（$B_2O_3$,又称硼酐）、硼酸（$H_3BO_3$）、硼砂（$Na_2O \cdot 2B_2O_3 \cdot 10H_2O$）（硼砂有含水硼砂和无水硼砂）。氧化硼是典型的玻璃形成剂,是低温色釉和陶瓷颜料的主要原料。硼酸和硼砂为制造颜色釉的重要原料。在制造颜料时,作为色基的矿化剂,可促使颜料反应加速,并使色调稳定。硼砂主要产于含硼盐湖的干涸沉积中,常与石盐、芒硝等伴生,晶体呈土柱状,外观呈无色或白色微带浅灰,浅黄色调,具有玻璃光泽,硬度2—2.5,比重1.69—1.72。在陶瓷釉料中使用硼砂,可降低釉的熔点和黏度,减少析晶倾向,提高热稳定性,减少釉裂,增强釉的光泽度和硬度。在釉中硼砂还有降低膨胀系数的作用,若用量过多,反而增加膨胀系数。在釉料的组成中硼化合物如超过 $SiO_2$ 的1/3,可促进乳白作用。

**(十二)碱金属氧化物($K_2O$、$Na_2O$)**

陶瓷颜色釉中的最主要熔剂,通常釉中的 $K_2O$、$Na_2O$ 以长石为主要原料,此外还常用以下钠盐和钾化合物:

氯化钠($NaCl$),即食盐,熔块釉中有的加入少量食盐,可使熔块中的氧化铁变成蒸汽放出而将釉漂白,配制钧红、窑变花釉时也加微量食盐。

碳酸钠($NaCO_3$),价廉而纯度高,可作低温色釉的熔剂。

硝酸钠($NaNO_3$),天然产品为智利硝石,一种强氧化剂,可配制熔块。

碎玻璃(近似组成为 $0.5Na_2O \cdot 0.5CaO \cdot SiO_2$),一般以玻璃瓶、窗玻璃和灯泡玻璃为原料,进行粉碎加工备用。其缺点是碱性较大,可加入一定量的酸(如醋酸 $CH_3COOH$)中和,铜红釉中常用它。

硝酸钾($KNO_3$),俗称牙硝、芒硝,制造低温熔块釉和陶瓷颜料的主要熔剂。

**(十三)色剂**

在配制色釉时,为了促使呈色稳定和调制方便,通常先制好色剂,再加入基础釉料中进行混磨。色剂的制备方法是:将着色原料与适当的辅助原料混合,在一定的窑温和气氛下煅烧,经过清除杂质,磨细,再用热水或稀盐酸洗去可溶性盐类,干燥后备用。色剂煅烧的气氛和温度很重要,如铬锡红、钒锡黄、镨黄等须用氧化焰煅烧,则发色良好;蓝色色剂、青花色料等用还原焰煅烧则发色甚为鲜艳。煅烧温度要适当,特别要防止色剂"过烧"面散失。常用的色剂有锰红、铬绿、钴蓝、钒黄、铬锡红等。其配方组成不定,锰红中常用碳酸锰为着色剂,配合氧化铝、硫酸钙等原料;铬绿中主要发色剂为氧化铬,配合氧化铝、硼砂等;钴蓝发色剂为氧化钴,配合氧化铝、氧化锌等;钒黄主要为五氧化二钒和氧化锆,铬锡红发色剂为氧化铬、氧化锡,配合碳酸钙等。

表 5 - 12　景德镇几种常用色剂配制方法[1]

| 色剂名称 | 配方组成(%) | | 配制工艺流程 | 配釉名称 |
|---|---|---|---|---|
| 铬绿 | 三氧化二铬<br>氧化铝<br>硼砂 | 60<br>40<br>1 | 1. 混合于大瓷钵中研磨匀细,装入净匣钵中;<br>2. 在1260—1280 ℃以还原焰煅烧成绿色粉末 | 配制豆青色釉 |

---

① 景德镇市地方志办公室. 中国瓷都·景德镇市瓷业志:市志·2 卷[M]. 北京:方志出版社,2004:73.

续表 5 - 12

| 色剂名称 | 配方组成(%) | | 配制工艺流程 | 配釉名称 |
|---|---|---|---|---|
| 锰红 | 二氧化锰<br>碳酸钙<br>氧化铝<br>氧化锌 | 9<br>1<br>81<br>15 | 1. 干混粗磨均匀,装入匣钵或耐火坩埚中;<br>2. 在1280—1300 ℃以氧化焰煅烧;<br>3. 细研磨至粒度小于3微米,稀盐酸泡洗,清水冲至中性,烘干备用 | 配制粉红色釉 |
| 钴蓝 | 氧化钴<br>三氧化二铝<br>氧化锌 | 10<br>75<br>15 | 1. 干混研磨匀细,装入有垫底的匣钵中;<br>2. 在1260—1280 ℃以还原焰煅烧成蓝色粉末;<br>3. 细研磨至粒度小于3微米,热水泡洗数次,干燥备用 | 配制海蓝色釉 |
| 钒黄 | 五氧化钒<br>二氧化锆 | 5<br>95 | 1. 湿法混磨,干后过40目筛装入匣钵,加盖密封;<br>2. 在1250—1280 ℃以氧化焰煅烧;<br>3. 细研磨,过250目筛,用1%的盐酸液洗涤一次,清水冲洗至中性,烘干备用 | 配制钒黄色釉 |
| 铬锡红 | 三氧化铬<br>二氧化锡<br>碳酸钙 | 1.4<br>61.2<br>37.4 | 1. 湿式混磨,干后过40目筛装入耐火坩埚中;<br>2. 在1320—1350 ℃以氧化焰煅烧,保温7—10小时;<br>3. 颗粒度小于3微米,用热水充分洗涤,烘干备用 | 配制鸡血红釉 |

**(十四)熔块**

熔块是一种经过煅烧用作助熔剂的物料,外观一般无色透明。含铅的熔块须在氧化焰中烧成,以防铅还原成金属铅。使用熔块的目的是除去原料中的挥发物,防止可溶性原料溶于水中,在煅烧熔块中若加入色剂,制成有色熔块,可使颜色釉呈色稳定;同时也可使难熔原料通过熔块变为易熔,并增加釉的流动性和光泽度。熔块一般多用于低温色釉中,如景德镇使用的铅晶料、锡晶料等。熔块一般由60%左右的助熔原料(如铅丹、硼砂等)和40%的基础原料(如石英等)经过均匀混磨,煅烧熔融而成。

青铅晶料,是景德镇色釉应用较普遍的一种熔块原料。在铜红及窑变花釉中过去都曾引入不等量的铅晶料,可降低釉的成熟温度和增加釉的光泽度。青铅晶料配制方法:把青铅(41.67%)置于铁锅中加温熔化后,加入等量的石末(石英粉)(41.67%),不停地炒拌均匀,然后再加入一定量的牙硝(16.66%)继续炒拌,待硝烟跑尽,即可停火,取出置于瓷质容器内装入匣钵,四周填实糠灰,放入窑中高温烧炼,出窑后剥出四周粘住的瓷片,舂碎过筛后备用。

锡铅晶料，其制法与青铅晶料相同，所不同的是先将锡铅合金置于铁锅内炒熔，然后加入石末、牙硝等物。该晶料除含硅、铅、钾等主要成分外，尚含有7%—8%的二氧化锡，用来配制各种铜红及窑变等高温色釉，其作用较青铅晶料要好。

白熔剂，它是低温色釉和釉上颜料都可通用的熔剂之一。将石英粉、铅粉、牙硝、硼砂适当配合混匀后，放在底部有孔的坩埚内，四周加热熔融；当混合料达到一定温度即形成黏度不大的玻璃溶液，自底部小洞中流入下部盛有冷水的容器中进行骤冷；熔融完毕倾去容器水分，再以清水洗净灰尘杂物，并置于小球磨坛内粉碎，然后取出烘干备用。

烧料，产于山东、北京等地，颜色有红、白、绿等多种。不少名贵色釉配方都用烧料的废料做添加剂，尤其是铜红及窑变、宋钧等釉应用较多。烧料实际上是一种低温玻璃。几种烧料的区别除了着色剂有所不同外，其组成也有不同。如红烧料的碱金属（$R_2O$ 族）氧化物在 23% 以上，碱土金属（RO 族）氧化物在 6% 以下，白烧料的 $R_2O$ 族氧化物仅 12% 左右，而烧料 RO 族氧化物高达 17% 左右。配制色釉时根据需要选用。

窑渣，是景德镇地区槎窑（以松枝、狼萁草为燃料的小型镇窑）中燃烧室所聚结的熔渣及部分窑壁上所残留的"窑汗"，实际上是一种在长期烧窑过程中自然形成的熔块，每当修窑时，清理它作为废品抛弃。清末时，景德镇老艺人挑选其中色泽蓝绿、光润密致的窑渣作为钧红及窑变花釉等的主要原料。拣来的窑渣，要经过洗净、粉碎，然后与釉共同碾成釉浆，按一定比例加入钧红釉中，可使釉面红亮明艳。在宋钧花釉和窑变花釉中，它有助于形成千姿百态的蓝色流纹或色丝。若加大窑渣配方比例，还能产生"玫瑰紫"。窑渣中含有 $SiO_2$ 60.37%、$Al_2O_3$ 12.94%、$Fe_2O_3$ 2.24%、$TiO_2$ 0.38%、CaO 9.34%、MgO 4.00%、MnO 2.62%、CoO 0.011%、$K_2O$ 5.92%、$Na_2O$ 0.36%、$P_2O_5$ 1.52%，其中 $P_2O_5$ 有助于铜红显色，微量的 Co 是宋钧和窑变花釉以及玫瑰紫色釉的重要增色成分，钙、镁、钾、钠氧化物比例恰当，能降低釉料高温黏度，增强色釉的流动和光泽度。加之窑渣的烧失量很小，当用量适当时，对缩小铜红釉面纹理，防止釉面发纹过大而导致瓷胎破裂，也有一定的辅助作用。

### （十五）二氧化硅（$SiO_2$）

二氧化硅一名石英，俗称石末。过去都选用杂质很少的鹅卵石，在窑内煅烧后挑选质纯者粉碎备用。其中 $SiO_2$ 含量可达 98.5%，是低温色釉的主要原料，它与助熔性很强的 PbO 相结合，可以在红炉中烧出透明光亮的铅玻璃釉。

### (十六) 瓷石

瑶里釉果,产于浮梁县瑶里,原矿是呈淡绿色的硬石,是景德镇传统的釉用原料,同时也是色釉的原料之一。

陈湾釉果,产于景德镇附近的陈湾地区(以前属鄱阳县管辖)。原矿带淡灰色,是景德镇传统的釉用原料,尤其是玲珑釉的主要原料,在色釉配方中是花釉及裂纹釉的主要原料。

三宝蓬瓷石,产于景德镇近郊三宝蓬地区,是景德镇传统的坯釉原料,在色釉上广泛用来配制各种类型的纹片、铜红及影青等传统色釉。

祁门瓷石、南港瓷石、临川滑石子及高岭土等,在色釉配方中也作为辅助原料。

### (十七) 长石

贵溪长石,产于江西省贵溪龙虎山,矿石呈白色,除可配制上等瓷釉用外,色釉配方也常采用。

## 第三节　景德镇颜色釉配制

景德镇颜色釉主要分为高温颜色釉与低温颜色釉。高温颜色釉的品种很多,有名目的近百种,综合起来可分为红釉、青釉、蓝釉等系统。红釉系统以铜为着色剂,青釉系统以铁为着色剂,蓝釉系统以钴为着色剂,其他则是多种原料混合着色。

景德镇低温颜色釉烤烧温度较低,不受气氛变化干扰,可用来着色的原料较多,按其色调不同大致可以分为红釉、紫釉、绿釉、黄釉、蓝釉、黑釉、花釉 7 大类。红釉着色元素为金、铁和盐基铬酸铅。紫釉的着色有两种形式:一种是用含锰的天然原料着色,另一种则是使用金红和钴蓝颜料混合在一起而显色。绿釉都是用铜的氧化物、化合物来进行着色。蓝釉则以钴的化合物或钴蓝颜料着色。黑釉则采取多种着色元素混合着色。花釉是利用两种或两种以上不同的色釉互相重叠渗透而显色。

高低温颜色釉使用的辅助原料主要有釉果、龙泉石、白云石、石末、二灰、铅粉、晶料、白熔剂等。

高低温颜色釉的配比工艺是按配比称料,磨细过筛,用吹釉法或浇釉法把釉料施在釉胎或石胎上,入炉烤烧而成。

表 5 – 13　景德镇高低温颜色釉配方工艺一览表①

| 分类 | 名称 | 釉色 | 配方 | 工艺要求 |
|---|---|---|---|---|
| 高温颜色釉 | 青釉 | 影青 | 釉果 74.84%、龙泉石 9.72%、白云石 15.44% | ①湿法球磨 48 小时,细度万孔筛余 0.15%以下;<br>②调和含水率 60%的釉浆用喷釉法施于雕纹样的生坯上,釉厚 0.5 毫米—0.65 毫米;<br>③还原气氛 1260—1280 ℃烧成 |
| | | 粉青 | 釉果 73.9%、二灰 11.4%、龙泉石 7.6%、紫金土 5.1%、白云石 2%,外加氧化钴 0.05% | 以氧化钴为着色剂,产品多在已雕刻好的生坯胎上施釉 |
| | | 豆青 | 釉果 68.6%、二灰 15.3%、紫金土 6.9%、龙泉石 9.2% | 以铁为着色剂的,釉式中氧化铁分子数大致波动在 0.030 和 0.050 之间,其中氧化铁的含量比影青和粉青都要高,比龙泉釉则要低 |
| | | 龙泉釉 | 釉果 15.38%、祁门釉果 2.73%、紫金土 18.20%、龙泉石 53.89%、二灰 9.8% | 以占釉料中的 2.5%—3.5%的氧化铁为着色剂,釉式中氧化铁的分子数一般在 0.08 左右,在生坯上施釉 |
| | | 天青釉 | 釉果 86.2%、白云石 10.7%、明珠料 3.1% | 以钴为着色剂,其色调是一种很淡的蓝灰色。天青釉制作简单,仅在基础白釉中放入少量含钴原料 |
| | | 冬青(东青) | 紫金土 7%、陈湾釉果 77.7%、二灰 12%、白云石 3.3% | ①釉浆细度万孔筛余小于 0.15%;<br>②过 100 目筛后调和含水率 50%之釉浆,喷在已施内釉的生坯上面,釉厚 2 mm,上部稍厚;<br>③还原气氛 1250—1280 ℃烧成 |
| | | 玉青 | 釉果 79.18%、二灰 19.82%、氧化铁 1% | ①釉浆细度万孔筛余 0.15%以下;<br>②过 100 目筛后调和含水率 60%之釉浆,用喷釉法施于坯体,釉层厚约 0.8 mm;<br>③还原气氛 1260—1280 ℃烧成 |
| | | 鸭蛋青 | 紫金土 3.45%、釉果 79.3%、二灰 7.65%、龙泉石 4.6%、白云石 5%,外加氧化钴 0.1% | ①釉浆细度万孔筛余 0.15%以下;<br>②调和含水率 60%釉浆用喷釉法施于生坯上,釉厚 1.5 mm;<br>③还原气氛 1280 ℃烧成 |

① 潘文锦,潘兆鸿.景德镇的颜色釉[M].南昌:江西教育出版社,1986:91 – 189.

续表 5 - 13

| 分类 | 名称 | 釉色 | 配方 | 工艺要求 |
|---|---|---|---|---|
| 高温颜色釉 | 红釉（铜红釉） | 钧红 | 以铜为着色剂,配方所使用的原料大部分为预制成熔块或烧成的熟料,为铅晶料、锡晶料、窑渣、红烧料、绿烧料、白烧料、红珠子、白玻璃、绿玻璃等,加上它使用石胎,所以烧成率较高 | 工艺比较复杂,分二次烧成,第一次将坯荡好内釉(在绝大多数情况下它采用白色碎纹釉作为内釉,少数产品也有用钧红色釉做内釉),置于窑内 1300 ℃高温处烧成石胎,然后在器外挂上钧红色釉。为了使釉层达到一定的厚度,待干后补吹釉一二次,第二次再在窑内高温处烧成 |
| | | 祭红 | 铜花 0.41%、寒水石 2.35%、花乳石 2.35%、海浮石 1.23%、陀星石 1.23%、云母石 0.82%、铅晶料 1.64%、珊瑚 0.41%、石英 0.41%、釉果 73.85%、二灰 14.40%、锡灰 0.90% | 以铜为着色剂,选用熔融温度比较低的瓷石,如陈湾、三宝蓬、釉果等原料,熔剂应该选择石灰质原料(即釉料性质对铜红釉的呈色影响很大,据初步试验结果,以石灰釉对其呈色有利),着色剂的用量不宜过多,氧化铜的含量以 0.2%—0.5%为宜;料的高温黏度不宜过大,变化不宜太快,同时也应该避免釉料的欠烧或过烧 |
| | | 郎窑红（宝石红、牛血红） | 以铜为着色剂,生坯上釉,在还原焰气氛下,于 1300—1320 ℃温度烧成 | ①按配方称料,湿式球磨细度万孔筛余 0.03%—0.06%;<br>②用含水率 50% 色釉浆,以拣釉法施于坯胎,釉厚 1.5—2 mm;<br>③还原气氛 1300 ℃烧成;<br>④瓶类产品内釉用纹片釉 |
| | | 桃花片（美人醉） | 铜花 10%、含水石 65%、玻璃 25% | ①按配方称料,湿磨 100 小时,细度万孔筛余 0.02%;<br>②先喷一次含水率 68% 青釉,干后用含水率 75% 色釉薄薄地吹一层,干后再盖一层青釉,三层釉厚 0.5 mm;<br>③还原气氛 1280 ℃烧成;<br>④镇窑位,拉背 3—7 格,三托重二口;<br>⑤瓶类产品内釉用青釉 |
| | | 玫瑰紫 | 玫瑰紫的着色剂有二铜和钴,在钧红釉组成中混加少量含钴、锰原料而烧成 | 在素胎上施釉,釉厚约 2—3 mm,在强还原气氛下还原成亚铁的青色和低价铜的红色。两者在一起呈紫色,以 1300—1320 ℃温度烧成 |
| | | 丁香紫 | 以锰为着色剂,釉料中含有少量锰的化学物 | 在素胎上施釉,在氧化焰气氛下以 1200—1230 ℃温度烧成 |

续表 5－13

| 分类 | 名称 | 釉色 | 配方 | 工艺要求 |
|------|------|------|------|----------|
| 高温颜色釉 | 红釉（铜红釉） | 桃红（粉红） | 氧化铝 81%、硼砂 9%、碳酸锰 9%、石灰石 1% | 以锰为着色剂,将四种原料混合磨细,干燥后置于耐火容器内,用氧化焰 1300 ℃高温煅烧一次,然后漂洗数次并干燥,用此煅烧好的桃红色原料以 15%—20%比例加入长石白釉中并混合磨细即成桃红釉料,喷在坯胎上厚约 1.5 mm,在还原或氧化焰气氛下以 1300 ℃温度烧成 |
| | | 火焰红 | 火焰红釉料分上、下二层,上层釉料以铁为着色剂,下层釉料以铜为着色剂,以玻璃质为熔剂 | 其工艺制作方法是在熔烧过的石胎上先施下层釉,厚约 2—2.5 mm,再用毛笔滴涂一层釉,把下层釉层滴涂成火焰纹样,在还原气氛下以 1300—1320 ℃的温度烧成 |
| | 花釉 | 窑变花釉（钧红花釉） | 底釉:氧化铜 0.5%、长石 13.39%、陈湾釉果 27.97%、寒水石 2.4%、玻璃粉 35.56%、烧石英 4.39%、釉灰 13.39%、氯化亚锡 2.4%,外加食盐 0.5% 用作悬浮剂；面釉:铅晶料 28.9%、烧料 5.78%、窑渣 65.05%、食盐 0.27% | 用已烧成的钧红瓷沾一道钧红釉,再在表面涂滴一种熔融温度较钧红还低的花釉。这种釉由含钴、铁、锰的硅酸盐熟料组成,用笔涂滴要疏疏密密、粗粗细细,要求滴成蚯蚓盘绕状,在 1280—1320 ℃窑温下,以还原气氛烧成 |
| | | 宋钧花釉 | 底釉:三宝蓬釉果 86.60%、二灰 13.40%；面釉:铅晶料 24.5%、烧料 7.7%、二灰 3%、玻璃粉 20%、南港釉果 17%、花乳石 2.7%、窑渣 24.5%、氧化铜 0.8% | 呈色剂主要是铜,另外尚有一些含钴、铁、锰的天然原料,颗粒组成较粗,常用捺釉法,施色釉在上一次白釉的坯胎上,在 1280—1320 ℃窑温下,以还原气氛烧成 |
| | | 钛花釉 | 底釉:同钧红釉；面釉:二氧化钛 14.92%、绿玻璃 42.23%、花乳石 14.29%、铅晶料 28.56% | 工艺与烧成制度和钧红花釉相同 |
| | | 乌金花釉 | 底釉:乌金釉；面釉:钛花釉 | 在施有乌金釉的坯体表面,涂滴熔融温度比底釉还低的有色釉料,在 1280—1300 ℃窑温下,用还原焰烧成 |

续表 5 - 13

| 分类 | 名称 | 釉色 | 配方 | 工艺要求 |
|---|---|---|---|---|
| 高温颜色釉 | 花釉 | 虎斑花釉(虎毛釉) | 底色多半是铁着色的紫金釉,面釉是用钛着色的花釉 | 参照了窑变花釉的制作技巧,用不同的底釉加面釉同烧。工艺上常用喷釉法,先是在生坯上施底釉,再在其上涂滴面釉成虎毛状。在1280—1300 ℃窑温下以还原气氛烧成 |
| | | 蓝花釉 | 在雾蓝釉面上,涂滴一种熔融温度比雾蓝还低的釉料 | 它是仿窑变花釉,制作工艺用底釉和面釉同烧,在1300 ℃高温下以还原气氛烧成 |
| | 黑釉 | 乌金釉 | 用含铁量13.4%的乌金土配制而成 | ①釉料球磨细度万孔筛余0.21%;②下浆过100目筛,调和含水率50%釉浆喷在生坯上,釉厚1.5—2 mm;③还原气氛1280—1300 ℃烧成 |
| | | 铁锈花 | 氧化铁46.8%、氧化锰20%、釉果26.6%、釉灰6.6% | 以铁为主体呈色剂,用还原焰烧成时为暗黑偏绿,用氧化焰烧成则偏赤褐色,倘歇火后缓慢冷却,会析出较大的晶体 |
| | | 天目釉 | 氧化铁6%、氧化锰2%、土料6%、釉果40%、龙泉石20%、紫金土10%、釉灰14%、氧化镁2% | 以铁为主体呈色剂,但在含钙较多的釉中,由于火焰的变化,会出现许多丰富的色彩,如菜黄、浓黄、黑褐、绀黑、墨绿等颜色 |
| | 蓝釉 | 天蓝 | 氧化钴0.4%、长石釉100% | 其呈色原料古代多用钴土矿,近代景德镇则以发色力强的氧化钴、碳酸钴等化工原料配釉 |
| | | 雾蓝(积蓝) | 雾蓝是用氧化钴着色的釉料 | 是天蓝釉繁衍过来的,工艺要点与天蓝相同 |
| | | 孔雀蓝 | 工业硝酸钾36%、三硅酸钾15%、硅酸铅7%、高岭土2%、石英粉40%、氧化铜75% | 以氧化铜为着色剂,施于预先烧好的高长石或高硅氧等高热膨胀的瓷胎上,釉层内透出高粱粒大小的血子纹,又称血子蓝釉 |
| | 黄釉 | 茶叶末 | 含水石7.5%、赭石5.8%、白土7.5%、滑石子7.5%、二灰11.32%、釉果37.74%、紫金土22.61% | 釉中的铁、镁与硅酸化合产生釉面星点状结晶,此种散点状的晶体,同釉料的颗粒组成和烧成制度有关。制备釉料不宜球磨过细,烧成温度控制在1250 ℃和1280 ℃之间,取还原气氛为主,并宜缓慢冷却,如果烧成气氛偏于氧化,多会使本来的色调转变为褐色 |

续表 5-13

| 分类 | 名称 | 釉色 | 配方 | 工艺要求 |
|---|---|---|---|---|
| 高温颜色釉 | 黄釉 | 象牙黄 | 以钛为着色剂,以锌为助熔剂的长石釉 | 多用喷釉或浸釉与喷釉相结合的方法,把釉浆均匀地施在生坯上面,在 1300 ℃的窑温下烧成。日用瓷多采用还原焰的气氛为主 |
| | 结晶釉 | 砂金釉 | 硼砂 40.5%、碱粉 6.8%、化学纯氧化铁 10.2%、石英 42.5%(以上烧制成熔块占总比例 61%),化学纯氧化铁 9%、苏州土 5%、石英 25% | 砂金釉的制法:一是在釉中加入 15% 左右的氧化铁、氢氧化铁,再以氧化钡、镁、脱水硼砂等助熔剂和促进剂,可做出黑色乃至红、棕、黄、褐等色的砂金石釉;二是在不含铅的釉中加氧化铬或铀酸钠,可以制成绿色的砂金石釉 |
| | | 硅酸锌结晶釉 | 釉料配方:硝熔块 52%、石英 28%、氧化锌 18%、玻璃 2%、高岭 2%、氧化铜 1%。硝熔块配方:硼砂 28%、硝酸钾 14%、碳酸钾 2%、石英 44%、灰釉木 5%、氧化锌 7% | 均用玻璃粉在其中加入 20%—25% 的氧化锌,经过加热固相反应之后,都可制得良好的结晶釉。锌元素的析晶能量强,如加入其他结晶剂混合使用,一般只需 8% 左右即可达到结晶的效能。目前景德镇使用氧化锌的数量为 20%—30% |
| | | 硅酸钛结晶釉 | 基础白釉配方:湖南长石 49%、石英 23%、滑石 13%、临川高岭 10%、碳酸钡 5%,在球磨好的基础釉(100%)中另加白云石 3%、三氧化二铁 1%、釉下黄色基 8%(釉下黄色基配合量为氧化钛 50%、工业用氧化锌 45%、氧化铁 5%,三者混合均匀于 1300 ℃ 高温煅烧即可) | 硅酸钛结晶釉与硅酸锌结晶釉不同,它只要求在釉料中有 8%—14% 的二氧化钛,就会在高温中呈现过饱和状态的结晶能力好的结晶釉。结晶一般呈星状、针状、树枝状或花簇状晶型,加入其他着色氧化物也会出现网状、冰花、条纹状晶型 |
| | | 锰结晶釉 | 在普通釉中加入 15%—20% 的二氧化锰,也能制得结晶釉。目前采用硅酸锌结晶釉作为基础釉,加入 3%—15% 二氧化锰或锰红色剂 | |
| | 三阳开泰 | | 由红、黑两种色釉组成,以黑色为基调,适当辅以红色。红、黑两种色彩连接得非常自然协调 | |

续表 5 - 13

| 分类 | 名称 | 釉色 | 配方 | 工艺要求 |
|------|------|------|------|----------|
| 高温颜色釉 | 酱色釉 | 紫金釉 | 紫金土50%、釉果40%、二灰10% | 以铁为着色剂的高温釉,氧化铁和氧化亚铁的总量高达5%以上。景德镇常用含铁的紫金土为着色剂 |
| | 无光釉(艳消釉) | | 无光釉制作方法有三种:第一种是降低烧成温度,使之不完全熔融,而在表面上形成结纹、皱纹或丝状花纹;第二种是增加乳浊剂,如二氧化钛、三氧化二铝、氧化镁等,降低硅的含量,也可以制成;第三种是人工方法,成品烧出后,用稀氢氟酸处理,即在酸中侵蚀,使其失去光泽 | |
| | 裂纹釉(开片、百坂碎) | | 坯:南港釉果22.25%、星子高岭43.03%、余干瓷石16.91%、三宝蓬釉果17.81%;釉:三宝蓬釉果48.4%、陈湾釉果48.4%、石灰石3.2% | 瓷釉上的许多裂纹,根据器型需要,有冰裂纹、牛毛纹、蟹爪纹、柳叶纹、鱼子纹等。裂纹釉有的顺一定方向开片,形成螺旋形状,有的纹片能定型定位,即在同一种制品上让大中小三种纹片人为地出现,有一种特殊的效果。白色纹片釉可以用墨汁或浓茶对裂纹处染色,也可以以纹片釉为基础釉,外加着色剂制成彩色纹片釉 |
| | 彩虹釉 | | | 该釉经1300 ℃以上高温烧制时能在盘类产品上自然形成黄、橙、红、白、紫等多种颜色的彩环,釉面呈碎纹,色调清新、淡雅,色彩转化柔和,釉面光泽度高 |
| | 珍珠釉 | | | 珍珠釉有白色、蓝色、粉红色等 |
| | 变色釉 | | 把稀土原料添加在陶瓷色釉中,施在坯体表面,通过1300 ℃左右的还原焰烧成,发生一系列的物理变化,产生一种新固熔体 | 由于稀土元素性质相似,难以提纯,这样往往有几种稀土离子同时富熔在釉的硅酸盐晶体中。如镨和钕往往富集在一起,这种新的固熔体在可见光的范围内,对各种光具有强烈的选择性及吸收和反射的特性,因此变色釉能够在不同性质光源的照射下,变幻出各种各样的颜色 |

续表 5－13

| 分类 | 名称 | 釉色 | 配方 | 工艺要求 |
|---|---|---|---|---|
| 低温颜色色釉 | 红釉 | 胭脂红 | 晶料 92.17%、玻璃粉 7.68%、紫金溶液 0.15% | 吹釉,在800—850 ℃烧成 |
| | | 胭脂水 | 胭脂红 70%—80%、玻璃白 20%—30% | 吹釉,在800—850 ℃烧成 |
| | | 矾红 | 矾红 40%、西赤 32%、薄黄 9%、白熔剂 19%、乳香油适量 | 拍粘,吹釉,在900 ℃烧成 |
| | | 荔枝红 | 小豆茶 80%、矾红 20% | 吹烧,在800—850 ℃烧成 |
| | | 辣椒红 | 红黄颜料 100% | 吹釉,在680—720 ℃烧成 |
| | 绿釉 | 浇绿 | 铅粉 70.59%、石末 23.53%、铜花 5.88% | 浇釉,在800—850 ℃烧成 |
| | | 哥绿 | 铅粉 72.95%、石末 24.32%、铜花 2.73% | 浇釉,在800—850 ℃烧成 |
| | | 苹果绿 | 晶料 94.74%、石绿 5.26% | 吹釉或浇釉,在800—850 ℃烧成 |
| | | 鹦哥绿 | 晶料 97.56%、碳酸铜 2.44% | 吹釉或浇釉,在800—850 ℃烧成 |
| | | 湖绿 | 熔剂 77.6%、氧化铜 22.4% | 吹釉或浇釉,在750 ℃烧成 |
| | | 松绿 | 锡黄 63.5%、翡翠 16.67%、雪白 20.83% | 吹釉或浇釉,在750 ℃烧成 |
| | | 瓜皮绿 | 铅粉 69.77%、石末 23.55%、铜花 3.49%、矾红 3.49% | 吹釉或浇釉,在850 ℃烧成 |
| | | 翡翠 | 翡翠 90.91%、晶料 9.09% | 吹釉,在750 ℃烧成 |
| | | 鱼子绿 | 净大绿 47.76%、净老黄 23.88%、铅粉 23.39%、绿玻璃 5.97% | 浇釉,在800 ℃烧成 |
| | | 鱼子松绿 | 老黄 57.25%、净大绿 19.08%、铅粉 22.9%、绿玻璃 0.77% | 浇釉,在800 ℃烧成 |
| | | 金星绿 | 铅粉 72.73%、石末 24.24%、铜花 3.03% | 浇釉,在800 ℃烧成 |
| | | 万年青 | 大绿 19.2%、铅粉 26.9%、海青 1.8%、晶料 2% | 浇釉,在800 ℃烧成 |

续表 5 - 13

| 分类 | 名称 | 釉色 | 配方 | 工艺要求 |
|---|---|---|---|---|
| 低温颜色釉 | 黄釉 | 浇黄 | 铅粉 79%、石末 15%、赭石 6% | 浇釉,在 850—900 ℃烧成 |
| | | 正黄 | 薄黄 50%、溶剂 50% | 在 800 ℃烧成 |
| | | 鸡油黄 | 铅粉 78.5%、石末 15%、赭石 6.5% | 浇釉,在 800—850 ℃烧成 |
| | | 淡黄 | 白 65.19%、老黄 19.56%、锡黄 13.03%、薄黄 1.96%、赭石 0.26% | 吹釉或浇釉,在 800 ℃烧成 |
| | | 象牙黄 | 铅粉 45.93%、石末 15.31%、老黄 22.97%、锡黄 15.31%、赭石 0.48% | 吹釉或浇釉,在 800 ℃烧成 |
| | | 菜花黄 | 铅粉 44.88%、锡黄 28.04%、石末 14.28%、大绿 12.80% | 浇釉,在 900 ℃烧成 |
| | | 鱼子黄 | 老黄 57.25%、净大绿 19.08%、铅粉 22.9%、绿玻璃 0.77% | 浇釉,在 800 ℃烧成 |
| | | 金星黄 | 老黄 34.85%、铅粉 32.55%、浅黄绿 23.3%、石末 6.96%、赭石 2.33% | 浇釉,在 800 ℃烧成 |
| | 紫釉 | 浇紫 | 铅粉 77.28%、石末 16.67%、叫珠子 5.55% | 浇釉,在 800—850 ℃烧成 |
| | | 葡萄紫 | 玛瑙红 33.3%、海碧 33.3%、溶剂 33.3% | 吹釉或浇釉,在 800 ℃烧成 |
| | | 茄皮紫 | 铅粉 78%、石末 17%、叫珠子 5% | 吹釉或浇釉,在 800—850 ℃烧成 |
| | | 淡茄 | 铅粉 41.08%、特别红 35.71%、石末 12.50%、广翠 10.71% | 吹釉或浇釉,在 800—850 ℃烧成 |
| | 花釉 | 素炉均 | 翡翠、广翠 | 吹釉,在 800 ℃烧成 |
| | | 荤炉均 | 翡翠、顶红 | 吹釉,在 800 ℃烧成 |
| | | 花炉均 | 翡翠、广翠、顶红 | 吹釉,在 800 ℃烧成 |

续表 5 – 13

| 分类 | 名称 | 釉色 | 配方 | 工艺要求 |
|---|---|---|---|---|
| 低温颜色釉 | 蓝釉 | 深蓝 | 广翠 51.73%、铅粉 34.78%、石末 11.49%、铜花 2.30% | 吹釉或浇釉,在 800—850 ℃烧成 |
| | | 淡天蓝 | 广翠 50.04%、铅粉 36.39%、铜花 1.44%、石末 12.13% | 吹釉或浇釉,在 800 ℃烧成 |
| | 黑釉 | 乌金 | 大绿 42%、铅粉 29.5%、晶料 25%、珠明料 3.5% | 在 800 ℃烧成 |
| | 浇黄三彩 | | 浇黄、浇绿、浇紫 | 浇釉或填釉,在 850 ℃烧成 |
| | 夜光釉 | | 硼砂 35%、硼酸 25%、石英 20%、硝石 4%、氟硅酸钠 10%、长石 3%、石灰石 2%、滑石 1%、夜光粉 30% | 滴釉,在 850 ℃烧成 |

# 第四节　颜色釉的制备、施釉与烧成

颜色釉的制备就是由呈色原料和其他相适应的基础釉料,按适当的比例配合,经过球磨、过筛,制成釉浆,施釉于泥料性质相适应的胎骨上,在适当的温度和气氛下焙烧而成。

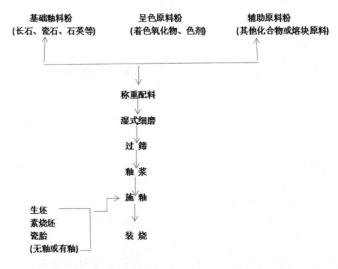

图 5 – 6　颜色釉的制备、施釉与烧成流程图①

---

① 潘文锦,潘兆鸿.景德镇的颜色釉[M].南昌:江西教育出版社,1986:42.

### 一、基础釉料和坯泥胎骨的选择

色釉陶瓷常用的基础釉料,主要有以长石为主要熔剂的长石釉和以石灰石或方解石为主要助熔剂的石灰釉两大类。长石釉中碱金属含量较多,而碱土金属氧化物较少,其特点是釉面硬度大、光泽较强。石灰釉是使用较普遍的釉,含碱土金属较多,其特点是透明度强、弹性好、釉的黏度小、光泽好。此外,还有以氧化锌为主要熔剂的锌釉,以铅为助熔剂的铅釉,以及以含硼和铅的化合物为主要熔剂的硼铅釉等,由于它们的熔融温度低、光泽好、弹性强,多用于低火度的色釉。

色釉陶瓷一般使用普通陶瓷的坯泥做胎骨,要求坯釉结合性好,不开裂,釉层不剥离,不破坏釉的呈色。但一些特色颜色釉,则需要选取特殊的坯泥胎骨。如:哥窑釉,要求坯泥中 $Fe_2O_3$ 的含量在 4% 左右,以便于烧成后形成"紫口铁足"的艺术效果;影青釉,要求坯泥纯净、质细、色白,便于烧成后青中有白,有晶莹润彻的呈色效果;朱砂釉,要求含有 5% 左右 $Fe_2O_3$ 的红泥做坯体,才能使釉面呈现美丽的樱桃红色;各种有色或无色的裂纹釉,要求选取小于釉料的热膨胀系数的坯泥,才能使釉面产生明显的裂纹效果。

根据色釉的不同特性,对坯胎的厚度也有一定的要求。铁黑、铜红系统的花釉,因釉层厚(约 2 mm),为适应较厚的釉层,宜选取与釉的性质相适应的厚胎;裂纹釉,因釉的膨胀系数大于坯体,为避免坯薄胎骨经受不了釉的张力而破裂,也应选取厚胎。铁黑系统花釉和裂纹釉多以生坯厚胎施釉,铜红系统花釉多以素烧过的厚胎施釉等。其他非厚釉系统的单色釉和无光釉,均可采用普通陶瓷的胎骨。低温颜色釉常以烤花温度烧成,故多用无釉或有釉的瓷胎施釉。

### 二、配釉

配料是色釉制造工艺中的关键工序,有科学比例和原料搭配,必须严格操作。因此在配料前,应该对釉原料与呈色原料的性能与质量逐一进行鉴定,符合要求后,则可按配方准确称量配合。为了保证色釉的质量,对每批釉浆都要做到先试后用。

### (一)配釉方式

配釉方式主要有五种:

1. 在基础釉中加入着色金属氧化物的天然矿物。这是传统的配釉方式,如将含有铜、铁、钴的铜矿石、紫金土、钴土矿分别加入釉料中,使烧成后的釉面呈现各种颜色。其特点是就地取材,成本低廉,具有地域特色。

2. 在基础釉中加入着色化工原料。如将氧化铜、氧化铁、氧化铬等化工原料分别加入釉料中,使之烧成铜红或铜绿、铁青或铁黄以及铬绿等色釉。这是现代配釉法,具有呈色纯正、操作简便、易于推广等优点。

3. 在基础釉中加入特制色基(或颜料)。如将锰红、铬绿色基加入釉料中,使烧成后的釉面分别呈现红、绿等色彩。这种方法具有呈色稳定、便于配套和调剂中间色釉等优点。

4. 在基础釉中加入色剂(或颜料)后再加入辅助原料。辅助原料本身一般不经常参与发色,但加入某些由色剂与基础釉组成的色釉中,能使呈色效果更佳,多用于铜红或铁黑系统花釉。

5. 在熔块釉中加着色原料。如将易溶于水的、有毒性的或难熔原料,预先制成熔块釉,再加入着色剂,使之烧成显色。这种方法具有降低熔融温度、增强釉面光泽等特点,多用于低火度的色釉。

### (二)混磨方法

上述五种配釉方式,有的是将着色原料的细末直接加入制成的基础釉料中,混磨制成色釉;大多数情况则是以着色料粉与组成基础釉的各种料粉同时混磨制成。

球磨时间与加入坛中的料粉细度,料、水、球子的比例,以及不同的色釉对釉浆细度的不同要求等因素有关。入磨前的石质粉料要过 60 目筛,着色料粉要过 100 目筛,特别是氧化钴应预先研磨极细。料、水、球子的比例是,料∶水∶球子 = 1∶0.8∶1.5。釉料中黏土原料较多时,水的比例应增加到 1。个别原料要求粒度粗些,料可后加;容易沉淀的釉浆应酌情加适合的悬浮剂(如氯化铵),一般在出磨前 1 小时加 0.2% 左右,出磨时釉浆要过筛,细度要经过测定。

### (三)釉浆细度

釉浆的细度对釉面的质量有一定的影响,太细则表面张力大,易出现"滚釉"或"釉裂",且不便浸釉操作;太粗则成熟温度提高,并影响色釉光泽度。

色釉釉浆细度与普通釉不同,一般应根据色釉的性质与所采取的施釉方法而定。单色釉、无光釉宜细些,裂纹釉、花釉、面釉可粗些;用喷釉法宜细些,用涂釉法可粗些。

表 5 - 14　各类色釉细度参数表①

| 色釉类别 | 釉浆细度（万孔筛余） | 备注 |
|---|---|---|
| 单色釉 | 0.2%—0.05% | 适宜浸釉 |
| 花釉（面釉） | 3.7%—0.5% | 适宜涂釉 |
| 裂纹釉 | 0.5%—0.1% | 适宜浸釉 |
| 无光釉 | 0.1%—0.05% | 适宜浸釉 |

### 三、施釉

施釉是色釉制作工艺中的重要工序，处理不当，将会影响呈色效果和产品质量。不同的色釉和不同的坯胎，应采用不同浓度的釉浆与不同的施釉方法，以求达到适当的釉层厚度和理想的呈色效果。

单色釉、裂纹釉、无光釉应做到釉层厚薄均匀一致，对某些流动性较大的单色釉，如传统乌金釉、钧红釉等，要求制品上部的釉层厚些，以免在烧成过程中，制品上部色彩流失变淡，下部流积变深，产生呈色不均匀的毛病。

施釉坯胎有生坯、素烧坯和瓷胎三种。施釉方法有浸釉、浇釉（淋釉）、喷釉、吹釉、刷釉、涂釉以及浸喷涂相结合等法。

生坯根据坯体强度和造型品种而定施釉方法，除薄胎及特大型品种外，一般均可浸釉。施釉前坯体含水率应有控制，瓷坯控制在3%—4%，粗陶坯控制在10%左右。

素烧坯生坯经800—900 ℃素烧后，强度增强，最便于施釉。

瓷胎其吸水率接近于0，应增加釉浆稠度，如根据色釉性质投加适合的稠化剂（含盐或氯化铵）方好施釉（加入量约为0.2%—0.5%）。

无论哪种坯胎或使用哪种施釉方法，在施釉前，必须清除坯胎面上的灰尘或油渍，景德镇称这项工作叫"补水"，以保证釉对坯的良好黏附。

1. 浸釉法。即将坯体浸入釉中，片刻后取出，借坯胎的吸水性，使釉均匀地吸附在表面。使用此法施釉时，应根据色釉的釉层厚度要求，掌握釉浆的浓度和浸渍时间。

2. 浇釉法。把坯胎置于"座子"或旋转辘轳盘上，用手工或机械把釉浆浇于坯胎上，形成釉层。前者多用于不便浸釉的大型坯胎，后者多用于碗、盘之类。

3. 荡釉法。其方法是用柄勺舀釉浆灌注于器物内，把坯器稍加振荡，使釉

---

① 潘文锦，潘兆鸿.景德镇的颜色釉［M］.南昌：江西教育出版社，1986：46.

浆布于坯体全部,然后倾出多余釉浆。这时将坯体回转,务使器口不留残釉。如此荡釉最多两次,否则产生起泡毛病。

4.喷釉法。利用压缩空气将釉浆喷成雾状黏附在坯胎表面,这种方法便于大件、薄胎或异形生坯施釉。另外,它可采用多次喷釉,所以也适用于釉层特别厚或需多种颜色的制品。

5.刷釉法。也称涂釉,即用毛笔蘸取釉浆,均匀地刷在坯胎上。这种方法只适应于上流动性好的着色釉或同一器物上施数种不同的颜色时用,如"唐三彩""三阳开泰"等。

6.吹釉法。用竹筒一节,一端蒙以细纱,蘸釉浆后,于另一端用口吹釉于坯面,反复喷吹,使坯表施一层厚度均匀的釉。釉层厚薄以吹的次数控制,薄则吹三四遍,厚则吹七八遍。唐英在《陶冶图说》中记载:"截径过寸竹筒,长七寸,口蒙细纱,蘸釉以吹。吹之遍数,视坯之大小与釉之等类而定,多至十七八遍,少则三四遍。"[①]吹釉多用于琢器和大型圆器,精细制品采用此法施釉。

7.综合施釉法。即浸釉、刷釉、喷釉相结合的施釉法。使用这种方法,多为形体较厚的生坯或瓷胎,其釉层大体为 2 mm 以上的钢红和铁黑等系统的各种花釉。

**四、烧成**

烧成是颜色釉制作过程的最后工序,也是成败的关键。特别是高温颜色釉,在烧成过程中所发生的一系列反应,是决定釉面呈色和制品质量优劣的主要因素,因此必须根据釉的组成和呈色要求,掌握适应的烧成温度,才能烧出较理想的颜色釉瓷。

**(一)窑位的选择**

窑位的选择很重要,无论是间歇式的倒焰窑、半倒焰窑(馒头窑)、平焰窑等传统柴窑,还是现代隧道窑,其各个不同窑位的温度都有差异,气氛也有强弱,因此对温度、气氛较为敏感的色釉,应选择适当的窑位装烧。一般窑的上中部温度较高,铜红釉、裂纹釉及窑变花釉都适合在平焰窑的上中部装烧。

**(二)装烧中应注意的问题**

除注意选择温度、气氛相适应的窑位外,装烧中还应注意以下问题:

1.窑坯的含水率。装窑坯的含水率应控制在 3% 以下,太湿的坯易造成废

---

① 熊寥,熊微.中国陶瓷古籍集成[M].上海:上海文化出版社,2006:303.

次品,不宜装烧。

2. 垫料选用。匣钵底部宜撒一层石英粉(或粗糠灰),某些流动性大的色釉制品,除使用"渣饼"垫衬外,还要用耐火度高的泥料制成的"闩子"支撑;坯胎底脚与"闩子"之间,常用高岭土50%和工业氧化铝粉50%组成的料浆黏合,以便烧成后容易敲脱。

3. 避免混装。不同性质的色釉制品不应混装一匣,如铜红釉与钛黄釉、铜绿釉与乳白釉等均应避免混装,以防铜的呈色挥发而污染其他制品的釉面。

4. 烧成温度和烧成速度。烧成温度和烧成速度与釉的成分有一定的关系。比如:挥发性较大的铜红釉烧成温度不宜过高,且宜快烧快冷;铁青、钴蓝、锰红以及裂纹釉亦宜快速烧成,快速冷却;天目釉和无光釉则与前者相反,适宜缓慢冷却;结晶釉则需要一段时间的保温。

5. 低温颜色釉烧成。低温颜色釉是在瓷胎上施釉,待釉层干后,直接装码在烤花炉中,以氧化气氛烧成。釉的成熟温度因色釉性质而异,常见的有700—900 ℃的铅釉(如"矾红""哥绿"等釉)和1000—1050 ℃的硼铅釉(如"孔雀绿"等釉)两大类。烧成温度过高,易使色彩变淡,过低则发色不良。

6. 大器烧成。特大器型的色釉制品,不论低温还是高温,烧成升温均不宜过急,尤应注意缓慢冷却出窑,以防"惊裂"。

### (三)"欠烧"与"过烧"的处理

"欠烧"与"过烧"的色釉瓷,造成色泽不良的,经过检验,无"开裂""变形"等缺陷时,一般可视情况而进行重复装烧。"欠烧"釉面出现"生爽"毛病时,多用原来的釉浆薄薄地施上一层,入窑复烧,以求达到合格,如钧红釉复烧成钧红花釉、珐翠釉复烧成珐翠等。

因"过烧"而使颜色挥发影响釉面不合格时,则可采用重复施一层底釉,并在上面涂滴与其适应的面釉,复烧成花釉产品,如钧红釉加施底釉和花釉面釉复烧成钧红花釉等。

此外,还有把过烧的高温色釉瓷胎加施适应的低温颜色釉,在烤花炉中复烧成高低温相结合的色釉品种,如将过烧而导致釉面多纹的影青、豆青釉瓷胎加施低温哥绿釉,烤烧成绿地爆发金星的"金星绿釉"等。①

---

① 潘文锦,潘兆鸿.景德镇的颜色釉[M].南昌:江西教育出版社,1986:48－50.

# 第六章　景德镇陶瓷青花料配制与加工

青花料，又名氧化钴料，也就是钴土矿。钴土矿矿石呈黑色或蓝黑色，具有胶状、结核状或同心圆状结构，由含钴、镍、铜的偏锰酸矿、锂硬锰矿（为主）、钾硬锰矿和褐铁矿组成，呈片状、葡萄状、球状或珊瑚状，粒度一般为5—30毫米。

图6-1　钴原矿石

钴是一种化学元素，英文名为"Cobalt"，德语名为"Kobold"，其主要成分是砷化物、氧化物和硫化物。分子式为 CoO，属过渡金属，有磁性和毒性，通常是灰色粉末，有时是绿棕色晶体。钴的氧化物有三种，即氧化钴（CoO）、四氧化三钴（$Co_3O_4$）和三氧化二钴（$Co_2O_3$），主要是用作工业产品原料、化工行业催化剂，玻璃、搪瓷、陶瓷等色彩的着色剂。19 世纪之前，钴最广泛的用途是作为染料，中世纪时是琉璃生产的重要材料，也是伊斯兰釉陶的重要材料。元代开始，由钴加工而成的青花料，成为景德镇绘制青花瓷纹饰的原料，属于釉下高温颜料。

## 第一节　景德镇青花料历史演变

青花料是以发色稳定的氧化钴（CoO）为主，以氧化铁、氧化锰等为辅的天然配料的混合着色剂。早在春秋、战国时期，生产琉璃珠就已用钴蓝作为着色剂。唐代的唐三彩、唐兰釉陶普遍使用钴蓝为着色剂。

景德镇古代青花料都是用含钴的天然钴土矿作为青花料。钴土矿是一种含钴、锰、铁、镍、砷等的较复杂的矿物。含钴的原生矿物有镍辉钴矿、铁砷钴矿、钴毒砂、方钴矿，其钴的含量不同，青花呈色深浅也不相同。元、明、清各代由于选用钴土矿的不同，造就了不同时期、不同青花料的不同效果，形成各期青花瓷的不同风格。

景德镇从元代开始，使用青花料作陶瓷着色剂，生产青花瓷。景德镇青花料的使用，大致经历了以下几个阶段。

### 一、元代至明代宣德时期的国外进口青花料

元代及明代宣德时期的青花瓷所采用的青花料，是一种氧化铁的含量高于氧化锰的含量的钴土矿。中国科学院上海硅酸盐研究所对元青花典型样品进行理化测试，研究发现，元青花的 $MnO/CoO$ 比值为 $0.01—0.06$，$Fe_2O_3/CoO$ 比值为 $2.21—3.02$，所有研究的样品比值均十分接近，与国产钴矿有很大差别。元代青花的料色大多线条晕散，呈色鲜蓝并有黑色斑点，也有部分呈色淡雅，有少量呈灰蓝色调。这些特点表明，元代所用的青花色料主要是从国外（波斯等地）进口的青花料。

明代景德镇的青花，特别是永乐、宣德时期的青花，已达到了登峰造极的水平。除工艺技术的显著提高外，与青花色料的使用也有一定的联系。王世懋在《窥天外乘》中记载："永乐、宣德间内府烧造……以苏麻离青为饰，以鲜红为宝。"[1]中国科学院上海硅酸盐研究所对明青花典型样品进行理化测试，研究表明，宣德时期使用的是含低锰高铁的国外进口青料。由此可见，元代至明代宣德时期，景德镇官窑青花均以进口料苏麻离青为饰，发色明艳，呈色爽而不鲜，色性安定，晕散在瓷器胎釉之间，青翠披离，淋漓尽致，开一代未有之奇。

### 二、明代中期的进口和国产混合青花料

明代中期青花色料来源比较复杂，呈色各不相同。到明代中期，苏麻离青已经断绝，改用江西乐平县产的陂塘青。成化时期，青花采用陂塘青。正德朝前期基本上用江西瑞州的石子青，后期已开始用进口回青料。《江西省大志》记载："旧陂塘青产于本府乐平一方，嘉靖中，乐平格杀，遂塞。石子青产于瑞州诸处。回青行，石子遂废。"[2]可知在嘉靖中期，乐平的陂塘青也因械斗而中断，景德镇改革用瑞州的石子青和西域的回青。回青是指阿拉伯和西域的青料，明正

---

① 熊寥,熊微.中国陶瓷古籍集成[M].上海:上海文化出版社,2006:217.
② 熊寥,熊微.中国陶瓷古籍集成[M].上海:上海文化出版社,2006:36.

德时期开始使用域外回青。中国古代文献中有不少回青从外国进口和从中国少数民族地区进入内地的记载。明人王世懋在《窥天外乘》中记载:"回青者,出外国。正德间,大珰镇云南得之。"①《明会典》105 卷记载:"苏门答腊国……永乐三年,遣使朝贡。五年至宣德六年,屡遣来贡……贡物有石青、回回青。"②《明会典》112 卷也记载:"吐鲁番使臣到京……嘉靖三十三年进贡回回青三百三十一斤八两,会值每斤与银二两。"③《明实录》卷 301 记载:"万历二十四年闰八月癸未,先是奏回青出吐鲁番异域,去京师万余里,去嘉峪关南数千里。而御用回青系西域四夷大小进贡,买之甚难。因命甘肃巡抚田东设法召买解进,以应烧造急用,不许延误。"清人嵇璜在《续文献通考》中记载:"成祖三年至成化二十二年,苏门答腊贡宝石、玛瑙、水晶、石青、回回青。"从嘉靖时期开始到万历时期,景德镇官窑青花将进口低锰高铁的回青料和国产青料混合,采用"回青 + 石青"配合使用。《江西省大志·陶书》记载:"回青淳,则色散而不收。石青加多,则色沉而不亮。每两加石青一钱,谓之上青。四六分加,谓之中青。……中青用以设色,则笔路分明。上青用以混水,则颜色青亮。真青混在坯上,如灰色;然石青多则黑。"④这种进口料和国产料配合使用的做法,是景德镇青料使用工艺技术上的一大发明,也是景德镇青料配制和成色效果的巨大进步,大大改善了单一青料使用效果不佳的问题。

**三、明代后期至清代采用精选和煅烧过的国产青花料**

从万历以后到清代康熙、雍正、乾隆时期,景德镇官窑青花以国产浙江青料为主,并且从明代后期的万历至崇祯年间,景德镇青花料的拣选处理工艺经历过一次变革,出现了从淘洗到煅烧的进步。这一时期使用的青花料,是一种氧化锰含量大大高于氧化铁含量的钴土矿,并测得这一时期青花样品不含砷,说明此时已采用精选和煅烧过的国产钴土矿。清嘉庆年间开始使用珠明料,而后珠明料逐渐成为主要青料。整个清代,直到清末,景德镇青花料都是以国产浙料、滇料为主,间配以赣料,采用精选和煅烧工艺,对钴土矿进行淘洗、煅烧、拣选、研磨,以达到最佳成色效果。

**四、清末民国时期的化学青料(洋蓝青料)**

清末,欧洲人发明的经过工业提纯的化学氧化钴制品传入中国,就是通常

① 熊寥,熊微.中国陶瓷古籍集成[M].上海:上海文化出版社,2006:217.

② 李东阳,等.大明会典:第 3 册[M].扬州:广陵书社,2007:1593 – 1594.

③ 李东阳,等.大明会典:第 3 册[M].扬州:广陵书社,2007:1655.

④ 熊寥,熊微.中国陶瓷古籍集成[M].上海:上海文化出版社,2006:37.

所说的"化学颜料"。这种青料是将天然氧化钴经过化学提纯，清除了一些干扰发色的异质金属元素，氧化钴纯度更高，形成一种新的接近海碧蓝的色调，呈色显鲜艳、活泼、偏翠色。因其产自国外，因而被称为"洋蓝"。这种青料有两大优点：一是瓷器呈色统一、稳定，适合工业化生产；二是颜料颗粒细小，方便绘画，用量减少，特别是在制作印花纸时优点更加突出。洋蓝青料传入中国后，这种醒目的鲜艳色调比低档浙料和土料更好，且成本又不高，很快就成为国内中低档青花瓷装饰的主色调。因而，在民国时期，这种青花料被大量使用，又被称为"民国洋蓝"，成为民国青花瓷的代表。化学青料引入青花装饰后，因其价格还是较高，且发色过于鲜艳，与国人的审美有差距，所以景德镇工匠加以改进，将化学青料作为一种调色剂，掺入天然青料中，以提高天然低档青花料的鲜艳度，掩盖国产青料的灰暗色调。

### 五、新中国成立后的合成青花料

新中国成立后，化学青料仍然作为调色剂被大量使用。由于景德镇青花瓷主要供出口外销，配制青花颜料采用数种不同色调的天然青料，青花呈色全部转向欧洲人喜爱的"海碧蓝"色调，以满足市场需求。

由于各地钴土矿品位组成不同，且同一矿区上下部位矿物质量不一，影响了青花色料的稳定性，无法产生鲜艳色调。为了确保青花色料的稳定性，开始仿制古代各个时期的青花色料，创新发展新的青花色料。新中国成立后，景德镇对青花料开展了一系列研究和仿制试验。

1957年，中国科学院冶金陶瓷研究所、轻工业部硅酸盐工业管理局、景德镇陶瓷研究所组织专家，对青花料进行了实验研究，通过合成，配制出合成青花料。

1964年，景德镇瓷用化工厂研制釉下青花花纸，其青花颜料是用三氧化二铝5、氧化钴4.5、珠明料4.5、氧化锌1、铅粉2、雪白1、釉果4.5配制（以上是重量比），混合后进行球磨粉碎200小时，干燥后通过200目筛，再与印刷黏合剂调制使用。

1978年，轻工部景德镇陶瓷研究所采用色基配方，应用原料为 $Co_2O_3$（Co含量98.5%），配方为9%；$Fe_2O_3$（Fe含量68.9%—70%），配方为5%；$MnO_2$（Mn含量不少于72%），配方为18%；填料有矾土、$Al_2O_3$、$SiO_2$、坯泥等，配方为68%。[①]

———————

① 景德镇市地方志办公室.中国瓷都·景德镇市瓷业志:市志·2卷[M].北京:方志出版社,2004:59.

景德镇历代青花瓷所用的钴料,种类不同,变化很大,大致可分成5类:硫钴矿或方硫钴矿、钴毒砂、钴土矿、回青、化学青料。

表6-1　景德镇历代青花瓷用钴料的演变①

| 时代 | 元代 | | 明代 | 清代 | 民国 | 新中国成立后 |
| --- | --- | --- | --- | --- | --- | --- |
| | 官窑 | 民窑 | | | | |
| 钴料种类 | 钴毒砂 | 钴土矿 | 钴土矿 | 回青 | 经拣选的钴土矿 | 化学青料 | 合成青料 |
| 钴料主要特征元素 | 低锰、高铁,含硫和砷,无铜和镍 | 高锰、高铝 | 高锰、高铝 | 低锰、铁和铝,无砷 | 高锰、高铝 | 化学氧化钴 | 数种不同色调的天然青料 |

# 第二节　景德镇青花料的产地与种类

景德镇青花料大体分为两类:一类含锰量低、含铁量高,为西亚和南洋地区产的国外进口钴土矿;一类含锰量高、含铁量低,为国产钴土矿。

## 一、进口青花料

### 1. 苏麻离青

苏麻离青又称苏勃泥青、苏泥麻青、苏泥勃青等,简称"苏料"。名称和产地的来源有多种说法:一种说法是来自波斯语"苏来曼"的译音,这种钴料的产地在波斯(现伊朗)卡山夸姆萨村,一名叫苏来曼的人发现了这种钴料,故以其名字来命名;另一种说法是来自伊拉克萨马拉,是英文"smalt"的译音,意为一种蓝玻璃;还有一种说法是来自明代永乐时期郑和出使西洋时所带回的苏门答腊的苏泥和槟榔屿的勃青,称"苏泥勃青"。目前,最早记载苏麻离青的文献是明人王世懋的《窥天外乘》,书中记载:"永乐、宣德间内府烧造,迄今为贵。其时以棕眼甜白为常,以苏麻离青为饰,以鲜红为宝。"②随后,明人陈继儒在《妮古录》中

---

① 景德镇市地方志办公室.中国瓷都·景德镇市瓷业志:市志·2卷[M].北京:方志出版社,2004:53.

② 熊寥,熊微.中国陶瓷古籍集成[M].上海:上海文化出版社,2006:217.

记载："宣庙窑器,选料、制样、画器、题款,无一不精。青花用苏勃泥青。"①明人高濂在《燕闲清赏笺》中记载："宣窑之青,乃苏勃泥青也。"②明人王士性在《广志绎》中记载："宣窑以青花胜,成窑以五彩。宣窑之青,真苏勃泥青也,成窑时皆用尽。"③还有明万历十九年(1591年)《事物绀珠》、清朱琰《陶说》、蓝浦《景德镇陶录》、唐秉钧《文房肆考》等文献,均有相同的记载。苏麻离青属低锰高铁类钴料,从传世或出土的元代和明永乐、宣德时期的青花瓷器来看,青花呈色靛蓝,绚丽浓艳,清晰而通透。其料色蓝里有黑,似铁锈斑点,线条有晕散现象。经化验,料中含锰量低,含铁量高,与国产青料显然不同,实际与文献记载完全相符,属于"苏麻离青"型。景德镇元代与明初的青花瓷,大多用它绘制花卉枝叶,使得这一时期青花瓷器的制作"开一代未有之奇"。

2. 回青

回青又称西域大青、佛头青、回回青,简称"回料"。从字面理解,回青就是伊斯兰地区生产的青花料。实际上回青产地广泛,包括伊拉克与伊朗等伊斯兰地区和现在我国的新疆及其以西地区。回青一名始见于明人王宗沐的《江西省大志·陶书》,有"陶用回青本外国贡也"④的记载。万历《明会典》"土鲁番"条也有"嘉靖三十三年进贡回回青三百一十斤八两"⑤的记载。明人宋应星在《天工开物·陶埏》中记载："回青乃西域大青,美者亦名佛头青。"⑥明人李时珍在《本草纲目》中记载："今之石青是矣,绘画家用之。其色青翠不渝,俗呼为大青。楚、蜀诸处亦有之。而今货石青者,有天青、大青、西夷回回青、佛头青种种不同。"《明史·吕坤传》中记载："至饶州瓷器,西域回青,不急之须,徒累小民敲骨。"⑦此外,在程廷济总修《浮梁县志》、吴宗慈《江西通志稿·陶瓷》等文献中均有"回青"的记载。从传世产品看,景德镇瓷器使用回青料,始于明嘉靖间,隆庆、万历时继续使用。回青量少,十分珍贵,主要在官窑中使用。明人黄一正在《事物绀珠》中记载："回青者,出外国。正德间,大珰镇云南,得之,以炼石为伪

① 陈继儒. 妮古录:卷1[M]. 北京:中华书局,1985:1.

② 高镰. 遵生八笺[M]//北京图书馆古籍出版编辑组. 北京图书馆古籍珍本丛刊61:子部·杂家类. 北京:书目文献出版社,1989:409.

③ 王士性. 五岳游草·广志绎[M]. 周振鹤,点校. 北京:中华书局,2006:278.

④ 熊寥,熊微. 中国陶瓷古籍集成[M]. 上海:上海文化出版社,2006:36.

⑤ 李东阳,等. 大明会典:第3册[M]. 扬州:广陵书社,2007:1655.

⑥ 熊寥,熊微. 中国陶瓷古籍集成[M]. 上海:上海文化出版社,2006:209.

⑦ 张廷玉,等. 明史[M]. 北京:中华书局,1974:5937-5938.

宝。其价初倍黄金,已知其可烧窑器,用之果佳。"①此料发色十分亮丽,纯然一色,蓝中透紫,与苏麻离青和国产青料陂塘青、珠明料色调不同。国产回青有时偏灰,用时易晕散,多与石子青混用。

**二、国产青花料**

国产青花料资源较为丰富,主要有土青、珠明料、浙料、石子青、陂塘青等,产地有江西赣州、上高、乐平、上饶等,浙江、广东、云南、福建、广西等都有丰富的钴土矿。

**1. 土青**

土青也称土料,是景德镇附近采掘使用的一种青花料,这种土料在距镇南15公里的团山一带仍可掘到。其含钴量很低,当时加工技术简单,烧出的色调暗晦带灰蓝,多用于民间普通瓷。

**2. 陂塘青**

陂塘青也称平等青,一种含有钴、锰、铁、铝的矿物,其中含钴2%。它是明朝成化后期至嘉靖中期景德镇官窑、民窑采用的主要青花料,产于江西乐平。朱琰在《陶说》中记载:"宣德窑,此明窑极盛时也。选料、制样、画器、题款、无一不精,青花用苏麻离青。至成化,其青已尽,只用平等青料。"②陂塘青呈色淡雅,轻中偏灰,与明代前期苏麻离青料浓艳者迥然不同。陂塘青经过精细加工,在适当的温度中,能烧成柔和、淡雅而又透彻的蓝色,成为这一时期青花瓷的特色。《江西省大志》记载:"旧陂塘青产于本府乐平一方,嘉靖中,乐平格杀,遂塞。"③嘉靖二十年(1541年)六月,乐平在景德镇的瓷业工人和雇主之间发生了一场流血仇杀事件,致使当时景德镇的瓷业暂停,陂塘青来源断绝。

**3. 无名异**

无名异又称无名子,产于江西瑞州(今江西省上高县),为明中期青花瓷器使用的一种色料。无名子为钴土矿的一种,属第三纪初期红色岩层中安山凝灰岩的风化残积矿床,矿石多呈片状、棱角状及条状等形态,散布在安山凝灰岩的风化壳的上部,含钴0.2%—5.8%、锰20%—23%,矿床分布散漫,储量微小。明正德《瑞州府志》记载:"上高县天则岗有无名子,景德镇用以绘画瓷器。"④明

---

① 熊寥,熊微. 中国陶瓷古籍集成[M]. 上海:上海文化出版社,2006:239.

② 朱琰.《陶说》译注[M]. 傅振伦,译注. 北京:轻工业出版社,1984:114.

③ 熊寥,熊微. 中国陶瓷古籍集成[M]. 上海:上海文化出版社,2006:36.

④ 熊寥,熊微. 中国陶瓷古籍集成[M]. 上海:上海文化出版社,2006:75.

代宋应星在《天工开物·陶埏》中记载:"凡画碗青料,总一味无名异。此物不生深土,浮出地面,深者掘下三尺即止,各省皆有之。"①

### 4. 石子青

石子青俗称釉子,又称石青、石子,产于江西省上高、高安、吉安(古称庐陵)、新建、丰城等地。《江西省大志·陶书》记载:"石子青主要生产于瑞州。"②明嘉靖十九年(1540年)因乐平陂塘青停产,景德镇所需青料采用上高等地产的石青。上高青料产自上高县新界埠堆峰村,好料呈片状,有棱角,分老山料、新山料、白皮料,各不相同。此青料色暗,发蓝,带树叶青色,单独使用色偏灰暗淡,故常与回青混用。景德镇的青花瓷器从明代中期开始多用此料描绘纹饰,直到清末都在使用。

### 5. 烧青

烧青亦称"画烧青",与"无名异""无名子""石子青"为同一种物质,产于江西婺源。《正字通》记载:"景德镇取婺源所产料名画烧青,一曰无名子。"③"烧青"经粉碎、磨细、掺水调匀,制成青料。于生坯上绘画,施釉后花纹被罩不显颜色,入窑烧出成蓝色,故称画烧青。

### 6. 黑赭石

黑赭石亦称"无名子""画烧青",产于庐陵(今江西吉安市境)、新建(今南昌市新建区)等地,是吉安、新建等地出产的富褐铁矿($\beta - Fe_2O_3 \cdot H_2O$,栗褐色)的低品位钴矿石或锰土的泛称。锰土在惰性气体内加热至1000 ℃后生成$MnO$,于硅酸盐熔体中又多呈现绿色。《正字通》记载:"庐陵新建产黑赭石,磨水画瓷坯,初无色,烧之成天蓝。"④清朱琰在《陶说》中记载:"黑赭石,出庐陵、新建,一曰无名子,用以绘画瓷器。"⑤

### 7. 叫珠料

叫珠料也称土料,产于江西赣州、吉安、上高等地,多为第三纪初期红色岩层中安山凝灰岩的风化残积矿床。矿石多数散布于安山凝灰岩的风化壳上部,品位较低,分布散漫,储量微少,矿石外观为黑色硬块状,氧化钴含量波动在

① 熊寥,熊微. 中国陶瓷古籍集成[M]. 上海:上海文化出版社,2006:207.
② 熊寥,熊微. 中国陶瓷古籍集成[M]. 上海:上海文化出版社,2006:36.
③ 傅振伦.《景德镇陶录》详注[M]. 北京:书目文献出版社,1993:150.
④ 傅振伦.《景德镇陶录》详注[M]. 北京:书目文献出版社,1993:150.
⑤ 朱琰.《陶说》译注[M]. 傅振伦,译注. 北京:轻工业出版社,1984:129.

0.8%和1.5%之间,而氧化锰含量高达20%以上。叫珠料粉碎磨细后,加水和匀即可用,一般用于青花粗器。又因其中的钴含量低(约1.35%),锰含量高(20%),景德镇用它作为配制珐花三彩中的紫色着色剂,以及紫色彩绘料和紫色釉。

### 8. 浙料

浙料也称浙青、吴须,产自浙江省绍兴、金华、衢州、东阳、永康、江山等地。《明实录》记载:万历三十四年(1606年)三月,"乙亥,江西矿税太监潘相……上疏请专理窑务,又言描画瓷器须用土青,惟浙青为上,其余庐陵、永丰、玉山县所出土青颜色浅淡,请变价以进,从之"①。明代宋应星在《天工开物·陶埏》中记载:"凡饶镇所用,以衢、信两郡山中者为上料,名曰浙料。上高诸邑者为中,丰城诸处者为下也。"②清代唐英在《陶冶图说》中记载:"料出浙江绍兴、金华两郡所属诸山。采者赴山挖取,于溪流洗去浮土,其色黑黄大而圆者为顶选,名为顶圆子,俱以产地分别名目。贩者携至烧瓷之所,埋入窑地锻炼三日,取出淘洗始售卖备用。其江西、广东诸山间有产者,色泽淡薄不耐锻炼,止可画染市卖粗器。"③清代张九钺在《南窑笔记》中记载:"料有数种,产于浙江、江西、两广,以出于白土者为上品,红土次之,沙土最下。……其浙料有元子、紫料、天青各种。而江西有筠州、丰城。至本朝则广东、广西俱出料,亦属可用,但不耐火,绘彩入炉,则黑矣。故总以浙料为上……若江西料差,次于浙料,而广料又次于江西矣。配料之法:浙料为主,佐以紫料,然不若元子独用为全耳。嘉窑有回青料石。胭脂胎、铁胎二种,俱出西洋,今不能得。"④浙料又有元(圆)子、紫料、天青等品种,其中以"顶元子"为最佳。"顶元子"又称老元(圆)子、元(圆)子,以浓艳青翠取胜,是烧成"宝石蓝""翠毛蓝"的原料。浙江江山所产青料含三氧化二铁4.40%、氧化锰19.97%、氧化钴1.81%,烧成后,青花色泽一般蓝中泛灰,清丽幽雅。烧制好者可成翠毛之色,正蓝,不泛红,无铁斑。有重者青中泛红,轻则淡翠,能出多阶浓淡,青翠鲜艳。明代万历中期以后至清前期,景德镇官窑青花瓷器均采用浙料,是康熙蓝的主要原料。

---

① 熊寥,熊微. 中国陶瓷古籍集成[M]. 上海:上海文化出版社,2006:24.
② 熊寥,熊微. 中国陶瓷古籍集成[M]. 上海:上海文化出版社,2006:207 - 208.
③ 熊寥,熊微. 中国陶瓷古籍集成[M]. 上海:上海文化出版社,2006:302.
④ 熊寥,熊微. 中国陶瓷古籍集成[M]. 上海:上海文化出版社,2006:664.

### 9. 珠明料

珠明料又称土墨、碗青、大青、碗花,产自云南省曲靖的宣威、嵩明、宜良、泸西、马龙、昆明、沾益、师宗、罗平、富源、陆良、会泽等地,成分不一,以宣威所产较好,是一种品位较高的天然钴土矿,多为二叠纪玄武岩风化壳裂缝隙淋型的矿床,氧化钴含量较高,外观呈灰黑色块状,发色青翠鲜亮。其矿样中一种含有氧化铁的朱砂斑,另一种有氧化铝状的银斑。好的珠明料中氧化钴(CoO)含量波动在4%—6%之间,而氧化锰含量一般在30%左右。云南当地把质量好的珠明料称"珠明",中等称"省庄",再次称"黑花",最次称"粉料"。明正德五年(1510年)《云南志》中记载:"姚安土产,货用大青。"《新纂云南通志》卷65"钴矿、碗花"条记载:"碗花属含钴矿物,且为滇中特产。元明以来,即已开采。"又载:"牟定大湾山麓出产碗花,一名石青。华宁宝珠山也出产碗花,混名石青。"[①]珠明料经选洗、煅烧,然后粉碎,磨细,加水调匀,即成青花料供绘瓷用,约清嘉庆年间开始使用,而后逐渐成为主要青料。清光绪年间,销往景德镇的珠明料年约计三四十万元(每市斤售价5元,较次者3元)。民国时期云南省复成煤矿公司兼营碗花矿业,以"天元"牌售往景德镇。1949年后,景德镇陶瓷原燃料供应处派人常年驻云南,委托当地供销社向农民收购珠明料。其中"金片""珠蜜"为上品,含钴量4.5%—11%,每市斤0.8—2元;其次称"菱角",含钴量1%—3%,每市斤0.4元;低级品称"乌鸦黑",含钴量0.2%—0.8%,每市斤0.15元。

### 10. 广料

广料产于广东、广西。清初,张九钺在《南窑笔记》中记载:"至本朝,则广东、广西俱出料,亦属可用,但不耐火,绘彩入炉,则黑矣。"[②]

### 11. 韭菜边

韭菜边是国产青料中最好的品种。唐英在《陶冶图说》中记载:"青料中有韭菜边一种,独为清楚,入窑不改,故细描必用之。"[③]龚鉽在《景德镇陶歌》中说:"青料惟夸韭菜边,成窑描写淡弥鲜;正嘉偏尚浓花色,最好穿珠八宝莲。"[④](注:正嘉器青花甚浓,用顶高青料名韭菜边。)"韭菜边"呈黑色硬颗粒状,经粉

---

① 李春龙,江燕.新纂云南通志:4[M].昆明:云南人民出版社,2007:167.

② 熊寥,熊微.中国陶瓷古籍集成[M].上海:上海文化出版社,2006:664.

③ 熊寥,熊微.中国陶瓷古籍集成[M].上海:上海文化出版社,2006:302.

④ 童光侠.中国历代陶瓷诗选[M].北京:北京图书馆出版社,2007:192.

碎磨细,加水调匀即可使用。韭菜边颇耐高温,窑火稍过,纹饰清楚而不散漫,烧成后蓝色纯色深沉,图案纹饰清晰不洇,毫发毕现,用于细描青花和题款。

表6-2　景德镇配制青花色料的含钴天然矿物化学成分①

| 氧化物含量(%) | 产地及品名 | | | | | | | | | |
|---|---|---|---|---|---|---|---|---|---|---|
| | 云南珠明料原矿 | 云南珠明料经拣选 | 云南钴矿经拣选 | 浙江钴土矿(原矿) | 江西赣州钴土矿(原矿) | 江西上高生青料 | 云南宣威生青料 | 浙江江山生青料 | 浙江江山青料(已煅烧) | 云南嵩明青料(已煅烧) |
| $SiO_2$ | 23.61 | 28.33 | 28.97 | 18.31 | 37.91 | 21.18 | 20.27 | 35.38 | 5.87 | 0.85 |
| $Al_2O_3$ | 29.70 | 34.96 | 32.81 | 19.01 | 19.68 | 17.58 | 23.95 | 19.70 | 26.73 | 26.23 |
| $TiO_2$ | 0.10 | 0.35 | 0.38 | 1.58 | | | | | | |
| $CuO$ | 0.55 | 0.83 | 0.58 | 0.10 | 0.16 | | | | | |
| $BaO$ | | | 少量 | 1.80 | 1.06 | | | | | |
| $NiO$ | | | 0.05 | 0.36 | 0.19 | 0.34 | 0.09 | 0.15 | 1.22 | 0.15 |
| 有效氧 | 4.55 | 2.02 | 4.37 | 6.65 | 4.21 | | | | | |
| 灼失 | 18.09 | 2.02 | 4.37 | 6.65 | 4.21 | | | | | |
| $MgO$ | 0.68 | 0.41 | 少量 | 0.20 | 0.48 | 0.14 | 0.26 | 0.24 | 0.09 | 0.02 |
| $CaO$ | 0.53 | 0.37 | 0.06 | 0.16 | 0.33 | 0.05 | 0.03 | 0.06 | 0.03 | 0.06 |
| $K_2O$ | 0.07 | 0.05 | 0.43 | | 1.03 | 光谱定性未见 | | | | |
| $Na_2O_3$ | 0.37 | 0.30 | 0.24 | | 0.11 | 0.01 | 0.01 | 0.02 | <0.05 | <0.05 |
| $Fe_2O_3$ | 2.64 | 2.80 | 6.58 | 6.96 | 4.65 | 5.38 | 5.92 | 4.40 | 1.51 | 1.19 |
| $MnO$ | 16.84 | 22.53 | 19.36 | 30.12 | 20.03 | 29.87 | 21.92 | 19.97 | 47.96 | 48.88 |
| $CoO$ | 2.29 | 6.02 | 4.46 | 1.86 | 1.26 | 4.15 | 4.45 | 0.81 | 6.79 | 11.06 |
| $As_2O_3$ | | | | | | 0.04 | 0.07 | 0.05 | 0.05 | 0.04 |
| $MnO:CoO$ | 7.35 | 3.74 | 4.34 | 16.19 | 15.90 | 7.20 | 4.92 | 11.03 | 7.06 | 4.42 |
| $Fe_2O_3:CoO$ | 1.15 | 0.47 | 1.48 | 3.74 | 3.69 | 1.30 | 1.33 | 2.43 | 0.22 | 0.11 |

**三、现代化学青料**

1. 洋蓝

洋蓝又称"东洋料",是从日本进口的一种料,大约出现在清末道光时期,流

---

① 景德镇市地方志办公室.中国瓷都·景德镇市瓷业志:市志·2卷[M].北京:方志出版社,2004:55.

行于民国时期。为化工钴料，如蓝墨水，无杂质，无凝聚斑痕，80倍放大镜下也不见矿渣，色泽明快鲜艳，有青中泛紫者。其发色介于珠明料与石青料之间，色浅，不耐看。

### 2. 淀蓝

淀蓝是民国初期出现的一种青料，与东洋料和化学料发色很接近。从结晶上看，它仍然是一种矿物料或者含一定成分的矿物，也是常见的青花发色料。

### 3. 化学料

民国后期，有物理光学效果的化学青料开始使用。其发色接近洋蓝或者淀蓝，由人工合成原料组成，虽然部分依靠钴元素，但多是依靠化学分子的结构发色来呈现蓝色。其特征是色料层很薄，料不会深入胎，也没有矿物结晶状态，同一件器物青色变化小。该料由于配方的差别，在各个时期各地区（生产场）有一定的差异。

## 第三节　景德镇青花料的加工

钴土矿外观呈黑色块状和颗粒状，开采后需要经过加工处理才能作为青花料使用。由于钴土矿来源不同，其锰、铁等元素含量存在差异，呈色效果各不相同，因此，景德镇窑工探索出一整套青花料加工工艺，以提高青花料的表达效果。

### 一、早期的原矿淘洗、舂碎、研磨、调水和匀工艺

景德镇元代至明初，青花料主要是使用进口的苏麻离青，因其含锰量低、含铁量高，加工工艺比较简单，只需对苏麻离青原矿进行淘洗、舂碎、研磨、调水和匀使用，就能达到较好的效果。

1. 淘洗。将钴土原矿置于竹篾箕中，然后置于盛水的木盆内，双手不停地将它浸于水中，把钴土矿用力上下捞起搓洗，去除其表面尘土杂质，直到水不见混浊为止。

2. 舂碎。将洗净的钴土矿用铁锤在石头上敲碎，或者用石臼舂碎，细如粉末状颗粒，以便于研磨。

3. 研磨。将先行舂碎的青料放入瓷质研钵中，加少许水，进行研磨，研成粉状，研磨细度以细为佳。手工研磨时间多则数十日，最长者可达一百天，使它成为绝细粉末。

4.调水和匀。将研磨好的青料粉末加入适量的水,调和均匀,调成稀糊状,以便绘制青花。调好的青料就可以使用了。

## 二、明中期的水选法和"回青＋石子青"的"二元配方"工艺

明正德、嘉靖时期,苏麻离青已经断绝,改用回青,其加工方法也发生了变化。

### (一)水选法

对于回青的加工,明万历以前,主要是采用"水选法"。《江西省大志·陶书》记载,水选法分为敲青、淘青和研青三道工序。

1.敲青。"首用锤碎,内朱砂斑者为上青,有银星者为中青,每斤可得青三两。"[①]也就是说,回青粗矿是氧化钴与氧化铁的伴生矿,第一步要用锤子敲碎,有朱砂斑者为赤铁矿,颜色呈朱砂色,为上等青料,有银星者是镜铁矿,为中等青料。用锤子敲碎后,从中捡出黑色部分,这就是敲青,每斤原矿只可获得青料三两。

2.淘青。"敲青后,取其青零琐碎碾碎,入注水中,用磁石引杂石,真青澄定,每斤得五六钱。"[②]即将碾碎的青料入注水中,形成悬浊液。悬浊液静置后会出现分层,即分散粒子在重力作用下逐渐沉降下来。因为氧化钴的相对密度是6.45,氧化铁的相对密度是5.24,所以在沉降分层中,氧化钴是下面层,氧化铁是上面层。然后用磁石引杂石,氧化钴和氧化铁都是磁性物质,但是氧化铁在上层,先被磁石吸走了。"真青澄定"时,黑色的氧化钴数量已经极少了,所以,每斤只得五六钱。这就是用水淘洗,并以磁石吸去杂质的水选法。

3.研青。将淘洗好的青料,倾入乳钵,进行研磨,研乳三日,研至极细,调水使用。"研乳"分两个小步骤,即先把大颗粒的青花料研磨成粉末状颗粒的粗磨,然后再加水慢慢研乳成细磨。即先干研,再湿乳。加水细磨之后,用手指一捏,感觉像乳汁一样黏腻、润滑为止。研乳后的青花料在绘坯之前还要加入适当的水调和,调成稀泥状或糊状,使之适应绘坯。

### (二)"二元配方"工艺

明正德、嘉靖时期,官窑青花采用回青,民窑采用石子青。但青花若单独使用回青,则颜色菁幽泛紫,呈色晕散而不收;石子青单独使用又过于灰暗,均难以得到理想效果。王宗沐在《江西省大志·陶书》中记载:"按:验青法。回青

---

① 熊寥,熊微.中国陶瓷古籍集成[M].上海:上海文化出版社,2006:36.
② 熊寥,熊微.中国陶瓷古籍集成[M].上海:上海文化出版社,2006:36.

淳,则色散而不收;石青加多,则色沉而不亮。每两加石青一钱,谓之上青;四六分加,谓之中青。算青者,止记回青数,而不及石青也。中青用以设色,则笔路分明;上青用以混水,则颜色青亮。真青混在坯上,如灰色;然石青多则黑。真青澄底,匠愤不得匿,则堆画、堆混,则器亮而不清,如徽墨色色。"①为解决回青单独使用浑散不收,石子青单独使用过于灰暗的缺陷,景德镇陶工创造性地发明了回青与石子青配合使用,即"回青+石子青"的"二元配方"工艺。配制时二者比例不同,则呈色各异。嘉靖、万历时期,正是掌握了回青与石子青恰当的配料比例,才使得这一时期青花呈现浓重鲜艳的蓝色。其配料比例为:

上青:每两回青加石子青一钱;中青:每两回青加石子青十分之四。

从明代开始,景德镇陶工在选用青花料矿土时,已注重优劣之分,上等青花料用于细腻瓷器绘制,而下等青花料用于粗瓷绘制。这些古代青花料的选制方法,为后代青花呈色效果起到了关键作用。只有颜料的完善才能使工艺发挥到极致,达到最佳效果。

### 三、明晚期至清代的火煅精炼工艺

从明代晚期开始,景德镇民窑、官窑青花的锰钴比和铁钴比都有明显降低,与精炼过的钴土矿接近,说明景德镇最迟从明代晚期已开始采用精炼的钴土矿作为青料。宋应星在《天工开物·陶埏》中记载:"凡画碗青料,总一味无名异。此物不生深土,浮生地面,深者掘下三尺即止,各省直皆有之。亦辨认上料、中料、下料,用时先将炭火丛红煅过。上者出火成翠毛色,中者微青,下者近土褐。上者每斤煅出只得七两,中下者以次缩减。如上品细料器及御器龙凤等,皆以上料画成,故其价每石值银二十四两,中者半之,下者则十之三而已。凡饶镇所用,以衢、信两郡山中者为上料,名曰浙料,上高诸邑者为中,丰城诸处者为下也。凡使料煅过之后,以乳钵极研,然后调画水。调研时色如皂,入火则成青碧色。"唐英在《陶冶图说》中也记载:"青料为绘画之需,而霁青大釉亦赖青料配合。料出浙江绍兴、金华两郡所属诸山。采者赴山挖取,于溪流洗去浮土,其色黑黄大而圆者为顶选,名为顶圆子,俱以产地分别名目。贩者携至烧瓷之所,埋入窑地锻炼三日,取出淘洗始售卖备用。其江西、广东诸山间有产者,色泽淡薄不耐锻炼,止可画染市卖粗器。"②

钴料发色的好坏直接与纯度和颗粒大小有关,钴土矿经过精炼以后,颗粒

---

① 熊寥,熊微.中国陶瓷古籍集成[M].上海:上海文化出版社,2006:37.
② 熊寥,熊微.中国陶瓷古籍集成[M].上海:上海文化出版社,2006:302.

细腻,其钴含量明显提高,而锰含量则明显降低,青花的色调更加色泽鲜艳,蓝色纯净,莹澈明亮。康熙时期的青花用的是云南珠明料,采用火煅法提炼,使原料中钴的含量大大提高,使得康熙青花蓝色中微微泛绿闪紫,发色明快鲜爽,有翠毛蓝效果;画面能分出浓淡深浅,景物能分出远近层次,有中国画的笔墨意趣,烧成后的画面有极强的立体感和层次感,因此,康熙青花素有"康熙蓝""翠毛蓝"之美称。

"火煅法"提纯精炼青料,就是在低于熔点的温度下加热矿石,使其分解,并除去所含结晶水、一氧化碳或一氧化硫等挥发性物质,使矿物的主要成分更易于提取,提纯度更高。

显然,从水选到火煅,是青料工艺技术上的一次重大改革,这个改革过程完成于嘉靖以后到崇祯这一段时期内。它是万历后期普遍使用浙江青料,发色质量迅速提高的重要原因。

明晚期至清代,青花料加工程序是把开采的钴土矿进行淘洗、煅烧、拣选、研磨,并根据色料的颜色和细度分等级,用于不同的瓷器上。这时已经掌握了烧成温度、烧成气氛以及釉料组成对青花显色的影响。

1. 淘洗。将钴土原矿约 15 千克为一批,置于竹篾箕中,斜置于盛水的木盆内,洗料者则坐于凳之一端,左手套上四个铁手指套,拇指不套,右手套上三个指套,拇指与食指则握一直径约 5 厘米的瓷片(渣饼),双手不停将它浸于水中,将钴土矿向上捞起,再用力向下搓洗。如此进行 30—40 分钟,即可将篾箕自木盆中移开,并将污水倒入木桶中,任其沉淀,此沉淀物即为"铁骨泥",可充上等乌金釉原料。自篾箕漏入木盆中的碎料称为"马牙料",污水倒尽后将此碎料移入篾箕中,与大料一起在盆中重加清水搓洗,如此反复进行七八次,至水不见混浊为止。

2. 装钵。将洗净的钴土矿料,除马牙料外,带湿分装在若干只大器匣钵(直径约 16.5—17.5 厘米)中,以装平沿口为度,匣钵内须事先覆一瓷灯盏。满料后面上须盖黄草纸一张,并以黄泥饼封没。

3. 煅烧。将装好钴土青料的匣钵,埋置于柴窑余堂处(烟囱下部),埋没深浅视余堂温度高低而定,温度高则埋深些,温度低则埋浅些,匣钵按菊花瓣形排列左右各五钵,自中央各向左右倾斜成 30—40 度角。摆好后,面上用老土子(匣钵原料、粗粒之含铁硅质原料)覆盖,然后进行烧窑,经一次烧窑,煅烧温度约 900 ℃,出窑时取出。

4.拣选。将煅烧过的青料,以大、中号筛重叠筛选,筛去砂土杂质,筛过的青料逐粒拣选。色润泽、比重大、花多、拨动发金属声者为正料(上等料),色暗淡、比重小、花少、音哑者为副料(次等料)。唐英在《陶冶图说》中记载:"青料炼出后,尤须拣选,有料户一行专司其事。料之黑绿润泽光色俱全者乃为上,选于仿古、霁青、青花细釉用之;色虽黑绿而鲜润泽者,为市卖粗瓷之用;至光色全无者,性薄炼枯悉应选弃。"①

5.研磨。拣选的青料,先行舂碎,再放入瓷质研钵中,加少许水进行研磨。朱琰在《陶说》中记载:"至画瓷所需之料,宜极细,粗则起刺不鲜。每料十两为一钵,专工乳研,经月始堪应用。乳法:用研钵,贮矮凳。凳装直木,上横一板,镂空以受乳钵之柄。人坐凳,握槌乳之。每月工值三钱,亦有乳两钵,夜至二更者,倍之。老幼残疾,借此资生焉。"②初磨几天,要漂洗几次,以除去杂质和可溶性盐类,研磨细度以细为佳。手工研磨时间最长者可达一百天,使它成为绝细颗粒,不但彩绘好画,而且可以避免各种缺陷(如料刺、起泡等)。

**图6-2　研磨青料**

**四、新中国成立后合成青花料的加工**

新中国成立以后,景德镇基本使用合成青花料。合成青料时,先配好色基,混匀磨细,在适当的温度下进行煅烧,煅烧之后,要漂洗多次,再进行研磨及干燥,然后根据产品要求配制青花用料,再一次磨细。其研磨和拣选,均采用机器,使用破碎机、球磨机、磁选机、浮选机、烘干机等设备,用电力驱动研磨,效率大大提高。人工合成青料有不少优点,比如:缺乏优质天然钴土矿时,精细青花

① 熊寥,熊微.中国陶瓷古籍集成[M].上海:上海文化出版社,2006:302.
② 朱琰.《陶说》译注[M].傅振伦,译注.北京:轻工业出版社,1984:32.

瓷照常可以生产,色调可以由人控制,色彩深浅沉艳,能随心所欲;呈色较稳定,生产大批配套产品或长期生产同一规格产品时,其色调较易于稳定一致。

**(一)合成青花料的主要原料及比例①**

1.天然钴土矿:采用云南珠明料和浙江青花料,按传统方法拣选,加入量为43%。

2.工业氧化钴:经钴土矿中提炼的粉状物,其中含钴量为 98.62%—99.30%,并有不同量的铁、锰、铜、镍等氧化物,加入量为 14%—23%。

3.矾土:一种高铝低硅的原料($Al_2O_3$ 78.28%,$SiO_2$ 1.69%),产自古冶,矾土经细碎过筛,用量为34%—43%。

**(二)合成青花料的配料方法**

合成青花料需经过"混合—混磨—煅烧—漂洗—细磨—备用"等工序,先将上述三种原料按配方称量混合,用瓷乳钵或小型球磨罐混磨;然后将料装入耐火小坩埚或匣钵中,置于高温电炉内或埋设在柴窑余堂下进行煅烧,温度为1000 ℃,维持 4 个小时;待冷却后取出,此时料已呈黑带微青绿色,再将已煅烧过的色料用热水洗涤 1—2 次,即进行细磨,磨细到以手指触之滑润而没有颗粒感觉为止;将已经磨细的青花色料,根据绘彩时的需要加入或减去水分使用。

# 第四节 青花釉下彩绘、施釉、烧造工艺技术

青花料备好后,要烧成青花瓷,还需要历经釉下彩绘、施釉、烧造几道工序,每一道工序都有其严格的工艺技术要求,都直接影响青花瓷的质量。

**一、釉下彩绘**

青花制作,首先要在泥坯上进行釉下青花彩绘,绘出相应图案。釉下青花彩绘一般要经过起稿作图、描图摩图、绘画等过程。其工艺程序如下:

**(一)起稿作图**

先选定稿样,用淡墨水或黄蔑灰在生坯上起稿作图,这样便于擦抹修改。稿样确定后,即用较重的黄蔑灰在上面描一遍,然后用单折的棉纸或上过胶的毛边纸,剪成器型一样的大小形状,用手将纸轻轻地按到坯胎面上,再以手指甲或压子(摩图使用的工具)轻轻地在纸背后摩擦,使所描图样印到纸上或坯上。

---

① 景德镇市地方志办公室. 中国瓷都·景德镇市瓷业志:市志·2 卷[M]. 北京:方志出版社,2004:58 – 59.

若是大型器件图纸,可把画面分成几部分,用墨线做出记号,剪开摩图。

**(二)描图摩图**

要把做好的图样摩到坯面上,先要经过描图工序,描图用湿黄蔑灰或珠明料,用笔蘸料依图描上,等干透后摩到坯面上。摩图时动作要轻,用左手把图纸按在坯上,用右手指甲或压子轻轻摩擦,使所描图样印在坯上。新中国成立后,景德镇采用新的描图摩图方法,即将誊写蜡纸用针笔尖,沿图样线条刺出整个花纹,再将这些针孔组成线条的图纸按到坯面上,用棉花球蘸黄蔑灰或珠明料干粉,在图纸背面轻轻刷抹,料粉就从针孔落到坯面,形成由小细点连接起来的清晰图样。图样可反复使用,直到擦破为止。

**(三)绘画**

青花绘画就是在摩好图的生坯上,用瓷绘毛笔进行勾线和分水,使画面分出不同程度的浓淡效果。

(1)勾线

青花勾线要笔杆执稳,中锋用笔,运笔速度均匀适中,不宜断续停笔,要画出挺劲的笔线。笔线要求从头到尾粗细一致,厚薄相等,没有堆积的料迹,在线条上还可以看到两边凸起,中间有一条线槽,这样的线条才算掌握青花料性,烧出的青花瓷才能达到应有效果。勾线用料,用三寸小碟盛装,把磨细的湿料装入碟内,并在碟中筑起一条料坝,一边盛放清水,一边便于调料。为便于画线,在调料时也可适当加入有机润滑剂数滴,使笔上的料水不会很快被水吸干,线条容易画得均匀,可以提高画坯质量和速度。用笔蘸料时,料水必须充分均匀,干湿适当,太干时可蘸些清水调入,太湿时必须多蘸起浓料。蘸饱一笔时,为防止料水下滴,可将笔仰起,把笔杆往桌上轻敲一二下,然后再往坯上画,这样笔上含料较多,能画较长的时间和易于拉出均匀的料线。

(2)分水

青花勾线完成后,就要进行分水。根据画面的需要,将青花料调配出多种浓淡不同的料水,在坯胎上直接作画,就出现浓淡不同的色调。由于青花浓淡的不同,形成了色彩上的不同感受。青花经过分水,层次丰富,立体感强。分水用的料,根据不同的深浅要求,一般分为五种色阶——头浓、正浓、二浓、正淡、影淡,用瓷碗分别盛装。调料水时,根据所需要的深浅色阶,用汤匙把磨细的湿料舀起适量置于碗内,加水调匀,然后加入大量开水搅动,见有泡沫泛起,才算调成熟料。静置不动,等待澄清。待熟料沉淀后,把上面清水倒去,剩下浓熟料,再加入泡好的较浓的冷茶汁,用分水笔把水调匀。太浓就加茶汁,太淡就要等料水沉淀后,倾去面上部分清水,再以笔搅匀。茶汁的浓淡与料水性质有关,茶汁太浓,分水时不易下水,运笔时较难拖开;茶汁太稀,则作用不大,分水时易跑水,难以掌握,所以要调得适当,便于运用。分水时,应用分水笔或汤匙将水底充分搅动,根据所分画面范围的大小来决定笔上含水的多少。提笔时,笔上料水流到适当的程度就把笔向碗边上撇成肚大笔头尖的形状,然后执笔分水。笔上含料水多,则下水迅速,动作适当快些,才能分好;含料水少,则下水迟慢,水头小,动作就要稍慢些。分水时,笔上的水头必须保持一定的含水量,如果含水少了,笔毛容易触到坯泥而产生白粉现象,烧后效果不好;如果含水过多,则又难以控制,易产生跑水现象。分水时落笔要轻捷,运笔时须从左到右。一经下笔接触坯面,料水即迅速下流,这时就要很快地顺着水头,一气分完。最后把坯面的多余料水以侧笔吸去,即通常所谓的"收水"。分水时,在同一图样内,切勿停滞,更不宜来回添补,否则会产生不匀的水迹。所以分水时,必须全神贯注,掌握画面的大小、笔上料水的多少和运笔的轻重缓急,做到一气呵成。

**二、青花施釉**

青花彩绘完成后要进行施釉,施釉方法有多种,由产品种类及产品大小来决定。如果是机压圆形盘碗,则多采取在辘轳上旋釉;如果是琢器小件品种,或手工脱胎品种,则多采用手工荡釉或浸釉;如果是大件薄胎或器型较为复杂的品种,则多采用喷釉、吹釉。施釉是一道影响青花质量的关键工序,青花施釉烧出的效果受多种因素影响。

(1)旋釉方法与速度。旋釉速度快,应使生釉有较小的黏度,否则釉料旋散较慢,碗盘中心容易积釉朦花。手工荡釉或浸釉生产速度较慢,但釉层均匀,易使产品有较高的质量。喷釉、吹釉速度较慢,能灵活掌握,可以根据产品需要使其各部分具有不同的釉层,得到满意的效果。

(2)釉层厚度。釉层的厚度,对青花质量的影响很大。薄釉,容易使青花色调趋于暗黑,且易使产品出现料刺、铁瘢等缺陷;厚釉,易使产品出现不同程度的朦釉缺陷,致使花纹图案模糊不清,还会使青花色调偏向灰、紫。所以在施釉之前应该严格控制釉浆的比重(即釉浆的浓稀程度),釉浆的适宜比重,可因施釉方法的不同、产品类别的不同、内釉外釉的不同,在一定的范围内波动。

(3)釉料成分。釉料的化学成分决定釉料的性质,不同的釉料性质使同一种青花色料具有各种不同的呈色变化。氧化钴虽然是一种很强的着色剂,但它的釉下呈色情况除了与其配合及含量多少有关外,受釉料成分的影响也很大。因此,要使青花达到较高的质量,就必须严格注意釉料的化学成分。新中国成立前,景德镇都是使用传统石灰釉。传统石灰釉具有流动性好,透明度高,熔融温度较低,对大部分着色剂发色有利,釉面硬度较高,化学稳定性及热稳定性较好,釉层稍厚不易朦花等特点,古代青花能达到较高的水平,这是其中原因之一。新中国成立后,柴窑改煤窑、气窑,烧成条件发生改变,过去的石灰釉因其开始熔融温度偏低,高温后黏度变化较快,在还原后期易沉炭而烟熏等缺陷,所以只能使用长石、滑石质釉。长石、滑石质釉有开始熔融温度比较高、烧成范围较宽、釉面比较白、高黏度变化不太快、吸烟缺陷少、促使青花色调鲜艳明快等优点,但也有透明度差、高温黏度大、流动性小、表面张力大、润湿性能差、釉层稍厚即易朦花等缺点。因此,用长石、滑石质釉覆盖的青花,虽然可以大大减少沉炭吸烟缺陷,但其风格与过去用石灰釉覆盖的青花就有所不同。特别是在透明度方面不如用石灰釉覆盖的青花,不如传统青花清澈如水,明朗透底。

**三、青花烧成**

景德镇传统青花瓷器均采用柴窑烧成,而且都有较严格的窑位限制。在通常情况下,较高级的青花瓷要挑选全窑最好的位置来装烧,既不装在窑的底部,也不装在窑的顶部;既不装在窑的前部,也不装在窑的最后部;既不装在紧靠窑墙的两侧,也不装在正对窑门投柴口的当门窑位,一般是装在全窑最好的、温度适中的中间位置。新中国成立后,柴窑逐渐淘汰,青花瓷器便用煤窑、气窑来烧成。经过广大工人和技艺人员的共同努力,青花瓷不但在煤窑中烧成,而且能在隧道气窑中烧成。

烧成是陶瓷制造中最后的生产过程,也是生产中最重要的一个工序,因为烧成中所发生的一系列反应,会决定瓷器质量及各项性能。不合理的烧成会带来一系列严重的缺陷,给生产造成很大的损失,所以选择合理的烧成条件非常重要。影响烧成条件的因素主要有:

(1)烧成气氛。青花料的着色剂——氧化钴是低价氧化物,对氧化性、还原性或还原性气氛烧成条件的变化不敏感,但青花料中除氧化钴以外还混杂有很多的锰、铁以及少量的镍、铜、钛等着色元素,加上青花料的呈色还受釉料色调的影响,因此,青花需要一定的烧成条件,才能呈现理想的色调。胎釉中含有一定的铁,可以形成氧化铁,也可以形成氧化亚铁。在烧成过程中,由于 $2Fe_2O_3 \longrightarrow 4FeO + O_2\uparrow$ 这一平衡式的移动方向,使瓷釉具有不同的颜色。氧化铁在光谱的黄色部分吸收最小,氧化亚铁在青绿光部分吸收最小,因此在烧成时,如果是还原气氛,上面平衡式向右移动,氧化亚铁占极大部分,釉面便呈白里泛青或深浅不同的青色调(视胎釉中氧化铁的含量多少而变化);如果是氧化气氛烧成时,上面平衡式便会向左移动,氧化铁占极大部分,釉面使呈深浅不同的黄色。釉下青花料呈现的蓝色与白里泛青或淡青的釉面色调配合,看起来非常调和美丽;而釉下的蓝色与釉面的黄色相配合则显出蓝绿、暗绿色调,看起来就没有青花的风格。加上有其他一些存在于青花料中的少量或微量元素铁、锰、镍、钛等,在还原气氛中烧成,它们的呈色情况受气氛的影响很大,不同的气氛会给胎釉带来不同的颜色,因而会使青花色调受到重大的影响。

(2)烧成温度。瓷器烧成需要适当的烧成温度,烧成温度的高低,对青花质量也有明显的影响。如果欠烧的话,坯体不能很好地瓷化,釉料不能充分熔融,青花的颜色便不能很好地衬托和显现出来;如果烧成温度过高,那么坯体就要引起膨胀,甚至整个坯体变形,釉料也会过分流动或出现大量气泡,影响整体瓷质。烧成温度过高,青花颜色有泛黑及微泛红紫的倾向,同一种青花料的样品,放在同一柴窑中烧成,高窑位的青花颜色比低窑位的青花颜色要趋向泛黑。圆形煤窑的烧成温度略高,烧出的青花产品一般略泛黑而显得柔和安定;隧道窑烧成温度适于控制,烧出的青花产品鲜艳发蓝。其原因是氧化钴在较高温度烧成时挥发得比较多,降低了发色能力,而铁、锰等着色剂的混合着色能力增强。

表6-3　青花在不同温度下烧成所呈现的颜色[1]

| 编号 | 在不同温度下烧成所显出的颜色 | |
| --- | --- | --- |
| | 1280 ℃ | 1350 ℃ |
| 1 | 深蓝 | 蓝带黑 |
| 2 | 深蓝 | 蓝带微红黑 |
| 3 | 深蓝微紫 | 蓝带微红黑 |
| 4 | 深蓝 | 蓝带黑 |
| 5 | 深蓝微紫 | 黑蓝 |
| I | 深蓝 | 蓝带黑 |
| II | 深蓝 | 蓝微黑泛紫 |

因此,为了使釉料充分熔融,流动性能良好,玻璃相比较多,晶体及气泡较

---

[1] 江西省陶瓷工业公司.景德镇的青花瓷[M].南昌:江西人民出版社,1977:84.

少,以求得较高的透明度,青花产品似乎适宜在较高的温度烧成。可是在过高的温度烧成,不但易使整个制品产生变形、起泡等其他缺陷,青花色调也易趋于暗黑。所以它应该在瓷器烧成范围上限略低一点的温度烧成,这样既可以免除上述一些缺陷,有利于青花的呈色,又可以促使小气泡减少而提高透明度。

(3)还原的起迄时间及气氛变化范围。青花瓷器要想得到较理想的质量,除了应在适当的温度及适当的气氛中烧成外,还应该严格控制还原的起迄时间及气氛变化范围。一般瓷釉大约在 1060 ℃ ± 10 ℃ 开始产生液相,而接近封闭瓷胎气孔的温度视其中所加熔剂的类别及多少而波动于 1180 ℃ 和 1220 ℃ 之间。所以稍重的还原气氛应该在 1200 ℃ 左右时结束,在这个温度更高时,如果炉气中仍然有较多含量的一氧化碳,则容易使产品发生烟熏缺陷。大量研究证明,氧化铁转变为氧化亚铁并不需要很高的一氧化碳含量,所以还原气氛也不宜过重。在重还原阶段 6%—8% 的一氧化碳就足够,而在还原初期及还原末期的一氧化碳含量则只需要 1%—4% 就可以。[1]

青花瓷器是一种科学技术与工艺美术相结合的产物。影响其质量好坏的因素很多,除了与器型设计、花纹图案、彩绘技巧等有密切关系外,它还与色料的化学组成、色料的矿物结构、色料的细度及处理工艺、釉料的化学组成、釉料的浓稀、釉层的厚薄、施釉的方法与技巧、胎骨的组成及处理工艺、成型方法、色料的浓淡及烧成条件等一系列因素都有关系。而其中又以色料的化学组成、釉料的性质及烧成条件影响最大。因此,如果能够注意影响青花色调的主要因素,适当掌握好纹样线条的均匀、料水的浓淡及釉层的厚度等环节,那么青花产品的质量便可以大大提高。

---

[1] 江西省陶瓷工业公司.景德镇的青花瓷[M].南昌:江西人民出版社,1977:85.

# 第七章　景德镇陶瓷彩料配制与加工

陶瓷彩绘原料是由发色元素和无色元素所组成的一种不溶于水的矿物粉末和有机溶剂组合的化合物，里面含有发色元素的着色剂，还有用来使色彩与坯体或釉料结合的助熔剂。着色剂和助熔剂（或釉料）相配合，在陶瓷生坯或釉面着色，经一定的温度焙烧以后，保持原有的颜色特征，这就是陶瓷彩绘原料。

## 第一节　陶瓷彩绘原料分类

陶瓷彩绘原料，分为釉上、釉下颜料两大类。

### 一、釉上颜料

釉上彩，就是先烧成白釉瓷、单色釉瓷、多色彩瓷，然后用釉上矿物颜料，在陶瓷上进行彩绘，再入窑经 600 ℃ 至 900 ℃ 温度烘烤，低温固化彩料，形成釉上彩瓷器。

釉上彩绘瓷历史久远。早在新石器时代，生活在黄河、长江流域的先民们已开始使用天然矿物（如赭石等）色涂料装饰陶器。先秦、汉代的彩陶，晋代青釉褐斑彩瓷，隋代釉下黑彩瓷，唐代长沙窑的釉下褐、绿彩青瓷，唐三彩陶器，宋、金磁州窑釉上红绿彩瓷等，这些都是釉上彩绘瓷。

釉上彩绘瓷技术从元代开始，传到景德镇，开启了景德镇釉上彩瓷新时代。元代景德镇创烧釉上红绿彩和金彩，明代洪武官窑创烧釉上红彩，永乐创烧矾红填绿彩，宣德创烧青花填黄、填红与斗彩，成化创烧青花双勾廊填斗彩，嘉靖创烧采用黑彩替代青花勾线的"大明五彩"，清康熙创烧硬彩以及引进国外颜料（主要加了砷、硼元素）烧制的珐琅彩、粉彩，清末出现浅绛彩，民国有新彩等。

古代利用自然矿物来着色，釉上颜料主要由着色剂和助熔剂组成。着色剂包括着色金属氧化物和着色硅酸盐、硅铝酸盐、铝酸盐、铬酸盐、铁酸盐等，它们在颜料中形成固溶体或混悬体。助熔剂为低熔融温度的玻璃体，为碱金属硅酸盐玻璃、硼酸盐、硅酸铝玻璃或硅酸铅玻璃。由于着色剂及合成着色矿物的温度较高，在低温中不能熔融，必须混加这些低温助熔剂，用媒介来降低颜料的熔融温度,并使之牢固地附着于瓷面上。这种着色剂与少量低温助熔剂相配合,施用于釉面,低温烧成釉上彩瓷器,属于釉上颜料(俗称釉上彩)。

釉上彩包括传统的古彩、粉彩、新彩,以及现在用的各种印刷、贴花颜料。釉上颜料加入油等调配,通过手工彩绘或印花、贴花、刷花等各种装饰手段,让颜料附着在瓷釉表面,经700—850 ℃烤烧,使颜料附着于瓷釉表面,即达到良好的装饰效果。釉上彩颜料具有许多优点,如色彩丰富、鲜艳夺目、色彩对比强、操作易于掌握、表现手法较广等。其缺点是由于彩烧温度低,光泽较差,颜料与坯釉结合性不强,常有龟裂剥离现象,而且在配方中常用到含铅原料,如制法不当常带有铅渗出。颜料中的铅化合物也因长期与空气接触产生化学变化,使画面出现发矇现象。

表7-1　釉上着色剂原料[1]

| 名称 | 类型 | 分子式 | 用途 |
|---|---|---|---|
| 钴(Co) | 一氧化钴 | $CoO$ | 钴的化合物常用来制造蓝色、青色和黑色的着色剂 |
| | 四氧化三钴 | $Co_3O_4$ | |
| | 三氧化二钴 | $Co_2O_3$ | |
| | 硫酸钴 | $CoSO_4 \cdot 7H_2O$ | |
| | 碳酸钴 | $CoCO_3$ | |
| 锰(Mn) | 氧化锰 | $MnO_2$ | 主要用来制造棕色、茶色、黑色、紫色和粉红色陶瓷颜料 |
| | | $MnO_3$ | |
| | | $Mn_2O_7$ | |
| | | $Mn_2O_3$ | |
| | | $Mn_3O_4$ | |
| | 碳酸锰 | $MnCO_3$ | |
| 铬(Cr) | 三氧化二铬 | $Cr_2O_3$ | 常用来制造绿色、黄色、红色、褐色和黑色陶瓷颜料 |
| | 重铬酸钾 | $K_2Cr_2O_7$ | |
| 铁(Fe) | 氧化铁 | $FeO$ | 主要用来制造赤色、赭色、茶色和黑色陶瓷颜料 |
| | | $Fe_2O_3$ | |
| | | $Fe_3O_4$ | |
| | 硫酸亚铁 | $FeSO_4 \cdot 7H_2O$ | |
| | 硝酸铁 | $Fe(NO_3)_3 \cdot 9H_2O$ | |
| | 氯化铁 | $FeCl_3 \cdot 6H_2O$ | |
| 钒(V) | 五氧化二钒 | $V_2O_5$ | 可配制黄色(俗称钒黄)、蓝绿色(钒蓝)颜料 |
| | 钒酸铵 | $NH_4VO_3$ | |

---

[1] 景德镇市地方志办公室.中国瓷都·景德镇市瓷业志:市志·2卷[M].北京:方志出版社,2004:76-78.

续表 7－1

| 名称 | 类型 | 分子式 | 用途 |
|---|---|---|---|
| 镉（Cd） | 碳酸镉 | $CdCO_3$ | 主要用来制造镉黄和硒镉红颜料 |
| | 硫化镉 | $CdS$ | |
| 锑（Sb） | 三氧化二锑 | $Sb_2O_3$ | 在釉上彩料中加入锑化合物，可制成艳丽的黄色，如加入铁粉便近于橙色，如随着铁粉的增减便可配制出浇黄、蛋黄、鹅黄、蜜蜡黄等颜色 |
| 砷（As） | 氧化亚砷 | $As_2O_3$ | 可配制釉的着色剂、乳浊剂、助熔剂。在釉上彩料中引入砷，用它配入铅熔块、硝酸钾（牙硝）等熔剂中，制成一种白色粉末。由于它烧成后呈乳白色玻璃状，故俗称"玻璃白"，简称"玻白"。用它和其他彩料描绘在瓷器上，给人"彩之有粉"、粉润清逸的美感，因之称"粉彩" |
| 金（Au） | 金粉 | $Au$ | 金在颜料中多用来制造桃红色、玛瑙红、宝石红等。将金子磨碎，溶于橡胶水中，然后掺入铅粉，金子与铅粉的配比为30∶3，用毛笔描绘于瓷釉表面，于700—800 ℃下彩烧，金就能烧牢在釉面上，然后用玛瑙笔、没有棱角的石英棒或稻壳等摩擦其表面使其发光，这种方法叫作描金 |
| | 金水 | 亮光金水、无光金水、亮青金、亮铂金、亮钯金 | 将黄金用王水（浓盐酸和浓硝酸）溶解制金胶，然后用硝化树脂液、硫化油、溶解油兑配稀释，并兑入适量的铑、铬、铋液，即成为瓷用金水 |
| 银（Ag） | 氧化银 | $Ag_2O$ | 用来配制金红颜料和亮白银水 |
| | 过氧化银 | $AgO$ | |
| 铱（Ir） | | | 铱氧化物可配制黑色和灰色颜料 |
| 铌（Nb） | 五氧化二铌 | $Nb_2O_5$ | 用来制造黄色或褐色颜料 |
| 铑（Rh） | | $Rh$ | 一种银色光泽金属，稍带淡蓝色。是陶冶金水的重要添加剂，可提高金水的最高烤烧温度，烧成后增加釉面金膜的光泽度 |
| 钯（Pd） | | $Pd$ | 一种银白色金属，与银在合适的比例范围内，钯含量为4%—5%，银含量在1%左右，制作钯金水，色调近似茶金色 |

表7-2 复合原料①

| 名称 | 制作方法 | 用途 |
|---|---|---|
| 青矾 | 将铁屑溶于硫酸中,加热至不再溶解为止。过滤,滤液用硫酸酸化。冷后通入硫化氢至饱和,放置2—3天。在水浴上加热后过滤。滤液倾入馏烧瓶中,在通入不含氧的二氧化碳的状况下蒸发至一半,然后在二氧化碳气中令其结晶。次日吸滤出结晶,先用水洗,再用乙醇洗,尽快在30℃下进行干燥,即得硫酸亚铁 | 常用的硫酸亚铁($FeSO_4 \cdot 7H_2O$)为浅绿色结晶,易溶于水。因长期暴露于空气中易失去结晶水,表面生成黄色皮膜,变为硫酸铁$Fe_2(SO_4)_3$,是制造矾红的原料 |
| 矾红 | 将青矾放在铁锅或坩埚内加热,除去结晶水制成无水硫酸亚铁,然后粉碎过筛,成为细小粉末,再置于广口铁锅或耐火坩埚中,以烤烧釉上彩的温度进行煅烧,注意不停地搅拌,使之均匀受热,并不时取出样品与预先选择最好的标本色泽对比,当达到一致时,便可取出投入清水中充分洗涤,以除去其中的杂质灰尘及可溶性盐类,然后烘干即成生矾红。将生矾红加水磨细淘洗并弃除粉渣,再进行干燥称量,往其中加适量的铅粉即成矾红色料 | 矾红作为红色彩料,用于釉上红色彩料、宋红彩、成化斗彩、万历和康熙时的五彩。由于原料的纯度、制作工艺及烤烧温度等各种条件不尽相同,从深浓的枣红色到较淡的橙红色,矾红可以呈现多种色调。明代的矾红多偏向枣红,而清代以后则多偏带有橙色的砖红色 |
| 小豆茶 | 用铅丹、石英、硼酸、氧化锌、氧化铁共熔后,再外加适量氧化铁混合,磨细成微带紫的暗红色粉末备用 | 一种以铁着色的釉上色料,色调较矾红深,通常为暗砖红色 |
| 红黄 | 将重铬酸钾与醋酸铅相化合,生成黄色铬酸铅,然后再加入苛性钠,加热煮沸即得红色的碱式铬酸铅($2PbO \cdot PbCrO_4$)。在其中加入适量的助熔剂,充分混匀磨细,即成为橙红色的红黄颜料 | 一种具橙色的铬红颜料 |
| 锡黄 | 用铅丹、石英、硝酸钾、氧化锡共同置于耐火坩埚中熔融,然后倾入冷水中骤冷,经过粉碎磨细成黄色粉末状备用 | 一种釉上颜料 |
| 薄黄 | 用铅丹、硼酸、石英、氧化锑、氧化锌、氧化锡共同放在耐火坩埚内以800℃左右温度熔融,并倾入冷水中骤冷,然后球磨过筛备用 | 一种釉上颜料 |

---

① 景德镇市地方志办公室.中国瓷都·景德镇市瓷业志:市志·2卷[M].北京:方志出版社,2004:78.

表 7 - 3　助熔原料①

| 名称 | 类型 | 分子式 | 特点、用途 |
|---|---|---|---|
| 钠化合物 | 碳酸钠 | $Na_2CO_3$ | 俗称苏打粉,是陶瓷颜料、釉料常用的碱性原料,熔点 850 ℃ |
| | 硼砂 | $Na_2O \cdot 2B_2O_3 \cdot 10H_2O$ | 是极强的媒熔剂,它与着色剂一起加热,有利于增强颜料的光泽和硬度 |
| | 钠长石 | $Na_2O \cdot A_2O_3 \cdot 6SiO_2$ | 天然的钠长石常含有少量钙长石互熔物,外观多呈白色,有时也呈黄绿、红色或灰色,比重 2.605,化学成分 $SiO_2$ 68.7%、$Al_2O_3$ 19.50%、$Na_2O$ 11.80%,熔融温度范围 1120—1250 ℃ |
| 钾化合物 | 碳酸钾 | $K_2CO_3$ | 白色结晶体,在空气中极易吸潮,熔点 890 ℃,在颜料中的作用与碳酸钠相似,化学性能比钠活泼 |
| | 硝酸钾 | $KNO_3$ | 俗称硝石、牙硝,为白色透明六方棱柱状结晶体或粉末,比重 2.109,溶于水、甘油、稀乙醇 |
| | 钾长石 | $K_2O \cdot Al_2O_3 \cdot 6SiO_2$ | 外观为肉色、灰黄色,比重 2.56,化学组成为 $SO_2$ 64.70%、$Al_2O_3$ 18.40%、$K_2O$ 16.90%,钾长石具有相当大的熔融范围,高温熔融后成为乳白色玻璃体而不结晶 |
| 锂化合物 | 碳酸锂 | $Li_2CO_3$ | 白色结晶物,微溶于水,熔点比相应的钾、钠要低些,且与这两者形成低共溶物。在硅酸盐中的助熔能力极强,对增强瓷釉或颜料的热稳定性能有着特殊的意义 |
| | 锂辉石 | $LiO \cdot Al_2O_3 \cdot 4SiO_2$ | 外观呈浅灰,常带浅绿、黄绿、浅紫色,比重为 3.13—3.20。锂辉石具有极强的助熔作用,引入少量的 $Li_2O$ 有利于改善制品的热稳定性 |
| 钙化合物 | 碳酸钙 | $CaCO_3$ | 天然产的有石灰石矿,储量丰富,质地纯净,熔点约为 2570 ℃,加热至 760 ℃ 分解。它能增强制品的抗水、抗无机酸侵蚀性能,还能降低热膨胀系数,钙化合物对绿色颜料呈色有利,对金红颜料会带来紫色 |
| | 方解石、大理石 | $CaCO_3$ | 主要成分都是碳酸钙,两者均有大型矿床,常含有镁、铁、锰、锌等杂质,外观通常为白色,较不纯的为暗灰色、黄褐色,在熔块中有利于降低熔融温度和提高光泽度 |

---

① 景德镇市地方志办公室.中国瓷都・景德镇市瓷业志:市志・2 卷[M].北京:方志出版社,2004:78 - 80.

续表 7 – 3

| 名称 | 类型 | 分子式 | 特点、用途 |
|------|------|--------|-----------|
| 钙化合物 | 白垩 | $CaCO_3$ | 呈细末土状,产于海洋处,是微小的生物残骸积累而成 |
| | 白云石 | $CaCO_3 \cdot MgCO_3$ | 天然矿物,颜色一般呈浅灰色,常带有浅黄褐色杂质,比重2.8—2.9,熔点2500—2900 ℃,理论成分为 CaO 占30.4%,MgO 占21.7%,$CO_2$ 占47.9%。白云石是瓷釉或颜料助熔剂宝贵原料,有利于提高制品的光泽和热稳定性 |
| | 氟化钙 | $CaF_2$ | 既用作乳浊剂,又可用作强熔剂,能增强光泽,对绿色颜料显色有利 |
| 锌化合物 | 氧化锌 | $ZnO$ | 白色无定型粉末,比重5.4—5.7,熔点1260 ℃。锌对蓝色、绿色的呈色有利,若用量过多,则使熔融物具有耐火性,黏度变大,导致析晶 |
| 铅化合物 | 氧化铅 | $PbO$ | 俗称密陀僧,有黄色和红色两种,性质上差异很大,当温度低于450—500 ℃时PbO 为红色,比重为9.27,为正方形晶体;当温度高于500 ℃时PbO 为黄色,比重为8.70,为斜方形晶体。两种形态的PbO 熔点均为879 ℃,如PbO 在还原介质中加热时,则生成 $Pb_2O$,是黑色无定形物质,比重为8.34。在釉上颜料的制造中,铅化合物是广泛采用的原料之一。它极易与二氧化硅、氧化硼相化合,促进制品的熔融。铅化合物在硅酸盐熔体中均匀分散,使颜料具有良好的光泽和硬度,对颜料发色有利,其缺点是有毒性 |
| | 铅丹 | $Pb_3O_4$ | 俗称红丹,是一种红黄色结晶物,比重9.09,当PbO 在氧气充分的情况下,经350—450 ℃长时间加热,则生成 $Pb_3O_4$ |
| | 铅白 | $2PbCO_3 \cdot Pb(OH)_2$ | 俗称铅粉,白色粉末,由于质纯、颗粒细和易于悬浮,被广泛采用 |
| | 硅酸铅 | $PbSiO_3$ | 淡黄色颗粒状结晶物,由铅和硅石加工而成,其成分是PbO 约85%、$SiO_2$15%,以代替铅丹,防止污染环境,并提高产品质量 |
| 镁化合物 | 碳酸镁 | $MgCO_3$ | 白色菱白晶体,比重3.307,在350 ℃分解,溶于酸和二氧化碳水溶液 |
| | 氧化镁 | $MgO$ | 俗称苦土,白色立方晶体,比重3.5,溶于酸和铵盐。引入氧化镁,在低温时有耐火性,有助熔作用,并有利于颜料发色 |

续表7－3

| 名称 | 类型 | 分子式 | 特点、用途 |
|------|------|--------|-----------|
| 硼化合物 | 硼酸 | $H_2BO_3$ | 是光亮的鳞片状细小结晶物,用手触摸有滑腻感,稍溶于水,加热后生成氧化硼($B_2O_3$)和水 |
| | 硼砂 | $Na_2B_4O_7 \cdot 10H_2O$ | 是白色结晶物,易溶于水,加热至350—400 ℃时,分解生成无水硼酸钠($NaBO_2$)和游离的氧化硼($B_2O_3$) |
| | 硼酐 | $B_2O_3$ | 不仅是陶瓷颜料的助熔剂,还常被用作某些颜料着色剂的高温烧成催化剂,并有利着色剂的发色、显色,呈色稳定并增强光泽 |

陶瓷彩料的使用除了着色剂和助熔剂外,还需要一些辅助材料。唐英在《陶冶图说·圆琢洋彩》中记载:"其调色之法有三:一用芸香油;一用胶水;一用清水。盖油色便于渲染;胶水所调便于拓抹;而清水之色便于堆填也。"[①]用于陶瓷调色的辅助材料主要有乳香油、松香油、樟脑油、胶水、煤油等。

表7－4　调色剂和辅助料[②]

| 名称 | 制作方法 | 用途 |
|------|----------|------|
| 乳香油 | 用乳香(枫树脂)加水蒸馏而成。性质柔润,有一定黏性,不容易干,且不会影响颜料呈色 | 为绘瓷调色主要油料之一。它分老、嫩油两种:老油黏性强、浓度大,多用于调料;嫩油黏性弱、浓度稀,多用于彩绘配合老油打料及洗染油颜色 |
| 松香油 | 用松香(松树脂)加水蒸馏而成。价格比乳香油便宜,其黏性较大,容易干结。松香油还可加入煤油,经过加热混合而成为嫩油 | 供陶瓷彩绘之用,新彩和普通粉彩颜料调色常用它,但高级粉彩不宜用 |
| 樟脑油 | 用樟树脂炼制,是一种无色或淡黄色至红棕色的油状液体,溶于乙醇和乙醚,有强烈樟脑气味。是高灰分物质,挥发性强,容易干 | 画新彩时用它榻色,易使油料散开、运笔轻松,并且画后很快就干。画粉彩时则少用,有时用来润发干笔或擦净固结残料,或修改、删改画面废线条,也可稀释金水或电光水绘瓷,并与酒精配成混合溶液用于薄膜花纸粘贴,但切不可与乳香油混在一起 |

① 熊寥,熊微.中国陶瓷古籍集成[M].上海:上海文化出版社,2006:304.

② 景德镇市地方志办公室.中国瓷都·景德镇市瓷业志:市志·2卷[M].北京:方志出版社,2004:87－88.

续表7-4

| 名称 | 制作方法 | 用途 |
|------|---------|------|
| 煤油 | 无黏性,挥发性强,不单独使用 | 常用来调和老油,使老油变嫩,容易化开,也可用来化开干涸的料笔 |
| 胶水料 | 用牛胶加清水(配比:干牛胶40%,清水60%)蒸融化后,沉淀去渣,加入颜料而成。胶水调配颜料黏性较强,易干结,且价格便宜 | 是颜料水调材料,古彩和普通粉彩也常用胶水调料 |

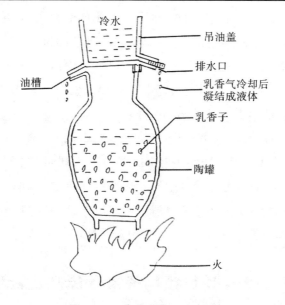

图7-1　乳香油吊油示意图

**二、釉下颜料**

釉下彩起源于唐朝中期(618—907年),当时的制品是把褐色、绿色颜料在瓷胎上绘成斑纹或花鸟,然后再施釉,烧成后釉面平整,色调柔和。宋室南迁,以宋、金磁州窑为代表的釉下白地黑花彩瓷技术随之传到景德镇,景德镇的釉下彩绘从而发展起来。釉下彩产品包括青花瓷、釉里红瓷、青花釉里红、釉下三彩瓷、釉下五彩瓷、釉下褐彩瓷等。

釉下颜料是一种熔融温度较高的固体颜料,它由着色剂和坯釉料母体矿物(如氧化铝、石英、高岭土、长石等)经1250 ℃以上的高温煅烧而成。用于瓷器的彩烧温度一般为1280—1350 ℃。要求能抵抗釉药的化学作用和火焰气氛的变化,保持色彩呈色稳定,鲜艳不变。

釉下颜料主要由两部分组成：一是着色原料，一是载色原料。着色原料主要是由钛、钒、锰、钴、铜、金、铍及稀土金属，大部分都属于过渡元素类。这些金属化合物可以进行多种化学组合，由于结晶形态及焙烧等条件的差异，一种着色元素可以制取多种色相颜料。例如：铜在不同条件温度下呈绿、红两种颜色，氧化铬与钴、铁配合在 1300 ℃左右呈艳丽的黑色；氧化铬与氧化锡配合在高温下呈现某种红色，如果与石英、长石等配合时可以产生优美的绿色；钒化合物可以制成蓝色，钒与铬配合可以制成黄色；金在低温焙烧时，还原成黄金本色，作为釉下颜料时，在 1400 ℃左右则呈现红色。各种金属类化合物都具有多种发色性质，其变化成因非常复杂。通常釉下彩所用的颜料为：红色的锰红与金红，黄色的锑锡黄与锌钛黄，绿色的青松绿与草绿，蓝色的海碧与海蓝，黑色的鲜黑与艳黑，灰色的钒灰与银灰，褐色的金褐茶与茶色。载色原料也叫填料，主要是硅酸盐类土石原料中的石英、长石、瓷土等各种无色物质，这些原料在高温下起降低色彩浓度、降低熔点与瓷釉熔接的作用。

釉下颜料青花料，是绘制青花瓷纹饰的原料，即钴土矿物。除含钴外，它还含有一定比例的铁和锰，铁和锰的含量比例因产地的不同而有差异。由于钴的着色能力强，经窑炉冶烧呈现蓝色，所以钴多用来作青花、蓝釉、蓝彩的呈色原料。

当前，我国陶瓷工业所用的颜料基本上是人工制备颜料，这些颜料可以调配成多种釉上、釉下复色料，适用于所有陶瓷品种。

## 第二节　景德镇陶瓷彩绘原料的配制

景德镇陶瓷彩料的配制方法在一些陶瓷文献中均有记载。明嘉靖时期，王宗沐在《江西省大志·陶书》中记载了油色、紫金、翠色、金黄、金绿、金青、矾红、紫色、浇青、纯白等配制方法。例如：油色，用豆青油、水、炼灰、黄土合成；紫金，用礶水、炼灰、紫金石、水合成；翠色，炼成古铜、水、硝石合成；金黄，黑铅末 1 斤、碾成赭石 1.2 两合成；金绿，炼过黑铅末 1 斤、古铜末 1.4 两、石末 6 两合成；金青，炼成翠 1 斤、石子青 1 两合成；矾红，青矾炼红，每 1 两用铅粉 5 两，用广胶合成；紫色，用黑铅末 1 斤、石子青 1 两、石末 6 两合成；浇青，釉水、炼灰、石子青合成；纯白，釉水、炼灰合成。[①]　清朱琰在《陶说》中也记载："油色，用豆青油水、

_____

① 熊寥,熊微.中国陶瓷古籍集成[M].上海:上海文化出版社,2006:41.

炼灰、黄土合成。紫金色,用罐水、炼灰、紫金石合成。翠色,用炼成古铜、水、硝石合成。黄色,用黑铅末一斤、碾赭石一两二钱合成。金绿色,用炼过黑铅末一斤、古铜末一两四钱、石末六两合成。金青色,用炼成翠一斤、石子青一两合成。矾红色,用青矾炼红,每一两加铅粉五两,用广胶合成。紫色,用黑铅末一斤、石子青一两、石末六两合成。浇青,用釉水、炼灰、石子青合成。纯白,用釉水、炼灰合成。"①

　　法国传教士殷弘绪在《中国陶瓷见闻录补遗》中记载得更详细:"彩烧瓷器所使用的'矾'红料是用称之为皂矾的'矾'制作的。往一两铅粉中添加二钱红料,将两者过筛后,以干燥状态进行混合,然后掺以带少量牛胶的水。

　　"制备白色料时,往一两铅粉中调入三钱三分非常透明卵石末。这种石粉是把卵石破碎后装入瓷钵内,在点窑火以前埋在窑内的砂砾中经过煅烧所得之物。所使用的石粉应该非常微细。将无胶的普通水与铅粉加以调剂。

　　"制备深绿料时,往一两铅粉中添加三钱三分卵石粉和大约八分至一钱铜花片。铜花片不外乎是熔矿时获得的铜矿渣而已。最近听说,以铜花片做绿料时,必须将其洗净,仔细地分离出铜花片上的碎粒。如果混有杂质就呈现不出纯绿色,其所使用的部分仅仅是鳞片,即精炼时从铜分离出来的细片。

　　"要制备黄料,就往一两铅粉中调入三钱三分卵石粉末及一分八厘不含铅粉的纯质红料。另一陶工对我说,如果调入二分半纯质红料,便会获得美丽的黄料。

　　"如果使用一两铅粉、三钱三分卵石粉末和二厘青料,可获得近乎紫色的深青色。一个被我提问的陶工谈了自己的想法:要制得这种色料,需要八厘青料。

　　"如果将绿料与黄料混合,如将二杯深绿料和一杯黄料混合,就获得枯绿,它的颜色像稍枯萎的树叶。

　　"制备黑料时,用水溶解青料。稍调深其浓度,然后添加少量与石灰掺合烧成的硬度和鱼胶相同的牛胶。将这种黑料绘于瓷器上进行彩烧以前,应在涂黑料之处施一层白料。白料在烧成中与黑料熔合,这与普通瓷器上的普通釉同青料熔合的情形一样。

　　"有一种叫作'紫'的色料。它是一种石头或是矿物,很像'罗马的硫酸盐'(Vitriolromain)。我向人了解了这种色料,他们说:这种石头似乎是由某种铅矿

---

① 朱琰.《陶说》译注[M].傅振伦,译注.北京:轻工业出版社,1984:130.

提炼出来的,其中含有铅的成分,甚至含有不易看到的非常微细的铅颗粒,这种色料并非以铅粉作为助熔剂熔着于瓷器上,而其他各种色料都是以铅粉作为助熔剂着色于所要彩烧的瓷器上的。

"浓紫料是用这种紫制作的。它产在广东,也有从北京运来的。后者的质量远比前者好,一'Livre'(银子)可购得一两八钱即九'Livre'。紫能熔融,当它熔融或软化时,金银器工人就把它像镶饰景泰蓝那样地镶饰在银器上。例如,用紫装饰戒指的整个外缘,镶饰发针顶头,使之如同镶有宝石一般。这种景泰蓝式的装饰,天长日久会脱落下来,所以人们试着用鱼胶或牛胶做薄底料以加固之。

"紫正同这里所介绍的其他种种色料一样,只用在所要彩烧的瓷器上。其制备方法如下,它不像青料那样要经过煅烧,而在破碎并制成极微细的粉末之后,倒入盛满水的器物中稍加搅拌,倒出水以使之带走一些尘埃,保留沉在器底的凝块,这种经过水洗的凝块已失去艳丽的色调而稍带灰色。但是,它只要涂在瓷器上烧成,就能恢复其固有的紫色。紫能长期保存而不变质。用这种色料装饰瓷器时,只用水把它溶解即可,有时也掺入少量牛胶,但有人说没有使用它的必要,做了试验就会明了。

"在瓷器上施金彩或银彩时往二钱溶解的薄金片或薄银片中添加二分铅粉。紫金釉要是上了银彩,就变得光怪陆离,在同一座小窑内彩烧施有金彩和银彩的两种瓷器时,先将银彩瓷器取出来,否则在即将达到金彩发光的温度下银彩就已消逝。"

殷弘绪在《中国陶瓷见闻录补遗》中进一步记载:"适于在这种瓷器上使用的色料是用如下方法制备的。做绿料时,调剂铜花片、硝石和卵石粉末三种原料,这些原料的用量未曾获悉。把这些原料分别制成极微细的粉末后,把它们溶解和加火混合。要做紫料,就往很普通的青料中添加硝石和卵石粉末;要做黄料,就往三盎司卵石粉末和三盎司铅粉中调入三钱皂矾红料;做白料,就往四钱卵石粉末中添加一两铅粉。上述原料要用水调稀。

"以上所述为我所获悉的用在这类瓷器上的颜色的一切制作方法。"

由此可见,陶瓷色料的配制方法是非常复杂的,各种颜色的色料比例是非常精确的,稍有差错,就会影响发色效果。

## 一、景德镇古彩颜料配制

古彩又称"硬彩",是景德镇传统釉上装饰。它的前身是元代釉上红绿彩和金彩,至明永乐时期制作始盛,花样渐多。明嘉靖、成化时期,创烧"大明五彩",最为有名。至清康熙时期"硬彩"花纹颜色更为丰富,为古彩最盛时期。

　　古彩颜料都是国产天然原料,以传统方法配制而成。其原料种类不多,配制过程也较简单。古彩颜料主要由颜料和调色油(水)组成,色料调配分油调和水调两种,油调有乳香油、松香油、嫩香油、樟脑油、煤油等。水调分清水和胶水两种,胶水用牛胶、桃胶配制。古彩用生料、矾红勾线,只用矾红深浅洗色,其他均以透明色平填。其彩烧温度为800—850 ℃。古彩特点为颜色鲜明透底,线条有力,色彩对比强烈,色泽耐久不变,特别是矾红使用年代愈长,则愈红亮。

表7-5　基本颜料的配制方法①

| 名称 | 配方(%) | 工艺要点 |
|---|---|---|
| 老黄 | 青铅46.40、石末46.40、牙硝7.00、重铬酸钾0.20 | |
| 锡黄 | 铅末(乙)87、锡灰13 | |
| 广翠 | 铅末(乙)87.90、铅粉4.40、牙硝4.40、氧化钴3.30 | |
| 翡翠 | 牙硝3.30、铅末(乙)88.90、铜花4.50、白信石3.30 | |
| 大绿 | 青铅38.50、牙硝5.80、铜花5.40、石末38.50、玻璃粉11.50 | |
| 玻璃白 | 牙硝3.40、玻璃粉1.80、白信石3.40、铅末(甲)91.5 | |
| 苦绿 | 大绿颜料25.49、老黄颜料74.51 | 苦绿是采用大绿和老黄两种颜料调配成的中间色调,不须复烧 |
| 本地绿 | 石末23.15、铜花7.38、铅粉69.47 | |
| 雪白 | 石末22.30、铅粉77.70 | |
| 补白 | 石末10、铅粉30、玻璃白60 | |
| 铅末(甲) | 青铅52.60、石末41.00、牙硝7.90 | 将青铅(铅粒或铅条)放在铁锅中熔解,再加入石末炒拌,然后放入牙硝继续炒拌,待硝烟全部逸出 |

_____

① 景德镇市地方志办公室.中国瓷都·景德镇市瓷业志:市志·2卷[M].北京:方志出版社,2004:81.

续表 7－5

| 名称 | 配方(%) | 工艺要点 |
|---|---|---|
| 铅末(乙) | 青铅 51.30、石末 41.00、牙硝 7.70 | |
| 洋红晶料 | 铅末(甲)93.60、牙硝 4.70、玻璃粉 1.70 | |
| 花料 | 洋红晶料 98、纹银 2、硝酸适量 | 先将纹银溶解于硝酸中,再将它倒入粉末状晶料中拌匀,移入已烧红的坩埚中,用铁棒 1 小时搅拌一次,二三次后倒入冷水中,冷却后滤去水,磨细烘干 |
| 顶红(改良红) | 洋红晶料 5000 克、金 3.125 克—6.25 克、茶料 93.75 克—187.5 克、王水适量 金多者为顶红、金少者为改良红 | |

表 7－6　景德镇古彩颜料配制及其性能作用[①]

| 名称 | 配方(%) | 主要着色元素 | 工艺要点 | 性能作用 |
|---|---|---|---|---|
| 矾红 | 生红 14、铅粉 86 | Fe | 1.将晒干的硫酸亚铁置于匣钵,经 700 ℃隔焰煅烧,冷却、淘洗,把杂质除尽,晒干成生红;<br>2.按配方混磨均匀,加入牛胶水,擂匀成糊状矾红;<br>3.矾红放入料碟,筑起料坝,倒入经一夏天浸泡的陈(牛)胶水,便可作标填色 | 呈不透明的大火红色,用来洗大红花、服装、羽毛,用以填地皮作淡红,但不得与其他色混合使用 |
| 雪白 | 1.石英粉 25、铅粉 75<br>2.石英粉 22.3、铅粉 77.7 | | 1.石英煅烧、粉碎,放入球磨坛混磨细,再晒干过筛,即为石英粉;<br>2.按配方将石英粉置乳钵内磨细,再放铅粉混磨均匀即行 | 为灰白透明色,有黏性,不易填平。常用来填盖珠明料线,如树枝、白鹤,人物眉、发、衣服 |
| 古大绿 | 氧化铜 5.6、石英粉 22.8、铅粉 68.8、老黄 2.8 | Cu | 1.原料先磨细过筛,按配方混磨均细;<br>2.调色可加少量净黄,如以雪白代替铅粉,石英粉也可 | 烧前铁灰色,烧后为透明深绿色,用来填花叶正面、衣服、石头图案等 |

① 景德镇市地方志办公室.中国瓷都·景德镇市瓷业志:市志·2 卷[M].北京:方志出版社,2004:82－83.

续表 7 - 6

| 名称 | 配方(%) | 主要着色元素 | 工艺要点 | 性能作用 |
|------|---------|------------|---------|---------|
| 淡大绿 | 古大绿 50、雪白 50 | Cu | 原料先磨细过筛,按配方混磨均匀即可 | 烧前红灰色,烧后透明黄绿色,用于填花叶反面、嫩枝叶、衣服、石头图案等 |
| 深水绿 | 雪白 88.9、古大绿 11.1 | Cu | 同上 | 烧前灰白,烧后透明淡绿色,用来填地皮、浅色花石、衣服、山水 |
| 淡水绿 | 雪白 94.2、古大绿 5.8 | Cu | 同上 | |
| 古翠 | 雪白 82.9、古大绿 3.5、广翠 13.7 | Cu | 同上 | 烧前淡蓝色,烧后透明淡蓝色,用来填衣服、花朵、石头 |
| 古苦绿 | 老黄 18.9、矾台 0.9、雪白 56.6、古大绿 23.6 | Cu,Cr | 同上 | |
| 古黄 | 老黄 19.8、矾红 1.0、雪白 79.2 | Cr,Fe | 原料先磨细过筛,按配方混磨均细即可,但多采用粉彩锡黄代替 | 烧前为红黄,烧后成透明淡黄,用于填花、老相衣服、配景及地皮 |
| 古紫 | 雪白 99.3<br>1. 配黑花料 0.7,成红头紫<br>2. 配珠明料 0.7,成蓝头紫 | Au,Co | 原料先磨细过筛,再按配方混磨均细,但多以氧化锰加入 0.5% 以下,代替黑花料或珠明料为宜。如要求鲜明紫色,加入少量顶红、顶翠,即成茄花翠 | 未烧为红灰或蓝灰、灰白色,烧后为透明紫色,用来填树枝干、花朵、衣服、石头配景 |
| 茄花紫 | 雪白 93.8、顶红 5.2、珠明料 1 | | | |
| 珠明料 | 与青花珠明料同 | Co | 与青花珠明料同 | 烧前灰黑,烧后为不透明黑(须盖雪或其他水颜色方可),用来画线条、人物头发,填地皮、衣服 |

### 二、景德镇粉彩颜料配制

粉彩颜料是在古彩色料配制的基础上发展而来的,并受珐琅彩影响。清康熙时,珐琅彩从国外引入,所用色料是国外色料,色料中含有大量硼、砷,用氧化锑作为着色剂。受珐琅彩影响,清康熙时采用了玻璃白一类不透明的"粉"颜色,使画面有粉润清新的感觉,故名"粉彩"。粉彩颜料由色剂原料和熔剂原料组成。熔剂含钾硅酸铅块不含硼,其化学结构是:$\left.\begin{array}{l}(0.9—0.8)PbO \\ (0.13—0.12)K_2O\end{array}\right\}(2.9—2.3)$ $SiO_2$,在钾硅酸盐铅玻璃中,配加适当的金属氧化物(着色剂),可得到各种色调的粉彩颜料。粉彩颜料烤烧温度一般为780—850 ℃,烤烧时流动性差。属粉彩的各种颜料,可互相调配成多种中间色调。这种颜料多适用于手工彩绘。粉彩颜料装饰在瓷面上,颜色明亮,粉润柔和,色彩丰富,绚丽雅致,立体感强,遮盖力大,绘画工笔、写意俱全。粉彩颜料的基本色料由颜料行或工厂科学配制出售。

出厂的颜料是"生颜料",还不能直接用来填粉彩,必须经过研磨、配制,才能与水、油调和,融成一体。生颜料"火气"盛,单调刺眼,比如粉大绿加点赭石、雪白则绿得丰富、优雅,生赭石放点古紫就沉着、好看。

根据各种颜料的性质用途,可以分为三大类:

1. 透明颜料。其性质就像玻璃一样,烤烧后能透出底色,下面的料底又可衬托上面的颜料更有内彩。因为这一类颜料覆盖在生料底上,故又叫"覆盖色料"。这类颜料有雪白、粉大绿、粉苦绿、水绿、赭色、粉古紫、淡翠和熔剂等。

2. 不透明的粉质颜料。这类颜料基本上含玻璃白成分,粉质感较强,仅作单线平涂用,不用以覆盖线条,只能在轮廓内充填,而且要求填得均匀,有一定的厚度,故又叫"充填色料"。这类颜料有粉翡翠、松绿、粉黄、宫粉、淡翠、雪景玻璃白、地皮黑料、地皮麻料、地皮绿、辣椒红等。

3. 洗染颜料。这类颜料是填色颜料的精华,比较贵重,用量少,用得薄。该类颜料呈色敏感,一般不单独使用,多用在玻璃白上洗染。这类颜料有茄花、广翠、净大绿、净苦绿、豆绿、麻黄、广翠、淡黄、净黄、青灰、淡翠等。

表7-7　粉彩颜料使用上的配色及其性能作用①

| 类别 | 名称 | 配方(%) | 性能作用 |
|---|---|---|---|
| 红色 | 宫粉 | 玛瑙红50、玻璃白50 | 呈不透明淡红色,用来填图案、地皮、花朵 |
| | 油红(矾红) | 生红14、铅粉86 | 呈不透明大红色,用于彩大红花朵,但太厚会变黑色 |
| 黄色 | 老黄 | 净黄20、铅粉80 | 呈透明深黄色,多用配色 |
| | 锡黄 | 溶剂87、锡灰13 | 呈不透明中黄色,用于洗染或配色 |
| | 淡黄 | 玛瑙红2.5、浓黄2.5、净黄90、薄黄5 | 呈不透明老黄色,多用于服装洗染 |
| | | 老黄90、玻璃白10 | |
| | 粉黄 | 锡黄50、雪白30、玻璃白20 | 呈不透明黄色,用于填图案花纹和服装 |
| | 麻黄 | 生红10、玛瑙红20、红黄15、薄黄30、铅粉25 | 呈不透明赭黄色,多用于洗染服装和麻黄花朵 |
| 茶色 | 深麻色 | 光明红97、艳黑3 | 多用于画鸟羽、树干、人物肤色,只能直接画于瓷面,不可覆盖其他色(水颜色) |
| | 浅麻色 | 光明红89、艳黑11 | |
| | 淡赭石 | 深赭石40、雪白60 | 呈透明赭石色,用来填老虎、树干、花草、树叶、山石、坡崖等 |
| | 深赭石 | 生红3、顶红0.5、老黄2.5、雪白94 | |
| 绿色 | 大绿 | 净大绿72.7、铅粉27.3 | 呈透明老绿色,多用于配色 |
| | 苦绿 | 净大绿13.6、净黄59.1、铅粉27.3 | 呈不透明绿色,多用于配色 |
| | 粉大绿 | 老黄5、大绿65、雪白30 | 呈透明深绿色,用来填花叶正面、深绿色树叶和近景石头,性硬易裂,不可填得太厚 |
| | | 大绿69.7、雪白13、苦大绿17.3 | |
| | 石头绿 | 大绿76.9、雪白23.1 | 呈透明淡绿色,多用来填石头、草地、山头接面和浅色花叶 |
| | | 老黄5、雪白45、苦大绿5、雪白45 | |
| | | 老黄5、大绿50、雪白45 | |
| | 墨绿 | 大绿37.3、雪白59.7、珠明料3 | 呈半透明灰绿色,多用来填老树干,要填平,否则泼花 |
| | 松绿 | 锡黄34、翡翠44、雪白13、玻白9 | 呈不透明黄绿色,多用于平填边脚图案 |

① 景德镇市地方志办公室.中国瓷都·景德镇市瓷业志:市志·2卷[M].北京:方志出版社,2004:84-86.

续表 7 - 7

| 类别 | 名称 | 配方(%) | 性能作用 |
|---|---|---|---|
| 绿色 | 豆绿 | 大绿 76.9、雪白 23.1 | 呈不透明青绿色,多用于衣服洗染 |
| | | 大绿 7、洋大绿 70、广翠 16、铅粉 7 | |
| | | 净大绿 50、洋大绿 50 | |
| | 水绿 | 净大绿 16.4、广翠 1.6、雪白 82 | 呈透明淡浅绿色,用于填地皮、浅色花、衣服、山石、水色 |
| | 淡水绿 | 大绿 15、雪白 85 | 呈透明浅绿色,用来填淡浅部分,如远山树丛、草地或近石消失部分 |
| | 粉苦绿 | 苦绿 82、雪白 18 | 呈透明深苦绿色,多用来填花叶背面及树叶 |
| | | 生红 0.5、大绿 14.5、苦绿 70、雪白 15 | |
| | 淡苦绿 | 苦绿 20、雪白 80 | 呈透明淡草绿色,用于填草地、嫩枝、浅叶及灰绿色鸟、草虫等 |
| 青色 | 广翠 | 溶剂 87.9、牙硝 4.4、氧化钴 3.3、铅粉 4.4 | 呈透明蓝色,用于配色 |
| | 淡翡翠 | 粉翡翠 80、玻白 20 | 呈不透明淡翠色,多用于填服装和较长树叶 |
| | 粉翡翠 | 翡翠 88、雪白 6、玻白 6 | 呈不透明深翠色,用于填山川中的某些花、树叶 |
| | 淡翠 | 广翠 50、雪白 20、玻白 30 | 呈不透明淡蓝色,多用于填图案地皮 |
| | | 广翠 30、雪白 70 | |
| | 淡古翠 | 广翠 33、雪白 67 | 呈透明淡蓝色,性较软 |
| 紫色 | 粉古紫 | 顶红 0.4、雪白 99、珠明料 0.6 | 呈透明浅紫色,性硬,多用来填花茎、树干 |
| | 茄色 | 广翠 35、洋红 65 | 呈色透明,多用于填服装、地皮 |
| 灰色 | 灰色 | 珠明料 20、雪白 40、玻白 40 | 呈不透明青灰色,多用于衣服洗染 |
| | 青灰色 | 胭脂红 62、艳黑 36、净大绿 2 | |
| 白色 | 雪景玻白 | 雪白 16、玻白 80、溶剂 4 | 呈不透明白色,性近玻白,但比玻白亮,多用来填雪景,不能洗染 |
| | 雪白 | 石英粉 22.3、铅粉 77.7 | 呈无色透明玻璃体,用来填蓝珠明料线条,接填其水,颜色逐减淡,或用于配色 |
| | 璃白 | 溶剂 52.6、牙硝 7.9、石英粉 39.5 | 呈不透明白色,用于花瓣粉底及人物衣服、白鸟羽或在玻白上洗染他色 |
| | 白溶剂 | 青铅 52.6、牙硝 7.9、石英粉 39.5 | 呈无色透明玻璃体,配色增加亮度,减淡色彩,降低彩烧温度 |

### 三、景德镇新彩颜料配制

新彩是受国外影响产生和发展的一种釉上装饰方法。最初阶段新彩使用的颜料绝大部分是进口的,以后才逐步由国内生产,故称为"洋彩",其颜料亦称"洋彩颜料"。

新彩颜料以各种金属氧化物为着色剂,与各种硅酸盐溶剂配合,经过熔块炼制而成。它色彩丰富,品种繁多,发色稳定,色彩可相互调配,表现力强,彩烧前后,色相变化不大,易于掌握。经 780—800 ℃ 烤烧,有的和一般绘画配色一样,如洋红加海碧能成紫色;有的不一样,如洋红加艳黑成紫色;有的则不能调配,为红黄、西赤、麻色等颜料,一般呈色很弱,若靠近旁色或调入他色,烤烧后则失色。

表 7 - 8　景德镇新彩颜料配制及配色①

| 名称 | 配方(%) |
|------|---------|
| 艳黑 | 以铁、钴、铬、锰等元素氧化物为混合着色剂,配以适量溶剂,呈深黑色 |
| 西洋红 | 以金为着色剂,配以适量溶剂,呈淡红色;以铁的氧化物为着色剂,配以适量溶剂,呈大红色 |
| 玛瑙红 | 以铬的化合物为着色剂,配以适量溶剂,呈玫瑰红色 |
| 红黄 | 以铬的化合物为着色剂,配以适量溶剂,呈橙黄色 |
| 大绿 | 以铬、钴、锑、铜等元素氧化物为着色剂,配以适量溶剂,呈深绿色 |
| 苦绿 | 性质与大绿一样,呈草绿色 |
| 皮色 | 以铬、钴氧化物为着色剂,配以适量溶剂,呈墨绿色 |
| 海碧 | 以钴氧化物为着色剂,配以适量溶剂,呈深蓝色 |
| 绀青 | 性质与海碧相似,呈鲜蓝色 |
| 代赭 | 以铁、锑等氧化物为着色剂,配以适量溶剂,呈黄赭色 |
| 小豆茶 | 以铁的氧化物为着色剂,配以适量溶剂,呈红赭色 |
| 薄黄 | 以锑、锡等氧化物为着色剂,配以适量溶剂,呈淡黄色 |
| 浓黄 | 性质比薄黄软,呈淡黄色 |
| 紫色 | 西洋红(75%)+海碧(25%) |
| 深紫色 | 玛瑙红(80%)+海碧(20%) |
| 赭色 | 西洋赤(70%)+艳黑(25%) |

---

① 陈海澄.景德镇瓷录[M].景德镇:《中国陶瓷》杂志社,2004:170.

续表 7 – 8

| 名称 | 配方（%） |
|---|---|
| 深红色 | 红黄（75%）+ 小豆茶（25%） |
| 浅绿色 | 苦绿（75%）+ 薄黄（25%） |
| 深绿色 | 大绿（80%）+ 艳黑（20%） |
| 深灰色 | 海碧（70%）+ 艳黑（30%） |
| 皮色 | 大绿（50%）+ 海碧（35%）+ 艳黑（15%） |
| 小豆茶 | 生矾红（10%）+ 溶剂（70%）+ 艳黑（20%） |
| 橘黄色 | 红黄（70%）+ 浓黄（30%） |
| 金水 | 以黄金经王水溶解，再加入铋、铑、铬等制成 |
| 白溶剂 | 以铅、钾、锌、钙等化合物与石英配合制成的硅酸盐溶剂，为无色透明体，性质软，配合各种颜料使用，使其淡化 |

## 第三节　景德镇陶瓷彩绘原料制备工序

景德镇传统的陶瓷彩绘原料是通过颜料店来制备和销售的，颜料店前面开店，后面是生产作坊。生产设备主要有炒料炉一个、炼料炉一个、坩埚若干、料钵数只。炼制的原料主要是铅粉、金、银、铜、铁、锡、铬、钴、钾、钠、石英等，炼制时用王水催化剂溶解，提纯和混合这些化学元素。

殷弘绪在《中国陶瓷见闻录》中记载了红料的制备工序："红料是用'矾'，即皂矾制成的。中国人制备红料的技术也许是独特的，所以现在介绍其制备方法。先往坩埚里倒入两斤皂矾，用另一个坩埚把它扣起来，严密封泥。上面的坩埚上开一小孔，小孔要用盖子盖起来，这个盖子能随时自由地启开，坩埚要置于木炭火中以强火加热。为了增加反射热，用砖把炭火围起来。若冒出熊熊黑烟，说明火候未到；而开始冒出薄而细密的云彩般的烟，说明火候适宜。这时，从坩埚内取出此少量原料，加水后在柏木上做试验。做试验时，如果它呈现鲜丽的红色，那么就拆除包围和覆盖坩埚的炭火，完全冷却后取出在坩埚底上业已成块的红料，最好的红料是黏着在上面的坩埚上的。用一斤皂矾，可制得四盎司红料。"

景德镇传统的陶瓷颜料炼制的基本工序是：

（1）洗料。将颜料矿石进行水洗，去掉其杂质和尘埃，洗净。

（2）炒料。将洗净的颜料矿石放入炒料炉内，进行炒料煅烧，这是制色料的重要工序，其目的是将生料炒熟，便于粉碎。

（3）粉碎。将炒好的料用粉碎工具或碾盘式磨机、球磨机进行湿法粉碎，达到所需要的细度。色料的粒度要求虽无明文规定，但一般要求全部通过300目筛。粉碎不足时会因粒度不均而难以使用，以及缺乏遮盖力致使烧成后成斑点状。反之，粉碎过度细如尘埃，则不能充分熔合于釉中，而成为发生滚釉的原因。

（4）干燥。将粉碎后的湿料进行烘干，使之干燥。

（5）配料。将粉碎干燥后的色料按照不同的配色要求和用料比例，进行相应色料的混合配色。着色剂的最终色调，受加入着色剂中其他成分的影响很大。因而，为了使每批色料发出同一色调，必须按照组成将质量相同的原料精细地称量和混合，进行科学配料。

（6）下坩炼料。将配好的色料放入坩埚内进行炼烧，其目的是使之稳定化。在炼料过程中，因原料性质的不同和希望得到色料的不同，会发生不同的反应。炼料温度最低要和色料最终制品的使用温度相同。

（7）起坩冷却。将炼好的料起坩，并进行冷却处理。

（8）下钵研末。将炼好的成品料倒入料钵，进行超细度的研磨，使颜料的颗粒极为微细，从而适当地降低其烧成温度，使之易于熔融，光亮色泽也不被熔剂冲淡。釉下颜料的细度愈小，发色愈强，与坯体结合愈紧密，不易发生变化。这是非常重要的一个环节，一般进料细度在 2 mm 以内，出料细度在 60 μm 以下。现代一般用球磨机或高频率振动磨机粉碎进行研磨。

（9）起钵干燥。干燥以后便是成品。

其中配料、炒料、炼料三个环节最为重要，关系产品质量。一次炼料全过程需要 40 天，原料少的也要一星期。开炉之后，要日夜值班，炉温只能上升，不能下降，上升到顶点后要保持温度。一旦发现大块、破塌、坩埚泄漏，要及时采取措施补救。

成品配制完成后，要进行检验。其标准有二：一是看色彩是否光泽鲜明；二是看画在瓷器上经烧炉是否不龟裂、不脱落。方法就是"试照子"，即把颜料画在瓷器上，烧炉看结果。经过检验的成品，便可上柜销售。

配制好并经过检验的陶瓷色料就可以使用，但陶瓷色料使用必须得当，才能达到预期效果。由于釉上、釉下色料不同，其使用方法也不相同。釉下颜料是施于多孔性的生坯或素烧瓷坯上,如果单用水混合,易被素坯吸收而使颜料失去效用,因此必须添加少量胶结物质,使颜料坚固于素坯上,此胶物在烧成时可以挥发掉。最适当的添加物为极稀薄的阿拉伯树胶溶液,其配方比例由熟练工人根据经验而定,若此种物质用量过多,烧成时必然炭化,污损色泽。根据经验,亦可取蒸馏松节油,再加入经糖蜜煮沸的1%亚麻仁油,与颜料仔细混研进行彩绘。釉上原料常用油脂作为胶粘剂来调和颜料,胶粘剂配方为:松节油65%—70%、松香35%—30%。如果用水调色,必须配制成胶粘剂,其配方为:糊精10克、水10克、白明胶0.03克、甘油0.1克。使用此种胶粘剂时,在加热中应特别注意只可用小火慢慢加热,切不可使糊精炭化。

# 第八章　景德镇陶瓷成型科技

中国是瓷之国,制瓷历史悠久,在漫长的陶瓷生产发展过程中,历代能工巧匠不断改进制瓷工艺,加上陶瓷生产环境、消费市场和社会审美思潮的变迁,以及陶瓷科技水平的逐渐提高,从而造就了我国陶瓷成型技法的多样性。总的来说,陶瓷成型可归纳为干法成型和湿法成型两种。① 根据坯料含水量,陶瓷成型可分为注浆成型法、可塑成型法和压制成型法等。其中可塑成型法是指用可塑性泥料制成坯体的方法,其依据的原理是在耐火原料中,软质黏土加水调和后具有可塑性。它是最古老的成型方法,同时也是形式变化最多的成型方法。它又可以分为手工成型、滚压成型、旋压成型、挤压成型、车坯成型等。② 其中手工成型通常又分作捏雕、压印、拉坯三种方法。在景德镇陶瓷成型发展史中,可塑成型法具有举足轻重的地位。

## 第一节　陶瓷成型科技发展脉络

陶器制作是远古先民重要的手工业生产劳动,早期陶器为手制成型,一般可分为捏塑法、模制法和泥条盘筑法。一般小型器多用手捏成型,因此器型不够规整。有些特殊器型如陶鬲等,则采用局部模制方法。泥条盘筑法,又称泥条筑成法,通常是先将坯泥制成泥条,然后圈起来,逐层叠加成型,并将里外拍压抹平,多用于制作大件器物,如陶缸、陶罐、尖底瓶等,是新石器时代制陶最常用的技法,延续时间也最长。在制作过程中,经过反复实践提高,先民们逐渐改用可以转动的轮盘,这种"慢轮"既便于盘筑成型,又便于修削口沿及腹壁,使器皿规整美观。这为以后轮制方法制作陶器奠定了基础。在新石器时代早期的陶器成型中,陶瓷匠人主要采用捏塑成型法和泥条盘筑法,至黄河流域的仰韶文化时期则发明了初级形式的陶轮,开始采用轮制成型。而大汶口文化时期,

---

① 刘学建,黄莉萍,古宏晨,等.陶瓷成型方法研究进展[J].陶瓷学报,1999(4):230 – 231.

② 马铁成.陶瓷工艺学[M].2 版.北京:中国轻工业出版社,2013:280.

陶轮有了极大改进,即由"慢轮"制陶发展到"快轮"制陶。在此后的陶瓷成型工艺中,除少数雕、镶、塑瓷等成型不用陶车外,大多采用轮制成型,并且陶车也逐渐得到完善和改进。[①] 轮制方法是将泥坯置于陶轮上,借助快速转动的力量,用提拉方式使之成型。它具有工效高、器型规整、厚薄匀称的特点,主要盛行于山东龙山文化,如蛋壳黑陶。江西修水山背、樟树筑卫城、清江樊城堆等遗址也采用此类轮制法。换言之,瓷器的成型技术是从陶器成型技术借鉴而来。陶器的拉坯成型技术约发明于新石器时代晚期后段,生活在大溪文化第四期(距今5330—5230 年)的制陶先民,开始采用快轮拉坯成型工艺。到了龙山文化时期,快轮拉坯成型工艺就广为流行,并具有相当水平,之后又用在原始瓷器上。春秋战国时期,制瓷先民所使用的拉坯成型工具的结构不详。浙江上虞帐子山东汉窑址出土了一件陶车构件——瓷质盔头(又称轴顶碗),表明中国窑场所使用的成型工具陶车,至迟在东汉就已采用,这为瓷器的诞生在成型方面奠定了技术基础。东汉晚期以越窑为代表的南方青釉瓷的烧制成功,标志着我国从陶向瓷发展的巨大飞跃,是我国陶瓷科学技术史的第三个里程碑[②],中国由此成为率先发明瓷器的国家。

目前发现的最早的陶车实物标本,是耀州窑出土的唐代陶车转盘。根据浮梁兰田窑、乐平南窑等古窑址考古发掘可知,景德镇瓷器生产可追溯到中晚唐时期。据研究,晚唐五代时期,拉坯用的辘轳(又称陶车、陶钧、轮车等)的转盘和立轴皆为木质,转盘和立轴的连接部分出现专用的生铁铸件和耐磨的瓷质构件。转盘上安装瓷质盘头,修坯、刮泥有特制的玉石刮板和瓷质刮泥板,表明成型设施已趋完善。

宋代窑场出土拉坯成型的主要工具——辘轳(陶车)的部件及其遗存的数量比晚唐五代大大增多,使得陶车的整个形制清晰起来,也表明拉坯成型技术在宋代得到普及。宋代部分窑场(如耀州窑和四川彭县窑等)的陶工还把辘轳(陶车)的转盘由木质改为石质。元代部分窑场辘轳(陶车)的立轴为木质,但是转盘、轴顶碗和档筛等部件则为瓷质。

南宋蒋祈在其著作《陶记》中说:"或覆、仰烧焉。陶工、匣工、土工之有其

---

① 李其江,张茂林,吴军明,等.明清时期景德镇陶瓷轮制成型技艺的演变研究[J].陶瓷学报,2013,34(3):309.

② 卢嘉锡,李家治.中国科学技术史:陶瓷卷[M].北京:科学出版社,2007:4.

局;利坯、车坯、釉坯之有其法;印花、画花、雕花之有其技,秩然规制,各不相紊。"①其中的利坯、车坯即是现代陶瓷成型工艺中的利坯(修坯)和拉坯,由此可见,景德镇至迟于宋代已开始采用利坯工艺,也可表明南宋时期陶车已有拉坯车和利坯车的区分。宋代利坯工具——利头为瓷质,清代景德镇利头改为木质,呈木桩状。桩的大小视坯而定。其顶端浑圆,称为顶钟,上面裹着丝帛,以防止损坏坯。利坯时,利坯工将利头立于轮车车盘的中心部位,然后将坯扣合桩上,拨轮使转,用刀旋削,则里外皆光滑平整。

从宋代开始,景德镇陶瓷成型方法逐渐走向成熟。《江西浮梁凤凰山宋代窑址发掘简报》一文认为景德镇凤凰山窑址所出执壶的成型方法是:"采用分段制作,最后黏接而成。具体是采用拉坯的方法分段将器物上、中、下各部拉好,其次是将它们黏接,然后用模子或手工把流和把柄制作好,最后安装上去。"②在人物雕塑形象的塑造上,也分别采用了模塑结合的成型方式,结合印头模、印带饰、捋形、搓泥、捺泥、捏泥、卷泥、拉条、扳手、镶装、拍整、滚转、戳孔等专业性空间处理手法,并综合运用了捏塑、粘贴等多种装饰方式,手法简练、线条流畅、工艺精美,具有民间艺术那种质朴、清新雅趣。在工艺上,除少数瓷俑采用模型成型外,多数以手捏和线刻相结合,分部位边捏边镶接而成,类似"面塑"的制作技法。这种不用模型成型的陶瓷雕塑,捏塑精工,刻线细致,造型优美,形象生动,极富神韵。③ 汤辉在其硕士论文《宋代景德镇窑动物捏塑瓷研究》中总结了景德镇青白瓷塑的成型工艺,认为宋代景德镇动物雕塑主要分为捏塑制作、模印及半模印制作两种。"捏塑的特点是概括性强,手工制作痕迹较重,瓷塑显得质朴,充满生活情趣。由于捏塑作品的写意性强,不太注重形似,因而能准确地反映出作者的思想感情与生活态度。又由于快捷、简便的成型特点,使得生产工效有了很大的提高。模印是在捏塑作品做好之后,翻成范模,而后重复生产。它有双模、单模之分,一般多以两块范模压出瓷塑的各一半,再合贴成完整的形象,并进行必要的手工修饰与细节的充实加工。模印的瓷塑作品虽比捏塑作品的生产工效大大地提高了,但在艺术风貌上较之捏塑作品所透出的那种原始制作的灵性和感情就逊色了许多。但两者不同风格、不同制作成本的方式都适应

① 熊寥,熊微.中国陶瓷古籍集成[M].上海:上海文化出版社,2006:178.

② 崔涛,李新才,何敬,等.江西浮梁凤凰山宋代窑址发掘简报[J].文物,2009(12):38.

③ 张嗣苹,张甘霖.宋代青白瓷人物雕塑:看景德镇陶瓷的成就及发展[J].文艺争鸣,2010(14):90－92.

了各自的消费群体。"①赵小东在硕士论文《宋代景德镇青白瓷成型工艺的分类》中认为宋代景德镇成型工艺主要有拉坯成型、印坯成型、手捏成型、泥板成型四种,宋代景德镇青白瓷历经拉坯成型为主到印坯成型为主的转变。宋代的印坯成型一直延续到了元明清时期,甚至现今景德镇瓷器生产中,印坯成型依然是一种重要的成型工艺。"印坯内范"主要是指一些碗、盘、杯、碟类在拉成水坯待干后,套在阳模母范上拍打定型的模具。文章还指出景德镇从晚唐开始瓷器成型就是拉坯成型。2012年江西省文物考古所对乐平市南窑唐代窑址进行了考古发掘,考古发掘出土的碗、盘、罐等,不论琢器还是圆器,其成型都是拉坯成型。拉坯成型又进一步分为一次拉坯成型和分节拉坯成型。宋代景德镇一次拉坯成型的器物主要是以碗、盘、杯、碟类圆器为主,还有粉盒、炉(饼足炉、圈足炉)、罐、水盂、洗、灯盏、温碗等等。青白瓷分节拉坯成型的器物种类主要有壶、瓶、炉、盏托、渣斗等。由于器物造型的不同,有些分为两节分别拉坯,有些是分三节,然后拼接而成。②

明代景德镇窑场所用陶车为木质结构。明代科学家宋应星在《天工开物·陶埏》中记载:"造此器坯,先制陶车。车竖直木一根,埋三尺入土内,使之安稳。上高二尺许,上下列圆盘,盘沿以短竹棍拨运旋转,盘顶正中用檀木刻成盔头,冒其上。"③明代景德镇窑场把瓷器型制及其成型方法分为两大类别,即圆器与印器。圆器成型是在陶车(辘轳)上进行。印器成型,先以黄泥塑造成印模,其模或对半分开,或做成前后两截,或单独成模,然后把坯泥揉填进印模,印成器坯,以釉水涂合其缝,烧成后自然完整无隙。明代宋应星在《天工开物·陶埏》中说:"凡造瓷坯有两种。一曰印器,如方圆不等瓶瓮炉合之类,御器则有瓷屏风、烛台之类。先以黄泥塑成模印,或两破,或两截,亦或囫囵,然后埏白泥印成,以釉水涂合其缝,烧出时自圆成无隙。一曰圆器,凡大小亿万杯盘之类乃生人日用必需,造者居十九,而印器则十一。"④制作"印器"需使用黄泥塑成的印模,制作"圆器"需要先经过陶车拉坯,然后经过修坯、施釉、烧窑等诸多工序,

① 汤辉.宋代景德镇窑动物捏塑瓷研究[D].景德镇:景德镇陶瓷学院,2012:24.
② 赵小东.宋代景德镇青白瓷成型工艺研究[D].景德镇:景德镇陶瓷学院,2015:4 - 12.
③ 熊寥,熊微.中国陶瓷古籍集成[M].上海:上海文化出版社,2006:204.
④ 熊寥,熊微.中国陶瓷古籍集成[M].上海:上海文化出版社,2006:204.

"共计一坯功力,过手七十二,方克成器。其中微细节目尚不能尽也"①。

清代则把瓷器型制分为圆器、琢器和镶器三大类。一切碗、盘、酒杯、碟都可以称作圆器。圆器成型一般分为拉坯、印坯、旋坯和挖足四道工序。这四道工序均在轮车上进行。一切大小花瓶、缸、盆皆属于琢器。琢器中的浑圆者制作方法与圆器相同。其方菱者则用布包泥,以平板拍练成片,裁方黏合。六方、八方花瓶之类为镶器。镶器成型,乃是先将泥料打成薄饼状,然后将泥状薄饼按照预定的型制拼镶成器。清代唐英《陶冶图说》第六条"圆器拉坯"中记载:"圆器之制不一,其方瓣棱角者,则有镶雕印削之作。而浑圆之器,又用轮车拉坯,就器之大小分为二作,其大者拉造一尺至二尺之盘、碗、盅、碟等。车如木盘,下设机局,俾旋转无滞则所拉之坯方免厚薄偏侧,故用木匠随时修治。另有泥匠抟泥融结置于车盘,拉坯者坐于车架,以竹杖拨车使之轮转,双手按泥,随手法之屈仰收放以定圆器款式,其大小不失毫黍。"②

## 第二节 景德镇陶瓷成型科技发展概况

### 一、唐代景德镇陶瓷成型

唐代以前的景德镇窑业,大致以烧制陶器为主,如清乾隆四十八年《浮梁县志》载:"新平冶陶,始于汉季。大抵坚重朴茂,范土合渥,有古先遗制。陈至德元年(583年),大建宫殿于建康,诏新平以陶础贡,雕镂巧而弗坚,再制不堪用,乃止。"③清代张九钺《南窑笔记》中的记载更为详细:"新平之景德镇,在昌江之南,其冶陶始于季汉。埏埴朴素,即古之土脱碗也。陈至德元年,相传有贡陶础者,不堪用。而至隋大业中,始作狮象大兽二座,奉于显仁宫。令太原陶工制造,入火而裂。"④景德镇原始陶业的雕镂巧、能作狮象大兽以及"水土宜陶,陈以来土人多业此"作为一个起点,为其后期的辉煌发展打下了基础。⑤ 入唐以后,景德镇窑应该进入了一个快速成长期,并且后来居上,在晚唐五代时期逐渐取代洪州窑成为江西地区新的窑业中心。在景德镇地区考古发现中,唐代窑址

---

① 熊寥,熊微.中国陶瓷古籍集成[M].上海:上海文化出版社,2006:209.
② 熊寥,熊微.中国陶瓷古籍集成[M].上海:上海文化出版社,2006:301.
③ 熊寥,熊微.中国陶瓷古籍集成[M].上海:上海文化出版社,2006:79.
④ 熊寥,熊微.中国陶瓷古籍集成[M].上海:上海文化出版社,2006:651.
⑤ 陈燕华.唐代景德镇早期窑业探索[J].东南文化,2017(2):87.

有浮梁兰田窑遗址、乐平南窑遗址,始烧于中晚唐时期,属南方青瓷生产系统,出土的器物包括青绿釉、青灰釉和白釉瓷器等几类。器型以碗、盘、注壶、罐等为主,包括了9—10世纪的各类常见器型;还发现一些较少见的器物,如腰鼓、瓷权、茶碾等。

景德镇隋、唐、五代瓷器成型主要有轮制、模制和捏塑三种工艺,圆器(例如碗、盘、钵、盆、壶、罐等)皆在辘轳(陶车)上拉坯成型。从成瓷后的器物来看,器胎上的轮施纹路细密而均匀,施釉以后表面光平,从器物口部朝器底看,可以看到中心轴线,各部分对此中心轴线基本上是对称的。对着直径方向看,长短一致,造型很规整。圆器上的一些附件,如壶的流、柄,则用合模的方法成型,然后再把它黏结在壶体上。一些小型器物,如盅、杯、壶盖等,多直接用模压制。一些异形器,如青釉腰鼓有中段瘦长细直形和中段凹曲形两种,均为竹节形圆筒。在器身上可以看出,此器是分节制作后黏合而成的,在接缝处有一圈泥条加固。这种分段合成的成型工艺,妥善处理了腰鼓成型中存在的器身长和束腰曲度过大且还要器壁薄的矛盾。贴泥合缝则不仅弥合了连接后段与段之间形成的缝隙,使鼓体经加固变得更结实,而且美化了鼓体。瓷塑人物、动物(如狮子)等,通过模具成型。这类模具都要分成两块或多块分别模制,然后黏合。五代时期景德镇生产青瓷和白瓷,李一平在《五代窑业初探》中对五代成型工艺进行了探讨,认为五代景德镇瓷器不论是圆器还是琢器,成型方法都是拉坯成型。他还认为碗、盘、杯、碟类器物已出现清代时期内范印坯整形的工艺。

**二、宋代景德镇陶瓷成型**

**(一)宋代陶瓷成型技术种类**

宋代景德镇瓷器成型分成四种:

(1)拉坯成型

拉坯成型是瓷器成型的重要方式之一,传统的碗、盘、杯、碟等圆器都是拉坯成型,而一些造型规整的圆形琢器类也是拉坯成型。在对拉坯成型分类前有必要对拉坯成型工艺流程进行论述,虽然宋代瓷器拉坯成型的工艺流程已无法复原,但景德镇千年制瓷工艺一直继承发展至今,拉坯成型制瓷工艺大同小异。

(2)印坯成型

印坯成型是陶瓷拉坯成型法之后出现的一种重要的成型方式。早在新石器时期就有使用,如龙山文化的袋足器使用了内模。明代宋应星《天工开物·陶埏》中对明代印坯成型进行了详细的介绍:"凡造瓷坯有两种。一曰印器,如方圆不等瓶瓷炉合之类,御器则有瓷屏风、烛台之类。先以黄泥塑成模印,或两破,或两截,亦或囫囵,然后埏白泥印成,以釉水涂合其缝,烧出时自圆成无隙。"①印器造坯之前需制作种模,即母范,景德镇湖田窑址考古发掘出土了一些人物雕塑、长颈瓶、象棋、围棋等造型的母范。宋代景德镇青白瓷印坯成型的器物有壶、瓶、罐、盒、盏托、炉、象棋、砚滴、围棋、瓷枕、水盂、塑像、香薰、烛台、器盖等等。

(3)手捏成型

手捏成型是瓷器成型工艺的一种方式,成型方法是通过手捏制出所需造型。由于捏塑作品的写意性强,不太注重形似,因而能准确地反映出作者的思想感情与生活态度,且因为快捷、简便的成型优势使得生产效率较高。宋代景德镇青白釉动物塑像主要有狗、鹿、猴、马、象、牛、羊、狮等。

(4)泥板成型

泥板成型的器物主要是瓷枕,泥板成型也是现代陶艺创作中一种重要的成型方法。其成型方法是借助圆形木棍将泥片滚压成厚薄均匀的泥板,为了滚压方便,一般在泥片上覆盖一块布,防止泥片和木棍黏结在一起,最后根据需要拼接成各类镶器。瓷枕是宋代景德镇青白瓷较为常见的一种造型,据湖田窑考古发掘资料可知,宋代景德镇青白釉泥板成型的主要是长方形枕、元宝枕、荷叶枕等。

图8-1　拉坯成型

---

① 熊寥,熊微. 中国陶瓷古籍集成[M].上海:上海文化出版社,2006:204.

**（二）宋代陶瓷成型技术的历史分期特点**

（1）北宋早中期

北宋早中期前段青白瓷成型工艺主要是以拉坯成型为主，手捏成型、泥板成型为辅，此时还没有出现印坯成型工艺。一次拉坯成型的器物主要是碗、盘、杯、碟类圆器，还有粉盒、水盂、折肩钵、罐等等。此期碗、盘、杯、碟器物内壁留有明显的轮旋痕，外壁旋坯痕较为明显，旋痕极其不规整。从器物内壁特征来看，北宋早中期前段主要是短泥定型为主，故内壁留下明显的轮旋痕，其内壁的利坯修整较为草率，而且各类碗、盘、杯、碟类挖足不规整，说明还没有使用内范拍印定型。罐类是采用一次拉坯成型，像一些瓜棱罐的瓜棱是用工具压制而成，而八棱罐应该是器物拉成坯后切削而成，故瓜棱大小不一。分节拉坯成型的器物主要是壶瓶盏托。青白瓷壶类造型颇为丰富，有盘口壶、注壶、瓜棱壶、侈口壶、喇叭口等等，但它们一般都是分颈部和腹部两节分别拉坯成型，然后拼接而成。从采集实物来看，由于内壁无法进行利坯修整，故内壁有明显的拉坯轮旋痕，且内壁颈腹交界处有一条明显的接痕。青白瓷常见瓶类主要有长颈瓶、玉壶春瓶、瓜棱瓶、喇叭口瓶、梅瓶等等。瓶类主要是分两节拉坯成型，瓜棱瓶的瓜棱应该是通过特殊工具压印而成。从窑址采集实物可知，盏托是分托台和托盘两部分分别拉坯成型，通过利坯成所需造型，然后用泥浆拼接成的。

（2）北宋中期到晚期

这一时期最大的特点是出现了印坯成型工艺，印坯成型工艺的器物主要是粉盒、长颈瓶、象棋、围棋、人物塑像等等。碗、盘、杯、碟、罐仍然是一次拉坯成型，并开始使用定窑的"拉坯—过内范—利坯"工艺，因此青白瓷器物不论是装饰工艺还是成型工艺有了较大的进步。碗、盘、杯、碟类造型较前期规整，北宋早中期前段的轮旋痕于此时较为少见，修足也较为精致，利坯工艺有了长足的进步。此时壶、瓶、盏托延续了上一期的分两段拉坯拼接成型。此时流行的有座高足炉一般分两节拉坯，有些足较高的分为三节。此期手捏成型和泥板成型工艺延续上一期的工艺，手捏成型主要是用于壶柄、壶嘴、罐系、动物塑像、塑像器身配饰。泥板成型主要是用于各类造型的瓷枕。北宋中期后段至北宋晚期处于成型工艺转变的过渡期，尚处于拉坯成型为主，印坯成型、手捏成型、泥板成型为辅的阶段。

（3）南宋时期

从南宋开始，景德镇青白瓷成型是以印坯成型为主，拉坯成型、手捏成型、泥板成型为辅。拉坯成型的器物主要是碗、盘、杯、碟、圈足炉、梅瓶,仰烧器和覆烧器成型工艺都是一致的。但碗、盘、杯、碟仍然需要在拉坯后过内范定型。从实物可知,芒口器内壁同样有明显的同心圆状旋坯痕,说明此时修坯工艺较为成熟。一些造型独特的圆器需要采用模具来辅助成型,如青白釉芒口菊瓣形碟,器身呈菊瓣状,其必然需要相对应的内范来印出其菊瓣造型。南宋时期景德镇一次印坯成型的器物有象棋、围棋、粉盒、配饰。南宋分节印坯成型多种多样,壶瓶类根据大小、器物造型一般至少分两段分别阴模印坯成型。两段印坯成型如南宋的扁腹壶,像长颈瓶、瓜棱瓶、玉壶春瓶、花口瓶、喇叭口瓶都是至少分四段以上分别印坯成型。小罐一般分腹上部和腹下部两节印坯成型,大的四系罐则是分三段印坯成型,大型三足炉分三段印坯成型,如素面三足炉。南宋小型三足炉器身一般分两段印坯成型,炉腿同样采用印坯合模而成。南宋时期还出现了印坯成型的盏托,如莲瓣形盏托就是分三部分分别印坯拼接而成。①

**三、元代景德镇陶瓷成型**

元代在成型工艺方法上,除了沿用宋代青白瓷"轮制拉坯成型法",还出现了"阴模印坯成型法"②。元代琢器使用阴模印坯,即用适量的坯泥搓成粗泥条至于模内底一周,再用手指自下而上均匀地向上挤压,使泥与模内壁紧密相贴,挤压完后,用手掌或抹布抹平内壁,力求平整、光洁,这样可避免变形。待干至坯与模有所分离时,即可将此节坯从模内取出,称为"脱模"。各节用此法印好,再用"接头泥"一节一节地自上而下(或自下而上)接正、接固,后再接底。圆器则采用阳模印坯成型,用人工在模型上挤压拍打,使其均匀延展,按所需泥料形成于器内表面,待稍干但未脱模前就在模上挖出十足的"靶子",再脱模。这样就可以提高大件瓷器的成型和烧造的成功率。由于采用了新的成型工艺,在器物上留下了元代特有的工艺特征,如琢器内留下明显的接坯痕迹,而圆器如碗,口薄,腹鼓,底厚,圈足小。③ 为什么元青花的成型方法一反宋代琢器拉坯成型法和圆器先拉"水坯"待稍阴干后套在阳模上拍印成型的方法呢?黄云鹏先生分析原因有二:第一,宋以前的坯泥是单一的硬质瓷石泥,尚未引入高岭土,于是大件器很难烧成,多生产中小件器,此时拉坯成型技术也只局限于中小件产品,元青花硕大的圆、琢二器,当时的拉坯技术无法完成;第二,制坯泥中加入了

① 赵小东.宋代景德镇青白瓷成型工艺研究[D].景德镇:景德镇陶瓷学院,2015:40.

② 黄云鹏,黄滨.元代景德镇青花瓷的烧制工艺:上[J].收藏家,2006(12):68.

③ 黄云鹏,黄滨.元代景德镇青花瓷的烧制工艺揭秘:中[J].收藏界,2007(1):48-50.

近三分之一的可塑性差的高岭土和三宝蓬釉果泥,使多元配方的胎泥可塑性下降,加上此时胎泥加工不细,颗粒较粗,陈腐时间短,技术不熟练的拉坯工人更是无法用此坯泥一次拉成如此大的器型。可塑性差的坯泥制成的大件厚坯体,干燥时易开裂,所以当时圆、琢二器均被迫改为印坯成型,因为印坯成型的坯泥含水率要低于拉坯的坯泥,而且印坯时要用力按压,这样可以克服可塑性较差带来的以上毛病。[1]

### 四、明代景德镇陶瓷成型

明代景德镇窑场把瓷器型制及其成型方法分为两大类别,即"圆器"与"印器"。圆器成型是在陶车(即辘轳)上进行,印器成型是先模印后以釉水涂合其缝。

按照宋应星《天工开物》的说法,圆器为"大小亿万杯盘之类,乃生人日用必需,造者居十九";印器为"方圆不等瓶瓮炉合之类,御器则有瓷屏风、烛台之类",造者则"十一"。[2] 圆器成型是在陶车(即辘轳)上进行,所用陶车为木质结构。宋应星《天工开物·陶埏》记载:"凡造杯盘,无有定形模式,以两手捧泥盔冒之上,旋盘使转,拇指剪去甲,按定泥底,就大指薄旋而上,即成一杯碗之形(初学者任从作费,破坏取泥再造)。功多业熟,即千万如出一范。凡盔冒上造小坯者,不必加泥;造中盘大碗,即增泥大其冒,使干燥而后受功。凡手指旋成坯后,覆转用盔冒一印,微晒留滋润,又一印,晒成极白干,入水一汶、漉上态冒;过利刀二次(过刀时手脉微振,烧出即成雀口)。然后补整碎块,就车上旋转打圈。圈后或画或书字,画后喷水数口,然后过釉。"[3]按照宋应星《天工开物·陶埏》记载,印器成型"先以黄泥塑成模印,或两破,或两截,亦或囫囵,然后埏白泥印成,以釉水涂合其缝,烧出时自圆成无隙"[4]。明代瓷瓶、瓮、炉、盒等印器,由于采用模印法成型,器身上往往烙下接痕。永乐时期出现半脱胎,成化时期有些官窑器坯胎薄的程度达到了几乎脱胎的地步,隆庆、万历时期民窑的蛋皮式白瓷也能达到脱胎的程度。脱胎器的制作从配方、拉坯、修坯、上釉到装烧都有一套技术要领和工艺要求,其中修坯是最要紧的一环。脱胎的修坯一般要经过粗修、细修定型、修去接头的余泥,并修整外形、荡内釉,然后精修成坯并施外

① 黄云鹏,黄滨,黄青.元青花探究与工艺再现[M].南昌:江西美术出版社,2017:168.
② 熊寥,熊微.中国陶瓷古籍集成[M].上海:上海文化出版社,2006:204.
③ 熊寥,熊微.中国陶瓷古籍集成[M].上海:上海文化出版社,2006:204.
④ 熊寥,熊微.中国陶瓷古籍集成[M].上海:上海文化出版社,2006:204.

釉。在修坯过程中,坯体在利篓上取下装上,反复近十次之多,才能将2—3毫米厚的粗坯修到蛋壳一样薄的程度。

**五、清代景德镇陶瓷成型**

清代,景德镇窑场把瓷器型制划分为三大类:圆器、琢器和镶器。圆器沿用明代之说,琢器是指圆式花瓶、缸、盒之类器物;镶器则指六方、八方之类花瓶。圆器成型一般分为拉坯、印坯、旋坯、旋柄挖足四道工序,这四道工序均在轮车上进行。圆器成型第一道工序为拉坯。拉坯,俗呼"做坯",拉坯工匠俗称拉坯工。拉坯成型的工具主要是"轮车"。轮车又叫"坯车",其"车如木盘,下设机局,俾旋转无滞则所拉之坯方免厚薄偏侧,故用木匠随时修治"①。用轮车拉坯时"拉坯者坐于车架,以竹杖拨车使之轮转,双手按泥,随手法之屈仰收放以定圆器款式,其大小不失毫黍"②。圆器成型第二道工序为印坯。"大小圆器拉成水坯,俟其潮干,不可令见日色,恐日晒则有坼裂之患,故有印坯一行。印坯时,印坯工用修就模子套坯其上,以小轮车旋转印拍,褪下模子阴干,以备旋削。"③由于"圆器之造,每一式款,动经千百,不模范式款断难画一。其模子必须与原样相似,但尺寸不计算放大,则成器必较原样收小。盖成坯泥松性浮。一经窑火松者紧、浮者实,一尺之坯止得七八寸之器,其抽缩之理然也。欲求生坯之准,必先模子是修,故模匠不曰造,而曰修。凡一器之模,非修数次,其尺寸、款式烧出时定不能吻合。此行工匠务熟谙窑火、泥性,方能计算加减以成模范。景德一镇,群推名手,不过三两人"④。圆器成型第三道工序为旋坯。旋坯又称"利坯",从事旋坯的工匠称为利坯工。清代景德镇利坯工具——利头改为木质,呈木桩状。"桩视坯为粗细,其顶浑圆包以丝锦,恐损坯也"⑤。利坯时,利坯工将利头立于轮车车盘的中心部位,然后"将坯扣合桩上,拨轮使转用刀削旋,则器之里外皆得光平"⑥。圆器成型第四道工序为旋柄挖足,旋柄挖足即挖削碗、皿等的底部。拉坯之时,坯足必留一靶,长二三寸,便于把握画坯。蘸釉工毕,始旋去其柄,挖足写款。"一切大小花瓶、缸、盆圆式者,俱名琢器"⑦,琢

① 熊寥,熊微.中国陶瓷古籍集成[M].上海:上海文化出版社,2006:301.
② 熊寥,熊微.中国陶瓷古籍集成[M].上海:上海文化出版社,2006:301.
③ 熊寥.中国古代制瓷工程技术史[M].太原:山西教育出版社,2014:600.
④ 熊寥,熊微.中国陶瓷古籍集成[M].上海:上海文化出版社,2006:301.
⑤ 熊寥,熊微.中国陶瓷古籍集成[M].上海:上海文化出版社,2006:303.
⑥ 熊寥,熊微.中国陶瓷古籍集成[M].上海:上海文化出版社,2006:303 – 304.
⑦ 熊寥,熊微.中国陶瓷古籍集成[M].上海:上海文化出版社,2006:662.

器中的浑圆者"亦如造圆器之法……其镶方棱角之坯,则用布包泥以平板拍练成片,裁成块段,即用本泥调糊粘合"①。凡六方、八方花瓶之类为镶器。镶器成型是先将泥料打成薄饼状,然后将泥状薄饼按照预定的形制拼镶成器。据学者研究,明清时期景德镇陶瓷轮制成型技艺的演变主要包括:陶车的安放位置从明代的完全在地面以上,转变为清代的仅位于地面以上 20 cm 左右到落于地面以下 7—10 cm;相应的拉坯及利坯姿势从站姿转变为坐姿;民窑使用瓷质轴顶帽,官窑在"尽搭民烧"之前使用檀木质轴顶帽;清代陶车木架从无挡板转变为有挡板,又因为陶车完全落于地面以下而转变为无挡板;利坯陶车木盘中心的木桩转变为小木架。景德镇窑址考古发掘印证了明清时期景德镇陶瓷轮制成型中陶车安放位置的变化及拉坯利坯姿势的转变。轴顶帽内面的圆度及光滑度,檀木质的应优于瓷质的,这是官窑选择使用檀木质轴顶帽的重要原因之一。②

图 8 - 2　利坯

---

① 熊寥,熊微.中国陶瓷古籍集成[M].上海:上海文化出版社,2006:301.
② 李其江,张茂林,吴军明,等.明清时期景德镇陶瓷轮制成型技艺的演变研究[J].陶瓷学报,2013,34(3):316.

## 第三节 景德镇陶瓷成型工具

景德镇传统陶瓷成型主要是手工制作,其成型工具主要有陶车、印坯模、利坯刀等。

**一、拉坯成型工具**

1. 陶车

陶车是陶瓷圆形器物成型的机械设备,又称辘轳车、琢车、轮车、转轮、辘轳车、陶钧等,在景德镇俗称车盘,用于拉坯、利坯、剐坯、修模等操作。陶车分为湿车与干车,湿车用来拉坯、做匣、施釉等,干车用来利坯、剐坯、修模、打箍等。

陶车主要由水平转盘和立轴构成,由车盘、顶子碗、车表、网脚、荡箍、篾箍、车桩等部分组成。用一端牢固深埋于地下的木柱为立轴,顶起一块木制的车盘。车盘直径为1—1.3米,以中间窄、两边宽的三块木板镶成。盘底中心嵌上一个顶子碗,碗内上釉,碗口朝下,由深埋在地的车桩顶着。顶轴碗内壁与立轴顶端形成活动套,使硬木与顶子碗光滑的釉壁摩擦系数最小化,成为很好的活动轴承。为防车盘旋转时东倒西歪,紧靠顶子碗的口沿,安有四根垂直的网脚,即四支着根于车盘的木杆;网脚下端,内安一个比车桩外径稍大的瓷质轮环,即荡箍,外加一篾箍使荡箍紧固。木杆外侧用绳索或铁丝扎紧,形成伞状支撑,使车盘与立轴之间保持垂直状态,而不致发生倾斜。车盘经试验平稳,再套在固定好了的车桩上,用搅车棍在转盘上一拨,便会旋转起来。在车盘近边缘处,有一凹坑,供操作时插入搅车棍拨转车盘之用。

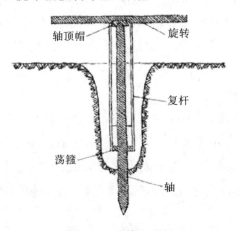

图8-3 陶车剖面图

陶车构造看似简单,但其实要求很高。它必须保持水平,且必须保持转速。车盘必须经过水平校准,在景德镇俗称"称车",即测定车盘四周的重量是否相等。具体方法是:拨动车盘旋转,观察下端的荡箍与立轴的距离远近,以判断车盘四周的轻重差别。在轻的一侧放置木块,斫削加减,直到荡箍的四周与立轴的距离相等,再把斫削好的木块钉在车盘反面,起到平衡作用。校准后的陶车才能使用。

2. 坯荡

坯荡亦称坯碾、型板,多为瓷质,是圆器拉坯时用于定内形的辅助工具。坯荡制作方法是,取坯一件,割成数块,入窑烧成瓷片后磨平即可。坯荡一般由拉坯工人根据生产品种需要,取所制品种的坯件自制,一般制作多个备用。拉坯时,双手在泥柱上端捏泥,徐徐向两边拉开,使泥料呈喇叭状,然后取坯荡抵住泥坯内壁,并随坯体外侧手缓缓移动,拉出器型。在拉出器型的同时以坯荡校正坯体内侧的曲线和口径大小,使坯体定形。如不用坯荡,则坯体不易规范,内壁不易平整。

## 二、模具成型工具

### 1. 圆器印坯模

圆器采用阳模印坯。景德镇将圆器印坯模具称为"死人头",一般以常见的田土制成,形状类似一个非圆形的实心球体,底端一般是凸面,为的是在拍打泥坯时方便转动,用手拍打覆盖于模具上的坯,可使产出的瓷器规格统一、厚度均匀。制作时取一定数量的泥土加水调成稠泥状,踩练、揉按,然后将其一端制成凸面,以便印坯时能转动自如;另一端大致做成圆器内壁形状,待其干燥后置于利坯车上修削,边修削边与泥条制成的标准曲线模型相比对,务使其形状与制品内壁形状完全一致。然后入窑烧结而成,坚硬度较高,同时还有一定的吸水性,可以吸掉坯体中的水分,方便脱模。"死人头"多用于碗等圆器的成形和整形,因此表面光滑无纹饰。

圆器印坯模具制作,最关键的是"修模"。景德镇传统陶瓷产品生产,每一器型、规格必有一专门印坯模具,以保证产品规格大小整齐划一。其模具必须与原样相似,但尺寸要按坯体的干燥收缩和烧成收缩率予以放大。大抵一尺之坯,烧成后的瓷器仅七八寸,故模子必须先修,且必修数次,直到无大小参差之异。

修模是一项技艺要求极高的工作,需依据所生产的碗、盘、杯、碟造型与规格制作,考虑到坯体的总收缩率以计算尺寸,且修削加工要求十分精确,否则所印之坯难合规范。清代唐英在《陶冶图说》中称:"圆器之造,每一式款,动经千百,不模范式款断难画一。其模子必须与原样相似,但尺寸不计算放大,则成器必较原样收小。盖成坯泥松性浮,一经窑火松者紧、浮者实,一尺之坯止得七八寸之器,其抽缩之理然也。欲求生坯之准,必先模子是修,故模匠不曰造,而曰修。凡一器之模,非修数次,其尺寸、款式烧出时定不能吻合。此行工匠务熟谙窑火、泥性,方能计算加减以成模范。景德一镇,群推名手,不过三两人。"①

景德镇窑的"死人头"印坯模具的使用方式,宋应星在《天工开物·陶埏》中有记载:"凡造杯盘,无有定形模式,以两手捧泥盔冒之上,旋盘使转,拇指剪去甲,按定泥底,就大指薄旋而上,即成一杯碗之形……盔冒上造小坯者,不必加泥;造中盘大碗即增泥大其冒,使干燥而后受功。"②即将坯扣在模具上,用双手或者木拍拍打坯顶部,使坯体与模具之间的空隙消失,再用双手拍打碗坯,边转动边拍,直到坯体与模具彻底吻合。

2. 琢器印坯模

琢器采用阴模印坯。先要制种模,又叫母模,即用于翻出印坯用的模型。其印模制作方法,宋应星在《天工开物·陶埏》中记载:印器造法"先以黄泥塑成模印,或两破,或两截,亦或呬圈,然后埏白泥印成,以釉水涂合其缝,烧出时自圆成无隙"③。这里所说的印器,就是清代所说的琢器。

阴模用黄泥塑成,此模的工作面是在内凹面上,用于形成器物的外表面,故叫阴模。印坯时器物内壁用手或抹布抹平,印坯的器外表是靠模壁定型形成的光洁面。器物印接好后,外壁不再利坯(修坯)。如果器表面有大的空隙,或有印压泥时因泥过干或未按压紧密而产生泥表面浅裂纹现象,对此只需立即用泥浆局部填平或刮平即可。

3. 陶拍

陶拍在景德镇又称"本巴掌",用断料板锯成,形如"凸"字,柄较长。陶拍在印坯时起正形作用,通过拍打的方式,一方面弥合泥条之间的缝隙,另一方面将拍面上的纹饰转移到泥坯上。

① 熊寥,熊微. 中国陶瓷古籍集成[M]. 上海:上海文化出版社,2006:301.
② 熊寥,熊微. 中国陶瓷古籍集成[M]. 上海:上海文化出版社,2006:204.
③ 熊寥,熊微. 中国陶瓷古籍集成[M]. 上海:上海文化出版社,2006:204.

4.陶抵手

陶抵手也称"陶垫子"。其多为上面平,下为半球形,平面中部有一细圆柱近似杵形柄,倒看形似蘑菇。所见以泥质红居多,表面光滑。其用途主要是在制作陶坯时,为了防止器表拍印纹饰时器壁凹陷,用它在器内支持拍印,故称"陶垫子"。陶抵手要与陶拍紧密接触,防止陶拍损坏坯体,同时陶拍必须均匀用力,才能拍印出整齐均匀的花纹,否则坯体表面高低不平,纹饰深浅不一。所以,要想印出清晰整齐的花纹,就必须将陶拍和陶抵手密切配合,同时要施加均匀的力道,围绕泥坯反复拍打。

5.整坯槌

用断料板锯成,坯体半干时,用槌轻轻拍打,使坯体内空气被排出。

6.整坯刀

用铁制成,形似菜刀,长柄,用于小型品种整坯。

7.整坯板

用断料板锯成,整坯时托坯用。

8.雕削模子

半熟泥制品,阴刻成壶嘴、杯柄、瓶耳状,用于印制上述部件。

### 三、利坯、剐坯、修模工具

1.利坯刀

利坯是指将坯覆放于辘轳车的利桶上,转动车盘,用刀旋削,使坯体修正整齐,厚薄适应。

利坯刀是瓷器坯体内外旋削加工、修整的专用工具,按用途分为条刀、板刀和蝴蝶刀三大类,其大小依加工坯体的规格而定。

条刀为长条形,主要用于小件瓶类等琢器内壁修整,长度视坯体高度而定。刀体扁平,刀尖开刃一侧呈弧形。使用时由利坯师傅根据坯体的曲线变化,随时调整刀口的弯曲度,手伸进瓶子里面进行修整。

板刀为坯体外壁修削整形的主要刀具,圆、琢、镶器均可使用。刀面呈板状,与手柄垂直。有单叶刀与双叶刀两种,单叶刀仅用于坯体外壁修整,双叶刀除旋修外,还可用于挖底足;板刀用得最多,一般是用来粗略修正造型,后期整体修整都能用到。

蝴蝶刀呈蝴蝶形,因坯体器型不同而有多种样式,其两叶刀口宽度一般不小于坯体的底足半径,主要用于器物剐足和大件造型里面手伸得进去的修整。

利坯刀具均为铁器,打制时,需先剪取相应形状的铁条或铁片,烧红取出后,用铁锤一锤刀刃一锤刀侧地打制成型。待其自然冷却后再进行冷扁,即用小锤在铁砧上将刀具锤修成型、开刃。为使利坯刀在旋削坯体时保持一定的柔韧性,在打制过程中不需做淬火处理,而是采用自然冷却,因而刀口易磨损,需经常用锉刀锉制,以保证利坯工效。

2. 剐坯刀

前后两刃,前端呈长方形,后端呈三角形,长约 14 厘米,呈 90°直角。剐坯时,将刀柄拗弯,使前刀底刃与三角刀基本成直线。剐九寸、满尺盘,则用利坯刀。

**四、雕刻成型工具**

1. 雕刻刀具,一般为铁制,有宽窄多种,用于坯胎雕刻。

2. 舂槌,以木等材料制成,前尖后圆,用于雕塑瓷坯锤、按等塑形。

3. 挜扒,即陶瓷雕塑行业使用的雕塑刀。以木、竹等材料削成类似筷子的竹尖,头部呈圆状,用于修坯、剐釉、补泥、接斗、描光、扒色等。有大小、粗细、尖圆、曲直、光麻等种类,可用来对雕塑瓷坯进行挜、扒、挑、拨、剔、剐、挖、剃、削、压、拉、点、按等塑形。

**五、泥板制作工具**

1. 滚筒,木制,做泥板时,用来滚压泥板表面,使其变薄成型。

2. 木槌,木制小槌,有方形、圆形,制作泥板时用来捶打泥团。

# 第九章　景德镇陶瓷装饰科技

陶瓷装饰,是在陶瓷器物表面或坯体上进行艺术处理与加工,依靠材料和加工手段,达到创造美的目的。陶瓷装饰贯穿于陶瓷制作的全过程,表现在一切陶瓷材料上。陶瓷装饰不仅是平面的,也包括立体的,如贴塑、压印、雕刻和附件等;不仅是附加的,还有是制件中形成的,如拉坯的手迹,有意识地让其出现深浅或宽窄、渐变等装饰效果;不仅是形象的纹样,光滑细腻的陶瓷本身和晶莹润泽的釉面也是装饰。因此,一件陶瓷作品的装饰与造型是一个和谐统一的整体,陶瓷表面的一切装饰作用的肌理效果(如纹样、色彩、质感等)和作为装饰的附件,以及材料本身色彩的巧妙利用均可达到装饰陶瓷的作用,都可以构成陶瓷装饰的范围。①

## 第一节　陶瓷装饰的构成要素

陶瓷装饰,除了具有一般工艺美术装饰规律之外,还具有它本身的要经过烧成考验的规律,以及陶瓷材料和陶瓷工艺手段的特殊性。因此,陶瓷装饰的构成因素与其他工艺美术的构成因素不同。

**一、装饰材料**

装饰材料对陶瓷装饰起决定性的作用。陶瓷装饰材料主要有坯料、色釉料和颜料以及工艺条件必需的载体和辅助材料,这几种材料是构成陶瓷形体和装饰的主要物质因素,它们决定了陶瓷装饰的色彩、质感和物理化学特性。

1. 坯料

坯料是构成陶瓷器型的主要原料,包括瓷石、高岭土、黏土、石英、长石等,经过粉碎、混炼、成型、焙烧等工艺过程,制成各种器型的陶瓷制品。不同的坯料,在制成瓷器后,瓷胎表面会呈现连续的玻璃质层,具有相应的艺术效果,且不同的瓷器器型本身就是装饰。

---

① 吴兰芳,钱梅玲.陶瓷装饰浅议[J].陶瓷研究,1995(2):65.

## 2. 色釉料

陶瓷色釉料一般是指色料和釉料。釉料由瓷石、长石、石英和高岭土等组成,形成陶瓷基础釉。色料是产生颜色的物质,通常称为着色剂,是以着色物和其他原料配合,掺入基础釉中,配制成各种色釉。因此,着色剂是色釉不可或缺的基本物质,是产生各种色釉的要素。着色剂按生成的温度可分为高、中、低温型,按颜色种类来分更是丰富多彩,形成多种色釉艺术效果。陶瓷色釉料是陶瓷重要的装饰材料,具有特殊的装饰效果,在日用陶瓷、陈设艺术瓷、建筑卫生陶瓷、电瓷和一些化工瓷等方面都有广泛应用。

## 3. 颜料

陶瓷颜料一般指调整到使用温度的可直接用于釉下或釉上彩绘的着色料。陶瓷颜料是以着色物和其他原料配合,经高温煅烧而制得的无机着色材料。着色剂可用来配制陶瓷颜料,即以色剂和熔剂配成有色的无机陶瓷装饰彩料。陶瓷颜料经过 750 ℃以上高温,在适合的熔烧气氛下产生化学反应,达到预定呈色效果的硅酸盐类化合物。陶瓷彩绘装饰材料的品种繁多,以颜料种类分,可分为固体颜料、液体颜料、贴花纸及辅助材料;以装饰类别分,可分为釉上颜料及贴花纸,釉中颜料及贴花纸,釉下颜料及贴花纸。各装饰形式又有各自专用的颜料和制备方法,如青花料、粉彩料、广彩料、五彩料等。

## 4. 化妆土

将较细的陶土或瓷土,用水调和成泥浆,施于陶胎或瓷胎上,器物表面就留有一层薄薄的色浆,颜色有白、红和灰等,起到美化陶瓷作用,这种色浆就是化妆土。施用化妆土可使粗糙的坯体表面变得光滑、平整,坯体较深的颜色得以覆盖,釉层外观显得美观、光亮、柔和、滋润。因而,化妆土成为一种陶瓷装饰材料。

### 二、装饰形象

陶瓷装饰有具象和抽象两种形态,分为图案装饰和色釉装饰。

具象形态一般指人们熟悉的形态的再现,如动植物纹样、人物风景图案;抽象形态主要指各种抽象几何纹样和随意形态。

陶瓷图案装饰按照其所装饰纹样主题又分为几何图案装饰、花卉图案装饰、人物图案装饰、动物图案装饰、风景图案装饰等。

## 1. 几何图案装饰

几何图案装饰是用点、线、面等几何要素的图案纹样来装饰陶瓷。从大量的传统青花瓷、粉彩瓷上的装饰可以看出,装饰在口沿、颈、足部连续式的辅助纹,如回纹、龟背纹、菱形方格纹等,与器物的造型相协调,形成统一而又富于变化的艺术效果。

### 2. 花卉图案装饰

花卉图案装饰主要是对大自然的花卉进行变形和换色,充分发挥设计者的想象力,创造性地加以夸张、简化、取舍、修饰,使形象更简练、完美、生动,特征更明显,使其造型和色彩更富于理想化。

### 3. 人物图案装饰

人物图案装饰是把人物形象、动态、服饰进行概括、提炼、夸张,和谐有机地配合,从而设计出装饰图案。

### 4. 动物图案装饰

动物图案装饰是根据动物的形象、动态、特征,在设计中运用简化、夸张、添加、拟人化等艺术手法加以表现,使动物的形象更集中、更概括、更简练、更生动、更完美。

### 5. 风景图案装饰

风景图案装饰是根据大自然的树木、山石、河流、云雾和建筑、交通工具的变化,在表现其空间关系上灵活运用透视规律(任意透视、混合透视、平置透视、散点透视),使画面变化无穷,步步有景,景随人移。

色釉装饰是在釉中加入某种氧化金属为着色剂,在一定温度和气氛中烧成,呈现各种不同色彩,达到相应的装饰效果。色釉装饰分为单色釉装饰、多色釉装饰和高温色釉装饰、低温色釉装饰。

### 三、工艺加工方法

陶瓷装饰工艺加工方法包括制作与烧成,按陶瓷可塑性的强弱形成的厚薄,进行装饰加工处理。可塑性强的,可以塑贴、压划、镂雕等,可塑性弱的适于彩绘装饰或色釉装饰,烧成温度、窑炉气氛可以决定材料的呈色和肌理效果。加彩装饰有釉下、釉中、釉上和综合装饰,多为手工绘制。随着社会的进步、科学的发展,利用印刷方法制成的贴花纸是目前陶瓷生产普遍采用的装饰物,也有釉上、釉下之分,但不可按其造型来构图。

# 第二节　景德镇陶瓷装饰演变过程

### 一、景德镇唐、五代陶瓷装饰

景德镇有考古发掘记录的陶瓷窑址始于唐代。就目前发掘记录看,景德镇唐代窑址主要有两个,一个是景德镇兰田窑,另一个是乐平南窑。其中,兰田窑址位于浮梁县湘湖镇兰田村,年代约为唐代中期,一直延续到北宋早期;乐平南窑主要在晚唐时期。景德镇五代时期窑址分布范围稍广,主要分布在景德镇南河流域,包括湖田窑、杨梅亭窑址、盈田窑等。从烧制的产品看,景德镇唐代主要烧制青瓷制品为主,大部分为单色瓷,同时也发现一部分有褐彩装饰;五代时期主要烧制青瓷和白瓷。

景德镇兰田窑址根据发掘情况分为五期:一期器物釉色主要以青绿釉为主,少见酱釉。青绿釉呈色多样,以青黄色为主,少见墨绿,常见釉层不匀的现象。二期出土物非常丰富,代表了兰田窑早期产品的主要面貌。根据对第1组所有地层内出土产品的釉色统计,青绿釉器物占85.7%,其他器类仅有14.3%,其中青灰釉器占9.7%,白釉器4.6%,素胎极少,其时代约可早至晚唐后期。三期青绿釉器物仍为主流,占76.5%;白釉器物数量增加,占15.6%;青灰釉基本持平,较前一段略少,占总量的7.9%,时代可能为唐末五代初。四期青绿釉器物占总数的60%,大大减少;白釉器物比重继续增加,占20.3%;青灰釉器物比例上升明显,占19.6%。此时仍属于窑场烧造较为繁盛的时代,时代下限可能为五代中后期。五期青绿釉器物比例继续下降,占54.7%;青灰釉器物和白釉器物的比例继续增加,分别为23.1%及22.2%。第五期接近窑场终烧的年代,下限应至北宋早期。青绿釉、青灰釉与白釉器物共出的情况,表明它们是同时生产的,与时代早晚无关。器物制作上的精粗程度,体现的是同时生产的不同等级或质量的器物,以满足不同的需求,这使我们对景德镇早期制瓷业的生产状况有了新的认识。[①]

从乐平南窑出土的器物来看,南窑青釉瓷器有双系瓶、小瓶、壶、盘口壶、大罐、中罐、小罐、大碗、中碗、小碗、盘、灯盏、钵、盏、瓮、水盂、盒盖、盆、腰鼓等;总体釉色为青中闪黄,有一部分青色色调较浓,也有釉色较显褐色的。青釉发色

---

① 秦大树,刘静,江小民,等.景德镇早期窑业的探索:兰田窑发掘的主要收获[J].南方文物.2015(2):128-137.

的主要显色元素为铁和钛,金属离子在高温下氧化成高价离子,呈现闪黄特点。南窑遗址出土的青瓷,其发色明显不同,上层碗状瓷器发色为青色,下层小盘发色为褐色。两件器物装在一个匣钵中烧制,可以认为其烧制气氛是一致的,表明其发色主要是由其自身成分决定的。[①]

张茂林等对兰田窑及南窑出土的瓷片进行了胎釉成分分析,发现其成分与宋代景德镇青白瓷的胎体成分差别较大,认为景德镇南窑、兰田窑等早期青瓷胎体和越窑类似,可能是使用了二次沉积黏土作为原料。南窑青瓷、兰田窑青绿釉瓷和青灰釉瓷、湘湖窑白瓷、凤凰山窑青白瓷瓷釉中 $MnO$ 和 $P_2O_5$ 的含量都较高,应是采用草木灰釉制备的。[②]

五代窑址基本分布在景德镇东河和南河流域,主要生产青瓷和白瓷,多采用叠烧法,碗心多粘有支烧痕。青瓷与唐五代浙江越窑相似,好者可以乱真,即所谓"艾色";白瓷胎致密,白釉色调纯正,与北方白瓷接近,但透光度较好。五代青瓷中 $Al_2O_3$ 含量集中在 16%—18%,而 $SiO_2$ 含量主要集中在 72%—76%,变化不是很大,属于一种低铝高硅瓷,具有我国南方胎料低铝高硅的特点,应是采用瓷石质原料制备的。[③] 五代白瓷也是用单一瓷石制胎,用重石灰釉,釉色上白而微泛青色,其中甚至有一部分透明见胎;器型上,主要有碗、盘和小碟,碗盘均为大足,口多为唇口、花口。

**二、景德镇宋代陶瓷装饰**

宋代,我国单色釉发展到顶峰时期,不管是釉色还是釉质都做到近乎完美的程度。景德镇青白瓷釉色"白中带青,青中带白",其独特的类玉效果得到了宋人的喜爱,上到庙堂,下到黎民百姓,都乐于使用这种称为"饶玉"的精美瓷器,其烧造范围和烧造规模在宋代窑口中都是位居前列的。同时,宋代景德镇还烧制酱釉、黑釉、绿釉等釉色的瓷器,这主要是景德镇窑模仿其他窑口瓷器的结果。

此外,除了釉色装饰外,青白瓷也非常注重纹饰装饰,通过刻划、模印、堆塑、捏塑等方法创造了非常丰富的纹饰,形成了具有景德镇窑特色的纹饰体系。

从景德镇青白瓷的釉色控制和纹饰装饰技艺两个角度,我们可以看出宋代

---

① 全留洋.多学科视角下的乐平南窑青瓷初探[D].景德镇:景德镇陶瓷大学,2016.

② 张茂林,李其江,吴军明,等.从模仿到创新:景德镇中晚唐、五代至宋代瓷器胎釉配方的演变[J].故宫博物院院刊.2020(9):28-33.

③ 李原野.景德镇南河流域五代青瓷的材料学分析[D].景德镇:景德镇陶瓷学院,2013.

景德镇陶瓷装饰科技发展的基本情况。

### （一）釉色控制

瓷器呈现的釉色效果是瓷器胎色和釉色综合显现的结果。瓷器呈现的釉色不仅取决于瓷釉的发色，也跟瓷器胎体的发色有很大的关系。而不管胎体也好，瓷釉也好，其发色都跟其成分和烧造气氛有直接的关系。

1. 胎体发色及控制

宋代景德镇青白瓷瓷胎主要采用的是瓷石单一配方，另有一种说法是到了南宋晚期出现"瓷石＋高岭土"的"二元配方"。但不管哪种配方，瓷胎中的铁、钛含量都相对较低，因此其发色总体洁白，为青白瓷莹润如玉的呈色效果奠定了基础。

2. 釉色发色及控制

宋代景德镇青白瓷釉料主要采用的是釉果＋釉灰的配方。釉料中铁、钛等含量较低，钙含量相对较高，釉料流动性较大。因此釉层相对较薄，一般为200微米左右，具有较强的透明度。

3. 宋代景德镇模仿其他窑口瓷釉

宋代景德镇窑口还存在模仿其他窑口的釉色品种，如仿吉州窑、仿建窑、仿定窑等，在湖田窑历次考古发掘中就有不少发现，其产品质量和正窑口有一定的差距。

### （二）纹饰装饰技艺

宋代景德镇青白瓷除了素面无纹外，也有着丰富的纹饰装饰，其纹饰包括几何纹饰、植物纹饰、动物纹饰、人物纹饰等等，涵盖生活的方方面面。北宋早期的景德镇青白瓷，胎体较厚，主要以素面为主，纹饰较少。中晚期器物胎体也开始变薄，透影性强，迎光可视胎壁花纹，装饰手法以刻花为主，线条流畅，花纹清晰。南宋时期出现印花装饰，刻花工艺减少，印花纹饰成型简单，便于大批量生产，成为这一时期景德镇青白瓷的主要装饰。

除此之外，此时还采用堆塑、捏塑、镂空等装饰技法。有些器物上可以看到多种技法的综合使用。

1. 刻划花、印花装饰

在彩绘为陶瓷装饰的主导之前，刻划花是陶瓷装饰中重要的一种手法，而宋代更是将刻划花艺术推到了巅峰。宋代景德镇集当时众窑之所长，加上独特的地域优势，形成了独具特色的青白瓷刻划花装饰。

刻划花装饰是用刀、竹签或铁针等工具在已干或半干的陶瓷坯体上刻划出纹样，经施釉或不施釉，入窑烧制而成的一种装饰方法，是陶瓷装饰的一种。刻划花分为"刻花""划花""剔花""篦花""印花"等，统称为刻划花。各种技法使用的工具和手法不同，形成了深浅不一、各具特色的纹饰。很多时候一个器物装饰中存在多种技法共存的现象，形成了千姿百态的装饰，但共同的特点是技法流畅，构图合理，极符宋代美学。

宋代印花主要流行模印印花，采用刻有装饰纹饰的模具，在尚未干透的泥上印制花纹，然后烧制而成，印花工艺应是外来技术，主要流行于南宋时期。

2. 雕塑

在我国陶瓷装饰中，瓷塑由来已久。到宋代，瓷塑涉及日常生活小玩具、随葬明器、日常生活用具等各方面，形式多样，技艺精湛，形成了沉静素雅、质朴纯真的风格。特别是人物塑像，得到了巨大的发展，这跟宋代制瓷技艺的提高有很大的关系。宋代制瓷业对原料的处理更加精细，泥料各方面性能大幅提高，使制得的瓷胎更加细腻，使得烧制的瓷塑形态逼真；同时，宋代釉料也大有发展，特别是景德镇青白瓷釉"青中带白，白中泛青"的釉质特点，使烧制的瓷塑更加生动。

瓷塑一般都由模具翻制印坯而成。工匠们往往会用手在泥坯上做进一步加工，使瓷塑具有个性化的特征。特别是对大型瓷塑，在模型完成的基础上，以瓷泥为载体，再运用搓、揉、捏、卷、压、贴、划、镂等手法，对造型进行锦上添花、画龙点睛的加工。而一般小型瓷塑，则为纯手工捏制，活灵活现，颇具生活气息。

3. 镂空

镂空是将坯体表面切割或钻孔，达到穿透状态的一种装饰技法。新石器时代中晚期的陶器就开始出现镂空装饰，历朝历代的陶瓷镂空装饰也较为常见，到宋代镂雕发展趋于成熟，尤其清代以后，统治者对镂空陶瓷有着强烈的兴趣，在上行下效的社会风气的影响下，镂空陶瓷受到社会大众的喜爱。景德镇宋代瓷器中，镂空装饰也是一种常用的装饰手法。曹春生在《景德镇宋代影青瓷雕塑技艺研究》中谈到镂雕的技法过程，指出泥制坯体、镂雕工具和操作时下力的程度是镂空手工艺的三大要素①。关于具体雕刻手法，杨永善主编的《中国传

---

① 曹春生.景德镇宋代影青瓷雕塑技艺研究[M].石家庄:河北美术出版社,2015.

统工艺全集:陶瓷》一书中指出:镂刻装饰可分为全镂和半镂,纹样空透器壁的称为全镂,只刻一浅层或刻到器壁一半的称"半镂",两者结合使用可使层次更加丰富①。

4.褐彩

在陶瓷上施褐色点彩(以下简称"褐彩")装饰是中国古陶瓷中出现较早的一种彩绘装饰技法,早在东汉以前就已出现。入宋以后这种褐彩装饰在江西古窑场已经成为一种广泛流行的装饰技法。据景德镇湖田窑发掘报告显示,北宋仁宗时期(1023—1063年),景德镇湖田窑始新见褐彩装饰,褐彩图案多以圆点为主,或随意分布,或呈梅花形分布,发色褐色纯正,深入胎骨,多装饰于元宝形枕侧面、虎形枕背部、瓶的口沿和肩部及粉盒盖面等,但其釉面常满布裂纹且釉色发黄②。科技检测表明,褐彩所用彩绘色料含铁量高,并同时含有一定量的钛,但基本不含锰等着色元素的矿物③。

**三、景德镇元代陶瓷装饰**

元代陶瓷在我国陶瓷史上具有突出的地位,瓷业中心开始转移到景德镇,这时期最突出的成就是釉里红和青花瓷器的烧造,使釉下彩装饰发展到了一个新阶段。元代还出现了一种乳浊的"枢府釉",也称为"卵白釉",釉层较厚,色如鹅蛋白,独具特色。此外,元代祭蓝釉也颇具特色,发色饱满深沉。

装饰技法上,浮雕、镂空、填白、沥粉等,手法多样,丰富多彩,还出现了诸如转心高足杯等非常有特色的品种。

**(一)枢府釉装饰**

枢府瓷是元代景德镇地区窑厂在青白釉瓷基础上,所创烧出的一种具有失透、乳浊釉等特征的瓷器的统称。景德镇元代枢府瓷主要采用印花,其次为贴花、镂雕、戗金、堆花加彩贴金等④。

① 杨永善.中国传统工艺全集:陶瓷[M].郑州:大象出版社,2004.

② 江西省文物考古研究所,景德镇民窑博物馆.景德镇湖田窑址:1988—1999年考古发掘报告:上[M].北京:文物出版社,2007.

③ 吴军民,吴琳,丁银忠,等.景德镇湖田窑北宋褐彩瓷枕的化学组成及工艺特征分析[J].文物保护与考古科学,2017,29(6):41-46.

④ 张东.景德镇窑元代卵白釉堆花加彩贴金瓷器初探[M]//中国古陶瓷学会.中国古陶瓷研究:第10辑.北京:紫禁城出版社,2004:30-35.

**图 9 - 1　元代卵白釉印花缠枝花卉纹折腰碗**

### (二)青花装饰

青花装饰在唐代就已发现,但青花瓷器的成熟是在元代。以刘新园先生为代表,他认为国内外传世与出土的元青花瓷可分为两大类:一类装饰特异纹饰,构图严谨,笔法工整,体量一般较大,以伊朗、土耳其所藏为代表,为饶州总管段廷珪董陶期间由浮梁瓷局烧造;另一类构图疏朗,笔法自由草率,以菲律宾、印度尼西亚所出为典型,是工匠们自由生产自己的产品。

### (三)釉里红装饰

釉里红瓷是釉下彩绘的一种,用铜红料在瓷坯上绘制,然后施以透明釉以高温一次烧成。元代釉里红瓷涂绘分为三个类型。第一类是随意涂绘,从而形成斑块。第二类是白地红花式涂绘,即采用釉里红在坯上涂绘成某种形象,再罩釉烧成。这类涂绘手法又分为两种情况:一种是在坯上刻划出纹饰,然后再进行涂绘;另一种是不进行刻划,直接涂绘成形象。第三类是红地白花式涂绘技法,即将纹饰以外的部分采用釉里红加以涂染,以留白的形式衬托出纹饰形象。

元代除单独使用釉里红装饰瓷器外,还有釉里红与青花使用在同一瓷器的装饰手法。釉里红与青花虽然同属釉下彩,但是其烧成气氛并不一致,因此,使二者色泽同时达到成功是比较困难的。1964 年,河北保定元代窖藏出土有两件青花釉里红盖罐,器型一致,纹饰相同,被分别藏于北京故宫博物院和河北省博物馆,是元代青花釉里红瓷的最经典之作和标准器。

釉里红以铜为发色元素,彩绘颜料直接在成型器物坯体表面绘制图样,罩上透明釉后入窑烧制而成。釉里红发色与彩料中的铜含量、基釉成分密切相关,铜元素含量一般控制在 5% 和 9% 之间,并且颗粒必须细小,须经过仔细地研磨,避免颗粒不均产生点状或斑块状呈色不均情况。此外,釉里红的烧制对温度和气氛极其敏感,其烧制温度仅为 10 ℃ 左右,温度高了则容易"飞红",温度低了则呈色晦暗,这是铜在高温容易扩散和挥发所致。气氛控制上,只有强还原气氛才能出现红色,氧化气氛则呈现蓝绿色。所以,我们所见元代釉里红产品中常见边缘不规则的"斑块"情况。

### (四)蓝釉装饰

元代的蓝釉装饰由低温铅蓝釉发展而来,也是钴元素的呈色所致。唐三彩鲜艳的蓝色就是一种低温钴蓝发色。到元代,工匠们提高钴蓝烧成温度,将钴蓝配入瓷釉敷于瓷胎,烧制出了发色稳定、宛如蓝宝石般的蓝釉瓷器。其发色本质是高温下形成了钴铝尖晶石所致,钴铝尖晶石的蓝色色调能经受高温且稳定,能抵抗釉在高温熔融时二氧化硅等成分的侵蚀,呈现稳定的蓝色。

元代蓝釉瓷器装饰有通体蓝釉、蓝地白纹等装饰手法。其中蓝地白纹一般采用填刻法完成:先在素坯上刻划出龙纹图案,图案部分施透明釉,纹饰以外的部分施蓝釉,最后以还原气氛烧成。扬州博物馆藏霁蓝釉云龙纹梅瓶就是采用这种方法制备的。

除此之外,元代瓷器装饰还有堆塑、沥粉、填白、镂雕等。

### 四、景德镇明代陶瓷装饰

明代景德镇陶瓷生产规模巨大,品种多,质量高。宋应星在《天工开物》中说:"合并数郡,不敌江西饶郡产……若夫中华四裔驰名猎取者,皆饶郡浮梁景德镇之产也。"[①]其中有代表性的产品有永乐、宣德时期的青花、成化时期的斗彩,还有明早期丰富的颜色釉瓷器,这些都表明了当时制瓷技术的高超。

### (一)青花装饰

经过元代的发展,青花瓷在明代已经成为景德镇陶瓷生产的主流。明初御器厂的建立和发展,将景德镇青花瓷器发展到一个相当的高度。明代青花瓷器装饰手法多样,技法众多,不同时期的青花具有不同的特点。青花绘画采用传统的毛笔,以各种线条和点染、渲染来完成画图。

洪武时期,器型粗硕丰圆,大尊、双耳瓶、墩碗、军持、盏托及折沿、菱花口大盘类,均古朴庄重,也有更加清秀圆润的盘、碗。其装饰工艺,器内阳文印花,外壁以青花装饰,是元代枢府窑及元青花技艺的继续。这一时期的青花瓷图案,多扁椭圆形菊花纹样,其葫芦形叶纹不像元代层多而规矩,风格较柔浑豪放,最

---

① 熊寥,熊微. 中国陶瓷古籍集成[M].上海:上海文化出版社,2006:203.

常见的为松竹梅、竹石芭蕉和缠枝花纹,也有牡丹、莲花、菊花、茶花及灵芝纹、如意头形云肩纹、变形莲瓣等。其中或空白,或绘以团花。隔断篱笆的园景极其新颖,有宽阔的蕉叶、奔放的龙纹及草书"福""寿"等字,笔意流畅,再衬以较为白润肥腴的釉面,时代特点鲜明而突出。

永乐、宣德时期,胎釉精细,青色浓艳明快,器型清秀典雅,新颖多样,纹饰优美生动。青花纹饰除传统的龙凤纹配以长脚如意云纹或器里壁同元代一样凸印龙纹外,还有园景花卉、竹石芭蕉、枝果花鸟、婴戏、胡人歌舞、锦纹、缠枝莲纹等装饰。其用笔或粗或细,着色有深有浅有浓有淡,使纹饰层次清晰。但因研料不细,线条的纹理中常有钴铁的结晶斑,浓重处则凝聚成黑色锡光,成为永乐、宣德时青花的典型色调。永乐青花瓷中写款少,仅有压手杯署款识于器里中心,并以图案花纹围绕。其形式有三种:器中心篆书"永乐年制",外绘鸳鸯环绕;或绘双狮滚球,年款则写于球心;青花单线圈内绘团花,花心书写四字款。宣德青花瓷则写款多,有所谓"宣德年款遍器身"之说,多为"大明宣德年制"6字,少有"宣德年造"4字篆书款。

**图 9-2　明宣德青花缠枝花卉菊瓣纹花浇**

正统、天顺时期,御器厂制瓷并未完全停止,虽未见官窑年款器,却有书"天顺年"款的青花瓷,瓷质细腻,胎体较薄,纹饰圆润,颇似后来成化时的青花风格。

成化时期,青花瓷工艺袭宣德之制,亦有标新,青花红彩、青花釉里红、黄绿釉青花及青花填绿配以鲜艳的五彩和斗彩,更是争奇斗艳。款识书写"大明成化年制"或"天"字,楷书体笔锋苍劲有力,独具风格。

弘治时期,从器型、纹饰到色彩,都是继承成化时的风格。以"平等青"色料为主,一般色泽更趋浅淡,亦有色显浓深,釉色青亮中闪灰或泛白。纹饰线条尤为纤弱,以云龙、莲塘游龙较多,还有月影梅花、三友、鱼藻、海马、海螺、八怪、狮子、鹤鹿、高士访友等。诗句书法亦用作装饰。

正德时期,器型、色调、釉色、纹饰均有与成化、弘治青花瓷相同之处。新采用瑞州"石子青"料烧制,大部分呈色浅淡灰蓝,虽不浓重,但稳定匀净,并有发黑灰色的一类,有的或带铁锈斑。晚期新用云南产"回青"料,发色类似后来嘉靖时的鲜艳浓重泛深色调。纹饰以穿花龙、翼龙、螭龙、双勾石榴、婴戏、人物故事和阿拉伯文古兰经语做主题的较多。款识楷书"大明正德年制"6字,或以八思巴文、阿拉伯文写款,是本朝的特殊风格。

嘉靖时期,以"回青"料为主,青花尚浓,以蓝中泛紫为主,这是回青中加有石青的缘故。也有着意摹制成化青花浅淡润泽之色,有类正德时灰暗黑蓝色泽者。除以色泽取胜外,造型、品种更加多样。图案纹饰承自前朝传统题材,并贯以道教色彩,有八卦、云鹤、八仙庆寿、老子讲道、桃鹤、"寿"字、"福""寿"字攀枝组花为树和吉语文字"福寿康宁""国泰民安"等。款识多书"大明嘉靖年制"或"大明嘉靖年造"6字楷书。

隆庆时期,青花色泽鲜艳,制作精细,器型除圆形外多为菱形、梅花花瓣形、长方、六方、多方、银锭式,且有镂空工艺装饰手法。器体厚重,但很精致。纹饰以云龙、龙凤、兔纹、仕女、婴戏为多,人物形象模拟元人笔意,额宽、身长为其特点。款识一改以往的"制"字,几乎全部书"造"字,如"大明隆庆年造"。

万历早期,青花瓷风格与嘉靖时一致,后因采用浙江所产青料,即"浙料",故青花色泽不及前时那样浓艳,而是蓝中微泛灰色。万历时仍尚大器,造型亦多。图案以龙凤纹为主,各种动物、翎毛花卉及老子讲道、张天师驱五毒等也入画面。龙灯、龙舟、婴戏的构图比例有欠协调,往往头大身小,繁缛而缺乏立体感。款识楷书字体工整与草率者兼而有之,常见的为"大明万历年制"。

天启崇祯时期,青花瓷器具有向清代过渡的特殊风格,纹饰多用粗线条,有的用淡描画法,有的用泼墨涂染画法。纹饰广泛,既有人物故事如达摩、罗汉,又有动物如虎、牛、芦雁、鱼、虾,也有大写意山水,具有豪放夸张的写意画特点。器型有梅瓶、炉、罐、壶、缸、花觚、净水碗、盘、碗、杯等,胎体一般多厚重,质粗松与坚致者并存。

### (二)单色釉装饰

色釉也称为颜色釉,是指在釉中掺入不同金属氧化物作为着色剂,在特定的温度和气氛下烧成的具有不同色泽釉面的瓷器。明代景德镇的高温单色釉和低温单色釉都有很大的发展,其中以永乐、宣德时期的甜白釉、铜红釉、蓝釉和孔雀绿釉等比较出名。颜色釉的兴起跟明代朝廷的祭祀活动和宗教活动有关,从御窑厂的考古出土瓷片看,出土了很多黄、白、红、蓝的祭器品种,这一点从文献上也能得到印证。

永乐、宣德时期的铜红釉是明代颜色釉的一个突出成就,有"鲜红釉""祭红釉""宝石红""鸡血红"等众多的名称,《景德镇陶录》就有"永乐以鲜红为宝"的记载。到宣德时期红釉烧造技术更加成熟,发色比永乐更加沉稳,器物口沿呈现一圈整齐的白釉唇线,釉面晶莹,宝光四溢,《饮流斋说瓷》中有"至明宣德祭红,则为红釉之极轨"的说法。红釉瓷器的发色机理为铜红发色,对烧制温度和气氛极为敏感,烧造温度区间仅为5—10 ℃,温度低则呈色发暗,温度过高铜容易挥发,容易出现"飞红"现象,因此烧成难度极大,成品率低。宣德以后,高温铜红釉较少烧制,后多用低温矾红釉代替。

图9-3　明永乐祭红高足杯

明代蓝釉在元代蓝釉的基础上继续发展,到宣德时期到达烧造高峰,其生产贯穿整个明代。蓝釉发色稳定,色调均匀,具有宝石般的光泽。嘉靖、万历时期蓝釉因为常用回青料,其发色有泛紫色调。

明代黄釉瓷一般为低温黄釉,弘治黄釉瓷达到最高成就。明代黄釉瓷根据釉层结构分为有底釉黄釉瓷和无底釉黄釉瓷。科技检测表明,黄釉发色元素为铁,助熔剂为铅。弘治娇黄发色娇嫩、富有玉质感,主要是由于其黄釉层施于高温透明釉上,这与清代康熙时期大多釉施于涩胎上不同。

此外,明代颜色釉还有翠青釉、绿釉、紫金釉、仿汝、仿官、仿哥釉等。翠青釉为永乐时期创烧的高温单色釉,釉色青嫩如翠竹,色泽光润,玻璃质感强,釉内含密集的小气泡;比翠青颜色稍暗的称为灰青,颜色稍白的称为冬青,不一而足。低温绿釉在明中期创烧,色如嫩柳般碧绿纯正,既有素面器物也有暗刻装饰。仿汝、仿官、仿哥釉都是利用釉面开片进行装饰,通过调节釉料的膨胀系数巧妙利用釉面开裂这种缺陷完成独特的装饰效果。

**(三)釉上彩装饰**

釉上彩装饰是指利用各种彩料在已经烧成的瓷器釉面上绘制各种纹饰,然后二次入窑,低温固化彩料而形成的一种装饰。明代釉上彩装饰有釉上红彩(矾红)、五彩、红绿彩、斗彩、青花五彩、金彩等诸多品种,各种釉上彩瓷使用不同的矿物发色原料,施彩方法大同小异,差别之处更在于色彩搭配。

明代五彩瓷的烧制,从记载上看,应始于洪武,成熟于宣德、成化时期,明嘉靖时期繁盛。五彩瓷基本色调以红、黄、绿、蓝、紫五色彩料为主,是带有玻璃质的彩料,按照花纹图案的需要施于瓷器釉上,再入炉经过700—800 ℃的高温二次焙烧而成。

釉上红彩一般为矾红料,其着色成分为三氧化二铁,加入铅粉后施加在釉上入窑,900 ℃左右二次烧制而成。釉上绿彩发色元素为铜,是用铜花料加入铅粉等成分磨制而成,其用法与矾红类似。其他黄、紫等颜色也都是矿物颜料,施彩方法大同小异。

"斗彩"一词最早出现于清乾隆年间的《南窑笔记》中,又称逗彩,创烧于宣德时期(1426—1435 年),鼎盛于成化时期(1465—1487 年)。斗彩以青花为主色装饰,以釉上彩为填称、拼凑和点缀,用青花在瓷胎上勾勒出纹饰轮廓线主体,同时加上青花渲染局部,先高温烧制成青花瓷器后,再在瓷面上施加多种彩绘,进行二次低温烧制而成。

图9-4 明成化斗彩鸡缸杯

从化学成分来看,明清彩瓷中着色元素主要是 Fe、Mn、Cu、Co,而 Pb 作为助熔剂存在釉料中。明代斗彩和清代粉彩中黄色颜料含有着色元素 Fe 和 Cu,绿色颜料含有着色元素 Cu 和 Fe,明代斗彩中青花颜料含有 Co 和 Fe,而且普遍是高铁低锰。明代斗彩和清代粉彩的红彩含有显色元素 Fe 和 Mn,但也有部分深红色红彩可能含有朱砂成分,也就是 HgS。

**(四)其他装饰**

明代陶瓷装饰除了青花、单色釉、釉上彩外,还有釉里红、珐华彩、素胎瓷等品种。明代釉里红在元代的基础上有所发展,特别是明代永乐、宣德时期的三鱼纹、三果纹青花釉里红,采用了一种特殊的工艺,先在器物上通体施釉,然后按照所需的纹样用工具剔去相应釉层,在纹饰露胎处填入黏度较大的铜红色料,入窑一次烧成。由于填料较多,加上高温下釉料扩散和流动,烧成后釉里红纹样外观有明显的凸起,在纹样的边缘处可以看到明显的釉里红料叠压在瓷釉上面的情况。珐华彩装饰严格意义上属于一种综合装饰手法,是一种雕塑技法和釉上彩技法的融合,制作时,往往会在生坯上绘制纹饰图案的线条,使用毛笔蘸泥浆在轮廓上勾勒出凸起的线条,然后入窑烧制成素胎瓷;出窑后按照素瓷图案凸起的线条填充珐华釉料,再次入窑烧造而成。

**五、景德镇清代陶瓷装饰**

**(一)青花装饰**

清代景德镇(包括官窑和民窑在内)青花瓷均以国产钴料为色料,并在继承明末钴料加工工艺的基础上,形成了一套较为完整的钴料加工工艺流程,大致有选料与洗涤、煅烧、拣选、开水淘洗、研乳五道工序。由于加工得法,不仅使色料的含钴量富集,而且使得青料中 $Al_2O_3$ 的含量也得以提高。使用含高钴、高铝的青料着色,不但色泽鲜艳,纹路清晰,而且烧成工艺易于掌握。

顺治时期,青花胎体偏厚重,胎体有粗、细之分,粗为渣胎,有灰白或灰黄色;细的洁白坚致,瓷化程度较好。制作工艺基本沿袭明末天启、崇祯的风格。顺治青花釉面多数白中闪青,呈鸭蛋青色,釉层较厚,透明度较差。为了迎合西方人的需要,此时出口的瓷器釉色偏白、偏薄、透亮。为了降低成本,内销的日用粗瓷釉色乳浊肥厚。大部分器物,如大缸、大盘、净水碗、香炉等口沿普遍施一道酱釉。许多琢器的底足不施釉,露胎。内销的日用粗瓷修胎不太规整,并能看到明末瓷器中常见的放射状跳刀痕。此时的器物底部多不沾砂,一改万历以来民窑瓷器普遍沾砂的现象。青花纹饰画面构图饱满,绘画一反过去单线平涂的方法,而采用双勾填色的技法。勾勒线条流畅稳健,填色准确,很少溢出轮廓线,与明万历以来的随意填色有明显区别。山水、人物纹多写实,见披麻皴、斧劈皴、涂、染等技法,也有单线白描的画法。一些瓶、罐上使用皴染分水技法描画,层次色阶不是很明显。这一时期的技法还不是很成熟,精品不多,也有一些日常生活用器纹饰灰黑混浊。许多画风带有崇祯青花的特点,工笔、写意并用,有的清晰明丽,有的奔放,随意创作的纹饰寥寥数笔,生动传神,既有长篇诗文,也有短句。青花装饰上以山水、洞石花卉纹出现最多,其次是人物纹。纹饰都粗壮稚拙,单纯的带图案性质的花卉纹很少见。出口的外销瓷仍沿袭明末的山水加题诗的诗画题材。常见云龙纹、二龙戏珠纹、行龙纹、浮云纹、怪石山林纹、虎纹、狮纹、豹纹、麒麟纹、异兽纹、蝴蝶纹、雀鸟纹、虾蟹纹、花鸟纹、牡丹纹、玉兰纹、菊纹、缠枝莲纹、洞石花卉纹、雉鸡牡丹纹、博古纹、喜鹊登梅纹、山石芭蕉纹、松竹梅纹、月映梅纹、八仙、罗汉、梧桐树叶、人物故事等。

康熙时期,青花胎釉精细,青花发色鲜艳,造型古朴多样,纹饰优美。装饰题材广泛,图案布局巧妙合理,与造型有机地结合在一起。尤其是民窑青花在纹饰方面,完全突破了历代官窑图案规格化的束缚,显得更加生动活泼,形式多样,充满生活气息。在绘画技法上,这一时期的青花改变了明代青花先勾勒花纹轮廓线,然后涂色的传统方法,即单线平涂,而是采用渲染的技法。最能体现康熙青花特色的是山水人物,风格上模仿名画家的笔法,立体感很强,画法精细,分色层次鲜明,浓淡相宜。画面效果讲究意境美,整体给人以疏朗清闲的感觉。常见题材有植物、山水、动物、人物、故事,以及长篇诗句等。

雍正时期,青花无论造型还是装饰,与康熙青花挺拔、遒劲的风格迥然不同,而是代之以柔媚、俊秀的风格。胎骨晶莹洁白,胎壁薄而坚硬,瓷化程度高,花釉呈青白色,纯净润泽,釉薄而精纯。器型圆柔纤丽,修长俊秀,结构精巧,陈设与实用保持完美的结合,形成高雅而朴实的艺术风格。青花纹饰风格高雅细腻,内容以翎毛花卉为主,山水次之,人物较少。用笔精细纤柔,构图清晰,色彩雅丽,层次分明,纹饰简洁清晰,强调主题突出,图案整体感强,规矩中富于变化。不少画面配有诗句、印章,使中国传统的书画艺术完整地移植到瓷器纹饰中来。画面疏朗,留白较多,既不同于康熙的恢宏大度,又不同于乾隆的绮丽繁华,以清新淡雅为特征。

**图9-5　康熙青花雉鸡牡丹纹凤尾尊**

乾隆时期,青花既与清幽的康熙青花有别,又与淡雅的雍正青花不同,它以纹饰繁密、染画工整、造型新奇取胜。民窑青花种类丰富,色彩亮丽,画面多样,造型新奇。除传统的白地青花外,乾隆朝的青花还派生出许多新品种,把原有的传统工艺提高到一个崭新的阶段。青花胎骨洁白致密,胎釉交界处无火石红,胎壁比雍正青花略厚。乾隆青花既有继承前朝康熙、雍正青花式样,也有仿制明代永乐、宣德青花式样,仿古铜器式样,外销式样,还有创新式样,造型千姿百态,应有尽有。纹饰绘画笔法与雍正相似,有勾勒平涂和勾勒填色后再点染等方法,分别应用于不同题材的作品上。勾勒线条平滑均匀,但与康熙纹饰比较,缺乏力度与生气。常见的纹饰有缠枝莲、云龙、八宝、荷莲、三果图、勾莲、折枝莲、把莲、缠枝牡丹、折枝桃、四季花卉、花蝶、花果、海石榴、九桃、云蝠、宝相花、朵花、"寿"字、鱼藻、菊花蝴蝶、竹石、桃蝠、蕉叶、松竹梅、博古、梵文、诗句、过枝梅、鹊梅、鹭莲、芦雁、狮球纹、团鹤、穿花龙、穿花凤、松鼠葡萄纹等。

嘉庆时期,初期胎骨还比较精细,胎体洁白,但欠坚密,后期逐渐变得粗松。民窑器物胎中未粉碎的瓷石颗粒较多,也比较大。嘉庆朝器物造型呈减少趋势,民窑器型稍粗笨,器身多有歪斜,器口、器壁薄厚不均,施釉稀薄。造型线条不太柔和,略显笨拙,轻巧程度不如雍正青花,工艺上不如乾隆青花,尽管有些精美器物风格上与乾隆青花相差无几,但精细程度还是不够,缺乏精雕细琢。青花纹饰沿袭乾隆时期的风格,有两种基本绘画方法,一种是单线平涂,另一种是单线平涂后点染,平涂时用淡笔,点染时用浓笔。纹饰题材丰富,受乾隆青花的影响特别明显。流行的纹饰有夔凤、婴戏等,其他常见纹饰还有云龙、云凤、飞凤、双凤、龙凤、松鹿、山水、仕女、婴戏、八仙过海、松石人物、缠枝莲、勾莲、把莲、折枝花、八宝、三果纹、团花、缠枝牡丹、缠枝葡萄、海石榴、梅花、松竹梅、竹石芭蕉、八封云鹤、花蝶、瓜瓞绵绵、百子、鱼藻、博古、暗八仙、福禄寿、"喜"字、五伦图、万寿无疆、梵文、回纹、开光诗句、异兽、葫芦等。

道光时期,前期胎体基本上保持了官窑瓷器的高档本色。后期因战乱等原因,出现胎土淘炼欠精、瓷质粗松、胎壁薄厚不均等现象,与嘉庆晚期的差不多,胎体偏厚,特别是琢器的底部和下壁部更为明显。民窑青花的胎体精致的少,粗糙的多;胎体薄、瓷化程度高的少,胎体厚、瓷化程度低的多。造型大多沿袭乾隆朝旧制,创新极少。纹饰逐渐摒弃了乾隆官窑繁华缛丽的宫廷风格,构图趋于疏朗,缺少层次变化,比较平淡。官窑产品用笔拘谨,构图简单,缺乏活力。花卉纹饰主要采用单线平涂,勾勒线条均匀,但缺少力度。白描技法成为民窑青花的主要装饰方法。这时期流行内青花外粉彩或釉上彩器物,这种青花纹饰一般采用白描花卉的技法。图案常见题材有缠枝莲、鸳鸯荷莲、菊花、石榴、佛手、缠枝桃、缠枝八宝、折枝花、牡丹勾莲、三果、云龙、团龙、云鹤、云凤、夔凤、松竹梅三友图、蕉叶、松鹤、八仙、宝相花、蟠螭、蝠寿、凤牡丹、海水异兽、婴戏、瓜蝶、松石人物、竹蝶、山水风景、鱼藻、蝠狮纹、清装仕女、金石博古等。还有一些用文字做装饰,如"万寿无疆"、梵文"寿"字、戒烟歌等。

咸丰时期,早期民窑青花瓷与道光青花瓷相似,胎质较细;晚期则粗松、笨重。釉面与道光时相仿,以稀薄的波浪釉为主,早期釉色较白,晚期白中泛青。器型没有创新,基本延续道光青花风格。主要图案题材有缠枝莲、鸳鸯莲花、竹石芭蕉、兰草、勾莲、折枝花、松竹梅三友图、双龙戏珠、云龙、云凤、夔凤、云鹤、花蝶、八仙、八宝、仕女、八卦、婴戏、梵文、寿字、寿星、博古等纹饰。含寓意的纹饰有太平有象、三羊(阳)开泰、五子夺魁、五谷丰登、蝴蝶探花等。

同治时期,官窑青花的胎体与咸丰青花相差无几,白而不精,稍厚重,有的釉色灰暗不清,透明感较差。琢器线条挺直、生硬,略显笨拙,小件器皿制作较好一些。署"体和殿"款的慈禧太后专用瓷做工较精致。民窑胎体比咸丰民窑青花更厚重,胎质松软,也有的较为轻薄;瓷质较细者,釉面不平整,多泛莹白,厚釉者更显质粗松软、浑浊,釉面的透明及硬度都不及清早期之器。釉色有粉白和青白两种。器型继承传统式样,并无特殊之作。这时常见的纹饰除传统的龙凤、云鹤、夔凤、缠枝花卉、荷池鸳鸯、八仙、婴戏、仕女、山水、博古外,还有很多吉祥寓意的内容,如五谷丰登、状元及第、寿山福海、麒麟送子、万寿无疆、年年有余等。

光绪时期,官窑青花瓷的一个显著特点,就是仿康熙、乾隆青花瓷。优质的仿品已经接近或者达到了康熙、乾隆瓷的水平,而大部分作品则带有明显的光绪特点。官窑青花的胎土精良,细腻洁净。釉面有青白和白色两种,常见"波荡釉"现象。器物足墙微向里斜,足跟较圆滑。民窑器精粗均有,釉汁稀薄,釉面欠莹润,釉色白中泛青。造型比道光、咸丰和同治时期丰富,凡是康、雍、乾时期有的品种,光绪时期都有仿制。纹饰非常丰富,凡是在清代能见到的纹饰,光绪朝都有绘制。纹饰题材有缠枝莲、八宝勾莲、云龙、团龙、团凤、双凤、缠枝宝相花、竹石蕉叶、海水八卦、松鹿纹、松鹤、山水人物、婴戏(十六子)、飞蝠、虎、松石人物、八仙、三果、海水异兽、五伦图、寿字、诗句、荷花、云鹤、灵芝、梅雀蝶、松鼠葡萄、九桃图、回文等,除此传统纹饰之外又出现了绶带鸟、杏林春燕、松竹梅、野螯围猎、水仙、寿桃、八哥、游园仕女、金石文字等。

宣统时期,青花瓷胎坚硬,瓷化程度高。胎质纯净、细腻、洁白。釉面有两种,一是青白釉,一是纯白釉,以白釉居多。宣统青花瓷与光绪器物没有多大区别,只是造型更加规整,胎体更加轻薄,修胎更加精致。纹饰仍以传统纹饰为主,如龙凤、八仙、八宝、八卦、云蝠、云鹤、团花、缠枝莲、寿字等,构图严谨,绘画风格与光绪时期的差不多,但画工更细腻。

### (二)单色釉装饰

清代单色釉瓷器在明代单色釉瓷器基础上进一步发展,总体状况分为高温色釉和低温色釉。

清代景德镇烧造的高温色釉主要有青釉、郎窑红、桃花片、祭红、洒蓝、天蓝釉、青金蓝、茶叶末、窑变花釉。

康熙青釉器的釉色匀净,色如豆青,装饰以刻花为主。除纯色的豆青器外,还有豆青地釉里红、豆青地青花加红彩等。雍正青釉有粉青、冬青、豆青、仿龙泉等多种。从色泽上看,粉青最淡,冬青稍深,豆青最重。从工艺上看,青釉制作到雍正朝才真正完全成熟,因为只有雍正青釉器才能与相同器物的色泽保持一致。乾隆青釉器除采用刻花、印花装饰外,有时还采用豆青地堆白花技法予以美化。乾隆青釉器,不论官窑还是民窑,其中有一部分器物往往在圈足上涂抹一层黑色釉酱,不过这类圈足上的黑釉多数有剥落痕。

郎窑红属高温铜红釉,为清代康熙年间郎窑首创,它在外观上同明永乐、宣德和清代祭红釉差别很大。康熙郎窑红有两种:一种是单层釉,另一种是双层釉。单层釉器物施釉较薄,开有细片纹,琢器口沿处的釉面在高温熔融下往往垂流,使器口显露胎骨,并使器上半部为浅红色或淡青色,釉面接近露胎处,一般呈白色或米黄色。双层釉器物,釉质凝厚,釉面匀净,无垂流,多开有较深纹路的片纹,釉色浓淡不一。深色红艳,浓者泛黑,间有黑色小点与渍久形成的酱色污垢斑点和纹路;浅色粉红如桃花。康熙郎窑红器内釉为白色或米黄色,或微泛青色,开有片纹。器身黑褐色的垂釉多不过底足旋削线,俗称"郎不流"。康熙郎窑红器口和足部,涂施一层厚而含粉质的白釉或浆白釉。康熙郎窑红器多见瓶、碗、盘、盂。

**图9-6　清康熙郎窑红高足碗**

桃花片,又称"桃花红""娃娃脸""美人醉",属康熙年间烧造的名贵的高温颜色釉瓷品种。它的外观特征是局部呈现浓淡相应的仙桃红色,其间散布着一些绿色苔点,某些部位红中泛绿,甚至出现苹果绿。桃花片色泽柔和,莹润秀丽,多用于小件器物,大多是文房用具,如印盒、水盂、笔洗等,另外还有少量的柳叶瓶、菊瓣瓶之类。

康熙祭红,红釉色彩多泛黑,个别较为浅淡鲜亮。釉面失透深沉,釉如橘皮。有的因釉质较粗而呈垂流状,足边往往因垂流积釉而呈黑褐色。器物有瓶、盘、碗之类。雍正祭红,釉质与色调较康熙祭红更为润泽艳丽,绝大部分釉面无片纹,釉色浓淡不一,红润光洁。

康熙、雍正时期高温蓝釉有三大类:一是洒蓝釉,二是天蓝釉,三是青金蓝釉。清代康熙、雍正洒蓝釉属仿明宣德洒蓝釉制品。康熙洒蓝釉釉面布满均匀的水渍样蓝色斑点,莹润清新,器口边的白釉凝厚古朴,多辅以描金装饰。雍正洒蓝釉釉色浅淡,浅蓝透白的斑片相间匀称,模印的白花纹饰突起。

天蓝釉为清代康熙年间景德镇窑场的创新产品,康熙天蓝釉用微量钴为着色剂,釉呈晴天蓝空之色,较为淡雅。雍正天蓝釉匀润细净,色深者如雨过天晴后的蓝天。乾隆天蓝釉因釉质肥润积釉处微泛极淡的黄绿色。

雍正青金蓝釉是受康熙洒蓝釉影响而创新的品种,刻意仿青金石的颜色,在微显青白色的釉面上,加吹深浅不一的宝蓝色釉,形成青、蓝、白错落有致的斑点,并伴有黄褐金星色彩,娇艳显目。

茶叶末为我国传统结晶釉,釉面呈失透状,釉色黄、绿掺杂,颇似茶叶细末。茶叶末釉始于唐,清代雍正、乾隆朝景德镇御窑厂的烧造技术十分成熟,使其一跃而成为名贵的色釉品种。从传世实物看,以雍正和乾隆时期产品为多见。雍正茶叶末釉偏黄的居多,呈色类似鳝鱼黄,釉面平整,在青褐色釉中,散布有不规则的黄色星点。乾隆茶叶末釉,偏绿的居多,釉色深者略显黑褐色,浅者因黄色小黑点较多而显黄色。釉面或有棕眼和丝纹,不及雍正釉滋润,器足为黑褐色。

清代景德镇低温色釉主要有胭脂水、炉钧、钧红、蛋黄釉、孔雀绿、金釉、银釉和素三彩。

胭脂水釉属低温色釉,以其釉色酷似胭脂水而得名,亦称"蔷薇红",又叫"玫瑰紫"或"洋金红",清康熙年间从西方国家引进,康熙晚期烧成,雍正时制作最精。《饮流斋说瓷·说彩色第四》记载:"始制者胎极薄,其里釉极白,因为外釉所照,故发粉红色。乾隆所制则胎质渐厚,色略发紫。"金红的着色机理和铜红一样,也是胶体着色。由于对光有选择性地吸收,其色略带紫红,加之器外红色,与器内白釉相映成趣。

清代低温黄釉与明代低温黄釉一样,着色机理属于三价铁离子着色,$Fe_2O_3$都已熔入釉中。岩相观察研究结果表明,清代低温黄釉与明代低温黄釉一样,色釉层中基本没有气泡和晶体的存在,清澈透明,好像玻璃一样,色调很均匀。清代低温黄釉与明代低温黄釉一样都属铁黄,其中,明弘治黄釉中的 $Fe_2O_3$ 含量为3.66%,光绪黄釉中的 $Fe_2O_3$ 含量为1.39%。不过明代低温黄釉中的

$Fe_2O_3$ 是由矾红料——青矾引入,而清代低温黄釉中的 $Fe_2O_3$ 则由赭石引入,即《景德镇陶录》卷三《陶务条目》所载,清代"浇黄釉,用牙硝、赭石合成"[①]。

清代景德镇仿宜钧,称为"炉钧"。清代炉钧釉与唐钧工艺相似,先施黑釉,再洒白釉,烧成时二者发生化学反应并形成分相,在流淌过程中出现蓝色的兔丝纹,而浓处则成乳白。具体工艺是:先以高温烧成涩胎,后施底釉和面釉,再在炉中烧制而成。炉钧有荤有素,素者不见金红,荤者有金红斑点。

雍正炉钧釉中掺有粉剂,因而釉厚不透明,釉面开细小纹片,其结晶体呈深浅不一的红、蓝、紫、绿、月白等色(如同铅釉器表面的反射光泽),并熔融于一体,组成各种长短不同的垂流条纹。有人认为,雍正炉钧釉面颜色流淌中有红点者为佳,青点次之。雍正炉钧釉中"红点"因似高粱穗状,又名高粱红。乾隆炉钧釉面多呈蓝、绿、月白各色条制和垂流状小片斑,釉质凝厚。道光炉钧釉面多为浅绿和蓝色中杂以紫色的圆点。光绪炉钧釉面往往在浅绿色地中幻化出紫色或白色小圆点。

素三彩釉是将几种(除红色以外)不同色调的低温色釉,照瓷胎上预先雕刻好的图案花纹,按相应部位填釉而制成的。素三彩色釉装饰是明代正德时期创制的新品种,清代康熙素三彩釉表现方法较为多样:一是在素坯上先刻划花纹,施白釉高温烧成素瓷,然后素瓷上施底色,待其干燥后,刮去纹样中应施其他色彩的底釉,填绘所需色釉,经800—850 ℃低温烧成;二是在素胎上刻划纹饰后,即高温烧成素瓷,再施以各种彩釉,然后罩上一层雪白,用低温(约850—900 ℃)烧成;三是胎体不加刻划,通体由黄、绿、紫、白等色点染而成斑点状,经晕散形成犹如虎皮斑状;四是在白釉瓷上涂一层色底,然后再加彩料,如黄底加绿、紫、白彩,绿底加黄、紫彩等。

**(三)釉上彩装饰**

自康熙朝起,景德镇多用釉上五彩技法仿明代彩瓷,因此就把五彩装饰称为"古彩"。清代康熙古彩所用色料,一方面沿用明代五彩中的红、绿、黄等色,另一方面,在色料的使用上有五大特点:一是釉上蓝彩的发明及其运用;二是描金的使用;三是黑彩呈乌金般的色泽;四是部分矾红彩开始采用分染工艺;五是在古彩色料中,除了矾红和黑料外,其他色彩则继承明代传统,依然用平涂法填色。

---

① 傅振伦.《景德镇陶录》详注[M].北京:书目文献出版社,1993:41.

清代五彩所用色料比明代丰富，主要有白、黄、绿、紫、蓝、黑、矾红、金等。

清代釉上白色彩料是用透明的卵石置于窑内煅烧后磨成粉末，再与白铅粉配制而成的。其配比有三种处方：一是在四钱卵石粉末中添加一两铅粉；二是往半盎司卵石粉末里掺入一盎司白铅粉末；三是往一两铅粉中调入三钱三分非常透明的卵石粉末。这种卵石粉是把卵石破碎后装入瓷钵内，在点窑火前埋在窑内（余堂部位）的沙砾中经过煅烧之物。所使用的卵石粉应该非常细微，将无胶水的普通水与铅粉加以调剂。古彩中的白色彩料一般用于覆盖不着色的钴料部分。

明代釉上绿彩以炼过黑铅末一斤、古铜末一两四钱、石末六两合成。清代釉上绿色彩料也是用"铅粉、石末和铜花"配制而成，但是具体配比有所调整——往一盎司白铅粉和半盎司卵石粉末中添加三盎司铜花片的原料（即经过炼制的纯度最高的细铜粉）。配制釉上深绿色彩料则是往一两铅粉中添加三钱三分卵石粉和大约八分至一钱的铜花片。以铜花片作绿料时，必须将其洗净，仔细地分离出铜花片上的碎粒，如果混有杂质就呈现不出纯绿色，其使用的部分仅仅是鳞片，即精炼时从铜分离出来的细片。配制釉上哥绿（枯绿）色彩料，是用绿料与黄料混合，两杯深绿料和一杯黄料就能获得色泽犹如枯萎的树叶那样的绿色。

清宫康熙进口珐琅彩，是指清康熙年间在清宫造办处珐琅作烧造的瓷胎画珐琅，所用色料均从欧洲引进。清顺治七年（1650年），荷兰莱顿医生安德烈亚斯·卡修斯用氯化金和锡调配出玫瑰色的金红发色剂，并利用这种胶体金呈色剂调配出珐琅彩。它首先被用于德国的玻璃器皿制造业，后又被用于德国纽伦堡的瓷器装饰。

珐琅彩瓷即珐琅彩瓷画，又名"瓷胎画珐琅"，它是用珐琅为色料在瓷胎釉面上作画，再入炉低温烤烧而成的。我国金、元、明釉上彩瓷和清代五彩（除矾红外）的色彩均为平涂，所作纹样装饰趋于图案化，画面物象缺乏立体感和真实感。清代宫廷首现的珐琅彩瓷画具有阴阳向背、明暗深浅之分，形象生动活泼。

清代珐琅彩瓷均在清宫制作，康熙宫廷珐琅彩瓷至迟于康熙五十七年（1718年）烧成。而当时的彩料完全依赖欧洲进口，装饰画面多以黄、蓝、紫红或豆绿为色底，或绘牡丹，或写月季，或画莲花，或勾菊花，突出花头之美，纹样趋于图案化。

雍正六年（1728年）清宫造办处工艺家自行炼制出国产珐琅彩料后，清宫珐琅瓷画的工艺和画风均发生变化。清宫雍正珐琅瓷画善于突出物象的肌理质感,画意浓郁,集诗、书、画、印为一体,风格隽秀尔雅。乾隆朝宫廷珐琅彩瓷多以精细入微的轧道技艺来衬托图案式的朵花,工巧华丽。乾隆朝宫廷珐琅彩绝大部分完成于乾隆早期,即乾隆四年至八年(1739—1743年)。其中,以乾隆五年、六年数量达到高峰,之后数量极少,乾隆十四年(1749年)之后,清宫瓷胎画珐琅风华不再。

清代粉彩工艺是在对珐琅彩工艺进行继承和革新的基础上产生的。它吸取了进口欧洲珐琅彩的白色彩料(玻璃白)并在其中引入砷(As)作为乳浊元素的先进工艺,但是对其进行了改良,不再在熔剂中掺加 $B_2O_3$。以砷为乳浊剂的"玻璃白"主要有三种用途:一是直接做白颜料使用;二是用于色彩的洗染,使画面富有立体感;三是将玻璃白作为粉化剂,对粉彩中的净颜料进行"粉化"。我国粉彩还吸收了欧洲进口珐琅彩中常用色料及其配制方法的先进工艺。

粉彩瓷在彩绘时用含砷的玻璃白打底,对各种彩进行"粉化",使花瓣和人物衣饰有浓淡、明暗和深浅之感,形象栩栩如生,更加接近现实生动的自然形象,风格上具有传统的中国画特征。

**图9-7　清乾隆粉彩九桃瓶**

## (四)其他装饰

青花玲珑装饰。玲珑瓷属于镂花的一种。许之衡在《饮流斋说瓷》中记载:"素瓷甚薄,雕花纹而映出青色者,谓之影青。镂花而两面洞透者,谓之玲珑瓷。"[1]其制作方法是:先在生坯上按图案设计的花形,镂刻一个个小米孔,使之两壁洞透,有如一扇扇小窗;然后糊上特制的透明釉,就像窗户糊纸一样;再通体施釉。经过焙烧,镂花处明澈透亮,但不洞不漏。这种透光的米粒状孔眼,叫作"米花",在日本则叫"米通""萤手"。

镂花及透光装饰。将施釉或者不施釉的成型坯体在500—1000 ℃的范围内进行第一次烧成,在所烧成的制品上,将雕有文字、图样等花纹的橡胶、合成树脂等材料所制成的模板固定在坯体的加工部位,再采用高压喷射的方法,从喷管喷出沙粒研磨材料。磨掉图案部分,使该部分坯体形成镂空的形态。这就是陶器、陶瓷镂花及透光制品的制造方法。[2]

描金装饰。描金是用磨碎了的金粉为色料在瓷器釉面上描画纹饰,再低温烤烧而成的一种工艺。早在宋代,定窑就采用了描金工艺。至迟于元代,景德镇窑场也出现了描金工艺。但是宋、元时期描金多为一门独立的装饰技法,清代描金往往与五彩相糅合。宋、元时期描金所用熔剂不详,清代描金以铅粉为熔剂。清代使用的金彩色料是把黄金制成金粉,并与铅粉配制而成的。用笔蘸金彩色料在瓷釉表面描绘纹样,再入低温炉在700—850 ℃中进行烤烧,金彩就能烧牢在釉面之上。按照文献记载,清代康熙年间把黄金加工成金彩色料的具体方法是:将金子磨碎,倒入瓷钵内,使之与水混合,直至水底出现一层金为止。平时将其保持干燥,使用时取其一部分溶于适量的橡胶水(橡胶水可能为牛胶或树胶之误记)里,然后掺入铅粉。金子和铅粉的配比为30∶3。在瓷胎上上金彩的方法,同上色料的方法一样。瓷器上的金彩,天长日久会褪色而失去光泽。要使其光泽重新出现,就得先将瓷器在清水中浸泡,后用玛瑙加以摩擦。摩擦时注意要始终保持同一个方向,如从右向左。

墨地描金装饰。康熙年间出现的墨地描金是以乌金釉为色底,其上画以金彩的一种装饰。具体制作工艺是:在生坯上施乌金料,待其干燥后入窑高温烧成;然后在漆黑的色底上,用金彩描绘纹样,第二次入炉低温烤烧。乌金料是用天然钴料和普通灰釉按照三七开的比例配制而成的,即三盎司青料和七盎司普通灰釉配成。可根据所需色泽深度的要求来调节这两种成分。清乾隆时期的釉上描金器图案规整,笔致流畅,能够用不同纯度的金箔(库金、苏大赤、田赤金等)制成金泥描绘深浅浓淡不同的金色。

---

① 许之衡.饮流斋说瓷[M].杜斌,校注.济南:山东画报出版社,2010:98.
② 吴惠琴.陶器、陶瓷上镂花及透光制品的制造方法[J].景德镇陶瓷,1983(2):48.

# 第三节　景德镇陶瓷装饰技法

陶瓷装饰技法是指在陶瓷上进行艺术加工和处理的各种方式、技法,对陶瓷进行美化、加固,使之更加美观实用,以增加它的艺术效果。陶瓷装饰方法包括绘制与烧成,分为胎装饰、釉装饰、彩装饰和综合装饰。

**一、胎装饰**

胎装饰也称"胎上装饰",即在陶瓷器胎体上通过刻、划、印、剔、堆、贴、镂、雕、塑等技法,以铁、竹、木等硬质工具在瓷坯胎体上做成各种图案和纹饰,大多于上釉前进行,亦有少数于上釉后进行。

1.拍印:用带有阴刻的条形、方格形及几何形图案和纹饰的陶制或木制印拍,在已成形的半干坯体上进行拍打,呈现出编织纹、曲折纹、网格纹、叶脉纹以及云雷纹等纹饰和图案,能使陶坯结构致密牢固。

2.模印:用陶土、木头或石膏制作模具,以柔软的黏土压印在模具上,脱胎后再粘贴于陶瓷坯体表面,形成凸起的装饰纹样,达到装饰效果。

3.划花:在半干的器物坯体表面,以竹篾、木刀或铁质工具,直接划出弦纹、几何纹、点状纹等纹饰,然后施釉或者直接入窑焙烧,形成装饰效果。划花手法灵活,线条自然、纤巧。划花出现的时间早,应用广泛,还往往与刻花、剔花结合使用。

4.剔花:利用雕刀等工具,剔除陶瓷坯体表面泥浆,把纹饰以外的部分剔去。剔花有留花剔地和留地剔花两种。前者在坯体上敷一层化妆土,然后划出纹饰,再剔去花纹外的空间,最后罩透明釉烧成,花纹凸起,具有浅浮雕的效果。后者在施釉的坯体上剔出露胎的纹饰,刻好纹饰后,把纹饰以外的部分剔去。

5.刻花:在已干或半干的陶瓷坯体表面,用竹制或铁制工具以单侧入刀、直刀深入、斜刀广削的方式,来刻划出各种深浅、面积不同的纹饰,然后施釉或直接入窑焙烧,装饰效果既简洁又富有立体感。此方法不需要大面积剔除纹饰四周胎土,着重于雕刀的应用,俗称"半刀泥"。刻花应用十分普遍,常常与划花、剔花结合运用。

6.雕花:在已干或半干的陶瓷坯体表面,用竹刀、木刀或雕刀等工具,雕刻出各种花纹和图案,剔除多余的土,留下装饰的主题浮凸于表面,然后施釉或者直接入窑焙烧,形成立体装饰效果。

**图9-8　宋代青白釉剔花牡丹纹圈足炉**

7.镂空:亦称"镂雕""透雕"。在半干的陶瓷坯体表面,将装饰花纹雕通,达到穿透的状态,然后直接施釉入窑烧制,一些细小的孔隙在上釉烧成后会被填满,形成半透明的效果。镂空的纹样一般较为简单,多为几何形图案。这种技法出现在新石器时代的陶器上,后来继续延用,并有所发展,工艺日趋复杂。元代出现双层结构的镂空高足杯,清代又出现外层镂空、内层绘画的转心瓶。

8.贴塑:先将泥料搓成小条,再捏成花纹图案,然后用泥浆把花纹黏附在瓷器的胎体上,施釉,入窑烧成,从而形成浮雕效果。

9.捏雕:先用坯泥搓成泥条或压成泥片,再用桠扒(雕塑刀的一种)等工具手捏成瓷器雕塑,如花蕾、花瓣、花叶、花枝以及雀冠、鸟羽等,边捏边黏接,施釉,最后入窑烧成。

10.玲珑:在瓷器坯体上通过镂雕工艺,先在生坯上按图案设计的花形,雕镂出一个个有规则的"玲珑眼",使之两壁洞透,再通体施釉,烧成后这些洞眼成半透明的亮孔,明澈透亮。这种透光的米粒状孔眼,叫作"米花"。玲珑瓷往往配以青花图案,叫青花玲珑瓷。这种瓷器既有镂雕艺术,又有青花特色,既呈古朴又显清新,集高超的烧造技艺和精湛的雕刻艺术于一身,充分体现了古代劳动人民的聪明才智和艺术创造力。

11.绞胎:绞胎通常指用两种不同颜色的瓷土分别制成泥色,然后像拧麻花一样将它们拧在一起,制成新的泥料,待用,或直接拉坯成型,或切成片状作镶嵌使用。经过如此烦琐流程反复加工的陶瓷器,坯体可呈现出两种瓷泥绞在一起所形成的各种花纹。常见花纹有五种:①像木材的年轮;②像并列的羽毛;

③像并排的雉尾;④像盛开的梅花;⑤像浮云流水。所有这些精美纹饰无疑给人们以变化万千之感。由于其制作工艺有别,因此所适用的器物类型和装饰部位也不尽相同,装饰效果非常雅致。

12. 堆花:在陶瓷光滑的坯体表面,用手指或堆或贴,通过搓、撕、按、堆塑等手法,形成各种装饰画面,达到不似浮雕却胜似浮雕的艺术效果。

13. 镶嵌:用铅笔在半干的坯体上勾画出装饰纹饰,然后用金属工具剔去纹饰部分,形成凹纹,之后在凹纹内填入相同材质、不同色泽的泥料,再用金属型板刮掉多余的泥料,并将其压光,入窑焙烧。注意在填入色泥前,应先将坯体润湿,以防止色泥或坯体干燥后开裂,填入花纹的色泥应高于坯体的表面,因为色泥湿度大,收缩时将大于坯体。其程序是:①刻出装饰纹样;②用金属塑刀填入色泥;③坯体干燥后,用细砂纸打磨内壁并清除灰尘;④入窑焙烧。

14. 锥拱:又称锥花,用尖细的锥状工具在瓷坯表面划刻出龙凤、花草等细线纹饰,再罩釉烧制。这种工艺始于明永乐年间,蓝浦在《景德镇陶录》中记载:清代景德镇窑生产的仿古瓷中,有"永窑脱胎素白锥拱等器皿""浇黄浇绿锥花器皿"等,可知锥拱工艺一直沿用至清代。

15. 珍珠地划花:工艺过程是在已成型的呈色较深的器胎上施一层薄薄的白色化妆土,以尖状工具划出装饰纹样,再以细竹管或金属细管在纹样以外的空隙戳印出珍珠般的小圆圈,罩透明釉后入窑高温焙烧而成。划花线条和戳印的小圈呈深褐或浅褐色,与白色化妆土形成颜色对比,装饰效果独特。它是借鉴唐代金银器錾花工艺而创制出的一种工艺。

## 二、釉装饰

釉是覆盖在陶瓷表面的玻璃质薄层,具有类同于玻璃态的物理和化学特性,不透水,平滑而有光泽,并可提高制品的机械强度、热稳定性和化学稳定性,釉面还可采用各种装饰以增强制品的艺术效果。

我国瓷器为色釉装饰,大约起源于商代陶器。东汉时期出现了青釉瓷器,唐代创造了黄、褐、绿三彩,称为唐三彩,宋代有影青、粉青、定红、紫钧、黑釉等。

颜色釉是用含有着色金属元素的原料配制的釉料,由呈色原料和它相适应的基础釉料,按适当的比例配合,经过球磨、过筛制成釉浆,施釉于泥料性质相适应的胎骨上,在适当的温度和气氛下焙烧而成。配釉是颜色釉制造工艺中的关键工序,配釉一般是基础釉加着色金属的天然矿物。例如,将含有铜、铁、锰、钴的矿石,分别加入釉料,使烧成后的釉面呈现各种颜色。其中仿钧红釉配方为:釉果 28.44%、釉灰 8.21%、玻璃 22.20%、窑渣 16.01%、锡晶料 15.58%、铅晶料 8.00%、食盐 1.04%、铜花 0.41%；仿祭红釉配方为:釉果 73.85%、灰 14.40%、铜花 0.41%、寒水石 2.35%、花浮石 2.35%、海浮石 1.23%、陀星石 1.23%、锡灰 0.90%、云母石 0.82%、铅晶料 1.64%、珊瑚 0.41%、石英 0.41%；仿桃花片(美人醉)红釉配方为:寒水石 65%、铜花 10%、玻璃 25%。

**图 9-9　元代霁蓝釉白龙纹梅瓶**

　　配釉方式一般是将着色原料的粉末与组成基础釉的各种料粉同时混磨制成,有的则是将着色原料的粉末直接加入到制成的基础釉中混磨制成。球磨时间同加入坛中的料粉细度,料、水、球的比例,以及不同的色釉对釉浆细度的不同要求等因素有关。釉浆细度对釉面质量有一定的影响,太细则表面张力大,易出现釉层干燥开裂,烧后产生缩釉;太粗则相应地提高了熔融温度,并影响色釉的光泽度。一般来说,单色釉、无光釉宜细,裂纹釉、花釉(面釉)可粗些。施釉是色釉制作工艺中的重要一环,不同的色釉和不同的坯胎应采用不同浓度的釉浆与不同的施釉方法,以求达到适当的釉层厚度。

　　施釉方法一般有浸釉、浇釉、喷釉、刷釉等。浸釉是把坯体浸入釉中片刻后取出,借坯体的吸水性,使釉均匀地吸附在表面。浇釉是把坯体置于坯座或旋转的辘轳机上,用手工或机械把釉浆浇于坯体上,形成釉层。喷釉是利用压缩空气将釉浆喷射成雾状而黏附在坯体表面。此法适用于大件、薄胎或异形生坯的施釉。另外,可采用多次喷釉,所以也适用于釉层特厚或需施多种色釉的制品。刷釉是用毛笔蘸取釉浆,均匀地刷在坯体上。此法适用于一种坯体上施几种颜色釉的制品。

### 三、彩装饰

彩瓷的发展演变是跟随着彩料的发展演变而前进的。彩瓷不是以釉色取胜，而是以绘画和色彩取胜，是以陶瓷彩绘颜料在陶瓷表面彩绘图案，入窑焙烧而成的。彩绘瓷由红绿彩开始，随着发展，分别出现了褐彩、褐绿彩、红绿彩、青花、两彩、三彩、五彩、斗彩、珐琅彩、粉彩、新彩、古铜彩、金彩等等，分釉下彩和釉上彩。釉下彩是在陶瓷生坯、经素烧坯胎或釉胎上饰纹加彩、罩釉，经1300℃左右高温一次烧成，色料充分渗透于坯釉之中，色泽光润耐酸碱，无铅毒。釉下彩包括青花、釉里红、釉下三彩、釉下五彩、釉下褐彩、褐绿彩等。釉上彩是在烧好的素器上彩绘，再经中低温二次烘烤而成，因彩附着于釉面之上，故名。这种彩，用手扪之，有凸起的感觉。最有代表性的釉上彩瓷器种类有釉上红彩、五彩、珐琅彩、粉彩、新彩等。

1. 褐彩：以氧化铁为着色剂，在瓷胎表面进行施彩，然后上釉烧制而成。其目的是增强瓷器色彩的明快感，并通过对器物的重要部位点彩，起到画龙点睛的作用。

**图 9 - 10　褐彩**

2. 釉里红：以铜为着色剂在坯上绘画，施以透明釉，在高温中一次烧成，画面呈红色。釉里红对窑中气氛要求极为严格，铜必须在还原焰中才呈现红色，故烧成难度大，产量低。

3. 青花：采用氧化钴料在坯上绘画，施釉，入窑一次性烧成的釉下彩绘工艺。成熟的青花瓷创烧于元代景德镇，所用的氧化钴料有国产料与进口料，其青花发色艳丽而沉稳，图案华丽而繁缛，被世人誉为"千金一器"。

图9-11　元代釉里红高足转心杯

4.青花釉里红:青花呈色剂是氧化钴,釉里红呈色剂是氧化铜,用两种色料在坯上绘画,施釉,入窑一次性烧成,是青花和釉里红两种釉下彩绘工艺相互结合的装饰形式。青花釉里红出现于元代,因氧化钴和氧化铜二者对烧成温度与窑内气氛的要求各不相同,烧造难度极大,成功者极少。

图9-12　元代青花釉里红开光镂花纹盖罐

5.红绿彩:在已烧成的瓷器釉面上先以红彩(矾红)描线,再用胶水调颜料,以淡雅的绿、黄二色填彩,然后经800℃左右低温烧烤而成。景德镇红绿彩最早出现于元代。

图 9 - 13　元代红绿彩狮戏球纹玉壶春瓶

6.立粉堆花:在瓷胎上用特制的泥浆带挤出泥条,并用泥条勾勒成凸起的纹饰轮廓,然后在纹饰轮廓内分别以黄、绿、紫等彩料,填出底子和花纹色彩后上釉焙烧。立粉堆花属于彩画中的立粉技术,最早见于元代山西陶器珐华彩。

7.金彩:用笔把金粉描绘在瓷釉上,再在 700—850 ℃ 温度下烘烤,金就烧牢在釉面上,然后用玛瑙棒或稻谷来摩擦,使之发亮。元代,景德镇多在蓝釉、孔雀绿釉及卵白釉上进行戗金,即用漆粘贴金箔于瓷器釉面上。明代,瓷器贴金更为盛行,而清代则改用金粉代替金箔,晚清至民国时期,随着液态金从国外传入,景德镇开始用金水描绘瓷器。

图 9 - 14　明五彩瑞兽纹罐

8.五彩:先以高温烧成白瓷,再彩绘,然后在红炉中低温烧成。五彩表示多彩,不专指五种彩色,包括红、黄、绿、紫、黑、金等,用它们可以配出各种不同浓淡和不同色调的彩色,满足彩绘各种人物、花卉、鸟兽和自然风景的需要。五彩始于明代初期,以明嘉靖、万历以及清康熙制品最著名。

9. 珐琅彩:以天然长石、石英等矿物质为主要原料,加入纯碱、硼砂等化合物作助熔剂,加入氧化钛、氧化锑、氟化物等作乳浊剂,添加氧化铜、氧化钴、氧化铁、氧化锰、氧化锑等金属氧化物作着色剂,经过粉碎、混合、煅烧、熔融后,倾入水中急冷得到珐琅块,再经粉碎、细磨得到珐琅粉;将珐琅粉调和后,绘于瓷器白胎表面,入窑经800 ℃左右低温烧烤而成。珐琅彩是将画珐琅技法移植到瓷胎上的一种釉上彩装饰手法,始创于清代康熙晚期,至雍正时,珐琅彩得到进一步发展。

图9-15  珐琅山石锦鸡纹双耳瓶

10. 粉彩:先在白瓷上勾出图案的轮廓,再在其内填上一层玻璃白,彩料施于这层玻璃白上,再用干净的笔轻轻将颜色依深浅浓淡的不同需要洗开,从而有浓淡明暗之感。粉彩的颜色由于掺入粉质,有柔和之感,烧成温度比五彩低,在感觉上比五彩要柔软,故有"软彩"之称。粉彩是在康熙五彩基础上,受了珐琅彩制作工艺的影响而创烧的一种釉上彩品种。

11. 新彩:也称洋彩,光绪年间,用先自德国后自日本输入的"洋彩"颜料,在白瓷表层绘以各式画面或图案,再入彩炉烘烤而成。新彩瓷,是清末民初逐步发展起来的一个新品种,包括贴花、绘画、刷花、喷花、印花、薄膜移花、描金加彩、套色印金、腐蚀金彩和各色电光彩等。其特色是色彩丰富,装饰多样,毛坯造型秀丽,花纹生动,格调新颖。

12. 扒花："扒花"是出现于乾隆时期的一种陶瓷装饰技术。景德镇"扒花"又叫粉彩轧道，就是把粉彩和轧道的工艺结合起来，珠联璧合。先在白胎上均匀施一层色料，如红、黄、紫、胭脂红等，然后在色料上用一种状如绣花针的工具拨划出细的凤尾草纹，再在色釉底锥刻花鸟、山水等图饰或开光图饰，最后加绘粉彩花卉纹。除运用了勾线、平填等技艺以外，其制作工序还包括制坯、素烧、喷釉、轧道，之后还要经过二次高温烧成，再贴纸、勾线、绘画，按照设计要求刻划出底子纹样后在其上施以不同的色釉。"扒花"包括制坯、素烧、喷釉、轧道、填色、写字、底款等20多道工序，其成本比起普通粉彩瓷的成本高出2/3，不愧有"锦上添花"的美誉。"扒花"的扒，就是在釉彩上做精细刻划。一般而言，"扒花"是刻划单一的连续纹饰，常见的是卷草纹、金钱纹、锦地纹等。

**图 9 - 16　清乾隆蓝地轧道扒花缠枝莲摇铃尊**

13. 刷花：以专用的毛刷，将彩料通过刻有纹样的套板，刷涂到器皿表面以形成画面。刷花分为釉上刷花和釉下刷花两种，具有形象概括简练、色彩丰满鲜丽、色泽细腻均匀等特点。它还可以用笔加绘各种细节和线条，以增强画面形象的感染力。

14. 贴花：亦称移花，是用粘贴法将花纸上的彩色图案移至陶瓷坯体或釉面。贴花分釉上贴花和釉下贴花：釉上贴花有薄膜移花、清水贴花和胶水贴花等；釉下贴花既有在贴花纸上只印出花纹轮廓线，移印后再进行人工填色的，也有一次性贴上线条色彩的，称带水贴花。贴花纸有纸质和塑料薄膜两种，用纸质花纸须经过揭纸、洗涤等工序，后发明了薄膜花纸，便不须揭纸等工序，便于机械化、连续化操作。

### 四、综合装饰

综合装饰方法是新中国成立之后才发展起来的。所谓陶瓷综合装饰，就是陶瓷工艺上根据作品的需求，采取多种技法，如彩绘、色釉及雕刻等，运用不同原料以及不同的烧成温度给瓷器作装饰。这种把多种技法集中到一件作品的做法，其优点是能更好地体现作品的主题思想，增加作品的艺术美。其特点是变化灵活，各种装饰形式相互衬托，互为补充，争奇斗艳，丰富了陶瓷的艺术语言。通常采用的技法有青花斗彩、色釉刻花（素三彩）、青花釉里红、影青青花、色釉堆花及堆花加彩、珐花彩、镂空加彩、珊瑚描金、高温色釉彩等等。

从传统的角度看，景德镇过去只有釉上、釉下的加彩、斗彩等装饰方法，而综合装饰需要多个技术熟练的专业人员相互配合，采用釉上、釉下不同色料，运用绘画、雕刻等多种手法，采取高温、低温不同的烧成温度，经过窑炉和红炉的两次焙烧才能完成。由于综合装饰表现天地宽润，可以充分表达设计者的意图，尽量发挥各种装饰方法的优点和工艺操作之所长，因而具有独特的艺术魅力。

# 第十章　景德镇陶瓷窑炉及烧成科技

"瓷器之成,窑火是赖。"①窑炉是陶瓷生产最重要的烧成工具,通过不同窑炉不同燃料的燃烧,产生热能,从而在不同温度、气氛、压力下焙烧出陶瓷产品。一部景德镇陶瓷发展史,相当意义上就是窑炉发展史。景德镇陶瓷窑炉科技发展分为三个阶段:一是古代景德镇陶瓷窑炉,二是近代景德镇陶瓷窑炉,三是现当代景德镇陶瓷窑炉。

## 第一节　景德镇古代陶瓷窑炉及烧成科技

"陶"古作"匋",《一切经音义》解释说:"按西域地之卑湿,不能为窑,但累坯器露烧之耳。诸书亦借音为姚,字体作窑,音姚。"《中国风俗史》则进一步解释说:"陶,窑字,古止作匋。外从勹,象形。内从缶,指事也。""勹"代表穴窑或馒头窑,"缶"代表陶瓦罐之类。《诗经·大雅》谓"陶复陶穴"。汉刘熙《释名·释丘》也说:"再成曰陶丘,于高山上,一重为之,如陶灶然也。"这说明我国早期制陶工艺在烧成方法上是由升焰式逐步发展为半倒焰式与平焰式,即由无窑"累坯露烧"和"穴窑"升焰式,发展到"馒头窑"半倒焰式,再到"龙窑"平焰式。

### 一、景德镇早期窑炉烧造技术

景德镇与全国其他产瓷区一样,在新石器时代以前,还没有专门烧制陶器的窑炉,普遍采用平地堆烧,或半地穴式坑烧。由于露烧没有火膛和窑室,只能产生800℃以下低温软陶、粗砂陶、夹砂红陶、泥质红陶、泥质灰陶,成品呈红、褐色,有的与草木灰接触,被烟熏成灰色或灰黑色。

江西万年仙人洞遗址,属新石器时代早期文化遗存。遗址出土的陶器夹粗砂,胎厚,火候低,陶胎多用泥片分块贴拍,也有近底部采用泥条盘筑方法成形。器型主要是直口筒腹圈底罐形器,器表多为错乱或叠压粗绳纹或条纹,有的器内壁饰有横向纹饰。上层除有与下层相同的大量绳纹粗砂红陶外,还有篮纹、

---

① 熊寥,熊微.中国陶瓷古籍集成[M].上海:上海文化出版社,2006:304.

方格纹等几何印纹陶片。这些陶片的厚度不均匀,器壁凹凸不平,陶器的口缘周围没有发现耳、足等附件,从残片观察,器型大多是手工捏制而成的圆底罐,器内壁凹凸不平,胎壁厚薄不匀,胎质粗劣,有些还掺和了蚌末、石英粒,陶色很不稳定,有的在同一块陶片上呈现红、灰、黑三色,内壁和外壁均饰粗绳纹。这些都显示制陶技术尚处于原始阶段,还处在陶器的初级阶段,当时烧造陶器可能是采用平地堆烧的方法。

图 10 - 1　万年仙人洞遗址粗砂陶片

乐平涌山旧石器时代遗址,为"旧石器时代晚期"洞穴遗址。这里发现了原始"软陶"、夹砂夹碳陶、红陶、灰陶等,还发现了陶窑遗址,残留有陶窑窑壁、陶窑窑盖,陶窑窑盖只有 40 厘米,烧成火温约 500 ℃。涌山遗址的古陶没有砂子成分,并且陶质疏松,没有纹饰,约 500 ℃火温烧制。夹砂红陶都是竖纹,陶胎多手工捏制或用泥片分块贴拍,采用平地堆烧或半地穴式坑烧而成。

图 10 - 2　乐平涌山旧石器时代遗址陶窑窑盖

人类早期的烧陶方法,就是把陶坯埋在柴里烧,为保持温度,又用泥把坯和柴都封起来,这叫堆烧。堆烧的热量损失太快,柴又经常压坏陶坯,古人把坯和柴分开放置,用厚土层保温,这时,窑就出现了。

**二、景德镇唐、五代时期窑炉烧造技术**

景德镇目前发现的早期窑炉遗址是唐代的龙窑。龙窑是一种依山坡斜面半连续式陶瓷烧成窑,采用自然通风方式,以杂柴、松枝等植物为燃料,窑内火焰多平行窑底流动。加上此种窑建在山坡上,火焰抽力大,升温快,降温也快;可以快烧,也可以维持烧造青瓷的还原焰,青瓷、黑釉瓷等大都在龙窑里烧成,同时装烧面积大,产量高。

表 10-1　唐、五代景德镇瓷器的烧成温度与吸水率、气孔率①

| 编号 | 名称 | 烧成温度℃ | 吸水率% | 气孔率% |
|---|---|---|---|---|
| 1 | 唐景德镇杨梅亭白瓷碗残片 T2-1 | 1150—1200 | 1.63 | 0.81 |

乐平南窑遗址,位于乐平市接渡镇南窑村,属于中、晚唐时期龙窑。一条斜坡式龙窑依山坡斜面向山坡上延伸,斜长 78.8 米,宽 1.6—2.4 米,残高 0—0.6 米,窑床坡度靠近窑头前 16 米较平缓,后段略陡。龙窑由窑前工作面、火门、火膛、窑床、窑墙、窑尾等几部分组成,根据地层叠压关系以及出土遗物,推断是使用竹藤类材料起券,用泥糊砌,采用支座垫烧。叠压在龙窑下面的另外一条龙窑,在窑炉中段使用了方形减火坑的技术,这是以往龙窑遗迹中所不见的。产品为青釉瓷、酱黑釉瓷、青釉褐斑瓷、青釉褐色彩绘瓷以及素胎器,以青釉瓷器为主。窑具有支座、匣钵、匣钵盖、间隔具、火照、利头、印模等,支座有长身圆筒状、长身束腰喇叭筒状、中型喇叭筒状、中空盘状和覆盂状五种,匣钵分盆状、钵状、浅盘状、碗状四种类型,匣钵盖有覆荷叶盘状、覆圆盘状、覆碗形三种,间隔具主要为衬块,偶见圆饼状、环状垫圈。器物装烧多采用瓷泥衬块间隔明火叠烧、衬块间隔明火套烧,少量高档产品如内、外壁满釉的青釉玉璧底碗、盘则采用匣钵单件或者匣钵多件叠烧。② 支座、匣钵、间隔具等窑具在烧造使用时组合方式灵活多样,适应不同的窑位工况和火道设置。特别是对口套烧开孔匣钵装烧是景德镇地区早期窑业对先进装烧技术的有益探索,匣钵的型制、制作及坯

---

① 熊寥. 中国古代制瓷工程技术史[M]. 太原:山西教育出版社,2014:185.
② 饶华松,何国良,邬书荣,等. 江西乐平南窑窑址调查报告[J]. 中国国家博物馆馆刊,2013(10):11-38.

匣的组合方式都达到了较高的水准,充分表明,唐代景德镇窑工们熟悉龙窑烧成中气氛、温度等在窑内空间上的差异性与规律性,装烧水平达到同期窑口中的较高水平。①

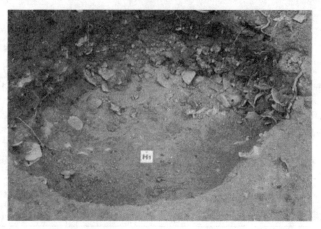

图 10 - 3　乐平南窑灰坑

图 10 - 4　乐平南窑遗址出土的长身圆
　　　　　筒状支座

图 10 - 5　乐平南窑遗址出土的中空
　　　　　盘状支座

---

①　余琴仙.唐代景德镇市乐平南窑窑场装烧工艺初探[J].中国陶瓷,2014(7):104 -
107.

图 10 - 6　乐平南窑遗址出土的盆状匣钵

图 10 - 7　乐平南窑遗址出土的碗状匣钵

图 10 - 8　乐平南窑遗址出土的覆荷叶
盘状匣钵盖

图 10 - 9　乐平南窑遗址出土的扁平圆
饼状间隔具

　　景德镇兰田窑遗址位于浮梁县湘湖镇兰田村,包括万窑坞、牛氏岭和小金坞三处唐代窑址遗存,属于唐中晚期龙窑。万窑坞窑址是一座依山而建的龙窑遗址,窑炉总长28.7米,窑内最宽处为1.9米,残高0.1—0.7米。它是保存完好的砖砌窑炉,由窑门、火膛、窑床、窑前工作面四部分组成,火膛的前端为窑门,窑门门口呈"八"字形,与外面的工作面相连。兰田窑遗址出土了丰富的晚唐、五代时期的遗物,主要是青绿釉、青灰釉和白釉瓷器,除常见的碗、盘、执壶、罐等器物外,还发现了腰鼓、茶槽子、茶碾子、瓷权、瓷网坠等罕见器物。窑具有支钉、垫柱、平底斜壁匣钵、匣钵托盘、环状垫圈、窑撑等。早期装烧工艺为支钉叠烧,制瓷工艺落后,产品质量不佳。碗、盘类制品均采用支钉叠烧法,支钉呈圆点状,装烧时,先以垫柱为底,再在碗类足壁上粘贴数颗支钉,继而将粘有支钉的碗坯平放在垫柱上,然后一件碗坯隔一层支钉地从下往上重叠成柱状后入窑焙烧。由于产品在窑中裸烧,故器物足壁和内心都留下支钉痕迹,其支钉数量一般有5—8颗,比五代支钉数量(9个以上)少。中期出现支钉叠烧及桶状(深腹)匣钵装烧并用的装烧工艺,支钉细长,且数量较多。匣钵装烧采用深腹(桶状)匣钵对口烧,有一匣一器或器物叠摞装进深腹(桶状)匣钵两种装烧方法。后期使用更为成熟的漏斗形匣钵装烧。[①]

图10-10 景德镇兰田窑窑前工作面

图10-11 景德镇兰田窑垫柱

图10-12 景德镇兰田窑垫钵

① 汪柠.景德镇东郊兰田窑的发掘及其断代研究[D].景德镇:景德镇陶瓷学院,2014.

**图 10 – 13　景德镇兰田窑桶状匣钵**

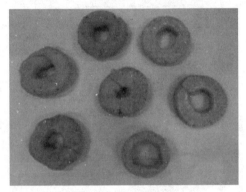

**图 10 – 14　景德镇兰田窑垫圈**

五代时期,景德镇仍然是龙窑烧造,采用的是支钉叠烧法。五代景德镇窑以泥点支钉为垫隔具,一般按照器坯的大小,采用 4 至 20 个不等的泥点作为器坯与器坯之间的间隔具。烧成后,往往在足沿和内底留下相应的泥点痕迹。五代湖田窑遗址发现二处:一在刘家坞东坡,一在龙头山西南。窑具仅见垫柱,没有匣钵。从发掘产品的圈足和留在垫柱上的泥点支钉来看,当时采用支钉叠烧法烧成①。其装烧过程如下:以夹沙的黏土做成的垫柱为底座—用耐火黏土搓成小条捏成支钉—把支钉沿碗坯圈足边沿粘 9 至 16 颗—把碗坯放置在垫柱上—再把圈足边沿粘有同样支钉的碗坯一个一个地重叠起来,组成一柱后入窑焙烧,这就是支钉叠烧法。五代窑场使用的支钉为含燧石的"断层泥"制作,其化学成分如下:$SiO_2$ 含量平均为 83.7%,$Al_2O_3$ 含量平均为 4.48%,$Fe_2O_3$ 含量平均为 1.38%,$TiO_2$ 含量平均为 0.44%,$CaO$ 含量平均为 3.54%,$MgO$ 含量平

---

① 刘新园,白焜.景德镇湖田窑考察纪要[J].文物,1980(11):40.

均为 1.42%①。支钉耐火度高达 1500 ℃,坯件烧成瓷器后,支钉还处于酥松状态,产品很容易从支钉上摘取下来,其成品率比其他地区垫饼叠烧法有所提高。但支钉叠烧法也有缺陷,它没有把火焰与制品隔离开来,釉面易被烧窑时产生的尘渣污染,以致废品很多;支钉破坏了碗盘底心的釉面,严重地影响了成品的外观质量;同时,由于瓷坯的高温荷重软化点较低,如堆叠过多,下面的足边将会下陷而出现缺口。五代时期,景德镇每一组窑柱堆叠一般只有十二三个,其高度不到 60 厘米,可见其时堆叠数量少,窑室内竖向空间的利用率不够高,因而燃料浪费大。②

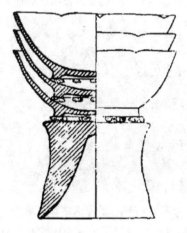

**图 10 – 15　五代时期支钉叠烧法示意图**

### 三、景德镇宋、元时期窑炉烧造技术

景德镇宋、元时期窑炉与唐代一样,均采用龙窑。一般多依山坡或土堆倾斜建造,与地平线构成 10°—20°角,窑头约 20°,中部约 15°,后部约 11°,由窑门、火膛、炉床、烟囱(烟道)四大部分组成。窑长约 20—80 米,宽约 1.5—2.5 米,高约 1.6—2 米,顶部有投燃料的孔。龙窑的最大优点是升温快,降温也快,可以快烧,也可以维持烧造青瓷的还原焰,影青、黑釉瓷等大都是由龙窑烧成。元代晚期,在龙窑基础上发明了"葫芦窑",窑体束腰,从而形成窑室前大后小,或者前小后大,整个窑体犹如卧地的葫芦。1979 年,在景德镇南河北岸的"印刷机械厂"院内发现了元代晚期的"葫芦窑",窑长 19.8 米,窑室底部前宽后窄,前

① 景德镇市地方志办公室.中国瓷都·景德镇市瓷业志:市志·2 卷[M].北京:方志出版社,2004:89.

② 刘新园,白焜.景德镇湖田窑各期碗类装烧工艺考[J].文物,1982(5):86.

短后长,其中窑室宽 4.56 米,后室宽 2.74 米。窑床坡度为 12°。①

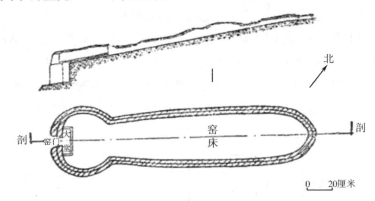

图 10 - 16　元湖田窑葫芦窑雏形

表 10 - 2　宋、元时期瓷器的烧成温度与吸水率、气孔率②

| 编号 | 名称 | 烧成温度℃ | 吸水率% | 气孔率% |
|---|---|---|---|---|
| 1 | 宋景德镇湖田窑青白瓷碗片 | 1100—1150 | | 0.48 |
| 2 | 宋景德镇湘湖窑青白瓷碗片 | 1250 ± 20 | | 0.38 |
| 3 | 元大都出土景德镇青花瓷 YM74 - 4 - 5 | 1280 ± 20 | 0.13 | 0.29 |
| 4 | 元大都出土景德镇青白瓷 YM74 - 4 - 1 | — | 0.27 | 0.60 |
| 5 | 元大都出土景德镇青白瓷 YM74 - 4 - 2 | — | 0.30 | 0.59 |
| 6 | 元大都出土景德镇枢府瓷 YG74 - 4 - 3 | | 0.32 | 0.72 |
| 7 | 元大都出土景德镇枢府瓷 YG74 - 4 - 4 | | 0.37 | 0.84 |
| 8 | 元景德镇湖田黑瓷 | 1250 ± 20 | 1.4 | — |
| 9 | 元景德镇湖田窑青花 Y - 8 | 1250 ± 20 | 0.26 | 0.58 |
| 10 | 元景德镇青花大瓶残器 Y2 | 1100—1150 | | 0.68 |

　　宋早期采用匣钵加垫饼的仰烧法,其装烧程序是:把一个用黏土加粗制成的高垫饼放入已烧成的匣钵内—用双手托起碗坯装入匣钵,把碗的圈足套在垫饼上—把装有碗坯的匣钵逐件套装送进窑室焙烧。这种装烧方法,宋代称为"仰烧法"。这种装烧方法比五代时先进,使用匣钵装坯,制品在焙烧过程中受热均匀,釉面不易被烧窑时的尘渣污染,废品率大大降低;同时,可以充分利用

————————

① 刘新园,白焜.景德镇湖田窑考察纪要[J].文物,1980(11):41.

② 熊寥.中国古代制瓷工程技术史[M].太原:山西教育出版社,2014:460.

窑室内的竖向空间堆叠制品,提高窑室的装载量,降低焙烧成本。为了不使高温下收缩的制品与不收缩的匣钵直接接触,而使用小于制品圈足的高垫饼作支垫物,烧成的器物除圈足内底露胎外,其余釉面完整,大大提高了产品的外观质量。同时,由于当时生产青白瓷,影青釉内氧化钙含量高,高温黏度小,如把碗足放在大于制品圈足的薄垫饼上仰烧,流淌的瓷釉就会把足壁和支垫物胶结起来,采取小于制品圈足的高垫饼装烧法,可以使其挂釉的足壁悬空烧成,不会与支垫柱黏结。[1]

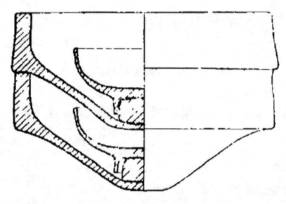

图 10-17　北宋仰烧法示意图

宋中期采用垫钵覆烧法,这一时期窑具除匣钵外,还有另外两种:一种是内壁分作数级的上大下小的多级覆烧垫盘或多级覆烧垫钵,垫钵(或垫盘)多为瓷质,少数为耐火泥质;另一种是桶式的平底匣钵。其装烧程序是:用瓷泥做好内壁分作数级的盘或钵状物—为避免碗口与垫阶黏结,在钵(盘)状物的垫阶上撒上薄薄一层耐火的谷壳灰—先把一件口径较小的芒口碟扣在钵(盘)状物的最下一级上,依次扣置直径由小到大的碗坯—再把一个泥质的垫圈放在平底匣中,把扣好了碗坯的钵(盘)状物放在垫圈上即可堆叠装窑。这种烧法和宋初仰烧法相比,产品的变形率有所降低,堆叠密度增大。但它给碗盘留下了芒口,导致大量"芒口瓷"出现,影响产品美观。[2]

宋后期采用支圈覆烧法,这一时期的窑具与前代大不相同,匣钵大为减少,为支圈组合式的覆烧窑具,主要有大而厚的泥饼窑具底、圆心下凹的泥饼盖、断面呈"█"形的白色瓷质的弧形支圈组成,所用支圈组合覆烧窑具,既有瓷质也

① 刘新园,白焜. 景德镇湖田窑各期碗类装烧工艺考[J]. 文物,1982(5):86.
② 刘新园,白焜. 景德镇湖田窑各期碗类装烧工艺考[J]. 文物,1982(5):86-87.

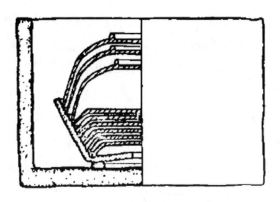

**图 10 - 18　垫钵覆烧装匣示意图**

有耐火泥质。其装烧程序是:以大而厚的泥饼为底——把一个用瓷泥做成的断面
呈"⌐∟"形的支圈放在泥饼上——在支圈的垫阶上撒上一薄层谷壳灰——把碗坯的
芒口放在垫阶上,又把 32 个左右的碗与支圈,一圈一碗地依次覆盖,再把圆心
下凹的泥饼翻转过来覆盖在最后的一个支圈上,即组成一个上下直径一致的圆
柱体——用稀薄的耐火泥浆涂抹外壁,用以连接支圈、封闭空隙,再叠压装窑。使
用这种窑具不须依赖匣钵,就能装烧同一规格的产品,既能增加装烧密度(四倍
以上),又有减少变形、节约燃料和耐火材料等优点,但仍然解决不了给碗盘造
成芒口、妨碍适用的问题。①

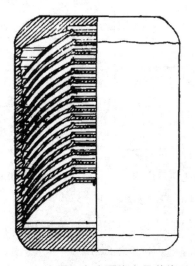

**图 10 - 19　支圈组合式覆烧窑具装烧示意图**

---

① 刘新园,白焜.景德镇湖田窑各期碗类装烧工艺考[J].文物,1982(5):87 - 88.

元代景德镇窑场的日用粗瓷一般采用涩圈叠烧法或支圈组合覆烧法,较为精细的瓷器多用一匣一器的仰烧法。元代早期仍采用支圈覆烧窑具,支圈也由宋代的瓷质变成缸钵泥质,烧造芒口瓷器。到元后期,随着高岭土引入瓷胎,开始使用"瓷石+高岭土"的"二元配方",瓷器的变形率有所降低,覆烧法防止制品变形的优点就不那么突出。因而,元代质粗釉劣的产品均采用叠烧法。产品重叠时,已不用支钉间隔,而是把制品底心的釉面旋出一个露胎的涩圈,再把上一个碗盘不挂釉的底足放在下一个碗盘的涩圈上,依次重叠到十个左右再装入桶式匣钵叠压装窑。这样叠烧碗盘比五代的简便,而用桶式平底匣装坯又可以充分利用窑室内的高空叠烧瓷器,叠烧产品消耗耐火材料少,装烧密度大,露胎的缺陷也只在碗心,比口沿无釉的覆烧器适用、美观,且成本低廉。元代的枢府瓷与青花瓷器采用仰烧法生产,即先把一个用含铁量较高的黏土加粗的泥饼放入匣钵,然后在垫饼上撒一层高岭土与谷壳灰的粉末,再把碗盘坯件的圈足直接放在粉末上,装窑烧造。至此,宋代风行一时的窑具被淘汰,标志着元代景德镇装烧技术的进步。①

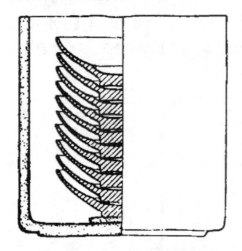

图 10 – 20　元代涩圈叠烧示意图

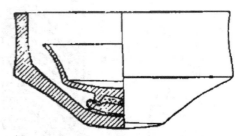

图 10 – 21　元代仰烧示意图

### 四、景德镇明、清时期窑炉烧造技术

从元代开始,景德镇制瓷工艺发生了重大变革,结束了以单色釉为主的局面,高温颜色釉、青花瓷对窑炉的结构提出了新的要求,迫使景德镇必须对窑炉技术进行彻底变革。于是景德镇在传统龙窑的基础上,吸收了可以烧制高温瓷

① 刘新园,白焜.景德镇湖田窑各期碗类装烧工艺考[J].文物,1982(5):88 – 89.

器的馒头窑的优点,创制了葫芦形窑。元末,龙窑逐渐被葫芦窑取代,进入明代,葫芦窑和马蹄窑便成为主要的窑炉形式。

葫芦窑,由窑前工作面、窑门、火膛、前室、后室、护窑墙等组成,用楔形砖砌成。窑床前低向后渐高,倾斜度8°—10°,整体斜长10余米,前室宽3.2—3.78米,后室宽1.8—2.5米。窑门呈八字,火膛平面呈半圆形。从考古发掘的景德镇葫芦窑遗址可以看出,景德镇葫芦窑的发展演变有一个过程,表现为:窑身逐步缩短,由元末的22.4米缩短到明代中晚期的7.1米;后室长度从16.7米缩短至3.9米;坡度从最初的13°—15°降至3°—4°(表10-3)。这种窑炉明代早期官民两窑都在使用,明中后期官窑不再使用,民窑则一直使用到明晚期。

表10-3 景德镇葫芦窑演变过程①

| 形式 | 窑炉示意图 | 地点 | 年代 | 规格(窑内正投影尺寸 单位:米) | | | | | 坡度 |
| | | | | 全长 | 前室 | | 束腰宽 | 后室 | |
| | | | | | 长 | 宽 | | 长 | 宽 | |
| I | | 景德镇丽阳乡碓白山 | 元末 | 22.4 | 近火膛处微内收,开始出现前后室雏形,最宽处在窑床中部,宽约4米 | | | | | 15° |
| II | | 景德镇南河北岸印机厂内 | 元末 | 19.5 | 3.9 | 4.6 | 2.7 | 16.7 | 3.7 | 12° |
| III | | 景德镇珠山御窑遗址 | 明初 | 9.3 | 2.5 | 3.3 | 1.9 | 6.8 | 2.3 | 8°—10° |

① 王上海. 从景德镇制瓷工艺的发展谈葫芦形窑的演变[J]. 文物,2007(3):66.

续表 10 – 3

| 形式 | 窑炉示意图 | 地点 | 年代 | 规格（窑内正投影尺寸 单位:米） | | | | | | 坡度 |
|---|---|---|---|---|---|---|---|---|---|---|
| | | | | 全长 | 前室 | | 束腰宽 | 后室 | | |
| | | | | | 长 | 宽 | | 长 | 宽 | |
| IV | | 景德镇丽阳乡瓷器山 | 明早期 | 9.9 | 2.9 | 3.6 | 2 | 7 | 3.4 | 6°—13° |
| V | | 景德镇湖田窑址 | 明中期 | 7.7 | 2.8 | 3.7 | 2.1 | 4.9 | 3 | 4°—10° |
| VI | | 景德镇湖田窑址 | 明中晚期 | 7.1 | 3.2 | 3.7 | 2.1 | 3.9 | 2.9 | 3° |

明初同时使用的还有马蹄窑,因窑膛形似马蹄而得名,它是景德镇汲取北方技术创造的一种窑炉。其为倒焰式窑,排烟孔虽然仍在靠近窑的侧墙上,但在窑底用垫柱和砖砌了吸火孔和支烟道,火焰自窑顶全部倾向窑底,因此,叫"倒焰窑"。这是景德镇明代民窑常用的一种窑炉。

表 10 – 4　明代瓷器的烧成温度与吸水率、气孔率①

| 编号 | 名称 | 烧成温度℃ | 吸水率% | 气孔率% |
|---|---|---|---|---|
| 1 | 明洪武民窑青花碗片 MM – 1 | — | 0.45 | 1.00 |
| 2 | 明洪武民窑青花碗片 MM – 2 | — | 4.57 | 10.02 |
| 3 | 明永乐至宣德民窑青花碗片 MM – 4 | 1270 ± 20 | 1.36 | 3.12 |

---

① 熊寥. 中国古代制瓷工程技术史[M]. 太原:山西教育出版社,2014:532.

续表 10 – 4

| 编号 | 名称 | 烧成温度℃ | 吸水率% | 气孔率% |
|---|---|---|---|---|
| 4 | 明宣德青花大盘 M1 | 1200 ± 20 | — | 1.63 |
| 5 | 明宣德青花碎片 M – 3 | 1240 ± 20 | 0.24 | 0.56 |
| 6 | 明成化青花碎片 M – 4 | 1280 ± 20 | 0.17 | 0.38 |
| 7 | 明成化民窑青花碗片 MM – 6 | 1270 ± 20 | 1.20 | 2.27 |
| 8 | 明成化民窑青花碗片 MM – 7 | — | 0.36 | 0.8 |
| 9 | 明成化民窑青花碗片 MM – 8 | 1260 ± 20 | 0.44 | 1.01 |
| 10 | 弘治黄釉盘 | — | 0.08 | — |
| 11 | 明嘉靖民窑青花盘片 MM – 9 | 1280 ± 20 | 0.31 | 0.71 |
| 12 | 嘉靖至万历民窑青花盘片 MM – 10 | — | 0.28 | 0.64 |
| 13 | 嘉靖祭蓝瓷片 M – 7 | 1280 左右 | 0.07 | 0.16 |
| 14 | 嘉靖青花碎片 M – 10 | 1240 ± 20 | 0.16 | 0.36 |
| 15 | 嘉靖青花罐残器 | | | 0.82 |
| 16 | 嘉靖矾红盘残器 | | 0.24 | — |
| 17 | 隆庆至万历民窑青花碗片 MM – 11 | | 0.25 | 0.57 |
| 18 | 万历民窑青化碗片 MM – 12 | — | 0.26 | 0.59 |
| 19 | 明万历青花 M – 11 | 1240 ± 20 | 0.22 | 0.51 |
| 20 | 明万历青花 M – 12 | | 0.36 | 0.82 |
| 21 | 明万历五彩盘 M2 | 1200 ± 30 | — | 1.38 |
| 22 | 明万历青花方盒底 M3 | 1220 ± 20 | — | 1.51 |
| 23 | 崇祯民窑青花碟 MM – 13 | 1240 ± 20 | 0.23 | 0.56 |

　　明末,由于景德镇瓷业规模扩大,产量增多,瓷业分工越来越细,葫芦窑窑体较小、容积不大、前后温差较大等缺陷越来越明显,已不能适应景德镇瓷业发展需要,于是,景德镇对葫芦窑进行了改革,创建了一种新型的窑炉——"镇窑"。由于镇窑外形如半个鸭蛋覆于地面,也称"蛋形窑",又因其以松柴为燃料,又称为"柴窑"。镇窑的烧成室呈一头大一头小的长椭圆形,近窑门处宽而高,靠近烟囱则逐渐狭窄矮小,全长 15—20 米,容积为 300—400 立方米,取消了葫芦窑的束腰部分。窑内的最高温度可达 1300 ℃,窑内形成的递次温差,可装烧高火、中火、低火瓷坯,即一个窑内就可以同时烧成不同温度要求的瓷器。同时,因窑内腔较高(最高近 6 米),便于装烧大件制品,适合多品种生产的需要,所以镇窑成为景德镇清代主要窑炉。

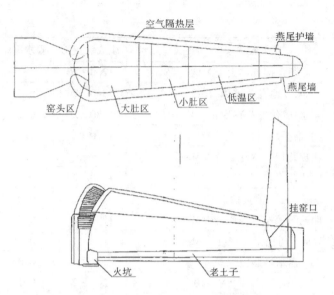

图 10 – 22　景德镇柴窑构造示意图①

与柴窑相对应,清代,在景德镇民间还有一种以茅草、松枝为燃料的槎窑,年代较柴窑要早,是一种民间土窑,专烧较低档器物,比柴窑小得多、低得多。槎窑窑房的构造与布局同柴窑大体相似,全窑由窑门、窑身、烟囱、护墙及望火孔几个部分组成。窑房的总面积一般为 800 平方米左右,长度为 28 米左右,跨度为 11 米左右,外檐高为 5.5 米左右。构架一般为 2.17 米 × 2.17 米的半圆形柱网,屋顶坡度一般为 4°—5°分水。窑炉(包括窑岭)所占的面积,约为窑房总

图 10 – 23　槎窑

① 王上海. 从景德镇制瓷工艺的发展谈葫芦形窑的演变[J]. 文物,2007(3):65.

面积的 1/3。槎窑因外形像一只伏地的蛤蟆,故当地俗称"虾蟆窑";又因窑头似狮子头,窑囱似狮子尾,窑前的两只窑脚似狮子脚,两只窑眼似狮子眼,闸口似狮子嘴,故俗称"狮子窑"。

明清在窑具方面,包括匣钵和垫具。匣钵有直桶式匣钵、漏斗式匣钵、平底式匣钵。直桶式匣钵,直桶形较深,平底,一般装烧瓶、罐之类的小件瓷,一匣可装 3—5 件。漏斗式匣钵,又称大器匣钵,口大底小,上半部为直壁,下半部为漏斗形,形状和砂钵相似,上、下部交接处有肩挟(斜壁与直壁交接处有一微凸的沿),分为高肩和低肩两种类型。高肩一般用来装置碗类的陶瓷坯体,低肩则多用来装置盘碟类陶瓷坯体。一般一匣装烧一件,大器匣装载在窑内的后面部位,温度要比高窑位低 10—20 ℃,所以比较耐烧,一般可以烧制 30 次以上。平底式匣钵,又称小器匣钵,形状与圆桶或者蒸笼相似,上下的直径一致,平底直壁,直桶壁较矮,由底和圈子两部分组成,底径一市尺,圈子根据陶瓷坯体的需要有高低之分。方形、椭圆形、锅底形等特种匣钵也属于小器匣钵。小器匣的种类有浅匣、缸匣、九寸、满尺、尺八、边子、饼子等 45 种。小器匣的容量有装一只陶瓷坯体的,也有装两三只甚至数十只陶瓷坯体的,还有两只小器匣合装一只陶瓷坯体的。明代匣钵厚度比宋、元时期普遍变薄,这样既减轻了劳动强度,又节约耐火材料和降低了热损失,增长了匣钵使用寿命。

垫具包括支钉、垫饼、垫环、垫托和垫沙。明代支钉采用高岭土做成细条,一般支烧汤匙或仿宋官釉器。垫饼,明代出现了瓷质垫饼,垫饼的直径比产品圈足大且薄,形状各异,如浅盘形、盏形、碗形、臼形和环形,使用时只要将垫饼的托面托住器物的圈足,这样,器物就可以满釉。垫环,是在采用覆烧法时,支垫在器物口沿的用具。环为正圆形,断面为磬折形,烧成的瓷器口沿无釉。垫托,放在器底和匣钵之间垫烧,其形有灯状、环状、圈饼式、浅碟式等。垫沙,用糠灰作为垫烧物,垫于瓷器的底部,使之不与装烧的匣钵底部粘连。①

明代采用仰烧法。明早中期日用粗瓷仍用涩圈叠烧法生产,中上等碗盘采用仰烧法。明代在装烧坯件时是把沙渣放入匣钵,渣上放置垫饼,然后再把制品放在大于圈足的垫饼上烧成的。明代发明了吊线装匣技术,就是用两股纽线兜住器物腹部或圈足处,吊入匣中,待器物坯在垫饼上放稳后,再将吊线抽出。吊线装匣技术使匣钵内径与器物口径间隔距离变小,间隙不到 1 厘米,使匣钵

① 江建新.元代至明初景德镇地区制瓷技术及其源流考察[J].中国国家博物馆馆刊,2015(2):73.

的口径变小,以窑室面积 5 平方米计算,就比宋代多放 20 柱匣钵,提高单位产量达 25% 左右,这种技术大大提高了产品的烧成质量与窑室的装载量。

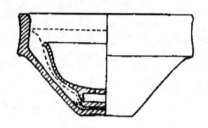

图 10 - 24　明代仰烧示意图(虚线为焙烧前的坯碗)

## 五、明、清景德镇御窑烧造技术

明、清景德镇御窑使用的窑炉,嘉靖、万历时期的《江西省大志·陶书》中记载:御器厂"为窑(六);曰风火窑,曰色窑,曰大小爁熿窑(连色窑共二十座),曰大龙缸窑(十六座),曰匣窑,曰青窑(四十四座)"①。

风火窑,主要烧造半成品或素胎器。《陶书·匠役》记载:"至于六作之中,惟风火窑匠最为劳苦,方其溜火,一日之前,固未甚劳,惟第二日紧火之后,则昼夜省视,添柴时刻不停歇,或倦睡失于添柴,或神昏误观火色,则有苦窳拆裂阴黄之患。"②

图 10 - 25　风火窑

① 熊寥,熊微.中国陶瓷古籍集成[M].上海:上海文化出版社,2006:48.
② 熊寥,熊微.中国陶瓷古籍集成[M].上海:上海文化出版社,2006:59.

缸窑,因烧造大缸,缸上又多绘龙,故又称龙缸窑或大龙缸窑。该窑炉原型为北方的馒头窑,为半倒焰式,窑底有六孔烟道,由窑前工作面、窑门、火膛、窑室、烟道、排烟孔、烟囱、护窑墙等组成,全长4米,窑室宽2—2.2米,顶圆。据文献记载,明初御器厂共有龙缸窑32座,后因青窑数量少,龙缸窑空闲,就将其中16座改为青窑。龙缸窑以烧青花双云龙宝相花缸、青花双云龙缸、青花双云龙莲瓣大缸、青花白瓷缸、青龙四环戏潮水大缸、青花鱼缸品类而出名。《景德镇陶录》记载:"明厂有龙缸窑,称大龙缸窑,亦曰龙缸窑。窑制前宽六尺,后如前,饶五寸,入身六尺,顶圆。鱼缸大样、二样者,止烧一口,瓷缸三样者,一窑给砌二台,则烧二口。缸多画云龙,或青花,故统以龙缸窑名之。烧时,溜火七日夜。溜,缓小也,如小滴流,缓缓起火,使水气渐干渐熟,然后紧火二日夜。缸匣既红,而复白色,前后通明亮,方止火封门。又十日窑冷,方开。每窑约用柴百三十杠,遇阴雨或有所加。有烧过青双云龙宝相花缸、青双云龙缸、青双云龙莲瓣大缸、青花白瓷缸、青龙四环戏潮水大缸、青花鱼缸、豆青色瓷缸等式。"[1]龙缸窑只限烧造龙缸,一次只烧一件或两件大缸。

图10-26　龙缸窑

青窑,以瓷器成色"上品为青"而得名,比缸窑略小,前宽5尺,后5尺5寸,入身4尺5寸,御器厂每窑烧300件,从入窑起火,至火止封门,前后须5天。明嘉靖《江西省大志·陶书》记载,"陶窑,官五十八座,除缸窑三十余座烧鱼缸外,

① 傅振伦.《景德镇陶录》详注[M].北京:书目文献出版社,1993:66.

内有青窑,系烧小器","制员而狭,每座止容烧小器三百余件,用柴八九十杠。民间青窑,约二十余座,制长阔大,每座容烧小器千余件,用柴八九十杠,多者不过百杠。官民二窑,槁柴一之,埴器倍之"①。明万历《江西省大志·陶书续补》记载:"青窑比龙缸窑略小,前宽五尺,后五尺五寸,入身四尺五寸。"②青窑就是官窑中烧造除龙缸以外各种瓷器的瓷窑。

图 10 – 27　青窑　　　　　　　　　　　　图 10 – 28　燤熿窑

燤熿窑,为明代景德镇烧制低温颜色釉或烘烤釉上彩的低温烤花炉,也为漏釉的瓷器补釉后复火烧制。窑室宽 1.8 米,进深 1.6 米,高 2.1 米。《景德镇陶录》记载:"燤熿窑,窑制大小不一,厂坯上釉,用火燤烘。有漏釉者,再上釉,入窑烧。"③烧制过程中,中、低温颜色釉一般在素白瓷或者涩胎上施釉后第二次焙烧而成。釉面虽然硬度较低,但颜色均匀、发亮。

色窑,专门烧制高温颜色釉瓷。窑室宽 2.1 米,进深 2 米,高 2.2 米。高温颜色釉瓷的烧成温度通常在 1250 ℃ 以上,大多为生坯挂釉后入窑一次烧成。釉色有红、蓝、白、青、黑等,品种繁多,色泽缤纷。

匣窑,专门烧制窑具匣钵。窑室宽 2.4 米,进深 2.2 米,高 2.254 米。匣钵类型有龙缸大匣和装烧不同圆器、琢器的大小匣钵。《景德镇陶录》记载:"匣

---

① 熊寥,熊微.中国陶瓷古籍集成[M].上海:上海文化出版社,2006:37.
② 熊寥,熊微.中国陶瓷古籍集成[M].上海:上海文化出版社,2006:56.
③ 傅振伦.《景德镇陶录》详注[M].北京:书目文献出版社,1993:7.

窑,厂匣先空烧,再装坯烧。"①明万历《江西省大志·陶书续补》记载:"匣窑,大小不一,所费柴火与青窑相等。每窑除龙缸大匣外,其余大小匣可烧七八十件,用柴五十五杠……惟龙缸匣,则匣既大,用柴亦多。……溜火三日,紧火一日一夜,住火三日,方可出窑。"②这种窑炉所烧成的温度、气氛,包括烧制方法,都有很大的不同,所以在烧的过程中,会根据不同的窑炉所需的温度、气氛,采取不同的烧制方法。

图 10 - 29　匣窑

红炉,又称明炉或暗炉,主要是用来烘烧彩绘瓷。红炉建造先选平地垫两层砖以便防潮,中心放筒状匣钵(形成窑炉内腔),炉膛径、高各一米左右,再在外围绕匣钵用砖砌成炉壁(下端每间隔一段留数个"扒火眼")。在炉壁与匣钵之间砌砖相隔形成"火路"(使内腔均匀受热)。内腔(匣钵)中放置半成品瓷器,盖上匣盖(匣盖上留眼洞,大的透水汽,小的看炉火)。烧炉时在孔洞上盖小匣盖或瓦片,再以红炭与生炭层层递进,一层隔一层直到盖满炉面。烘烧时将彩绘的瓷件装入炉膛内,点着炉子四周的木炭由缓而急,至温度达到700—900℃时停火。待炉子冷却后,取出瓷器,便完成了彩瓷烧制的最后一道工序。这类炉明代开始流行,一直到清代和近现代都在使用。《景德镇陶录》记载:"白瓷加彩后,复须烧炼,以固颜色。爰有明暗炉之制,小器则用明炉,口门向外,周围

① 傅振伦.《景德镇陶录》详注[M].北京:书目文献出版社,1993:7.
② 熊寥,熊微.中国陶瓷古籍集成[M].上海:上海文化出版社,2006:56.

炭火,置铁轮其下,托以铁叉,以钩拨轮使转,以匀火气。大件则用暗炉,高三尺,径二尺余,周围夹层贮炭火,下留风眼。将瓷器贮于炉,人执圆板,以避火气,炉顶泥封,烧一昼夜为度。"①

图 10-30　红炉结构剖面图

　　明清景德镇御窑厂遗址发掘的窑炉有 25 座,其中葫芦窑 7 座,馒头窑 15 座,还有 3 座窑炉残损严重,形制不明。

　　御窑厂遗址的葫芦窑由窑前工作面、窑门、火膛、前室、后室、护窑墙等组成,用楔形大砖砌成。窑床前低向后渐高,倾斜度 8°—10°。整体斜长(不含窑前工作面)10 余米,前室宽 3.2—3.78 米,后室宽 1.8—2.5 米。

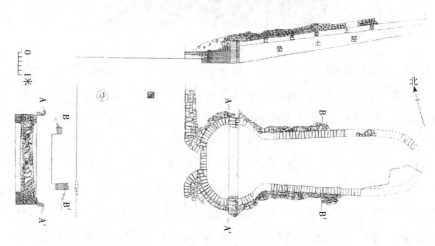

图 10-31　御窑厂遗址葫芦窑剖面图

　　御窑厂遗址的 15 座馒头窑,皆由小砖砌制而成,由窑前工作面、窑门、火膛、窑室、烟道、排烟孔、烟囱、护窑墙等部分组成,规模较小,通长(不含窑前工

---

① 傅振伦.《景德镇陶录》详注[M].北京:书目文献出版社,1993:22.

作面)3.8—4.1米、窑室宽2—2.3米。形制基本一致:窑门呈"八"字形向外弧撇;火膛呈半圆形,左右两角封住;火膛低于窑床,窑床平整,两壁较直,其后有一个低于床面的横向烟道,与排烟孔相连,后壁设有六个排烟孔,与烟囱相通;烟囱呈横长方形,与窑室同宽。

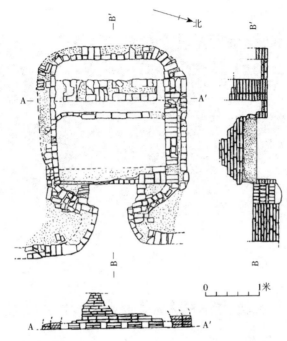

**图 10 - 32　御窑厂遗址馒头窑剖面图**

虽然葫芦窑和馒头窑在民窑中已普遍使用,但明清御窑厂对这两种窑炉进行了改造。明清御窑厂的葫芦窑整体长度缩短,后室变窄,左右两壁齐直略向外撇。馒头窑窑体较小,通长不过4米,宽2米左右;窑床平整,设一个横长方形的大烟囱,并且在窑床和后壁之间增设了烟道,烟道与排烟孔相连。明清御窑厂对葫芦窑、馒头窑的改革,无疑更有利于产品的烧成,更适合于御器厂生产。

明清景德镇御窑厂窑具有漏斗形匣钵、筒形匣钵、匣钵盖、套钵、垫钵、垫饼、盘形窑具等。匣钵有用耐火土制成的,胎体厚重,质地粗糙,也有用瓷土制成的,质地较薄。套钵用瓷土制成,胎体较薄,质地较细密。垫饼用瓷土制成,做工较好,质地颇细。

明清景德镇御窑厂发明了一种独特的装烧法——套钵法,最早约在永乐时期开始使用这一方法。此方法是在普通匣钵内再装一瓷质钵,瓷钵内装烧瓷坯。瓷钵内装烧方法是将一瓷质垫饼放置在垫砂层上,再在瓷垫饼上放置瓷坯,而后用盖钵盖合置于匣钵内烧造。采用该法减少了瓷器焙烧时的落渣现象,在提高青花瓷烧成率上起了一定作用;但据研究该类套钵只能使用一次,因此增加了瓷器的烧造成本。此方法正德官窑仍在使用,嘉靖以后少见。这种瓷套钵装烧法在中国窑业史上也是罕见的。[①]

图 10 - 33　明初官窑瓷质套钵

# 第二节　近现代景德镇陶瓷窑炉及烧成技术革新

最德镇传统上都是用松柴作燃料烧制瓷器,由于长期砍伐,燃料逐渐短缺,柴价高涨,制瓷成本越来越高。特别是近代国外采用煤窑烧瓷,机器批量生产,外国瓷大量倾销中国市场,使得景德镇陶瓷市场更加萧条。在这种情况下,一些有识之士开始谋求陶瓷技术革新,以其他矿物燃料来代替松柴。

## 一、"以煤代柴",由柴窑到煤窑

19 世纪初,欧洲进行了产业革命,德、法等国率先以煤烧瓷,稍后,日本也开始使用煤窑制瓷。清光绪年间,我国曾选送学生张浩、邹如圭、舒信伟等赴日留学,在日本东京高等工业学校窑科学习机械制瓷和煤窑烧制技术。1906 年张浩学成回国,1912 年任江西省立饶州陶业学校校长,开始试制煤窑,创建了一座10 个火门的 8 立方米燃烧室的倒焰式方形煤窑。1913 年,煤窑试烧成功,这是

---

① 江建新.元代至明初景德镇地区制瓷技术及其源流考察[J].中国国家博物馆馆刊,2015(2):71-72.

景德镇创建的第一座煤窑。1916年,张浩在景德镇创办陶校分校江西省立乙种工业分校,打算在景德镇毕家弄建立一座规模较小的倒焰式煤窑。由于景德镇地方势力的百般阻挠,煤窑没有试烧成功。1929年,景德镇设立江西陶务局,张浩任局长,又在莲花塘北侧五龙庵建起第三座方形煤窑,并聘用日本人中原燎之助(名古屋瓷业工人)为技师,教授景德镇瓷业工人烧煤窑技术,这是景德镇工人掌握煤窑烧制技术的开始。当时,因窑型问题、煤质问题,尤其是瓷坯的原料配方适应等问题未得到解决,以致试烧仍然不尽如人意。后由于战事动乱及当局的腐败无能,由张浩主持设计修造的第一座倒焰式煤窑几经周折还是被迫停顿。

新中国成立后,景德镇迅速恢复陶瓷产业,通过陶瓷产业生产资料私有制社会主义改造和十一届三中全会之后的"六五"至"九五"陶瓷产业技术改造,景德镇陶瓷窑炉及烧成技术历经了由柴窑到煤窑、油窑、气窑(电窑)三个阶段的历史性转变,实现了景德镇陶瓷烧炼史上的重大革新,使景德镇烧瓷能源进入第四代。

1953年,国家开始实施第一个五年计划,景德镇开始进行"以煤代柴"的陶瓷烧炼技术改造。景德镇试制煤窑经历了三个阶段:阶级式煤窑、方形煤窑、圆形煤窑。1952年,为探索以煤代柴新路子,改变窑炉结构及燃料结构,景德镇陶瓷专科学校率先开始了以煤代柴的试验,在校内建起一座阶级窑,以煤为燃料焙烧瓷器,这是新中国成立后景德镇第一次进行的用煤烧瓷的尝试。但是当时这种窑在烧成气氛上达不到要求,烧出的瓷器质量较差,且无推广价值,因而仅烧了几次就停烧了。1953年,邹如圭又重新组织一些技术人员和烧窑师傅再一次开始方形煤窑的设计和试制工作。1954年3月,中共景德镇市委在建国瓷厂新厂(宇宙瓷厂前身)示范性建设景德镇第一座容积为60立方米的方形倒焰式煤窑。1955年1月试烧成功,最高温度达1350℃,但由于方形窑本身的缺点,四个角的温度上不去,烧出的瓷器多发黄、起泡,成品率仅为86.73%,同年11月又在国光瓷厂改槎窑为煤柴两用窑烧造成功。到1956年底,全市建成7座煤窑,煤柴合烧窑32座,经过不断改进,成品率提高到96.37%。1957年成立景德镇市窑改委员会,具体领导改窑试验工作,开始设计试制圆形煤窑。1957年10月,第一座大型煤烧圆窑在景德镇第二陶瓷生产合作社(今景陶瓷厂)和第四瓷厂试烧成功,经过试烧,效果比方形窑好,但由于一直遗留下来的坯、釉料配方不适应煤窑烧成,故所烧瓷器光泽度不好,烟熏、发黄等质量缺陷仍然存在。后来通过改进坯釉料配方，才使上述缺陷大为减少，煤烧圆窑基本成功，开辟了景德镇"以煤代柴"烧瓷的新路子。

景德镇"一五"时期，以煤代柴的煤瓷技改成功，是这一时期陶瓷工业的重大技术进步，为提高产品质量、增加产量、降低成本、保护环境起到了积极作用。到1957年底，全市煤窑发展到13座。为加快改窑步伐，1958年在马鞍山脚下建起了1座简易煤窑做试验。同年8月，市委向陶瓷行业发出"年底全面实现以煤代柴"的号召，全市陶瓷行业积极行动，大力兴建简易煤窑。所谓简易煤窑，就是建窑不用耐火砖，窑炉外围不用铁加固，不建窑房，只在窑的顶部盖机瓦，周围搭棚供工人遮雨，用料简单，造价低。到1962年共有简易煤窑290座，烧制能力达到全市日用瓷总产量的50%。但简易煤窑材质差，不耐高温，一两年就报废，而且烧成质量不稳定，煤耗大，景德镇又开始由简易煤窑慢慢过渡到正规煤窑。到了1965年，通过对窑炉不断进行技术革新，全市已建成倒焰式正规圆形煤窑131座。使用这种窑炉烧成的瓷器已占当时日用瓷总量的75%。从此，景德镇的陶瓷生产基本实现了"以煤代柴"。

**图 10 - 34　圆形倒焰煤窑**

## 二、窑炉隧道化技术改造

1963—1966年，为贯彻中央关于"调整、巩固、充实、提高"的方针，景德镇对陶瓷产业进行大调整，开始在中小型煤窑基础上，试制、试烧大型倒焰煤窑和隧道窑。

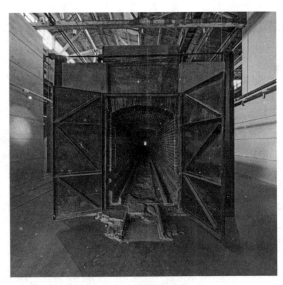

**图 10-35　煤烧隧道窑**

1966—1976 年,景德镇进行以窑炉隧道化为中心的技术改造。1967 年 7 月由轻工部、江西省轻工设计院和省瓷业公司技术人员设计的第一条煤烧隧道窑在景德镇市光明瓷厂建成投产,揭开了用隧道窑替代倒焰煤窑的新篇章。1976 年 8 月 1 日,景德镇市光明瓷厂、宇宙瓷厂率先在全省建造了两条由江西省陶瓷工业公司设计的油烧隧道窑,并投产获得成功,以后各大瓷厂相继推广应用。到 1985 年,景德镇共建隧道窑 45 条,其中油烧隧道窑 17 条,烧瓷能源开始由第二代煤向第三代重油发展。

**表 10-5　至 1983 年景德镇已建煤油窑一览表①**

| 厂名 | 数量 | 其中 | | | | | | | |
|---|---|---|---|---|---|---|---|---|---|
| | | 油窑 | 其中 | | | | 煤窑 | 其中 | |
| | | | 92 米 | 81 米 | 70 米 | 滚地烤花油窑 | | 92 米 | 81 米 |
| 人民瓷厂 | 3 | 1 | 1 | | | | 2 | | 2 |
| 新华瓷厂 | 2 | | | | | | 2 | | 2 |
| 艺术瓷厂 | 1 | 1 | | 1 | | | | | |
| 建国瓷厂 | 4 | 1 | | 1 | | | 3 | 1 | 2 |

---

① 景德镇陶瓷史料编委会. 景德镇陶瓷史料:1949—2019:上 [M]. 南昌:江西人民出版社,2019:142.

续表 10 - 5

| 厂名 | 数量 | 其中 | | | | | | | |
|---|---|---|---|---|---|---|---|---|---|
| | | 油窑 | 其中 | | | | 煤窑 | 其中 | |
| | | | 92 米 | 81 米 | 70 米 | 滚地烤花油窑 | | 92 米 | 81 米 |
| 东风瓷厂 | 2 | 1 | | | | 1 | 1 | | 1 |
| 景兴瓷厂 | 4 | 2 | | 1 | | 1 | 2 | 1 | 1 |
| 红旗瓷厂 | 1 | 1 | | 1 | | | | | |
| 光明瓷厂 | 4 | 4 | 2 | | | 2 | | | |
| 红星瓷厂 | 4 | 3 | 2 | | | 1 | 1 | | 1 |
| 红光瓷厂 | 2 | 1 | 1 | | | | 1 | | 1 |
| 宇宙瓷厂 | 8 | 5 | 3 | | | 2 | 3 | 2 | 1 |
| 为民瓷厂 | 5 | 4 | 1 | 1 | | 2 | 1 | 1 | |
| 玉风瓷厂 | 1 | 1 | | | 1 | | | | |
| 窑具厂 | 1 | 1 | | 1 | | | | | |
| 建新瓷厂 | 1 | | | | | | 1 | | 1 |
| 工业瓷厂 | 1 | | | | | | 1 | | 1 |
| 景耐瓷厂 | 1 | | | | | | 1 | | 1 |
| 合计 | 45 | 26 | 8 | 8 | 1 | 9 | 19 | 5 | 14 |

图 10 - 36　油烧隧道窑顶部

**图 10 - 37 油烧隧道窑外部**

景德镇从 1965 年开始探索煤气隧道窑。1965 年,景德镇瓷厂从捷克斯洛伐克引进了 3 条煤气发生炉隧道窑,窑体全长 97 米,最高烧成温度可达 1350 ℃,烧成周期约 38 小时。这是景德镇第一座煤气隧道窑,为我国日用瓷煤气隧道窑烧成开创先例,为燃料结构的改变和先进窑炉的推广起到了示范作用。1985 年,景德镇华风瓷厂建成 4 条煤气隧道窑,用煤气烧制青花瓷获得成功,成为中国陶瓷烧炼史上的又一重大革新,景德镇烧瓷能源进入第四代。1986 年 8 月 9 日,景德镇光明瓷厂与联邦德国雷德哈姆公司签订合同,引进一条煤气隧道窑。1986 年,景德镇焦化煤气厂竣工投产,为全市各大瓷厂提供煤气烧瓷的能源。1987 年 2 月,景德镇红星瓷厂兴建景德镇市第一条以焦化煤气作燃料的 81 米煤气隧道窑。1987 年 11 月,景德镇光明瓷厂从联邦德国引进烧焦化煤气的 82 米隧道窑,该窑每公斤瓷耗能 5550 大卡,比油烧隧道窑节能 50%。此后,新华、红光、红旗、艺术、东风、建国、景兴等各大瓷厂相继建成焦化煤气隧道窑,并广泛推广,大幅降低能耗,减少环境污染。到 1990 年,景德镇日用陶瓷工业拥有隧道窑 36 条,其中烧煤气的 6 条,烧重油的 17 条,烧煤的 13 条,隧道窑烧成达到总产量的 90%,基本上实现烧成隧道窑化,烧瓷能源开始由第三代重油向第四代煤气发展,实现了从烧柴—烧煤—烧油—烧气的第四次能源变革。

表 10 – 6　至 1995 年景德镇已建煤气隧道窑一览表①

| 企业 | 窑长×宽 | 数量 | 使用何种煤气 | 煤气热值×4.18 千焦 | 备注 |
|---|---|---|---|---|---|
| 股份有限公司(一厂为民) | 82×1.30 | 1 | 焦化煤气 | 3200—3400 | 釉烧窑 |
| | 50×1.10 | 1 | 焦化煤气 | 3200—3400 | 素烧窑 |
| | 36×0.84 | 1 | 焦化煤气 | 3200—3400 | 烤花窑 |
| 股份有限公司(二厂红星) | 82×1.10 | 1 | 焦化煤气 | 3200—3400 | |
| | 50×1.30 | 1 | 焦化煤气 | 3200—3400 | 素烧窑 |
| | 36×0.84 | 1 | 焦化煤气 | 3200—3400 | 烤花窑 |
| 股份有限公司(4369) | 82×1.15 | 1 | 焦化煤气 | 3200—3400 | 引进 |
| 股份有限公司(三厂创新) | 50×1.00 | 1 | 焦化煤气 | 3200—3400 | |
| 为民瓷厂 | 90×1.30 | 1 | 焦化煤气 | 3200—3400 | |
| 宇宙瓷厂 | 70×1.30 | 1 | 焦化煤气 | 3200—3400 | |
| | 89×1.30 | 2 | 焦化煤气 | 3200—3400 | |
| 人民瓷厂 | 93×1.30 | 1 | 焦化煤气 | 3200—3400 | |
| 新华瓷厂 | 81×1.30 | 2 | 焦化煤气 | 3200—3400 | |
| 东风瓷厂 | 81×1.30 | 2 | 焦化煤气 | 3200—3400 | |
| 窑具厂 | 81×1.64 | 1 | 焦化煤气 | 3200—3400 | |
| 建国瓷厂 | 81×1.30 | 2 | 焦化煤气 | 3200—3400 | |
| 景兴瓷厂 | 81×1.30 | 2 | 焦化煤气 | 3200—3400 | |
| 红光瓷厂 | 81×1.30 | 1 | 焦化煤气 | 3200—3400 | |
| 红星瓷厂 | 81×1.30 | 2 | 焦化煤气 | 3200—3400 | |
| 光明瓷厂 | 82×1.15 | 1 | 焦化煤气 | 3200—3400 | 引进 |
| | 82×1.15 | 2 | 焦化煤气 | 3200—3400 | |
| 红旗瓷厂 | 81×1.30 | 2 | 焦化煤气 | 3200—3400 | |
| 中兴瓷厂 | 81×1.30 | 1 | 焦化煤气 | 3200—3400 | |
| 荣光瓷业有限公司 | 72×1.25 | 1 | 焦化煤气 | 3200—3400 | |

---

　　① 景德镇陶瓷史料编委会.景德镇陶瓷史料:1949—2019:中[M].南昌:江西人民出版社,2019:139 – 140.

续表 10 - 6

| 企业 | 窑长×宽 | 数量 | 使用何种煤气 | 煤气热值×4.18千焦 | 备注 |
|---|---|---|---|---|---|
| 华风瓷厂 | 73×1.30 | 2 | 冷净发生炉煤气 | 1380—1540 | |
| | 72×1.25 | 2 | | | |
| 卫生洁具厂 | 80×2.10 | 1 | 焦化发生炉煤气 | 1150—1250 | 引进 |
| 建筑瓷厂 | 88×1.30 | 1 | 焦化煤气 | 3200—3400 | |
| 原景德镇瓷厂 | 97×1.00 | 3 | 冷净发生炉煤气 | 1380—1540 | 引进 |
| | 40×1.30 | 3 | | | |
| 青花文具瓷厂 | 81×1.30 | 2 | 焦化煤气 | 3200—3400 | |
| 艺术瓷厂 | 93×1.30 | 1 | 焦化煤气 | 3200—3400 | |
| 合计 | | 47 | | | |

图 10 - 38 煤气隧道窑

### 三、梭式窑的兴起

隧道窑虽然满足了陶瓷大规模工业化生产的需要,但单次烧瓷量大,生产周期长,不适合高档瓷和艺术瓷生产。于是,体积容量小、烧制灵活快捷的梭式窑应运而生。梭式窑属于间歇式窑炉,结构类似火柴盒,窑车装卸通过轨道完成,自如穿梭窑内外,因进出形同梭子,故称为"梭式窑"。梭式窑适合小规模间断性生产,烧成温度稳定,便于自动控制,生产方式和时间安排非常灵活。20 世纪 90 年代,景德镇开始引进和试制梭式窑。1991 年,景德镇雕塑瓷厂从澳大利亚购进第一台燃气梭式窑,引发了一场陶瓷烧炼革命。1993 年 9 月,景德镇陶瓷工业设计院成功研制全部采用国产材料制作的梭式窑。梭式窑具有能耗低、烧成质量高、使用寿命长、工艺操作简便的特点,适应了景德镇 20 世纪 90 年代国有大瓷厂陆续改制解体、企业分散经营的需要,成为当前景德镇制瓷窑炉的主流。

图 10 – 39  煤气梭式窑

图 10 – 40  电窑

### 四、烤花炉的技术改造

景德镇传统烤花炉用木炭做燃料,对红瓷进行烤烧,使花面纹样牢固地附着于瓷器的釉面上。新中国成立后,随着烧瓷燃料由柴到煤到气的改进,景德镇对传统烤花炉进行了技术改造。1957 年,景德镇市第一座先进的红炉——煤烧隧道锦窑,在工艺美术合作工厂正式投入生产。煤烧隧道锦窑与原来烧木炭的烤花炉比较,有产量高、连续生产等优点,烧出来的瓷器,画面颜色鲜艳夺目,质量好,是景德镇瓷业彩绘烧炼向机械化道路上的一大飞跃。到 1964 年,景德镇市艺术瓷厂全部用隧道锦窑代替圆炉烤烧粉彩瓷,所烧粉彩瓷彩青达到100% ,所用燃料费仅为圆炉的四分之一。1966 年,景德镇市宇宙瓷厂革新成功四火门隧道锦窑,被列为景德镇市重大革新项目。到 1966 年,全市共建成隧道锦窑 24 条,基本实现彩瓷烤花隧道锦窑化。1972 年,景德镇第一座油烧隧道锦窑在新华瓷厂试烧成功。1981 年,由省陶瓷工业公司设计的 CYG 32 型辊道烤花窑在宇宙瓷厂投产。该窑彩烧瓷器质量好,产量高,工艺性能稳定,劳动强度低,节约能源,达到当时国际先进水平,是国内新型彩烧窑炉,获省政府科技成果二等奖。1988 年,景德镇市光明瓷厂首次建成了一条电热辊道烤花窑,窑长22.5 米,年烤彩瓷 500 万件。到 1990 年底,陶瓷公司系统已完成微机控制电烤花炉 125 台(座),节电率可达 30%—50%,粉彩质量可提高 2% 左右,还完成微机控制辊道电烤花窑 3 条。

### 五、陶瓷窑炉电子技改试点

1986 年,由轻工业部陶瓷研究所研制的"微机控制间歇式节能烤花设备"获轻工业部科技进步三等奖。该设备烤花过程按产品烤花工艺要求编制的升温曲线自动进行,与原有间歇式烤花设备相比,节能高达 60%。1986 年,景德镇市宇宙瓷厂和航空部 602 所共同研制的"32 米燃油辊道烤花窑微机控制系统"通过鉴定。该系统在国内陶瓷工业中居领先地位,这是微电子技术在我省陶瓷生产中的首例成功应用,获省科技进步三等奖。1988 年 2 月,景德镇市光明瓷厂首次建成了一条电热辊道烤花窑,窑长 22.5 米,年烤彩瓷 500 万件。1989 年,景德镇市被国务院列为全国微电子技术改造传统产业城市。为推进陶瓷产业电子技改试点工作,景德镇市成立了市微机应用试点工作领导小组。1990 年,景德镇市红旗瓷厂研制成功的微电子技术控制还原焰煤气隧道窑,属国内同行业首创。至 1990 年底,景德镇已完成微机控制电烤花炉 125 台(座),微机控制辊道电烤花窑 3 条。

### 六、窑具技术改造

在窑具方面,1951 年在大器和小器两个联营匣钵厂基础上,成立景德镇市匣钵厂,1985 年改为景德镇市窑具厂,生产硅铝质匣钵、硅铝镁质匣钵、熔融石英质匣钵、碳化硅质匣钵,不断改进匣钵的性能与质量。1957 年,景德镇推广"以坯定匣"的大器匣钵,扩大了装窑容量,降低了烧炼费用。从 20 世纪 60 年代开始,景德镇匣钵制造逐步向机械化过渡,采用机械粉碎、机械练泥、钢模成型、辘轳成型、蒸汽干燥、隧道窑烧成。景德镇"七五"时期,引进莫来石制匣技术生产线,生产煤气窑需要的碳化硅质窑具;"八五"时期,投资 4137 万元,实施高档碳化硅窑具改造工程,生产高档碳化硅质窑具。1979 年景德镇市匣钵厂的碳化硅匣钵获省科技成果四等奖,1980 年景德镇市艺术瓷厂特大型装配式匣钵

（模型）获省科技成果四等奖,1980 年景德镇市宇宙瓷厂率先使用"反装匣钵"装烧技术,减少落渣。1993 年 5 月,景德镇市新华瓷厂采用棚板装烧综合品种单车进行试验,烧成合格率达95％。现代陶瓷窑炉使用棚架结构取代匣钵放置瓷器。棚架结构由棚板和立柱组合而成。棚板和立柱由堇青石和莫来石质人工合成材料制成。这种材料制成的棚架结构可使用数年,烧造次数上千次。这样的棚架有良好的抗热震性,重复使用不落渣,有良好的导热性,能降低燃料消耗,提高产品质量。

**图 10 - 41　窑车、棚架**

景德镇通过"六五"至"九五"陶瓷产业技术改造,陶瓷窑炉及烧成技术逐步由柴窑过渡到煤窑、油窑、气窑（电窑）,烧瓷能源由柴过渡到煤、油,进入第四代气（电）,烧成技术逐步过渡到机械化、电子控制化,实现了景德镇陶瓷烧炼现代化。

## 第三节　景德镇窑炉行业及管理机构

### 一、景德镇古代窑炉行业

在古代,景德镇有专门负责窑炉建造的行业,称"挛窑店",是指砌窑、补窑的专业。窑炉建造得非常科学的,无论是柴窑,还是槎窑,都有一定的技术标准和建造规格,是一项技术活,不是谁都能建造的,因而,形成了专门的窑炉建造行业"挛窑店"。

　　《景德镇陶录》记载："结砌窑巢,昔不可考。自元、明来,镇土著魏姓世其业。"①宋代以前,由于景德镇窑炉大多是龙窑,窑炉建造相对简单,一般由窑户自行建造。元明以后,景德镇窑炉向葫芦窑、镇窑发展,窑炉建造越来越复杂,加上窑业社会分工越来越细,窑炉建造逐渐行业化。

　　从元代开始,景德镇窑炉建造为浮梁本地人魏姓所垄断,世代专司砌窑一行,为时跨元、明、清三朝。魏氏,江西浮梁镇市都(今景德镇)魏家村人。魏家村地处景德镇市区南端杨家坞北侧,明代形成闾巷,改名魏家弄,魏氏世代开设的挛窑店在魏家弄四图里。魏氏砌窑,薪火相传,唐英在《陶成示谕稿》中记载:"窑之高、卑、阔、狭、大小、浅深,暨夫火堂、火栈、火眼、火尾之规,种种不一,精其工而供其役者,为景德镇魏氏专其业,而得其传,元明以来无异也。"②《浮梁县志·陶政》也记载:"清代嘉庆年间,有窑户效魏氏结窑,所烧之瓷,大半膨裂,成熟者亦偏倚不正,唯魏氏所制则无他虞。"③蓝浦在《景德镇陶录》中记载:"然魏族实有师法薪传。余尝见其排砌砖也,一手挨排粘砌,每粘一砖,只试三下,即紧粘不动。其排泥也,双手合匋一拱泥,向排砌一层砖中间两分之,则泥自靠结砖两路流至脚,砌砖者又一一执砖排粘。其制泥,稠如糖浆,亦不同泥水工所用者。"④龚轼《景德镇陶歌》赞叹:"魏氏宗传大结窑,曾苦经役应前朝。可知事业辛勤得,一样儿孙胜耳貂。"⑤魏氏在明代为御器厂匠籍,为适应形势的变化,创造发明了多种窑型,为景德镇瓷业的发展做出了历史性贡献,在制瓷各行业中享有很高的威望。

　　挛窑是技术性很强的行业,为浮梁魏姓人独业,不传他人,世代世袭,靠其谋生。到了清初,由于挛窑业务增多,忙不过来,请魏氏外甥都昌籍余姓人去帮忙,时间一长,余氏就初步掌握了窑体的结构。开始,余氏组织了一个补窑店,对窑体的小毛病进行修补,或是抹泥巴(叫搪窑)。《景德镇陶录》记载:"若窑小损坏,只需补修,今都邑(昌)人得其法,遂分业补窑一行。"⑥魏姓人挛的是槎窑,随着清代细瓷业兴起,槎窑火力无法达到需要的温度,有人试用松柴为燃

① 傅振伦.《景德镇陶录》详注[M].北京:书目文献出版社,1993:55.
② 熊寥,熊微.中国陶瓷古籍集成[M].上海:上海文化出版社,2006:80.
③ 熊寥,熊微.中国陶瓷古籍集成[M].上海:上海文化出版社,2006:313.
④ 傅振伦.《景德镇陶录》详注[M].北京:书目文献出版社,1993:55.
⑤ 熊寥,熊微.中国陶瓷古籍集成[M].上海:上海文化出版社,2006:579.
⑥ 傅振伦.《景德镇陶录》详注[M].北京:书目文献出版社,1993:55.

料,果然达到了理想中的要求,余氏开始试挛柴窑,取得成功。随后柴窑不断增多,余姓人就专门挛柴窑,形成了魏姓人挛槎窑,余姓人挛柴窑的局面。一行两业,互不干涉。

挛一座窑需要 6 至 8 人,10 天内可以完工。挛窑的主要任务是挛窑篷,其工序包括:(1)用石灰线绘窑的底图,分出窑门、窑头、大肚、小肚、挂窑口、余堂、观音堂等部位;(2)夯实窑底,并在窑底平铺一层砖;(3)砌窑墙;(4)砌侧墙;(5)砌门拱;(6)砌脚篷;(7)砌顶篷;(8)砌余堂;(9)砌烟囱;(10)竖窑梯;(11)搪窑;(12)在窑底铺老土子等。每个部分有多道小工序。挛窑,一无图纸,二无内模,全凭经验掌握弧度、角度、舒展和收缩。一砖在手,调上黄泥,试按一两下,即定位黏合。最难的是建窑炉拱形顶部和窑头,如果计算不精确或操作失误,窑炉就有倒塌的可能,因而,挛窑全凭经验,很多技术是秘密,不传外人。

挛窑有严格的行规,老板是在有技术的师傅中推选,一年一轮换,任务是收钱、管账和派工。挛窑工的工资等级也是他的技术等级,分"四爪一股"。学徒为三年,主要是帮师傅搭泥巴,压窑篷两侧的撑砖,满师后升为"一爪";"一爪"工负责砌窑前头的扇面和前面部分的脚篷,并限定只能砌到大肚部位为止,六年后升为"二爪";"二爪"工负责砌大肚以后的脚篷,九年后升为"三爪";"三爪"工才能砌正篷,还得师傅修正,属于中等挛窑师傅,满十二年升"四爪",也称"半股";"四爪"工可卷窑篷,才是砌正篷的主要师傅,再过三年经评议升为"一股"。"一股"师傅为技术总领班,除了卷砌顶篷之外,还要检查每一处细节是否达到标准。年终结算时,除掉一切开销,按此分成。一股为 100%,四爪为 50%,三爪为四爪的 75%,二爪为四爪的 50%,一爪为四爪的 25%,学徒为固定工资,每年 10 元。一个"一股"师傅一年可挣大米 100 余石,在陶瓷行业中是最高的。[1]

到清嘉庆时期,砌窑技术全部由都昌余姓人把持,民国时,景德镇有两家挛窑店,一在彭家上弄,一在龙缸弄。1950 年,两个挛窑店和补窑店合并为一个店。1951 年,遵循市总工会要求,余氏打破行规,收了两个非都昌籍徒弟。到1958 年,随着改烧煤窑,余氏代代相传的挛窑技术退出历史舞台。

**二、新中国成立后景德镇窑炉管理机构**

新中国成立后,为加强对窑炉建筑行业的改造和建设,1953 年,成立了景德

---

① 陈海澄. 景德镇瓷录[M]. 景德镇:《中国陶瓷》杂志社,2004:138 - 139.

镇市陶瓷生产管理委员会,专门管理瓷业生产。1957年,景德镇市窑炉改造委员会成立,具体领导景德镇柴窑改煤窑试验工作,开始设计试制方形和圆形煤窑。1956年,景德镇陶瓷工业公司成立,1959年,改称景德镇陶瓷工业局。1961年,国营窑炉修建队成立,负责全市陶瓷窑炉修建工作。1964年景德镇陶瓷工业局撤销,成立江西省陶瓷公司,对陶瓷生产统一管理。同年,国营窑炉修建队更名为江西省陶瓷公司窑炉建筑工程处,1984年,更名为江西省陶瓷公司窑炉建筑安装公司,负责全市陶瓷窑炉改造、维修和建设,它也是国内成立最早的窑炉施工安装专业公司。

为了推进景德镇陶瓷窑炉科学研究,1987年,景德镇窑炉学会成立。该学会是以景德镇市窑炉科技人员为主体,自愿结成的一个学术性的具有法人资格的民间组织。学会集聚了一大批陶瓷热工界的能人志士,自成立以来,主要会员单位先后参加和承担了国家、省部级"八五""九五"攻关课题等重大科研项目20余项,荣获"省部级科技进步奖"和"优秀新产品奖"15项,获得国家专利50多项,同时还从事了景德镇窑炉煤改气技改项目、窑炉的热能测试及节能项目的研发等工作。近年来景德镇窑炉学会参与了《陶瓷工业窑炉施工及验收规范》行业标准的制定,承担了景德镇古窑民俗博览区历代古窑复活的图纸设计工作,参加了陶瓷文化产业园建设等重大项目,同时在学术交流、技术培训和对外技术服务各方面都做了大量卓有成效的工作,多次被市科协评为先进学会。

# 第十一章　景德镇制瓷工具与机械设备

《周礼·考工记》云:"天有时,地有气,材有美,工有巧,合此四者,然后可以为良","工欲善其事,必先利其器"[①]。再精湛的技艺,要想制作出巧夺天工的作品,就要有得力的工具。景德镇优秀的陶瓷工匠,结合景德镇特殊的地理环境、特殊的制瓷技艺,运用特殊的制瓷工具,创造了优秀的景德镇陶瓷文化。因而,景德镇制瓷工具与机械设备是景德镇陶瓷科技发展中十分重要的组成部分,同样见证了景德镇辉煌的制瓷历史。

## 第一节　景德镇传统的制瓷工具

在长期的制瓷实践中,景德镇陶瓷工匠创造出独特的制瓷工具,形成系列,充斥在陶瓷生产所有环节,形成完整体系。

**一、陶瓷原料瓷石、瓷土开采与加工工具**

1. 瓷石开采工具

瓷石开采有两种方式——明矿和暗矿,明矿即露天开采,暗矿即用竖井和横洞开采法。其工具有:

大铁锤:开采瓷矿石时,用来锤打钢钎钻孔,以便装填炸药的工具。

钢钎:用来开采瓷石或撬动瓷矿石的工具,通常由大锤打入软质瓷矿石以钻孔,在所钻的孔中装填炸药,用以爆破瓷矿石。

铁耙:由木把、耙头组成,耙头装有铁齿,用来翻动瓷矿石或翻搅瓷泥。

铁锄:由木把、锄头组成,用来翻动瓷矿石或翻搅瓷泥。

铁镐:由木把、镐头组成,整个呈 T 型,形似鹤嘴锄,一头尖,另一头呈扁平铲状,用来敲开、破坏硬质瓷石矿地面。

簸箕:篾竹编成的筐类盛器,用来盛装或搬运碎瓷石。

黑硝:黑色土火药,用来填充炮眼,放炮炸开瓷矿石。

---

① 熊寥,熊微.中国陶瓷古籍集成[M].上海:上海文化出版社,2006:147.

**2. 瓷石粉碎工具**

小铁锤:八磅、四磅、一磅铁锤各一只,瓷矿石开采后,用以敲碎瓷矿石,使之成为碎石,以便用水碓舂碎,加工为瓷泥。

水碓:一种以自然水流为动力,通过机械运动将瓷石粉碎的原始设备。水碓有三种,大的叫"缭车",建在大河和主要支流两旁;中等的叫"下脚龙",建在大水沟两旁;小的叫"鼓儿",建在小溪两旁。水碓由缭车和用水设备两部分构成,其中缭车由车网、车心、碓拨、碓栅、碓脑、碓嘴、碓臼等部件组成,用水设备由堰、景华、天门枋、闸水龙、水仓、水槽等部分组成。随着河水冲击力推动车网,车网带动车心,车心轴转动,使碓拨先后有序地压着碓栅翘起,当轴心转半周时,碓栅脱离碓拨,它前面的碓脑重重落下,碓嘴舂入碓臼中,矿石便得以粉碎为末。

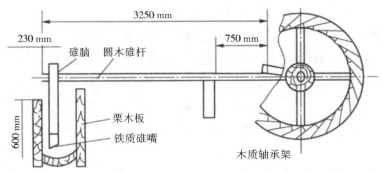

**图 11 - 1 水碓示意图**

**3. 瓷泥淘洗工具**

淘塘:面积 2 平方米左右,以青砖垫底,四周用砖砌成矮墙,高约 1 米。底部为坡形,靠淀塘一侧深约 1 米,另一侧约 50 厘米。淘塘用来淘洗瓷泥,是淘洗设备。

淀塘:面积约 9 平方米,深约 80 厘米,与淘塘一墙相隔,半腰处有一小洞,泥浆从淘塘经小洞注入此塘,用来澄淀泥浆,是澄清泥浆设备。

干塘:鼓儿碓设干塘,面积 3 至 4 平方米不等,深约 1 米,用来干燥泥浆,让稠泥凝固干燥。缭车碓和下脚龙碓不设干塘,泥浆在摊棚地下摊开,让其自然干燥。

铁淘耙:由木把、耙头组成,耙头装有数根铁齿,用来翻动淘洗瓷泥。

铁板耙:由木把、耙头组成,耙头为铁质板块,用来挖取瓷泥。

土箕:篾竹编成的筐类盛器,用来盛装或搬运碎瓷泥、瓷土。

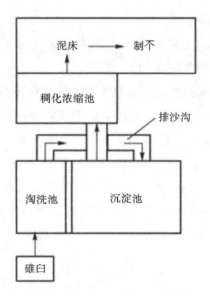

**图 11 - 2　瓷泥淘洗示意图**

木勺:整块木料剜去中心,成为锅形,装上短木柄,用以舀水。

4.瓷泥加工工具

淘洗池:由山上青石板或麻石砌墙,用青砖铺底,是高岭土的淘洗设备。

陈腐池:由山上青石板或麻石砌墙,用青砖铺底,是高岭土淘洗后的陈腐设备。

桌子:制不专用桌,长约 2 米,宽约 40 厘米,高约 70 厘米,也有 80 厘米的,桌面厚约 7 厘米。

制不木模:制不专用模具,呈"井"字形,后面一根木料是活动的,可以脱落。内空 20 厘米 ×14 厘米 ×5 厘米,下面的木板另配,面积稍大于盒子,后面安一柄,用以将瓷泥制成砖状不子,是制作白不的工具。

**图 11 - 3　制不木模**

打砖槌:木制,制不时,取一团泥,填满木模的四角,用以捶打泥团,使其均匀结实。

弓锯:钢丝与篾竹制成弓状,制不时,用以刮去或切割木模上面多余泥团,使其平整。

吸水砖:加速干燥的青砖。

晾架:晾干不子的架子,以横木作档,四面不用板。长约2.5米,高约1.4米,分5层,每层高约27厘米。数量根据厂的大小而定。晾架是晾干湿不的设备。

独轮车:又叫"羊角车",是瓷用原料的运输工具。

**二、陶瓷制作工具①**

景德镇陶瓷分两大类,即圆器与琢器。圆器业,专门生产圆形的碗、盘、碟、不带柄的盅等日用瓷;琢器业,专门生产方、平、折、扁等异形的壶、瓶、尊、罐、缸、坛,以及瓷雕、瓷板等日用瓷和陈设瓷。与此同时,景德镇也形成了两大制瓷行业,根据制作工艺的不同,其使用的工具也不相同。

1.圆器业工具

泥桶:圆形,直径约90厘米,深约90厘米,淘泥、淘釉和淘灰用。

粗桶:椭圆形,直径约90厘米,横径约45厘米,深约50厘米,淘泥、淘釉和淘灰用。

一般2只泥桶、1只粗桶为一副。泥桶摆两边,粗桶摆中间。

**图11-4　泥桶、粗桶**

木槽:淘洗原料时流泥浆用。

泥锅:铁制品,直径约30厘米,双耳安拱形木相连,淘泥用。淘釉的泥锅规

① 陈海澄.景德镇瓷录[M].景德镇:《中国陶瓷》杂志社,2004:27-83.

格相同,但不能与淘泥锅混用。

渣耙:铁制品,上圆下方,形如锅铲,呈90°直角,安长木柄,淘泥工具。

木巴掌:用断料板锯成,形如"凸"字,柄较长,印坯时打坯和打软渣饼用。

蘸釉钩:铁制品,形如鹰嘴,安竹柄,蘸釉用。

推拿:瓷制品,形如蘑菇,装坯时,用其压平垫底物。

坯瓢:瓷制品,无釉,形如弯月,两头圆,做坯用。

荡釉盏:涩胎小碗,无底足,嵌入有倒钩的短木棍内,荡釉用。

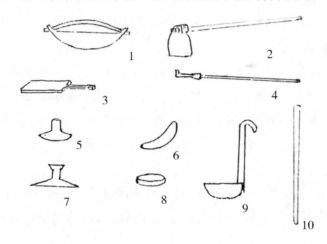

图 11－5

　　1.泥锅　2.渣耙　3.木巴掌　4.蘸釉钩　5.装大器推拿　6.坯瓢　7.装小器推拿　8.打坯不　9.荡釉盏　10.绞车棍

釉缸:陶制品,直径约90厘米,深约90厘米,存釉用。

搁泥桶:一种高约50厘米、直径30厘米的匣钵,为泥浆过滤水分用。

图 11－6　搁泥桶

搁泥砖:一种薄型砌墙的青砖,为吸取湿泥中的水分用。

搦泥凳:长约90厘米,宽约50厘米,一端高约90厘米,一端高70厘米,打杂工揉练泥料用。

料板:杉木制品,长约2.7米,宽约9厘米,承载坯体用。

琢车:做坯和做渣饼用的陶车,由车眼、车盘、顶子碗、车表、网脚、荡箍、篾箍等部件构成。

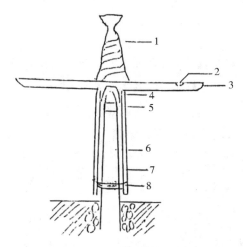

图 11 - 7　做坯琢车示意图

1.泥料　2.车眼　3.车盘　4.顶子碗　5.车表　6.网脚　7.荡箍　8.篾箍

干车:利坯、刳坯、打箍用的陶车。

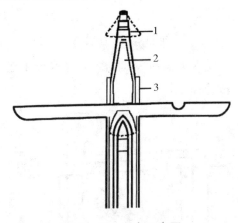

图 11 - 8　干车示意图

1.利脑　2.羊脑　3.网脚(其余与琢车相同)

车架:梯形,前宽约80厘米,后宽约50厘米,长约90厘米,安放在陶车之上,工匠再垫坐车板,于此作业。

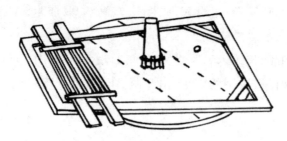

图 11 - 9　车架

水脚盆:木制品,如脸盆大小,做坯、印坯、利坯、剐坯等工种邋水用。

水笔:羊毛制品,分大、中、小号,各工种邋水用。

四脚马:高约 1 米,长约 1.6 米,两端竖梯形双木,一木横其上,下用长双木相连,中用短双木加固,为印坯和刹合坯用。

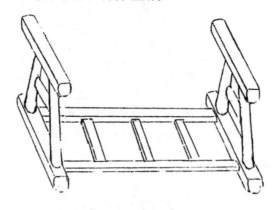

图 11 - 10　四脚马

三脚马:丁字形,每根木头长约 45 厘米,下有木头相连,高约 50 厘米,为印坯垫放模利、刹合坯垫放釉桶用。

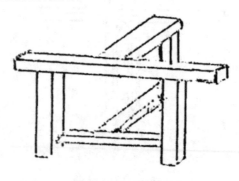

图 11 - 11　三脚马

模利:也叫模子,阳型,为坯件定型用。

利坯刀:左右两片,外圆内方,顶端有过桥相连,形似蚕蛾的两只翅膀。用时将过桥压弯,左边一片略低,右边一片略高,并用锉锉出锋刃。

剐坯刀:前后两刃,前端呈长方形,后端呈三角形,长约14厘米,呈90°直角,剐坯时,再将刀柄拗弯,使前刀底刃与三角刀基本成直线。剐九寸、满尺盘,则用利坯刀。

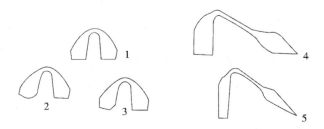

**图11－12　不同型号的坯刀**

　1.普通利坯刀　2.喇叭口利坯刀　3.折边器利坯刀　4.普通剐坯刀　5.坝器(高足碗)剐坯刀

画坯笔:与写字毛笔相似,唯杆子细长。

混水笔:画坯笔的一种,与特种大字笔相似,混水时,笔端弯成近90°直角。

打箍笔:分单线和双线笔,笔头与笔杆均弯成90°直角。双线笔头分成双叉。

筛箩:有铜筛和绢筛两种,直径约20厘米,深约6厘米,淘泥和淘釉时过滤杂物用。

打坯墩:用薄型青砖敲打成饼状,直径约8厘米,印坯时打坯(底)用。

料板刀:大器匣钵厂利匣用的竹刀,用于印坯时刮去料板上的积泥。

锉:利坯和剐坯锉刀用。

坐车板:用竹条镶拼而成,在陶车上作业垫坐用。

吊线:用2根丝制胡琴线制成,一端合扎在一起,装大器时吊坯入匣钵用。

胭脂尺:一种计算坯体收缩率的折算尺,长方体,每面都有刻度,第一面为标准尺寸,其余三面分别为八二缩、八六缩、九缩的尺寸。利坯时,先量已确定所需收缩率的一面尺寸,再对照标准一面的尺寸,即成瓷后的尺寸。因尺漆成胭脂色,故名。

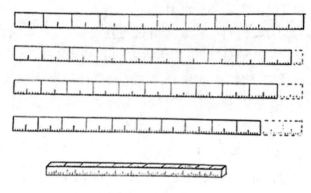

图 11 - 13　胭脂尺剖面图

火镰：生铁合金制品，为管事工选瓷的用具，用来敲击产品，如有细小渣滓，则用它轻轻铲除。

另外，还有竹椅、篾篓、搁脚凳、煤油灯等。

2. 琢器业工具

琢器业工具大多数与圆器业相同，如淘泥桶、搁泥桶、泥铲、渣耙、车架、泥锅、釉缸、水笔、筛箩等，不同的工具有：

琢车：琢器做坯车。琢器业所造的坯件越大，车盘也越大，直径 1.34 米至 1.6 米不等。琢车由车盘、顶子碗、辋脚、荡箍、车桩等部分组成。车盘以中间窄、两边宽的三块木板镶成。盘底中心嵌上一个顶子碗，碗内上釉，碗口朝下，由深埋在地的车桩顶着。车坑为圆井式，深度 60 厘米，三分之一伸出地面，四周用板遮挡，车盘旋转时残泥不致淤积坑内。

利车：琢器利坯车，直径大小与琢车一样，结构与安装方式也跟琢车一样，分正车（头车）、二车、三车、四车、五车。

饼子：放置坯件用，琢器很多坯件需要单独做在一块饼子上，饼子成为琢器业独特设备，分匣钵质、木质二种，饼子大小根据器件大小而定。

整坯槌：拍打整理坯体工具。坯体半干时，用木槌轻拍坯体，使坯内空气排出。槌用断料板锯成。

整坯刀：修整坯胎工具。形似菜刀，长柄，整坯用。

蘸釉钩：铁制品，安竹柄，分"丁"字形、直形，蘸釉用。

整坯板：托坯工具。用断料板锯成，托坯用。

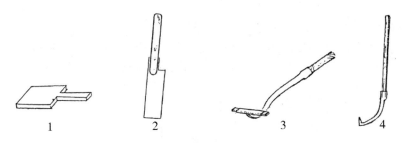

图 11 – 14

1.整坯板　2.整坯刀　3.丁字形蘸釉钩　4.直形蘸釉钩

料板:长条形杉木板,长 2 米,宽 12 厘米。

利坯刀:琢器利坯工具。分条刀、板刀、挖刀三类。条刀细长,利削坯内外,定型用;板刀短而宽,用于较大面积的修削和剐底;挖刀短,利削厚泥专用。不同种类利坯刀按大小、长短、厚薄分十余种。

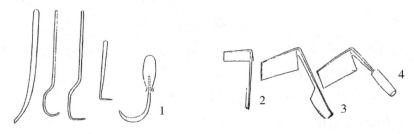

图 11 – 15　利坯刀

1.各种条刀　2、3.板刀　4.挖刀

雕削模子:琢器部件印制工具。用半熟泥制品,阴刻成壶嘴、杯柄、瓶耳状,用于印制上述部件。

3. 雕刻工具

雕刻刀具:铁制,有宽窄多种,用于坯胎雕刻。

春槌:以木等材料制成,前尖后圆,用于雕塑瓷坯锤、按等塑形。

捯扒:陶瓷雕塑行业使用的雕塑刀。以木、竹等材料削成类似筷子的竹尖,头部呈圆状,用于修坯、剐釉、补泥、接斗、描光、扒色等。有大小、粗细、尖圆、曲直、光麻等种类,可用来对雕塑瓷坯进行捯、扒、挑、拨、剔、剐、挖、剃、削、压、拉、点、按等塑形。

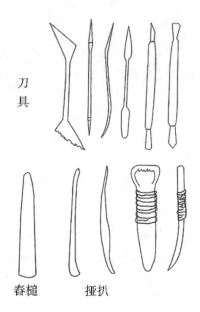

刀具

春槌　　　揑扒

**图 11－16　雕刻工具**

托板:也称方板,大件作品所用约 33 厘米见方,小件作品约 20 厘米见方,雕塑时用来承放雕塑坯胎。

小陶车:与镶器转车相同,为吹釉时旋转用。

吹釉筒:铁皮制作,大小不一,吹釉用。

**图 11－17　吹釉筒**

釉钵:陶瓷雕塑时盛水器具。

泥布:陶瓷雕塑时,应盖湿泥布,以保持塑性。

水笔:各类羊毛制成的毛笔,用于雕塑时邋水或清洁。

淘泥桶:淘洗原料用的木桶。

4.泥板制作工具

滚筒:木制,做泥板时,用来滚压泥板表面,使其变薄成形。

木槌:木制小槌,有方形、圆形,制作泥板时用来捶打泥团。

### 三、匣钵制作工具①

1.大器匣钵制作工具

琢车:做匣用车,形状与做坯车一样,但车面无洞,只在半径中间安牢一只浅而厚的旋车瓷碗。做匣时,用右脚跟踩入旋车碗,使其旋转。琢车安装时,倾斜约15度。

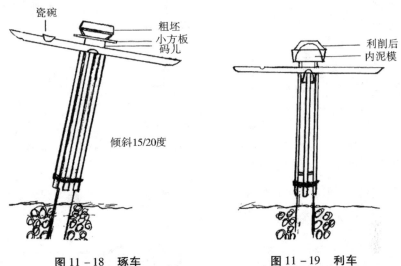

图 11-18　琢车　　　　　　图 11-19　利车

利车:利匣用车,形状与利坯车一样,半径中间有洞,用绞车棍旋转车盘。

料板:杉木制成,宽约12厘米,长约2米,放半成品用。

小方板:做匣时的托板,方形,边长约24厘米。

荡子:瓷制品,弯月形,长约10厘米,做匣专用工具。

竹刀:竹制品,长约20厘米,宽约6厘米,后半段为握手柄,较厚,前半段削成薄刀状,利匣专用工具。

斗笠筛:篾制品,直径约60厘米,中心凸起,呈斗笠状,筛土用。

木铲:松木制成,下端呈长方形,状如铁铲,铲宽约20厘米,长约30厘米,薄口沿,上端连着木柄,铲翻匣泥用。

---

① 陈海澄.景德镇瓷录[M].景德镇:《中国陶瓷》杂志社,2004:84-99.

打锤:铁制品,用来打碎匣土。

泥码尔:做匣车中心的泥团,圆柱体,直径约 15 厘米,高约 10 厘米,安在琢车中心,做匣时,垫着托板用。

模子:由模制店制作,一个匣钵品种需制一个模子。模子为黄泥制品,外形即是匣钵的内形。利匣时,湿匣覆盖在模子上,既为匣钵定型,又为利匣时起支撑作用。

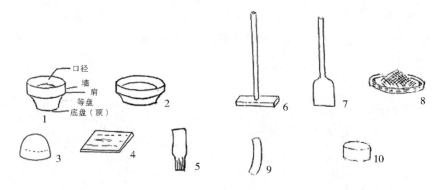

图 11-20　大器匣工具

　　1.高肩匣　2.低肩匣　3.泥模　4.小方板　5.竹刀　6.打锤　7.木铲
　　8.斗笠筛　9.荡子　10.泥码尔

羊角车:独轮车,也叫土车或牛头车。两侧板上绑车箩各 1 只,长约 66 厘米,宽与高约 33 厘米,运输匣土用。

图 11-21　羊角车

晒架:用竹木扎成 4 条或 5 条高约 2 米的晒架,晒匣用。

## 2.小器匣钵制作工具

琢车:形状和结构与做坯车一样,但车盘有两层,下层直径 54 厘米,安在网脚之上,上层直径 75 厘米,紧合下层之上。中心安一块比匣桶直径略小、高约 6 厘米的圆木,叫"利脑",做匣时,匣桶紧靠利脑,起固定作用。根据所做匣钵大小,取下上层,安上直径不同的利脑。

锯板:一根长约 3 米、宽约 10 厘米的竹片,用来平整制匣地面。工作时一人泼水,一人向低洼处撒土粉,面厂师傅手握锯板,在地面反复荡来荡去,直到荡平为止。地面稍干后,撒一层薄薄的老糠灰,然后用圆形木槌依次将地面打平。另有两块长约 2 米、宽 6 厘米的竹片,配一根细铁丝,做匣时用来将匣泥锯成薄片。

底箍:铁制品,圆形,内径 1 市尺,厚度视匣钵品种而定,这是制作匣底的模圈。

匣桶:取切面稍呈梯形的木条若干根,用细棕绳从木条厚度方向穿过,如同草席一般,两头各有一根较长,为手握之柄。这一排木条,开则呈片状,合拢则成桶状,是制匣的内模。

衣子布:白棉布制品,尺寸与匣桶一样,上端缝合成洞孔,用篾穿过其内,制匣时圈成圆形,附在匣桶外面,起着隔离匣墙的作用。

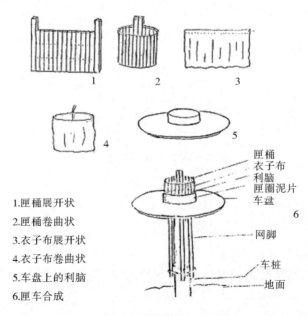

图 11－22　匣桶、衣子布安装示意图

整板:木制品,呈"凸"字形,下端呈长方形,长度视匣钵品种而定,但要超过匣钵高度,宽约9厘米,柄长约30厘米。整匣时,用其击打匣墙外侧。

抵板:木制品,呈弧形,状如瓦,上端有斜柄,整匣时放在匣壁内侧起着抵挡整板在匣墙外侧击打的作用。

不槌:木制品,下端为一圆木,直径约15厘米,高约10厘米,中心安长约1米的柄,为匣厂捶打地面和整匣时捶打匣底用。

打锤:铁制品,呈立体长方形,长约33厘米,两端正方形切面长约3厘米,锤中间有洞,安长约1.6米的木柄,粉碎匣土用。

荡子:瓷制品,一侧磨成直平,大小视匣墙的高度而定,为做匣时刮平外墙用。

木铲:松木制成,下端呈长方形,状如铁铲,铲宽约20厘米,长约30厘米,薄口沿,上端连着木柄,铲翻匣泥用。

作业灶:有木架的,也有砖砌的,中间有灶膛,上置铁锅,盛装做匣用水。

码子:铁制品,呈"f"形,校量匣钵高低用具。

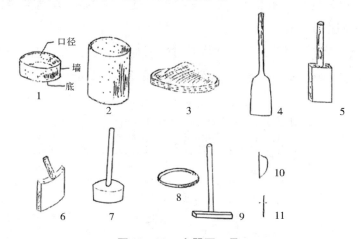

**图 11 - 23  小器匣工具**

1.浅匣钵  2.深匣钵  3.斗笠筛  4.木铲  5.整板  6.抵板  7.不槌
8.底箍  9.打锤  10.荡子  11.码子

羊角车:大小匣厂通用,运输匣土用。

**四、窑场工具①**

高三脚马:用粗杉木制成,高约3.3米,上端呈"丁"字形,在"丁"字形横木

---

① 陈海澄.景德镇瓷录[M].景德镇:《中国陶瓷》杂志社,2004:114 - 116.

两侧和直木一侧安三根长约 3 米的脚柱,中间安两个"丁"字形木梁以固定,为窑弄内满窑和开窑时安放及取下最高处匣钵时用。

低三脚马:用料和形状与高三脚马一样,高约 2 米,为安放及取下较低匣钵时用。

高凳:高约 1.5 米,宽约 40 厘米,长约 1 米,表层用细杉木排列刨平制成,中间有梯三级,用途同三脚马。

花凳:形如长凳,高约 70 厘米,宽约 25 厘米,长约 3 米,表层为透空花格,在并列的两根长方木中间,用小方木间隔成大小格子,大格相距约 20 厘米,紧靠大格为小格,相距约 6 厘米,为装大器和开窑安放匣钵用。

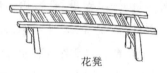

高凳　　　　高三脚马　　　　　花凳

**图 11 - 24　窑场工具**

跳板:长约 3 米,宽约 25 厘米,用细杉木刨平串联制成,为烧窑投柴时搭架垫脚、挑窑柴时柴堆垫脚、挛窑时搭架用。

老土子:细小石子,铺垫在窑巢下,为固定兜脚匣钵用。

坎板:长约 90 厘米,宽约 30 厘米,漆白底,用红线画直格和横格若干,为满窑时登记窑户入窑烧坯数量用,是计算柴钱的凭证。

筹桶:上小下大,上口直径 20 厘米,底直径约 30 厘米,高约 70 厘米,为挑窑柴工人挑窑柴上阁楼时将计算竹筹放入桶内用。

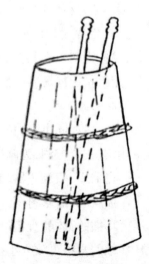

手袖:将多层废旧棉布用麻线缝制而成,长约 21 厘米,直径约 15 厘米,开窑时戴在手上,为防热和防渣屑划破手皮用。

搭肩:有两种,一种为粗棉布,长约 2 米,窑工缠

**图 11 - 25　筹桶**

头、围腰、披肩用;另一种为厚搭肩,将多层废旧棉布用麻线缝制而成,开窑时搭在肩上,保护胸部,起隔热和防摩擦用。

钉齿耙:铁制品,扒匣屑垃圾用。

锄头:修砌窑床时,挖取黄泥用。

铁钩:烧窑时通火仓或钩出火照用。

羊角车:装运黄泥和垃圾用。

筲箕:盛装匣屑、垃圾用。

## 五、色料加工工具①

### 1. 青花料加工工具

箩箕:用青篾编织,用于清洗青花料泥沙。

炼料匣钵:定做的特制匣钵,与装八寸、九寸盘匣钵相似,底下有三只脚,配盖,装入青花料后,用泥封死,一层匣钵堆撒一层老糠,叠二三层后,倒燃烧着的木炭,再倒一层老糠,让其慢慢煨烧。

碾槽:铁制,槽为月牙形,长约 60 厘米,碾轮为铁制,中间穿木,人站在木头上,两手扶壁,双脚来回滚动,碾碎青料。

料钵:瓷质,锅形,直径约 50 厘米,外面施釉,内口沿深 6 厘米亦施釉,6 厘米以下为涩胎,盛青花料用。

料槌:瓷质,上小下大,圆锥形,上面留圆口,安直木柄,上端三分之一施釉,下端涩胎,直径约 8 厘米,擂青花料用。

料凳:宽约 35 厘米,长约 90 厘米,高约 50 厘米。擂青花料时,料末和水少许,擂料人骑坐在料凳后端,双手握槌,或转圈或来回磨动,直到料末磨成糨糊状,用手指搓揉无砂石感。

### 2. 彩绘工具

画桌:如同书桌,长约 1 米,宽约 60 厘米,高约 75 厘米,一个抽屉,抽屉下为空斗,有三个方洞,为画瓷器用。

瓷器厨:摆放瓷器用。

擂料凳:擂彩料用。

小擂钵:钵的直径约 10 厘米,内为涩胎,另配瓷质小料槌。彩绘时,将大料钵擂细的彩料再放入小擂钵,再行擂研,直到成稠浆状。

---

① 陈海澄.景德镇瓷录[M].景德镇:《中国陶瓷》杂志社,2004:125－153.

颜料:古彩、粉彩颜料为矿物质炼成,新彩颜料为金属化合物炼成,彩绘瓷器用。

颜料笔:各种彩绘用笔。

铁针笔:用布伞骨磨尖而成,用于扒出花朵筋纹、鸟的羽毛或人的须发。

竹针笔:用竹子削成,用途同铁针笔。

调色刀:又名料刀,铁制,形如铲,尖端扁平,颜料调色用。

调料盘:平底小瓷盘,调油料颜色用。

层式颜料碟:瓷质,形状有方有圆,一般有六层,各层贮存各色油颜料,有盖。

颜色碟:小瓷碟,用以盛放水彩颜料。

油盅:有盖的小瓶,为贮存乳香油用。

横贡纸:描图、拍图用纸。

靠手篾:竹篾制品,长约 30 厘米,宽约 6 厘米,画花瓶时靠手用。

靠手板:长约 30 厘米,宽约 6 厘米,两端底部垫有高约 2 厘米的木脚,画盘子靠手用。

车机笔:在画笔中段扎一根细竹竿,形如两脚规,画小圆圈用。

打箍笔:用竹竿削扁一端,离顶端约 1.5 厘米处用火烤弯,用来蘸墨车黑线箍用。

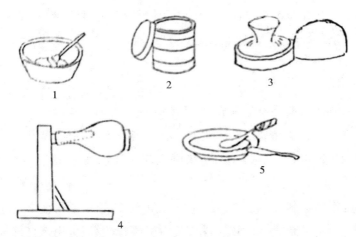

**图 11-26   彩绘工具**

1.小擂钵   2.层式颜料碟   3.洋金盅   4.马架   5.调料盘、铲、刀

洋金盅:也称金蒂子,瓷制品,上有小盅,下配有底座,另配盖,盛金水用。

玛瑙刀:取玛瑙一块,略呈长方形,安入木柄,用金属片箍紧,在瓷上描金,烧后用玛瑙刀摩擦,使土黄色变金色。

马架:木制,有大小多种,尺寸根据所绘花瓶大小而定,下用木料制一底座,在前端安一立木,立木顶端稍下处安一水平略向上翘的木棒,画瓷时,瓷件套入木棒。

红炉:以木炭为燃料低温焙烧釉上彩瓷的圆形炉子。

3. 颜料加工工具

炒料炉:用于炒熟颜料。

炼料炉:用于提炼颜料原料。

坩埚:由黏土和石墨制成,高约 30 厘米,直径 24 厘米,中间大,两头小,形似冬瓜,用于颜料精炼。

料钵:瓷质,如青花料钵一样,用于擂料。

乳香油吊油器:用于乳香油吊油。

**六、瓷用毛笔①**

1. 水笔

邋水笔:用羊毛掺和一定比例的苎麻制成,用锥形竹签从下往上穿过中心作杆,分大、中、小号,用于邋水和补水。

邋釉笔:指针匙、雕塑以及多楞形坯用笔,状如特大羊毫毛笔。

搽釉笔:形状如邋釉笔,规格较小,用于局部和小件坯搽釉和补釉。

扫灰笔:也称扫笔,形状如邋釉笔,只是毛特别长,约 10 厘米,用于掸扫坯体上的灰尘。

2. 画坯笔

画笔:用精选的上等羊毫制成,用于绘画各种纹饰线条。

混水笔:又称歪头笔,用羊毛掺和一定比例的苎麻制成,笔头大,向一侧歪斜成 90°,笔杆前端破成四或六桠,笔头嵌入其中,用于画青花时混水,使料色有浓淡之分。

写画笔:用兔毛制成,笔身坚硬,笔锋尖且齐,用于纸上或坯体上起图稿。

调料笔:用羊毛制成,比画笔略粗大,用于调青花料,也用于打箍或画线条。

中羊毫:辅助用笔,用于细小处混水。

---

① 陈海澄.景德镇瓷录[M].景德镇:《中国陶瓷》杂志社,2004:133 – 134.

小羊毫:辅助用笔,用于画鸟的翅膀、花萼和花托。

车箍笔:用羊毛制成,笔锋与笔身呈 90°角,用于刹合坯在车上画线条。分单线、双线箍笔,双线箍笔有两个同一方向的笔锋,车的箍呈双线条。

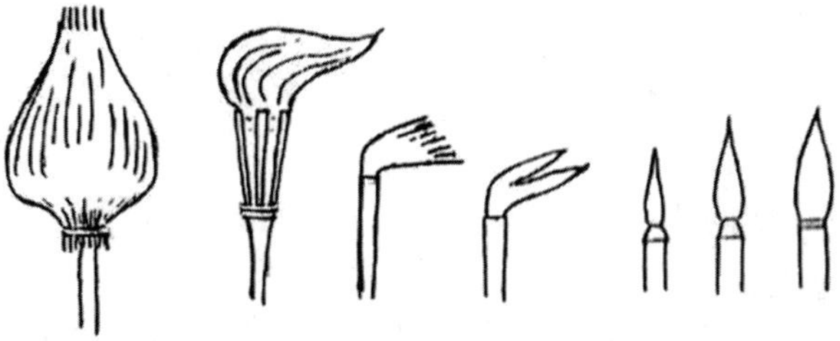


图 11-27 画坯笔

1. 水笔 2. 混水笔 3. 单线车箍笔 4. 双线车箍笔 5. 画笔

3. 画瓷笔

(1)粉彩笔

画笔:也称料笔,用兔毛制成,硬而有弹性,笔头瘦长尖细,分单料、料半、双料三种,双料最大,多用于写字;料半中等,单料最瘦,都用于调颜色。

彩笔:分羊毫、狼毫、鸡毫三种,用于调颜色。

洗笔:状如羊毫笔,笔头瘦小细长,用于填好玻璃白后洗染颜色。

填笔:也叫水颜色笔,分大、中、小三号,用于填各种颜色。

乭笔:用羊毫制成,用线扎紧,胶住笔肚,将笔锋修剪成平头,用于调颜色,使之均匀。

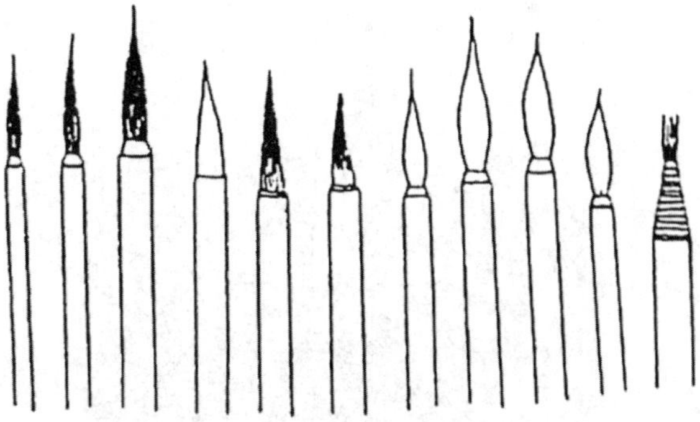

图 11-28 画瓷笔

(从左至右)1. 单料笔 2. 料半笔 3. 双料笔 4. 羊毫笔 5. 狼毫笔 6. 鸡毫笔 7. 洗笔 8. 大号填笔 9. 中号填笔 10. 小号填笔 11. 乭笔

（2）新彩笔

羊毫笔：分大、中、小三号，用于画新彩。

油料笔：与粉彩画笔相同。

鸡狼毫笔：也称油笔，用于整理花叶，彩染出深浅。

扁笔：笔头呈扁状，分大、中、小三号，用于画花头和叶。

描金笔：瓷器描金用。

眉须笔：画人物眉须用。

**七、瓷器筛篾工具**

马尾筛：又称绢筛，用马尾、苎麻和竹篾制成，用于淘洗泥料和釉料。

铜丝筛：用铜丝密网、白铁片和铅丝制成，分 40、60、80、100 目，用于淘洗泥料和釉料。

焙门篾：用二黄篾编织，长 1.5 米，宽 1 米，为坯房遮掩焙门用。

匣钵篾：用青篾编织，宽 80 厘米，长 2.7 米至 4 米不等，为坯房遮盖搁泥桶用。

避风篾：用二黄篾编织，一种为边长 60 厘米的正方形，一种为 50 厘米 × 60 厘米的长方形，为焙门两侧的"猫儿洞"避风用。

匣钵盖：圆形，直径 40 厘米，用青、黄篾编织而成，为装小器工人挑坯遮盖匣钵用。

潭筛：圆形，直径 45 厘米，用青、黄篾编织而成，为坯房筛釉灰用。

乌煤筛：也叫灰筛，形如潭筛，为窑里筛乌煤、红店烧红炉筛炭用。

洲篮：用青篾编织，高 70 厘米，长 80 厘米，宽 50 厘米，为洲店到窑户家收买下脚瓷器用。

**图 11 - 29　洲篮**

瓷器篮：也叫碗花篮，圆形，直径 60 厘米，高 50 厘米，用 3 厘米宽的二黄篾编织,底安 5 根硬件档,另用 2 根硬篾兜底直到篮口,钻孔用篾丝扎紧,专门用于挑运瓷器。

装坯篮:圆形,直径 52 厘米,高 15 厘米,用 2 厘米宽的二黄篾编织,底部安档,为装小器工人挑匣钵用。

不里篮:也叫不子篮,圆形,直径 40 厘米,高 40 厘米,为伙佬挑白土用。

寸篾:瓷器茭草打络子用。

### 八、瓷器包装运输工具①

看色工作台:在边长为 90 厘米的木板下面用一只或两只瓷器篮支撑,用于瓷器看色。

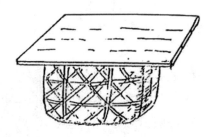

图 11 - 30　看色工作台

包纸工作台:如看色工作台一样,用于瓷器包纸。

包纸:分两种,细瓷用 5 平方厘米的宜黄纸垫底,用江连纸包外层;高级细瓷用牛皮纸或旧报纸包装。

稻草:用于瓷器包装卷草衣或茭草。

竹篾:用于瓷器包装打络子。

茭草凳:长约 1 米,宽约 30 厘米,高约 25 厘米,用于瓷器茭草。

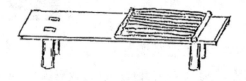

图 11 - 31　茭草凳

铁梳耙:由木把、耙头组成,耙头装有数根铁齿,用于梳理稻草。

木桶:木制,圆形,木桶大小按瓷器体积而定,用于装瓷器。

木箱:用木板制成,有大、二、三、四、五、六号不等,用于装瓷器。

---

① 陈海澄.景德镇瓷录[M].景德镇:《中国陶瓷》杂志社,2004:181 - 189.

扁担:有三种,第一种是弯曲形,两头高翘,一般翘到25厘米,一端安一个像篮球圈一样的铁箍;第二种也为两头高翘,高翘到17厘米,没有铁箍;第三种为平扁担。三种均为运输用。

**图11-32 把庄扁担**

夹篮:用竹片制成的一种运输工具,高2尺1寸(约70厘米),底宽1尺4寸(约47厘米),上部为"人"字形,下部三分之二为方形,挑窑柴用。

独轮车:与羊角车相似,但没有上翘的羊角,运送瓷不、窑柴、瓷器等的工具。

船:景德镇瓷业运输的船有多种,东河的船叫"东港子",一种叫"鸦尾船",船身较窄,船尾高翘并开叉,形如鸦尾,吃水浅,载重4吨左右,一人驾驶,是景德镇港的"门户船";另一种叫"婺源瓢船",船身狭长如瓢,载重4吨左右。南河的叫"南港子",船头高翘,并有一个大孔,载重约4吨,比如在南河运载窑柴的无帆小木船。西河的叫"西港子",船身较大,船底较宽,载重约10吨,为都昌籍人专有,比如在西河运载瓷土和窑柴的无帆小木船。北河的叫"北港子",船身较大,平时载重4吨,涨水载重7吨,比如在北河运载窑柴的无帆小木船。还有一种在昌江下游运输窑柴和稻草的叫"雕子船",为鄱阳连湖

**图11-33 运瓷不船**

人驾驶,又称"连湖佬船",船身较大,桅杆较高,载重约8—9吨。只有在昌江下游航行的船只才能运输瓷器,一般为"雕子船""罗荡船"。这两种船形体很相似,船头船尾尖而翘起,船窄身长,舱板高,杂木底,竹叶篷,前舱设有桅杆,载重量最小的10—20吨,最大的50—60吨,航行阻力较小,驾驶方便灵活,顺风张帆即可行驶,主要是用来运瓷器,常年行驶在长江下游。

## 第二节　景德镇现代制瓷机械设备

现代陶瓷机械设备种类繁多,有不同分类标准,一般按类型,可分为原料设备、成型设备、窑炉设备、装饰设备、包装设备、机修设备、动力设备和其他专用设备。

原料设备又可细分为原料破碎、原料细磨、筛分、磁选、浆料输送、浆料搅拌、脱水、压滤、真空练泥等瓷用泥料制备成套设备,包括球磨机、搅拌机、浆泵、吸铁器、振动筛、压滤机和真空练泥机等。

成型设备一般有旋压成型设备、滚压成型设备、干燥设备、坯体精加工设备(含修坯机、挖底机、双头自动剐坯机、喷釉机、淋釉机、浸釉机)和生产作业线。

机修设备可细分为金属切削机床、锻压机械及热处理设备、铸造设备、焊接及充电设备,以及其他机修设备。

动力设备可细分为柴油发电机组、空气压缩机、工业泵、工业锅炉、工业通用窑炉及其他动力设备。

其他专业设备可细分为切饼机、炒石膏设备、石膏真空脱泡机、吸尘设备、水处理设备、木工机械设备等。

景德镇现代制瓷机械设备的发展经历了三个阶段,即民国时期的探索尝试阶段、新中国成立后的初步机械化阶段、"六五""七五""八五"技改阶段。

### 一、民国时期景德镇陶瓷生产机械制瓷的探索与尝试

民国时期,面对洋瓷对景德镇手工制瓷的冲击,许多有识之士开始在景德镇尝试机器制瓷。1910年,康达在饶州府鄱阳高门创办中国陶业学堂,建立校办工厂;留日回国的张浩、邹如圭等首开设计制造"倒焰八门长方形煤窑"之先河,引进日本煤窑窑炉设计及烧成技术,尝试新法选矿及粉碎技术,机械练泥、成型和吹釉技术等,试行机器制瓷,逐步推行石膏模型铸坯、机械辘轳压坯、洋彩刷花贴花,并创建新型煤窑。

1915年,江西省立第二甲种工业学校在景德镇设立分校,名为江西省第二甲种工业学校附属乙种工业学校。学校设有成瓷班(陶瓷制造),将试烧成功的煤窑在景德镇推广,建立了一座规模较小的倒焰式煤窑。学校办有从练泥到烧炼、彩绘全套工艺的附属瓷厂,供学生实验实习,成为江西省立第二甲种工业学

校在景德镇的实验场所。

1930 年,张浩受江西省政府委派去日本考察,回来时购回了日本制瓷机械及机械辘轳车。1932 年,江西南昌创办江西陶业试验所,招收练习生,聘请两位日本陶瓷工艺技师做指导老师,培养机械制瓷人员。试验所以日本陶瓷机械为样本,仿制了机械辘轳车,设计圆形和方形倒焰式煤窑,试验机械制瓷。经过两年试验实践,对机械制瓷、煤烧倒焰窑,尤其是机械压坯积累了初步经验。

1934 年,江西在景德镇设立江西陶业管理局,杜重远任局长。不久,省政府把南昌的江西陶业试验所迁到景德镇,组建江西陶业管理局试验所,继续从事陶瓷机械制瓷的试验工作。

1935 年,景德镇创办浮梁县立陶瓷科初级职业学校,设置成瓷科,从上海购进一批发动机、辘轳机、粉碎机等成瓷机械设备,并办起了实习工厂,开展机械制瓷职业教育。

1945 年,抗战胜利后,流亡到萍乡的江西省立九江陶瓷科职业学校的教员张浩、邹如圭、汪璠、舒信伟、戴亮侪等返回景德镇,筹办江西省立陶业专科学校,建立了试验性质的教学试验厂,从事机械制瓷的试验和教学工作,将木制脚踏辘轳车改为引擎带动的机械辘轳车。

**二、新中国成立后至 1978 年景德镇陶瓷产业初步工业化、机械化**

新中国成立后,从 1953 年开始,我国实施第一个五年计划,开始进行社会主义建设。景德镇陶瓷企业进行社会主义改造,开始走工业化、机械化道路,其标志性表现是开始"以煤代柴"的烧炼技术换代、瓷土矿粉碎工艺改造、陶瓷成型技术改进和瓷坯干燥技术革新。这拉开了景德镇陶瓷工业化的序幕,同时,促进了原料精制、烧成手段、陶瓷彩绘、陶瓷包装以及成型后续工序——修坯、施釉、剐坯等领域的机械或半机械化,促使生产效率极大提高。

燃料窑炉:景德镇"一五"时期,陶瓷工业化的重大技术进步就是开展"以煤代柴"为中心的技术改造和革新。1955 年 1 月第一座倒焰式煤窑试烧成功,1957 年大型倒焰式煤窑试烧成功,1965 年隧道窑试烧成功,开启了景德镇制瓷燃料由柴到煤到油到气、窑炉由柴窑到煤窑到油窑到气窑的技术革新,彻底淘汰了传统落后的柴窑,降低了生产成本,优化了生态环境。

图 11 - 34　隧道窑

原料制备："一五"时期,景德镇主要采用动力碓、雷蒙粉碎机、真空练泥机、球磨机;1959 年宇宙瓷厂建设原料精制车间,建成水簸池,采用水簸池淘洗,取代了缸桶淘泥的落后工艺,水簸池淘泥可日产泥巴 30 吨。原料制备实现了动力碓、雷蒙机粉碎,榨泥机、真空练泥机、球磨机精制坯料釉料,水簸池淘洗等生产方式的革命性转变。

图 11 - 35　练泥机

**图 11 - 36　球磨机**

　　成型工艺:1954年人民铁工厂试制成功第一台脚踏旋坯车,比传统手摇辘轳车提高效率25%以上,后又发展了"排列辘轳车"、电动辘轳车,大大提高成型效率。1955年第九瓷厂试制成功全市第一部注浆机,1957年全市第一台单刀压坯机试制成功,1958年双刀自动压坯机获得成功;20世纪70年代初发明了滚压成型机,试制成功修坯机、喷釉机、挖底机等。景德镇陶瓷成型从单刀辘轳车压坯到双刀自动压坯成型、滚压成型、注浆成型,实现了成型工艺机械化、自动化。

**图 11 - 37　压坯机**

图 11 - 38　等静压成型生产线

　　瓷坯干燥：为了使坯体干燥不受气候影响，1954 年建国瓷厂分厂率先使用以煤为能源的坑道式烘房来干燥坯体，各瓷厂陆续兴建煤烧坑道烘房，采用烘房干燥技术。1967 年光明瓷厂利用隧道窑余热，引入烘房干燥坯体。1965 年景德镇瓷厂利用捷克斯洛伐克技术，建成链式干燥器与机械成型机配套，率先实现成型、干燥一条龙作业，实现了从自然干燥到人工干燥的改造。

图 11 - 39　平卧式快速干燥器

**图 11 - 40　链式烘房**

窑具生产:从 20 世纪 60 年代开始,匣钵制造逐步向机械化过渡,采用机械粉碎、机械练泥、钢模成型、辘轳成型、蒸汽干燥、隧道窑烧成。

矿山开采:实现了风动机械凿岩、矿车运输、绞车提升、轴流风机通风、水泵抽水,彻底改变了矿山开采落后的生产方式。

景德镇陶瓷产业经过近 30 年的建设和发展,陶瓷矿山开采、原料加工、陶瓷制造的半机械化、机械化程度不断提高,陶瓷生产逐步摆脱"瓷土粉碎靠水碓、练泥只能靠脚踩、坯体成型靠手工、坯胎干燥靠太阳、烧炼全部靠松柴"的落后方式,走上工业化、机械化道路。

**表 11 - 1　景德镇市 1985 年日用瓷制作主要机械①**

| 机械类别 | 名称 | 数量 | 机械类别 | 名称 | 数量 |
|---|---|---|---|---|---|
| 原料精制 | 球磨机 | 190 台 | 成型 | 压力注浆台 | 109 墩 |
| 原料精制 | 搅拌机 | 257 台 | 成型 | 链式干燥器 | 56 台 |
| 原料精制 | 振动筛 | 218 台 | 环保 | 旋风除尘器 | 64 台套 |

---

① 景德镇市地方志办公室. 中国瓷都·景德镇市瓷业志:市志·2 卷[M].北京:方志出版社,2004:167.

续表 11－1

| 机械类别 | 名称 | 数量 | 机械类别 | 名称 | 数量 |
|---|---|---|---|---|---|
| 原料精制 | 磁选机 | 203 台 | 环保 | 袋式除尘器 | 22 台套 |
| 原料精制 | 双缸泵 | 173 台 | 环保 | 除尘机组 | 5 台套 |
| 原料精制 | 压滤机 | 133 台 | 电热 | 电热烘箱 | 14 台/213 千瓦 |
| 原料精制 | 真空练泥机 | 103 台 | 电热 | 电阻加热设备 | 63 台/5888 千瓦 |
| 成型 | 滚压机 | 231 台 | 锅炉 | 水管锅炉 | 15 台/15 蒸吨 |
| 成型 | 刀压机 | 78 台 | 锅炉 | 火管锅炉 | 4 台/14 蒸吨 |
| 成型 | 机压作业线 | 167 条 | 锅炉 | 火、水管锅炉 | 16 台/64 蒸吨 |
| 成型 | 注浆作业线 | 24 条 | 锅炉 | 余热锅炉 | 5 台/12 蒸吨 |
|  |  |  | 动力 | 内蒸发电机组 | 66 台/8264 千瓦 |

### 三、景德镇陶瓷产业"六五""七五""八五"技术改造[①]

改革开放以后,景德镇陶瓷产业迎来了大发展机遇。这时,陶瓷产业格局发生了巨大变化,国际市场竞争更加激烈,国外在原料开采后进行精加工,通过高梯度磁选、超细粉碎、电子计算机掺和、在线检测等一系列手段,实现原料标准化、系列化生产。在燃料方面,国外普遍使用高级净化燃料;在辅助材料方面,发达国家采用重结晶碳化硅甚至氮化硅窑具,窑具使用可达数千次,德国硬质瓷烧成温度达 1400 ℃以上;在成型技术方面,国外发达国家普遍采用阳模和热滚压成型、等静压成型、高压注浆成型、热风喷射干燥等技术。相比之下,此时的景德镇陶瓷原料基础工业薄弱,只有简单的机械开采和粗加工,燃料结构不合理,辅助材料材质差,设备陈旧,成型工艺和装备落后。因此,从 1981 年至 1995 年,景德镇针对陶瓷生产薄弱环节,瞄准国际先进水平,实施了"六五""七五""八五"技改,把传统技术与现代科技结合起来,引进国外先进设备和生产线,对陶瓷产业进行全面系统技术改造,逐步实现自动化、现代化。

---

① 景德镇陶瓷史料编委会. 景德镇陶瓷史料:1949—2019:中［M］. 南昌:江西人民出版社,2019:114－130.

**图 11 - 41　等静压自动生产线**

　　"六五"陶瓷技改：窑炉隧道窑化；原料精制，采用高效除铁器装置，多次除杂；成型采用余热、热风、蒸汽或远红外干燥，基本消除坑道式烘房；彩烧炉采用隧道锦窑或辊底窑。景德镇瓷厂引进意大利 550 压砖和一条釉面砖生产线。经过"六五"技改，一些陶瓷企业基本形成原料、成型、烧炼工序连为一体的综合性厂房。

**图 11 - 42　素烧隧道窑**

　　"七五"陶瓷技改：将矿山、石膏、瓷用化工列为重点改造项目，重点引进高档成套关键设备和技术。完成了 6 项技术改造项目，即光明瓷厂高档青花玲珑瓷技改工程、新华瓷厂民族用瓷技改工程、宇宙瓷厂对美高档出口瓷技改工程、原料总厂宁村瓷石矿技改工程、石膏模具厂引进 β 石膏模生产线、窑具厂引进合成莫来石制匣技术和关键设备。其中新华瓷厂民族用瓷生产线、光明瓷厂高档青花玲珑瓷技改工程引进德国雷德哈默煤气隧道窑，"七五"后期动工的"4369"工程（后为中国景德镇瓷厂）引进全套高档瓷生产线，均达到当时的国际先进水平。中国景德镇瓷厂成为全国陶瓷行业现代化生产的样板厂。

**图 11 - 43　高压注浆机**

"八五"陶瓷技改：重点是瞄准国际先进水平，基本实现生产成线，厂房成片，引进 4 条高档陶瓷生产线。一是为民瓷厂从德国引进的高档釉中彩生产线，原料加工采用配比容量配料和喷雾干燥技术，为成型制备粉料，成型采用等静压作业线，坯体制成后直接入窑素烧，不须干燥，烧后采用旋转施釉机上釉，入窑高温烧成，再人工贴花，进入釉中彩高温快速烤花炉烧成；二是红星瓷厂从德国引进的高档釉中彩强化瓷生产线，集成型、烧炼、彩绘于一体；三是光明瓷厂引进的高档玲珑瓷生产线；四是华风瓷厂引进的磨光瓷板生产线。这一时期实施了原料标准化改造工程、高档碳化硅窑具改造工程、优质石膏粉改造工程、陶瓷机械厂改造工程、高档花纸改造工程等 5 个基础工程，消化吸收从德国引进的煤气隧道窑技术，进行全系统陶瓷窑炉煤气化同步改造。本期技改采用了原料喷雾造粒、等静压成型、热滚头阴阳膜滚压成型、高压注浆成型、全自动施釉、二次烧成、釉中彩烤花等现代化制瓷工艺，使景德镇陶瓷生产技术从原料配制、成型施釉到烧成釉面装饰等各环节全面实现自动化、现代化，是景德镇日用瓷生产技术的一场革命，达到了当时的国际先进水平，实现了原料标准化、辅助材料专业化、燃料煤气化、工艺现代化、产品高档化的技改目标。

**图 11 - 44　高温还原隧道窑**

1996 年以后,随着改革开放的不断深入,由于市场剧烈变化,国有陶瓷企业体制机制面临改制,一部分企业处于停产、半停产状态,景德镇"九五"陶瓷技改计划没有实施。

**图 11 - 45　全自动施釉机(盘类)**

景德镇陶瓷工业经过"六五""七五""八五"技改,通过实施原料、匣钵、石膏等生产技术改造,初步实现原料、辅助材料生产专业化、标准化;采用冲压、注浆、烘干、贴花、喷雾干燥等一系列新工艺,特别是 20 世纪 90 年代引进国际先进水平的等静压成型和其他关键设备,实现成型生产自动化;通过窑炉改造,基本实现烧炼煤气化。"六五""七五""八五"技改,大幅度提高了陶瓷生产技术装备水平,极大地增强了陶瓷生产能力,增强了景德镇在国际市场的竞争能力,是对景德镇陶瓷传统生产工艺技术的一场革命,为中国传统陶瓷工业向现代化工业迈进闯出一条新路。

图 11 - 46 万能磨底机

# 第三节 景德镇传统制瓷工具店及现代制瓷机械设备厂

**一、景德镇传统制瓷工具店**

1. 车盘店:车盘店是陶车生产专业店。车盘是景德镇陶瓷作坊、模型店、大小器匣钵厂等的主要成型工具。车盘形似蘑菇,利用旋转速度保持其平衡,车盘的制作外表粗糙,但它的质量要求是旋转不歪斜、不摇摆、不震荡。车盘分湿车和干车。湿车是用来做坯的工具,干车是用来利坯的工具。车盘面积大小根据所制瓷坯、匣钵大小而定。车盘店除制作销售陶车外,也负责上户修车。新中国成立前,制作车盘的店家不多,生意一直很红火,1954—1957 年,先后都加入了木器生产合作社。

2. 模利店:专门生产圆器行业利修坯模子的作坊。瓷用模型是景德镇陶瓷圆器坯厂印坯规范的工具,它由一种吸水性较强的净土所铸造,其形状与规格全靠刀具修利而成,故又称模型店。其服务方式为包办制,坯厂按其"利坯"数与模型店约定一定数额的包办费,坯厂全部所需的印坯用模型,便由模型店包制包修。新中国成立前,全镇有制、修模店共 20 多家,多为杂帮人开设,新中国成立后,先后都加入模型社。

3. 坯刀店:专门生产制作圆、琢器行业利坯、剐坯、削坯所用刀具的作坊。刀具分圆器坯刀和琢器坯刀两种。圆器坯刀由坯厂户主与坯刀店协商,经营方式为包办制,即坯刀店对坯厂全年所需的坯刀包供,坯厂户主一年给坯刀店一定数额款为包办费。琢器坯刀则因坯厂所需刀具种类繁多,品种变化较大,故坯工所用的工具皆由自己负责,选择坯刀店购买,坯厂主付钱。坯刀店对客户所用坯刀实行包打包修制,一般以 30 把做周转,每用到 20 把左右,就送到坯刀店复炉锻打。新中国成立前,景德镇有坯刀店 30 多家,专门锻打陶瓷生产用的刀具。新中国成立初期,坯刀店有 4 户,组成坯刀业合作社,随后这些人员被分配到全市各大瓷厂。

4. 毛笔店:专门为陶瓷制坯、画坯、画瓷而生产瓷用毛笔的作坊。瓷用毛笔有多种,分为水笔,即制坯专用的邋水笔、邋釉笔、扫灰笔等;画坯笔,画坯专用的画笔、混水笔、调料笔、车箍笔等;画瓷笔,彩画瓷器专用的画笔、彩笔、洗笔、填笔、弘笔等。新中国成立前,毛笔店有十五六家,新中国成立后,都加入瓷用毛笔生产合作社。

5. 筛箩店:专门生产瓷用筛箩的作坊。筛箩是制瓷所有行业淘洗泥料、釉料过程中筛除泥料杂质的重要工具。筛有绢筛、金属丝筛两种,规格有 40 目、60 目、100 目等多种。新中国成立前,景德镇制造绢筛的 13 家,经营金属丝筛的 2 家,新中国成立后加入生产合作社。

6. 挛窑店:专门为槎窑、柴窑砌筑窑篷的专业作坊。挛窑是特种技术行业,元代至清初,掌握在浮梁魏姓人手中,清初以后掌握在都昌余姓人手中。挛窑、修窑技术一般秘不示人,家族传承。新中国成立后,挛窑店加入窑炉工区,组建景德镇市陶瓷窑炉修建队。

**二、景德镇现代制瓷机械设备厂①**

新中国成立前,景德镇全是传统手工制瓷,没有现代陶瓷机械设备。新中国成立后,景德镇恢复陶瓷生产,大力发展现代陶瓷工业,陶瓷机械设备从无到有。1949 年 4 月,景德镇仅有一家小规模的私营李同兴铁工厂,但并不生产陶瓷机械。1954 年,铁工厂实行了公私合营,更名为景德镇市铁工厂。同年,铁工厂研制出景德镇市有史以来的第一台脚踏旋坯车。1958 年,这家铁工厂扩建为国营景德镇市机械厂,1964 年更名为景德镇陶瓷机械厂。1969 年又成立了景德镇市陶瓷机械修配厂,1978 年至 1981 年,相继成立了与陶瓷生产配套的景德镇市轻工机械厂、景德镇市防尘机械厂和景德镇市电瓷电器专用设备制造厂。

1. 景德镇市陶瓷机械厂

该厂前身是一家私人开设兼营农业机械修理业务的小厂——李同兴铁工厂。1951 年,在此厂的基础上建立人民铁工厂。1955 年,实行公私合营,人民

---

① 景德镇市地方志办公室.中国瓷都·景德镇市瓷业志:市志·2 卷[M].北京:方志出版社,2004:517 - 520.

铁工厂制造机械中级标准的脚踏辘轳车,用于陶瓷成型生产。1958年,经扩建,人民铁工厂易名为国营景德镇市机械厂。1959年,厂址搬迁至东郊红石塘,厂房占地3万余平方米,添置各种动力设备100多台,产品有球磨机、真空练泥机和双缸隔膜泵等十几个陶瓷机械品种,为陶瓷生产由手工制瓷向机械制瓷创造了条件。1962年,景德镇市机械厂易名为景德镇市陶瓷机械厂。1964年,经轻工业部批准,市陶瓷机械厂为轻工业部陶瓷机械定点生产厂,隶属关系由市工业交通局划归江西省陶瓷工业公司,开始逐渐恢复专业制造陶瓷机械;1979年,被轻工业部定为全国陶瓷机械技术归口单位、标准化中心站;1979年以后,由原来只生产5种陶瓷机械发展到生产60多个品种,年生产各类陶瓷机械506台。主要产品有球磨机、隔膜泵、磁选机、压滤机、真空练泥机、摩擦压砖机、滚压成型机、多孔窑推进器等。1997年开发的新产品TC3360全自动液压压砖机通过国家鉴定,是陶瓷地砖压制成型的专用设备。产品畅销全国各地,并曾销往罗马尼亚、阿尔及利亚、越南等国;产品除适用于陶瓷行业外,还适用于电瓷、建筑陶瓷、污水处理、食品等行业。

2.景德镇市五金厂

其前身为民国时期的壶环店,专为各种瓷壶配制壶环的作坊。新中国成立初期,从事白铁业的有14户计17人。1953年,由专门打制壶环的10多人组织成立壶环销售小组,统一向瓷厂或居民销售和配制壶环。1954年5月,壶环小组改为壶环生产合作社,有职工30多人,年产壶环10多万副。1956年,壶环社易名为铜器社,壶环生产由烧红锻打改进为翻砂。1958年初,铜器社与锅炉社合并成立五金修配厂,兼营生产壶环等日用小五金产品。同年年底,又恢复原名铜器社。1959年,铜器社与白铁等几个社(组)合并成立五金机械厂。1961年底,市人民委员会决定设立分社,成立小五金社。1962年,剪刀社并入,仍以生产铜壶环为主要产品,其材料由铜质改为铁质镶铜。1970年,小五金社改名景德镇市五金厂,由单一生产壶环产品的合作社发展成为瓷业配套生产简单的铁器工具和各种瓷壶配制的壶环、民用剪、水嘴及各种铝制日用品等多种产品的企业。

3.景德镇市金属结构厂

1954年,原白铁店的从业人员组成瓷业工具小组,生产瓷业生产所需的白铁工具和生活日用器具。1956年,瓷业工具小组转为白铁社。1959年底,白铁社与铜器社、车辆社、衡器社、橡胶小组合并成立五金机械厂,原白铁社改为白铁车间。1961 年,原白铁社 46 人从厂划出,仍为白铁社,以生产加工瓷用白铁工具和生活日用品为主。1964 年起,白铁社承接全市瓷业防尘大型通风管道配套的生产业务。1970 年白铁社改为钣金白铁厂,1985 年改为金属结构厂。

### 4. 景德镇市瓷用毛笔厂

1950 年,瓷用毛笔行业组成松散型大组。1954 年,成立瓷用毛笔生产合作小组,共有成员 16 人。1956 年,经市手工业联社批准,合作小组转为瓷用毛笔生产合作社,职工增至 20 人。1959 年该合作社转为地方国营企业,1962 年复为集体所有制企业,同年下半年易名瓷用毛笔厂。1964 年,全厂职工自行设计、制造整毛机 5 台、冲边机 1 台、打眼机 4 台、切杆机 1 台,瓷用毛笔生产走上半机械化道路,结束了手工制作的历史。瓷用毛笔品种发展有粉彩、新彩、油彩、贴花、刷花、青花、成型、机制等 9 个系列 124 个品种,年产量达到 56 万支。其产品除供应全市各瓷厂需要外,还销往国内 24 个省、自治区、直辖市的 324 家瓷厂,并出口东南亚等国。

### 5. 景德镇市陶瓷石膏模具厂

该厂前身为原景德镇瓷厂石膏车间,是在捷克斯洛伐克帮助下兴建的,于1964 年投产。1969 年 10 月,景德镇瓷厂撤销,原石膏车间并入景德镇市陶瓷机械修配厂,成为专业生产石膏粉的车间。1980 年,该车间从景德镇市陶瓷机械修配厂划出,成立景德镇市陶瓷石膏模具厂,年产 6000 吨模用石膏粉。1987年,模具厂引进西德克脑夫公司技术设备,产品由单一 β 石膏到高强度 α 石膏;1993 年,成功试制 K 石膏,产品除确保供应全市陶瓷系统各瓷厂外,还销往省内及湖北、安徽、福建、浙江等省。

### 6. 景德镇市工艺雕刻厂

景德镇瓷器白胎彩绘加工一直靠手工绘制,加工的质量和速度受个人技术水平的影响很大。清代中期,雕刻艺人创造了蜡印,可按瓷器加工所需的花纹、图案和款识雕刻图章,用蜡印印制代替了手工笔绘和书写,从而提高白胎瓷加工的速度、质量和效益。民国时期,雕刻艺人集中在南门头至厂前(珠山中路)一带及中山路开店,主要刻制木质、蜡印印章及花纹印章。至新中国成立初期,景德镇有雕刻店 18 家,从业人员计 31 人。1956 年,景德镇市 30 名雕刻艺人组成刻字合作社,在陈家岭口设专为瓷业生产刻蜡印的门市部。1959 年,刻字社改名工艺雕刻厂,同时根据各瓷厂反映的蜡印易磨损、使用寿命短、成本高的缺点,试制成乳胶铸印,部分取代蜡印,降低粉彩瓷的加工成本。雕刻厂还引进新型雕刻刀具,成功地试制出橡皮青花印子,加快青花瓷绘画的速度。1962 年,雕刻厂试制用海绵为材料制作青花印子。海绵青花印子和橡皮青花印子配合使用,使青花瓷的花面更加完善、丰满,完全代替日用青花瓷生产中的手工笔画,结束了在瓷坯上画青花全靠手工笔画的历史。雕刻厂主要生产陶瓷彩绘加工所需的印子和雕刻图章。

7. 景德镇市陶机二厂

该厂前身为 1969 年建立的市陶瓷机械修配厂,20 世纪 80 年代初期,易名为景德镇市陶机二厂,主要产品有建筑卫生陶瓷设备。1986 年 1 月,该厂与景德镇市陶瓷机械厂合并。

8. 景德镇市轻工机械厂

1978 年 5 月创办,隶属景德镇市陶瓷机械厂,为集体所有制企业。主要生产日用陶瓷机械、高档陶瓷机械、建筑陶瓷机械、卫生陶瓷机械等,产品还适用于化工、医药、食品等行业。

9. 景德镇市防尘机械厂

1978 年 7 月创办,原名群力机械厂,隶属景德镇市陶瓷机械厂厂办集体所有制企业。主要生产 LG 型系列带式吸尘器。

10. 景德镇市电瓷电器专用设备制造厂

1981 年创办,是为电瓷生产提供专用设备的专业厂,隶属机械工业公司的集体所有制企业。主要生产品种有除铁器、搅拌机、振动筛等,产品销往市内和国内其他产瓷区。

11. 景德镇市窑炉建筑安装公司

1957 年由轻工业部、江西省轻工业厅、江西省陶瓷工业公司有关人员组成窑改委员会,研究以煤代柴窑炉改革。1960 年以窑改委员会为基础,成立筑炉队。同年,筑炉队与景德镇市建筑工程公司合并,并将市建筑工程公司三工区改为窑炉工区。1961 年 11 月,窑炉工区从市建筑公司分出,并与挛窑店合并,正式成立景德镇市陶瓷窑炉修建队,从事窑炉的砌筑和修建,成为国内第一支陶瓷窑炉建筑安装专业队伍。1962 年,景德镇市陶瓷窑炉修建队改称景德镇市筑炉工程处;1979 年更名为景德镇市陶瓷建筑安装公司;1984 年定名为景德镇市窑炉建筑安装公司;1985 年被批准为窑建二级施工企业,成为全国陶瓷生产企业建造安装窑炉的国有企业,业务范围由原来的建窑、修窑等单项技术发展到窑炉、机械、电器控制等全套设备安装公司。

12. 景德镇陶瓷建筑工程处

1985 年,景德镇陶瓷建筑工程处与国营窑炉建筑安装公司划开,正式独立经营。它是单独核算的集体所有制企业、承建各种工业窑炉的专业单位,属江西省陶瓷工业公司管辖。该工程处承建日用陶瓷工业窑炉、建筑陶瓷窑炉、耐火材料窑炉、电瓷窑炉、食品加热炉等,已向全国 10 多个省、市承建窑炉业务。

13. 景德镇市陶瓷窑具厂

1951 年,50 多户制作匣钵的作坊组成大器和小器两个联营匣钵厂。1952 年 8 月,景德镇市人民政府拨款集中资金,将两个联营厂合并为公私合营匣钵厂,1955 年上半年转为全民所有制企业,名称为景德镇市匣钵厂。1985 年 2 月,景德镇市匣钵厂易名为景德镇市陶瓷窑具厂,成为陶瓷窑具生产专业厂。年产匣钵 29335 吨,其中大器匣钵 10829 吨。产品除销售全市各瓷厂外,还销往福建、浙江、湖北、四川、甘肃等省。

14. 景德镇市耐火器材厂

1958 年创建,是全市唯一生产耐火材料的地方国营企业。其前身由景德镇卫星耐火材料厂和景德镇石岭耐火砖厂合并而成,隶属江西省冶金厅。1960 年由市工业局管辖,1962 年划归江西省陶瓷工业公司管辖。主要生产黏土质、高铝质耐火砖、轻质黏土、高铝砖、铬渣砖、堇青石泡沫砖、耐火泥等,共分为标、普、异、特异四大类计 500 多种型号。产品应用于陶瓷、冶金、石油、化工、玻璃等工业,作为这些工业热工设备的砌筑材料,具有耐高温、耐腐蚀、抗震动、耐磨损等优越性能,同时具有保温、隔热、高温体积稳定等特点。年产耐火材料 16042 吨,产品主要为全市陶瓷工业生产服务,并远销省内及四川、贵州、湖北、湖南、广东、福建、安徽、江苏、北京等省市。

# 第十二章　景德镇陶瓷计量方法与质量标准

景德镇陶瓷经历了千余年的发展过程。瓷工们在生产实践中,摸索总结出一套景德镇瓷业特有的计量方法与质量标准,简单合理、实用方便,在景德镇瓷业生产、贸易和人工计酬等方面发挥了重要作用,有效地推进了景德镇瓷业的发展。

## 第一节　景德镇传统陶瓷计量方法与质量标准

新中国成立前,景德镇传统陶瓷计量方法与质量标准主要体现在原材料计量方法与质量标准、窑炉计量方法与质量标准、辅助业计量方法与质量标准、产品生产计量方法与质量标准四个方面。

**一、景德镇传统陶瓷原材料计量方法与质量标准**

**(一)景德镇瓷土计量单位与质量标准**

1.高岭土类计量单位与质量标准

(1)高岭土砖块规格:高岭土加工为砖块,其中明砂高岭砖块长约3寸、宽约2寸、厚约6分,星子高岭砖块长约14厘米、宽约10厘米、厚约8厘米。

(2)高岭土砖块计量单位为块。明砂高岭砖块1块重量约2.5两,星子高岭砖块1块重量约3斤2两。

(3)高岭土砖块售价:明砂高岭砖块,每万块售洋价100元;星子高岭砖块,每万块最高售洋价150元,最低120元;大洲高岭砖块,每万块最高售洋价100元,最低50元。

2.瓷石类计量单位与质量标准

(1)瓷石不子规格:瓷石加工为不子,长约20厘米、宽约14厘米、厚约5厘米。

(2)瓷石不子计量单位为块,4市斤/每块。

(3)瓷石不子制作工资:按块核算,1小万块(即1万斤,计2500块,每块4市斤),可挣干谷5石(每石130市斤)。

(4)瓷石不子售价:祁门不子1小万块最高售洋价150元,最低100元;南

297

港不子 1 小万块最高售洋价 90 元,最低 70 元;三宝蓬不子每千块最高售洋价 14 元,最低 12 元;余干不子 1 小万块最高售洋价 120 元,最低 90 元;余江不子 1 小万块售洋价 170 至 180 元;乐平不子 1 万块最高售洋价 200 元。

**(二)景德镇釉料计量单位与质量标准**

1. 釉果类计量单位与质量标准

(1)釉果质量标准:分头色、二色、三等、土渣。头色属于优良的矿石,性硬、耐烧;二色属于次等矿石,性软、油润,配制釉果时须用三分之一的头色土掺和使用;三色称麻土,土中有麻点而得名,其性有硬有软,配制釉果时须用三分之一的头色或二色土;土渣,即将头色、二色经过搅拌淘洗沉淀的土渣,掺入少量二色土,再粉碎加工成釉果。

(2)釉果矿石售价:以担为计量单位,头色约 40 元/100 担(7000 至 10000 斤),二色约 30 元/100 担(7000 至 10000 斤),三等约 10 元/100 担(7000 至 10000 斤)。

2. 釉灰计量单位与质量标准

(1)釉灰质量标准:分头灰、二灰。头灰是首批淘洗取得的釉灰细浆,头灰性燥,只适用于普通瓷;二灰是将沉淀的粗颗粒灰渣再次舂细淘洗取得的釉浆,二灰性纯,工艺性能好,广泛用于中、高级细瓷。

(2)釉灰计量单位:以"盆"数为计算单位,即"锅"。锅口径约 32 厘米,中央深度约 9 厘米,每锅水灰重约 4 公斤。

(3)釉灰售价:头灰为 8 枚铜板/锅,二灰为 10 枚铜板/锅。

3. 釉计量单位与质量标准

景德镇传统釉料配制是采取"釉灰＋釉果"的二元配方法配釉的。

(1)釉料计量单位:以"盆"数为计算单位,与釉灰锅一致。

(2)釉料质量标准:上等釉、中等釉、下等釉。上等釉用于上等瓷器,中等釉用于中等瓷器,下等釉用于粗瓷。

(3)釉料配比标准:以同等稠度的釉果浆与釉灰浆,用浅铁锅量出釉果浆若干盆,配以釉灰浆一盆为配釉的标准。唐英在《陶冶图说》中记载:"泥十盆,灰一盆为上品瓷器之釉;泥七八而灰二三为中品之釉;若泥灰平对灰多于泥则成粗釉。"①现在标准,上等釉:釉果 12 盆,釉灰 1 盆(含釉灰约 7.7%);中等釉:釉

① 熊寥,熊微.中国陶瓷古籍集成[M].上海:上海文化出版社,2006:300.

果 8 盆,釉灰 1 盆(含釉灰约 11%);下等釉:釉果 4 盆,釉灰 1 盆(含釉灰约 20%)。

**(三)景德镇窑柴计量单位与质量标准**

《浮梁县志·陶政》记载:"窑用船柴六,水柴四。船柴传焰则易,水柴拥燎则久。"①及至清代,松、槎开始分烧。因为"水柴拥燎",火力均匀持久,所以"多烧细器";"船柴传焰",力度不如水柴,因而"多烧粗器"。

1. 景德镇窑柴类型标准

景德镇窑柴分槎柴、松柴。槎柴是指各类杂柴茅柴,以小灌木、藤本植物、蕨类、芭茅草等为主;松柴以马尾松的主干为燃料。一般意义上的窑柴主要指松柴,其木质结构粗松,纹理较直,富有松脂。较之其他杂木树种,具有挥发分多、熔点高、不含硫、着火点低、发热值高、结焦性小、燃烧速度快等优点,是上等窑柴。松柴又分下山柴、放水柴。下山柴是指挑下山后上船或用独轮车运到窑场的柴;放水柴是指通过关栅顺河流漂下的柴,因在水中浸泡,失去燥性,耐烧,火性温柔,不致火星爆发损坏瓷器,所以价格每担比下山柴高二三角。

2. 景德镇窑柴规格标准

松木要锯成松木块柴,其规格长约 7 寸,厚约 1.2—1.5 寸,片块状,分五种类型:一为天字号,是直径 1 尺以上的老松木锯成的窑柴片,斧劈成四开五开片,又称"斧片";二为地字号,是直径 5 寸以上、1 尺以下的窑柴片,斧劈成三开四开片;三为三开片,是直径 5 寸左右,劈成三块的窑柴片;四为双开片,是直径 5 寸以下,只能劈成两块的窑柴片;五为秃子,是直径 2 寸以下,无法开片的棍子柴。有一种菊花树心的"金钱秃子",柴价超过天字号。达到以上标准质量要求的柴为等级柴,明码标价;达不到的为等外柴,按质论价。

3. 景德镇窑柴计量单位

(1)槎柴计量单位为"把"。用小藤条将槎柴捆扎成小把,规定每把不得少于 1.5 市斤。每船售价 18 银圆左右。

(2)松柴计量单位为"棍"。计算"棍"数的方法:在平地两端打下树桩,将劈好的松柴堆放成码,然后用尺去测量已堆码好的柴片,测量后再算出柴片的"棍"数。用于量柴的尺主要有两种:一种为"四八尺",用这种尺测量柴堆,每长 1 丈 6 尺、高 2 尺为 1"棍",这样的 1"棍"通常折合为 6 担;另一种为"二五

① 梁宪华,翁连溪.中国地方志中的陶瓷史料[M].北京:学苑出版社,2008:189.

尺",用这种尺测量柴堆,每长2丈、高2尺5寸为1"棍",这样的1"棍"通常折合为9担。

（3）松柴销售的计量单位

①下山柴:码。独轮车运送的下山柴以"码"为计算单位,一码的标准是长1丈(约3.3米)、高2.5尺(约83厘米),力资为稻谷30斤。一等劳动力每人每车运送一码,二等劳动力4人运送三码,三等劳动力3人运送二码。

②放水柴:担。所谓担,就是两夹蓝,用竹片制成的一种运输工具兼衡具。其式样为:高2尺1寸(约70厘米),底宽1尺4寸(约47厘米),上部为"人"字形,下部三分之二为方形。挑柴力资的计算为路程加挑运费,路程称"厘脚",即河下到窑场的距离,一"厘脚"为一枚铜板,一担柴挑运费为二枚铜板。把头报酬为柴价的2%,或每担2分。

（4）一窑用柴计量:明代时窑小,一窑用柴180担,合9000公斤。清代时窑大,一窑用柴500担,达2.5万公斤。

**二、景德镇传统窑炉计量方法与质量标准**

景德镇传统窑炉分槎窑与柴窑。槎窑是指以烧槎柴为燃料的窑,从葫芦窑进化而来,又名"蛋壳窑""狮子窑";柴窑是以烧松柴为燃料的窑,从"狮子窑"演变而来,又名"镇窑""鳝鱼头窑"。

**（一）景德镇传统窑炉计量方法与质量标准**

1. 景德镇传统窑炉标准

景德镇传统窑炉大小以"担"为计算单位,即以每窑次焙烧制品数量来计量。以剎利匣钵为标准,通常以七个小器匣钵为"一手","四手"为一担,即匣柱高度2.8米左右为一担,其他品种匣钵以此折算。有些匣钵面积大,便提升比率来计算。大窑达300担以上,小窑也在100担左右。

（1）槎窑

①建筑结构标准:分窑屋、窑巢两部分,占地面积400平方米左右。分两层,上层为槎楼,下层为大门、通道,通道两侧前沿为装坯码头,进深处为存放匣钵的"落",窑屋后半部为窑巢。窑巢结构分为窑头、窑弄、窑篷、窑塝、窑囱等部分。窑头高大,为狮子头;上有两眼,为狮子眼;投槎柴口为狮子口,窑门八字脚为狮子脚,窑篷为狮子身,窑囱为狮子尾巴。窑弄长8.4米,最高处称"头盖面",最低处称"挂窑口",最宽处称"大肚",中间称"中肚",之后称"小肚",最狭处称"氅口"。窑囱下称"余堂",余堂靠尾处称"靠背",又称"观音堂"。窑囱

高8.5米,顶端在窑头一侧砌成尖角状,称"纱帽尖"。窑篷窑头2只眼,叫"花古眼",看火用;中段正中1只眼,叫"分火眼",把庄师傅用于观火候或钩照子;"挂窑口"处2只眼,叫"照子眼",用于钩照子;窑门火仓前2只眼,称"档子眼",封砌窑门放铁砖用;火仓两边2只眼,叫"钩公砖眼",烧窑落灰用;窑门外八字墙上2只眼,叫"灯火眼",放照明灯用;封窑门时上方嵌1只(匣钵)眼,即"水井眼",用于观察火候;近窑囟处2只眼,一只叫"出砖眼",一只叫"进砖眼",窑砖坯进出用;窑囟尾部近人高处1只眼,叫"看火眼",用于观察火候。

②窑位划分标准:将窑弄分成若干地段,叫"窑位"。从前至后分别为挂子、头章、头盖面、二盖面、窝盖面、窝里、想里、挂窑口、余堂等,窑位不同,火候质量就不同,烧瓷费用也不同,满窑师傅应根据位置确定放什么品种瓷器。全窑中"想里"和"窝里"窑位最好,"头盖面""二盖面""窝盖面"次之,"头章""余堂"最差,"头章"易烧老,"余堂"不易烧熟,烧瓷柴价打八五折。从纵向来说,当门"现火",两边"包墙"较差;从上下来说,表(杪)上易老,兜脚易爽。

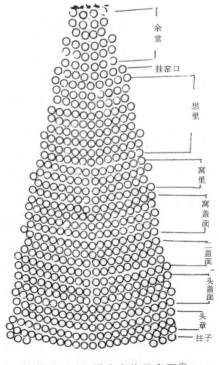

**图 12 - 1　槎窑窑位示意图①**

---

① 陈海澄.景德镇瓷录[M].景德镇:《中国陶瓷》杂志社,2004:104.

③满窑标准:全窑满坯 35 路左右,专烧灰可器约 3260 筒。横的一排叫"一路",三路叫"一码",若干匣钵重叠成一根匣柱,叫"一垛"。满窑时,横的一排呈弧形,称"木梳背",前后排列自然形成斜角,叫"半错位"。正对"当门"部位,二根匣柱并列,叫"双当门",单独一根叫"单当门",从"想里"往前,每隔五路错位一次,正中央就呈弧形了,两边墙下可不断增加匣柱,称"升窑位"。这样火路弯曲而行,使热量得到充分发挥,叫"包到烧"。若"对杠"(成直线)满窑,火就直入窑囱,浪费燃料。

④用工标准:

表 12 - 1　景德镇槎窑用工一览表

| 类别 | 名称 | 分工 |
|---|---|---|
| 管理工 | 开窑薄 | 掌管烧瓷数量、计算搭窑柴钱 |
| | 下港 | 负责买槎柴 |
| | 称槎 | 学徒工,称槎柴 |
| 窑工(统称"九脚头",把庄、做重工夫、打大锤为"上三脚"。打大锤、打杂工作量大,可增加 2 人,一名"黑打大锤",一名"推窑弄"。把庄技术好,做二家时,增设"招点"一脚,即二把庄) | 把庄 | 全窑总领头,负责看火 |
| | 做重工夫 | 满窑时"打表",即满最上面一手匣钵;"扑匣屑",即用黄泥匣屑黏合匣柱,使之固定;领班烧窑、开窑等 |
| | 打大锤 | 满窑时负责发坯,领班烧窑,开窑"剿表",即取上面的匣钵 |
| | 收纱帽 | 满窑发坯,打中间的表,烧窑 |
| | 端匣钵 | 满窑撑高匣钵,开窑"剿表",烧窑,清理窑弄中匣屑 |
| | 红半股 | 满窑传匣,烧窑,开窑 |
| | 黑半股 | 满窑传匣,烧窑,开窑,清理窑弄中垃圾 |
| | 打杂 | 清理窑屋中垃圾,满窑时端泥巴、端匣钵,挑烧窑用水 |
| | 小伙手 | 学徒工,满窑时端泥巴、端匣钵,拖槎柴,领米、做饭,杂事 |
| 挑槎工 | 槎头 | 负责窑户与槎船主联系,挑槎柴主管 |
| | 灰手 | 烧窑时扒灰,清理火仓,挑灰下落 |
| | 挑槎 | 挑槎上楼,根据窑的远近,分 4 人、4.5 人、5 人、5.5 人、6 人 5 种 |

⑤工资标准:把庄 2.4 银圆、招点 2.2 银圆、做重工夫 2 银圆、打大锤 1.8 银圆、收纱帽 1.8 银圆、端匣钵 1.7 银圆、红半股 1.6 银圆、黑半股 1.5 银圆、打杂 1.7 银圆、小伙手 1.5 银圆,每人每天米 1.5 升(约 2.25 市斤),菜金按豆干二块折算,每月油盐各 1 斤,茶叶末若干。每次满窑,按人头每人 4 两肉;搭窑户给

"饼子肉"。

（2）柴窑

①建筑结构标准:分窑屋、窑巢两部分,占地面积600平方米左右。分上下两层,上层为阁楼、铺房、客房,楼下底层正中后方为窑巢,窑巢两侧为窑床,其余为"落"。窑巢由窑弄、窑篷、窑囱、窑塝、窑床组成,窑篷分为窑头、窑身、窑尾

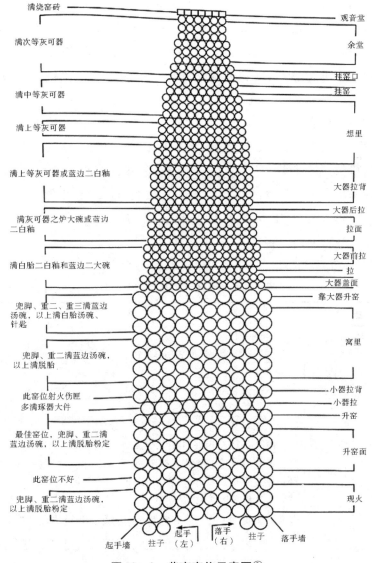

图 12 - 2 柴窑窑位示意图①

---

① 陈海澄.景德镇瓷录[M].景德镇:《中国陶瓷》杂志社,2004:115.

三段,其中窑身又分窑门、大肚、小肚、挂窑口四区;窑尾又分余堂、观音堂二区。上有四个火眼,用穿底大器匣钵镶嵌。头上一只叫分火眼;窑身左右各有一眼,叫腰火眼;尾部一只叫点火眼。用于看火的还有窑门上方的两只井眼。投柴处叫槎口,下面为火膛。

②窑位划分标准:从前至后分别为挂子、现火、升窑面、升窑、小器拉、小器拉背、窝里、靠大器升窑、大器盖面、拉、大器前拉、拉面、大器后拉、大器拉背、想里、挂窑、挂窑口、余堂、观音堂等。圆器、脱胎、琢器放在"现火""升窑面""窝里"等部位,从18路至余堂放大器,二白釉放前面,渣胎碗放后面。一根匣柱体,最下面一手叫"兜脚",放容易烧熟的青釉瓷;第二手叫"重二",放普通瓷;再上面叫"重三""重四""重五",放细瓷。

③满窑标准:数十只匣体叠成一柱叫一根,匣柱体横的连成一排叫一路。全窑满坯52路左右,其中大器35路,小器17路。朱琰在《陶说》中记载:"官窑除龙缸外,青窑烧小器,色窑烧颜色,圆而狭,每座只容小器三百余件。民间青窑长而阔,每座容小器千余件。民窑烧器,窑九行,前二行,粗器障火,三行间有好器,杂火中间。前四、中五、后四皆好器,后三、后二皆粗器,视前行。官窑重器一色,前以空匣障火。官窑器纯,民窑器杂。"[1]

④用工标准:窑工15人,管理人员4至6人。

表 12-2　景德镇槎窑用工一览表

| 类别 | 名称 | 分工 |
|---|---|---|
| 管理工<br>(4人) | 开窑薄 | 管理窑里账目 |
| | 下手 | 开窑薄助理,量琢器匣钵,收柴钱,收筹计算 |
| | 下港 | 负责购买窑柴 |
| | 打大槌 | 下港的徒弟,学习管账 |
| 窑工<br>(15人) | 把庄 | 全窑烧窑的总负责人 |
| | 驼坯 | 负责组织坯源,调配全窑所需坯匣,烧上半夜窑 |
| | 加表 | 每根匣柱顶端一层匣钵由其搁上 |
| | 收兜脚<br>(2人) | 从满窑到开窑全部参加,满窑时一个在落里发坯,一个在弄里"打表",满小器时传匣,二人轮流烧上半夜和下半夜窑,开小器时负责"剩表",负责收最下一层匣钵 |
| | 三伏半 | 满大器负责"撑表",选好兜脚匣钵,满小器时传坯和"撑表",负责烧下半夜窑 |

---

① 熊寥,熊微. 中国陶瓷古籍集成[M].上海:上海文化出版社,2006:368.

续表 12-2

| 类别 | 名称 | 分工 |
|---|---|---|
| 窑工<br>(15人) | 二伏半<br>(4人) | 满大器、满小器全部参加,烧下半夜窑 |
| | 一伏半<br>(2人) | 满窑时,除前面二路小器不满外,其余全部参加;负责买菜、炒菜、分菜、烧水等杂事 |
| | 小伙手 | 满窑、开窑准备工作,参与满窑,窑停火冷却时看守门户 |
| | 打杂 | 开窑后扒窑弄垫底老土,清除垃圾及渣皮匣屑,负责挖砌窑门、固定匣钵泥巴,准备烧窑材料 |
| | 推窑弄 | 倒上半夜窑柴,协助打杂工清除窑弄内渣皮匣屑,倾倒渣皮匣屑 |
| 满窑工(3人) | | 专事满窑,由满窑店提供,不属于窑场工人范畴 |

⑤烧窑时间标准:烧一瓷窑为一天一夜,约22至24小时,一般下午4点点火,次日下午4点歇火。开窑时为"溜火",中间二次"清火",一次上半夜,一次下半夜;歇火后冷却一天两夜,第三天开窑。

⑥烧窑质量标准:一是"青",即全窑瓷器按标准烧好;二是"爽",即窑火升温不够,全窑瓷器不熟;三是"老",即窑火升温过度,瓷器流釉;四是"倒窑",有时数根,有时"牵骡子",瓷器全部倒塌黏结。

⑦搭坯户柴钱标准:小器柴钱以"担"为单位,四手匣钵为一担,以"七浅"匣钵为标准,进行换算;大器以瓷器数量为标准。没有烧熟的瓷器不收柴钱,重新再烧。柴钱还与窑位有关,好的窑位最贵,"升窑面"共四路,价格一样;靠墙边、兜脚、重二打八折或九折,"余堂"最低,为"想里"的三折。

⑧窑工工资标准:传统窑工工资摊到搭坯户头上,名目繁多,有"吹灰肉""包子钱""高帽钱""使用钱"等。

表 12-3　窑工报酬"吹灰肉"标准一览表

| 种类 | 名称 | "吹灰肉"斤两 |
|---|---|---|
| 小器<br>(以担计算) | 青釉、现火 | 2斤4两 |
| | 小酒器 | 2斤5两 |
| | 普通脱胎 | 5斤 |
| | 双造脱胎 | 7斤5两 |
| | 粉淀 | 7斤4两 |
| | 三百件 | 7斤4两 |
| | 针匙、雕削 | 9斤4两 |

续表 12 - 3

| 种类 | 名称 | "吹灰肉"斤两 |
|---|---|---|
| 大器<br>（以路计算） | 中古 | 51 斤 5 两 |
| | 二白釉 | 约 40 斤 |
| | 四大器 | 约 30 斤 |
| | 灰可器 | 约 10 斤 |

注:每斤肉外加酒钱 10 文,包子钱 6 文。其他陋规折成币值后,按脚位分成。

民国时期实行工资制,工资标准为:把庄每次窑 4 元 4 角,驼坯每次窑 3 元 5 角,加表每次窑 3 元,收兜脚每次窑 2 元 8 角,小伙手每次窑 2 元 8 角,打杂每次窑 1 元 7 角 5 分,推窑弄每次窑 1 元 7 角 5 分,三伕半每次窑 1 元 6 角,二伕半每次窑每人 1 元 2 角,一伕半每次窑每人 8 角,满窑工每次窑每人 1 元 6 角。

**三、景德镇传统陶瓷辅助业计量方法与质量标准**

**（一）匣钵业计量方法与质量标准**

1. 匣钵类别分类:大器匣、小器匣。大器匣是一只匣钵装一只瓷坯的匣钵,呈漏斗状,分高肩、低肩两种,高肩匣钵装烧碗类,低肩匣钵装烧盘类;小器匣是一只匣钵装烧数个小碗、小碟的匣钵,造型为圆柱体,平底、直壁,分浅型、深型两类,浅型装烧碗、盘、盅、碟,深型装烧瓶、罐、坛、缸、菩萨。

2. 匣钵规格分类:按直径大小可以分为小古、中古、扶窑、大古、折半、皮坛、尺六、尺八等;按高度高低分为边子、七折、八折、低三寸、正三寸、高三寸、四寸、五寸、六寸、七寸、八寸、九寸、满尺、尺一、尺二、尺四、尺六等;也有按直径、高度综合划分的,以小古匣钵为例,可分为小古边子、小古七折、小古八折、小古低三寸、小古正三寸、小古高三寸、小古四寸、小古五寸、小古六寸、小古七寸、小古八寸、小古九寸、小古满尺、小古尺一、小古尺二、小古尺四、小古尺六等,其他类推。

3. 匣钵生产单位:匣钵生产以"厂"为单位。大器匣一个厂定额为 4 人,分别为做匣 1 人、利匣 1 人、帮工 1 人、打杂 1 人,另配专属运输匣土的扁担工 1 人;小器匣一个厂定额也为 4 人,分别为把庄 1 人、做匣 1 人、杂工 1 至 2 人。

4. 工资标准:大器匣工资为计件制,计件单位为"船"。主要品种每船只数:顶碗 10 只、二碗 20 只、三大碗 40 只、工碗 60 只、七寸盘 40 只、五寸盘 80 只、炉大 40 只、炉二 50 只、炉工 80 只。做匣工工资民国初为每百船 1.87 银圆,年挣 65 银圆左右,后涨到每百船 4 银圆,利匣工约低 5%,帮工、打杂约低 15%,扁担工视天气,若晴天多,比帮工略高;小器匣做匣工按件计算,其余按月计算,计件单位为"担"。每百担匣钵约2银圆,月挣15至20银圆,可买大米2至3石;把庄工月工资可买大米1.8至2石,杂工月工资可买大米1.2至1.5石。

表12-4　小器匣匣钵规格及折担数一览表①

| 种类 | 品名 | 规格(毫米) | | 每担只数 | 装烧瓷器 |
| | | 底径 | 高 | | |
|---|---|---|---|---|---|
| 圆器类 | 四浅 | 350 | 160 | 20 | 品碗 |
| | 五浅 | 350 | 135 | 24 | 顶碗 |
| | 六浅 | 350 | 114 | 28 | 水碗、工碗 |
| | 七浅 | 350 | 103 | 28 | 汤碗、饭碗 |
| | 八浅 | 350 | 90 | 32 | 酒令盅、盘类 |
| 琢器类 | 针匙 | 350 | 90 | 20 | 针匙、低矮雕塑 |
| | 边子 | 350 | 80 | 18 | 茶盘、壶盖、象棋子 |
| | 三寸 | 350 | 154 | 10 | 茶壶 |
| | 四寸 | 350 | 194 | 9 | 桥梁壶、小花瓶 |
| | 八寸 | 350 | 343 | 5 | 大花瓶、鱼缸 |
| | 九寸 | 350 | 385 | 4 | 高大花瓶、搁泥桶 |
| | 大古 | 410 | | | 百件壶、莲子缸 |
| | 大缸 | 920 | | | 大龙缸、洪炉内胆 |
| | 饼子 | 350 | | 12 | 无匣圈,满窑时盖在匣钵上 |

**(二)挛窑业计量方法与质量标准**

挛窑业是专门砌筑槎窑、柴窑的技术行业。

1.窑用时间标准:一座窑烧120次需要重新挛窑,挛窑时间多在农历正月至三月。

2.窑的大小规格:最大的窑可达6丈有余,经常出现倒窑事故。民国时期规定窑篷长度不得超过4丈7尺(16.5米),最高不超过1丈6尺(5.6米)。

3.挛窑人工标准:挛一座窑需要6至8人,10天内完工。

4.挛窑程序:(1)用石灰线绘窑的底图,按比例分出窑位;(2)夯实窑底,平铺一层窑砖;(3)砌护墙;(4)砌侧墙;(5)砌门拱;(6)砌脚篷;(7)砌顶篷;(8)砌余堂;(9)砌窑囱;(10)竖窑梯;(11)搪窑;(12)铺垫老土子。

---

① 陈海澄.景德镇瓷录[M].景德镇:《中国陶瓷》杂志社,2004:97.

5. 挛窑工等级："四爪一股"。学徒三年满师，升为"一爪"，砌窑前面部分脚篷，并限定只能砌到大肚部位为止；六年后升"二爪"，砌大肚以后的脚篷；九年后升为"三爪"，才让砌正篷，师傅修正；十二年后升为"四爪"，也叫"半股"，才是砌正篷的主要师傅；十五年后升为"一股"，成为技术权威。

6. 挛窑工工资标准：按"四爪一股"折成分值分配，"一股"为100%，"四爪"50%，"三爪"为"四爪"的75%，"二爪"为"四爪"的50%，"一爪"为"四爪"的25%。学徒为固定工资，每年10元。一个"一股"师傅一年可挣大米100余石。

**（三）包装、运输业计量方法与质量标准**

1. 包装业计量方法与质量标准

（1）汇色：也称看色，就是检验瓷器质量等级。汇色工称"看色先生"。

①瓷器质量等级标准：按照各类圆器、琢器质量等级标准进行筛选。如二白釉按青、正色、次色、正脚、黄脚与次脚、口脚、下脚、炭山八个等级筛选；灰可器按青、三色、红顺、米色、次顺、白色、惊口、正脚、爽脚、毛埙、大脚嘴、炭山十二个等级筛选。

表 12－5　景德镇传统瓷器等级标准一览表

| 等级 | 含义 |
|---|---|
| 青货 | 质量最好的瓷器 |
| 色货 | 质量一般的瓷器 |
| 脚货 | 又叫"炭山"，即质量最差的瓷器 |
| 落渣 | 即匣屑掉在碗内，留下突起的渣痣 |
| 落釉 | 又叫"缺釉"，即瓷器上有的地方少釉 |
| 水泡边 | 瓷器上的坯泡或釉泡 |
| 爽脚 | 指碗下有许多黑黄色的小点 |
| 脚嘴 | 指瓷器口沿上有裂纹 |
| 慢翘 | 指碗形不圆，略呈扁状 |
| 猪毛孔 | 釉面出现的无釉小孔 |
| 水圻 | 坯体或釉面有裂纹 |
| 欠釉 | 器物表面稍呈米黄色，并可见胎骨 |
| 毛沿 | 边沿上有小缺口 |
| 犯惊 | 又叫"炸釉"，指釉面崩裂或龟纹 |
| 惊釉 | 釉面呈头发丝般的裂纹 |
| 料刺 | 指画面模糊，无光泽 |
| 料屎古 | 碗内或碗外有裂纹 |

②整理筒口：将同类瓷器整理重叠成柱状，以待荛草。标准：蓝边三大碗，

12 只为一叠,三叠为一子草;蓝边罗汉汤碗,10 只为一叠,五叠为一子草。

③包纸:脱胎、粉定、金边器、红花瓷及各种陈设瓷,均需要包纸。包纸标准:细瓷用 5 平方厘米的宜黄纸垫底,一只碗(盘)一层,再用江连纸包外层,一筒(10 只)一包;酒令盅、针匙亦是一筒一包,不垫底纸;高级细瓷用牛皮纸。有的用旧报纸包外层,包好后排列在地,等待茭草。

④卷龙:瓷器运输路远,需要卷龙。卷龙标准分两种,一种叫"摸龙",即在茭草后的瓷件上再卷一层薄稻草衣;另一种叫"扭龙",即在茭草后的瓷件上扭一层单股粗草绳状的稻草。按行规,"摸龙"由茭草工操作,"扭龙"由看色工操作。

⑤看色工资标准:按分厘计算,即瓷客购进一批瓷器,按一分二厘至一分五厘抽成,约合 1.2%—1.5%。头首负责雇请工人,并负责一天两餐的膳食,工资按天计算,每天约 0.25 银圆,民国时期提升到每天 0.33 银圆。

(2)茭草:用竹篾和稻草对瓷器进行包扎,使之牢固,便于运输。操作此行业者称"茭草行"。

①用工标准:以"凳"为单位,一条凳 4 至 5 人。根据茭草任务量大小,派出"一条凳"或"二条凳"前去茭草。

②茭草标准:一子草称"一子",或叫"一支";二子草扎在一起称"一帮";四子、六子、九子草各扎在一起称四子包、六子包、九子包;十子草扎在一起称"一捆"。

表 12−6　主要瓷器品种茭草的数量①

| 品种 | 数量 |
| --- | --- |
| 锅二大碗 | 3 筒 1 子 |
| 锅三大碗 | 3.6 筒 1 子 |
| 炉大碗 | 3.6 筒 1 子 |
| 正德大碗 | 3.6 筒 1 子 |
| 炉二碗 | 4 筒 1 子 |
| 汤碗 | 5 筒 1 子 |
| 饭碗 | 5 筒 1 子 |
| 九寸盘 | 3 筒 1 子 |

---

① 陈海澄.景德镇瓷录[M].景德镇:《中国陶瓷》杂志社,2004:182.

续表 12 - 6

| 品种 | 数量 |
|------|------|
| 八寸盘 | 4 筒 1 子 |
| 30 件茶壶 | 5 把 1 子,4 子 1 包 |
| 50 件茶壶 | 4 把 1 子,4 子 1 包 |
| 水筒(杯) | 6 只 1 子,6 子 1 包 |
| 针匙 | 1 筒 1 纸包,10 筒 1 饼,6 饼 1 大包 |
| 酒令盅 | 1 筒 1 纸包,10 筒 1 饼,6 饼 1 大包 |

③茭草草节、竹篾用量标准:茭草 1 子、1 帮、1 包扎多少草结,多少篾,一条凳茭多少草都有严格规定。

表 12 - 7  湖北会馆茭草草节、竹篾用量标准①

| 品种 | 数量 |
|------|------|
| 可炉大 | 每百子一条凳,每子篾 21 皮、草结 7 个 |
| 可炉二 | 每百子一条凳,每子篾 20 皮、草结 5 个 |
| 鲜花、冬青、庆莲、彩花各大碗 | 每百子一条凳,每子篾 21 皮、草结 7 个 |
| 各顶碗、二碗 | 每百子一条凳,每子篾 17 皮、草结 8 个 |
| 工碗、汤碗 | 每百子一条凳,每子篾 19 皮、草结 6 个 |
| 石、川各盂 | 每百子一条凳,每子篾 17 皮、草结 4 个 |
| 各七寸盘 | 每百子一条凳,每子篾 19 皮、草结 7 个 |
| 各五寸盘 | 每百子一条凳,每子篾 19 皮、草结 6 个 |
| 满尺、九寸、八寸盘 | 每百子一条凳,每子篾 11 皮、草结 8 个 |
| 注:卷草衣者内满外花,升草半子,内满外满,升草 1 子。草结每个计草 24 根。草衣在内,外加卷草,酒钱 4 文。每条凳价钱 1 串 7 百 50 文,后议定加钱 2 百 55 文。 | |

④茭草工资标准:以一条凳茭草 100 子为基数,头首与瓷行结算,做一条凳 2 银圆。帮工按月计算,月工资 3 银圆。临时雇请茭草工按件计算,1 银圆茭八扎十,即茭草 8 条凳,扎篾 10 条凳,完工需要 4 天。

(3)打络子:将茭好草以后的瓷器用竹篾捆扎牢固,以便长途运输。打络子为打大包,打络后的瓷件称"一篓"。根据瓷包大小决定宽度,一般宽度为 1.5 厘米左右,长度分 2 米、2.5 米、3 米、4 米不等。瓷包分大包、中包、小包。

(4)桶店:高档细瓷和美术瓷均需要木桶包装或木箱包装,日用瓷几件装 1 桶,大瓶、大缸、瓷雕均为 1 件 1 桶。木箱有大、二、三、四、五、六号不等,大箱宽

---

① 陈海澄.景德镇瓷录[M].景德镇:《中国陶瓷》杂志社,2004:183.

约60厘米,高约84厘米。木桶、木箱包装前均需要茭草。

2.运输业计量方法与质量标准

（1）从窑户到瓷行的运输

这种运输叫"挑报担",头首叫"把庄"。

①计量方法:运输计量单位为"担"。按瓷器茭草时的四、六、八件放进瓷篮,叫"下篮"。"四"即"四子草",如蓝边二碗,13.2筒为一担;"六"即"六子草",如灰可二碗,25筒为一担;"八"即"八子草",如灰可饭碗,44筒为一担。一担瓷器重约80斤。

②运费标准:按购瓷总额计算,约占1.5%。

（2）瓷器行(瓷庄)搬运到码头上船的运输

这种运输业叫"箩行"和"散子店","箩行"的工人称"箩夫","散子店"的工人称"脚夫"。

①计量方法:搬运计量单位按"四六"件计算,即单子草6子(支)为一担,双帮草4子为一担,四子包、六子包一包为一担,为二人扛运。

②搬运费标准:每担力资为22个铜板。

表12-8　驻景德镇南昌省会瓷商公会运瓷价目一览表[1]

| 名称 | 数量 | 运费 |
| --- | --- | --- |
| 每年旧历二月一日起,至八月止 | | |
| 茇篮 | 每只 | 大洋3角 |
| 单支 | 每件 | 大洋5分 |
| 双帮 | 每件 | 大洋7分 |
| 四支包 | 每件 | 大洋9分 |
| 六支包 | 每件 | 大洋1.2角 |
| 每年旧历九月一日起,至正月底止 | | |
| 茇篮 | 每只 | 大洋4角 |
| 单支 | 每件 | 大洋7分 |
| 双帮 | 每件 | 大洋9分 |
| 四支包 | 每件 | 大洋1.2角 |
| 六支包 | 每件 | 大洋1.4角 |

---

[1] 陈海澄.景德镇瓷录[M].景德镇:《中国陶瓷》杂志社,2004:187.

**(四)其他行业计量方法与质量标准**

1. 模利店计量方法:模利店是专门为圆器行业利修模子的作坊。分做、修二业,修模子又分开模、修模二种。

(1)修模测量工具标准:修模测量工具有三种。一是测量口径的“三节半草”的稻草芯,以湿坯周长为其直径的3.5倍规律,量模子下端边沿,连续三下半,大于三下半要修小;二是测量内空的“猪头”,在模子上将猪头多方位“卡”几次,哪里大修哪里;三是测量收缩比率的“胭脂尺”,一面是标准尺寸,其余三面分别为“九六”“九二”“八六”收缩比率的缩小尺寸,如十寸盘,成瓷后直径10英寸,按“八六”收缩,模子直径应是11.4英寸,放大14%。

(2)收费标准:采取包办制,包制包修。标准按“利坯”多少计,民国时期,一只利坯规模的普通罗汉汤碗为大米3石,二白釉为3.5石,脱胎为5石,一处灰可器为2.5石。修模时间一年三次,第一次为三月开工,第二次为端午节,第三次为中元节。模子周转一般为一板坯二只,即“头道”模一只,“套坯”模一只。新增模子另收费,平均1银圆4只。新品种开模费大米1石。

2. 坯刀店计量方法:坯刀店是专门为圆、琢二器锻打利坯刀和剐坯刀的作坊。圆器坯刀工钱为包年制,以利坯工多少计算,坯刀大价钱高,坯刀小价钱低。每一只利坯,脱胎7银圆、罗汉汤碗5银圆、酒令盅4.5银圆、二白釉或一处灰可器10银圆。坯刀包打包修,以30把坯刀为周转,每用到20把左右,就送坯刀店复炉锻打。琢器坯刀按重量计算,每斤坯刀若干元,每斤复炉锻打费若干元。

3. 筛箩店计量方法:筛箩店是制作所有行业淘洗泥料和釉料过滤的筛子的店铺。筛箩分为两种,一为马尾筛,一为铜丝筛。筛的规格分为40目、60目、80目、100目等。马尾筛便宜,铜丝筛贵。

4. 瓷篾店计量方法:瓷篾店是专门编织瓷篮、装坯篮、瓷篾的店铺。瓷业用篮有三种。一是瓷器篮,也叫碗花篮,圆形,直径60厘米,高50厘米,用3厘米宽的二黄篾编织,底安5根硬档,另用2根硬篾兜底直至篮口,叫“上戗”,再钻小眼,用细篾丝扎紧,叫“打千斤”,这是专门挑运瓷器的大篮。二是装坯篮,圆形,直径52厘米,高15厘米,用2厘米宽的黄篾编织,底部安档,扎戗,口沿“打千斤”,为装小器工人挑匣钵用。三是不里篮,也叫不子篮,圆形,直径40厘米,高40厘米,底安戗,口沿“打千斤”,为伙佬挑白土用。瓷篾分两种:一种是瓷器茭草捆扎外围用;一种是装小器工人装坯时,为防止一手匣钵的上下两浅在搬运、满窑时受撞击而打箍用,因此小器匣钵也叫“刹利匣钵”,这种规格的篾也叫

"刹利篾"。这两种篾均为一次性运用,故销量大。

表 12-9 瓷篾规格一览表①

| 名称 | 长度 | 用途 |
|------|------|------|
| 寸篾 | 1.7 米 | 茭渣胎碗用 |
| 短三寸 | 1.3 米 | 茭蓝边汤碗用 |
| 长三寸 | 1.5 米 | 琢器大件匣钵打箍用 |
| 九寸 | 1.2 米 | 小器匣钵打箍用 |
| 短箍龙 | 2 米 | 针匙茭草后打包用 |
| 长箍龙 | 2.15 米 | 打包用 |
| 尺四 | 2.7 米 | 打大包用 |
| 尺八 | 3 米 | 打大包用 |
| 长龙 | 4 米 | 打最大的包用 |
| 吊缸 | 5.2 米 | 窑里吊大件匣钵用 |
| 过缸 | 4.2 米 | 窑里吊大件匣钵用 |

5.满窑店计量方法:满窑店是专门为槎窑、柴窑满窑的劳动力机构。满窑店一般 20 人左右,多时 30 余人,满窑时派 3 人,旺季派 2 人,淡季派 4 至 5 人。满一窑收入约大米 1 石,除交纳一定的公积金外,其余由挛窑工均分。

6.窑砖计量方法:窑砖为砌筑窑篷专门制作的砖。窑砖有两种类型:一为普通砖,长方形;一为锁口砖,呈楔形,为卷窑篷合龙时锁口用。窑砖没烧之前称"土坯砖",烧熟之后称"响砖"。规格为长 24.6 厘米、宽 8.4 厘米、厚 3.8 厘米。旧篷拆下的砖称"老砖",断裂的称"窑砖头"。1 石大米可买普通砖 3000 块、锁口砖 1500 块。

**四、景德镇传统陶瓷产品生产计量方法与质量标准**

景德镇陶瓷产品分圆器、琢器两大类。圆器是指在辘轳车上一次拉坯成型的日常生活用瓷,如碗、盘、盅、碟等;琢器是指不能完全依靠辘轳车一次拉坯成型的圆形或异形产品,如瓶、缸、壶、坛、罐等。其计量方法与质量标准,按类型可分为:坯房标准、用工标准、产品规格、产品工资、产品质量。

**(一)圆器计量方法与质量标准**

1.圆器坯房标准

圆器坯房由正间、廒间、泥房组成,正间坐北朝南,为操作间;廒间坐南朝

---

① 陈海澄.景德镇瓷录[M].景德镇:《中国陶瓷》杂志社,2004:136.

北,为存放原料的仓库;泥房在正间东西两端,向南延伸,与正间、廒间形成一个庭院,为泥料陈腐和练泥房。正间坯房按圆器工艺操作流程布局。

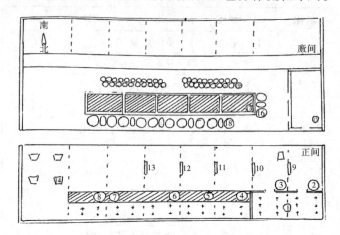

图 12 – 3　圆器坯房工艺操作布局示意图①

1. 存坯间　2. 做渣饼车　3. 做坯车　4—5. 利坯车　6. 打箍车　7. 剐坯车
8. 掺饼车　9—10. 印坯码头　11—12. 刹合坯码头　13. 写低款码头　14. 画坯码头　15. 泥房　16. 淘釉桶　17. 晒架塘　18. 淘泥桶　19. 搁泥桶

## 2. 圆器用工标准

圆器用工标准按粗瓷、细瓷分。

(1)粗瓷用工标准:以"处"为单位,分"地上三脚""地下六脚"。"地上三脚":管事、装坯、挑担各 1 人;"地下六脚":打杂、做坯、印坯、利坯、刹合坯、剐坯各 1 人,打杂、做坯、印坯又称"前三脚",利坯、刹合坯、剐坯又称"后三脚",统称"碌坯"。

(2)细瓷用工标准:以"利坯"为单位,分打杂、做坯、印坯、利坯、刹合坯、剐坯六脚,其中利坯工 2 人,其余各为 1 人,称"两只利坯";坯工 3 人,其余各为1.5 人,称"三只利坯";坯工 4 人,其余各为 2 人,称"四只利坯"。

## 3. 圆器产品种类标准

(1)圆器产品规格

①灰可器:粗瓷碗类,分为灰可大、灰可二、灰可工、灰可饭,规格见表12 – 10。

---

① 陈海澄.景德镇瓷录[M].景德镇:《中国陶瓷》杂志社,2004:31.

表 12 - 10　灰可器品种规格一览表　（单位:厘米）①

| 名称 | 别名 | 口径 | 内底径 | 足径 | 外高 |
|------|------|------|--------|------|------|
| 灰可大 | 炉大 | 16.6 | 5.6 | 7.5 | 6.9 |
| 灰可二 | 炉二 | 14.1 | 5 | 6.1 | 6.3 |
| 灰可工 | 炉工 | 12.1 | 4.3 | 5.5 | 5.4 |
| 灰可饭 | 炉饭 | 11 | 3.9 | 4.3 | 5 |

②官古器:又称古器,分为料饭、川饭、冒饭、川盂、料盂,"饭"指"饭碗","盂"指茶盅、酒盅。

③满尺、七五寸:满尺是指生产八寸、九寸、十寸盘类,七五寸是指生产口径七寸、五寸盘碟类。

④四大器、四小器:四大器是指鲜花器、冬青器、庆莲器、正德器,产品分二大碗(二碗)、三大碗(大碗)、工碗,二大碗是盛面碗,三大碗是盛菜碗,工碗是盛饭碗;四小器是指跟四大器造型一样的小件产品,也有鲜花器、冬青器、庆莲器、正德器四个系列,民国后只有鲜花器、冬青器二类,称小发器、冬小器。小发器分为汤碗、饭碗和四寸、三寸、二寸半碟子,冬小器分为冬青釉汤碗、饭碗和四寸、三寸、二寸半碟子,大令、二令、三令酒盅。

⑤脱胎器:指一桌酒席所需要的碗、盘、盅、碟,又称桌器,分为双造脱胎、青花脱胎、常白釉脱胎、黄泥巴脱胎、酒令盅脱胎五类。双造脱胎碗类有品碗、顶碗、二碗、大碗、工碗、汤碗、饭碗,盘碟类有尺二、尺四、九寸、八寸、七寸、五寸、三寸、二寸半,盅类有大缸盅、二缸盅、大令、二令、三令;常白釉脱胎碗类有工碗、汤碗、饭碗,盘类有五寸、四寸、三寸,盅类有大缸盅、二缸盅;黄泥巴脱胎产品有蓝边罗汉汤碗、二碗,盘类有五寸、二寸半,盅类有大缸盅、二缸盅。

⑥二白釉:也称锅器,产品盘类有九寸、八寸、七寸、五寸、三寸、二寸半,碗类有顶碗、二大碗、三大碗、四大碗、工碗、汤碗、饭碗,盅类有茶盅。

（2）圆器产品工资标准

①灰可器:每天琢坯 50 板,每板 22 只;荡釉 71 板,每板 15 只。工资按 100 筒重坯计算,10 只为 1 筒,印坯工铜钱 370 文,做坯工 500 文,画坯工 2 人共得 560 文,其余各脚均在 400 至 480 文之间。

②官古器:每天琢坯 50 板,荡釉 71 板。

---

① 陈海澄.景德镇瓷录[M].景德镇:《中国陶瓷》杂志社,2004:41.

③满尺、七五寸:满尺每天琢坯50板,每板8至10只;七五寸每天琢坯50板。

④四大器、四小器:四大器每天出坯45板,画坯工作量为8板;四小器中小发器每天出坯48板,冬小器每天出坯32板。

⑤脱胎器:双造脱胎每天琢坯14板,品碗每板1只、顶碗1只折1.25板,二碗每板5.6只、大碗8只、工碗12只、汤碗13.6只、加大饭碗13.6只、小饭碗17只、圆托盘20只、二寸半20只、九寸2只、八寸4只、七寸8只、六寸8只,马蹄饭贝底托5只,盖子10只,杯身10只,大缸盅15只、二缸盅17只。双造脱胎与青花脱胎工资最高,每千板工资:打杂工5.25银圆、做坯工4.73银圆、印坯工5.83银圆、利坯工9.68银圆、刹合坯工4.84银圆、剐坯工4.4银圆。常白釉脱胎每天琢坯16板,工资是双造脱胎的八折;黄泥巴脱胎每天琢坯18板,工资较低。

⑥二白釉:每天琢坯28板、每板21只,民国时改为琢坯35板、每板18只。工资按千板计算,打杂工因工作繁重,工资"接半",即在原有基础上加五成,二人共得8.8银圆、坯工3.8银圆、印坯工5.3银圆、利坯工2人共得6.8银圆(其中修坯得5.5成、打粗得4.5成)、刹合坯工1.5人共得4.2银圆、剐坯工4银圆,打箍另有津贴。

(3)圆器产品质量标准

①灰可器:分为12个等级,即青、三色、红顺、米色、次顺、白色、惊口、正脚、爽脚、毛埂、大脚嘴、炭山。

②脱胎器:分为7个等级,即青、正色、次色、正脚、次脚、爽脚与下脚、炭山。

③二白釉、常白釉:分为8个等级,即青、正色、次色、正脚、黄脚与次脚、口脚、下脚、炭山。

④青釉:分为7个等级,即青、四色、正脚、黄脚与次脚、口脚与爽脚、下脚、炭山。

**(二)琢器计量方法与质量标准**

1.琢器坯房标准

琢器坯房与圆器坯房一样,也由正间、廒间、泥房组成,正间坐北朝南,只不过正间、廒间按琢器工艺操作流程布局。

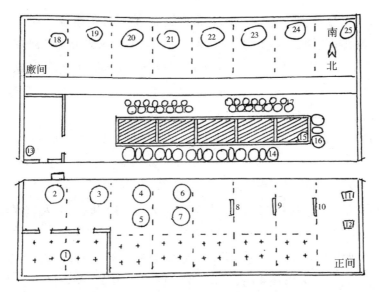

**图 12 - 4　琢器坯房工艺操作布局示意图①**

1. 存坯间　2. 做坯间　3—7. 利坯车　8. 一码头　9. 二码头　10. 三码头
11. 画坯码头　12. 雕削码头　13. 泥房　14. 淘泥桶　15. 晒架塘　16. 淘釉桶
17. 搁泥桶　18. 泥房　19. 原料间　20. 画坯间　21. 厨房　22—25. 窑户家

**2. 琢器用工标准**

①琢器业用工标准以"草鞋"为单位,一双"草鞋"有装坯 1 人(兼二码头、三码头、打杂),做坯半人,利坯 2 人,雕削 2 人,徒弟 1 人,老板兼管事,二老板(老板娘)兼伙夫,这是最小的用工单位,只有装坯工 1 人穿草鞋。四双"草鞋"为工种齐全的用工单位,即装坯 1 人、二码头 1 人、三码头 1 人、打杂 1 人、做坯 1 人、利坯 6 人、雕削 5 至 6 人、画坯若干、伙夫 1 人、管事 1 人、徒弟 5 至 6 人,装坯、二码头、三码头、打杂 4 人穿草鞋。

一般一双"草鞋",大件制坯业配备 3 至 4 人,生产白胎的配 3 人,生产青花器的配 5 人,用工量较大的滑石器制坯业配 3 至 4 人,淡描器制坯业配 4 至 5 人;二双"草鞋"为 6 至 7 人,淡描器制坯业配 7 至 8 人;三双"草鞋"配 9 至 10 人;四双"草鞋"配 18 至 20 人。

琢器作坊中的劳动组织称"码头",按工作的内容和层次,分一码头、二码头、三码头。一码头以打杂为主,完成捻泥、拿料板、捧坯、成坯上架和挑水、倒匣钵等辅助工作。二码头担负制泥料、补水、施内釉、整坯等工作。三码头以装

---

① 陈海澄. 景德镇瓷录[M]. 景德镇:《中国陶瓷》杂志社,2004:59.

坯工为主,负责合釉、施外釉、装坯、开窑搬瓷器、数匣钵等事情。

②雕镶(雕削、镶器)业用工单位为"×只雕削·×双草鞋","三只雕削·一双草鞋"为最小用工单位,配备雕削3人、打杂1人、吹釉半人,打杂1人穿草鞋;"六只雕削·二双草鞋"配备雕削6人、打杂1人、装坯1人、吹釉1人,打杂、装坯2人穿草鞋。

③茶盘耳盅业用工单位为"一副盆",配备码头工1人、注浆工1人、雕削工1人。

④针匙业用工单位为"×副模子",三只模子为一副。"一副模子"为1名做坯工,"九副模子"配备碌釉工2人、装坯工1人、伙佬(挑担)1人。伙佬可兼两家,一家"半只位子",或者"七毫五""二毫五"。

⑤灯盏业用工单位按"半乘车"计,配备做坯、印坯1人,装坯、打杂1人,利坯1人,共3人。每天出坯45板,每板32只。"一乘车"配备做坯1人、印坯1人、装坯1人、打杂1人、利坯2人,合计6人,另配学徒工1人,日做坯90板,大号每板24只,小号每板32只。

3. 琢器产品种类标准

(1)产品品种:分粗瓷类、细瓷类和大件类、小件类。其产品有颜色釉、粉定、大件、官盖、淡描、滑石、描坛、雕镶、雕塑、博古、茶盘耳盅、针匙、灯盏等。

表 12-11　景德镇琢器行业一览表

| 名称 | 含义 | 产品种类 | 分类 |
|---|---|---|---|
| 粉定业 | 琢器制品中的上等品,统称为粉定器 | 花钵、饭鼓、品锅、坛、参罐、茶壶、水筒(茶杯)、帽筒、花瓶、文具、各种仿古瓷等 | 洋装:又称"双造",原料好,做工细;<br>本装:一般原料,做工粗 |
| 大件业 | 制造大瓶、花缸、花钵等瓷器 | 龙缸、大花瓶、大花钵、大香炉、凉墩、箭筒等 | |
| 官盖业 | 制造一种有盖的茶碗,体积在5至30件之间 | 莲子官盖、汉官盖、桶官盖、温酒炉等 | |
| 淡描业 | 制造青花粗瓷 | 小香炉、三角檀香炉、蜡烛台、孔明(青油)灯、乳钵、中药罐、夜壶等 | |
| 滑石业 | 制造精细瓷器,体积多为10至20件的小件 | 婚嫁喜庆用瓷、盛搽头油的油壶、油盒、粉妆盒、胭脂盒、泡皮盒,还有较粗糙的酱油壶、醋壶、酒壶、果盒等 | |

续表 12 – 11

| 名称 | 含义 | 产品种类 | 分类 |
|------|------|----------|------|
| 描坛业 | 普通瓷 | 喜字坛、食用油壶、西瓜坛、宝珠坛、饭鼓等 | 喜字坛分大、二、三号 |
| 雕镶业 | 生产雕削、镶器 | 瓷板、鱼盘、琉璃瓦、异形花瓶、花钵等 | |
| 雕塑业 | 制造雕塑瓷器,产品种类很多 | 圆周、捏雕、镂雕、浮雕、雕刻 | 工种分三等:一等为制作人物,称"洋装"货;二等以制作双狮、双鸡、双鸭为主;三等只做長不过二三寸的小人物,以及小鸡、小兔、象棋子等 |
| 博古业 | 生产异形盘碗 | 大盘、鱼盘、鸭子船、鸡子船、果碗、果盒、小碟等 | 椭圆形、六角、八角、菱形、荷叶形等 |
| 针匙业 | 生产舀汤的器皿 | 针匙、汤匙 | 饭匙、顶针、传器、侉器、鸟鹉、加大、加二、大号、二号、三号、参匙 |

（2）产品规格:壶、缸、瓶、坛等以"件"为单位,瓷板、盘、菩萨等以英寸为单位,瓷板量斜角长度,盘量直径,菩萨量高低。"件"是指产品大小、高低及容量,起源于南宋景德镇仿哥窑的"百圾碎"。《景德镇陶录》记载:"陶瓷有以圾称者,自五圾起,以至百圾、五百圾、千圾,如尊、罍、盆、缸之类。按字书:圾与岌通,危也。则以圾称,谓其危而成难也,故圾数愈增,则愈难陶成。"[①]"件"是由"百圾碎"转化而来的以"圾"作为计量的单位。清代以前,人们常把"圾"与"件"混用,到清末民初以后,"圾"逐渐被"件"取代。"件"的大小标准通常是以高度来衡量的,对应高度则是以 2 英寸递增,由于高度的递增必然带来其他数据的递增,因此高度递增 2 英寸,而"件"的大小则以 20 至 50 的幅度增长。

表 12 – 12 "件"的大换算标准

| 名称 | 高度（英寸） | 高度（厘米） |
|------|------------|------------|
| 300 件 | 24 | 60.96 |
| 200 件 | 20 | 50.8 |

---

① 傅振伦.《景德镇陶录》详注［M］.北京:书目文献出版社,1993:148.

续表 12 – 12

| 名称 | 高度（英寸） | 高度（厘米） |
| --- | --- | --- |
| 150 件 | 18 | 45.72 |
| 100 件 | 14 | 35.56 |
| 80 件 | 12 | 30.48 |
| 50 件 | 10 | 25.4 |

在景德镇民间，对于"件"的解释还有几种说法：一是说瓷工用手抓一把瓷土（高岭土），就是做 5"件"瓷瓶的瓷土，100"件"的瓷瓶就需要手抓 20 把瓷土，才能完成瓷瓶制作；二是说就像传统手工做砖一样，用切割的方式，切一刀下去 20"件"，那 200"件"的瓷器，就需要 10 刀相等距离的瓷土才能完成；三是说像做豆腐一样，一板瓷土为 100"件"，而 500"件"的瓷器就需要 5 板瓷土才能完成；四是说以手工制作 100 只瓷汤匙的时间作为参照标准，在这一时间内，用手工制作而成的瓷胎的大小被称为 100"件"。

4. 琢器产品工资标准

（1）做坯工资标准：以一夫坯为单位。每夫坯的个数，随着"件"的大小而增减。如 30"件"瓶类，每夫坯 420 只；50"件"瓶类，每夫坯 320 只；300"件"瓶类，每夫坯 36 只。做一夫坯工资为 1 银圆。

（2）利坯工资标准：以"件"数的大小论价。利一只"中造"件瓶为 8 厘银子，50"件"则为 1 分 2 厘，100"件"为 1 分 8 厘。

5. 琢器产品质量标准

（1）壶杯、大件、雕塑：包括壶、杯、大缸、大瓶、人物、禽兽等细瓷产品，分为 7 个等级，即青、正色、次色、正脚、次脚与黄脚、下脚与爽脚、炭山。

（2）青花粗器、琢器：包括鱼缸、鱼古盘、桥梁壶、令盅等，分为 5 个等级，即青、四色与三色、正脚与黄脚、下脚、炭山。

（3）针匙：分为 6 个等级，即青、正色、次色、正脚与黄脚、次脚与下脚及爽脚、炭山。

## 第二节　景德镇当代陶瓷质量标准

新中国成立以后,景德镇对陶瓷计量单位和质量标准进行了重新梳理,确立了新的计量单位和质量标准,出台了一系列陶瓷产品质量标准和管理标准,推进了陶瓷产品标准化,管理科学化。

**一、景德镇当代陶瓷产品计量单位**

**(一)陶瓷产品基本单位**

陶瓷产品基本单位是对单件陶瓷产品的称谓,因品种而不同。如:碗类、品锅类、杯盅类、坛罐类、凉墩等均以"只"为单位;瓶类、针匙类均以"根"为单位;盘、碟类均以"块"为单位;壶类均以"把"为单位;和合具、马蹄饭贝均以"合"为单位;缸类均以"口"为单位;箭筒、筷子筒、牙签筒等均以"支"为单位;雕塑类均以"尊"为单位;餐具、饭具、茶具、咖啡具、酒具、文具等配套瓷均以"套"为单位。

**(二)陶瓷产品规格单位**

瓷器产品按大部位的外直径、口径、底径、腹径、肩、外高、空心高、内深、重量、容量等测算其规格大小。景德镇瓷器产品规格的计量单位按照历来情况,一般有几种不同的计量方式:

1. 碗、盘、碟等圆器类:碗类是按照口径大小,用英制"英寸"为单位,3—10英寸不等。盘、碟类以英寸为计算标准,按照英寸口径大小次序排列,划分为18英寸、16英寸、14英寸、12英寸、10英寸、9英寸、8英寸、7英寸、6.5英寸、5.5英寸、5英寸、4.5英寸、4英寸、3.5英寸、3英寸等。

2. 壶、瓶、缸、钵、凉墩、箭筒、痰盂、皮灯、水浅、文具等琢器类均以"件"为单位。1966年曾以"号"取代"件",70年代又恢复"件"的计算方法。瓶类产品的件数,如直身瓶、鱼尾瓶、花篮瓶、美人肩瓶、宝字瓶等,是以瓶的高度来计量。而腹径大的天球瓶、大肚花篮瓶在件数相同时必须降低其高度,一般腹径越大其高度越低,如50件的宝字瓶,腹径4.2英寸,高20英寸,而50件的罗汉瓶,腹径5.3英寸,高却只有7英寸。缸类产品的件数主要是从其口径大小来衡量;壶类产品的件数主要是从其同一品种的容量来衡量。琢器中其他产品规格的件数都是以瓶、缸、壶的大小赋予相应的件数,新式壶和仿制壶类是以"合"(每合容量200CC)为单位,以大小次序排列划分为10合至2合、合半等;配套的产品,比如文具,是几件瓷器的组合,它的件数就是以较大的笔筒为标准。其他如花插、印盒、笔洗、小罐都按笔筒一样的件数规定它的件数。其规格大小一般有超万件、万件、千件、500 件、400 件、300 件、200 件、150 件、100 件、80 件、60 件、50 件、30 件、20 件、10 件、5 件、双件、单件等。

表 12-13 景德镇瓷器计"件"换算①

| 件 | 英寸(胭脂) | 市寸 | 厘米 |
|---|---|---|---|
| 单件 | 1 | 0.82 | 2.75 |
| 双件 | 1.5 | 1.23 | 4.12 |
| 5 | 3.0 | 2.46 | 8.25 |
| 10 | 4.5 | 3.69 | 12.3 |
| 20 | 5.5 | 4.50 | 15.0 |
| 30 | 6.0 | 4.92 | 16.5 |
| 50 | 10.0 | 8.20 | 27.5 |
| 80 | 12.0 | 9.84 | 33.0 |
| 100 | 14.0 | 11.48 | 38.5 |
| 150 | (小)10.0 | 13.12 | 43.0 |
| | (大)18.0 | 14.76 | 49.5 |
| 200 | (小)20.0 | 16.40 | 55.0 |
| | (大)22.0 | 18.00 | 60.5 |
| 300 | (小)24.0 | 19.68 | 66.0 |
| | (大)25.0 | 22.96 | 77.0 |
| 千件 | 58.3—59.1 | 44.4—45 | 148—150 |
| 万件 | 78.74 | 60 | 200 |

3. 其他品种:如针匙、品锅、饭贝、坛类、皮碗等,按照大小次序排列,划分为大号、二号、三号、四号、五号等。

4. 凡是没有大小之分的单一品类,就不加规格单位,直呼品名,如莲子耳盅、胡椒筒等。

5. 雕塑瓷类:按照高度以英寸为单位。

---

① 景德镇市地方志办公室. 中国瓷都·景德镇市瓷业志:市志·2 卷[M].北京:方志出版社,2004:411.

### (三)陶瓷产品产销计量单位

古代景德镇运送御瓷以"桶"为计量单位,近代瓷器产量和运量单位均以下河"担"计量,并分不同品种以"2、4、6、8"件为一担。景德镇瓷器品种繁多,造型复杂,而且大小悬殊,圆器口径小的一二英寸、大的二三尺,琢器高度低的二三英寸、高的三四尺。要把这些器型复杂、大小悬殊的瓷器,完好无损地运往各地,就需要按一定数量和方法,包装成件,才便于挑运、装船和配车。在长期的实践中,逐步形成了统一的计量标准,即每一类别的瓷器或配套瓷要多少个才成为一个包装单位。

一仝:计算碗类、盘碟类、针匙类等产品产量的单位。10 只为一仝,如一仝碗(10 只)、二仝盘子(20 只),以此类推。

一套:计算配套瓷的计量单位,如餐具、酒具、咖啡具、文具等,一套餐具有92 头、64 头、54 头、45 头、34 头、24 头不等,一套茶具有 12 头、9 头、6 头不等。

一箱:指用纸箱包装日用瓷或陈设瓷,按纸箱的大小不同,其包装的数量不一。一般统一规格的纸箱可装不同大小规格的碗类 30—120 只,鱼盘 18—50块,壶类 12—120 把,大茶具 8 套,小茶具 36 套,22 头咖啡具 4 套等。

一支草:指用稻草捆包的日用瓷,亦可称一帮、一包、一捆。其包装根据稻草长短和产品规格的大小,数量也不一。一般一支草内含 3—5 仝(30—50 只)碗、盘碟,100 件桥梁壶 6 把,2 号桃顶水筒 32 只,加大针匙 1200 只(又分为 2切,每切 600 只)。包装好的瓷器,再按支、帮、包、捆、箱大致重量,划分 2、4、6、8件来计算,确定下河担每担的件数为 100 市斤左右。如锅三大碗 6 支为 1 担(每支为 36 只),罗汉汤碗 8 支为 1 担(每支为 50 只),100 件桥梁壶 4 帮为 1 担(每帮为 6 把)。

景德镇市对陶瓷生产量、购销量的统计,一直沿用这种计量标准进行折算。到 20 世纪 60 年代初,人们愈来愈感到折担计量比较复杂,工作量很大,且易发生差错,而中央和省里下达的计划指标都是自然件,即以瓷器个体为单位。为适应不同要求,1961 年,景德镇曾经采取对内按统一担标准计量,对外则采用自然件,每担折算为 300 件,与实际的自然件差异很大。如 1 担锅三大碗 6 支只有216 件,1 担罗汉汤碗 8 支有 400 件,1 担加大针匙 2 切却有 1200 件。

因此,从 1963 年起,对内外统一改用自然件计量。如碗 1 只,盘、碟 1 块,壶1 把,杯盅 1 只,针匙 1 根,饭古 1 个……均为 1 件,54 头中餐具则为 54 件等。

表 12 - 14　景德镇市瓷器主要品种折担标准①

| 品名 | 包装成件 | | 每担件数 | 品名 | 包装成件 | | 每担件数 |
|---|---|---|---|---|---|---|---|
| | 单位 | 细数 | | | 单位 | 细数 | |
| 正德贰碗 | 支 | 3.3 全 | 6 | 水大碗 | 支 | 3 全 | 6 |
| 正德大碗 | 支 | 3.6 全 | 6 | 锅贰大碗 | 支 | 3.3 全 | 6 |
| 正德工碗 | 支 | 4 全 | 8 | 锅三大碗 | 支 | 3.6 全 | 6 |
| 正德汤碗 | 支 | 5 全 | 8 | 鲜花大碗 | 支 | 3.6 全 | 6 |
| 罗汉工碗 | 支 | 5 全 | 8 | 鲜花贰碗 | 支 | 4 全 | 8 |
| 罗汉汤碗 | 支 | 5 全 | 8 | 可大 | 支 | 3.6 全 | 6 |
| 罗汉饭碗 | 支 | 5 全 | 8 | 可二 | 支 | 4 全 | 6 |
| 石榴工碗 | 支 | 4 全 | 8 | 可工 | 支 | 4 全 | 8 |
| 石榴汤碗 | 支 | 4 全 | 8 | 折边 9 英寸汤盘 | 支 | 3.6 全 | 6 |
| 石榴饭碗 | 支 | 4 全 | 8 | 折边 8 英寸汤盘 | 支 | 4 全 | 6 |
| 荷叶品碗 | 支 | 2.5 全 | 6 | 正德 9 英寸汤盘 | 支 | 3.6 全 | 6 |
| 荷叶顶碗 | 支 | 3 全 | 6 | 正德 7 英寸汤盘 | 支 | 5 全 | 6 |
| 荷叶贰碗 | 支 | 4 全 | 6 | 鱼古满尺 | 支 | 2.4 全 | 6 |
| 荷叶大碗 | 支 | 4 全 | 6 | 100 件桥梁壶 | 帮 | 6 把 | 4 |
| 水顶碗 | 支 | 2.5 全 | 6 | 80 件桥梁壶 | 帮 | 8 把 | 4 |
| 水贰碗 | 支 | 3 全 | 6 | 50 件桥梁壶 | 包 | 20 把 | 4 |
| 30 件桥梁壶 | 包 | 24 把 | 4 | 10 件汉十介 | 包 | 32 付 | 4 |
| 50 件西字壶 | 包 | 20 把 | 4 | 加大针匙 | 切 | 600 根 | 2 |
| 30 件四合壶 | 包 | 24 把 | 4 | 大饭古 | 支 | 2 支 | 6 |
| 10 件加大橘子壶 | 包 | 32 把 | 4 | 大东瓜坛 | 帮 | 6 只 | 3 |
| 大桃顶水筒 | 包 | 36 只 | 4 | 青描大坛 | 支 | 3 只 | 6 |
| 二桃顶水筒 | 包 | 32 只 | 4 | 二介鱼缸 | 支 | 3 只 | 6 |
| 莲子水筒 | 包 | 54 只 | 4 | 双环油盒 | 包 | 114 只 | 2 |
| 石榴茶盅 | 包 | 30 全 | 2 | 皂合 | 包 | 96 只 | 4 |
| 牛奶盅 | 包 | 32 只 | 4 | 棋子痰盂 | 帮 | 16 只 | 4 |
| 大江盅 | 包 | 30 全 | 2 | 100 件帽筒 | 包 | 12 只 | 4 |
| 汉大令 | 包 | 60 把 | 2 | 3 头正德饭具 | 包 | 100 套 | 4 |
| 3 头马蹄饭贝 | 包 | 60 套 | 4 | 2 头庄饭贝 | 帮 | 50 付 | 4 |

① 景德镇市地方志办公室. 中国瓷都·景德镇市瓷业志:市志·2 卷[M]. 北京:方志出版社,2004:412 - 413.

### 二、景德镇当代陶瓷产品标准

长期以来,陶瓷产品品种繁多,没有一个统一的产品标准,全凭工人的实践经验来鉴定。瓷器产品质量分产品的内在质量、外观质量、造型规格和彩绘质量。前三者主要体现在胎瓷上,后者体现在花面上。传统办法是根据技术工人(选瓷、汇色)的经验和肉眼观察胎瓷,检查其色面是否存在缺点,造型是否符合规格,是否变形,声音是否清脆,大小厚薄是否适当,等等。根据各个等级允许存在缺陷的范围来确定等级。花面则要看颜料配制与炉火温度是否恰到好处,色彩是否均匀调和,线条是否分明有力,笔法是否工整,设计布局是否谐和,绘制是否精良,等等。这些构成了传统的质量标准。新中国成立后,为便于生产和管理,景德镇对陶瓷产品分级进行了重新划分。在生产过程中,经过长时间的实践,不断形成、完善了一整套现代瓷器质量管理办法和标准。

### (一)陶瓷产品分级标准

1953 年,景德镇对陶瓷产品简单划分为 4 个彩花类别和两大类胎瓷品质差价;1954 年 10 月,全面系统地统一品质差价比例和范围,将胎瓷归纳为 12 个类型,明确各类型的级差和所辖范围,取消旧的"青、正色……炭山"等名称,改为"特、一、二、三、四、五、六等"新的名称。改进后一般只有 7 个等级,最高 8 个,少的 5 个,均包括等外品即旧的"炭山"。1956 年 8 月,经过实践,改进后的 7 个等级仍过细、复杂,不利于进出仓、堆码、保管等经营管理,经工商协商同意,将 7 个等级标准化为 5 个等级标准,并更改名称为"特级、甲级、乙级、丙级和级外"。又经一年多的实践,各地反映不一,多数认为简化后虽有利于经营,但不利于提高质量。1958 年 5 月,按景德镇市工业交通局颁发的"景德镇瓷器等级外观标准",将 5 个等级改为 6 个等级,名称改为"一、二、三、四、五等和等外",即通常所称的"5 等 6 级"。1961 年 6 月,景德镇市陶瓷工业局遵照轻工业部日用工业品分等级的通知,制定出日用瓷、高级细瓷、工业瓷三大类陶瓷产品外观等级质量标准,景德镇日用瓷器统一规定为"正品、副品、次品"三个等级标准。具体毛病缺陷按产品分为脱胎、青釉、粗瓷、粉定、琢器大件、花瓶、针匙会串、粗青花、美术雕塑九个标准。高级细瓷原来没有等级标准,新制定的外观质量标准分为特级品、正品、副品、次品四个等级。工业瓷过去仅有电瓷标准,现分为电瓷、铝化瓷、纺织瓷、化工瓷、建筑卫生瓷、其他工业瓷六个类别。实施以后,由于陶瓷与其他工业品不同,各瓷厂产品优劣程度悬殊,销售后销地和消费者反映突出,认为先买占便宜,后买就吃亏,等于无形中提升等级,变相提价。由于不符合实际,这次变更被取消,1964 年 2 月 15 日日用瓷改用"4 等 5 级"新标准。1964 年 1 月,轻工业部颁布了日用细瓷器部标准和日用陶瓷器检验方法,并于 1983 年上升为国家标准,标准代号为 GB 3532—1983(后经 1995 年、2009 年两次修订)。1965 年,江西省轻化工业厅又颁布了江西省日用普通瓷器企业标准和江西省日用粗瓷器企业标准。从此,景德镇瓷器纳入了全国同行业统一的质量管理标准。

1. 日用细瓷器部标准规定:按产品外观质量分为 4 个等级,即一级品、二级品、三级品、四级品,并规定了各等级允许缺陷的范围和程度。每件产品分级允许范围的缺陷不得超过的种数:一级 4 种、二级 5 种、三级 6 种、四级 8 种。同时规定这些缺陷不得密集在一起。

2. 日用普通瓷器企业标准规定:按产品外观质量分为 3 个等级,即一级品、二级品、三级品。各等级产品所允许的缺陷不能超过的项数:一级 5 项、二级 6 项、三级 7 项。青花产品各级可加 1 项,但不得密集在一处。

3. 日用粗瓷器企业标准规定:本标准适用于坛、壶、盘、碗、鱼缸、渣斗 6 种粗瓷器。产品外观质量,分为一级品、二级品、三级品。同一产品分级允许的缺陷,一级品不得超过 5 种,二级品不得超过 6 种,三级品不得超过 7 种,并不得密集在一处。

以后陆续颁布了一些标准,如:1966 年 1 月执行的日用青花、玲珑、紫金龙细瓷器企业标准、陈设瓷器企业标准等;1975 年 12 月实施的雕塑瓷器企业标准;1980 年 2 月试行的高级日用瓷器产品质量标准;1983 年由市标准局批准发布的景德镇市内销瓷器稻草包装标准。这些都使瓷器质量标准的检验、管理进一步科学化、规范化、现代化。[①]

**(二)陶瓷器型规格标准**

1957 年上半年,景德镇市工业交通局会同陶瓷批发站、陶瓷出口公司,组织技术工人和工程技术人员,对名目繁多的陶瓷产品器型规格分行业、分产品类别进行比较、鉴定,普遍测定了产品重量、内深、外高、口径、容量,并按照圆器、琢器、注浆、雕镶 4 大类制定了 1130 多种陶瓷规格标准,陶瓷产品规格基本统一起来。1965—1980 年,江西省陶瓷工业公司、江西省轻化工业厅又先后制定了各级产品规格标准和检验方法。

---

① 景德镇市地方志办公室. 中国瓷都·景德镇市瓷业志:市志·2 卷[M]. 北京:方志出版社,2004:414 – 415.

江西省日用普通瓷标准（赣 Q/128—65）：按产品的器型和用途分为碗类、盘、碟类、壶类、杯类和其他类，按产品的规格分为大、中、小型。规格范围是：碗类口径大型 175 毫米以上、中型 111 毫米—174 毫米、小型 127 毫米以下；盘、碟类口径大型 225 毫米以上、中型 128 毫米—224 毫米、小型 127 毫米以下；杯类口径中型 60 毫米以上、小型 59 毫米以下；壶类容量大型 1.3 升以上、中型 0.7 升—1.29 升、小型 0.7 升以下；其他类，空心器皿视其外形相似，以碗或壶的规格确定大、中、小型；扁平器物按盘、碟划分。按技术要求产品的口径尺寸规格允许有 +2% 或 -1.5% 的公差。

江西省日用青花、玲珑、紫金龙细瓷器标准（赣 Q/QB 3—65）：按产品的形式和用途分为五类。按产品的规格分为特型、大型、中型、小型。其型号规格：碗类口径特型 110 毫米以下；盘、碟类口径特型 351 毫米以上、大型 225 毫米—350 毫米、中型 128 毫米—224 毫米、小型 127 毫米以下；杯类口径中型 60 毫米以上、小型 59 毫米以下，包括各式调羹；其他器物类，空心器物视其外形相似的情况，按碗或壶类的规格确定分类；扁平器物按盘、碟类的规格确定。按其技术要求，产品口径在 60 毫米以上的尺寸规格，允许 +1.5% 或 -1% 的公差，口径在 59 毫米以下的允许有 ±2% 的公差。

江西省陈设瓷标准（赣 Q/QB 1—65）：按产品形式分为缸、瓶、坛、盘和瓷板，按产品的规格分为特型、大型、中型、小型。其型号规格是：瓶类、缸类（花钵、箭筒、凉墩）特型 300 件以上、大型 150 件—200 件、中型 50 件—100 件、小型 30 件以下；盘类（包括挂盘、元盘、瓷板、皮碗等）为尺四以上盘、瓷板、大二号皮碗以上产品为特型，尺二盘、瓷板、3 号—5 号皮碗为大型，8 英寸—12 英寸挂盘、瓷板、满尺圆盘为中型，7 寸以下挂盘、瓷板等为小型；坛类（包括天字坛、宝珠坛等）18 英寸以上为特型，12 英寸—16 英寸为大型，8 英寸—10 英寸为中型，7 英寸以下为小型。按其技术要求，产品口径在 400 毫米以上的允许有 +1% 或 -0.5% 的公差，口径 300 毫米—390 毫米的允许有 +1.2% 或 -0.8% 的公差，口径 150 毫米—290 毫米的允许有 +1.5% 或 -1.9% 的公差，口径 140 毫米以下的允许有 +2% 或 -1.5% 的公差。

江西省雕塑瓷器标准（赣 Q/TS 4—75）：按产品形式分为人物、动物、花鸟、山水四类，按产品的规格分为大、中、小型。其型号规格，人物、动物、花鸟、山水规格均一致。特型 51 厘米以上、大型 30 厘米—50 厘米、中型 16 厘米—30 厘米、小型 15 厘米以下。各型号一般以厘米高度计算，必要时可以按产品宽度计量。

此外,1982 年市标准局批准发布了薄胎瓷器规格标准。1983 年市标准局批准发布了景德镇市四项传统瓷器标准。①

**(三)《中华人民共和国日用细瓷标准》**

国家于 1983 年正式发布《中华人民共和国日用细瓷标准》,1985 年开始实施,严格地对产品分等分级。

1. 日用瓷内在质量标准:瓷器的内在质量,主要指瓷胎质地是否致密,瓷化程度和吸水率是否符合要求。日用瓷内在质量的标准主要有四:其一,吸水率不得超过 0.5%;其二,热稳定性须达到要求,以盘、碗类中的中型产品为例,其热稳定性的要求是瓷器从 180 ℃ 至 20 ℃ 热交换一次不裂;其三,与食物接触面的铅溶出量不得大于 7 ppm;其四,与食物接触面的镉溶出量不得大于 0.5 ppm。

2. 日用瓷外观质量标准:瓷器的外观质量,主要指产品表面的光泽、白度和允许的常见缺陷范围。日用瓷外观质量的标准主要有六项:

①日用瓷按产品外观质量分为 1 级品、2 级品、3 级品、4 级品。每一等级都规定了各种缺陷的允许范围。

②制品上不允许有炸釉、磕碰、裂穿和渗漏等缺陷。

③当壶类产品倾斜 70 度时,壶盖不允许脱落,壶嘴的口部不得低于壶口部 3 毫米。

④在同一件产品上,有着 4 种允许缺陷的,为 1 级品;有着 5 种允许缺陷的,为 2 级品;有着 6 种允许缺陷的,为 3 级品;有着 8 种允许缺陷的,为 4 级品。

⑤有些缺陷处在非显见面的,可在允许范围内将幅度增大。例如:处在非显见面的疙瘩、泥渣、烤花粘釉等缺陷,可将缺陷的尺寸增大 50%;毛孔的数量可将 2 个折为 1 个;裂纹、溶洞、缺釉、漏釉 1 级品可按 2 级品的要求检验,2、3、4 级品可将缺陷的尺寸增大 50%。

⑥产品必须平整稳定,成套产品的釉色、画面、光泽须基本一致,规格尺寸须相称。

---

① 景德镇市地方志办公室. 中国瓷都·景德镇市瓷业志:市志·2 卷[M]. 北京:方志出版社,2004:415 - 416.

表 12 - 15　国家陶瓷行业标准一览表

| 名称 | 标准代号 | 名称 | 标准代号 |
|------|---------|------|---------|
| 日用陶瓷名词术语 | GB/T 5000—2018 | 日用陶瓷冲击韧性测定方法 | GB/T 4742—1984 |
| 日用陶瓷分类 | GB/T 5001—2018 | 日用陶瓷抗张强度测定方法 | GB/T 4966—1985 |
| 日用瓷器 | GB/T 3532—2022 | 日用陶瓷颜料色度测定方法 | GB/T 4739—2015 |
| 釉下/中彩日用瓷器 | GB/T 10811—2022 | 日用陶瓷颜料光泽度测定方法 | GB/T 15614—2015 |
| 玲珑日用瓷器 | GB/T 10812—2021 | 陶瓷制品 45°镜向光泽度试验方法 | GB/T 3295—1996 |
| 日用精陶器 | GB/T 10815—2002 | 日用陶瓷器的容积、口径误差、高度误差、重量误差、缺陷尺寸的测定方法 | GB/T3301—1999 |
| 日用陶瓷器吸水率测定方法 | GB/T 3299—2011 | 日用陶瓷器包装、标志、运输、贮存规则 | GB/T 3302—2009 |
| 陶瓷材料及制品化学分析方法 | GB/T 4734—2022 |  |  |
| 骨质瓷器 | GB/T 13522—2008 | 陶瓷材料抗压强度试验方法 | GB/T 4740—1999 |
| 铜红釉瓷器 | GB/T 13523—1992 | 陶瓷材料抗弯曲强度试验方法 | GB/T 4741—1999 |
| 青瓷器　第 1 部分:日用青瓷器 | GB/T 10813.1—2015 | 日用陶瓷器釉面耐化学腐蚀性的测定 | GB/T 5003—1999 |
| 青瓷器　第 2 部分:陈设艺术青瓷器 | GB/T 10813.2—2015 | 日用陶瓷器铅、镉溶出量的测定方法 | GB/T 3534—2002 |
| 青瓷器　第 3 部分:纹片釉青瓷器 | GB/T 10813.3—2015 | 陶瓷原料差热分析方法 | GB/T 6297—2002 |
| 青瓷器　第 4 部分:青瓷包装容器 | GB/T 10813.4—2015 | 陶瓷烹调器铅、镉溶出量允许极限和检测方法 | GB/T 8058—2003 |
| 陈设艺术瓷器　第 1 部分:雕塑瓷 | GB/T 13524.1—2015 | 与食物接触的陶瓷制品铅、镉溶出量允许极限 | GB/T 12651—2003 |
| 陈设艺术瓷器　第 2 部分:器皿瓷 | GB/T 13524.2—2015 | 日用陶瓷器抗热震性测定方法 | GB/T 3298—2022 |

续表 12 – 15

| 名称 | 标准代号 | 名称 | 标准代号 |
|------|---------|------|---------|
| 陈设艺术瓷器 第3部分:文化用瓷 | GB/T 13524.3—2015 | 日用陶瓷器变形检验方法 | GB/T 3300—2008 |
| 日用陶瓷器缺陷术语 | GB/T 3303—1982 | 日用陶瓷材料耐酸、耐碱性能测定方法 | GB/T 4738—2015 |
| 日用瓷器透光度测定方法 | GB/T 3296—1982 | 建白日用细瓷器 | GB/T 10814—2009 |
| 日用陶器透气性测定方法 | GB/T 4736—2022 | 紫砂陶器 | GB/T 10816—2008 |
| 日用陶器渗透性测定方法 | GB/T 4737—2020 | 粤彩瓷器 | GB/T 14150—1993 |
| 普通陶器 | QB/T 1222—2022 | 陶瓷材料平均线热膨胀系数测定方法 | QB/T 1321—2012 |
| 薄胎瓷器 | QB/T 1464—1992 | 陶瓷原料、颜料颗粒分布测定方法 | QB/T 1465—2012 |
| 普通陶瓷烹调器 | QB/T 2579—2018 | 日用陶瓷火焰隧道窑热平衡、热效率测定与计算方法 | QB/T 1493—2019 |
| 精细陶瓷烹调器 | QB/T 2580—2018 | 日用陶瓷白度测定方法 | QB/T 1503—2011 |
| 陶瓷原料化学成分光度分析方法 | QB/T 2578—2002 | 陶瓷泥浆相对粘度、相对流动性及触变性测定方法 | QB/T 1545—2015 |
| 陶瓷颜料 | QB/T 2455—2022 | 陶瓷釉料熔融温度范围测定方法 | QB/T 1546—2016 |
| 日用陶瓷器釉面维氏硬度测定方法 | QB/T4780—2015 | 陶瓷材料烧结温度范围测定方法 | QB/T 1547—2016 |
| 陶瓷泥料可塑性指数测定方法 | QB/T 1322—2010 | 陶瓷坯泥料线收缩率测定方法 | QB/T 1548—2015 |
| 唐三彩 | QB/T 1634—1992 | 陶瓷模用石膏粉物理性能测试方法 | QB/T 1640—2015 |
| 化学瓷坩埚 | QB/T 1991—2014 | 陶瓷用石膏化学分析方法 | QB/T 1641—1992 |
| 化学瓷蒸发皿 | QB/T 1992—2014 | 陶瓷坯体显气孔率、体积密度测试方法 | QB/T 1642—2012 |
| 日用陶瓷用高岭土 | QB/T 1635—2017 | 陶瓷器抗冲击试验方法 | QB/T 1993—2012 |

续表 12－15

| 名称 | 标准代号 | 名称 | 标准代号 |
|---|---|---|---|
| 日用陶瓷用长石 | QB/T 1636—2017 | 红色类陶瓷颜料化学分析方法 | QB/T 1967.1—1994 |
| 日用陶瓷用石英 | QB/T 1637—2016 | 黄色类陶瓷颜料化学分析方法 | QB/T 1967.2—1995 |
| 日用陶瓷用滑石 | QB/T 1638—2017 | 白色类陶瓷颜料化学分析方法 | QB/T 1967.3—1995 |
| 陶瓷模用石膏粉 | QB/T 1639—2014 | 蓝绿色类陶瓷颜料化学分析方法 | QB/T 1967.4—1995 |
| 陶瓷用瓷石 | QB/T 2264—2016 | 黑色类陶瓷颜料化学分析方法 | QB/T 1967.5—1996 |
| 陶瓷颜料 | QB/T 2455—2022 | 日用陶瓷火焰隧道窑热工性能指标监测与计算方法 | QB/T 2126—2019 |
| 亮金水　亮钯金水 | QB/T 2381—1998 | 日用陶瓷彩烤辊道窑热工性能指标监测与计算方法 | QB/T 2127—1995 |
| 陶瓷贴花纸 | QB/T 2456—2010 | 日用陶瓷链式干燥器热工性能指标监测与计算方法 | QB/T 2128—1995 |
| 高铝质匣钵 | QB/T 1682—1993 | 日用陶瓷工业间歇式窑炉热平衡、热效率测定与计算方法 | QB/T 2129—2019 |
| 铝硅镁质匣钵 | QB/T 1683—1993 | 日用陶瓷彩烤辊道窑热平衡、热效率测定与计算方法 | QB/T 2130—1995 |
| 粘土结合碳化硅匣钵 | QB/T 1990—1994 | 日用陶瓷链式干燥器热平衡、热效率测定与计算方法 | QB/T 2131—1995 |
| 日用陶瓷原料含水率的测定 | QB/T 2434—1999 | 亮金水、亮钯金水试验方法 | QB/T 2382—1998 |
| 日用陶瓷原料筛余量的测定 | QB/T 2435—1999 | 陶瓷材料、颜料真密度的测定 | QB/T 1010—1999 |

### （四）判断瓷器质量和瓷器等级的基本方法

选瓷工人通常是通过看、听、量的方法，对照国家陶瓷行业标准，对瓷器进行检验。

1. 看：正看瓷器的顶端和内部，翻看瓷器的底部，转看瓷器的外部，并把瓷器放在水平面上看它的平稳程度，再看瓷器釉面是否光润。检验已烤烧过的瓷器，还须看装饰是否鲜艳、绚丽等。若检验餐具、茶具、酒具等成套器皿，还要看各件瓷器的器型式样是否相互协调。此外，还要看产品表面有无缺陷。

2. 听：用手指或棍棒轻轻敲击瓷器，从瓷器发出的声音来判断瓷器的质量。具体方法是将产品放在手上或桌上，用手指或棍棒轻敲口沿，如声音清脆，即表明瓷胎致密、瓷化完全、质量较好；若声音沙哑，即表明瓷胎有破损，或没有烧熟。对茶壶、盖杯等带有壶盖、杯盖的产品，检验时必须对盖子、壶身和杯身分别轻敲听测，也可用盖脚轻敲壶身或杯身。对中、小型口径的碗类制品，可重叠成筒（10个为1筒）听测。具体方法为：先将碗摞好筒口，对正花面，然后拿在手中抖动旋转，若瓷碗发出清脆之声，即表明这筒瓷碗质量良好，若有暗哑之声，即表明其中有的瓷碗已破损。

3. 量：用量具对产品的规格和表面的缺陷进行测量。测量时须采用国家计量管理部门规定的量具。测量产品的内外口径时应注意内径不包括沿宽。测量带盖产品全高的方法为：将产品放于平面上，盖子顶点放一平面物，从平面物垂直量至放置产品的水平面上。测量产品内高的方法为：在产品上沿置一平方木尺，从平方木尺垂直量至产品内底面中心处。测量产品的底径（足径）时，一般不测其内径，而以外径为准。测量产品的腹径时，可用游标尺直接测量。

# 第十三章　景德镇陶瓷包装科技

陶瓷包装历来都是陶瓷产业的一个重要环节,随着陶瓷的发展和时代的变迁,陶瓷包装也经历了无数次变革。各历史时期的包装演绎出陶瓷人的聪明才智,并在景德镇陶瓷发展的历史长卷中留下了不可磨灭的烙印。

## 第一节　景德镇陶瓷包装发展概况

### 一、景德镇陶瓷包装简史

景德镇陶瓷在宋代以前应该就有一些简单包装,宋人朱彧在《萍洲可谈》中记载,在宋代以前,我国输出陶瓷时,"海舶大者数百人,小者百余人……舶船深阔各数十丈,商人分占贮货,人得数尺许,下以贮物,夜卧其上。货多陶器,大小相套,无少隙地"。文中的"大小相套",应是瓷器本身的大小相套,小瓷器套装在大瓷器内,以节省运输空间。

**图13-1　南海一号沉船上的套装瓷器**

景德镇瓷器包装成件,最迟在南宋就已出现。宋人蒋祈在《陶记》中记载:"窑火既歇,商争取售,而工者择焉,谓之拣窑。……运器入河,肩夫执券,次第件具,以凭商算,谓之非子。"①文中的"工者择焉",表明瓷器已有精粗分类。对于瓷器而言,包装与品种分类是密切联系的。文中所说的"次第件具"中的"件"应是指景德镇瓷器的包装成件,而非瓷器的个体单位。文中的"具"应是指包装的形式和工具。

随着水下考古事业的发展,人们在海底沉船上发现了大量唐、宋、元时期的瓷器,有的采用套装叠放的形式。朝鲜半岛西南部新安海域发现的中国元代沉船中有成箱的瓷器,说明在元代以前的出口瓷器早已采用捆扎与箱类结合的包装。可见此时的包装技术已经相当成熟。

图 13－2　华光礁南宋沉船上成摞堆放的瓷器

明清时期景德镇陶瓷包装已有明确的文献记载,明清御器厂、御窑厂均设有竹作、索作、桶作,说明明清御器厂、御窑厂有专门的瓷器包装产品制作车间或包装作坊。明代景德镇御器厂烧造的皇家用瓷,是采用纸包装,木箱解运。明人王宗沐在《江西省大志》中记载,明万历年间,景德镇御器厂烧造的皇家用大龙缸,包裹用大黄纸十张,棉花十三斤。小器箱包裹每碗、碟二件,用小黄纸一张,包裹至十一件则用中黄纸一张。总包之计,每箱装小器一百二十件者,则用中小黄纸共七十二张。②

明嘉靖三十五年《江西省大志》中对御器的运输、包装材料费用有详细记

---

① 熊寥,熊微.中国陶瓷古籍集成[M].上海:上海文化出版社,2006:177.
② 熊寥,熊微.中国陶瓷古籍集成[M].上海:上海文化出版社,2006:63－65.

录,其中做杠箱与箱架用的杉木、杂木、苗竹,包装用的苎、黄棕、箬叶、黄藤、黄麻、鱼胶、槐子、芦衣、白矾,包钉用的福铁、焊铜、煤炭、烧纸、纸皮,油漆箱杠用的灰面、石灰、桐油、漆布、广胶,入漆用的银砵、矾红,装箱用的棉花、大黄纸、中黄纸,糊箱口箱面用的斗方纸,解运用的黄红绫包袱、蓝绫册壳、黄红夹板、黄红绒绳等多达 36 种。道光时期《浮梁县志》卷八《陶政》也记载:"每分限运,一岁数限。一限差官,费不可定,然起少者不下千金,而夫力装具不与焉。陆运资、杠箱费亦有经定,箱、架、扛、罩丝之数,杉木一尺一寸,价银二分五厘;一尺二寸,价银三分五厘……糊箱口箱面斗方一张,解运黄红绫包袱,每尺价银三分……起运,每杠扛解银一两六钱三分六厘。解官领头站官盘缠银一十五两。解官盘缠银一十两,获解匠作每名盘缠银一十两。祭杠猪羊银二两二钱,短杠夫每名给夫价银二钱三分三厘三毫。杠至池州府建德县交递。以上银旧俱支本府贮库。料价银两项于浮梁县贮库。砂土、上工夫食,余剩银两内支用。但工银各县逋欠未解,凡遇起运,本府贮库料价内借支。器杠希稠,费难豫定。中间杠解各色,实备内府靡费。匠作营惑以为利孔,丁夫冒领价值。如浮梁至建德短杠夫价,往年小器箱重不过五六十斤,用夫二名,后三名,四名,前途费可例推。查明初,陶厂皆自水运达京。由陆运者,中官裁革后始也。万历中,潘太监仍设水运船,嗣后便之。"[①]可见明代御器厂御器包装运输是先以纸包、草裹的方式进行第一步包装,并用草绳系紧;然后装入木箱内,间隙处填充棉花、芦衣等柔软、有弹性的轻便物;木箱用铁钉封住后,还要施以油漆。此外,御器厂漆作生产的"朱红册匣"可能用于一些更为重要的产品,如钦限瓷。材料中的"黄红绒绳"可能与清代包装中的红、绿竹篾有类似功效。

表 13 - 1　明代御器厂御器包装材料一览表

| 序号 | 材料名称 | 单位 | 价格(银) | 用途 |
|---|---|---|---|---|
| 1 | 杉木 | 一尺一寸 | 二分五厘 | 外包装(箱架) |
| 2 | 杉木 | 一尺二寸 | 三分五厘 | 外包装(箱架) |
| 3 | 杂木 | 四尺 | 一分 | 外包装(箱架) |
| 4 | 苗竹 | 根 | 七厘 | 外包装(箱架) |
| 5 | 苎 | 斤 | 二分五厘 | 内包装(绳索) |

① 陈雨前.中国古陶瓷文献校注:上[M].长沙:岳麓书社,2015:411 – 412.

续表 13－1

| 序号 | 材料名称 | 单位 | 价格(银) | 用途 |
|---|---|---|---|---|
| 6 | 黄棕 | 斤 | 八厘 | 内包装 |
| 7 | 箬叶 | 十斤 | 一分 | 内包装 |
| 8 | 黄藤 | 斤 | 八厘 | 内包装 |
| 9 | 黄麻 | 斤 | 一分 | 用途不明 |
| 10 | 鱼胶 | 斤 | 六分 | 用途不明 |
| 11 | 槐子 | 斤 | 一分 | 用途不明 |
| 12 | 芦衣 | 斤 | 三厘 | 内包装(填充物) |
| 13 | 白矾 | 斤 | 五厘 | 用途不明 |
| 14 | 福铁 | 斤 | 八厘三毫 | 外包装(铁钉) |
| 15 | 焊铜 | 斤 | 七分 | 用途不明 |
| 16 | 煤炭 | 石 | 三分 | 用途不明 |
| 17 | 烧纸 | 斤 | 四厘 | 内包装 |
| 18 | 纸皮 | 十张 | 五厘 | 内包装 |
| 19 | 灰面 | 斤 | 六厘 | 油漆 |
| 20 | 石灰 | 石 | 四分 | 油漆 |
| 21 | 桐油 | 斤 | 一分五厘 | 油漆 |
| 22 | 炉底 | 斤 | 一分五厘 | 用途不明 |
| 23 | 漆布 | 丈 | 二分五厘 | 油漆 |
| 24 | 黄丹 | 斤 | 三分 | 用途不明 |
| 25 | 广胶 | 斤 | 四分一厘 | 油漆 |
| 26 | 银珠 | 斤 | 四钱八分 | 油漆 |
| 27 | 矾红 | 斤 | 二分 | 油漆 |
| 28 | 棉花 | 斤 | 四钱 | 装箱填充物 |
| 29 | 大黄纸 | 百张 | 八钱 | 装箱填充物 |
| 30 | 中黄纸 | 百张 | 一钱二分 | 装箱填充物 |
| 31 | 斗方纸 | | | 糊箱口、箱面 |
| 32 | 黄红绫包袱 | 尺 | 三分 | 解运用 |
| 33 | 蓝绫册壳 | 尺 | 三分 | 解运用 |
| 34 | 黄纸夹板 | | | 木漆作造用,不用价 |
| 35 | 朱红册匣 | | | 木漆作造用,不用价 |
| 36 | 黄红绒绳 | 一丈八尺 | 一钱二分 | |

明人沈德符在《万历野获编》卷三十《外国夷人市瓷器》中记载着陆路运输瓷器"豆麦发芽包装"的情况:"予于京师,见北馆伴使馆夫装车,其高至三丈余,皆鞑靼女直及天方诸国贡夷归装。所载他物不论,即瓷器一项,多至数十车。予初怪其轻脆陆行万里,既细叩之,则初买时,每一器内,纳少土及豆麦少许,叠数十个,辄牢缚成一片,置之湿地,频洒以水,久之则豆麦生芽,缠绕胶固,试投之荦确之地,不损破者,始以登车。临装驾时,又从车上掷下数番,其坚韧如故者,始载以往,其价比常加十倍。"①

清代景德镇陶瓷包装就更加规范。唐英在《陶冶图说》中记载:"其上色之圆器与上色、二色之琢器俱用纸包装桶,有装桶匠以专其事。至二色之圆器,每十件为一筒,用草包扎装桶以便运载。其各省行用之粗瓷,则不用纸包桶装,止用茭草包扎或三四十件为一仔,或五六十件为一仔,一仔犹云一驮。茭草直缚于内,竹篾横缠于外,水陆搬移便易结实。其匠众多,以茭草为名目。"②这表明清代皇家用瓷采用纸包装桶,民用粗瓷只用茭草包扎。

在咸丰元年清档簿册中有关于御窑厂包装材料与费用的记录:"包垫瓷器棉花十八觔,用过银壹两玖钱贰分;垫瓷器红棉纸六百五十张,用过银玖钱捌分;糊瓷桶桑皮纸二十刀,用过银贰钱;包垫瓷器白棉纸二刀,用过银叁钱;贴瓷器签黄笺纸五张,用过银壹分伍厘;钉瓷桶毛丁一千一百五十根,用过银贰钱壹分;细瓷器黄麻线口觔,用过银壹钱伍分;垫瓷器稻草十五担,用过银捌分伍厘;细瓷器竹篾一千七百六十根,用过银叁钱贰分;做瓷桶杉木四百根,用过银拾贰两;做瓷桶大小二百二十个,用过银拾壹两;采买各种项元子料匠人一名,用过工食银肆两肆钱陆分;厂内记写买办账票并坯胎出入数目书手三名,用过工食银贰拾肆两;裱瓷器画样并装钉各册,用过裱匠工银壹两陆钱;挑送文书样器脚子五名,用过工食银肆拾陆两;厂内解送油封瓷桶二百二十个,用过银壹两贰钱;厂内抬运瓷桶上船,用过银伍钱陆分;厂内解送瓷桶到九江关水脚盘费,用过银拾肆两叁钱捌分。"③从包装需用的材料看,有包垫瓷器用的棉花、红棉纸、稻草等,制作瓷桶用的杉木,钉瓷桶用的毛丁,糊瓷桶用的桑皮纸,贴瓷器签用的黄笺纸等。较之乾隆时期的记载更加详尽,清代前中期御窑厂御器包装大抵如此。

① 熊寥,熊微. 中国陶瓷古籍集成[M]. 上海:上海文化出版社,2006:238.
② 熊寥,熊微. 中国陶瓷古籍集成[M]. 上海:上海文化出版社,2006:305.
③ 铁源,李国荣. 清宫瓷器档案全集:卷32[M]. 北京:中国画报出版社,2008:4.

清人蓝浦在《景德镇陶录》中记载:"商雇茭草工扎瓷,值有常规,照议如一。其稻草篾片,皆各行长雇之茭草头已办。稻草出吾邑者好用,而邑北尤佳。篾则婺界所析,今里村镇市亦有。……又有类色头,汇清同口,包纸装桶,茭草跟凳,皆有定例,俗又呼'油灰行'。"①

民国时期要求,瓷器装运,必先束以稻草。向焯在《景德镇陶业纪事》中记载:"瓷器装运,必先束以稻草,曰'茭草'。然后可无损坏之虞。镇中另有茭草行,专营是业,亦分业之一。其法悉依税局章程,有一定法度。其以大碗三十六只叠合成同,束以稻草者,名曰'单支'。小件圆器,或一倍,或数倍,束成一支者,则有双支、四支、六支等名目。又圆琢等器,盛入竹篮或木桶者,则有罞篮、墩篮之分。以外名目繁多,不胜枚举,非习于此业者,不能中程式焉。至其工价,则以二百支为一凳,每凳约洋二元上下,此其大略情形也。"②

**图 13-3　民国时期茭草包装**

张裴然在《江西陶瓷沿革》一书中记载,民国时期根据包装之种类大小来定征税多少,更加清楚地说明了民国时期景德镇瓷器的包装情况。"本镇瓷税,以前系征收统税,经过湖口时,再纳出口税。自今年(1928年)三月起,于本镇设立瓷类特税局,征收瓷税。其征收方法依包装之种类大小而定。"③

① 傅振伦.《景德镇陶录》详注[M].北京:书目文献出版社,1993:57.
② 熊寥,熊微.中国陶瓷古籍集成[M].上海:上海文化出版社,2006:717.
③ 张裴然.江西陶瓷沿革[M].上海:启智书局,1930:268.

表 13 - 2 民国时期景德镇瓷器征税一览表①

| 包装种类 | 征税数目(元) | 备考 |
|---|---|---|
| 脚失花草单支 | 0.10 | |
| 脚失满草单支 | 0.14 | 限三邑、良子、孝感、康山四帮 |
| 满草单支 | 0.20 | |
| 脚失花草双帮 | 0.12 | |
| 脚失满草双帮 | 0.168 | 限三邑、良子、孝感、康山四帮. |
| 满草双帮 | 0.24 | |
| 一支篓 | 0.30 | |
| 二支包(篓) | 0.35 | |
| 四支包(篓) | 0.36 | |
| 六支包(篓) | 0.40 | |
| 七支捆 | 0.40 | |
| 九支包 | 0.55 | |
| 圆式箩担 | 0.325 | 高一尺,上径一尺五寸,下径一尺。如加高一寸,加征二分五厘;口径加大一寸,加征四分二厘 |
| 一支封口篓 | 0.56 | |
| 𡎖篮 | 0.80 | 高一尺二寸,口径一尺四寸。如加高一寸,加征六分三厘;加径一寸,加征一角三厘 |
| 圆式耳篮 | 2.25 | 高及口径均为一尺六寸。如加高一寸,加征一角三分五厘;加径一寸,加征二角七分 |
| 扁式腰(舟)篮 | 2.10 | 高一尺五寸,宽二尺四寸,长四尺一寸。如加高一寸,加征一角三分三厘;加宽一寸,加征一角四分七厘;加长一寸,加征八分六厘 |
| 圆式洋篮 | 3.00 | 高及口径均为二尺四寸。如加高一寸,加征一角三分;加径一寸,加征二角九分三厘 |
| 长方式洋篮 | 3.45 | 高二尺二寸,宽一尺六寸,长三尺二寸。如加高一寸,加征一角五分;加宽一寸,加征二角一分;加长一寸,加征一角五厘 |

① 张裴然. 江西陶瓷沿革 [ M ]. 上海:启智书局,1930:268 - 272.

续表 13 - 2

| 包装种类 | 征税数目(元) | 备考 |
|---|---|---|
| 扁式洋篮 | 2.50 | 高一尺五寸,宽一尺四寸,长二尺八寸。如加高一寸,加征一角六分二厘;加宽一寸,加征一角七分三厘;加长一寸,加征八分八厘 |
| 腰形篾盖车篮 | 1.95 | 高一尺二寸,宽一尺四寸,长二尺八寸。如加高一寸,加征一角九分一厘;加宽一寸,加征一角五分一厘;加长一寸,加征七分七厘 |
| 圆式小瓶桶 | 3.92 | 高一尺八寸,口径一尺六寸。如加高一寸,加征二角四分九厘;加径一寸,加征五角七分八厘 |
| 腰形棹桶 | 2.96 | 高一尺三寸,宽一尺一寸,长一尺三寸。如加高一寸,加征二角六分六厘;加宽一寸,加征三角一分六厘;加长一寸,加征二角六分六厘 |
| 圆式中桶 | 5.00 | 高及口径均为二尺二寸。如加高一寸,加征二角五分五厘;加径一寸,加征五角二分三厘 |
| 圆式大瓶桶 | 6.00 | 高二尺四寸,口径二尺二寸。如加高一寸,加征二角八分五厘;加径一寸,加征六角三分 |
| 扁式高瓶桶 | 7.00 | 高二尺四寸,宽一尺六寸,长一尺四寸。如加高一寸,加征二角九分;加宽一寸,加征五角五厘;加长一寸,加征二角三分 |
| 扁式矮瓶桶 | 6.00 | 高二尺二寸,宽一尺六寸,长二尺四寸。如加高一寸,加征三角二分;加宽一寸,加征四角二分九厘;加长一寸,加征二角八分六厘 |
| 红青花各式千坯瓶 | 7.50 | |
| 钢花钵全上八百坯 | 6.25 | |
| 全上四百坯 | 0.94 | 凡四百坯以上各件均系空者,若内装零星小器,则加倍征税 |
| 一号木箱 | | 高一尺五寸,长宽各一尺八寸。如加高一寸,加征四角二分;加宽一寸,加征五角八分二厘 |
| 二号木箱 | 7.50 | 高一尺六寸,长宽各一尺九寸。如加高一寸,加征四角六分七厘;加长或宽一寸,加征三角九分二厘 |
| 三号木箱 | 6.75 | 高二尺一寸,长宽各一尺六寸。如加高一寸,加征三角三分一厘;加长或宽一寸,加征四角三分五厘 |
| 四号木箱 | 6.30 | 高一尺六寸,宽一尺四寸,长二尺一寸。如加高一寸,加征三角九分四厘;加宽一寸,加征三角四分五厘;加长一寸,加征三角一厘 |

续表 13 - 2

| 包装种类 | 征税数目(元) | 备考 |
|---|---|---|
| 五号木箱 | 5.25 | 高一尺八寸五分,长宽各一尺二寸。如加高一寸,加征一角八分六厘;加长或宽一寸,加征四角四分二厘 |
| 六号木箱 | 4.20 | 高一尺二寸五分,长宽各一尺六寸五分。如加高一寸,加征三角五分一厘;加长或宽一寸,加征二角九分七厘 |
| 七号木箱 | 3.00 | 高一尺三寸五分,长宽各一尺三寸。如加高一寸,加征二角一分九厘;加长或宽一寸,加征二角二分七厘 |

从这些文献记载中,可以看出清代至民国时期,上色、二色细瓷采用纸包装桶;民用粗瓷则束以稻草,或篮装,或篓装,或木箱装,包装形式多样。

新中国成立初期,景德镇陶瓷仍然采用稻草包装,从 20 世纪 60 年代末开始,景德镇外销瓷已全面启动"瓦楞纸箱(盒)包装"。进入 20 世纪 70 年代,陶瓷包装全面启动"以纸代草"包装改革,从而推动了景德镇陶瓷现代包装的革命性改进。

**二、景德镇陶瓷包装形式及演变**

景德镇陶瓷包装曾历经豆麦发芽包装、木桶包装、木框(箱)包装、绳索篓筐包装、稻草包装、木箱木丝包装、瓦楞纸箱(盒)包装、彩印纸箱包装、锦缎盒包装、蜂窝纸板及瓦楞纸托盘式包装、各类礼品包装、创意型包装等形式的演变和形成过程。

**(一)豆麦发芽包装**

唐、宋、元时期,西域、波斯和阿拉伯商人在西安、元大都等地采购大量瓷器,用马车和骆驼通过"丝绸之路"运往西域、波斯及阿拉伯一些国家。从西安或元大都到波斯,路途万里,坎坷不平,十分不便。坚脆易碎的瓷器经不起长途的颠簸,一到目的地,大都成了瓷片。于是人们想尽了办法,终于试验成功了一种很有趣的豆麦发芽包装。这种原始包装,虽然花费大,时间长,又笨重,但在当时确实是一种有效保护陶瓷的方法,使瓷器能安全运达世界各国。这种包装方法主要用于外销瓷及长途运输之用。

豆麦发芽包装的方法是把采购来的瓷器先放置在潮湿的地上,在每件瓷器里灌满沙土,再在沙土里撒上一些豆种或麦种,按照瓷器的不同品种和规格,十件十件地叠起来,用绳子紧紧地缚成一片。然后,撒些沙土,把其中的空隙填没。在这些包装物上不断地喷洒清水,过段时间,撒播在沙土里的豆种和麦种就生根发芽了。根根芽芽,互相交错,纠缠在一起,形成了一个坚固的整体。等到"土"方块黏结到差不多了,商人们就开始对它们进行"考验",把这一"土"块放在比较结实的地上摔,摔不碎的就视为合格,可以装车起运。

### (二)木桶包装

木桶包装主要是用于皇家用瓷和海外贸易。

宋、元时期的官窑瓷器,明、清时期的御窑瓷器,内包装用纸包,外包装则主要用木桶。清代唐英在《陶冶图说》"束草装桶"中记载:"瓷器出窑,每分类拣选,以别上色、二色、三色、脚货等名次,定价值高下。有三色、脚货即在本地货卖,其上色之圆器与上色、二色之琢器俱用纸包装桶,有装桶匠以专其事。"①明、清时期,大批量的御用瓷器分春秋两次运送进宫时,都是采用桶装的包装形式,也正因此,大运瓷器也俗称"桶瓷"。一些相对精致的器物,还会用纸包后放入木匣内,运送入宫。

涉及外销瓷器,从宋代至清代,大多通过沿海各港口,用海船通过海上"陶瓷之路"运往东南亚、南亚、中亚、非洲、欧洲等地。虽然豆麦发芽包装对陶瓷运输起到了一定的保护作用,但由于其耗时长,操作麻烦,体积过大,重量重,清洗难,严重制约了陶瓷交易,给海外贸易造成了许多不便。因而,木桶包装应运而生。进入远洋前,在大船中装瓷器,则会以舱为单位,为了优化利用有限空间,极小器物也常常被装入大箱、大罐内,从而采用瓷器套装的包装形式。

木桶包装材料为由木材制作的木桶,加上稻草、谷壳(粗糠)、茶叶、棉花、麦秸、茅草等填充物。在宋至清初时,无论是进贡朝廷的御瓷,还是供奉官府的细瓷,都是装进特制的木桶内,周围用精筛过的谷壳(粗糠)充实填满,然后用船和马车运载。在海外贸易中,也有个别外商在包装陶瓷时用在中国购买的茶叶来当缓冲防震填垫物,这样既有效地保证陶瓷的完好率,又减少了茶叶运输成本,可谓一举两得。木桶包装特点是时效快,易操作,拿取方便,保护性更强。1636年,外商范登伯格从台湾写给巴达维亚的信里有这样一段话:"按照运来桶装的样品为苏拉特、波斯和考罗满达配备的40万件瓷器……以及根据您的指示为波斯定制20万件的瓷器,都已经与前任签订了合同,交货。"这表明,最迟在明代会用木桶包装瓷器。

---

① 熊寥,熊微.中国陶瓷古籍集成[M].上海:上海文化出版社,2006:305.

图 13 - 4 民国时期木桶包装

## (三)木框(箱)包装

木桶包装也存在不足之处,装瓷容量有限,海运中堆码空隙多,浪费船体空间。在陆上运输时,尤其是在穿越沙漠干燥区域时,木桶包装也因气候干燥和环境影响,经常产生木桶散箍、爆裂的现象,给运输带来很多麻烦。因而,木框(箱)包装应运而生。

木框(箱)包装的材料为由木材制作的木框、铁钉、铁片加上稻草、棉花、麦秸、茅草等填充物。木框(箱)包装方法简单,节约木材和空间,装卸便利,堆码方便,运输更安全。

图 13 - 5 木框包装

清康熙时期,茶叶和丝绸在欧洲热销,带动了中国瓷器的输出。从中国进口的茶叶和丝绸的质量都很轻,体积庞大,装船后吃水太浅,极易倾覆,而且船行进的方向也不易控制。再者,茶叶和丝绸都怕遭水浸或受潮,不能放舱底,因此压舱是船运时必须考虑的。精明的欧洲商人很快就想到用精美的中国瓷器来压舱,一举两得,一条船约装箱 20 万件瓷器。1720 年,英国埃塞克斯号船装载中国瓷器 112 箱及 500 包("包"指稻草包装的瓷器);1723 年,英国蒙塔格号船装有 485 箱中国瓷器回国。1984 年,哈彻尔发现了 1752 年荷兰东印度公司的海尔德马尔森号沉船,它是在驶离中国返回欧洲途中沉没的,船上有价值 80万荷兰盾的货物,包括 203 箱 23.9 万件瓷器、68.7 万磅茶叶、147 件金条等。[①]这些都表明,清朝就使用了木框(箱)包装瓷器。

**(四)绳索篓筐包装**

绳索篓筐包装是陶瓷包装史上使用时间最长的简易包装方法,在豆麦发芽包装和木桶包装时,就有绳索捆扎、篓筐包装这种方法。它主要是针对一些等级较低的和短途运输的陶瓷。

1.绳索捆扎包装:按照瓷器产品的不同器型、重轻、大小分别按 20 只或 30只不等捆扎成件。不同的产品,捆扎的绳索多少也不同,竖的捆扎两转叫"四花",竖的捆扎三转叫"六花",竖的捆扎四转叫"八花"。竖的捆扎好后,横的还需扎上一至多道腰箍,把整件瓷器箍紧。有的在捆扎前,还要两头垫上草圈,使两头的瓷器不外露,不易破碎。用这种方法包装的瓷器,只要竖的扎得牢,且每套绳索之间距离均匀,横的捆扎得紧,也能够较好地保护瓷器。但是,用这种包装方法包装的瓷器大部分外露,经不住碰撞,所以在装车或装船时,对堆码的每层面的陶瓷产品均铺垫稻草,起到抗压和缓冲作用。相对来说,绳索捆扎很容易造成陶瓷破损,只适于短途运输包装。绳索捆扎包装采用的主要材料有麻绳、草绳、野藤、竹篾等,特点是材料简单、成本较低、操作容易。

图 13 - 6　绳索捆扎包装

---

① 万钧.东印度公司与明清瓷器外销[J].故宫博物院院刊,2009(4):120 - 121.

2. 篓筐包装：采用的材料主要有竹篾、荆条、柳条等编织成的篓筐和稻草、麦秸、茅草、谷壳等填充物。篓筐包装一般是包装散瓷或粗瓷（民间用瓷），这类包装操作容易，费用较低。篓筐包装缓冲性和抗压性较好。其包装流程是：先在篓筐底部和四周垫好稻草、麦秸等填充物，再放一层瓷器，铺一层填充物，依次逐层装满。篓筐上部要铺一层较厚的填充物，直到竹篓上沿后，再铺上稻草，然后加盖扎好。有的也将瓷器用绳索捆扎成件后再装入篓筐，然后铺一层填充物加一层瓷器，逐层装满后加盖木盖，用铁丝封口即完成。这种包装方法较绳索捆扎成本高一些，操作技术难一些，却比较耐压、耐碰，但包装成件后体积大、重量沉，装卸时易伤手。包装时如填充物厚度不足，则容易造成瓷器破损。因此，该方法只适宜电瓷、杂件和有些小件雕塑瓷的短途运输包装。

图 13－7　篓筐（竹篮）包装

### （五）稻草包装

木桶、木框（箱）包装虽然在瓷器包装和运输中发挥了重要作用，但是，随着海外贸易和文化交流不断扩大和发展，景德镇的瓷器也成了大宗的出口产品，原先的木桶、木框（箱）包装形式难以适应。从元末明初开始，景德镇人就用长稻草夹扎捆绑的包装方法。这不仅减少了装运中不必要的重量，而且增加了货物的数量。1700 多年来，景德镇陶瓷包装历经了无数次的变革与演绎，其中，陶瓷稻草包装历经 600 多年的发展，成为景德镇陶瓷包装史上时间最漫长、工艺最严谨、标准最规范、记载较完整、保护有成效的一种包装方式。陶瓷稻草包装为那个时代的陶瓷产业和经济的发展做出了不可磨灭的贡献。直到 20 世纪 70 年代前，景德镇瓷器大多采用稻草包装，已形成了一整套系列化、标准化、规范化的景德镇陶瓷稻草包装，并成为那个时代最富有景德镇特色的陶瓷包装形态,在当时被公认为全国陶瓷包装的典范。

**图 13 – 8　稻草包装**

### (六)木箱木丝包装

民国后,随着航空及远洋海轮集装箱运输的发展,以及外贸环保意识的提高,过去的稻草包装、篓筐包装均难以达到现代航空及远洋海轮运输的要求。故而,景德镇外销陶瓷采用了现代木箱木丝包装。陶瓷木箱木丝包装的材料主要包括用木工机械将原杉木或松木加工成的木丝、用木板制作的木箱、包装纸、细麻绳、铁钉、包箱角的铁片等。其包装方法是用较好的土纸和白色包装纸把陶瓷包好,并用精细麻绳捆扎,分类放入有木丝填料的标准木箱内并钉好木盖。木箱木丝包装的使用,使陶瓷包装进入了一个新的阶段。但是,由于木箱木丝包装大量消耗木材,20 世纪 60 至 70 年代初,景德镇平均每年要消耗陶瓷包装用的木材达 4500 立方米,又因其体积大和重量沉,运输成本较高。从 20 世纪60 年代末开始,景德镇外销瓷逐步改成瓦楞纸箱(盒)包装。

**图 13 – 9　木箱木丝包装**

### （七）现代陶瓷纸制品包装

1. 瓦楞纸箱（盒）包装

从 20 世纪 60 年代末开始,景德镇外销瓷已全面启动瓦楞纸箱（盒）包装。瓦楞纸箱（盒）包装的使用,有利于环保,减少了破损,降低了劳动强度,明确了商品信息,规范了生产程序,保障了包装职工的身心健康。1984 年至 1989 年,在短短五年中,景德镇陶瓷包装基本上取消了稻草包装,普遍实现了陶瓷包装纸箱（盒）化。1986 年,全国包装大检查领导小组办公室主任会议在景德镇召开,并重点介绍和推广了景德镇陶瓷包装改进的经验。

瓦楞纸箱（盒）包装主要材料为各种克度的牛皮纸、各种克度和型号的瓦楞纸。

瓦楞纸箱（盒）包装方法如下:

工艺:①配筒口;②垫纸（有的品种垫谷壳）,即将配好筒口的瓷器每件之间用纸隔开,以减少摩擦;③包纸,即将瓷器用纸包紧固定,保护瓷器釉面和画面不受擦伤;④捆扎,即按规定的包装数量,用精细麻绳捆扎（后改为塑料带）紧,要求精细麻绳（塑料带）捆扎时与瓷器垂直,歪斜不超过 1.5 厘米,腰箍均匀落槽。

**图 13 - 10　瓦楞纸箱（盒）包装**

装箱:①核对装箱的瓷器与纸箱所标的品种、花面、等级、数量等是否一致;②装盒（包括套盒、卷附件或可发性聚苯乙烯发泡板）,将包扎好的瓷器按标准规定装紧放平;③装箱,即将装好纸盒或卷好附件的瓷器按照规定的顺序和位置依次装入纸箱,要求排列整齐,如有空隙或松动,须用瓦楞纸板或毛纸填平塞紧。

封箱:产品装箱完毕后,两边箱盖要对齐、压平,箱口无明显空隙,整个纸箱不允许有歪斜变形现象。钉封箱钉,要求按规定数量间隔均匀,不歪斜,钉卷脚,用铁皮锁箱的应卡牢接头(后改用打包机)。封口,即用免水胶纸封住箱口,要求平整粘牢。封箱后加盖工号章。

2.陶瓷彩印包装全面启动

1990年,由于瓦楞纸箱(盒)包装大部分只是改进了物流运输中保护产品的作用,严格说还不属于商品销售包装,不能充分反映陶瓷的品质和形象,更不能有效提高产品附加值。故而,在中国包协、江西省包协、景德镇市委市政府主要领导的直接重视和指导下,在市包装协会大力宣传和引导中,历经包装界、陶瓷界及新闻界有识之士的共同努力,借助景德镇第一届国际陶瓷节和第十一届北京亚运会,景德镇市纸箱厂积极推动景德镇内销陶瓷彩印包装,并得以全面推广使用(在此之前,外销陶瓷包装根据出口单位及外商需求,已有部分陶瓷使用了局部彩印贴标或在外地加工彩色印刷包装)。陶瓷彩印包装的推广,翻开了景德镇陶瓷包装改进的崭新一页。"十大瓷厂""四大集体瓷厂"等一批陶瓷企业成为采用彩印包装的领引企业。

彩印包装主要材料为各种克度白卡、灰底白板纸对裱各种克度和型号的瓦楞纸。彩印包装方法与瓦楞纸箱(盒)包装方法基本相似。

**图13-11 陶瓷彩印包装**

3.蜂窝纸板及瓦楞纸托盘式包装

2000年后,景德镇市陶瓷包装改进又取得新的进展。为减少木材消耗,有效保护环境,实践可持续发展,适应集装化运输和客户要求。景德镇市自行设计研制出蜂窝纸板生产机械设备,生产蜂窝纸板、纸箱、托盘及瓦楞纸板等包装产品。此包装产品,抗压强度高,包装产品时劳动强度低,运输装卸标准规范,不仅有效地保护了产品,而且降低了成本,节约了资源。但在使用中,要有良好的仓储条件和运输工具,因为此包装方式在防潮、防水等方面比木箱包装要略逊一筹。

蜂窝纸板及瓦楞纸托盘式包装主要材料为各种克度的牛皮纸、各种克度和型号的瓦楞纸、透明塑料膜、打包带等。

### (八)各类陶瓷礼盒包装

#### 1.陶瓷锦缎盒包装

20世纪70年代末,随着改革开放和国际交往的频繁,陶瓷礼品包装的需求迫在眉睫。当时,江西省陶瓷工业公司根据市政府有关部门的要求,首先开发和生产了锦缎布礼盒包装。随后,景德镇市纸箱厂专门设立锦盒车间,派技术人员赴苏州、扬州等地培训,并特聘扬州锦盒专家顾纪森来厂传艺指导。从此,锦缎盒包装在景德镇迅速发展,直到今天还在大量使用。锦缎盒包装为景德镇陶瓷礼品包装的发展奠定了相应基础。但是,用锦缎布作外表,贴上"中国名瓷"或"景德镇名瓷"的标签,千篇一律,不能充分反映陶瓷产品的形象和个性化包装特点。1990年,景德镇市纸箱厂率先开发锦盒与彩印相结合的北京亚运会礼品瓷包装,受到亚运会组委会及市政府的高度评价,并多次在包装评比中获奖。

图 13 - 12　陶瓷锦缎盒包装

#### 2.陶瓷礼品包装

1999年,景德镇市泰风包装公司从北京引进高档装帧纸制作礼品包装盒,并成功与玉风瓷厂合作生产十二生肖瓷盘礼盒,启动了景德镇陶瓷精品包装的步伐。2000年,全国第一家民营包装设计研究所——景德镇春涛包装设计研究所成立,掀起了景德镇陶瓷包装改进的又一轮新浪潮。由于市场经济不断深入发展和人们消费能力及欣赏水平的提高,更是随着艺术陶瓷、礼品陶瓷、纪念瓷的迅速发展,以及人们对包装改进的思想和观念转变,特别是2004年景德镇市举办景德镇国际陶瓷博览会以来,高档彩印陶瓷礼品包装得到了很好的发展机遇,景德镇民营陶瓷包装企业在陶瓷包装改进中也得到快速发展。

**图13-13　陶瓷礼品包装**

### 3.创意型陶瓷包装

进入21世纪以来,各类材质的包装,如木制包装、竹制包装、皮制包装、铁制包装、布艺包装以及各类创新创意的品牌包装、个性包装、系列包装、环保包装层出不穷。新工艺、新材料、新技术、新造型的包装日新月异。在此阶段中,景德镇春涛陶瓷包装有限公司起到了积极宣传和引导作用,被新闻媒体誉为改进陶瓷包装的领军企业。与此同时,鼎泰包装、泰风包装、晟泰包装、合一包装、古芳园、永德胜、臻品包装、东方印刷、希望印刷等企业也先后在陶瓷包装领域设计生产出不同风格的创新创意型包装产品,为陶瓷包装的发展做出了贡献。

以上各类礼品包装方法相对简单方便。各礼品包装内垫材料比过去的材料有所增加,如棉花、绸布、发泡、海绵、珍珠棉等多种材料,但是,这些内垫物材料会带来许多不可降解的垃圾,并造成环境污染,已引起社会广泛关注。

### 三、陶瓷海运包装

陶瓷海运包装是一种独特的包装形式,景德镇瓷器运到沿海各港口后,为了在大海上航行安全,保证瓷器不受损坏,瓷器进舱摆放有一定要求,瓷器与瓷器之间也垫有一些物质,以避免在大海航行颠簸中破损。

　　阿拉伯、波斯、欧洲商人到中国贸易,不仅仅是购买瓷器。在海上丝绸之路上,贸易的产品不仅有瓷器,还有茶叶、丝绸、香料。瓷器既重又不透水,因此,瓷器是绝佳的压舱货,可以提高船只在波涛汹涌的大海上的稳定性。

　　早期的陶瓷海运包装是将瓷器放入舱底,根据瓷器本身的大小,小瓷器套装在大瓷器内,大小相套,以节省运输空间,并与其他货物混装,以保证瓷器不受损坏。

　　"南海一号"是宋代沉船,沉船的船货装载方式,反映了当时陶瓷海运的普遍装载模式。瓷器船货放置于船舱内,铁器船货码放于船体舯艉中心线上,以维持船体航行的稳定性,起到压舱的作用。碗、盘、碟等器类,一般以数件成摞为单位包装,器物之间以草叶或秸秆垫隔,外表又用薄木板条和竹条、竹篾结合捆扎包装。部分船舱亦存在瓷器叠压于铁器之上的现象,并以木板垫隔。为了节约空间,陶瓷船货普遍采用大容器套装小器物的装载方式,如大罐、大盒套装粉盒、小瓶、器盖等。

**图 13 - 14　南海一号陶瓷装载方式**

　　到了明清时期,则采用瓷器与各种食物混装,瓷器与茶叶、丝绸混装的方式。如东印度公司采用铅衬的箱柜运茶以保鲜,再将茶箱放在装瓷器的条板箱上,瓷器可以保茶叶干燥,茶叶则起减震缓冲作用,以减低瓷器破损。"各式有用的中国瓷器,特别是盘碟之类,可以装得很紧密。再买一些大中小各种尺寸的碗,大到可以种橘子树的中国大花盆、种小树小花的小盆……你买来的任何中国容器,都把它们装满西谷、米、椰子、淀粉或其他利润更好的货品。"①

　　西米包装:在长期的海运实践中,东印度公司发明了西米包装这种特殊的

　　① 芬雷.青花瓷的故事:中国瓷的时代[M].郑明萱,译.海口:海南出版社,2015:129 - 130.

海运包装形式。东印度公司每次采购瓷器同时都采购大量西米,这在东印度公司采购清单中有明确记载。按照东印度公司惯例,从广州口岸进货的先后顺序与远洋货物运输中装舱的方法是:首先采购瓷器,瓷器首先入舱,将其置于船舱最底层,在瞬息万变的远洋运输中,利用瓷器自身沉重的分量来垫舱。船舱最底层为装满各式瓷器的木箱,箱内用西米将其缝隙塞满,瓷器上方第二层则用来放置价格稍低的红茶,然后上方第三层则依次放松萝、贡熙之类上等品质的绿茶,绿茶之上再依次铺上南京布、生丝等价值高、易损坏的精细织物,最顶层则用来放置昂贵的缎子、塔夫绸、细丝绸、金银线织物等真丝织品。从东印度公司已有的记录来看,价值越昂贵的物品摆放的位置越高,船舱最底部基本都用各种外销瓷器来垫舱。"瓷器,约 150 箱,货多到足以从船头铺到船尾。西米,以装满瓷器为限,每担 3.80 两,瓷器没有记下数量。"[1]从这些记录来看,在所有外销货物清单中西米的主要用途,是为了填塞装运大量的瓷器,使其免于破损。西米具体购买数量视船中瓷器多少而定,总之应"以装满瓷器为限"[2]。

图 13 - 15　清代外销画"瓷器装运图"(画面中瓷器被一摞摞包扎整齐,排放在预先做好的木箱内,其中有三个人端着簸箕往装满瓷器的木框中撒入西米)

　① 马士.东印度公司对华贸易编年史:1635—1834 年:第 1、2 卷[M].区宗华,译.广州:中山大学出版社,1991:178 - 180.
　② 葛芳.西洋风物:十八世纪以广州为中心的设计文化研究[D].南京:南京艺术学院,2017:74.

## 第二节　景德镇陶瓷稻草包装

景德镇陶瓷稻草包装有近千年的历史,是一项古老的陶瓷包装技艺,也是景德镇人独创的陶瓷包装形式,充分体现了陶瓷荽草工人的聪明才智。

**一、陶瓷稻草包装工序与方法**

1. 陶瓷稻草包装工具

从收集到的稻草包装工具、历史照片以及老前辈讲述他们从事陶瓷稻草包装的经历来看,景德镇陶瓷稻草包装主要工具有裁纸刀、包纸台、荽草裙、荽草凳、竹垫座、铁剪刀、扎篾凳、木柄铁扒子、木槌棒、卷龙台(板)等。在整个荽草行中,这些工具是必不可少的,而且全部是统一的,就连工具的大小和尺寸几

扒草衣的扒子

裁纸刀

捆绑稻草的粗麻绳

稻草包装用的扎篾凳

剪刀

稻草包装用的荽草凳及坐垫

稻草包装用的草结

稻草包装用的竹篾

**图 13 – 16　稻草包装工具**

乎相差无几。这些工具制作简单,操作便利,由于稻草包装全是手工操作,你哪怕第一天学茭草(学徒要 4 年,比瓷业中其他学徒要多一年),也能基本运用这些工具。

2. 陶瓷稻草包装原料

陶瓷稻草包装主要原料如下:

①稻草:稍长并较好的稻草用于打草结;稍差、稍短或打草结时扒下的草衣用于卷包陶瓷。

②草结:用扒去草衣的稻草茎秆打结而成。草结分内草结和外草结,内草结茎秆在 18 根左右,外草结茎秆在 24 根左右。

③竹篾:茭草陶瓷时内外扎腰箍用。竹篾的制作方法是,选用较大、较好的水毛竹,先剖成宽度为 0.8—1.2 cm 的竹条,去掉篾青和头黄硬篾部分,再把篾黄部分剖成厚度为 0.5—0.8 mm 的篾片。稻草包装所用的竹篾尺寸长短不一,并有多种规格。一般常用规格是长 3 寸、短 3 寸,也有 9 寸、10 寸不等,不同规格的竹篾用于不同的陶瓷稻草包装。

④包装纸:瓷器在用稻草包装前,要用纸垫好或包好。纸有宜黄纸、表芯纸、牛皮纸、江连纸、废旧报纸等,不同品种和器型的陶瓷产品,所用的纸质材料、纸张大小、规格形状也不相同,因此,包装前要根据所包瓷器的器型、品种、数量裁好各种类、各规格的纸。包装纸分内包纸、表芯纸、粗毛纸。

⑤草绳:主要用来对大件包装进行外打包和捆扎加固。草绳的规格有多种,陶瓷包装用的草绳一般直径 1—1.5 cm。

⑥标签:一般用牛皮纸印制约 3.5 cm×8.5 cm 的长方形小纸片,上面标明了瓷器的品种、花色、等级、包装率等。做标签是在印好的整张空白牛皮纸标签上端正反两面再裱贴宽 0.7 mm 左右的一层较厚的纸(增强牢固性),再在每个标签上端系上细麻线,然后根据需要,手工(盖印章)标明品种、花色、等级、包装率等,在每支茭草结束前,由茭草工系在包装物上。

3. 陶瓷稻草包装方法

景德镇传统的陶瓷稻草包装主要有包纸、茭草、卷龙和打络子四道工序。

(1)包纸:一般粗瓷直接用稻草包装,遇有细瓷,如金边器、红花瓷,就需要包纸后再茭草。包瓷用纸有四种——宜黄纸、表芯纸用作内层,牛皮纸和江连纸用作外层。包纸不是一个一个地包,而是照成件数量,如 10 个或 12 个统包。圆器要包得紧,纸贴骨;包琢器,棱角要折死;缠壶嘴,要缠上嘴的最尖端,最少缠三缠;壶盖垫纸要下槽。

（2）茭草:茭草包含用草结束缚成叠器物、扎内篾、满草、扎皮子篾四道工序。茭草第一道工序是将包纸后的瓷器（也有不包纸的），按规定的件数要求叠成一"仔"，然后在"仔"的上下端垫以空心草饼，用草结捆扎。一般情况下，第一次是"稀草"，草路稀疏，多为6—8花，可以见纸，但包草要均匀，打饼扎紧，中间垫草要平。茭草第二道工序是扎内篾。为使成"仔"的产品牢固，在竖的草束之上横扎5—7道篾。扎篾时先扎中间,后扎两端。扎篾要围绕成"仔"的产品缠箍两层，相互重合。接头要拼齐并自扭一圈半，折插在草束之下，并要求每道扎篾的接头，压在同一草束之下。扎篾之间距离均匀，要求扎紧、扎正、扎平。[①]茭草第三道工序是满草，即把经过扎内篾成"仔"的产品，再用草结束缚加固。满草时，草结股数增加，满满包扎。如圆器茭满草，要茭紧草把，草路一条一条地整齐排列，草结头不现"香炉脚"（三结凸起）；如茭琢器，瓷器重叠归中，器嘴与把手形成一条线，添上草把，两头应不现瓷器。茭草第四道工序是扎皮子篾，即在第二次满草后进行第二次扎篾。扎皮子篾时篾箍加多，间隔均匀，篾头应扭死。扎琢器须长短配齐，周身大小一样粗。扎篾时要做标记:红花类瓷扎红色篾;青花类瓷扎绿色篾;一等品瓷全部扎白篾;二等品瓷口部扎三匹红色（或绿色）篾;三等品瓷中间扎三匹红色（或绿色）篾;四等品瓷尾部扎三匹红色（或绿色）篾;次等品瓷尾部扎四匹红色（或绿色）篾。以上工序均由茭草专司其职。

（3）卷龙:有些需要长途运输的瓷件，还要进行卷龙。卷龙是在已茭草的瓷件上，再卷上草衣或草绳。卷龙有两种:一种为摸龙，即在已茭草的瓷件上，再卷上一层草衣;另一种为扭龙，即在已茭草的瓷件上，用稻草旋扭成单股的条索，有规则又紧密地缠绕在成"仔"产品的周围，使产品加上耐冲击强度的防护层。操作时，先将草头压在成"仔"产品的草路一端，然后滚动产品，顺序缠绕，要求紧密，厚薄均匀。[②]瓷件卷龙由汇色人员（瓷器鉴定等级人员）负责，汇色人员的职责是对客商购买的瓷器，检验质量，核实数量。

（4）打络子:有的瓷件较重，途中又要经多次中转的，还需要打络子。打络子是把竹子破成一定长度和宽度的篾片，将茭草或卷龙后的仔草拼合成包，在包的外表用竹篾片织成六角形格子的篾网。操作时应根据瓷客的需要，分大包、中包、小包不等，运输路线长的多打小包。大包放在地下打，小包放在大腿

---

① 轻工部第一轻工业局. 日用陶瓷工业手册[M]. 北京:轻工业出版社,1984.

② 轻工部第一轻工业局. 日用陶瓷工业手册[M]. 北京:轻工业出版社,1984.

上进行。打络子的程序是:先将荚草卷龙的一仔或两仔草拼合成包,用篾横着扎紧,然后斜着穿插,编成六角形篾网,形似装木炭的炭篓。络式有两种——花络和密络,图案差不多,仅网络的眼有大小、疏密之分,花络的网眼较大,密络的网眼较小。无论花络与密络,都须打得紧,篾门清,能紧密地络住瓷器。打了络子的瓷包非常牢固,可以从楼上摔下来不破一个器皿。瓷件打络子由专工负责。

自元末明初到 20 世纪 80 年代末,稻草包装技艺随着不断改进和提高,逐渐形成分工精细、组织有序、工序标准、产能可观的规模化生产。新中国成立后,景德镇陶瓷传统稻草包装手工技艺流程有所改变,分为选瓷、对全口、包纸、内荚草、内扎篾、卷草衣、荚外披(吊标签)、外扎篾、剪修整理等主要工序。与此同时,经过历代荚草工不断进行技术上的探索、改进和创新,稻草包装技艺发展成集历代经验之大成的博大精深的技艺体系。稻草包装技艺和技艺从业人员在陶瓷行业内广受尊重。

**二、陶瓷稻草包装标准与工艺技术管理**

1. 陶瓷稻草包装标准

景德镇瓷器稻草包装是以"仔(又作'支')草"为计数单位。所谓"仔草"是指将若干只瓷器器皿叠合束以稻草。根据瓷器品种的不同,每仔草的瓷器数量各异。例如,蓝边大碗 36 只叠合为一仔草,蓝边二大碗 30 只叠合为一仔草,蓝边汤碗 50 只叠合为一仔草。两仔草扎在一起称为"一帮",四仔、六仔、九仔扎在一起分别称为四仔包、六仔包、九仔包。十仔草扎在一起称为"十仔捆"。一帮和四仔包均是碗类,六仔包、九仔包和十仔捆均是水筒(茶杯)、皂盒、油盒、粉盒之类小件瓷。发运瓷器以担为计数单位,例如可大碗四仔为一担、可二碗六仔为一担。

景德镇在挖掘和整理陶瓷包装文化,深入研究并保护陶瓷包装历史文化遗产时,用现代包装设计理念重新解读和认识陶瓷稻草包装,并先后在收集民间荚草工、荚草行、陶瓷企业、协会组织自制的有关陶瓷稻草包装标准、程序、规范、行规等基础上,于 1926 年在包装行业内制定了《陶瓷稻草包装行规细则》,1956 年景德镇瓷器包装合作社又制定了《陶瓷稻草包装行业标准》。1984 年,景德镇市标准局制定了《景德镇陶瓷稻草包装规范和操作技术标准》,对陶瓷稻草包装的各种工序、工艺、材料和要求做了明确的规定,这在全国陶瓷行业是首创。现代人所提的产品包装设计系列化、标准化、形象化、整体化等要素,景德镇陶瓷稻草包装设计早在几百年前就得到了充分和完美的体现。不仅如此,景德镇陶瓷稻草包装还是世界上最早的视觉化、标准化的产品包装发明。

2. 陶瓷稻草包装管理

远古时期,景德镇陶瓷包装主要以个体为主,自行安排进行简单的包装。明清时期,随着各类瓷行、瓷商的形成和发展,景德镇陶瓷包装逐步形成了单独的行业——茭草行,并分为把庄、看色、绞草、打络子和花草五大工种。这五大工种的包装工人,主要受雇于来景德镇购贩陶瓷的各地瓷行、瓷商和当地的瓷庄。购进的瓷器经看色工看过之后,各瓷商就到茭草行雇请茭草工来瓷行包装瓷器。民国十七年(1928年),全镇共有茭草行140余户,工人总数为2000余人。从事这个行业的包装工人主要以江西南昌人和安徽祁门人为主。而陶瓷稻草包装多数集中在麻石弄至刘家弄沿河一带,尤其以小黄家弄、黄家洲、五间头沿河一带居多,主要原因是这些地方运输和搬运方便。长期以来,景德镇沿河建窑、沿窑成市,整个城市沿着昌江两岸呈长龙形延伸。在古代,景德镇又名陶阳,故被称为"陶阳十三里"。20世纪70年代前,景德镇各种主要陶瓷包装材料(竹子、稻草、纸张等)是靠昌江运送的,那时在戴家弄沿河还建有一个码头,专门运载和装卸陶瓷包装原料和包装好的瓷器。

新中国成立后,为加强和统一陶瓷包装管理,景德镇市把分散的个体形式茭草行组织起来,成立了景德镇市包装生产合作社(办公点设在当时的小黄家上弄),职工由300多人发展到800多人。1952年10月,在原基础上成立了国营景德镇市包装公司(设在原南头老京剧院后面里弄)。1954年2月,经市人民政府批准,将国营瓷业公司、市包装公司、市搬运公司原有的成件、包装、花草、搬运、打络5个工种的人员、物资调集起来,组成了景德镇市包装工厂。

包装工厂在市陶瓷生产管理局的领导下,对瓷器包装实行统一领导、统一管理,承担全市陶瓷的包装任务。全厂设生产、技术、原料、供应、秘书、财务、保卫7个职能科室,并按高级细瓷、出口瓷、日用瓷、工业用瓷、瓷络加固分设5个车间。1956年,景德镇市政府决定,将包装工厂工人分派到各瓷厂包装;1957年10月,又恢复包装工厂(设在江家上弄,现省陶瓷销售公司上隔壁里弄)。同年,景德镇市标准局制定了《陶瓷稻草包装规范和操作技术标准》,对稻草包装的各种工序、工艺、材料和要求做了明确的规定。

1958年,景德镇市包装工厂曾隶属于中华全国供销合作总社景德镇陶瓷批发站,职工最多时有1000多人,为地方国营性质,统一承担全市各瓷厂的陶瓷包装任务。在统购统销的年代,各瓷厂的陶瓷产品由包装工厂验质包装后,再交各商贸或陶瓷公司进仓。

20 世纪 60 年代末,随着景德镇陶瓷工业的迅速发展,尤其是著名的景德镇国营"十大瓷厂"和"四大集体"企业的生产规模的扩展,原有的包装模式已难以适应陶瓷发展的需要。同时,为降低管理成本,减少交付环节和产品损耗,方便各陶瓷企业统一生产、统一安排、统一管理。原市陶瓷包装工厂的工人按比例被分配到各大瓷厂。从此,各瓷厂开始设立有专人专职管理的陶瓷包装机构和陶瓷包装车间。各瓷厂根据各自不同的产品在原包装工厂的各项标准、制度、产量、定额、工资等基础上制定了相关标准和制度。从此,陶瓷包装正式列为景德镇陶瓷企业管理中的一个重要环节。

### 三、陶瓷稻草包装非文化遗产

由于传统陶瓷稻草包装存在不卫生、易糜烂、易火灾、易散包和 3% 的陶瓷破损率等许多缺陷和问题,所以在 20 世纪 80 年代初景德镇陶瓷包装改进中,逐步被各种材质所代替。如今,稻草包装已退出了主流市场,稻草包装技艺也正在逐渐消失。虽然陶瓷稻草包装是景德镇陶瓷包装的传统技艺,但现在从事陶瓷稻草包装技艺或掌握各工序的传统核心技艺人员已不多,且大部分年事已高,现在 40 岁以下的人对景德镇陶瓷稻草包装传统技艺了解甚少,传承和传播陶瓷稻草包装历史文化势在必行。2018 年,在景德镇市文广新局的关心重视下,景德镇陶瓷传统稻草包装技艺被列入市级非遗项目。赵水涛、熊国耀成为市第一批景德镇陶瓷传统稻草包装技艺非遗传承人,日前正在申报省级非遗项目。

进入新时代,由于环境保护和生态可持续发展的需求以及技术条件的成熟,陶瓷稻草包装的研发工作再次进入人们的视野。目前,景德镇市春涛陶瓷包装有限公司结合陶瓷稻草包装的元素,正在研发创造出更加时尚、美观、环保、经济、便利的全新陶瓷草质包装产品。现代草质包装的开发与投产,其意义和作用重大,既减少了包装垃圾,又促进了环保事业,更节约了大量纸张、木材,必将在陶瓷文化、陶瓷艺术、陶瓷经济、陶瓷科技等领域中,发挥其历史价值。

## 第三节　景德镇现代陶瓷包装产业发展

为了提高陶瓷包装印刷水平和促进陶瓷包装工业的快速发展,景德镇开始建立现代陶瓷包装印刷工业体系,积极推进现代陶瓷包装产业发展。

**一、建立现代陶瓷包装印刷工业体系**

1. 发展造纸产业

景德镇市造纸业,在新中国成立前乃至新中国成立后的前几年间,一直是空白。1959 年,市人民政府决定筹建景德镇市造纸厂,厂址设在景德镇市里村,租房 100 多平方米,自制一些木制造纸设备,利用从锅炉合作社调来的半吨小锅炉土法上马建厂,1960 年正式投产,年产本色包装用纸 80 吨。1964 年,造纸厂迁至景德镇市里市渡,锅炉社 200 多平方米厂房被拨给造纸厂使用,添置 1台打浆机和蒸球等造纸设备,产品由原来的本色包装纸改进为有光文化用纸。1966 年 4 月,因造纸污染环境,造纸厂迁至景德镇市西郊官庄,添置 4 吨锅炉 1台、4 吨蒸球 2 台,实行边设计、边安装、边生产,平地 60 亩,建厂房 3 幢共 2000平方米,当年生产出较好的瓦楞纸。1972 年,从赣州引进双缸双网造纸机,产品又改为文化用纸。1970 年,为配合出口瓷包装用纸生产,造纸厂在市外贸公司的帮助下,建立年产 10 万平方米出口纸箱厂,和造纸厂实行两块招牌一套人马管理。1979 年,造纸厂投资 120 万元,从上海引进 1575 型造纸机,由厂技术员李群义负责设计,年产达 3000 吨的高强度瓦楞纸。所生产的"麦峰"牌高强度瓦楞纸,经轻工业部造纸研究所检测表明,其物理指标达到美国、日本同类产品的水平,荣获江西省 1984—1985 年度优秀产品奖和中国包装协会纸制品科技成果奖。为适应景德镇陶瓷生产出口瓷包装的需要,缓和板纸供应紧张的矛盾,1984 年,江西省经贸委、省轻工业厅、省包装技术协会联合批准,贷款 405 万元人民币,进行板纸生产线改造,先后引进日产 30 吨能力的 1600 型造纸机 1台、槽式 10M 打浆机 2 台、25M 蒸球 1 个等较先进设备,从而使机制纸年产量达万余吨。到 1985 年,全厂职工 366 人,其中技术人员 2 人、工程师 1 人。厂区占地面积 76675 平方米,厂房建筑面积 12071 平方米,设造纸、金工、纸箱 3 个车间,并配备有先进的 1092 型、1575 型、1600 型造纸机设备 3 台、车床 2 台,引进了半自动的瓦楞纸板生产线一条,一举改变了过去景德镇市瓦楞纸箱用手工裱合瓦楞纸板的局面。1985 年,该厂固定资产达 235 万元,年产值 500 万元,销售

408.3万元,利税23万多元,成为当时全国中型造纸企业。在景德镇陶瓷包装改进过程中,该厂为陶瓷包装改进提供了一流的高强度瓦楞纸、牛皮纸及高质量的纸箱包装产品,多次荣获省优质产品。在1990年第二届中国国际包装技术展览会上,该厂生产的高强度瓦楞纸荣获银奖。

与此同时,景德镇市还先后成立了乐平造纸厂、罗家造纸厂等造纸企业,以满足陶瓷包装用纸需求。

2. 兴办印刷企业

新中国成立前,景德镇仅有为赣东北日报服务的赣东北日报印刷厂,1949年初改为浮梁县印刷厂,1955年与当时的景德镇市华昌、美华利、有益、华文、复兴、久明、启明、怡大、信昌等十多家个人私营印刷厂通过合作化改造后组建为景德镇日报印刷厂。1969年,景德镇日报印刷厂改为景德镇市新华印刷厂,曾先后隶属于市工商联、景德镇日报社、市手工业管理局、市委宣传部、市工交局、市轻工业局、市工业管理办公室等部门管理。1972年,新华印刷厂划归市手工业管理局主管,1981年2月,归属中共市委宣传部,1983年划归市轻化工业局主管。到1985年止,全厂职工644人(其中大集体职工243人),产品销售收入262.7万元,实现利润37.9万元。全厂占地面积34264平方米,厂房面积共有8409平方米,有排字、零件、书刊、彩印4个车间。20世纪80年代前,景德镇市新华印刷厂主要以印刷杂志、教材、报纸为主,为适应和配合陶瓷包装改进,20世纪90年代,在原有印刷设备基础上又投资购置了"北人"牌对开四色胶印机和配套的生产设备,成为具有平印、凸印、美术设计、塑料加工、出口陶瓷包装装潢和纸箱纸盒整套生产作业线的综合性全能印刷厂。

随着陶瓷包装及印刷业的发展,景德镇市一些局、厂、乡、校办的印刷厂先后相继成立,如景德镇市人民印刷厂、景德镇市新华装潢印刷厂、景德镇市装潢美术印刷厂、景德镇市南山印刷厂、景德镇市建设印刷厂、景德镇市瓷城印刷厂、景德镇市昌华印刷厂、景德镇市教育印刷厂、景德镇市朝阳印刷厂、新平乡印刷厂、昌河飞机制造厂印刷厂、七一三厂印刷厂、八五九厂印刷厂、鹅湖中学印刷厂等。这些印刷厂都根据本单位的设备、技术、工艺等特点,分别承担不同的印刷业务,适应了当时社会各方面的需要,在陶瓷包装改进中发挥了重要作用并做出了应有贡献。

3. 推进纸箱包装

为改革景德镇落后的包装工艺,从20世纪60年代至90年代,景德镇大力发展纸箱企业,推进纸箱包装,使景德镇纸箱包装工业初具规模。景德镇市先后成立了景德镇市第一纸箱厂、景德镇市第二纸箱厂、景德镇市纸箱厂、江西省德东彩印包装有限公司、江西省陶瓷出口公司包装材料厂、市出口纸箱厂、市新华外贸纸箱厂、市竟成纸箱厂、市罗家纸箱厂、市新平纸箱厂、市洪源纸箱厂、市食品纸箱厂、市珠山区纸箱厂、市珠山区包装纸箱厂、市蛟潭开发区纸箱厂、市万寿山纸箱厂、市荷塘纸箱厂、市菱镁纸箱厂、市浮梁矿纸箱厂、乐平装潢纸箱厂等 20 多家纸箱包装企业,并从国内外购置了 200 台瓦楞纸箱、彩印包装等各类生产设备。

(1)景德镇市第一纸箱厂:1968 年,由市手工业联社所属的综合服务组牵头,把从事棕刷生产、裱画、竹器制作、钢笔修理的多名小手工业者组织起来,在河西竹器社新厂房内成立了纸盒站,当时主要是手工生产简易平板盒。后因交通问题,在中华南路 150 号借用私房近 50 平方米作为生产场地,购置上胶机 1台、小型装订机 2 台等设备,买面粉做糨糊,手工制作纸盒,艰苦创业。1969 年,厂址搬至麻石弄,新增 1 台切纸机、1 台瓦楞机,生产简易的陶瓷包装纸盒,同时,为市红星制药厂生产所需的部分小平板纸盒和华电瓷厂所需的瓦楞纸盒。1970 年上半年,市手工业联社安排纸盒站迁至当铺弄,将 200 多平方米的俱乐部改作厂房。纸盒站改为纸盒厂,直属手工业联社管理。1970 年下半年,手工业联社所属纸盒厂划归景北区管理,景北区将所属的石狮埠街道印刷服务站并入纸盒厂,并改名为景北区纸箱厂。景北区纸箱厂为扩大生产规模,租用市食品公司 600 平方米的养猪场做厂房,全厂划分为纸箱、纸盒、平板和印刷四个车间。1972 年,景北区纸箱厂复归市二轻局管理,改厂名为景德镇市第一纸箱厂。1977 年,国家有一笔资金计划下达江西省外贸厅,省外贸厅包装公司决定在景德镇市建立一个纸箱生产基地。省外贸厅包装公司到市第一纸箱厂考察,决定拨款 50 万元,市二轻局配套拨款 10 万元,用于扩大第一纸箱厂规模。新厂址选在市河西猪婆山(现为金鱼山)。1978 年,纸箱厂在猪婆山平地 3.4 万平方米,建厂房 1 万多平方米,1979 年迁入新厂址。

(2)景德镇市第二纸箱厂:1968 年,景南区所属的福利瓷厂(后改名立新瓷厂),开始筹建一个纸箱车间。1969 年,在陈家下岭租厂房 200 平方米,从上海购进切纸机、瓦楞机、上胶机等各 1 台,为市陶瓷出口公司生产瓦楞包装纸盒,当年产值达 30 万元。1970 年 5 月,景南区立新瓷厂出资 11 万元,购买市陶瓷销售公司董家岭仓库,作为其纸箱车间的厂房。立新瓷厂的纸箱车间改由景南区直属,改名景南区纸箱厂。1972 年,景南区纸箱厂改名为景德镇市第二纸箱厂。1978 年,第二纸箱厂在猪婆山紧邻一厂处平地 1.7 万平方米,新建厂房 459 平方米,1980 年迁入新厂址。

(3)景德镇市纸箱厂:1981 年,为了集中力量发展纸箱包装工业,市人民政府、二轻局和景南区共同协商决定,第一纸箱厂与第二纸箱厂合并,成立景德镇市纸箱厂。两厂合并后,职工总数 450 人,年产值达 400 万元,成为省外贸厅纸箱生产的定点厂家。景德镇市纸箱厂从 1982 年起在全厂推行全面质量管理,在全系统率先围绕质量管理成立质管科、"TQC"领导小组及车间"TQC"小组等质量管理体系和培训体系,获得市陶瓷销售公司授予的"质量优胜"循环红旗。景德镇市纸箱厂产品出厂合格率保持在 99% 以上。从 1979 年至 1985 年,市纸箱厂多次荣获全国、省、市包装生产"技改""管理"先进集体称号,产品出厂合格率保持在 99% 以上。1985 年,景德镇市纸箱厂有职工 539 人,专业技术人员 47 人。全厂占地面积 51 万平方米,建筑面积 146 万平方米,有切纸机、上胶机等各种纸箱生产机械 113 台套,固定资产 1000 万元,除生产各种包装纸和纸盒外,还兼营装潢印刷、高档工艺礼品锦盒生产,年产值 472.72 万元,销售 366.76 万元,利税 30 多万元。从 1985 年开始,在省、市政府及相关管理和职能部门的支持下,景德镇市纸箱厂投资 720 多万元人民币,在全省第一个引进了国内先进的全自动瓦楞纸板生产线、日本全自动瓦楞纸箱印刷开槽机等国内外先进纸箱生产设备,并于 1986 年投产。尤其是从意大利引进的瓦楞纸箱(盒)质量检测设备,填补了我省无瓦楞纸箱(盒)质量检测设备的空白,景德镇市纸箱厂成为当时江西省唯一拥有现代化生产设备的纸箱(盒)专业生产厂家。

(4)江西省德东彩印包装有限公司:1993 年,为加快陶瓷彩印包装的步伐,景德镇市纸箱厂合资组建江西德东彩印包装有限公司,投资 1000 多万元,分别引进德国海德堡最先进的电脑程控五色胶印机、日本全自动模切机、全自动晒版机及国内先进的电脑程控切纸机等 20 多台一流的印刷设备。此套设备为陶瓷彩印包装的全面发展起到了重要作用,使景德镇陶瓷彩印包装一跃成为当时全省包装行业从瓦楞纸箱到彩印包装设备最齐全、设计力量最强、检测最先进、产业最完整的全国知名纸制品包装企业。企业在景德镇陶瓷包装改进中,发挥了重要的带头作用。近百件陶瓷包装作品先后在国际包装博览会、各省市包装设计评比中获奖。企业多次获全国包装大检查领导小组、江西省委省人民政府及景德镇市委市人民政府嘉奖。

与此同时,景德镇市出口纸箱厂、景德镇市新华外贸纸箱厂、景德镇市竞成纸箱厂、景德镇市罗家纸箱厂、景德镇市新平纸箱厂、景德镇市洪源纸箱厂、景德镇市食品纸箱厂、景德镇市珠山区纸箱厂、景德镇市珠山区包装纸箱厂、景德镇市蛟潭开发区纸箱厂、景德镇市万寿山纸箱厂、景德镇市荷塘纸箱厂、景德镇市菱镁纸箱厂、景德镇市浮梁矿纸箱厂、乐平装潢纸箱厂等相继出现。江西省陶瓷进出口公司、景德镇市雕塑瓷厂、景德镇市第一塑料厂,先后从德国和美国引进了先进的瞬间发泡设备、EPS塑料发泡自动生产线、大型注塑机,积极为景德镇陶瓷内包装生产配套的内垫定型发泡和各大瓷厂大量使用的陶瓷生产塑料周转箱,为有效地保护内、外销瓷,降低陶瓷在周转和运输中的破损率,做出了应有的贡献。至此,到20世纪80年代末,以纸代草、以塑代草的包装改进取得重大进展。

4. 成立包装组织

20世纪70年代以前,景德镇市内销陶瓷包装基本是稻草包装,外销陶瓷包装大部分是木箱木丝包装加上少量纸箱(盒)包装。少数外商要求用好的彩印包装时,由外商或出口贸易部门设计印刷后,交付给出口部门包好瓷器,再发往口岸或外商。进入改革开放以后,尤其是20世纪80年代初,在全国包装大检查中,发现因包装不慎,每年给国家造成经济损失高达100多亿元,引起了中央领导高度重视。

1982年底,江西省陶瓷销售公司代表景德镇参加了由商业部土产品局和商业储运局牵头成立的全国陶瓷包装技术研究小组。

1984年,全国包装大检查及包装改进活动全面展开,景德镇市陶瓷包装被列入全国重点检查和改进项目之一。1984年4月,景德镇市成立了景德镇市包装技术协会,由副市长担任名誉会长,市经贸委副主任担任会长,市经贸委工业二科科长任秘书长。同年,景德镇市又成立了以副市长为组长、市有关部门负责人为成员的景德镇市陶瓷包装大检查领导小组及办公室,开展景德镇陶瓷包装大检查及包装改进工作。

1985年,为加快推进景德镇包装改进步伐,市政府决定在原景德镇市陶瓷包装大检查领导小组的基础上,重新组建以副市长为组长的景德镇市包装改进领导小组,全面改进陶瓷包装,消灭稻草包装,实现纸箱、纸盒包装化。

在全国包装大检查和景德镇市包装技术协会的全力推动下,市包装技术协会先后成立了纸制品委员会、装潢设计委员会、运输委员会、塑料包装委员会、教育委员会、印刷委员会、金属制品委员会、标准委员会、散装水泥办公室等多个委员会。协会在市委、市政府的强力领导和支持下,在江西省陶瓷工业公司、江西省陶瓷进出口公司、江西省陶瓷销售公司、市标准计量局、市轻化工业局及全市陶瓷企业、包装企业的有力配合下,针对当时的陶瓷稻草包装不卫生、不安全、不美观、破损率高、销售受阻以及"一等商品,二等包装,三等价格"等现象进行了全面改进,并做了大量卓有成效的艰辛工作,使景德镇陶瓷包装发生了脱胎换骨的变化。

历经20世纪80年代以纸代草、以塑代草的陶瓷包装改进和90年代彩印包装的创新,基本上结束了陶瓷稻草包装的历史。景德镇市包装技术协会历届领导和成员单位领导以及包装装潢设计委员会成员,在景德镇陶瓷包装的改进中做出了不可磨灭的贡献,先后受到中国包装技术协会、省经贸委、省包装技术协会嘉奖。

5. 制定包装标准

相比其他产品包装设计,陶瓷包装设计一直是一项比较复杂的工作。由于陶瓷产品极易损坏、品种繁多、厚薄不一、花色多样、型号有异等诸多因素,因而,陶瓷包装复杂,没有统一标准。

(1)制定外销陶瓷包装标准。为适应景德镇陶瓷出口的需要,江西省陶瓷进出口公司、江西省陶瓷销售公司和陶瓷企业、包装企业等相关部门组织人员编辑制定了《出口陶瓷包装纸箱纸盒规格汇编》等标准化文件,这在全国陶瓷包装行业中是首创。陶瓷包装标准及规范的制定,无论在过去还是在今天,都对陶瓷包装的设计、改进和发展起到了重要作用。

(2)制定内销陶瓷包装标准。20世纪80年代,为了解决在改进陶瓷包装工作中遇到的上述问题,以及陶瓷产品名称不统一、纸箱盒设计生产无标准、包装企业用材不规范、纸箱盒价格较混乱等问题,1986年由景德镇市标准计量局、景德镇市包装技术协会、江西省陶瓷销售公司、景德镇市轻化工业局共同组织编辑制定了《内销陶瓷纸箱(盒)包装》《纸箱纸盒包装瓷器工艺技术规程》《纸箱纸盒包装价格本》等一系列标准化文件和规定,并由市标准计量局公布实施。

纸箱纸盒包装材料主要有纸箱、纸盒、附件、可发性聚苯乙烯、塑料带、塑料袋、封箱钉、铁皮、免水胶纸等。

纸箱纸盒包装工序包括:

包纸:①配筒口,因有些产品有不同程度的变形,包装前必须按变形的方向理顺;②垫纸,即将配好筒口的瓷器每件之间用纸隔开,以减少摩擦;③包纸,即将瓷器用纸包紧固定;④捆扎,即按规定的包装数量,用塑料带捆扎紧,要求塑料带与瓷器垂直,歪斜不超过1.5厘米,腰箍均匀落槽。

装箱:①核对装箱瓷器与纸箱所标品种、花面、等级、数量等是否一致;②装盒(包括套盒、卷附件或可发性聚苯乙烯发泡板),将包扎好的瓷器按标准规定装紧放平;③装箱,即将装好纸盒或卷好附件的瓷器按照规定的顺序和位置依次装入纸箱,要求排列整齐,如有空隙松动,须用边纸或毛纸填平塞紧。

封箱:①产品装箱完毕,两边箱盖要对齐、压平,箱口无明显空隙,整个纸箱不允许有歪斜变形现象;②钉封箱钉,要求按规定数量间隔均匀,不歪斜,钉卷脚,用铁皮锁箱的应卡牢接头;③封口,即用免水胶纸封住箱口,要求平整粘牢;④封箱后加盖工号章。

**图13-17 稻草包装标准**

6. 培养包装人才

20世纪70年代以前,景德镇陶瓷基本采用稻草包装,现代包装与设计人才几乎为零。面对现代包装与设计人员缺乏这一薄弱环节,景德镇市政府、市包装技术协会积极鼓励和支持陶瓷包装企业培养包装与设计队伍。

(1)开展包装与设计人员培训。在1984年至1993年的10年中,景德镇市有6名学员参加了中国包装装潢设计委员会主办的首届中国包装装潢设计刊授大学学习,4人先后赴中央工艺美术学院进修,5人赴国外或参加由国际组织举办的包装设计及管理研修,50多人(次)分别赴北京、上海、天津、广州等地学习包装艺术设计、工程技术和实际操作。1985年,市包装技术协会还举办了一期70多人参加的包装装潢设计讲座,并与市科技干部进修学院联合举办了一期包装技术培训班。1985年至1986年,景德镇陶瓷职工大学邀请上海著名包装设计教育家丁浩、杨艾强、柯列等教授到本校讲授包装设计课程,市纸箱厂邀请扬州锦盒制作专家和日本包装工程技术专家到厂里传授锦盒设计制作、包装工程、包装运营管理、包装设备维护等技术。市包装技术协会委派受训的设计人员到陶瓷企业和景德镇陶瓷学院讲授陶瓷包装实际操作、陶瓷包装设计艺术等课程,并建议大专院校尽快设立包装教育课程。从1984年至1993年,在各陶瓷和包装企业内部有2000多人(次)参加了企业内部进行的各种包装技术和岗位培训。10年中,先后组织了500多人(次)参加5次国际、10次全国及50余次区域、省级包装设计、工程技术和管理经验的展览、评比、交流活动。景德镇市还先后有1000多人(次)参加了9次市级包装设计评比展览观摩活动。所有这一切,均为景德镇市组建包装设计队伍、培养包装技术人才、提高包装工人技术能力水平奠定了良好社会基础,更为后续引进和使用先进的包装与印刷设备储备了人才。

(2)发展陶瓷包装设计教育。从20世纪80年代开始,陶瓷包装设计教育已引起景德镇市包装界、教育界的高度关注,景德镇陶瓷大学(原景德镇陶瓷学院)、景德镇学院(原景德镇高等专科学校)、江西陶瓷工艺美术职业技术学院(原江西省景德镇陶瓷学校)等陶瓷美术与设计专业教师积极参与陶瓷包装设计工作和陶瓷包装改进活动。景德镇包装界的技术与设计人员也先后走进大学,深入大专院校讲授陶瓷包装设计课程,与院校老师探索陶瓷包装设计教育发展工作,呼吁各大专院校增设陶瓷包装设计专业,开设包装设计课程,对促进陶瓷包装教育的发展做了大量工作。进入21世纪以来,随着景德镇市陶瓷包装设计事业的快速发展,景德镇市各高等院校先后开设了平面设计(视觉传达)专业。景德镇陶瓷大学设立设计艺术学院,开设环境设计、产品设计、视觉传达设计等本科专业;景德镇学院设立陶瓷美术与设计艺术学院,开设环境设计、产品设计等本科专业;江西陶瓷工艺美术职业技术学院设立设计艺术学院,开设艺术设计、视觉传播设计与制作、环境艺术设计、陶瓷艺术设计等专业。每年有400多名大学生毕业于此专业,为包装设计输送了大量设计人才。2015年,市春涛陶瓷包装有限公司创建全国唯一的陶瓷包装历史博物馆,并成为南昌大学艺术与设计学院、南昌航空大学艺术与设计学院、景德镇陶瓷大学设计艺术学院、江西陶瓷工艺美术职业技术学院设计艺术学院等省内六所院校(系)的教学实践基地,每年向近千名大、中、小学生传播陶瓷包装历史文化和讲授包装设计课程。目前,有部分院校正在谋划创立单独的陶瓷包装设计系,为景德镇陶瓷包装设计队伍提供针对性、专业性更强的包装设计人才。

### 二、形成现代陶瓷包装科技成果

40 多年来,景德镇市陶瓷包装改进成果显著,在陶瓷包装的改进中由于成绩显著,许多陶瓷和包装企业得到全国包装大检查领导小组、省市政府、中国包装技术协会、省市经贸委、省包装协会及相关部门多次嘉奖。

#### (一)引进陶瓷包装技术和产品开发设计

1985 年至 1994 年,这 10 年是景德镇陶瓷包装历史上发展的高峰期,造纸、瓦楞纸箱、彩印纸箱、礼品包装、锦盒包装得到全面的高质量发展。仅从瓦楞纸箱发展方面,不仅满足了陶瓷包装的需求,而且延伸到了医药、食品、茶叶、电子等产品包装方面,更为重要的是高质量的包装产品逐渐发展到为华意压缩机、洪都摩托车等机械产品提供合格的瓦楞纸箱包装。

在陶瓷彩印包装方面,虽然景德镇启动较晚,但起步较高,以市新华印刷厂、市造纸厂、市纸箱厂等为代表的主要包装企业先后投资引进了当时国内外最先进的包装、印刷、造纸技术和与之配套的生产设备。这些先进设备硬件的引进,使景德镇陶瓷销售(商品)包装、纸张材料质量得到迅速提高,有效提高了陶瓷产品附加值,促进了陶瓷产品销售,宣传了陶瓷产品品牌,维护了陶瓷产品形象,更使景德镇包装行业一跃成为全省第二。

从 2000 年至 2020 年的 20 年时间里,景德镇市各类创意型个性化陶瓷包装也得到较大发展,纸制、皮制、木制、竹制等材质包装相继投放市场,丰富了陶瓷包装产品,适应了不同层次消费者的需求。尤其值得一提的是,许多设计科学、构思巧妙、创意独特的"一纸结构"绿色环保、可回收、可利用、无污染的陶瓷包装产品先后开发成功并投产,赢得市场好评。

#### (二)产生现代陶瓷包装科技成果

景德镇市在陶瓷包装专业设计方面,不仅逐步建立了一支完整的陶瓷包装专业性的设计和技术队伍,而且结合先进的设备和技术,不断参与各级别、各类型的学术交流、技术练兵、包装展览、设计评比等活动,先后 10 多次参加了国际性包装技术和包装工业展评会和全国性包装设计展评比,9 次参加华东地区"华东大奖"包装设计评比,20 次参加全省包装评比,组织了 9 次全市包装评比,先后有 150 多件(次)作品在各类包装材料和包装设计展评中屡屡获奖。其中,包装产品获国际性奖 7 项,国家级奖 22 项,华东大奖 20 余项,省级金银奖 70 余项,市级奖 80 余项(上述奖项不含教育系统)。在产品质量方面,有 10 余项获省、部优质产品,20 余项获省市优秀新产品,许多包装企业或设计部门数 10 次被原轻工部、省委省政府、市委市政府、省工信局、省包装协会和中国包协设计委嘉奖。进入 2000 年后,由于体制改革,景德镇市陶瓷包装改进虽然遭遇到改制和转型的短暂磨砺,但陶瓷包装界仍在艰辛和困难中坚持信念,向逐渐呈现的新曙光迈进。

值得一提的是,景德镇春涛陶瓷包装公司先后为国家领导人外事出访设计制作国礼瓷、国礼茶包装,也曾先后为 2008 年北京奥运会、2010 年上海世博会与广州亚运会、2012 年伦敦奥运会与世界特奥会、2019 年上海进博会、2022 年北京冬奥会与冬残奥会等国际大型活动设计制作礼品瓷包装,为景德镇陶瓷包装争得了荣誉。

### 三、打造未来景德镇陶瓷包装智慧园区和设计中心

进入新时代,景德镇市陶瓷包装也面临着大发展的新时机。2019 年,国务院批复景德镇建设国家陶瓷文化传承创新试验区,从此"试验区"建设在景德镇拉开序幕,景德镇陶瓷产业和陶瓷文化迎来了千年一遇的大发展机会。在市委、市政府主要领导的重视关心下,在市陶瓷产业创新发展中心(原市工业管理办公室)的全力组织领导下,景德镇市陶瓷包装产业快速发展,政府积极谋划筹建景德镇陶瓷包装智慧园区,并将其列入了 2021 年景德镇陶瓷产业铸链、强链、引链、补链的重要项目。

#### (一)创建陶瓷包装智慧园区

2020 年 6 月,景德镇市陶瓷产业创新发展中心为策应景德镇国家陶瓷文化传承创新试验区建设,努力解决陶瓷包装制约陶瓷产业发展的问题,在原有的景德镇市包装技术协会基础上,组建景德镇市陶瓷包装行业协会。协会成立后,历经半年多的赴北京、上海、深圳、浙江等包装发达地区考察和深入本地包装企业调研,认为要彻底改变景德镇陶瓷包装落后面貌,解决制约陶瓷包装发展的瓶颈问题,就必须积极引导并全力支持由市陶瓷包装行业协会统筹组织有发展前景的包装印刷企业筹建陶瓷包装智慧园区,引进先进的包装印刷设备,创建包装工业设计中心,招聘优秀设计和技术人才,建立完整的包装产业链。2021 年,《筹建陶瓷包装智慧园区的项目方案》提出,得到市委、市政府领导的高度肯定和鼓励,认为陶瓷包装是陶瓷产业链中的重要组成部分,更是陶瓷产

业中铸链、强链、引链、补链的重要举措,并要求将此项目入驻昌南新区加速基地,同时将此项目列入了景德镇市2021年"5020"重点项目之一。在项目建设中,市委、市政府主要领导多次亲临园区现场考察,并为入驻企业解决实际问题。2022年1月底,在昌南新区管委会、市城投公司和市陶瓷协会等部门的大力支持和配合下,历经半年多时间,首期6万多平方米的陶瓷包装智慧园区建设已基本形成,并于2022年3月全部投产。

陶瓷包装智慧园区的建设,是新时代景德镇加快完善陶瓷产业链、促进景德镇陶瓷包装工业发展的创新举措,更是书写了景德镇千年陶瓷包装史的崭新一页,功在当代,利在千秋。

**（二）引进世界一流的包装印刷和制造设备**

在建设陶瓷包装智慧园区的同时,市陶瓷产业创新发展中心、市陶瓷包装行业协会积极组织入园企业引进国内外先进的包装印刷设备,历经多方努力和金融部门的支持,仅用8个月时间,入园的市希望印刷、长存印刷、臻品包装、鑫润包装、晟泰包装、新佳达印刷、思棻创意包装、匠一堂创意包装等企业,先后投资上亿元引进了德国海德宝四色胶印机、德国高宝五加一印刷胶印机、日本小森四加一印刷胶印机、自动覆膜机、自动粘盒机、自动模切机、压纹机等100多台国内外先进的包装印刷设备,创下景德镇包装企业在较短时间内引进高端设备的新纪录。这些新设备的引进,对景德镇未来陶瓷包装在新工艺、新技术、高品位、高质量等方面将发挥重要作用。更重要的是,入园企业所引进的先进设备也为各包装企业提供了平台共创、资源共享、设备共用的有力支撑,形成了全新的、完善的景德镇陶瓷包装工业产业链。

目前,景德镇的包装企业除了入园的企业外,还有东大包装公司、永德胜彩印包装有限公司、中天包装有限公司、汉鼎包装有限公司、江西天业蜂窝包装制品有限公司、博泰彩印包装有限公司、福瑞祥包装有限公司、合一包装公司、东方印务有限公司、荣昕包装材料有限公司等30家主要包装企业和相关配套单位。

**（三）建设一流的陶瓷包装科研开发设计中心**

2022年1月,全国唯一的以陶瓷包装工业设计为主题的景德镇市华辉陶瓷包装工业设计有限公司(下称设计公司)在陶瓷包装智慧园区正式挂牌成立。陶瓷包装工业设计公司的成立,对加快扭转景德镇市陶瓷包装设计水平薄弱的环节,提高陶瓷包装创意设计水平,加强校企合作和包装人才队伍建设,吸引更多的包装科技人员留在景德镇,为陶瓷包装企业提供技术支持与设计服务,促进陶瓷包装产业发展有着重要和深远的历史意义。

设计公司现有面积1900平面方,是一所集陶瓷包装管理中心、研发中心、培训中心、展示中心、直播中心为一体的综合性设计研究机构。设计中心以人才为先、创新为魂、市场为要、服务为本、效益为根的理念,为政府相关机构、大专院校、包装协会会员单位、广大用户提供包装决策数据、学术交流、技术支持、商贸洽谈、版权保护、网络建设、智能化管理等方面的优质服务。设计中心的职责和目标是通过创意设计有力地驱动景德镇陶瓷包装产业创新发展,并紧扣市场需求,开发绿色、环保、智能、前瞻性和个性化的陶瓷包装产品,助推陶瓷企业"创品牌、提品质、增产能、促效益",为景德镇陶瓷包装企业培养、输送包装设计人才。设计中心以领军设计人才为中坚,青年设计师为梯队,园区包装企业为基地,加强包装产学研教联动,不断创新设计富有科技性、时代感、智能化的陶瓷包装产品。

# 第十四章　景德镇陶瓷运输及路线

景德镇的瓷器运输,自古就是利用昌江,通过各地瓷商,用船载、车马运送、肩扛担挑等形式,水陆兼程,运输到全国各地与世界各国。

## 第一节　景德镇陶瓷运输概况

昌江,是景德镇陶瓷运输的主要通道。历史上昌江上游支流东河、南河、西河、北河等是景德镇窑柴、瓷土的重要通道,而下游沿昌江入鄱阳湖,与鄱阳湖水系赣江、抚河、信江、修水、饶河五大河流相贯通,鄱阳湖成为景德镇陶瓷对外运输的枢纽。从鄱阳湖下长江,再通过沿岸水系,可以把景德镇陶瓷运送到长江沿岸南北各地,长江成为景德镇陶瓷运输的大动脉。运河是沟通南北的纽带,景德镇通过运河把陶瓷送往华北地区,甚至运往内蒙古、东北地区。明代缪宗周在《兀然亭》一诗中介绍景德镇是"陶舍重重依岸开,舟帆日日蔽江来"[1]。自唐宋以来到 20 世纪 60 年代,景德镇陶瓷货物运输主要靠昌江水道吞吐。因此,这个工商业都市,最初是沿河建窑,沿窑成市。每天无数只小船穿梭往来,许多精品瓷器就靠昌江河道上排列如蚁般的大小船只驳运,转入鄱阳湖,经赣江、长江运往全国各地和沿海港口出海,"行于九域,施及外洋"。

船,是景德镇陶瓷主要的运输工具。昌江沿岸,舟楫云集,清代诗人郑廷桂、郑风仪有"瓷器菱成船载去"[2]"贾船带雨泊乌篷"[3]的诗句。景德镇从事水上运输的有两个行业,一个是船行,另一个是船帮。船行是到各瓷行、瓷庄组织货源,委托船帮安排运输;船帮则是组织船只将瓷器运送出景德镇,甚至到达目的地。清末到民国时期,景德镇有私营船行先后达 24 家,各地商人需船运货出镇,必须经过船行。清代,景德镇就有鄱阳、祁门、浮梁、都昌 4 个船帮,民国时期有 10 个船帮,共拥有大小船只 3250 只。城区有三闾庙码头、里市渡码头、中渡

---

① 童光侠.中国历代陶瓷诗选[M].北京:北京图书馆出版社,2007:70.

② 童光侠.中国历代陶瓷诗选[M].北京:北京图书馆出版社,2007:169.

③ 童光侠.中国历代陶瓷诗选[M].北京:北京图书馆出版社,2007:100.

图 14 - 1　饶州(绘官员乘船沿昌江抵达景德镇情景,图中有红塔,
有官方悬挂黄旗运粮的漕船)

口码头、湖南码头、曹家码头、窑柴码头、米船码头、灰粪码头 8 个码头,其中里市渡码头、湖南码头、曹家码头均是瓷器码头。航行在昌江上的船分无帆船和有帆船两类。无帆船主要有鸦尾船、小扶稍船、东港船、西港船、北港船、南港船等类型。鸦尾船是景德镇的门户船,明代开始使用,小扶稍船与鸦尾船相似而体积稍大,东港船主要航行于东河,西港船主要航行于西河,北港船主要航行于北河,南港船主要航行于南河。有帆船主要有罗荡船、刁子船、大扶稍船等。罗荡船、刁子船船型大体类似,常年行驶在昌江下游,大扶稍船多由鄱阳湾山、古县渡、磨刀石、莲湖等地人驾驶。另外浮梁河道上还有来自南昌、婺源、祁门、万载、九江、高安、德兴、广信、余江、余干、抚州等外地的沙排子船、麻雀子船、贬咀船、得化船、倒划子船、乌龟子船、巴斗船、横板船、土苟船、铲子船、抚船等类船型。①　只

① 胡作恒,周崇政,周则尧.景德镇市交通志[M].上海:上海社会科学院出版社,1991:64 - 65.

有行驶在昌江下游的船帮,才能运送瓷器出景德镇,因而,景德镇运送瓷器的船只主要是有帆的罗荡船和刁子船。有的船,可以直接将瓷器运送到目的地,如果到长江上游的汉口、重庆或下游的南京、上海,则运到鄱阳皇岗或古县渡换驳,改换大船运送到目的地。各地都有船帮,他们之间相互协作,货到该地,当地船帮接驳转运,收入船帮之间分成。景德镇瓷器就是这样,通过各地船帮之间接驳转运,水陆兼程,运送到全国各地和世界各国。

表 14－1　民国时期景德镇船行一览表

| 行名 | 经理 | 籍贯 | 开业时间 |
|---|---|---|---|
| 陈箕沅 | 吴瑞生 | 鄱阳 | 1899 |
| 熊裕新 | 熊学文 | 湖北葛店 | 1900 |
| 查利成 | 查惟金 | 安徽安庆 | 1911 |
| 郭万发 | 郭代鑫 | 赣县 | 1913 |
| 江永安 | 江家章 | 南康 | 1914 |
| 谢德顺 | 谢登瀛 | 金溪 | 1918 |
| 李德顺 | 李仲连 | 鄱阳 | 1922 |
| 刘生咸 | 刘天则 | 湖北汉川 | 1922 |
| 吴信昌 | 吴幼梅 | 上饶 | 1935 |
| 济运 | 刘国稿 | 都昌 | 1935 |
| 王信通 | 王柄椿 | 上饶 | 1937 |
| 冯荣华 | 冯心道 | 都昌 | 1939 |
| 黄泰来 | 黄海峰 | 湖北鄂城 | 1940 |
| 义安 | 程汉义 | 鄱阳 | 1941 |
| 肖万昌 | 肖松山 | 鄱阳 | 1941 |
| 胜利 | 童文卿 | 湖北黄冈 | 1942 |
| 余顺泰 | 余洁如 | 都昌 | 1945 |
| 吴义昌 | 吴献昌 | 江苏常州 | 1945 |
| 新兴 | 范报安 | 余江 | 1945 |
| 胡开泰 | 胡开记 | 湖北汉川 | 1946 |
| 永通德 | 钟德隆 | 鄱阳 | 1946 |
| 柯丰 | 柯寿祥 | 上饶 | 1946 |
| 龙安 | 江文龙 | 鄱阳 | 1950 |

表 14 - 2　民国时期景德镇船帮一览表

| 帮名 | 船数 | 负责人 |
|---|---|---|
| 鄱阳帮 | 800 | 程忠恒、张和贵 |
| 都昌帮 | 400 | 曹定安、江增承 |
| 南昌帮 | 100 | 杨泰润 |
| 广昌帮 | 100 | 王炳春 |
| 抚州帮 | 50 | 谢登瀛 |
| 余江帮 | 800 | 范鸿权、陈坤林 |
| 余干帮 | 400 | 江显学、芦振玉 |
| 乐平帮 | 100 | 方怀仁 |
| 祁门帮 | 100 | 吴瑗英 |
| 浮梁帮 | 400 | 李达行 |

图 14 - 2　昌江运瓷船

散子店,又称散做店,是景德镇瓷器由瓷庄、瓷行搬运到码头上船的搬运机构。散子店归南昌帮控制,码头控制地段为:豆腐弄至祥集弄;祥集弄至陈家岭;陈家岭至小黄家弄;小黄家弄至小港嘴。景德镇瓷器搬运必须由散子店搬运,搬运瓷器有两种挑夫:一为"把庄",专事由窑厂挑运瓷器至瓷器行,非把庄挑夫不得挑运;二为"挑驳",专事由瓷器行挑运瓷器下河装船。搬运力资上半年、下半年不同,根据包装重量以支、包、篮、帮计算。

表 14 - 3　驻景德镇南昌省会瓷商公会运瓷价目一览表①

| 名称 | 数量 | 运费 |
|------|------|------|
| 每年旧历二月一日起,至八月止 | | |
| 廷篮 | 每只 | 大洋 3 角 |
| 单支 | 每件 | 大洋 5 分 |
| 双帮 | 每件 | 大洋 7 分 |
| 四支包 | 每件 | 大洋 9 分 |
| 六支包 | 每件 | 大洋 1.2 角 |
| 每年旧历九月一日起,至正月底止 | | |
| 廷篮 | 每只 | 大洋 4 角 |
| 单支 | 每件 | 大洋 7 分 |
| 双帮 | 每件 | 大洋 9 分 |
| 四支包 | 每件 | 大洋 1.2 角 |
| 六支包 | 每件 | 大洋 1.4 角 |

　　瓷商,是专门来景德镇采购瓷器运输到外地贩卖的瓷器商人,是景德镇瓷器的经营者。瓷商分为坐商和行商,一些较大瓷商在景德镇购置或租赁房屋,设立瓷庄或瓷行,派员坐庄采购,组织包装发运,货齐备则开船运送,销往外地。瓷行是为外地商人代买、落仓、包装和托运瓷器的商行,采用钱货两清、期货、赊销、议销等方式为外地瓷商向瓷号或窑户采购瓷器,按采买瓷器总金额的2%收取佣金。新中国成立前,景德镇有近百家瓷行。常年在景德镇的外地瓷商较多,为了维护外地瓷商和来景经营者的利益,明清时期,以各籍或邻籍联合为单位,形成商帮,并在景德镇建立会馆,成为商帮洽谈工作、商量业务、往来接待、联络乡谊和进行行会活动的中心和场所。明末清初,来景德镇的瓷商共有宁(波)、绍(兴)、关东、鄂城、广东、桐城、苏湖等八帮,其中以宁、绍、关、广四帮购买力最大,并在苏湖会馆联合设立瓷商八帮公所。民国初年,由于商务总会的

---

① 陈海澄.景德镇瓷录[M].景德镇:《中国陶瓷》杂志社,2004:187.

成立,八帮公所改称全国旅景瓷商联合会,北伐战争以后,又改称全国瓷商旅景公会。民国三十六年(1947年),景德镇有客帮瓷商二十五帮,新中国成立前客帮瓷商达三十三帮,这些瓷商客帮沟通了景德镇与外地的联系,也操纵着景德镇瓷器的运销。

表 14-4　景德镇民国三十六年(1947年)客帮瓷商统计①

| 帮名 | 籍贯 | 运输地 | 瓷器产品 | 家数 |
|------|------|--------|----------|------|
| 河北帮 | 天津 | 京津 | 脱胎四大器 | 16 |
| 广东帮 | 广东 | 两广、南洋、美国 | 二白釉灰可器 | 4 |
| 江苏帮 | 江苏 | 苏南、浙北 | 二白釉四大器 | 35 |
| 同庆帮 | 湖北鄂城 | 沪、宁 | 脱胎四大器 | 80 |
| 马口帮 | 湖北汉川 | 川、汉 | 灰可器 | 40 |
| 三邑帮 | 湖北 | 芜湖、苏州 | 脱胎二白釉 | 6 |
| 良子帮 | 湖北 | 芜湖、苏州 | 灰可器 | 4 |
| 过山帮 | 浙江 | 温州、台州 | 二白釉灰可器 | 24 |
| 河南帮 | 河南 | 河南 | 四大釉灰可器 | 5 |
| 金陵帮 | 南京 | 南京 | 脱胎二白釉 | 23 |
| 宁绍帮 | 宁波绍兴 | 上海、浙江 | 脱胎二白釉 | 13 |
| 四川帮 | 成都 | 四川 | 脱胎二白釉 | 15 |
| 桐城帮 | 安徽 | 云、贵、广、港 | 脱胎灰可器 | 20 |
| 省会帮 | 丰城 | 上海 | 脱胎二白釉 | 7 |
| 粮帮 | 江西临川 | 北京 | 脱胎二白釉 | 5 |
| 黄家洲帮 | 江西都昌 | 江西各县 | 二白釉灰可器 | 25 |
| 金斗帮 | 安徽巢县 | 皖北、河南 | 灰可器 | 1 |
| 南昌帮 | 南昌 | 南昌 | 脱胎二白釉 | 14 |
| 甘肃帮 | 甘肃 | 甘肃 | 灰可器 | 1 |
| 内河帮 | 江西 | 本省各县 | 青釉二白釉 | 30 |
| 古南帮 | 都昌县 | 芜湖、南京 | 脱胎灰可器 | 17 |
| 新安帮 | 安徽婺源 | 皖南一带 | 脱胎二白釉 | 2 |
| 西南帮 | 江西临川 | 广西、贵州 | 灰可器 | 1 |
| 川湖帮 | 浙江嘉兴 | 杭、嘉、湖 | 脱胎二白釉 | 8 |
| 江黄帮 | 湖北 | 鄂北一带 | 灰可器 | 4 |

① 景德镇市地方志办公室.中国瓷都·景德镇市瓷业志:市志·2 卷[M].北京:方志出版社,2004:772.

表 14 - 5  景德镇 1954 年客帮瓷商统计①

| 帮名 | 籍贯 | 运输地 | 瓷器产品 | 家数 |
|------|------|--------|----------|------|
| 河北帮 | 天津 | 平津一带 | 脱胎四大器 | |
| 广东帮 | 广东 | 广东出国 | 脱胎及艺术品 | |
| 江苏帮 | 江苏 | 江苏南部、浙江北部 | 二白釉四大器 | |
| 同庆帮 | 湖北鄂城 | 长江下游京沪一带 | 脱胎四大器 | |
| 马口帮 | 湖北汉川 | 长江上游川汉一带 | 灰可器 | |
| 三邑帮 | 湖北 | 芜湖、苏州一带 | 脱胎二白釉 | |
| 良子帮 | 湖北 | 芜湖、苏州一带 | 灰可器 | |
| 过山帮 | 浙江 | 温州、台州一带 | 二白釉灰可器 | |
| 河南帮 | 河南 | 河南 | 四大釉灰可器 | |
| 金陵帮 | 南京 | 南京 | 脱胎二白釉 | |
| 宁绍帮 | 宁波绍兴 | 上海、浙江一带 | 脱胎二白釉 | |
| 四川帮 | 成都 | 四川 | 脱胎二白釉 | |
| 桐城帮 | 安徽 | 云南、贵州、广东、香港 | 脱胎灰可器 | |
| 粮帮 | 江西临川 | 北平 | 脱胎二白釉 | |
| 黄家洲帮 | 江西都昌 | 江西各县 | 二白釉灰可器 | |
| 金斗帮 | 安徽巢县 | 皖北、河南一带 | 灰可器 | |
| 南昌帮 | 南昌 | 南昌 | 脱胎二白釉 | |
| 甘肃帮 | 甘肃 | 甘肃 | 灰可器 | |
| 内河帮 | 江西 | 江西各县 | 青釉二白釉 | |
| 古南帮 | 都昌 | 江苏、芜湖、南京一带 | 脱胎灰可器 | |
| 新安帮 | 安徽婺源 | 皖南一带 | 二白釉可器 | |
| 西南帮 | 江西临川 | 广西、贵阳一带 | 灰可器 | |
| 川湖帮 | 浙江嘉兴 | 杭、嘉、湖一带 | 脱胎二白釉 | |
| 江黄帮 | 湖北 | 鄂北一带 | 灰可器 | |
| 天津帮 | 天津 | 天津 | 脱胎四大器 | |

---

① 景德镇市地方志办公室. 中国瓷都·景德镇市瓷业志: 市志·2 卷［M］. 北京: 方志出版社, 2004: 773 - 774.

续表 14 – 5

| 帮名 | 籍贯 | 运输地 | 瓷器产品 | 家数 |
|------|------|--------|----------|------|
| 关东帮 | 关东 | 东北各省 | 灰可器 | |
| 同信帮 | 湖北 | 汉口以上 | 灰可器 | |
| 黄麻帮 | 湖北 | 汉口以上 | 灰可器 | |
| 湖南帮 | 湖南 | 湖南 | 脱胎二白釉 | |
| 孝感帮 | 湖北 | 苏州、芜湖 | 脱胎二白釉 | |
| 辽宁帮 | 辽宁 | 东北各省 | 灰可器 | |
| 丰西帮 | 江西丰城 | 汉口以上 | 灰可器 | |
| 扬州帮 | 扬州 | 扬州 | 脱胎二白釉 | |

表 14 – 6　外籍人在景德镇建立会馆一览表①

| 会馆名称 | 坐落地名 |
|----------|----------|
| 青阳书院(蓉城公所) | 求子上弄 |
| 瑞州会馆(筠阳书院) | 八卦图 |
| 新安书院(徽州会馆) | 中山路新安巷口 |
| 祁门会馆 | 中山路风景路口 |
| 湖南会馆 | 沿河路斗富弄 |
| 奉新会馆(新芙书院)令公庙 | 毕家下弄 |
| 湖北书院(湖北会馆) | 彭家下弄 |
| 南昌会馆(洪都书院) | 中山路毕家弄口 |
| 章山书院(临江会馆)仁寿宫 | 程家下巷 |
| 山西会馆 | 祥集下弄 |
| 建昌会馆 | 老弄口下弄 |
| 苏湖会馆(苏湖书院) | 何家瓿 |
| 广肇会馆(岭南书院) | 五间头上弄 |
| 吉安会馆(鹜州书院) | 戴家上弄 |
| 芝阳书院(饶州会馆) | 周路口、万年街之间 |

---

① 景德镇市地方志办公室.中国瓷都·景德镇市瓷业志:市志·2 卷[M].北京:方志出版社,2004:764.

续表 14-6

| 会馆名称 | 坐落地名 |
|---|---|
| 福建会馆(天后宫) | 中华路大强家弄口 |
| 婺源会馆(紫阳书院) | 小黄家上弄 |
| 抚州会馆(昭武书院) | 抚州弄 |
| 石棣会馆(广阳公所) | 苏家坂 |
| 丰城会馆 | 程家上巷 |
| 宁绍书院(宁波会馆) | 中华路迎祥弄口 |
| 湖口会馆 | 龙缸弄内 |
| 都昌会馆(古南书院) | 风景路 |
| 宛陵书院(宁国会馆) | 中华路邓家岭 |

## 第二节　景德镇内销瓷运输及路线

景德镇制瓷文献上记载,"新平冶陶,始于汉季。大抵坚重朴茂,范土合漫,有古先遗制"①。这一时期是处在"耕而陶"的阶段,所制产品只供迩俗粗用,主要是卖给邻近居民,并不远销。

唐代开始,景德镇瓷器"陶窑""土惟白壤,体稍薄,色素润","霍窑""窑瓷色亦素,土墡腻质薄,佳者莹缜如玉"②,开始贡御朝廷,并向外地销售。《浮梁县志》记载:陈后主"大建宫殿于建康,诏新平以陶础贡"③。唐元和八年(813年),饶州刺史元崔向朝廷进贡景德镇瓷器,曾请唐宋八大家之一的柳宗元写过《代人进瓷器状》,说明唐代景德镇瓷器已运输远销到长安、关中等地。不仅如此,2013年发掘的景德镇兰田窑和南窑遗址,均出土酱釉瓷腰鼓,南窑还出土硕大的青釉大碗、夹耳盖罐、双耳系瓶,这些带有异域风情的产品是为了满足胡人需要而专门烧造或订烧的,说明在晚唐,景德镇就开始为西域、阿拉伯、波斯、印度诸国生产瓷器。景德镇瓷器从景德镇运到长安,通过古丝绸之路,运往西域、阿拉伯、波斯、印度诸国。

---

① 熊寥,熊微.中国陶瓷古籍集成[M].上海:上海文化出版社,2006:79.

② 傅振伦.《景德镇陶录》详注[M].北京:书目文献出版社,1993:62.

③ 熊寥,熊微.中国陶瓷古籍集成[M].上海:上海文化出版社,2006:79.

宋元时期,景德镇瓷器销售地区已有很清楚的记载。宋人汪肩吾在《昌江风土记》中记载:"……其货之大者,摘叶为茗,伐楮为纸,坯土为器,自行就荆湘吴越间为国家利。"①南宋蒋祈在《陶记》中记载:"若夫浙之东西,器尚黄黑,出于湖田之窑者也;江、湖、川、广,器尚青白,出于镇之窑者也。碗之类:鱼水、高足;碟之发晕、海眼、雪花,此川、广、荆、湘之所利。盘之马蹄、槟榔;盂之莲花、耍角;碗、碟之绣花、银锈、薄唇、弄弦之类,此江、浙、福建之所利,必地有择焉者。则炉之别:曰狻、曰鼎、曰彝、曰鬲、曰朝天、曰象腿、曰香奁、曰桶子;瓶之别:曰觚、曰胆、曰壶、曰净、曰栀子、曰荷叶、曰葫芦、曰律管、曰兽环、曰琉璃。与夫空头细名,考之不一而足,惟贩之所需耳。两淮所宜,大率皆江、广、闽、浙澄泽之余。土人货之者,谓之'黄掉'。"②近年来,浙江、安徽、上海、江苏、福建等地出土了景德镇青白瓷,证明景德镇瓷器宋时已在华东地区广为销售;湖南、湖北、广东、广西、河南、江西出土的宋代青白瓷较多,说明当时景瓷已销往中南各地;河北、陕西、内蒙古、辽宁等地出土了宋代青白瓷,证明当时景瓷已销往北方;元代的影青、青花、枢府瓷,在湖南、湖北、江西等省的墓葬中均有出土;四川、云南墓葬出土瓷器中,有景德镇宋代影青瓷和元代的青花、枢府釉瓷;在西北、新疆等地墓葬中曾出土元代景德镇的青花、枢府瓷器。这些都表明,景德镇瓷器在宋元时期已销售到大江南北、全国各地。

最迟从南宋开始,景德镇瓷器不再是自行销售。南宋时期,景德镇窑多达三百余座,青白瓷成为一代名品,景德镇成为业陶都会,多数窑业主只顾生产,无力外销。瓷业大发展,吸引了众多外地商贾和匠民旅景业瓷或定居。蒋祈在《陶记》中说"窑火既歇,商争取售"③。洪迈在《夷坚志》中记载:"波阳荬冈民黄廿七,作小商贾。绍兴元年(1131年)到景德镇贩瓷器,过湖口,往岳庙烧香。""饶州市民张霖,居德化桥下,贩易陶器,积以成家。"这说明宋时景德镇外埠个体小商贩的贩运活动就已很活跃,这些销售瓷器的外埠商人,有水客行商,有陆路肩扛担挑的小商小贩,他们亲自或派人来镇购买,再运往销地出售。南宋时期,景德镇不仅有外埠商人采买瓷器,而且形成了瓷器买卖双方的经纪人牙行。蒋祈在《陶记》中记载:"交易之际,牙侩主之,同异差互,官则有考,谓之

① 熊寥,熊微.中国陶瓷古籍集成[M].上海:上海文化出版社,2006:174.
② 熊寥,熊微.中国陶瓷古籍集成[M].上海:上海文化出版社,2006:177-178.
③ 熊寥,熊微.中国陶瓷古籍集成[M].上海:上海文化出版社,2006:177.

店簿。运器入河,肩夫执券,次第件具,以凭商算,谓之非子。"①自此,景德镇"货制于家,不能自运,贩卖之权,全操诸外埠商人之手"②。

　　明清时期,景德镇瓷业更加发达,成为全国制瓷中心。各省商贩纷纷往景德镇汇聚,每日在景德镇做工和贸易的外籍工匠与商贾不下数万,"弹丸之地,商人贾舶与不逞之徒皆聚其中"③。嘉靖年间,景德镇的人口已增至"主客无虑十万余",景德镇遂成为"五方杂处""十八省码头"之大都会。当时被商人称为都会的有"大之而两京、江、浙、闽、广诸省,次之而为苏、松、淮、扬诸府,临清、济宁诸州,仪真、芜湖诸县,瓜洲、景德诸镇"④。蓝浦在《景德镇陶录》中记载:"距城二十里,而俗与邑乡异,列市受廛,延袤十三里许,烟火逾十万家,陶户与市肆当十之七八,土著居民十之二三。"唐英在《陶冶图编次》中介绍:"景德一镇,僻处浮邑境,周袤十余里,山环水绕中央一洲,缘瓷产其地,商贩毕集。民窑二三百区,终岁烟火相望,工匠人夫不下数十余万,靡不借瓷资生。"⑤吴允嘉在《浮梁陶政志》中记载:"景德镇一隅之地,四方商贾贩瓷器者,萃集于斯。"⑥清乾隆年间任浮梁知县的沈嘉徵在《窑民行》一诗中称赞:"景德产佳瓷,产器不产手。工匠来八方,器成天下走。陶业活多人,业不与时偶。富户利生财,穷工身糊口。食指万家烟,中外贾客薮。坯房蚁蛭多,陶火烛牛斗。都会罕比雄,浮邑抵一拇。"

　　至清代,景德镇城市街区沿昌江南北延伸,自观音阁至小港咀,形成"陶阳十三里"。聚集在这里的商人有徽州商、江浙商、江右商及各省商帮,产品行销国内外,"自燕云而北,南交趾,东际海,西被蜀,无所不至,皆取于景德镇。而商贾往往以是牟大利,无所复禁"⑦。一些商家因瓷器而变成商业巨贾,尤以徽商最为突出。据徽州的一些家谱记载,祁门人潘辄在明末为"徽州瓷商侩首";倪前松乾隆年间"陶于江右景德镇","旋以货殖多才,亿在屡中";倪炳经道光年间"少承父业,窑栈连云";康达民国时期担任景德镇总商会第一任会长,创办江西省瓷业公司和中国陶业学堂;歙县人潘次君"贾昌江,居陶器,统一瓷器价格,

　　① 熊寥,熊微. 中国陶瓷古籍集成[M]. 上海:上海文化出版社,2006:177.
　　② 熊寥,熊微. 中国陶瓷古籍集成[M]. 上海:上海文化出版社,2006:708.
　　③ 熊寥,熊微. 中国陶瓷古籍集成[M]. 上海:上海文化出版社,2006:46.
　　④ 熊寥,熊微. 中国陶瓷古籍集成[M]. 上海:上海文化出版社,2006:33.
　　⑤ 熊寥,熊微. 中国陶瓷古籍集成[M]. 上海:上海文化出版社,2006:305.
　　⑥ 熊寥,熊微. 中国陶瓷古籍集成[M]. 上海:上海文化出版社,2006:313.
　　⑦ 熊寥,熊微. 中国陶瓷古籍集成[M]. 上海:上海文化出版社,2006:46.

赈济陶家";婺源人洪宗旷"侨居景镇,理陶业,尝舟载瓷往外江";唐隆樟咸丰年间"随父营昌江瓷务";詹腾嘉庆年间"因家贫就贾,偕兄经营瓷业";詹永樟道光年间"随父客景德镇,督建徽州会馆";等等。

景德镇陶瓷运输自唐代至清代,主要是以航道、驿道、大路为运输线路,以木帆船、骡马、土车为运输工具,以船载、肩挑、背扛、畜驮为运输形式,通过水陆二路运往全国各地。

## 一、水路

昌江,自东北向西南贯穿市境,有东河、西河、南河、杨村河、建溪河、明溪河、林村河7条支流航道呈扇形广布市境。其上游,可以通过徽饶古道到达徽州皖南诸县。元末明初,瑶里生产的瓷器均通过东河运至景德镇销售或转运外地。其南河水运历史悠久,分大南河、小南河。唐代至宋代,分布于大南河流域的兰田窑、湘湖窑、白虎湾窑、塘下窑、黄泥头窑生产的瓷器,均通过大南河运至景德镇销售或转运外地。五代至明代,分布于小南河流域的乐平官口镇和闵口街、浮梁县南市街、景德镇湖田窑生产的瓷器均通过小南河运至景德镇销售或转运外地。元代,地处昌江与南河交汇处的湖田市是景德镇产销瓷器集散地,常有数百艘大商船在南河装运瓷器。明代中叶,随着窑业向景德镇市内集中,湖田市逐渐被冷落,南河水运开始衰落。

昌江下游,自唐代以来,主要有南路和北路两条路线。

南路是经昌江入鄱阳湖,以鄱阳湖为枢纽,分三条水路通往广州、福建、浙江。第一条是昌江入鄱阳湖,经吴城镇(赣江流入鄱阳湖的入口)进入赣江,溯赣江而上,翻越大庾岭,经北江至广州。第二条是昌江入鄱阳湖,进入抚河,至广昌(石城仓库),又分三条道路:一是从广昌人工搬运至福建宁化,经清溪河到漳平,经九龙江到达漳州或厦门;二是从广昌人工搬运至福建长汀,经汀江水路到达广东梅县、潮州;三是从广昌人工搬运至福建武平县下坎,再到广东镇平,经韩江到达潮州。第三条是昌江入鄱阳湖,经余干县瑞洪镇,入信江水路,到达铅山河口镇,南行越过武夷山桐木关,到达福建武夷山,进入闽江水系,抵达南平、福州、泉州;从河口镇东溯信江至玉山,下富春江,到达浙江衢州、金华、宁波。

北路是经昌江入鄱阳湖,经湖口入长江,向东经安庆、芜湖可达皖北、淮南、淮北,经南京可达江苏、上海,经运河可达山东、河北、北京,贯通南北;向西可达汉口、重庆,经汉口溯汉水出襄樊,经河南赊店向北可达山西平遥、祁县、太谷、忻州、大同、天镇再到张家口，贯穿蒙古草原到库伦至恰克图；向西经西安、兰州，运往西北，经洞庭湖、溯湘江，可达湖南、广西，经重庆、宜宾，由嘉陵江、崛江支线运达川中、川南、川西各地，甚至云南、贵州。

景德镇瓷器外销，沿途关卡太多，纳税名目繁多。如民国时期，景德镇瓷器出境有出山税，中途经过鄱阳古县渡、饶州 2 个道口有查验费或补抽税，运至湖口有出口税，经过湖北省宜昌、沙市、万县，湖南省新堤、城陵矶、岳州、长沙和四川省重庆、成都等各地，处处征税，客商办货出省厘金、运费两项占货款的 60% 成本。由景德镇发运瓷器至上海，需纳厘金 18 道之多。向焯在《景德镇陶业纪事》中记载："至于运货，则无转运机关之组织。客商购货，各自经营，自转运，无可委托代寄者。各帮民船，舣于岸侧，专备雇运。冬日水浅，则由陆路肩挑，运至九江。此其运输大概情形也。……试观今日镇瓷，其出口也，本镇有出山税，中途所过古县渡饶州二道口各处，则有查验费或补抽税。及至湖口，则有出口正税，此江西一省之厘金也。至是而后，视其所至之地，而逐处增加，如运至川湘者，则经湖北境而武穴有税，江口、新河、鹦鹉洲、观音洲补抽有税；入川则由宜昌、沙市、夔关、万县、重庆、泸州以至成都；入湘则由新堤、城陵矶、岳州以至长沙。所经各处，无不有税。按其税率，各有不同，大体在百分之十以上（江西税章订为值百抽十二），且每经一关，无不有一日或半日之留滞，虽欲顺风扬帆，不可得也。故商人办货，凡运出省者，除实际成本外，合厘金运费二者，例须加入百分之六十于成本中，而各种营业杂费不与焉。"

抗战时期，由于长江水路中断，景德镇陶瓷运到西南后方所走的路线发生了变化，其大致情形是：景德镇水路到东湖头，转小车到温家圳，转水路到小港口，转小车到樟树，水路到芦溪，小车到萍乡，转水路到湖东，经过湘潭、常德、沅陵，转旱路到龚滩，转水路到涪陵至重庆。去云（南）、贵（州）的一段要用马驮运。这种瓷器在景德镇发运时，要装好马箱（一种特制的木箱）。

新中国成立后，景德镇采用驳船货运。20 世纪 50 年代末驳船货运航线有 9 条：景德镇—凰冈，全程 30 公里；景德镇—鄱阳，全程 90 公里；景德镇—湖口，全程 270 公里；景德镇—九江，全程 300 公里；景德镇—南昌，全程 200 余公里；景德镇—马背咀，全程 140 公里；景德镇—黄金埠，全程 170 公里；景德镇—余江，全程 182 公里；景德镇—鹰潭，全程 205 公里。20 世纪 60 年代初，由于公路运输发展迅速和航道堵塞，水路货运日趋下降，昌江上游及其支流航道的木帆船不断停驶，到 1962 年，只有景德镇至波阳 1 条航线长年通航，但货源不多，经济效益不佳,勉强维持航行。20世纪80年代,景德镇市航运公司购进6艘大吨位的钢质机驳船,新开辟了直达长江沿岸南京、南通、武汉等主要港口的货运任务。随着铁路、公路的发展,景德镇陶瓷运输基本被陆路取代。

## 二、陆路

陆路运输道路有民间大路和官办驿道,运输形式有官运和民运之分。据清代《饶州府志》《浮梁县志》记载,从景德镇通往各地的主要古道共有13条,其中驿道5条,有浮(梁)祁(门)驿道,通向安徽省祁门县,是徽州府通往饶州府的驿道;浮(梁)建(德)驿道,通向安徽省建德县(今东至县),是"通京要道";浮(梁)鄱(阳)驿道,通向江西省鄱阳县;浮(梁)乐(平)驿道,通向江西省乐平县(今乐平市);浮(梁)婺(源)驿道,通向江西省婺源县。5条驿道设有13个铺递,与通外省、县驿道连通。民间大路8条,有浮(梁)祁(门)大路(2条)、浮(梁)建(德)大路、浮(梁)鄱(阳)大路、景(德镇)浮(梁)大路、浮(梁)乐(平)大路、浮(梁)休(宁)大路、浮(梁)婺(源)大路,通往安徽省祁门县、建德县、休宁县和江西省鄱阳县、乐平县、婺源县,通过肩运(挑、抬、扛、背)、车运(独轮车、马车)、畜运(马运、骡运)将景德镇瓷器运出景德镇,再通过各省驿道、大路运往全国各地。

民国时期景德镇曾短暂通过公路用汽车运输瓷器,但量很小。民国二十三至三十五年(1934—1946年)先后修筑景(德镇)湖(口)、南(昌)张(王庙)、景(德镇)婺(源)公路。"景德镇公路通汽车,始于1934年。……其中在瓷器运输上发生作用的是景湖和南张公路,一个是瓷器到了湖口、九江,可以入长江改用水运;一个是瓷器到了南昌,可以改由铁路运输。但由于国民党反动统治的腐败,交通事故在陆路上频频发生,而汽车容量少,货车缺,运费又贵,所以在解放前,景德镇瓷器的运输,主要还是靠水运。"[①]

20世纪60年代以前,景德镇内外销陶瓷产品80%依靠水路运输,少批量、短路程靠板车或汽车运输。20世纪70年代,随着206国道(起自山东烟台,经江苏省徐州、安徽省安庆、东至入浮梁,接经公桥白犁塘线、南张线,景德镇南行经会昌,至牛埃石入汕头),以及南张(南昌至张王庙入安徽省祁门县境)、景湖(景德镇至九江湖口)、景白(景德镇至婺源白沙关)3条省道的修建,陶瓷产品逐渐从水路运输改为公路运输。进入21世纪,景德镇先后修建了景鹰、景婺黄

---

① 江思清. 瓷器包装及其有关问题[M]. 北京:轻工业出版社,1959:46.

2 条高速,形成了以市城区为中心,以高速干线为骨架,以国道、省道和支线为脉络通往各乡村和邻省、县、市的公路运输网络。

1982 年 10 月 5 日,皖赣线全线投入营运,景德镇进入铁路运输时代。进入 21 世纪,景德镇又开通了九景衢和昌景黄 2 条高速铁路,使铁路运输更加便捷。

1960 年,景德镇罗家机场建成通航。1996 年,景德镇罗家机场升格为 4C 级机场,成为赣东北交通枢纽的重要节点,开通景德镇至北京、上海、广州、深圳、成都、厦门、昆明、青岛、宁波、西安、天津和海口等国内多个大中城市,年货邮吞吐量达 20 吨,成为旅客携带陶瓷出景德镇的重要通道。

改革开放以来,随着国家交通网络建设的发展,位于赣浙皖三省边界的景德镇交通运输得到了翻天覆地的变化,景德镇陶瓷运输线路形成了铁路(高铁)、公路(高速公路)、水运、航空四位一体运输网,四通八达,运输模式千姿百态,运输方式多种多样,运输快递蓬勃兴起,火车直通欧亚大陆。景德镇交通运输的提升势必促进景德镇陶瓷发展,并将续写新时代景德镇陶瓷产业发展新篇章。

## 第三节　景德镇官窑瓷器运输及路线

### 一、宋元时期景德镇贡瓷及官窑瓷器运输及路线

唐宋时期,景德镇没有官窑,陶瓷都是作为土贡中的杂贡进奉给朝廷的。唐宋时期江南东西路土贡物品的运输一般由发运使负责,从水路送达,隋唐大运河是主要的运送通道。

文献记载,早在南北朝时期,南朝陈后主陈叔宝继皇帝位,公元 583 年在建康大造宫室,下诏新平镇瓷窑烧制陶瓷柱础进献华林园。这时景德镇窑烧制的陶瓷柱础是从昌江进入鄱阳湖,入长江,直送南京的。

隋大业中(605—617 年),景德镇烧出了两座狮象大兽,并贡奉给显仁宫。这一时期,随着隋大运河的开通,景德镇窑烧制的两座狮象大兽,从昌江进入鄱阳湖,入长江,由扬州进入大运河,由汴州直达洛阳。

唐代,昌南镇已有陶窑、霍窑制瓷贡于京都。《浮梁县志》记载:"唐武德四年诏新民霍仲初等制器进御","唐武德中,镇民陶玉者载瓷入关中,称为假玉器,且贡于朝,于是昌南镇瓷名天下"[1]。元和八年(813 年),饶州任刺史元崔,

---

① 熊寥,熊微.中国陶瓷古籍集成[M].上海:上海文化出版社,2006:79.

督造瓷器向朝廷进贡,柳宗元为其写《代人进瓷器状》。《旧唐书·韦坚传》中记载:"坚预于东京、汴、宋取小斛底船三二百只置于潭侧,其船皆署牌表之。若广陵郡船,即于枋背上堆积广陵所出锦、镜、铜器、海味……豫章郡船,即名瓷、酒器、茶釜、茶铛、茶碗……凡数十郡。驾船人皆大笠子、宽袖衫、芒屦,如吴、楚之制。"清楚地表明豫章郡通过大运河运送到北方的主要是名瓷、酒器、茶釜、茶铛、茶碗,这些贡瓷应有一大部分是景德镇瓷。唐代景德镇这些贡瓷,基本上从昌江进入饶河,先送到饶州或豫章郡,再通过鄱阳湖,入长江,由扬州进入大运河,由汴州达洛阳转运至长安。

宋代,朝廷在景德镇设窑丞、监镇官进行"监造""监陶""董陶""督陶",并置瓷窑博易务。景德年间,因景德镇瓷"光致茂美",宋真宗命景德镇进御,并将"景德"年号赐给昌南镇作为地名。《景德镇陶录》记载:"宋景德年间烧造,土白壤而埴,质薄腻,色滋润。真宗命进御瓷器,底书'景德年制'四字。其器尤光致茂美,当时则效,著行海内。于是天下咸称景德镇瓷器,而昌南之名遂微。"宋代,不仅要求景德镇进贡瓷器,而且在景德镇设官督造。朱琰在《陶说》中记载:"镇设自宋景德中,因名。置监镇,奉御董造。"[1]江西省婺源的《嵩峡齐氏宗谱》记载:"护公(指齐宗蟘)字咸英,生于真宗咸平元年戊戌八月塑旦辰时,世居德兴体泉。仁宗景佑三年丙子,以《春秋》明经,请浙江举入仕。初任景德镇窑丞,九载无失。庆历五年乙酉八月十五日,因部御器经婺源下槎,土名金村段,行从误毁御器。护叹曰:'余奉命,愿死,从者何辜!'即吞器亡。……皇佑元年乙丑,三月初七日,诏封新安元帅掣麾侯。"[2]在景德镇湖田窑址出土一块"迪功郎浮梁县丞臣张昂措置监造"铭文瓷器,这是当时浮梁官府受命为宫廷烧造御用瓷器的物证。《宋会要辑稿·食货》记载:"瓷器库在建隆坊,掌受明、越、饶州、定州、青州白瓷器及漆器以给上用。以京朝官三班内侍二人监库。"北宋时期,景德镇瓷器成为宋代瓷器库建隆坊的常贡御用瓷器和官员督烧的瓷器,其主要运送路线均是通过水路从昌江进入饶河,先送到饶州,再通过鄱阳湖,入长江,由扬州进入大运河,送达汴州(开封)的。而婺源《嵩峡齐氏宗谱》记载的窑丞齐宗蟘督运御瓷在婺源下槎被毁,说明宋代也有通过陆路,从浮(梁)婺(源)驿道,经婺源,通过各驿道沿途递送,分段运输,送达开封;或者是从浮(梁)婺(源)驿道,送达杭州、扬州转运站,再通过大运河,经漕运到达汴州(开封)。

---

① 熊寥,熊微.中国陶瓷古籍集成[M].上海:上海文化出版社,2006:367.
② 熊寥,熊微.中国陶瓷古籍集成[M].上海:上海文化出版社,2006:94.

元代,元世祖忽必烈在景德镇设立浮梁瓷局,负责宫廷官府督造瓷器事宜。《元史》记载:"秩正九品,至元十五年(1278 年)立。掌烧造磁器,并漆造马尾藤笠帽等事。"①并建"御土窑",为宫廷烧造青花、釉里红、卵白釉、枢府瓷。这一时期,元统治者先后建立了四座都城,分别为哈剌和林、元上都、元大都和元中都。元大都成为政治经济活动中心和商品集散中心。马可·波罗在其行纪中记载:"汗八里(元大都)城内外人户繁多……有各地来往之外国人,或来入贡方物,或来售货宫中……外国巨价异物及百物之输入此城者,世界诸城无能与比……"②20 世纪 70 年代和 21 世纪,对元大都遗址、集宁古城遗址、大运河北端古码头张家湾码头的发掘中,出土了大量精美的景德镇元代青花、釉里红、卵白釉瓷片,由此发现了元代"南瓷北运"的一条内陆运输路线:景德镇陶瓷从昌江入鄱阳湖,经长江,通过京杭大运河,到达通州张家湾码头,由陆路运到元大都城内。景德镇陶瓷再以元大都为中转站,经陆路帖里干站道和木怜站道进入集宁路,通过集宁向草原腹地和漠北集散,转运至和林、元上都,构成了一条"草原陶瓷之路"③。

### 二、明代景德镇御器厂瓷器运输路线

明洪武二年(1369 年),在景德镇珠山设御器厂,开启了景德镇明清御窑的道路,景德镇成为全国制瓷中心,景德镇御窑成为明清二代皇家窑厂。

明代景德镇御器厂生产的瓷器分为"部限"和"钦限"两大模式。部限,即职官考量每年所需瓷器数目,并结合往年用瓷状况,题行工部,最终经工部批准下达的具有一定周期性的定额订单。钦限,为内府根据宫廷需要,结合皇帝喜好,不定期加派的烧造任务。因此,明代御器厂瓷器运输路线也分水路与陆路二路解运。《江西省大志》记载:"厂官议开策工部,是后凡钦限磁器陆运至;如部限磁器,照南京、浙江解运冬夏龙衣事例,预行驿传道,拣坚固座船,至饶州府河装载,由里河直达京师,委官乘传管解,刻期交卸。"④由此规定钦限瓷器即奉文传办瓷器"由陆运解京",部限瓷器即大运瓷器则走水运,经运河直达京师。

明代景德镇御器厂的钦限瓷器解运均通过陆路,由各省驿道接力传递。古

① 宋濂,王祎.元史:卷88　百官四[M].北京:中华书局,1976:2227.

② 沙海昂.马可波罗行纪[M].冯承钧,译.北京:商务印书馆,2017:215.

③ 孙欣.草原陶瓷之路:元代景德镇陶瓷内陆运输路线探索[J].收藏与投资,2016(10):41-42.

④ 熊寥,熊微.中国陶瓷古籍集成[M].上海:上海文化出版社,2006:42.

代驿运,多为人、畜力运输,其工具有扁担、箩筐、土车、畜力车等。明代御器解运,由饶州7县供役人夫,由驿站解领头率领,有护解兵和各种匠作,在中途还雇请临时短工解运,扛到安徽省建德、池州交递,而后由当地府衙再重新雇夫接力传递。嘉靖九年(1530年),裁革中官,以饶州府佐贰官一员管督,从此督陶官改由地方官兼任。加上昌江河道淤浅,行船困难,部限瓷器也由水路解运改为陆路解运。《江西省大志》记载:"陶成每分限运,一岁数限,一限差官,费不可定,然起少者不下千金……查往陶厂皆自水运达京,由陆路者,中官裁革后始也。"①《江西省交通志》记载:"至明代……由于昌江本系滩河,下游礁石多,常有覆舟之虞,加之陶瓷的碎片碎屑倾积江中、河道淤浅,行船困难。明代御窑厂瓷器遂采取陆路运输,由景德镇将瓷器装桶,通过肩挑或土车运至安徽建德、池州等地,再逐县交递解赴南、北两京。其他商品瓷也是从景德镇先运到建德、池州,然后运销全国各地。"②直到明万历中(1597年),中官潘相督陶,因陆路费用委大,动用人夫,苦累驿递,民力不支,才改为水运。"明万历中,潘太监设水运船,御器陶成,每分限运,一岁数限,一限差官,费不可定,然起少者不下千金,而夫力装具不与焉。"③御器陆路解运大多通过浮(梁)建(德)驿道人力杠运,经三间庙、三龙、蛟潭,北上过芹坑、官桥、曲阿、储田、金家到经公桥,然后向西北方向过源港、桃墅店,运至建德县交递。景德镇御器厂只需负责从浮梁县"杠至池州府建德县交递",再由建德县重新雇夫接力传递至池州府交递,由池州府转运至金陵驿,送达南京。永乐十九年(1421年)迁都北京后,则再由金陵驿官马南路运送抵北京。

御器厂部限大运瓷器大多走水运,经运河直达京师。水运是古代货物运输的一种主要手段,也是景德镇御瓷运至京城的主要运送方式。明初一直到嘉靖九年(1530年)前都是采用水路运输,嘉靖九年之后水路和陆路两种方式并存,直到明万历二十五年(1597年),部限大运瓷器又改为水路解运,一直到明末。御器厂设有船木三作,"今厂见有大小船木三作,匠作八十名,为水运设"④。《明神宗实录》记载,万历三十年十二月甲申"(潘)相又请添解送瓷器船只,每

① 熊寥,熊微.中国陶瓷古籍集成[M].上海:上海文化出版社,2006:41.
② 江西省地方志编纂委员会.江西省交通志[M].北京:人民交通出版社,1994:163 – 164.
③ 熊寥,熊微.中国陶瓷古籍集成[M].上海:上海文化出版社,2006:41.
④ 熊寥,熊微.中国陶瓷古籍集成[M].上海:上海文化出版社,2006:42.

府各造一只,每只当费万金"①。可见,部限大运瓷器水路解运,是用御厂官船。永乐迁都之前,御器厂只需将御瓷用御器厂官船通过昌江,送达饶州府,在饶州府拣检,再接驳到大型官船,入鄱阳湖,而后转入长江,直抵京城南京。永乐十九年(1421年),朱棣迁都北京,改南京为陪都,因此迁都后,景德镇的御瓷运至饶州府河装载,途径鄱阳湖,入长江,在扬州转航京杭大运河,经淮安(淮安钞关),沿运河北上,直达北京,交内府尚缮监与内承运库收存。

御瓷水陆解运均需押解银两、人员盘缠甚至水运造船等费用,解运装箱时为最大限度地防止运输过程中瓷器的破损,会以布匹、棉花等填充箱内,包装用箱须有一定的规制,对大小器有不同的装箱规格,所需材料的费用也有所不同。明代御器厂经费直接来源则是江西布政司,生产花费由布政司地方正项收入内公帑支给。解运花费属于生产完成之后,运输费用不在地方支出之列,故不计入生产成本之内,需沿途各府自行承担。浮梁县扛运力资从浮梁县贮库砂土上工夫食余剩银两内支用,砂土上工夫食余剩银两不足,则从饶州府贮库料价内借支。

### 三、清代御窑厂御瓷解运路线

清顺治十一年(1654年),景德镇奉旨造龙缸,开启了清代御窑厂新纪元。清代御窑瓷器分为大运、传办和供瓷三种,分别为每年循例呈进、内廷传旨烧造运交和为礼仪等场合的特定用瓷。

清代前期御用瓷的运输依照前朝旧例,大运瓷器,每岁秋冬二季,雇觅船只夫役,采取水路解运进京;传办和供瓷,则采取由专员或家人,从陆路直接送交内务府,并转呈给皇帝,即由皇帝验收,其送达地有北京和承德两处。发展至晚清同治七年(1868年)后,传办瓷器与大运瓷器则施行一并运输的方式。

清初御窑厂是由江西地方官负责督理烧造,康熙时期有名的督陶官有工部虞衡司郎中臧应选、江西巡抚郎廷极。这一时期,大运、传办和供瓷均直接送京。雍正时期,督陶官为内务府总管年希尧,管理淮安关板闸关税务,并遥领景德镇御窑监督,因此,雍正时期御窑厂烧造的瓷器均先运至淮安关,在淮安关验收、配座、装桶,然后解运进京。乾隆时期,唐英为督陶官,乾隆四年唐英移理九江关,兼管景德镇官窑的陶务。他在《奏请改由九江关动支银两经办陶务折》中奏请,鉴于"淮关去江西二千余里",在支取银两、配座、装桶、解运中有诸多不

---

① 熊寥,熊微.中国陶瓷古籍集成[M].上海:上海文化出版社,2006:25.

便,建议以上诸事在九江关办理:"今奴才荷蒙天恩,畀令专司窑务,凡烧造之器,配座、装桶、解运,奴才俱在江西一手办理,直送京师,以免由淮绕道,耽延时日。"①得到乾隆批准,九江关取代淮安关,充当官窑瓷器验收、包装、转运地的重要角色,自此以后,凡官窑器都先送到九江配座、装桶,再由九江起运赴京。由此可知,御窑厂所制瓷器运京,是在景德镇出窑后,于珠山御窑厂经过第一次拣选、包装、装船,后由昌江河入鄱阳湖,经鄱阳湖至长江,抵达九江,在九江关进行二次拣选、点验、装桶的手续与程式,然后上船经长江、运河直达北京。

清代中后期,运输方式有所改变,如清代道光朝直至同治七年,御用瓷器主要由陆路运送;同治二年后,由于海运的发展,运河流通在御瓷运输中的地位有所下降,大运瓷器改由海路解运到天津,再由火车转运进京,形成了海运与火车运输相结合的一种新的瓷器运京方式。

清代御窑厂御瓷解运路线主要有水路和陆路,运送方式有人力、船舶、火车。

### (一)水路

水路主要由内河水运路线和海运解京路线组成。

1. 内河水运路线:以昌江、鄱阳湖、长江水系、大运河水系为中心的内河水运,长期以来承担了御瓷大量运输的重要部分。其中大运河在御瓷运输中扮演着黄金水道的重要角色。清代御窑厂御瓷运输内河水路主要是由景德镇昌江进入鄱阳湖,运至九江,而后转入长江,经江苏江宁至扬州,北折进入运河,沿运河北上经淮安、草坝、新河口过黄河,经皂河、台庄、韩庄、夏镇、石佛闸、柳林闸、济宁、临清,到达运河北端张家湾码头,由张家湾弃船装车,由陆路运输抵达北京,从朝阳门入城运到内城交库。道光二十九年(1849 年),在九江关造送大运及奉文传办瓷器用过银制价及各项解费银数总册中清楚地记载了这条瓷器水路解送的路线和费用:"道光二十九年分动支九江关盈余银一万两……大运瓷器用过杂项解费一千一百三十七两一钱捌分二厘,传办瓷器用过解费银贰百五十两捌钱一分……厂内解送油封瓷桶六十个,用过银贰钱二分;厂内解送瓷桶到九江关水脚盘费,用过银十八两六钱六分。厂内差人解器到九江关回给脚力盘费,用过银捌两,以上共用银一百七十三两一分二厘。道光二十九年分由水路解送上色瓷桶赴京,九江关雇大巴斗船一只,用过银十四两五钱;船户开行

---

① 熊寥,熊微.中国陶瓷古籍集成[M].上海:上海文化出版社,2006:98.

神福,用过银四钱;修理旗口牌灯等项,用过银一两八钱;油封瓷器样桶四个,由九江关看重封,用过银二钱;雇夫抬瓷桶上船,用过银四钱八分;南京神福船一只,用过银四钱;扬州雇马溜船一只,用过银七拾两;开船神福船一只,用过银四钱;扬州雇夫送淮安,用过银九钱二分;草坝三处打闸雇夫八十名,用过银二两四钱;新河口雇夫六名送皂河,用过银一两八钱;过黄河神福船一皂河雇夫六名送台庄,用过银一两三钱八分;台庄过八闸提溜雇夫四十名,用过银四钱;台庄雇夫八名送韩庄,用过银二两;韩庄雇夫四名送夏镇,用过银四钱八分;夏镇雇夫四名送济宁,用过银五钱六分;石佛闸至此柳林闸共八闸雇夫四十名,用过银八钱;济宁神福船一只,用过银四钱;临清神福船一只,用过银四钱;水浅雇驳船一,用过银二两四钱;船上每夜点灯坐更八十天用蜡烛二十四觔,用过银一两六钱八分;张家湾雇夫五十名,用过银十五两;抬瓷桶杠二十四条,用过银四钱;银一两二钱;抬瓷桶买绳四十六觔,用过银二两零七分。"[1]

2. 海运解京路线:清宫档案中关于御瓷运输由海运解京的记载最早出现在同治二年(1863 年),署理江西九江关分巡广饶九南兵备道兼管窑厂的督陶官蔡锦青,曾就起解大运瓷器事呈文:"案查同治二年二月十八日,廷前监督任内,奉兵部火票递到,总管内务府剳开广储司瓷库案,呈九江关咸丰三年四年大运圆琢器,经前监督奏明移解藩库收存在案。前于上年六月、闰八月两次剳催该关,随时体察情形设法运解。仅据现任监督仍以江路不通,未便运解等因。呈覆,惟现任内庭陆续传用以及钟郡王、孚郡王分府、公主下嫁应预备各色瓷器,所存俱不敷应用,相应再行剳催。现凭九江关监督江路仍不免梗阻或设法绕越,将咸丰三年、四年大运圆琢瓷器由海运京,其一切运费,该监督自行妥筹,奏明办理。至同治年款瓷器虽尚未派,该监督亦当体察情形能否烧造,随时奏明后咨呈本府备案。倘遇内庭传办,以免临时贻误致干参处,可也。等因到关奉此,当经廷前监督移查藩司所存瓷件是否一律完全,旋准覆称点验瓷桶,核与解存储库数目相符。本署关随即遣丁前赴藩库,领取瓷桶回浔查看。桶多霉朽,饬令厂匠逐桶看,除将破损圆琢瓷件挑出不计外,兹起解咸丰三四年分大运圆器二千一百八件、备用二百七十一件、琢器一百五十一件,共装三十六桶。开造花名件数细册,签(遣)差家丁李贵,搭坐轮船由海运赴天津,再由陆路运解瓷库验收,以免延误。所需川资运脚,遵奉总管内务府大人剳饬,自行妥筹,奏明办

① 铁源,李国荣.清宫瓷器档案全集:卷 32[M].北京:中国画报出版社,2008:267.

理。本署关因无关款筹垫,现于同治二年分,新收三分平余项下,动拨银五百两,交付家丁,尊节支用。一俟解交事竣,仍由本署关开明实用银数,奏请饬令造办处核销。合就移明贵瓷库,请烦验收给发库,以回关备案施行,须至移者。计起解咸丰三、四年分大运圆器二千一百零八件,备用二百七十一件。琢器一百五十一件,共装三十六桶,又花名件数清册一本。"①由于运河江路梗阻,海运自同治二年被大运瓷器运输所用,同治七年传办瓷器开始与大运瓷器一起改由海运,一直持续至宣统三年大运传办瓷器依然经由海路运送天津,再转运至京,且运输任务由招商局包办。其路线是:由九江搭坐轮船至上海,从上海吴淞口搭坐轮船出十激,东向大洋至余山,北向铁槎山、历成山,西转芝罘岛,稍北抵天津东关,至天津后,由天津雇借民船至通州,由通州雇用人夫抬送到京交库。光绪三十一年(1905年)清宫档案中清楚地记载了这条海运路线,"候补知县范寿桐领解内务府银库银二万五千两,奉文每万两随解平余银二百五拾两,扣支银六百二十五两,委员解送光绪三十一年分,大运并传办各项瓷器进京,由九江搭坐轮船至上海,复由上海搭坐轮船至天津,由天津雇借民船至通州,由通州雇用人夫抬送到京,所有完交崇文门关税并支给轮船民船水脚人夫脚价及委员盘川等项。除循案开支报销外,实凑发银四千五百五十八两三分八厘,以上共用支银一万三百八拾七两八钱一分八厘"②。

**(二)陆路**

清代御窑厂瓷器的陆路运输主要有驿道(官马路)运送和火车运送两种。

1. 驿道(官马路)运送路线:清朝前中期称为驿道,晚清对其通往各省省城的干线多称为官马大路。即从景德镇御窑厂出发,由景(德镇)浮(梁)大路,途径观音阁,翻越数家岭,到达浮梁县城,出北门经浮(梁)建(德)驿道,北行8华里至白石岭,又7华里至查墩,又5华里至金竹坑,又10华里至洞潭亭,又5华里至建师港(今建溪港);西北行5华里至黄土窟,又5华里至新桥,又7华里至喝儿桥,又8华里至芹坑,又10华里至官桥,又5华里至曲坳,又5华里至储田,西行10华里至金家埠,又10华里至廷溪岭,又5华里至阮家衕,又5华里至撞源港(今源港),又15华里至桃墅店,又10华里至桃墅岭,沿途有肥湾铺、兰田铺和桃墅驿站等驿铺,在安徽省建德县(今东至县)境交界进行交递,再由建德县杠运至池州府,沿"通京要道"转运金陵驿,而后由官马南路运送抵京。雍正

---

① 铁源,李国荣.清宫瓷器档案全集:卷34[M].北京:中国画报出版社,2008:309.
② 铁源,李国荣.清宫瓷器档案全集:卷47[M].北京:中国画报出版社,2008:422.

时期,则先行运至淮安,再经安徽凤阳府、正阳关、临淮关等地至徐州,渡黄河入山东而后北行抵京。

2. 火车运输路线:晚清时期,以北京为中心的京奉、京汉、京张、津浦四条干线以及与这些干线连接的正太、汴洛、胶济、道清四线初步构成了华北铁路网。大运传办瓷器采用火车运输,最早见于光绪三十二年十月二十日清宫档案中九江关监督派委运解大运并传办各项瓷器,由天津搭乘火车转运进京,在黄村失火的记载。"总管内务府谨奏,衙门准邮传部咨称,本年十月二十一日,据山海关内外铁路总局转,据车务总管等禀称,日昨火车行抵黄村看丹之间,忽有第三辆车上烟气上冲,时值狂风大作,车行正速,人力难施,不得已将车停住,摘落幸未连及他车。查该车系九江官押解瓷器,损坏不少,等因并据管解委员都司刘得胜禀称,奉九江关道汪瑞凯派委,运解大运并传办各项瓷器,于十月二十日由天津搭乘火车转运进京,行过黄村,陡起狂风,机器烟筒冒出浓烟,内含火星向后飞落,复行里许突见第一瓷车火起,齐声喊救,机车始停,赶紧救护摘卸连贯车辆,仅得保全五十四辆,又由焚烧破碎堆内捡出完整者二百余件,询明失事之处地名,看丹。当时将他车未损瓷件二百五桶与抢护零件,先后运解到京。恳请先行尽数收纳,其余焚毁各件得胜一介武夫实系无力认赔等因。禀请核办当即拣派司员会同瓷库司员先仅现有瓷器逐款验收。"[1]由此可以看出,火车货运作为大运传办瓷器新的运输方式,至迟在光绪三十二年(1906 年),御瓷改由海运进京以后。直至宣统三年(1911 年)火车一直参与御瓷运输,但此时大运传办瓷器并非全程使用火车运,而是先由海运到达天津后,再由火车转运至京。其路线为:塘沽站、军粮城站、张贵庄站、天津站、北仓站、杨村站、豆张庄站、落垡站、廊坊站、万庄站、安定站、黄村站、丰台站、永定门站、前门站。

清代御窑厂瓷器运送经费,清初采取"动支正项钱粮"由地方财政拨款方式;雍正六年(1728 年),改由淮安关动支银两;乾隆四年(1739 年)后变更为动支九江关关税盈余。至此,清代中后期御窑厂的生产运输经费,皆由九江关关税盈余支付,登记造册,俱实报销。清宫档案中有多处运费记载。水路运费如:大运瓷器每秋冬二季"向例雇船运赴磁库交收",由"九江关雇大巴斗船一只,用过银拾四两伍钱……雇夫抬瓷桶上船,用过银四钱八分……扬州雇马溜船一只,用过银七十两……扬州雇夫送淮安,用过银九钱二分;草坝三处打闸雇夫八

---

① 铁源,李国荣.清宫瓷器档案全集:卷48[M].北京:中国画报出版社,2008:100.

十名,用过银二两四钱;新河口雇夫六名送皂河,用过银一两八钱……皂河雇夫六名送台庄,用过银一两三钱八分;台庄过八闸提溜雇夫四十名,用过银四钱;台庄雇夫八名送韩庄,用过银二两;韩庄雇夫四名送夏镇,用过银四钱八分;夏镇雇夫四名送济宁,用过银五钱六分;石佛闸至此柳林闸共八闸雇夫四十名,用过银八钱;济宁神福船一只,用过银四钱;临清神福船一只,用过银四钱;水浅雇驳船一只,用过银二两四钱"①。可见大运瓷器运送有雇觅船只、雇役夫役、运河各闸口的水陆转运雇用人力、驳船搬运并支付水脚盘等费。陆路运费如:"由旱路解送奉旨传办豆绿釉花盆、瓷碟及东陵需用暗龙黄瓷碗等件,计十四箱桶。雇骡十七头,用过银二百零四两;计架六副,用过银一两八钱;皮绊六副,用过银四两八钱;做拉车六乘,用过银三十六两;护绳十根,用过银一两;京中雇夫二十八名,用过银一两五钱四分;买绳二十觔,用过银九钱;买杠十四根,用过银七钱七,以上共用过银二百五十两八钱一分,襍项通共用过银一千三百八十七两九钱九分二厘。"②陆路瓷器运送有箱桶、雇骡、计架、做拉车、雇夫等费用。

# 第四节  景德镇外销瓷运输及路线

清人郑廷桂在《陶阳竹枝词》中说:"九域瓷商上镇来,牙行花色照单开;要知至实通洋外,国使安南答贡回。"③沈怀清则说:"昌南镇陶器,行于九域,施及外洋,事陶之人,动以数万计。海樽山俎,咸萃于斯。盖以山国之险,兼都会之雄也。"④蓝浦在《景德镇陶录》中说:"洋器专售外洋者,商多粤东人,贩去与洋鬼子载市,式多奇巧,岁无定样。"⑤可见,景德镇陶瓷外销是其一大宗。

## 一、唐宋时期景德镇外销瓷运输及路线

景德镇陶瓷外销从什么时期开始,没有确切的文字记载。唐代,景德镇镇民陶玉、霍仲初就载瓷入关中。在景德镇唐代中晚期兰田窑和南窑遗址中,均出土了满足胡人需要而专门烧造或订烧的酱釉瓷腰鼓、硕大的青釉大碗、夹耳盖罐、双耳系瓶等,说明景德镇从唐代开始就为西域等地生产瓷器,并将陶瓷运

①  铁源,李国荣.清宫瓷器档案全集:卷32[M].北京:中国画报出版社,2008:267.
②  铁源,李国荣.清宫瓷器档案全集:卷32[M].北京:中国画报出版社,2008:268.
③  童光侠.中国历代陶瓷诗选[M].北京:北京图书馆出版社,2007:100.
④  傅振伦.《景德镇陶录》详注[M].北京:书目文献出版社,1993:112.
⑤  傅振伦.《景德镇陶录》详注[M].北京:书目文献出版社,1993:30-31.

到长安,再以长安为中心,通过西域商人从古丝绸之路,将景德镇陶瓷运往西域等地。

古丝绸之路自中国长安(西安)出发,分北路、中路和南路三条主要线路,经过甘肃的河西走廊,到达位于塔克拉玛干沙漠边缘地带的敦煌,从南北两个方向绕过塔克拉玛干沙漠进入中亚,途经西亚,最终到达地中海和波罗的海沿岸的欧洲国家及南下到非洲部分国家。

景德镇瓷器的外销,从宋代开始有确凿的文献和地下出土资料证明。宋代积极鼓励海外贸易,设置市舶司等专门机构来进行管理,陶瓷是对外贸易商品的大宗。《宋史·食货志》记载:"(开宝)四年,置市舶司于广州,后又于杭、明州置司。凡大食、古逻、阇婆、占城、勃泥、麻逸、三佛齐诸蕃并通货易,以金银、缗钱、铅锡、杂色帛、瓷器,市香药、犀象、珊瑚、琥珀、珠琲、镔铁、鼊皮、玳瑁、玛瑙、车渠(砗磲)、水精、蕃布、乌楠、苏木等物。"[①]在亚洲的日本、朝鲜、菲律宾、马来西亚、文莱、巴基斯坦,北非的埃及、苏丹,东非的肯尼亚、坦桑尼亚、桑给巴尔,中南非的马达加斯加等地都有大量景德镇烧制的青白瓷标本发现;在也门的津季巴尔港口,地表散布有景德镇影青瓷残片;在埃及开罗南部的福斯他特遗址,发掘出土不少景德镇的影青瓷残片。打捞的南海一号沉船和华光礁一号沉船均属于南宋时期,从中国沿海某港启航,驶向东南亚、中东地区的贸易商船,船中均发现数量庞大的景德镇所产青白釉瓷器。这些实物发现,均说明景德镇在宋代陶瓷外销发达。

宋代景德镇瓷器外销路线有海陆两路。陆路主要是将景德镇瓷器沿昌江进入鄱阳湖,通过长江,进入大运河北运至东京开封,然后以开封为中心,向西进入西夏,沿着汉、唐以来的"丝绸之路"古道西进,由新疆、中亚细亚以至古波斯,到两河流域,转阿拉伯半岛各地,或西抵北非,北达欧洲;向北、向东进入辽、金。宋代的陆路陶瓷外销路线实际上由于战乱官方贸易就已断绝,宋以后由于长期的宋辽、宋金战争,也基本名存实亡,只有少量的民间贸易。近年来,在全国出土宋代景德镇青白瓷的 19 个省区中,地处关外的辽代统治区内,发现宋代景德镇青白瓷的数量居全国前列,出土青白瓷的辽墓已发现 42 座,窖藏 1 处,在辽圣宗永庆陵奉陵邑的辽庆州址、辽上京临潢府址均出土了一定数量的景德镇青白瓷片。这说明"澶渊之盟"后,宋辽互通庆吊,使节往来不断,景德镇青白

---

① 脱脱,等.宋史[M].北京:中华书局,1977:4558－4559.

瓷通过赠赐、辽金使节沿路求市收购、私相贸易或契丹贵族南下掠夺等途径进入域外辽金地区。

宋代景德镇瓷器外销主要通道是海路。随着宋代中国造船技术的提高、海上交通的迅速发展，加上宋代鼓励海外贸易，在广州、杭州、明州（宁波）和泉州等地设立了市舶司，使得广州、泉州和明州成为景德镇宋代瓷器外销的主要港口。宋代景德镇瓷器外销海上路线分为东、西两条航线。东洋航线主要是指通往日本、朝鲜甚至堪察加半岛的北方航路。景德镇陶瓷从昌江水道进入鄱阳湖，溯信江，经过玉山，转陆路经衢州、金华，最后过富春江达明州（宁波）港；或者从昌江水道进入鄱阳湖，沿长江抵出海口，到达明州（宁波）港，在明州（宁波）港用海舶经东海、渤海运达日本、朝鲜。西洋航线指对东南亚、阿拉伯、非洲东岸广大区域的贸易路线。景德镇瓷器先是通过昌江水道进入鄱阳湖，向南溯赣江，翻越梅关，通过广东北江水系，进入广州；向东经余干，溯信江，从河口镇越过武夷山桐木关，进入闽地，由闽江水系抵达泉州。景德镇瓷器在广州与泉州通过阿拉伯商人或中国商人用中国舶或阿拉伯商人的南海舶经南海、越南东海岸，到苏门答腊之巴邻旁市，由此向南抵爪哇等地；同时，经越南东海岸后在马来半岛南端过海峡，西北达斯里兰卡和印度，然后由印度西达波斯湾到红海，到阿拉伯半岛，到东、北非，进而达欧洲。[①]

和宋代有贸易往来的海外诸国，按照《岭外代答》《诸蕃志》等文献的记载，有高丽、日本、交趾（今越南北部）、占城（今越南中南部）、真腊（柬埔寨），蒲甘（缅甸）、渤泥（加里曼丹北部）、阇婆（爪哇）、三佛齐（苏门答腊岛的东南部）、大食、层拔（黑人国之意，在非洲中部的东海岸）等。使用的工具为大型海舶，以舱为单位，为最大限度地利用有限空间，采用瓷器套装的形式，小器物装入大罐内，层层套装。宋人朱彧在《萍洲可谈》中生动地描绘了这种情景："舶船深阔各数十丈，商人分占贮货，人得数尺许，下以贮物，夜卧其上。货多陶器，大小相套，无少隙地。"

### 二、元代景德镇外销瓷运输及路线

1291 年，忽必烈正式建立元朝政权，将中原燕京改称大都，即元大都，将漠南桓州附近开平改称上都，即元上都。元代打通了欧亚大陆，统治着从山海关到布达佩斯、从广州到巴格达的广大区域，陆路从河西走廊沿"丝绸之路"横贯

---

① 彭适凡，彭涛. 从胡人牵马瓷俑谈宋代景德镇瓷器的外销[J]. 中华文化论坛，1995（1）:69.

伊斯兰国家,海路东起泉州,西达波斯湾的忽鲁斯,驿站邮传遍及各地区,商队络绎不绝,水陆海运畅通无阻。

元代特别重视对外贸易,贸易政策基本与宋代相同,至元十四年(1277 年)元军占领闽浙等地后,元政府沿袭了南宋在泉州、庆元、上海、澉浦四处设市舶司的制度。第二年,忽必烈又命福建官员向外国商船通告:"往来互市,各从所欲。"《元史》记载:"元自世祖定江南,凡邻海诸郡与蕃国往还互易舶货者,其货以十分取一,粗者十五分取一,以市舶官主之。其发舶回帆,必著其所至之地,验其所易之物,给以公文,为之期日,大抵皆因宋旧制而为之法焉。于是至元十四年,立市舶司一于泉州,令忙古䚟领之。立市舶司三于庆元、上海、澉浦,令福建安抚使杨发督之。每岁招集舶商,于蕃邦博易珠翠香货等物。及次年回帆,依例抽解,然后听其货卖。"①

元代海外贸易分为官方贸易和私人贸易,官方贸易实行以"官本船"为主导的海外贸易。《元史》中记载卢世荣上奏曰:"于泉、杭二州立市舶都转运司,造船给本,令人商贩,官有其利七,商有其三。禁私泛海者,拘其先所蓄宝货,官买之;匿者,许告,没其财,半给告者。"②官本船贸易由政府直接出资建造"福船",船中有许多密封舱隔间,适应储存不同的货物。政府提供经商资本,选派商人出海贸易。私人贸易是元代海外贸易的主流,出口陶瓷贸易占有相当重要的地位,据记载,元代向南海的五十多个国家出口瓷器。1976 年,打捞出水的新安沉船,于元朝时期从中国的庆元港(今宁波港)出发,前往日本的博多港(今福冈)进行贸易,打捞出水的元代陶瓷共有一万六千件,其中有大量景德镇窑白瓷和青白瓷。

元尚未统一就在景德镇设立"浮梁瓷局",管理景德镇的陶瓷生产,元青花从一开始就是为了在海外贸易中满足阿拉伯人的需要而生产的,是元代重要的贸易商品。元代景德镇陶瓷贸易路线也分海陆二路。陆路以元大都为中心,向漠北、中亚、西亚、南亚中转和集散;水路则从泉州、广州、宁波等沿海港口出发,到达南亚以后,俱由印度转运,然后达于欧洲和非洲。《岛夷志略》记载:"甘埋国(四世纪到十六世纪印度大商埠)居西南洋之地,与佛朗近。所有木提、琥珀之类,均产自佛朗国,来商贩于西洋返,易去货丁香、豆蔻、苏杭丝绸、青白花器

---

① 宋濂,王祎.元史[M].北京:中华书局,1976.

② 宋濂,王祎.元史[M].北京:中华书局,1976.

瓷瓶、铁条;以胡椒载运而返。"①《马可波罗游记》以及摩洛哥旅行家拔都他游历中国时说:"中国人将瓷器运转出口至印度诸国,以达吾乡摩洛哥,此种陶器,真乃世界最佳。"②出口欧洲的瓷器大多为阿拉伯人所垄断,通过土耳其的伊斯坦布尔等地,辗转出口到罗马,意大利威尼斯城是当时中国瓷销售中心。

陆路主要以元大都为集散中心,通过南瓷北运内陆路线,即景德镇陶瓷从昌江进入鄱阳湖入长江水系,经长江水运到京杭大运河,到通州和元大都中转,分北路与西路。北路再经陆路进入集宁路,在集宁路集散转运,通过"草原陶瓷之路"中转和集散到和林、元中都、元上都及广大漠北地区③。西路则是从元大都出发,通过河西走廊沿汉、唐丝绸之路向西横贯中亚、西亚,到达欧洲,向南越过兴都库什山至阿富汗、印度,抵地中海东岸和南亚。

水路是指景德镇陶瓷从昌江进入鄱阳湖,向南通过赣江,越梅关,通过广东北江水系,达广州港;向东,溯信江,从河口、玉山,进入浙、闽,由富春江、闽江水系抵达明州、泉州港口;再从这些港口出发,沿海上陶瓷之路,向东到达日本、朝鲜,向南到达东南亚、南亚、阿拉伯半岛、波斯湾,到东、北非,进而达欧洲。泉州港是元代景德镇陶瓷外销的重要港口,从泉州港出发,有三条航线。向东航线:由泉州出发,向东航行,到达菲律宾、占城、加里曼丹、文莱、沙捞越;沿加里曼丹北海岸东北行,到达苏禄群岛、麻逸和吕宋;沿西南海岸南行到达爪哇泗水港。向北航线:由泉州港出发,向北沿近海航线至明州(庆元)一带,短暂停留之后,继续向东北航行至朝鲜、日本诸岛。向南航线:由泉州港出发,向南航行,有的船只先经广州短暂停留,然后出发到达菲律宾、越南,继续南行,至西南到达苏门答腊岛、爪哇岛、沙捞越等各地港口,再经马六甲海峡到印度南部港口或直接向西航行,经印度洋到达非洲东海岸、阿拉伯海、波斯湾沿岸的港口城市,进而分散到非洲、中东各地。④

### 三、明代景德镇外销瓷运输及路线

陆路方面,明朝建国初期,就与帖木儿帝国建立了正常的朝贡关系。永乐年间(1403—1424年),来自撒马尔罕、哈烈(今阿富汗赫拉特)和中亚其他诸国

① 汪大渊.岛夷志略[M].北京:商务印书馆,2013.

② 张星烺.中西交通史料汇编:第3册[M].朱杰勤,校订.北京:中华书局,2003.

③ 孙欣.草原陶瓷之路:元代景德镇陶瓷内陆运输路线探索[J].收藏与投资,2016(10):42.

④ 孟原召.宋元时期泉州沿海地区瓷器的外销[J].边疆考古研究,2006:142.

的使团多达 30 个,而来自西亚和阿拉伯国家的使团就更多。明政府允许每个使团依据国家大小随从 50 至 500 名商人,开启了明朝的"朝贡贸易"。这些使臣和侍从多为商人,目的只是为了从事贸易。"西域贡使,多商人假托",有些人则委身"投为从者,乘传役人,运贡物至京师,赏赉优厚……贡无虚月……比其使还,多赏货物,车运至百余辆"①。《万历野获编》记载:"予于京师,见北馆伴使馆夫装车,其高至三丈余,皆鞑靼女直及天方诸国贡夷归装。所载他物不论,即瓷器一项,多至数十车。"②陆路外销瓷器以北京为重心,从北京地区输往西域地区,其路线为:先将景德镇瓷器从内河航运至北京,然后自北京向西行经宣化,抵大同,再西去至宁夏府(银川),到甘州(张掖);南去过冀宁(太原)、晋宁(临汾)抵达西安;再向西或西南行分别到哈密、阿里麻里(霍城),再到喀什;西行至撒马尔罕、塔什干、塔刺思(江布尔)以及巴里黑(阿富汗瓦齐拉巴德)。从撒马尔罕南行达波斯故都伊斯法罕、阿拉伯故都八吉达(伊拉克的巴格达)和叙利亚的大马士革;东行到阿富汗的可不里(喀布尔)、巴基斯坦的白沙瓦和印度新德里。由波斯西北行经哈马丹、苏丹尼耶、大不里士,北去可达君士坦丁堡(伊斯坦布尔)和苦法(土耳其的乌尔法),以及埃及的亚历山大、沙特阿拉伯的麦加。土耳其的伊斯坦布尔是西亚的终点,大部分景德镇瓷器由商队经过这条商路流入。

　　海路方面,明朝初期实行海禁政策,只设三个市舶司,负责各国与明政府之间的朝贡贸易。《明史·食货志》记载:"洪武初,设于太仓黄渡,寻罢。复设于宁波、泉州、广州。宁波通日本,泉州通琉球,广州通占城、暹罗、西洋诸国。"③"(永乐)三年,以诸番贡使益多,乃置驿于福建、浙江、广东三市舶司以馆之。福建曰来远,浙江曰安远,广东曰怀远。"④明永乐三年至宣德八年(1405—1433年),29 年间,郑和七次下西洋,开辟了历代海上丝绸之路中航程最长的远洋航路,从江苏刘家港出长江口入海,沿南海之滨,经南海入印度洋,延伸至西亚、东非的广大地区,其西北方向的航路直通波斯湾、阿拉伯海和红海,西南方向的航路,沿东非海岸越过赤道,到达今莫桑比克索法拉港,开启了明代海上朝贡贸易。正德四年(1509 年),明政府允许非朝贡国家进入广州贸易。嘉靖元年(1522

① 夏燮.明通鉴:卷18[M].北京:中华书局,1959:778.
② 熊寥,熊微.中国陶瓷古籍集成[M].上海:上海文化出版社,2006:238.
③ 张廷玉.明史:卷81[M].北京:中华书局,1974.
④ 张廷玉.明史:卷81[M].北京:中华书局,1974.

年),宁波发生争贡之役,明政府撤销浙江、福建二市舶司,独存广东市舶司一口对外贸易。万历年间,广东三十六行代替市舶司主持对外贸易事务,从此开始了广东官商垄断中国对外贸易的历史。"广东几垄断西南海之航线,西洋海舶常泊广州。"①明代前中期海路是将景德镇瓷器由陆路和内河运抵泉州、广州两港口,再装大船向西南行,至大越、占城,沿海岸西行,至真腊、罗斛,南航至吉兰丹、彭坑,过东、西竺(马来西亚奥尔岛),南至三佛齐和爪哇;自东、西竺向西航行,渡马六甲海峡,至苏门答腊;自南巫里向北至缅甸勃固、孟加拉;再沿印度东海岸航行,向南渡海峡至斯里兰卡;自南巫里西航横渡东印度洋,抵科伦坡;沿印度西北海岸西北行,直抵波斯湾的忽里模子(伊朗阿巴斯港附近)和波斯湾(伊拉克的巴士拉);或自忽里模子向南行,经祖法儿,向西至亚丁湾,入红海到麦加和埃及,向南航行可达坦桑尼亚和马达加斯加,这就是驰名世界的"陶瓷之路"。②

15世纪末,西班牙人率先发现了新大陆,开辟了新航线,打破阿拉伯商人和威尼斯商人对中欧贸易的垄断,欧洲各国与中国建立更为直接和密切的贸易关系。从1600年英国人成立第一家东印度公司以后,1602年荷兰成立东印度公司,随后法国、丹麦、奥地利、西班牙、瑞典和英格兰相继成立东印度公司,并在广州开设贸易机构,设立商馆,经营瓷器。15世纪中叶之后,中国的商船不再穿越马六甲海峡,中西方的商人均在马六甲汇合,其时马六甲成为双方贸易的重要中转站。贸易中心转到里斯本、马尼拉、印度,由华人主导的传统海上贸易航线受到冲击,中国瓷器的外销活动也逐渐转为以欧洲殖民者为主导。嘉靖年间,葡萄牙人占据了澳门并设置贸易据点,开辟了三条航线③:由广州出发至澳门,再从澳门出海经马六甲、古里、科钦、果阿等地,再过好望角到欧洲;由广州出发到澳门,经澳门去往日本长崎,形成一条日中陶瓷贸易路线;由广州出发至澳门,由澳门前往马尼拉,经美洲和拉丁美洲至欧洲。明隆庆五年(1571年),菲律宾成为西班牙人的殖民地,西班牙人开始了"马尼拉大帆船贸易",开辟了从福建漳州、厦门诸港至菲律宾马尼拉,然后从马尼拉启航向东跨越太平洋至墨西哥的阿卡普尔科(Acapulco)港上岸,经陆路运输至墨西哥城达大西洋岸港口维拉克斯港,再上船东行达西欧诸国。马尼拉与澳门分别作为两个欧洲先锋

---

① 谢清高.海录:卷上[M].冯承钧,注.北京:中华书局,1955.
② 牟晓林.海外需求对明清景德镇瓷器的影响[D].北京:中国艺术研究院,2014:13.
③ 彭明瀚.郑和下西洋·新航路开辟·明清景德镇瓷器外销欧美[J].南方文物,2011(3):84.

的贸易据点,使葡萄牙与西班牙瓜分了 16 世纪景德镇瓷器的外销贸易。①

**四、清代景德镇外销瓷运输及路线**

清初,清政府采取了严厉的禁海与迁海政策,官方对外贸易几乎陷入停滞。康熙二十三年(1684 年),清政府解除海禁,在漳州设闽海关。雍正六年(1728 年),闽海关由漳州移至厦门,厦门成为东南沿海最重要的对外贸易集散地。

明末清初,我国对外贸易港口主要集中在广东、福建、浙江等沿海省份。随着走私和贸易港口向福州、厦门、漳州转移,景德镇陶瓷从景德镇输出到沿海港口的国内路线也发生了变化,除了原有的路线外,增加了从赣东南古道广昌出发到达漳州、厦门、潮州的路线,再加上从长江出海的路线,清代景德镇陶瓷从景德镇输出到沿海港口的国内路线就有 7 条。

①江西景德镇昌江(水路)—鄱阳湖(水路)—南昌(水路)—赣江(水路)—江西万安(水路)—梅岭古道(陆路)—广东南雄(陆路)—北江(水路)—广州—海运。这是汉朝以来京广铁路通车前江西主要的运输路线,也是连接中国南北的主要运输路线,是景德镇陶瓷最为重要的国内水陆交通联运路线。

图 14 - 3   过岭(描绘瓷器转行陆路,由挑夫担运瓷器,翻越横卧江西、
广东两省边界的梅岭的情景)

---

① 牟晓林.海外需求对明清景德镇瓷器的影响[D].北京:中国艺术研究院,2014:22.

②江西景德镇昌江（水路）—鄱阳湖（水路）—余干溪（水路）—信江（水路）—铅山河口镇（水路）—玉山（陆路）—浙江省常山（陆路）—江山溪（水路）—衢江（水路）—富春江（水路）—临安（杭州）—明州（宁波）—海运。这是中国瓷器向东运销日本、朝鲜的重要线路，明代因倭患实行海禁后，宁波海外的双屿成为江浙沿海走私通番的据点，私商为拒抗禁海，多逃聚于双屿，通西南洋，接日本，从事走私贸易。

③江西景德镇昌江（水路）—鄱阳湖（水路）—信江（水路）—铅山河口镇（陆路）—分水关（陆路）—闽江（水路）—福州—泉州。明宣德以后，明朝官方从海洋退缩，沿海民间出海走私贸易兴起，明末清初郑氏集团统治厦门、金门和台湾期间，控制了中国与日本及东南亚一些国家的贸易，福州、厦门、漳州港口成为重要走私港口。

④江西景德镇昌江（水路）—鄱阳湖（水路）—抚河（水路）—广昌（石城仓库）（陆路）—福建宁化（陆路）—清溪河（水路）—永安（水路）—漳平（水路）—九龙江（水路）—漳州或厦门—海运。这是一条明末清初走私贸易路线。

⑤江西景德镇昌江（水路）—鄱阳湖（水路）—抚河（水路）—广昌（石城仓库）（陆路）—石城驿前镇（陆路）—小松（水路）—大犹坪（陆路）—福建长汀（陆路）—汀江（水路）—广东梅县大浦镇（水路）—漳州—海澄（月港）—海运。明代隆庆元年（1567 年），漳州月港开放海禁，是中国唯一合法化的海上贸易港口，景德镇陶瓷要想出口贸易就必须运抵漳州月港。

⑥江西景德镇昌江（水路）—鄱阳湖（水路）—抚河（水路）—广昌（石城仓库）（陆路）—头陂（陆路）—宁都县东山坝（陆路）—梅江（水路）—贡江（水路）—湘江（水路）—会昌筠门岭（陆路）—福建武平县下坝（水路）—广东镇平（水路）—韩江（水路）—潮州—海运。这是一条千年商道，上通广东平远、江西寻乌、赣州等地，横接福建武平、上杭，下至广东蕉岭、潮州、汕头，可谓"一线牵三省"。

⑦江西景德镇昌江（水路）—鄱阳湖（水路）—湖口（水路）—长江下游（水路）—上海吴淞口（水路）—海运。长江口二号沉船是一艘清同治时期的贸易商船，发现大量晚清景德镇民窑瓷器，充分说明这条东线出海线路的存在。

清初，葡萄牙人以澳门为中心，通过数条国际航线将中国瓷器转运至欧亚各地，中国瓷器对外贸易形成了以澳门为中心向全球扩散的海上丝绸之路国际贸易循环网。清康熙二十四年（1685 年），朝廷撤销全部市舶司，设立江、浙、闽、粤四处海关,负责对外贸易事务,欧洲商人纷纷涌向广州。乾隆二十二年(1757年),因英国商人"洪仁辉事件"再度关闭了闽、浙、江海关,清政府规定外国商人只能在广州一口通商,以广州十三行直接与外商贸易,从此,广州十三行成为清政府对外贸易的垄断机构。这一局面一直持续到1842年鸦片战争结束,清政府被迫开放五口通商。刘子芬在《竹园陶说》中记载:"清代中叶,海舶云集,商务繁盛,欧土重华瓷,我国商人投其所好,乃于景德镇烧造白器,运至粤垣,另雇工匠,仿照西洋画法,加以彩绘,于珠江南岸之河南,开炉烘染,制成彩瓷,然后售之西商。"清乾隆二十二年(1757年),清政府撤并其他海关,只留下广州一口岸通商,到鸦片战争打开五口通商之前,梅岭古道是所有进出口货物必走的国内线路,广州港成为唯一港口。

图14-4 归装(描绘广州黄埔港载满装桶瓷器的货船等待外国小船接驳、转运外海的情景)

鸦片战争后,中国制瓷手工业日趋衰落。到19世纪上半叶,由于日本外销瓷器的市场竞争和欧洲各国制瓷业的发展,特别是德国人和荷兰人已掌握中国的瓷器生产技术,欧洲本土生产的瓷器较之中国进口瓷器在满足欧洲和北美市场方面有适销对路和供货快捷、价格便宜两大优势,所以中国瓷器外销渐渐走向衰落。

**五、民国以后景德镇外销瓷运输及路线**

民国时期,景德镇瓷器外运出口,绝大部分是由昌江下游经鄱阳湖出长江,由长江下行达南京、上海等港口。1937 年,"七七"事变后,九江、湖口两港口被日本侵略军封锁,景德镇瓷器外运大部分改从鄱阳湖的龙口经罗元、小港口至樟树出口。特别是抗日战争初期,景德镇瓷器出口运输路线随时变更。如瓷器运至上海,其路线是:①从景德镇装船到鹰潭装火车到金华,竹筏运永康,小车运丽水,转小船到温州以后,由轮船运至上海;②由鹰潭装火车到临浦,小船运曹娥、百官到宁波后由大轮运上海;③由鹰潭装火车到玉山,小船到兰溪,大船到禄诸,发挑子到余杭,汽车运杭州,火车运上海;④由鹰潭装火车运临浦,小船运新埠头,大船运乍浦,小船运上海。①

图 14 - 5　江西省陶瓷出口公司陶瓷出口专用线

抗战后期鹰潭路线中断,到上海又改为:①由景德镇装船直运玉山,小船到兰溪,大船到富阳,发挑子到余杭,汽车运杭州,火车运上海;②由景德镇土车到淳安,装船到富阳,汽车到杭州,火车到上海;③由景德镇装船到祁门,小车到屯

① 胡作恒,周崇政,周则尧.景德镇市交通志[M].上海:上海社会科学院出版社,1991:75.

溪,大船到富阳,汽车到杭州,火车到上海;④由景德镇装船到祁门,土车到屯溪
洄安,小船到湖州,大船到苏州,驳船到上海;⑤由景德镇土车到南宁,小船到芜
湖,大船运上海。①

　　新中国成立后,景德镇成立江西省陶瓷进出口公司,负责陶瓷出口外销,在
上海设立储运站,在广州外贸中心设立长期展馆。1984 年国家投资修建一条江
西省陶瓷出口公司陶瓷专用线,北起陶瓷出口公司太白园仓库,南至天宝桥接
皖赣铁路,长 1.2 公里,还兴建安装一座 2900 平方米的月台和空中轨道、转车
等配套设施,这是景德镇市出口瓷专用线。该条线路可从仓库装车直接发运到
上海、大连等海关口岸出口。2018 年 9 月 28 日,随着景德镇至莫斯科的第一趟
中欧班列开通,打通了景德镇瓷器外贸进出口的新通道,景德镇瓷器融入了国
家"丝绸之路经济带"。

**图 14 - 6　景德镇至莫斯科的第一趟中欧班列**

　　景德镇是古代"丝绸之路"、"草原陶瓷之路"和"海上陶瓷之路"始终不变
的起点。景德镇陶瓷以鄱阳湖水系为枢纽,以长江、赣江、运河为纽带,与国内
各地商路相衔接,历经唐、宋、元、明、清,通过陶瓷商人,用船载、车马运送、肩扛
担挑等形式,水陆兼程,被运输销售到全国各地与世界各国,从而使景德镇成为
享誉中外的"国际瓷都"。

---

　　① 胡作恒,周崇政,周则尧.景德镇市交通志[M].上海:上海社会科学院出版社,1991:75.

# 第十五章　景德镇陶瓷仿古与考古

## 第一节　景德镇陶瓷仿古

所谓陶瓷仿古,是指在瓷器发展过程中,后朝模仿前朝的名瓷品种而烧造出来的瓷器,也称"仿古瓷"。

景德镇陶瓷仿古由来已久,深刻地影响着景德镇陶瓷的发展。从某种意义上说,景德镇陶瓷就是在模仿中诞生,在模仿中发展壮大的。没有模仿就没有创新,景德镇正是在模仿各大名窑中,不断寻找自己的特色和优势,汇天下良工之精华,集天下名窑之大成,成为世界制瓷中心,成为"国际瓷都"。

### 一、景德镇陶瓷仿古的历史

景德镇陶瓷仿古的历史可分四个时期,即元代以前的仿制时期、明代的成熟时期、清代的鼎盛时期、新中国成立后的大发展时期。

#### (一)元代以前的仿制时期

景德镇陶瓷早期发展是从仿制周边窑口制瓷技艺发展起来的。景德镇窑工尊赵慨为"制瓷师主""佑陶之神"。道光《浮梁县志》中记载,赵慨"尝仕晋朝,道通仙秘,法济生灵……镇民多陶,悉资神佑。"《江西通志》记载:"佑陶庙在浮梁景德镇。明洪武间,少监张善建,祀佑陶之神赵慨。相传神为晋代人。詹珊有记。"明代詹珊在《师主庙碑记》中云:"至我朝洪武末,始设御器厂,督以中官。洪熙间,少监张善始祀佑陶之神,建庙厂内。曰师主者,姓赵名慨,字叔朋,尝任晋朝,道通仙秘,法济生灵,故秩封万硕爵,视侯王,以其神异,足以显赫今古也。"①景德镇人之所以建"师主庙""佑陶灵祠",把赵慨奉为"佑陶之神",是因为赵慨把在浙江为官时了解和掌握的越窑制瓷技艺带到景德镇,对景德镇陶瓷的胎釉配制、成形和焙烧等工艺进行了一系列的改革,提高了当时的制瓷技术水平和产品质量,推动了景德镇镇烧造制品由陶器阶段进入瓷器阶段。可以说赵慨是景德镇瓷器的创始人。

---

① 熊寥,熊微.中国陶瓷古籍集成[M].上海:上海文化出版社,2006:239-240.

在元代以前,景德镇的仿古瓷多为仿制同时代的其他窑口,属于广义的仿古瓷制作。近年来,在景德镇乐平市南窑、浮梁县湘湖镇兰田窑发掘出土了中晚唐至五代时期的瓷器,有青釉、酱釉、黑釉、白釉等,以青釉为主。张茂林等人的研究表明,景德镇南窑、兰田窑早期青瓷胎体和越窑类似,使用了二次沉积黏土作为制胎原料;青绿釉瓷瓷釉中助熔剂 CaO 主要是草木灰,和越窑青瓷相似;从中晚唐、五代、北宋至南宋时期,景德镇窑工在瓷器胎釉配方方面从模仿越窑青瓷到不断创新,走出了一条从生产青瓷、白瓷发展至生产青白瓷的基本路线。[①]

五代时期,景德镇白瓷、青瓷追求邢窑白瓷、越窑青瓷的艺术风格。宋代发展起来的青白瓷,在装饰手法上学习了定窑刻、印花装饰技法,成为全国青白瓷窑系的代表,至南宋,逐渐有"南定"之称。

元代由于战乱,北方窑工南迁,擅长绘画的磁州窑、吉州窑窑工来到景德镇,把陶瓷绘画技艺带到景德镇。景德镇窑工在继续烧制青白瓷的基础上,受伊斯兰和蒙元文化影响开始了对青花瓷的摸索,把绘画材料由褐料创新为钴料,在漂亮的瓷胎上重新开始作画,创造出精美的元青花;同时受磁州窑技艺的影响,创造了元代景德镇的红绿彩和红绿黄三彩瓷;受吉州窑黑釉茶盏技艺的影响,创造出元代景德镇的黑釉茶盏;受钧窑、汝窑的影响,创造出元代景德镇的釉里红瓷器,使景德镇一跃而成为全国制瓷中心。

**(二)明代景德镇陶瓷仿古成熟时期**

元代以前,景德镇的仿古不是真正意义上的仿古瓷,只能说是属于广义的仿古瓷制作,即"仿制"。真正意义上的仿古瓷是指以前代某一产品为范本,对其器型、胎釉、装饰进行全真仿制,达到器型准,胎釉像,装饰逼真,形神兼备,以假乱真。正如唐英所说:"仿旧须宗其典雅;肇新务审其渊源。器自陶成,矩规悉遵古制。"[②]从这个意义上说,景德镇真正的仿古瓷是从明代永乐时期御器厂开始的。

明初,汉族文人开始大力复兴宋代士大夫精神体系和文化,这为仿古瓷的诞生创造了精神动力。皇甫录在《皇明纪略》一书中记载:"都太仆言,仁宗监国,问谕德、杨士奇曰:哥窑器可复陶否? 士奇恐启玩好心,答云:此窑之变,不

---

① 张茂林,李其江,吴军明,等.从模仿到创新:景德镇中晚唐、五代至宋代瓷器胎釉配方的演变[J].故宫博物院院刊,2020(9):33.

② 熊寥,熊微.中国陶瓷古籍集成[M].上海:上海文化出版社,2006:303.

可陶。他日以问赞善王汝玉。汝玉曰:殿下陶之则立成,何不可之有? 仁宗喜,命陶之,果成。士奇不悦。"①这段记录表明,至少在永乐时期就已经开始仿制宋代名窑了。故宫博物院藏有明代永乐御器厂仿宋龙泉划花碗、仿宋龙泉青瓷碗等。

宣德时期,朝廷继承了这一精神追求,命景德镇御器厂仿制汝、官、哥窑瓷器,品种极为丰富。

成化时期,御器厂遍仿宋龙泉青瓷和汝、官、哥、钧、定窑瓷器,并大多落有本朝"大明成化年制"六字楷书青花年款。宣德时期最有名的瓷器品种是青花瓷,清人朱琰在《陶说》中说:"故论青花,宣窑为最。"②成化时期有仿宣德青花,开始出现仿前朝产品,书写前朝年款。

**图 15 - 1　成化仿哥窑八方高足小杯**(故宫博物院藏)

成化最负盛名的瓷器名品是"用白地青花,间装五色"的斗彩。正德时期,仿宣德青花、成化五彩的官窑、民窑增多,并多写前朝年款。书写前朝年款的仿古瓷,应该是从正德时期开始普遍流行。

嘉靖、万历时期,御器厂仿永乐、宣德、成化的产品增多,如嘉靖仿成化斗彩子午莲盘、仿成化斗彩婴戏纹杯、仿成化青花团花纹碗等,万历仿永乐青花压手杯、仿宣德青花阿拉伯纹卧足碗、仿宣德冬青釉刻花花口碟、仿成化斗彩三秋碗等,都十分逼真。

① 皇甫录. 皇明纪略[M]. 北京:商务印书馆,1936:20.
② 朱琰.《陶说》译注[M]. 傅振伦,译注. 北京:轻工业出版社,1984:114.

这一时期，民窑仿古也极为活跃，涌现出许多仿古高手，如仿宣窑、成窑的崔国懋，善仿定窑器的周丹泉。《景德镇陶录》记载："崔公窑：嘉、隆间人，善治陶，多仿宣、成窑遗法制器，当时以为胜，号其器曰'崔公窑瓷'，四方争售。诸器中惟盏式较宣、成两窑差大，精好则一。余青、彩花色悉同，为民窑之冠。"①"周窑：隆、万中人，名丹泉，本吴门籍，来昌南造器，为当时名手，尤精仿古器。每一名品出，四方竞重购之，周亦居奇自喜。恒携至苏、松、常、镇间，售于博古家。虽善鉴别者亦为所惑。有手仿定鼎及定器文王鼎炉与兽面戟耳彝，皆逼真无双，千金争市，迄今犹传述云。"②《韵石斋笔谈·定窑鼎记》中记载了一则周丹泉仿定窑鼎炉的故事："吴门周丹泉巧思过人，交于太常。……一日，从金阊买舟往江右，道经毗陵，晋谒太常，借阅此鼎。以手度其分寸，仍将片楮摹鼎纹袖之。旁观者未识其故。解维以往，半载而旋，袖出一炉云：'君家白定炉，我又得其一矣。'唐大骇，以所藏较之，无纤毫疑义，盛以旧炉底盖，宛如辑瑞之合也。询何所自来，周云：'余畴昔借观，以手度者再，盖审其大小轻重耳。实仿为之，不相欺也。'太常叹服，售以四十金，蓄为副本，并藏于家。"还有善仿宣、永二窑的吴十九，称"壶公窑"。李日华在《紫桃轩杂缀》中记载："浮梁人吴十九者，能吟，书逼赵吴兴。隐陶轮间，与众作息。所制精瓷，妙绝人巧。尝作卵幕杯，薄如鸡卵之幕，莹白可爱，一枚重半铢。又杂作宣、永二窑，俱逼真者。而性不嗜利，家索然，席门瓮牖也。余以意造流霞不定之色，要十九为之。贻之诗曰：'为觅丹砂到市廛，松声云影自壶天。凭君点出流霞盏，去泛兰亭九曲泉。'樊御史玉衡亦与之游，寄诗云：'宣窑薄甚永窑厚，天下驰名吴十九。更有小诗清动人，匡庐山下重回首。'十九自号为壶隐道人，今犹矍。"

　　整个明代，景德镇仿古瓷逐渐走向成熟，无论规模、表现形式还是工艺水平，较元代均取得了长足进步。仿宋名窑瓷器，明朝自始至终一以贯之，所不同的是，前期主要以官窑为主，后期则民窑渐多，但大部分民窑的仿古瓷质量并不高。朱琰在《陶说》中写道："饶窑仿定器，用青田石粉为骨，曰粉定。质粗理松，不甚佳。"③蓝浦在《景德镇陶录》中也记载："昌南窑仿定器，用青田石粉为骨，质粗理松，亦曰粉定。其紫定色紫，黑定色若漆，无足重也。"④

①　傅振伦.《景德镇陶录》详注［M］.北京：书目文献出版社，1993：66－67.

②　傅振伦.《景德镇陶录》详注［M］.北京：书目文献出版社，1993：67.

③　朱琰.《陶说》译注［M］.傅振伦，译注.北京：轻工业出版社，1984：125.

④　傅振伦.《景德镇陶录》详注［M］.北京：书目文献出版社，1993：76.

### （三）清代景德镇陶瓷仿古鼎盛时期

清代，景德镇制瓷业到康、雍、乾时期达到了封建时代的最高峰，仿古瓷也进入了鼎盛时期。在御窑厂专设"仿古作"，不仅复烧了永宣时期的所有瓷器品种，还有所创新，从而形成新的仿古文化格局。朱琰在《陶说》中记载："其规范，则定、汝、官、哥、宣德、成化、嘉靖、佛郎之好样，萃于一窑。其彩色，则霁红、矾红、霁青、粉青、冬青、紫绿、金银、漆黑、杂彩，随宜而施。其器品，则规之，万之，廉之，挫之。或崇或卑，或侈或弇，或素或采，或堆或锥。又有瓜瓠、花果、象生之作。其画染，则山水、人物、花鸟写意之笔，青绿渲染之制，四时远近之景，规抚名家，各有元本。于是乎戗金、镂银、琢石、髹漆、螺甸、竹木、匏蠡诸作，无不以陶为之，仿效而肖。"①刘廷玑《在园杂志》中记载："瓷器之在国朝，洵足凌驾成、宣。可与官、哥、汝、定媲美。"②

康熙时期，臧应选督烧的"臧窑"有仿明宣、成二朝的青花五彩瓷器，"青出于蓝而胜于蓝"，郎廷极督烧的"郎窑"名品是"郎窑红"，有仿弘治娇黄，仿嘉、万的娇紫、娇绿、吹红，仿宣德的吹青等釉色，均为一时名品，为后世"唐窑"所模仿。刘廷玑《在园杂志》中记载：郎窑"仿古暗合，与真无二。其摹成、宣，黝水颜色，橘皮棕眼，款字酷肖，极难辨别"③。

雍正时期，年希尧督烧的"年窑""仿古创新，实基于此"。唐英在雍正十三年《陶成纪事碑记》中记载："厂内所造各种釉水、款项甚多，不能备载。兹举其仿古、采今，宜于大小盘、杯、盅、碟、瓶、罍、尊、彝，岁例贡御者五十七种，开列于后，以志大概。"④这 57 种岁例贡御

图 15-2　康熙郎窑红梅瓶

---

① 朱琰.《陶说》译注[M].傅振伦,译注.北京:轻工业出版社,1984:5.

② 刘廷玑.在园杂志[M]//清代笔记小说大观:第 3 册.上海:上海古籍出版社,2007:2223-2224.

③ 刘廷玑.在园杂志[M]//清代笔记小说大观:第 3 册.上海:上海古籍出版社,2007:2223-2224.

④ 熊寥,熊微.中国陶瓷古籍集成[M].上海:上海文化出版社,2006:296.

的瓷器中,属于仿古的就有35种,其中记录由"内发样"照仿的就有6种。"年窑"最善仿官、钧二窑及永乐青花,仿官窑将釉如堆脂、纹如鳝血等特征仿得惟妙惟肖;仿钧窑则呈现出火焰般的窑变色彩,偏红的称为火焰红,偏蓝的称为火焰青;仿永乐青花,其青花发色模仿苏麻离青效果。

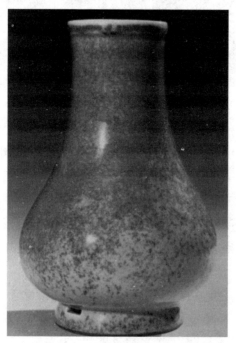

图15-3　仿钧窑天蓝釉紫斑觯瓶

　　乾隆时期,唐英督烧的"唐窑"全面继承了"年窑"的宋代名窑仿制,仿宋官窑以大纹片为特色,有的在瓷口涂一层淡咖啡色的釉,以代表"紫口"的特征;仿宋汝器以鱼子纹为特色;仿制青花依然以永宣为主。同时,大量仿制仿生瓷,通过施釉填彩,使瓷器能够准确模仿各类工艺品甚至动植物纹的色感和质感,可谓巧夺天工。《景德镇陶录》中记载唐窑:"所造俱精莹纯全。又仿肖古名窑诸器,无不媲美。仿各种名釉,无不巧合。萃工呈能,无不盛备。又新制洋紫、法青、抹银、彩水墨、洋乌金、珐琅画法洋彩、乌金、黑地白花、黑地描金、天蓝窑变等釉色器皿。土则白壤而填,体则厚薄惟腻,厂窑至此,集大成矣。"①

　　① 傅振伦.《景德镇陶录》详注[M].北京:书目文献出版社,1993:68.

**图 15 – 4　乾隆瓷荔枝**

嘉庆时期,大多数仿古瓷呈现衰退,只有一些仿永宣的精品仿古瓷。

道光前期,单色釉以仿哥窑、钧窑最为突出,仿哥窑有细开片及仿金丝铁线两种,多施酱口;另有"慎德堂制"款的仿古瓷,堪比雍乾。道光青花仿古瓷传世较多,仿永宣、康雍乾、嘉靖均有,但普遍质量不高。

清晚期,由于时局动荡,景德镇瓷业受到很大影响。咸丰时期,单色釉仿古瓷乏善可陈,只有仿雍乾青花质量稳定,已算是咸丰上品。同治时期,只有同治大婚时的贺瓷有一些仿古瓷。光绪时期,为慈禧烧制的大寿贺瓷,出现了大件仿古瓷,如仿洪武青花缠枝花纹大碗、仿康熙大盘、仿乾隆九桃天球瓶等。这一时期,还出现了仿青铜器的仿生瓷,器型有豆、簋、鼎等;青花则以仿永宣、雍乾居多,另有仿雍乾粉彩、康熙五彩、乾隆斗彩,均为光绪一朝的精品。

清代民窑仿古之风也很盛行,仿古瓷的生产也是一片繁荣。因为御窑厂的产品只供宫廷需求和帝王赏赐之用,就是皇亲国戚也不能使用,所以官僚贵族所用的优质瓷器,大多来自民窑,这便促进了民窑的仿古。这些民窑仿古盛况,蓝浦在《景德镇陶录》中有大量记载。如"选诸质料,精美细润,一如厂官器,可充官用,故亦称官"①,叫作"官古器",此镇窑之最精者。稍次一些的,称为"假官古器","乃镇瓷之貌为精细,而假充官古式者。质料不及官古器,花式则同。有专造此种户,所谓充官古也"②。还有"上古器","镇窑之次精者";"中古器","精而又次之器也";"釉古器","此假中古器";"常古器","质料工作无可品,但供日用之常";"小古器","此镇窑专造小圆器者"。这些都是民窑仿古品种,也都是供官僚富豪和家境殷实家庭使用的。蓝浦在《景德镇陶录》中还记载

---

① 傅振伦.《景德镇陶录》详注[M].北京:书目文献出版社,1993:29.
② 傅振伦.《景德镇陶录》详注[M].北京:书目文献出版社,1993:29.

了大量的仿古窑户,如"东青器","镇窑专仿东青户,亦分精粗,有大小式。惟官古户兼造者尤佳";"龙泉器","镇初有专造龙泉器户,今惟官古中仿之";"白定器","陶户专仿白定者,盏、碗、杯、碟等具外,又多小件玩器。精粗各在造户为之";"汝器","镇陶官古、大器等户,多仿汝窑釉色,其佳者俗亦以'雨过天青'呼之";"官窑器","自来有专仿户,今惟兼仿";"哥器","镇无专仿者,惟碎器户兼造,遂充称哥窑户"。①

顺治至康熙时期,民窑仿明代官窑青花多写宣德、成化、嘉靖、万历朝年款,属于"寄托款"。清晚期,民窑仿官窑青花多写本朝年款、花款、双圈无字款,或不写款,"寄托款"极少。如仿雍乾粉彩,或以粉彩仿雍乾珐琅彩等,部分落雍乾款,为晚清仿古瓷的鲜明代表。

**(四)民国时期仿古瓷**

1911年辛亥革命爆发,御窑厂关闭,大批供职御窑厂的工匠艺人转入民窑,将官窑的器型、纹样以及工艺、技术等带到民间,推动和促进了景德镇民窑仿古瓷的发展,一时间仿古瓷成了当时景德镇瓷业的一个主流。加上这一时期西方人对中国古董特别感兴趣,宫廷文物大量流失,以营利为目的的古玩商行迅猛发展,致使民国时期成为中国陶瓷史上仿古陶瓷生产的又一高峰期,其规模、质量和产量均超过此前的任何一个朝代。

许之衡在《饮流斋说瓷》中谈到清末民初仿古瓷时说:"自末叶以至近日,所仿至为进步。一由官窑良工四散,禁令废弛,从前所不敢仿之贡品,今则无所不敢矣。一由近年西人辇金重购,业此者各自竞争,美术因之进步。研料选工,仿旧精者辄得八九,而五彩冒乾隆款者为尤多,以其易投时好也。至纯色釉冒明代暨康、雍款者,亦极仿旧之能事,杂出其途,以相炫焉。"②

民国时期仿古瓷,上至东汉青瓷下到清朝珐琅彩瓷,各个时段各个品类无所不仿。常见的有仿三国、两晋、南北朝的青瓷,仿隋、唐、五代的白瓷,仿宋代汝、官、哥、定、钧窑,此外,仿元代的瓷器和明清的青花、五彩、斗彩、粉彩、珐琅彩及单色釉器居多。最大量的仿古瓷主要集中在明清官窑瓷上,最为流行的是仿康熙、雍正、乾隆的瓷器,尤其是仿乾隆款古瓷堪称一代绝响。这类瓷器除了少部分写康熙和雍正款外,绝大部分书乾隆款。

这一时期,袁世凯、徐世昌、冯国璋等军伐均在景德镇订烧过瓷器,如民国

① 傅振伦.《景德镇陶录》详注[M].北京:书目文献出版社,1993:31.

② 许之衡.饮流斋说瓷[M].杜斌,校注.济南:山东画报出版社,2010:236.

初年郭葆昌赴景德镇为袁世凯称帝监烧仿制清三代宫廷瓷器,书"洪宪年制",使清三代官窑仿制之风瞬间流行开来。

总体上,民国时期仿古瓷技艺并不高超,民间仿官窑器面貌不及原御窑仿前朝的瓷器精良。但民国初出现的"古月轩"瓷器,则是以仿清康雍乾瓷胎画珐琅的面目出现的佼佼者。此时还涌现出一批仿古高手,如善仿康熙珐琅彩、粉彩的鄢如珍,善仿明永乐、宣德青花的孙瀛洲,善仿明代嘉靖、万历五彩、三彩的王柏泉,还有办仿古瓷作坊的吴霭生,仿古瓷绘瓷能手王步、周湘甫、汪以俊、刘俊卿等。同时,从光绪到民国末,仿古瓷开始做旧,旧胎新加彩、复窑、后套口等作伪方法应运而生,以致市场真伪难辨。

**(五)新中国成立后景德镇陶瓷仿古大发展时期**

新中国成立初期,党和政府为了发展优秀传统瓷的生产,成立了景德镇市陶瓷研究所、景德镇市陶瓷馆、景德镇陶瓷工艺社等机构,政府积极恢复中断生产或失传的名优器型、装饰品种和名贵颜色釉。1954年景德镇陶瓷研究所在中国与德国(西德)、中国与保加利亚技术合作时,从故宫、上海硅酸盐研究所等单位调拨了一批明清官、民窑的古瓷真品,进行依样复制、仿制,研究并恢复了祭红、钧红、郎窑红、釉里红、豇豆红、霁蓝、茶叶末、窑变花釉、乌金釉、天青、豆青等十九种失传的名贵传统色釉,烧制了一批几可乱真的产品。

1953年前后景德镇成立了以生产粉彩、五彩等艺术瓷的艺术瓷厂、以生产颜色釉瓷为主的建国瓷厂、以生产传统青花瓷为主的人民瓷厂、以生产传统瓷和仿古瓷为主的曙光瓷厂等,这些企业每年为各省市工艺品商场、文物商店和工艺品进出口公司生产一批批质量较高的仿古瓷,出口创汇。

1980年,由景德镇陶瓷馆牵头,与东风瓷厂试验组合作,仿馆藏元青花牡丹纹梅瓶和永宣青花瓶、盘等,并一举获得成功。1981年景德镇陶瓷馆创建仿古瓷作坊,1985年创办景德镇市仿古瓷厂,推动景德镇仿古瓷生产迅速发展。

改革开放以后,在市场经济推动下,景德镇仿古瓷进一步发展。20世纪90年代,陶瓷企业改制,分散承包,个体瓷业蓬勃兴起,仿古瓷专业户多达数千余家,主要分布于景德镇市樊家井、老厂、筲箕坞、罗家坞、里村、梁山树等地,形成了一个强大的民营仿古瓷生产基地和市场集散地,至此,仿古瓷成为景德镇一大瓷器品种,经久不衰。

**二、景德镇陶瓷仿古技术**

一件完整意义上的仿古瓷,是由仿制和做旧两个步骤构成的,二者缺一不可。仿制主要包括器物的仿制、器型的仿制、釉色的仿制、纹饰的仿制、款识的仿制等；做旧则是指采取各种技术手段以制造器物的"岁月痕迹"。

**（一）仿制**

景德镇仿古瓷技术分布于其制作的各个环节，其目的是要达到或仿器物、或仿造型、或仿釉彩、或仿纹饰、或仿款识、或几方面兼而有之的目标，只有这样，才能达到真正意义上的仿古瓷的要求。

1. 仿器物

即仿原器物"神态"。陶瓷仿制对象一般是古代那些久负盛名的瓷品，如宋代五大名窑、明永宣时的青花器、成化斗彩等。陶瓷仿古就是以原器物为原形，对原器物器型、胎釉、纹饰、款识、重量、体积等方面进行全面仿制，达到神形逼肖。仿器物不仅模仿器的型、釉、纹饰、款等几个因素，而且模仿器物整体的"神态"，使仿制器物达到形象逼真的效果。

2. 仿胎土

即仿原器物胎土配方。胎土的仿制取决于原料的配方，南宋以前景德镇瓷器的胎土一直以单一的瓷石为原料。南宋末年，当上层瓷石出现能源枯竭时，景德镇瓷工在浮梁瑶里乡麻仓村发现了麻仓土，用这种土掺和不子制成的坯性质硬。后在高岭村发现与麻仓土一样性质的高岭土，实现瓷器制胎"二元配方"法。仿胎土就是要根据所仿器物的胎土配方，是"一元配方""二元配方"还是"多元配方"，找到相应的瓷土原料，进行仿制。目前，古代制瓷原料已经枯竭，因而胎土的仿制是最困难的。

3. 仿造型

即仿原器物的造型。每一种陶瓷器物都有特定的器型，而且有不同时代的特点，打上特定时代的烙印，仿造型就是使所仿器物与原器物在造型上一致，符合原物时代特征。仿造型会受到两个方面的制约：一是仿造型必定要仿釉彩，单纯仿造型者很难成功；二是仿造型要受到形式延续的制约。因此，仿古瓷一般都是仿制那种在历史上较为独特的、罕见的、不具有延续特征的制品。

4. 仿釉彩

即仿制器物的釉饰、彩饰。如明清时期，世人仰慕宋代的汝窑、官窑、哥窑等窑口的瓷器，在当时造型的器物上施以宋汝釉、官釉或者哥釉；还有明清时期各类颜色釉，都有特定配方。釉色的仿制取决于釉料的产地和配方，不论是官、哥、汝、定、钧五大名窑釉料，还是釉里红、霁青、霁蓝等色釉料，不同时期的产地和配方都有差别,仿制就是要根据当时的釉料和配方,找到相应的材料进行仿制。釉水的稠稀比例和上釉方式也影响着最终的呈色效果,因而仿釉彩也要考虑仿品原有的釉水稠稀比例和上釉方法。

5. 仿纹饰

即仿制器物的纹饰形象。不同时代的陶瓷纹饰和画面装饰风格不同,具有特定时代特征,仿纹饰就是要根据原器物画面和纹饰特征,进行全面仿制。仿制纹饰,除了直接画图之外,还可以采用细毛笔蘸墨汁在原件上勾勒出轮廓,然后用透明白纸印出轮廓,再将该纸贴在新的瓷胎上描摹,最后进行仿画。现在还可以采用电脑三维扫描纹饰,几乎与原器物纹饰丝毫不差。仿纹饰还受到使用原料的影响,不同时代纹饰原料也是有差别的,如青花瓷的钴料,从元代的苏麻离青到明初的石子青,再到成化的平等青、嘉靖万历的回青、天启崇祯的珠明料,最后到清中晚期的洋蓝等,都因产地的不同而呈色效果各异。随着很多原料的消失,今天已经很难仿出那一时代真品的效果了。

6. 仿款识

即仿制器物上的落款。款识往往是一件瓷器的重要特征和时代标志,仿款就是根据原款识的风格、笔法、字体、位置、款色、字数、结构等,进行全面仿写。一方面,仿款识要从研究各代款识不同风格入手,结合实物,反复审度其款字的书写笔法、字体结构、排列形式、落款的部位,同时注意总结同一时期早中晚期款识不尽相同的变化规律;另一方面,要注意款识的用料和颜色,如青花写款,元代和明初的颜色深厚下沉,有黑色结晶斑点和凝而不舒的现象;宣德时,蓝色中有黑、灰等色夹杂其中;成化款则舒展清晰,蓝色优美;嘉靖款青中泛紫,十分浓艳;万历以后色调匀净,但发色不深;康熙款色调明快,幽倩艳丽;道光以后则蓝色涣散,浅淡上浮。只有把握不同时代款识的这些特征和规律,才能仿写到位。

7. 仿重量、体积

即仿器物的重量、体积大小。每一件瓷器均有其重量、体积大小,并且不同时代器物的重量、体积都有其时代特点。仿重量、体积就是要根据原器物重量、体积大小特点,严格按原器物重量、体积大小,仿器物重量厚薄,仿器物的尺寸、器物内部容积大小。由于大部分仿制者没有机会亲手接触真品实物,因而对器物的重量、体积的仿制是不易的。

除此之外,仿古瓷制烧还要求对于瓷器的胎质、手感、釉面光洁、橘皮纹、气泡分布、跳刀痕、接泥痕和造型、款式的精准，装饰色料方面的纹样、色料、画风，以及火石红、蛤光等都必须到位，因此，仿制一件仿古瓷器是一项系统工程，需要多种手段、多种材料、多项技术参与，才能仿制出形神皆具古瓷风貌的仿品。

（二）做旧

清末和民国时期，古代名瓷成为鉴藏家和古董商们在市场上角逐的目标，于是古瓷仿作大量涌现。为了使仿制的瓷器更像古瓷，他们往往在原有瓷器上进行部分或者重新加工，采取后加釉彩、后加年款、做旧处理等方法，冒充古瓷，待价而沽。

做旧又称"作伪"，即在瓷器表面使用各种方法，使仿制的瓷器表面呈现旧的表象，使其表面更像，更接近所仿的那个时代。做旧已偏离了原仿古瓷制作的本意，成为伪劣假冒、弄虚作假的代名词。做旧的方式很多，可分两个阶段。

第一阶段：20世纪90年代以前，做旧以仿出土器物的特征为主，采用泥水造出土效果。常见的手法是用砂纸打磨新的釉面，或者用氢氟酸腐蚀釉面，然后涂刷泥水，泥水渗透到被破坏的釉面内，造成出土的效果。这种做旧方式比较低级，容易识别真伪，另外，随着生活档次的提高，收藏群体对品相的要求也在提高，旧的做旧方式已经不适应新的形势，因而慢慢被淘汰。

第二阶段：20世纪90年代以后，以仿传世品的特征为主，采用化学药品或中药浸泡制造传世品的效果。传世品由于保护得当，一般不会出现出土器物那种较大程度的釉面破损，其釉面具有脱玻化特征，釉光温润，且底胎比较细腻，内壁可见"鸡爪纹"等。中低档次的仿品出于节约成本的目的，往往会采用在釉面上涂抹高锰酸钾来制造效果。高档次仿古瓷则会采用中药浸泡的方式造出老瓷效果。

做旧的方式很多，主要有：

1. 老原料结合新工艺做旧

①老胎新绘：在老瓷胎上新绘制相应仿制瓷器的画面与纹饰。比较常见的是利用清代中后期及民国的白胎，在上面绘上粉彩等釉上彩，使其价值增倍。这种做旧首先要有相应年代的老瓷胎，然后还要参考仿制瓷器的釉光、颜色、画面纹饰风格，要做到釉光温润，色彩到位，画风接近。

②老釉新胎：在新瓷胎上使用旧釉，达到以新似旧的效果。近几年景德镇陆陆续续出土和仿制了一些过去的老釉料，仿制者会利用老的釉水去装饰新胎，进行做旧。这种做旧方式应注重釉面与胎面的紧密结合程度，使胎釉一体。

③旧件新器:使用老的足、流、底、口、颈等残缺的出土物,将其组装在新的瓷器中,通过接足、接流、接底、接口、接颈等来做旧,以假乱真。这种做旧方式应注意仔细对比整器的各个部件是否一致,接足接口要自然。

④复火:复火有两种情况:第一种是指将旧器(残缺部位较小,如器身的冲或器口的磕口)的残缺部分修补好,再放入窑中复烧,出窑后完整无缺,价格便提升数倍;第二种是指将老的瓷片碾碎成粉末,加上其他矿石原料,做坯烧胎。

2. 化学或中药做旧

①氢氟酸做旧:对于仿出土古瓷,由于釉面破损严重,采用氢氟酸腐蚀釉面,然后涂刷泥水,泥水渗透到被破坏的釉面内,造成出土的效果。

②高锰酸钾做旧:对于传世品,由于保护得当,釉面破损不严重,且釉面有脱玻化特征,釉光温润,底胎细腻,内壁可见"鸡爪纹"。因此,对于仿中低档传世品古瓷,采用高锰酸钾腐蚀釉面来制造脱玻化效果。

③中药做旧:对于仿高档传世品仿古瓷,采用中药浸泡的方式来造老瓷效果。中药的配方是严格保密的,用中药煮泡做旧也会因对象不同而略有差异。比如:为了造粉彩瓷蛤蜊光效果,会在中药里加少许酒精;为了消釉下彩瓷的亮光,会滴入少许氢氟酸;等等。

其他的表面做旧方式还有很多,比如用茶水煮、用香火烟熏、涂细煤灰等等;至于器物内壁出现的鸡爪纹,在釉瓷刚出窑时用小锤敲砸即可仿出。

# 第二节　景德镇陶瓷考古

陶瓷考古是指采用现代科技手段或方法来研究古陶瓷、古窑址相关的资料,以探讨陶瓷的产生、发展和演变规律以及蕴含其中的古代经济、文化信息。

## 一、景德镇陶瓷考古概况

景德镇陶瓷考古早期可以追溯到南宋蒋祈,他对景德镇南宋瓷器的烧造工艺、市场、赋税、相关瓷窑和有关制度进行了全面考察,写出专著《陶记略》,这是记述景德镇制瓷业的第一部专著,也是世界上最早的瓷器论著。

明代宋应星对景德镇明代陶瓷产业进行了考察,撰写《天工开物·陶埏》,全面介绍明代景德镇陶瓷生产情况和陶瓷工艺,总结了 17 世纪我国陶瓷生产技术成就,是我国第一部陶瓷工艺学著作。

法国传教士昂特雷科莱(殷弘绪),于 1698 年来到中国,在景德镇居住了 7

年,利用传教间隙,对景德镇陶瓷生产进行全面考察,分别于 1712 年撰写《中国陶瓷见闻录》,1722 年撰写《中国陶瓷见闻录补遗》,两次将景德镇制瓷工艺和高岭土的性能及"二元配方"技术传到了欧洲,促进了欧洲制瓷业的蓬勃发展。

清代乾隆、嘉庆年间,朱琰、蓝浦分别对当时景德镇陶瓷生产情况进行考察,通过参考经史子集中有关文献与访问老艺人,考察当代窑器烧制方法和成品,分别撰写《陶说》《景德镇陶录》,记述景德镇陶瓷的制作技术及其发展历程,是我国早期著名陶瓷史。

1869 年,德国著名地质学家费迪南·冯·李希霍芬来到景德镇高岭考察,在他的《中国——我的旅行和研究》一书中,全面介绍了景德镇高岭土的情况,使高岭土成为世界上第一种以中国原产地为通用名称的矿物,从此闻名世界。

1937 年,英国青年学者普兰柯斯兰首次考察景德镇湖田窑遗址,并将湖田窑介绍到欧洲,从此,湖田窑被世界各地的学者知晓。

新中国成立初期,故宫博物院古陶瓷专家陈万里对景德镇南河流域杨梅亭、白虎湾与湖田等地古窑遗址进行考察,考察成果《景德镇几个古代窑址的调查》发表在 1953 年第 9 期《文物》上。

20 世纪 60 年代,古陶瓷专家周仁、李家治考察了景德镇湖田窑址,并对湖田窑址出土的瓷器胎、釉化学成分进行科学分析与研究,考察成果《景德镇历代瓷器胎、釉和烧制工艺的研究》发表在 1960 年第 2 期《硅酸盐学报》上。

20 世纪 70 年代至 80 年代初期,我国著名的古陶瓷专家刘新园、白焜对湖田窑址进行长期而艰苦的科学考察,抢救性地清理与保护了一批窑炉、窑包等瓷业遗存,发表了《景德镇湖田窑考察纪要》《景德镇湖田窑各期碗类装烧工艺考》《景德镇湖田窑各期典型碗类的造型特征及其成因考》等论文,从器型、装饰与装烧等多角度较为全面地揭示了湖田窑址的文化内涵。

1987 年,为编撰《景德镇市文物志》搜集第一手资料,景德镇陶瓷考古研究所、景德镇市博物馆等对景德镇市境内文物遗迹进行了一次全面考察,历时一年,完成了《景德镇市文物志》中的陶瓷遗存部分。

20 世纪 80 年代中期至 21 世纪初期,为配合地方基本建设,江西省文物考古研究所在湖田窑遗址先后进行了十余次的抢救性考古发掘,发现并清理一批古代作坊、窑炉、码头以及生活遗迹,获得了五代至明代青瓷、白瓷、青白瓷、黑釉瓷、枢府瓷、青花瓷、釉里红瓷和制瓷工具、窑具等各类遗物数十万件,集结整理出版《景德镇湖田窑址——1988—1999 年考古发掘报告》。这一时期,景德镇民窑博物馆对湖田窑址及其周边的三宝蓬瓷石矿遗址、杨梅亭古瓷窑遗址进行了田野考察,出版了《湖田古窑》一书。

**图 15 - 5　湖田古窑遗址考古发掘现场**

浮梁凤凰山窑址是 20 世纪 80 年代初第二次全国文物普查时由景德镇的文物工作者发现的,它是一座北宋中晚期以烧制青白釉执壶为主的专业性较强的综合性窑场。2006 年江西省文物考古研究所、景德镇陶瓷考古所、浮梁县博物馆对其进行发掘,发掘成果《江西浮梁凤凰山宋代窑址发掘简报》发表在《文物》2009 年第 12 期上。该窑址的发掘为研究景德镇地区的陶瓷发展史、宋代陶瓷工艺以及宋代手工业和区域经济发展史,提供了非常重要的考古资料。

景德镇明清御窑遗址是明清两代皇家窑厂,曾经过多次考古发掘。1982—1994 年,景德镇市陶瓷考古研究所为配合市政建设工程,对御窑遗址进行了多次抢救性发掘,出土了明代洪武至嘉靖时期的落选御用瓷片“竟有十数吨,若干亿片”,修复了大量洪武、永乐、宣德、正统、成化时期的落选御用瓷器。发掘成果《景德镇珠山出土的明初与永乐官窑瓷器之研究》《景德镇出土明宣德官窑瓷器》分别发表在 1996 年、1998 年《鸿禧文物》上,《成窑遗珍——景德镇珠山出土成化官窑瓷器》发表在 1993 年香港徐氏艺术馆刊物上,《景德镇出土元明官窑瓷器》发表在 1999 年炎黄艺术馆刊物上。1983 年和 1984 年,江西省文物工作队、景德镇市陶瓷历史博物馆为配合基建工程,经文化部批准,于 1983 年 7 月至 9 月、1984 年 12 月至 1985 年 1 月,先后对龙珠阁遗址进行了两次发掘,发掘成果《景德镇龙珠阁遗址发掘报告》发表在《江西历史文物》1986 年第 2 期、《考古学报》1989 年第 4 期上。21 世纪,为了深入研究明清御窑,全面复原御窑的生产面貌,经国家文物局批准,北京大学考古文博学院、江西省文物考古研究所、景德镇市陶瓷考古研究所联合组成考古队,于2002年10月至2003年1月、2003年10月至12月、2004年9月至2005年1月,对景德镇明清御窑遗址进行了较大规模的考古发掘。发掘的具体位置在珠山北麓(御窑遗址的东北部)和珠山南麓(御窑遗址南部的西边),发掘面积共计1578平方米。此次发掘发现大批遗迹和数量众多的遗物。发掘成果《发掘景德镇明清御窑》发表在《文物天地》2004年第4期上,《江西省景德镇市珠山明、清御窑遗址考古发掘获重大成果》发表在《中国古陶瓷研究》第十辑上(紫禁城出版社,2004年10月),《江西景德镇市明清御窑遗址2004年的发掘》发表在《考古》2005年第7期上,《江西景德镇明清御窑遗址发掘简报》发表在《文物》2007年第5期上。2014年,为进一步厘清御窑厂的布局、不同时代遗物的分布和功能分区等问题,考古队对明清御窑遗址进行了多次发掘。2014年10月至2015年1月,景德镇市陶瓷考古研究所、北京大学考古文博学院、江西省文物考古研究所、故宫博物院等单位联合开展了对景德镇御窑遗址龙珠阁南侧、毕家弄以东区域进行第二次大规模主动性考古发掘。此次发掘地点位于景德镇御窑厂中部偏西、龙珠阁以南、现景德镇御窑博物馆以北区域的空地一带,共布探方16个,实际发掘面积近400平方米,发现并清理了元、明、清及民国时期的作坊、灰坑、房址、墙基等遗迹64处,发掘成果《江西景德镇明清御窑厂遗址2014年发掘简报》发表在《文物》2017年第8期上。2014年4月底至6月期间,为配合御窑厂东围墙的建设工程,景德镇市陶瓷考古研究所联合另外三家单位对御窑厂东围墙一线,重点对东门西南侧及东围墙中段区域进行了抢救性的考古发掘。此次发掘共布探沟一条、探方6个,发掘面积共计约200平方米。2014年7月至12月,为了配合龙珠阁北麓保护房改扩建工程项目的顺利进行,景德镇市陶瓷考古研究所等单位对龙珠阁北麓保护房改扩建区域进行了抢救性清理,清理面积约500平方米;2015年11月至2016年1月,在2014年御窑遗址发掘的基础上,对龙珠阁南侧、毕家弄以东区域进行第二次考古发掘。此次发掘区域位于御窑遗址的中部,龙珠阁南侧,西紧邻御窑厂的西围墙,整体位于2014年发掘区域的西北侧,发掘面积300平方米。2021年,北京大学考古文博学院、景德镇市陶瓷考古研究所等单位发掘景德镇御窑厂西墙外遗址。

柳家湾古瓷窑址属于北宋中晚期窑址,1985年江西省文物工作队、景德镇市陶瓷历史博物馆进行考察,采集了主要标本,并对该窑各堆积做了调查。调查成果《江西景德镇柳家湾古瓷窑址调查》发表在《考古》1985 年第 4 期上。

**图 15 - 6   2014 年龙珠阁南侧考古发掘现场**

丽阳碓臼山窑址,属于元代窑址。2005 年 7 月,经国家文物局批准,由故宫博物院、江西省文物考古研究所和景德镇市陶瓷考古研究所联合组成考古队对该窑址进行了正式发掘。发掘成果《江西景德镇丽阳碓臼山元代窑址发掘简报》发表在《文物》2007 年第 3 期上。

丽阳蛇山窑址属于五代窑址,2005 年 7—11 月,由故宫博物院、江西省文物考古研究所和景德镇市陶瓷考古研究所联合组成的考古队,在对丽阳乡元、明窑址进行主动发掘时发现了该处窑址,对窑业遗存进行清理。清理成果《江西景德镇丽阳蛇山五代窑址清理简报》发表在《文物》2007 年第 3 期上。

景德镇竟成铜锣山窑址属于五代晚期到北宋晚期以烧造青白釉日常生活用瓷为主,兼烧少量青釉、黑釉瓷器的民窑窑址。为配合景德镇市环城高速公路南环段的基本建设,2006 年 2—4 月江西省文物考古研究所与景德镇民窑博物馆联合组成考古队,对公路途经的铜锣山窑址进行了抢救性考古发掘。发掘成果《江西景德镇竟成铜锣山窑址发掘简报》发表在《文物》2007 年第 5 期上。

景德镇道塘里窑址是 20 世纪 80 年代初文物普查时由景德镇市文物工作者发现的,景德镇环城高速公路南环段途经该窑址东部。为了配合南环段高速公路的基本建设,2006 年 2—6 月,江西省文物考古研究所在景德镇民窑博物馆的配合下对其进行了抢救性考古发掘。发掘成果《江西景德镇道塘里宋代窑址发掘简报》发表在《文物》2011 年第 10 期上。

景德镇观音阁窑址属于明代中晚期民间瓷窑遗址，2007年，北京大学考古文博学院、江西省文物考古研究所及景德镇市陶瓷考古研究所对景德镇观音阁窑址进行联合发掘，发现有大量明代中晚期至清代初年的窑业堆积，青花瓷种类丰富，并包含少量"克拉克"瓷残片。发掘成果《江西景德镇观音阁明代窑址发掘简报》发表在《文物》2009年第12期上。

**图 15 - 7　观音阁窑址考古发掘工地现场**

南窑窑址是唐代中晚期窑址，2011年至2012年，江西省文物考古研究所、乐平市博物馆、景德镇陶瓷考古研究所、景德镇民窑博物馆等单位对其进行了全面调查和勘探，揭露面积60平方米，清理灰坑1个，勘探龙窑遗迹2条，出土一批青瓷、青釉褐斑瓷、青釉褐彩瓷、酱釉瓷器以及窑具标本。调查勘探成果《江西乐平南窑窑址调查报告》发表在《中国国家博物馆馆刊》2013年第10期上。

落马桥窑址属于五代至明代遗存，2012年，为配合发展建设，景德镇市陶瓷考古研究所、北京大学考古文博学院及江西省文物考古研究所组成联合考古队，对落马桥窑址进行了抢救性发掘。本次主要田野工作自2012年11月持续至2013年7月，其后又陆续进行了一些小规模发掘和清理，截至2015年9月，共布探方23个，实际发掘面积672平方米，不仅揭露了大量北宋至清末的制瓷业遗迹，还出土了数以吨计的瓷器。发掘和清理成果《江西景德镇落马桥窑址宋元遗存发掘简报》发表在《文物》2017年第5期上。

景德镇市浮梁县兰田窑窑址属于晚唐至五代窑址，2012至2013年，北京大学考古文博学院、景德镇市陶瓷考古研究所等单位对景德镇市浮梁县兰田窑万窑坞、柏树下、大金坞三个窑址进行发掘，出土了数以吨计的晚唐至宋初遗物。发掘成果《景德镇早期窑业的探索——兰田窑发掘的主要收获》《景德镇市兰田村大金坞窑址调查与试掘》发表在《南方文物》2015 年第 2 期上,《景德镇市兰田村柏树下窑址调查与试掘》发表在《华夏考古》2018 年第 4 期上。

**图 15 - 8　兰田窑考古发掘窑炉遗迹**

2014 年,在兰田窑发掘的基础上,北京大学考古文博学院联合景德镇市陶瓷考古研究所,对湘湖地区南河及小南河流域 9 至 10 世纪的窑业遗存进行专题区域考古调查。本次调查共调查、试掘 52 处窑址,通过对比兰田窑、南窑发掘资料,揭示了景德镇早期窑业产品的发展序列,对了解景德镇青白瓷起源、景德镇早期窑炉形制的演变、景德镇窑业分布的地理特征等具有重要意义。

**图 15 - 9　2014 年湘湖地区早期窑业调查工作**

2015 年至 2019 年，江西省文物考古研究院联合中国人民大学历史学院、北京大学考古文博学院等单位，对昌江支流南河流域瓷窑遗址再次展开调查，有助于进一步系统了解本地区窑业生产，相关研究成果亦陆续刊布。

表 15 - 1　景德镇窑址堆积情况一览表①

| 地名 | 地理位置 | 堆积范围及地点 | 堆积层基本情况 | 备注 |
|---|---|---|---|---|
| 湖田 | 在市东南约 4 公里竟成乡湖田村 | 约 40 万平方米。北至南河、南至狮子山、东至豪猪岭、西至 602 所水泵房 | 堆积主要集中在豪猪岭一带。五代青瓷、白瓷；宋代影青瓷、黑釉瓷；元代影青瓷、卵白釉、黑釉瓷、青花；明代青花瓷、素白釉瓷 | 窑址中有五代至明各时代堆积物，兴烧于五代，终烧于明隆庆、万历之际 |
| 杨梅亭 | 在市东南约 4.5 公里竟成乡杨梅亭村 | 遗物公布范围约 1 万平方米 | 遗物堆积主要在村西一农舍后山，厚度达 10 米左右。五代青瓷、白瓷，宋代影青瓷 | 窑址兴烧于五代，终于北宋。该地又称胜梅亭 |
| 银坑坞 | 在市南约 3 公里竟成乡银坑坞村一带 | 小坞里 3 处，面积达 1.1 万平方米；盐家井 1 处；郑家坞 7 处，面积达 1.63 万平方米；草担上 1 处，面积 0.5 万平方米；白庙下 2 处；红庙下 2 处。总计 16 处，面积达 3.6 万平方米 | 各堆积层均为北宋遗物，堆积厚度 0.3—1 米。主要产品有影青碗、壶、盘、碟、盏托等等 | 兴烧于宋初，终烧于北宋末 |
| 外小里 | 在市东南约 10 公里竟成乡外小里村周围 | 村东河侧水沟畔、村东北油麦坞、村北井坞、村西北三宝林场 5 处，面积达 5.4 万平方米 | 五代青瓷、白瓷，宋代影青瓷 | 窑址兴烧于五代，终烧于北宋。五代遗物堆积稀薄，宋代规模较大 |
| 黄泥头 | 在市东南 12 公里黄泥头小学北侧山丘 | 窑址面积达 0.5 万平方米，遗物集中在东西两个大堆积丘，东堆为宋代遗物 | 遗物堆积厚度达 3—5 米。五代青瓷、白瓷，宋代影青瓷 | 兴烧于五代，终烧于北宋 |

---

① 江建新.景德镇陶瓷考古研究［M］.北京:科学出版社,2013.

续表 15 - 1

| 地名 | 地理位置 | 堆积范围及地点 | 堆积层基本情况 | 备注 |
|------|----------|----------------|----------------|------|
| 塘下 | 在黄泥头东北约 3 公里塘下村附近 | 堆积在均上、塘下、五同峰、吴家坞、谢家坞 5 处,分布面积达 65 万平方米 | 五代青瓷、白瓷,宋代影青瓷,元初覆烧青釉瓷 | 兴烧于五代,终烧于元代。原有堆积 10 余处,现多被夷平。以宋代堆积规模最大 |
| 白虎湾 | 在黄泥头东北约 4.5 公里白虎湾村附近 | 在渡槽、南门坞、革里坞、匣钵墩各 1 处,白虎湾 6 处,白虎岭 2 处,总计 12 处,面积达 3 万平方米 | 五代青瓷、白瓷,宋代影青瓷 | 兴烧于五代,终烧于北宋。个别堆积已基本夷平 |
| 盈田 | 在塘下村 1.5 公里盈田村附近 | 大山坞口、蛇家坞口各 1 处,山脚下村 6 处,花儿滩村 8 处,总计 16 处,面积达 4 万平方米 | 堆积厚度 1—5 米。五代青瓷、白瓷,宋代影青瓷 | 兴烧于五代,终烧于北宋。16 处堆积包中有 3 处底层含五代遗物,余均为北宋遗物 |
| 湘湖 | 在市东北约 13 公里湘湖乡湘湖街村附近 | 堆积在内傍坞、窑前山、桥头、栏窑山、牛栏头 5 处,面积达 1.2 万平方米 | 五代青瓷、白瓷,宋代影青瓷 | 兴烧于五代,终烧于南宋 |
| 月山下 | 在市东南 10 公里寿安乡月山下村 | 堆积面积达 0.82 万平方米 | 产品为影青碗、盘 | 北宋窑址 |
| 凉伞树下 | 在月山下东南约 3 公里凉伞树下村 | 堆积面积约 400 平方米 | 堆积厚度 0.6—1.2 米,底层为五代遗物,较稀薄,上层为北宋遗物。五代青瓷、白瓷,宋代影青瓷 | 兴烧于五代,终烧于北宋 |
| 富坑 | 在月山下西南约 2.5 公里寿安乡富坑村 | 堆积在村北谢家蓬、村南何家蓬 2 处,面积达 1 万平方米 | 主要产品为影青碗类、产品单纯 | 烧造于北宋初至中期 |
| 柳家湾 | 在市东南约 20 公里寿安乡柳家湾村附近 | 堆积有水泥厂、兔儿望月山、匣钵墩、油麦坞、炮台山、金家坞等 11 处,面积达 11 万平方米 | 堆积厚度 3—10 米,五代青瓷、白瓷,宋代影青瓷 | 兴烧于五代,终烧于北宋。除金家坞堆积底层为五代遗物,余皆北宋遗物 |

续表 15 – 1

| 地名 | 地理位置 | 堆积范围及地点 | 堆积层基本情况 | 备注 |
|---|---|---|---|---|
| 南市街 | 在柳家湾村西南约 1.5 公里南市街村附近 | 村后狮子山黄土岭 1 处、村西附近 3 处，面积达 6 万平方米 | 遗物堆积规模较大，厚度达 10 米左右。五代青瓷、白瓷，宋代影青瓷，元代白釉瓷 | 兴烧于五代，终烧于元代 |
| 西溪 | 在南市街村西北约 1.5 公里西溪村附近 | 堆积在屋后山、窑间垄、背后坞口 3 处，面积达 1.6 万平方米 | 主要为影青大小碗类 | 宋早至中期窑址 |
| 大屋下 | 在西溪村西约 3 公里大屋下村附近 | 堆积有东塘坞、新村窑坞、大屋下屋背山、新村屋背山、内小里、李家坞、宁家山、黄山岭、虎山等 10 处，面积 4.5 万平方米 | 堆积厚度 1—3 米，产品主要为影青碗、盘、碟、壶等，以碗为大宗 | 烧造于北宋时期 |
| 朱溪 | 在南市街村西南 1.5 公里朱溪村附近 | 堆积在朱溪村、牛棚西村周围 4 处，面积达 0.5 万平方米 | 产品以影青碗为大宗，且造型较丰富，盘、碟类稀少 | 烧造于宋初至中期结束 |
| 宁村 | 在朱溪村西约 3 公里宁村附近 | 堆积在宁家坞、窑坞、宁村背后山、上汤坞两山、上汤坞东山、牛栏坞 6 处，面积达 1.2 万平方米 | 产品主要为影青碗类 | 烧造于北宋时期 |
| 丰旺（枫湾） | 在宁村西南约 4 公里丰旺村附近 | 村内堆积有 3 处，8 处堆积在村南与寺前村之间，总面积达 3.1 万平方米 | 主要产品为影青碗、盘类 | 烧造于宋初至中期结束 |
| 灵珠 | 在月山下村东南约 5 公里灵珠村附近 | 堆积在乌龟山 3 处，义民村 4 处，娘娘坞 2 处，共计 9 处，面积 1.8 万平方米 | 堆积厚度 0.6—5 米，产品主要为影青碗、盘二类 | 烧造于宋初至宋末 |
| 东流 | 在市东约 30 公里东流村 | 堆积有 2 处，面积约 0.4 万平方米 | 产品为影青碗、盘、碟之类 | 烧造于北宋 |
| 凤凰嘴 | 在东流村西南约 3 公里凤凰嘴村附近 | 堆积在鸭舌坞、下牛屎岭、水井窟 3 处，面积达 0.3 万平方米 | 宋代产品主要为影青碗、盘、盏托等 | 兴烧于五代，终烧于北宋 |

续表 15－1

| 地名 | 地理位置 | 堆积范围及地点 | 堆积层基本情况 | 备注 |
|---|---|---|---|---|
| 灵安（查村） | 在凤凰嘴村西北约 1.5 公里灵安村附近 | 堆积有占家坞、塘均、余家坞、吴冲坞 4 处，面积达 0.8 万平方米 | 主要产品为影青碗，次为盘、碟，品种单一 | 烧造于北宋 |
| 珠山 | 在市中心珠山北侧 | 堆积集中在珠山一带，遗物丰厚 | 宋代遗存堆积物尚不明 | 兴烧于五代，终烧于清末 |
| 落马桥 | 在市区南角红星瓷厂门口附近 | | 出土有影青碗、碟，元青花，产品质地较优 | 五代至明代遗存 |
| 瑶里 | 在市东北约 60 公里瑶里村附近 | 遗存分布在村周围，共有 7 处，面积3000 平方米 | 明青花瓷、素白瓷，产品主要是碗、盘、高足杯 | 明早中期窑址 |
| 内绕 | 在瑶里村东北约 1.5 公里内瑶村周围 | 有汪玉岭、舒家山、坳头、方家养山 4 处遗存，面积 3500平方米 | 明青花瓷、素白瓷 | 明中期窑址 |
| 绕南 | 在市东北约 60 公里瑶里乡附近 | 有东山阙、窑旮旯、栗树滩 3 处遗存，面积 5800 平方米 | 元代覆烧芒口白釉瓷，明代为青花瓷、素白瓷 | 元代至明中期窑址，栗树滩是东河流域年代最早的遗存 |
| 长明 | 在瑶里村西北约 6 公里长明村附近 | 有长明小学内、江家下 2 处遗存，面积达 5600 平方米 | 明青花瓷、素白瓷 | 明早、中期窑址 |
| 南泊 | 在市东北约 50 公里鹅湖乡南泊村 | 有仙水庙、莲花山、匣钵墩、马家棚 4 处遗存，面积达 4000 平方米 | 明青花瓷、素白瓷 | 明中叶窑址 |
| 董家坞 | 在市区内四图里 | 在董家坞至珠家坞一带，面积达数万平方米 | 主要为青花瓷 | 明中叶至清代窑址，部分遗存被建筑物覆盖或夷平 |
| 明清御窑厂遗址 | 在市中心珠山南侧 | 分布范围：东中华路、西东司岭、南珠山路、北彭家弄，面积达 60000 平方米 | 元代青花、宝石蓝与孔雀绿瓷器；明代洪武、永乐、宣德、正统、成化、弘治、正德、嘉靖、万历、清顺治、康熙、雍正、乾隆等各朝官窑残器与瓷 | 元代至清代窑址，遗存大部分被建筑物覆盖 |

续表 15 - 1

| 地名 | 地理位置 | 堆积范围及地点 | 堆积层基本情况 | 备注 |
|------|---------|--------------|--------------|------|
| 西河口 | 在景德镇市区西北昌江西岸的西河入河（昌江）口 | 遗物堆积西河口岸南，面积约1000平方米 | 为清代中叶民窑青花碗、盘残片 | 清代窑业遗存 |
| 丽阳镇 | 在江西省景德镇市西南21公里丽阳镇彭家村和丽阳村之间的瓷器山西坡和碓臼山南坡 | 丽阳村碓臼山南坡，发现长24.3米、窑室最大宽度4米的元代晚期龙窑；彭家村瓷器山西坡，发现长10.9米、窑室最大宽度3.4米的明代葫芦窑 | 出土瓷器有五代青瓷，宋元影青瓷，元代青花和釉里红、明代青花、仿龙泉釉、仿哥釉、黑釉、白釉瓷器等。器型有碗、盘、高足碗、高足杯、罐、执壶、炉、盏等 | 五代到明代遗存 |
| 兰田村 | 位于景德镇市东郊20公里处浮梁县湘湖镇兰田村金星自然村西北万窑坞山坡上 | 万窑坞窑址规模宽约180米，进深约45米，总面积约8100平方米 | 出土青绿釉瓷器、青灰釉瓷器和白釉、青白釉瓷器等晚唐、五代时期的遗物，除常见的碗、盘、执壶、罐等器物外，还发现了腰鼓、茶槽子、茶碾子、瓷权、瓷网坠等器物 | 晚唐、五代时期 |
| 南窑村 | 位于江西省景德镇乐平市接渡镇南窑村东北 | 堆积厚达1—3米，分布面积超过3万平方米。窑山北部散布大量窑具和瓷器残片，东西最宽200米，南北最长153米，地表可见13条明显隆起的脊状堆积，经勘探有12条长条状龙窑遗迹 | 有青釉瓷、酱黑釉瓷、青釉褐斑瓷、青釉褐色彩绘瓷以及素胎瓷，以青釉瓷为主。器型有双系瓶、小瓶、执壶、盘口壶、罐、碗、腰鼓、器盖等，以碗、盘、双系瓶居多。还发现人面埙、茶碾、瓷权、砚滴等器物。 | 中晚唐遗存 |
| 曾家弄 | | | | 元至明初遗存 |
| 十八桥 | 商城一带 | | | 元至明代遗存 |
| 赛宝坦 | 国贸广场 | | | 晚明至清代遗存 |
| 刘家弄下弄 | | | | 晚明至清初遗存 |
| 胜利路 | 新华瓷厂 | | | 清初遗存 |

续表 15 - 1

| 地名 | 地理位置 | 堆积范围及地点 | 堆积层基本情况 | 备注 |
|---|---|---|---|---|
| 莲社路 | 艺术瓷厂 | | | 清初遗存 |
| 莲花山 | 烈士纪念塔一带 | | | 明、清遗存 |
| 花园里 | 原电子电气公司,现站前路 | | | 明早中期至清代遗存 |

## 二、景德镇陶瓷考古方法步骤

陶瓷考古是在古陶瓷研究的基础上产生的,采用考古学的方法,从考古学的视角对古代陶瓷器物从生产、管理到流通的全过程进行研究。因此,陶瓷考古包括陶瓷文献调研、陶瓷考古调查、陶瓷考古发掘、库房保护与修复、成果发表、窑址遗存保护等。

### (一)陶瓷文献调研

在进行陶瓷考古发掘之前,需要充分做好准备工作,包括文献调研、地面勘探等。陶瓷文献调研即陶瓷文献检索普查,是根据相关陶瓷考古工作需要,有计划、有组织地调查、收集有关陶瓷文献资料的过程。陶瓷文献调研需要对被考古的陶瓷遗存历史做详细的了解,检索有关的文献记载,如地方志以及其他史籍等,还需要了解陶瓷遗存是否已经做过考古调查或发掘工作,取得了哪些成果。

陶瓷文献检索有手工方式文献检索与计算机方式文献检索两种。手工陶瓷文献检索工具包括检索陶瓷文献目录、陶瓷文献书目、陶瓷考古学年鉴以及陶瓷百科全书等。计算机文献检索工具主要指计算机陶瓷文献检索系统,即通过清华大学研制发行的中国学术期刊检索系统、陶瓷考古杂志数据库光盘检索系统和中国社会科学院考古研究所信息中心开发的考古学书目查询系统等。一般而言,手工方式的陶瓷文献检索工具主要以纸介质为信息载体,检索速度慢,且检索项目有限,查找效率低。计算机文献检索系统是以光盘和硬盘为信息的存储介质、以计算机为检索设备的文献检索系统,因此,具有检索速度快、途径多样、方法灵活、查全查准率较高的优点。

一般来说,陶瓷考古文献检索的途径主要有以下几种:

①根据陶瓷文献的书名、刊名和文章篇名来查找所需陶瓷文献的题名途径。

②根据陶瓷文献的著者、编者或译者等来查找所需陶瓷文献的责任者途径。

③根据陶瓷文献知识所属学科分类体系来查找所需陶瓷文献的分类途径。

④根据陶瓷文献内容的主题词或关键词来查找所需陶瓷文献的主题途径。

⑤根据陶瓷文献发表的时间来查找所需陶瓷文献的时间途径。

**（二）陶瓷考古调查**

陶瓷考古调查是在基本不破坏原有遗存的情况下，对陶瓷遗存进行考察、记录，有选择地收集暴露出来的遗物，并确定需要保护的遗存。陶瓷考古调查能确定遗存的性质，了解其内涵，从而估计其保护和发掘价值，还能掌握遗存的保存现状，因而调查是发掘的必要准备，也是制订陶瓷文物保护规划的基础。

陶瓷考古调查的主要形式，可采取全面普查、专题调查、预备调查、区域系统调查等形式。全面普查是在某地区内，对不同时代、不同性质的陶瓷遗存进行普遍调查，主要任务是查清该区域有何类古代陶瓷遗存，了解它们的分布、性质、保存情况，根据调查结果，可以确定保护和发掘的轻重缓急。专题调查是集中调查某种陶瓷文化遗存，以学术研究为目的。预备调查是专为正式发掘做准备的调查，范围小，要求做得细致深入。区域系统调查是以聚落形态研究为目的的陶瓷考古调查，是全覆盖式的调查。

**（三）陶瓷考古发掘**

陶瓷考古发掘是采用考古学方法与手段，对陶瓷窑址遗存进行科学的清理与发掘，再现所保护窑址的生产原貌。其方法包括窑址遗存考古照相、窑址遗存考古测量、窑址遗存考古绘图、陶瓷文物标本提取等。

1. 窑址遗存考古照相

窑址遗存考古照相是陶瓷考古发掘的重要内容，是陶瓷考古中取得真实资料的一种重要手段，具有直观生动的优势。窑址遗存考古照相以科学研究为第一目的，以科学原则创作出客观、真实的陶瓷文物照片，达到突出文物和说明文物的目的。

窑址遗存发掘过程中拍摄的项目包括：

①发掘前遗址所在地的自然环境和地形地貌，需要重点突出即将发掘的部位。

②发掘过程中布方、开方、发现和清理遗迹遗物的过程、清理结束露出的全貌等。

③局部特写照相。

2. 窑址遗存考古测量

窑址遗存考古发掘过程中,测量包括方向测量、倾斜角测量、水平距离测量和高度差测量。方向测量可以根据太阳的位置大致判断方位,精确测量需要使用罗盘。倾斜角测量需要使用测斜仪,水平距离测量精度要求不高时,可以用步量法或杆量法。高度差测量实际上就是垂直方向距离的测量,可以从高处点向下垂放皮尺直接测量。

3. 窑址遗存考古绘图

窑址遗存考古中需要精确测绘的绘图工作主要包括各种遗迹的平面图、剖面图以及器物图,各种绘图使用的主要是工程绘图中的正投影法。

对于窑址、灰坑、作坊等遗迹,都要绘制平面图,即被画物在水平面上的正投影图形。绘制平面图时,需要先测出一些关键性的点在水平面上的位置,在图纸上定出这些点,再由点连线,绘出图形。对于平面图中的器物,需要量出大体位置,画出轮廓。但应注意器物出土时的状态,是直立的、倾斜的,还是横卧的,要利用正投影的原理把它正确表现出来。此外,绘制平面图必须标出指北针的方向。

对于探方或探沟,一般要画剖面图。同样要先把关键性的点绘出,再连接成线。最后,不同颜色的地层和遗迹现象要用不同的符号进行区分,并用文字注明各符号代表的遗迹。

在室内整理时,要绘制器物底卡的器物图和发表报告的器物图。器物绘图也是按正投影原理绘制的。

4. 陶瓷文物标本提取

陶瓷文物标本提取时按照考古原则方法——清理,统一编号,标明层位坐标,以备查考,将发掘出来的遗迹、遗物汇合起来,纳入总体记录。陶瓷提取过程比较复杂,其间工作人员一定要做好文物表面清理和结构加固等工作,之后将出土文物快速、安全地转移到临时库房。

对于考古发掘出土的陶瓷样品,如果需要做热释光测年,在采集样品时需要注意以下事项①:

(1)被采集样品遗址的考古学性质必须明确,遗址应保存完好,没有经过扰

---

① 吴隽,张茂林,李其江,等.陶瓷科技考古[M].北京:高等教育出版社,2012:39.

动且在距地表 30 cm 以下。

（2）测定一个时代的样品，必须有同时代的碎片（称为平行样品）3—6 块，这些碎片采集范围应在半径为 30 cm 的球形体积内，且同一时代的平行样品最好是不同类型的结构，如青瓷、青白瓷等。

（3）样品应在遗址发掘时采集，一个遗址不同层位、探方或探坑应分别采集，不能混合。

（4）采集的碎片样品应离开坑位棱角、不同土质交界处，离底部岩石 30 cm 以上，避免不同放射性物质提供不同 γ 剂量，给确定环境年剂量造成困难。

（5）碎片最好在均匀土壤中采集，碎片周围应没有大石头、建筑物碎片或贝壳和骨骼的堆积物。不要采集暴露在地表或地表 30 cm 以内的碎片。

（6）样品出土后不能清洗，应立刻用黑色塑料袋密封包装，再将其封在第二只塑料袋内，以防标本中水分挥发，因为样品的含水率对热释光测年结果有较大的影响。

（7）样品在包装、运输和储藏中应避免紫外线、红外线和 X、β、γ 射线辐照，防止高温（超过 100 ℃）加热。

（8）为了测定样品出土处的环境剂量率，要把环境热释光剂量计掩埋在样品出土处。掩埋的地方应是原来样品出土处相同的周围土壤，不要把 30 cm 以外的土壤覆盖在掩埋处。

（9）热释光剂量计在使用过程中，应避免光、热和核辐射。如没有条件用热释光剂量计直接测量遗址的环境剂量率，可在采集样品时取周围土壤 100 g 左右，用两只塑料袋密封包装（不需要避光、热和核辐射）后连同标本一起送到热释光实验室。

**（四）库房保护与修复**

在陶瓷考古库房，工作人员要将出土陶瓷文物包装起来，包装的主要目的是避免文物受损，要竭力使每一件陶瓷文物都维持在最佳状态，使之可以充分反映其所处年代的历史信息和工艺手法。对陶瓷文物进行必要的清洗，进行库房考古。对缺损的陶瓷文物进行必要的修复，以备展览需要。

**（五）成果发表**

对陶瓷考古成果进行归类整理，进行科学研究分析，撰写考古发掘报告，并公开向社会发表考古报告。对整理好的陶瓷考古文物，公开向社会展览展示，报告考古成果。

### (六)窑址遗存保护

经考古发掘,一些有价值的窑址遗存要移交当地文物管理部门,进行相应的遗址保护,根据遗址价值,列为相应遗址保护单位。对于没有价值的窑址遗存要进行回填,恢复原貌。

### (七)陶瓷科技考古

陶瓷科技考古是指采用现代科技分析手段或方法来研究古陶瓷相关资料,以探讨陶瓷的产生、发展和演变规律以及蕴含其中的工艺、经济、文化、交流与贸易信息,揭示和全面复原古陶瓷生产过程。陶瓷科技考古常见手段有 C 测年、热释光测年、质子激发 X 荧光(PIXF)技术、中子衍射技术、能量色散 X 荧光光谱分析(EDXRF)技术、微束 XRF、电感耦合等离子发射光谱(ICP—MS)、扫描电镜—能谱分析(SEM—EDS)、X 射线吸收精细结构(XAFS)等现代科学测试分析方法,大大拓宽了陶瓷考古学研究的领域,大幅提高了陶瓷考古研究的准确度和层次。

# 第十六章　景德镇陶瓷鉴定与修复

## 第一节　景德镇陶瓷鉴定

陶瓷鉴定是文物鉴定中的重要内容,是断定各历史时期陶瓷烧制的时间、地区、窑口、窑系及辨明真伪的工作。鉴定陶瓷的方法有两种:一种是鉴定工作者凭实践中获得的鉴别能力,吸取前辈经验,通过参考文献与图像来进行鉴定的传统方法;另一种是科技工作者运用分析、化验、测示、手持式显微镜等现代科技手段进行鉴定的方法。

**一、传统鉴定方法**

传统鉴定方法是以目测为主要手段。考古发掘出的陶瓷,要对地层、墓葬形式、葬式和同出土的其他实物进行综合分析并与已有科学定论的遗址、窑址、墓葬出土的陶瓷进行器物排队和分析比较,同时参考考古发掘报告和专门著作后做出判断。

鉴定传世陶瓷,需要吸收考古学的科学研究成果,选择有可靠地层、年代的文化遗址、窑炉遗址、墓葬出土的陶瓷(包括标本、残器)做标准器,也可用经过验证的陶瓷器做标准器,与需做鉴定的陶瓷从胎质、器型、装饰、成型工艺、装烧、釉彩、纹片、纹样、铭款,乃至手感轻重、敲击音响等各方面对比,作综合的观察和验证,有时还需参阅鉴定陶瓷专著、考古学著作、陶瓷史、历代纪年史、地方志和笔记、图录、图片等资料。

**(一)陶瓷鉴定内容**

1.断代。即鉴别某件古瓷的相对烧造年代,又叫"分期断代""器物排队"。古瓷中多数器物没有年款,有的器物落有年款。对于前者首先是解决断代问题,后者有辨别真伪问题和伪品的仿造年代问题。断代时,要掌握产品演变的总趋势,即产品是随着新工艺、新材料的出现,人们审美观和生活习惯的变化,陶工一代代地更新而沿着继承、创新、再继承、再创新的艺术发展规律而变化着的。

2.断真伪。断真伪是区分有意仿制前代产品的赝品,即把"仿古器"与"真器"识别出来,古瓷鉴定就要认真去做"去伪存真"的工作。

3.断优劣。即鉴别古瓷的质量和价值。质量是指古瓷本身是否存在烧制时所造成的或使用过程中所造成的种种毛病,如变形、裂痕、冲口、阴黄、粘釉、磨釉、缩釉、剥釉、剥彩、脱彩、漏彩、补彩等。价值是指某件古瓷的历史、科技、艺术方面的价值。历史价值是指该产品带有绝对的烧造年代或知道了相对的烧造年代;科技价值是说该产品能反映古代制瓷技艺发展进程和瓷业科学技术成果;艺术价值是看构成产品美的三个基本要素——瓷质、器型、装饰的艺术处理是否和谐统一,能否代表某时期的陶瓷艺术水平和艺术风格。

4.断窑口。即鉴别产品的产地。同时期的不同窑口产品,有差别明显的,亦有相近的,这需要我们去加以区分。产品的地方特色主要是因原料的不同而形成的,所以断窑口主要是看产品的胎、釉特征,其次是看工艺、造型和装饰等诸因素。

**(二)陶瓷鉴定方法**

类型学分类排比法是目测鉴定古瓷的普遍方法。即按器物造型与装饰分类,或把不同时代的器物造型进行系统的排比,或把不同时代的五彩、青花、单色釉等分别进行系统的排比,在排比中,进行鉴别鉴定。

1.看器型。主要是看器物口、须、肩、腹、壁、胫、底足、流、执、系等的形体特征和胎体的厚薄、轻重。各时代的器物都有特定时代独特的器型,熟记了真品的器型特征,赝品便可一眼识破。

2.看装饰。包括装饰方法(彩绘、颜色釉、刻、划、雕、镂、堆、捏、印、贴等)、题材、构图、纹样形象、画风和彩料等方面所表现的时代特征和窑口特征等。由于装饰是随着造型、工艺、材料、人们审美要求的变化而变化的,所以装饰的更新换代和所产生的种种变化,要比其他鉴定因素的变化显得频繁、活跃,鉴定时分析这一因素就更为重要。

3.看胎釉。由于不同窑口、不同时代对胎釉的原料选择、配方、精制不尽相同,成型和施釉方法上存在着差异,烧成温度和气氛不可能完全一致,使产品的胎釉各具特征。鉴定时细察产品胎度的色泽、粗细、松紧、坚脆、厚薄、透光与敲打声也很重要。

4.看制作工艺和装烧方法。随着科学技术的进步,制瓷工艺和装烧方法也不断改进和提高,伴随新工艺的出现和新窑具、新式装烧方法的运用,产品面貌也随之产生变化。这些因工艺、装烧所导致的细微特征,也是鉴定时不可忽视的因素。

5. 看底足。因各时期的烧制工艺不同,在烧制时支撑的方式方法也不同,这使得陶瓷器皿的底足部位有着明显的差异。底足因为有支撑物,凹凸点不同,有的上釉、有的无釉彩。这些都是鉴别瓷器时代的重要特征。

6. 看款式。款式的形式和内容很丰富,常见的有帝王年号本款,帝王年号寄托款、伪款,干支年款,斋、堂、轩、居名款,人名款,吉言款,题画款等。但落款常有严格的规范,后仿者很难"尽得风流"。所以,款式特征也是鉴定过程中的重要一环。

7. 看瓷器总的时代风格。瓷器和其他艺术品一样,地方风格、个人风格融会于时代风格之中,但又是时代风格的构成因素。因此把握好我国各时代瓷器的总体艺术风格,对鉴定也是十分有利的。[①]

**二、现代科技鉴定方法**

从 20 世纪 50 年代起,科技工作者逐渐使用现代科技方法鉴定陶瓷。如:用碳 14 测定法和热释光检定法测定陶瓷的时代;用电子显微镜和手持式显微镜,检定陶瓷的质地和结构;用制陶瓷的模拟实验,断定烧制温度;等等。

1. 碳 14 断代技术,又称"碳 14 年代测定法"或"放射性碳定年法"。含碳物质的碳 14 含量在碳元素中所含的比例几乎是保持恒定的,如果含碳物质停止与大气的交换关系,则该物质的碳 14 含量不再得到新的补充,而原有的碳 14 按照衰变规律减少,每隔 5730 年减少一半,因此只要测出含碳物质中碳 14 减少的程度,就可以计算出它停止与大气进行交换的年代,这就是碳 14 测年的原理。因此,在古陶瓷鉴定中,可以根据碳 14 的衰变程度来检测陶瓷的大概年代,进行陶瓷断代。

2. 热释光测年法。其原理是通过测定陶瓷器遭受自然界中地下和宇宙中各种放射线辐射的多寡来确定年代。这种方法能够对唐代以前的陶器进行测定,对唐以后的陶器和瓷器则无法准确测定。并且这种方法是一种有损检测技术,需要从被鉴定物中取样,同时,现代造伪技术已经使用钴 60 等放射物质对新仿"古瓷"进行照射,使得热释光法做出错误判断,失去鉴定效用。

3. 光释光测年法。光释光测年法是在热释光基础上发展起来的测年技术。石英等矿物晶体里存在着"光敏陷阱",当矿物受到电离辐射而产生的激发态电

---

① 黄云鹏.古瓷鉴定基本知识[J].景德镇陶瓷,1985(3):62-63.

子被其捕获时就成"光敏陷获电子",它们可以再次被光激发逃逸出"光敏陷阱",重新与发光中心结合再发射出光,这种光就是光释光信号。利用信号进行测年的技术即光释光法。

4. 成分分析法。即采用能量色散 X 射线荧光谱仪,对陶瓷器的化学成分,特别是微量元素和痕量元素成分进行定性定量分析,以确定陶瓷器的烧造年代,为陶瓷的断源、断代研究和真伪鉴定提供科学依据。但这种方法的困难在于标本数据库的建立十分困难,目前尚处于探索阶段。

5. 脱玻化结构分析法。经高温熔融形成的瓷器釉质呈现一种玻璃态均质体状态,陶瓷的玻璃相釉质结构随着时间的推移由无序态向有序态变化,产生"脱玻化"老化现象,通过对釉质成分系数、烧成系数的综合计算,可以求出釉质的"老化系数"。研究发现,陶瓷的"老化系数"同陶瓷的年龄有一定的函数关系,于是将这种关系整理总结,得出陶瓷器釉质老化系数与其生产制作时间的相关数据,用以确定陶瓷的烧造年代。

6. 锈蚀层衍射分析法。X 射线衍射仪是利用 X 射线衍射原理研究原物质内部微观结构的一种大型分析仪器。用 X 射线衍射仪可以对陶瓷的制作材料和蜕变产物进行分析测试,全面把握陶瓷的成分结构信息,进行科学分析,得出较准确的断代鉴定结论,为陶瓷鉴定结果提供强有力的科学依据。

7. 微观观测分析法。用高清晰数码观测显微镜,可将观测物直接成像于 CMOS 感光元件之上,这一综合功能强大的控制软件,可以对陶瓷进行微观观测并记录成像,清晰地观测到陶瓷的质地、微观形貌、加工痕迹和使用痕迹等特征,进而推测出陶瓷的加工工艺、生产时代、器物功用等。显微观测作为一种有效的陶瓷鉴定辅助手段,综合专家经验和其他科技鉴定方法,能得到更全面、客观、可靠的鉴定结果。

8. 拉曼光谱分析法。拉曼光谱是一种散射光谱。拉曼光谱原理是拉曼效应起源于分子振动与转动,因此从拉曼光谱中可以得到分子振动能级与转动能级结构的知识。通过对拉曼光谱的分析可以知道陶瓷物质的振动与转动能级情况,从而可以鉴别陶瓷物质,分析陶瓷物质的性质。

### 三、陶瓷仿古作伪鉴别方法

古陶瓷是国家的文物,是"国宝"。近年来,陶瓷仿古作伪层出不穷,作伪手法高超,几可乱真,造就了不少假古董。如何将真古瓷与假古瓷区别开来,成为陶瓷鉴定新的课题。对于陶瓷仿古作伪的鉴别,可从以下方面入手:

1.古瓷釉面无耀眼的浮光(燥光),光泽静穆如玉;新瓷则有耀眼的浮光。但仿古瓷往往做去浮光的处理,主要方法有:①用酸涂或浸,但釉面苍白,在放大镜下见伤痕;②用兽皮打磨,但在放大镜下见无数平行的细条状纹;③用茶水加少量碱久煮或烟久熏,但釉色不正;④入土久埋。

2.出土的古瓷土锈进入釉里,伪造者土锈附于表面,用水浸洗即去之。

3.瓷器纹饰,真者用笔(刀)流利自然,伪者则生硬,做作,呆板,缺乏活力。

4.古瓷的金色日久磨损,易变色,或只留下痕迹;新瓷金色鲜艳,光泽耀眼。

5.古瓷中的低温铅釉,釉面可见一层银色,瓜皮绿釉较明显,新瓷则无。

6.釉上彩瓷(五彩、粉彩、古彩)一般达一百年之久的,在光照下彩色的周围有"彩虹"般的光晕,有的仅隔60年的釉上彩瓷也会出现此现象,但年岁愈久则愈明显。

7.旧胎后挂彩自光绪以来多见,新中国成立后很少见。是否属后挂彩,着重看如下几方面:①釉上彩色是否有当时彩色特征;②纹样的布局、形象、用笔等是否有当时的风格,后加彩多画得拘谨、呆板、纤细,缺乏当时的风格;③纹样是否压着了釉面伤痕,有这种现象的必然是后加彩;④后挂彩的彩色一般光泽度强。

此外,后加款、换底、换款、换口、补彩、修补器物残缺等现象也在鉴定中常遇见,都必须认真区别。①

# 第二节　景德镇陶瓷修复

陶瓷修复的起源已无从考证,但从考古发现、文献资料和民间保留下来的大量文物中不难发现前人修复的痕迹。因此,陶瓷修补可以看成是继人类开始烧造陶器便应运而生的行为现象。

**一、陶瓷修复简史**

**(一)陶瓷传统修复技术的产生**

考古发现证明,在众多新石器时代遗址中均出土带有修补痕迹的陶片,如江西仙人洞遗址、北京上宅文化遗址、江苏三星村遗址、内蒙古赤峰市喀喇沁旗大山前遗址等。②

北京上宅文化遗址距今约6000—8000年,属于新石器早中期遗址。出土

---

① 黄云鹏.古瓷鉴定基本知识[J].景德镇陶瓷,1985(3):64.
② 纪东歌.乾隆时期宫廷瓷器修补[J].南方文物,2014(4):139.

的陶器中,考古人员在好几个陶器上发现了走向十分随意的抹压纹,经过 X 光照射,发现这些随机抹压纹是要掩盖陶器上不可控的裂纹,七八千年前的古人,已学会了修补陶器。新石器时期人们采用的陶器修补方法是先对陶器的破损处进行打磨,拼接对缝,再用调和好的泥土将裂缝两边覆盖,接着用随机纹处理修复的痕迹,最后用窑火进行烧结,烧结成功后,对陶器的里面进行打磨,而外面一般不处理。这种修补技术,在新石器时代是一种非常高明的技术。①

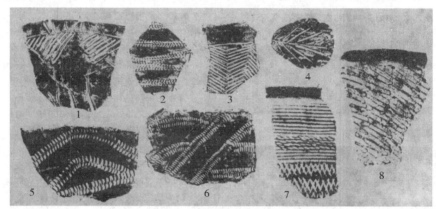

**图 16 - 1　北京上宅文化遗址陶器纹饰拓片**

　　在内蒙古赤峰市喀喇沁旗大山前遗址发现了一件距今 3500 年至 4000 年的夏家店下层文化时期古代先民修补的陶器,虽然出土的陶器已裂碎,但其中的一块陶片上却完整地保留着被修补的痕迹。其当时的修补过程是:古代先民首先将陶器破损处打磨成规则的圆形,然后挑选质地、厚度、强度、凹凸状都与受损陶器相似的陶片,磨制出同破口圆形吻合的"补丁",镶嵌在破口处,边沿用粘料灌缝;之后,再找同样的陶片,磨制一块大于破口约一厘米的另一块"补丁",抹上粘料,覆盖在内补处,形成双层修补。②

　　辽宁马鞍桥山遗址是红山文化早中期大型聚落遗址,发掘的陶器中有一件带有锔孔的陶罐,由陶器上的锔孔判断,当时甚至已经出现了专门的陶器修补匠人③。

　　① 郁金城,王武钰.北京平谷上宅新石器时代遗址发掘简报[J].文物,1989(8):4-8.

　　② 李富,滕剑.内蒙古大山前遗址发现 3500 年前古人修补的陶器[N].华兴时报,2008-10-09.

　　③ 郭平.终于发现了红山先民的生活片断:他们住半地穴房屋还会锔陶罐[N].辽宁日报,2020-02-04.

**图 16 - 2　辽宁马鞍桥山遗址出土有明显锔孔的陶罐**

唐代是用沙糖和泥填充裂缝,以火干炙。唐代义净译的《根本萨婆多部律摄》记载了补修陶钵法,"若瓦钵有孔隙者,用沙糖和泥塞之,以火干炙。若璺破者,刻作鼓腰,以铁鼓填之,上以泥涂火熏应用"。

宋代是以沥青融入填充陶瓷裂缝,并火烤烘涂抹平。南宋遗老周密编纂的《志雅堂杂抄》记载:"酒醋缸有裂破缝者,先用竹箍定,却于烈日中晒,令十分干,仍用炽炭烧缝上令极热却,以好沥青末糁缝处令融液入缝内令满,更用火略烘涂开,永不渗漏,胜于油灰多矣。"

明代陶瓷修复材料和方式众多,有糯米粥、鸡子清修补法,回炉复烧法,沥补法,蜡补法等。明代陶宗仪在《墨娥小录》中记载:"将鸡子清与竹沥对停,熬和成膏,粘官瓷破处,用绳缚紧,放汤内煮一二沸,置阴处三五日,去绳索,其牢固异常,且无损痕。"[1]在"粘碗盏"条记载:"用未蒸熟面筋,入筛净细石灰少许,杵数百下,忽化开如水,以之粘定缚牢,阴干。自不脱,胜于钉钳,但不可水内久浸。"[2]

明人宋诩在《宋氏燕闲部》中记载:"粘窑器璺处,补石药粘之,又以白蜡溶化和定粉加减颜色饰之。"

明人高濂在《遵生八笺·燕闲清赏笺》中介绍了一种回炉复烧的修补瓷器方式:"更有一种复烧,取旧官哥磁器,如炉欠足耳,瓶损口棱者,以旧补旧,加以沥药,裹以泥合,入窑一火烧成,如旧制无异。但补处色浑,而本质干燥,不甚精

---

①　傅振伦.《景德镇陶录》详注[M].北京:书目文献出版社,1993:136.

②　傅振伦.《景德镇陶录》详注[M].北京:书目文献出版社,1993:116.

采,得此更胜新烧。"①

明人周晖辑的《金陵琐事》也记载了一则以蜡补修宋代古瓷:"余一日见外进宋瓷碗,偶持之,见着手处微软。匠人言此处系修补不可持,恐致脱。细视釉色青润无稍异,亦了无痕迹,工匠之巧若此。"

明人在《拾青日札》中记载:"诸色窑古瓷,如炉欠耳足,瓶损口棱,有以旧补旧,加以涴药,一火烧成,与旧制无二,但补处色浑,然得此更胜新者。若用吸涴之法补旧,补处更可无迹。如有茅者,闻苏州虎邱有能修者,名之曰紧。"②

### (二)锯接和锔瓷修复技术的出现

最古老的瓷器修复技艺,发展到后来,变成了民间流行的锯接技术和锔瓷。锯接技术即用铜、铁等制成的两头带钩的锯子,将破碎的陶瓷片拼合,以及用虫胶和糯米等天然黏合剂黏合的技法;锔瓷就是把破碎的瓷器拼好,用金刚钻钻孔,再用铜钉嵌住抓牢,使其恢复原样。

图 16 - 3　锔瓷人

锯接技术和锔瓷起于何时已无法考证,锔合工艺在古代广泛运用于器物制作、建筑、造船等多种行业。南朝时期,顾野王在《玉篇》中释云"以铁缚物"。可见,锯接技术距今至少已有 1500 年以上的历史。到了明清,锔瓷技艺由单一

---

① 高镰.遵生八笺:下[M].杭州:浙江古籍出版社,2019:545.
② 傅振伦.《景德镇陶录》详注[M].北京:书目文献出版社,1993:130.

的锔补转为锔补修复、嵌饰做件、镶色配饰等风格特异、艺术魅力独特的一门绝活——"锔活秀"。日本佐仓孙三在《台风杂记·钉陶工》中有这样一段记载："台岛漆器少而陶器多。凡饮食器具,用陶磁器。是以补缀其既破坏者,自得妙。有钉陶工者,以小锥穿穴其两端,以金属补缀之;肃然不动,且有雅致。"可见当时锯钉补瓷技术在中国已很普遍,工艺技术也达到了极高的水平,成为人们日常生活中最为熟知的事物之一。

国内文献最早提及锔瓷技术的是明代医药学家李时珍,他在《本草纲目》中介绍"金刚石"时说:"其砂可以钻玉补瓷,故谓之钻。"

国外最早接触到中国锔瓷技术的应是日本,日本江户时代(1603—1868年)著名儒学家伊藤东涯在1727年所著的《蚂蟥绊茶瓯记》中记载:"底有璺一脉,相国因使聘之以送之大明,募代以他瓯。明人遣匠以铁钉六钤束之,绊如蚂蟥,还觉有趣⋯⋯号蚂蟥绊茶瓯。"[1]日本将锔瓷技术进一步发展,产生了"金缮"技术,即用天然大漆将瓷器碎片黏合,快干的时候在瓷器表面敷以金粉或金箔,或用金进行绘画的一种修复工艺。

图16-4　日本足利义政藏中国锔补的南宋龙泉碗"蚂蟥绊茶瓯"

欧洲人17世纪初才了解到锔瓷这项技艺,意大利传教士利玛窦在《中国见闻札记》中对瓷器修补有这样的记载:"锔补修复后的瓷器,还可以耐受热食的热度而不开裂,而尤其令人惊异的是,如果破了,再用铜丝熔合起来,就是盛汤

① 刘志勇.茶具美学及毛尖茶艺表演中牙舟陶茶具设计策略[J].西部皮革.2019,41(16):30-32.

图 16 - 5　"金缮"作品

水也不会漏。"①清初来华的法国传教士殷弘绪在景德镇目睹瓷器锔补过程后，于信中写道："玻璃是用金刚石裁截的，同样破裂的瓷片也可以用金刚石接合和修补。在中国，修补破瓷是一种职业，有专门把破瓷片恢复成原状的手艺人。他们用像针似的金刚缵在瓷片上穿几个小孔，再用纤细的自然铜丝接合破瓷片。补过的瓷器可以照旧使用，而且几乎看不出破裂的痕迹。"

　　17 至 18 世纪，中国瓷器成为欧洲人追逐的紧俏商品。由于中国瓷器昂贵，破损了不舍得丢弃，锔瓷修补技术在欧洲发展起来。在欧洲，很多贵族家庭请金银匠为珍贵的中国瓷器嵌上金口，配上底座，进行金银装饰，以显示对中国瓷器的珍视。

图 16 - 6　欧洲锔补清乾隆青花椭圆形花口盘背面

---

① 利玛窦,金尼阁.利玛窦中国札记[M].何高济,等译.北京:中华书局,1983:15.

锔瓷和金缮作为两种修复器物的传统方法,通常采用锔补、镶扣、金补、蜡补、复烧、随色、做旧等步骤修复瓷器。

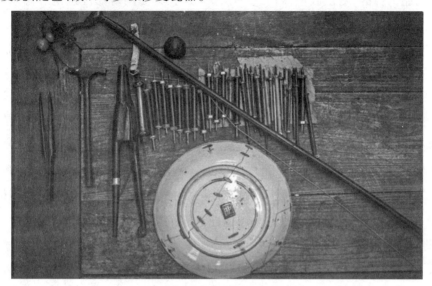

**图 16 – 7　锔瓷工具**

### (三)清代陶瓷传统修复技术的大发展

清代,陶瓷传统修复技术在封建帝王的推动下,得到了飞速发展。清代蓝浦在《景德镇陶录》中记载了"粘碗盏法"和"粘官窑器皿法"两种古瓷器修复技术:"粘碗盏法,用未蒸熟面筋,入筛净细石灰少许,杵数百下,忽化开如水,以之粘定缚牢,阴干。自不脱,胜于钉钳,但不可水内久浸。又凡瓷器破损,或用糯米粥和鸡子青,研极胶粘,入粉少许,再研。以粘瓷损处,亦固。"[1]"粘官窑器皿法,用鸡子清匀糁石灰,捉清另放,以青竹烧取竹沥,将鸡子清与竹沥对停,熬和成膏,粘官瓷破处,用绳缚紧,放汤内煮一二沸,置阴处三五日,去绳索,其牢固异常,且无损痕。"[2]

清人张习孔在《云谷卧余》中记载:"定窑器皿有破损者,可用楮树汁浓涂破处,扎缚十分紧。俟阴干,永不解。"[3]

清代,上等瓷器的修补和修复受到皇帝的直接关注,尤其是热衷瓷器的雍正、乾隆、嘉庆三位皇帝,都曾多次亲自批示和指导修瓷过程。清宫档案中有大

---

① 傅振伦.《景德镇陶录》详注[M].北京:书目文献出版社,1993:116.
② 傅振伦.《景德镇陶录》详注[M].北京:书目文献出版社,1993:136.
③ 傅振伦.《景德镇陶录》详注[M].北京:书目文献出版社,1993:137.

量修补瓷器的记录,陶瓷修补包含"修补""修复""修整"三个内容。修补是以恢复功能为目的,对已破损器物进行修理来延长其使用寿命。这是最为常见和实用的处理方式,文献中频繁出现"将炉足粘好""将磁瓶粘好"的意旨。黏接是当时典型的修补方法,借鉴自民间的铜补法常应用于较普通或大型的器物,而将器物口沿扣边的工艺多用于处理较贵重的古代瓷器。修复偏重于复原器物的审美价值,通过修缮外观以接近原物,达到鉴赏和展示其珍贵程度的目的。《内务府造办处各作成做活计清档》中有很多"蜡补""补色""漆补""做旧意"的批示。修整是主动地添加、改动或转变器物的外观或功能,以满足使用者不断变化的新需求,如添加或去除耳足、刻字、御题诗、增减纹饰等。清宫的陶瓷修补活计主要由内务府造办处下属各"作"、景德镇御窑厂和苏州织造局等机构承办。清代《内务府造办处各作成做活计清档》中记载,清宫廷陶瓷修复修缮工艺包括清洁、打磨、镶扣、胶粘、蜡补、金补、铜补、随色、复烧、做旧10种。陶瓷修复工艺的金补即陶瓷补金,是将金粉与漆调和后对陶瓷断裂、缺失处进行补配,或在漆修补的基础上再在陶瓷破损处撒、贴金粉金箔的修补工艺,这应该就是"金缮"①。

清代景德镇御窑厂不仅负责专门管理和组织烧造御用瓷器,还是宫廷修复陶瓷器的承办机构,修复宫廷瓷器是其内容之一。在《内务府造办处各作成做活计清档》中,御窑厂多次奉旨承担了宫廷瓷器的修缮、复制、仿制、配件等事务。御窑厂修缮事务中主要集中在回炉复烧补釉、添加纹饰题诗和部分补配,如缺釉面积较大需要"照样经火补釉"重新回炉烧补,陶瓷损坏或丢失器盖、口、耳、足等部位,给盖罐另烧新盖,以及为缺失伤残部位补烧配件等。

在景德镇,明清时期修补瓷器成为一大行业。蓝浦在《景德镇陶录》中记载:"磨补瓷器。镇有勤手之徒,挨陶户零估,收聚茅糙者磨之,缺损者补之,俗呼为'磨茅埂店'。"②明清时期在景德镇有专门收购破烂瓷器修补后出售的店铺叫"洲店",因大部分集中在黄家洲,其经营者称"洲老",盛瓷器的竹篮叫"洲篮",扛着竹篮叫卖瓷器称"走洲"。因收购的下脚瓷器都有质量缺陷,需要进行机械加工和彩绘后才可以对外出售,因而"洲店"也就成为明清时期景德镇的补瓷修瓷店。其加工工具有:大小剪刀各一把,长条大磨石一块,圆形木盒一只,

---

① 纪东歌.乾隆时期宫廷瓷器修补[J].南方文物,2014(4):140 – 146.

② 傅振伦.《景德镇陶录》详注[M].北京:书目文献出版社,1993:57.

凿子、火镰刀各一把,画笔几支,原材料若干,如牛石灰、蛋白粉(又称补白),红、绿、黄、蓝的洋彩颜料。加工修补方法有五种:①磨,即将破了口沿和底足的碗,缺了边沿的盘、钵等,用木盆装大半盆水,摆一块长条红磨石,将缺口的瓷器一边蘸水一边磨,直到磨平;②剪,如果是瓷瓶、瓷壶或大瓷盘,破的缺口又大又深,就用剪刀剪去缺裂口,再用剪刀修平,然后用磨石磨光;③凿,有的瓷器上有渣滓和小瓷片黏在底部或在瓷器口上,就用火镰刀慢慢地凿下来;④补,有的瓷器剪好后,磨剪的痕迹难看,有明显的破痕和裂缝,就要用颜料画花的方法来遮盖,碗边的裂缝就用牛石灰补好,再用补白涂在面上,瓷器有拆纹痕迹,就用蛋白涂擦,使其发亮;⑤画,就是在补好的瓷器痕迹部位,用漆或红、绿颜料,绘画花卉或花边来遮盖,较好的瓷器则用印花或贴花再烧炉。这些加工修补过的瓷器有的不过炉直接兜售,开水一烫又成了破瓷,使很多人上当,以致发生争执。清人龚鉽在《景德镇陶歌》中做了这样的描述:"王家洲上多茅器,买卖偏多倔强人。比似携篮走洲客,只能消假不消真。"洲店的行会组织叫"洲店帮",民国时期成立王家洲瓷业公司,人称"破碗公司"。

20世纪30—40年代,古董商为了牟取暴利,遂聘请修复人员用化学材料修复陶瓷器,仿釉工艺由此而生,使修复的器物足以以假乱真。新中国成立后,随着陶瓷考古和文物展览的需要,出现了现代陶瓷研究修复、展览修复、商业修复,从此现代陶瓷修复行业逐步发展起来,陶瓷修复由古董商为了牟利,转向为社会文化事业服务。

**二、现代陶瓷修复技术**

现代陶瓷修复手段很多,随着科学技术的逐步发展,许多新材料、新方法、新工艺、新技术被应用到陶瓷器修复中,使现代陶瓷修复更加科学规范。特别是现代陶瓷考古研究和展览需要,陶瓷考古和展览修复发展起来。

**(一)现代陶瓷修复材料**

现代陶瓷修复品种多样,工艺复杂,所使用的修复原料和辅助材料种类繁多,根据其性质和用途,可把陶瓷修复材料分为清洁剂、黏合剂、配补填料、颜料、仿釉基料、有机溶剂和其他辅助材料7类。

表 16 - 1　陶瓷修复材料一览表①

| 种类 | 名称 | 性质 | 作用 | 备注 |
|---|---|---|---|---|
| 清洁剂 | 高锰酸钾（$KMnO_4$） | 深紫色晶体，有金属光泽，味甜而涩，溶于水，比重 2.703，温度达到 240 ℃时分解，遇乙醇即分解 | 在陶瓷修复清洁工艺中主要用作消毒剂、氧化剂和漂白剂 | 是指用于清洁工艺中的各种化学药剂 |
| | 草酸（$\begin{array}{c}COOH\\COOH\end{array}$） | 无色透明晶体，有毒，比重 1.653（19/4 ℃），熔点 101—102 ℃，溶于水、乙醇和乙醚 | 在陶瓷修复清洁工艺中主要用作还原剂和漂白剂 | |
| | 盐酸（HCl） | 纯无色，一般因含有杂质而呈黄色，比重 1.10，溶于水，是一种强酸 | 在陶瓷修复清洁工艺中，稀释后的盐酸用于清除器物表面的碱性污垢 | |
| | 甲酸（HCOOH） | 属化学成分最简单的脂肪酸。液体，无色而有刺激气味，比重 1.22（20/4 ℃），熔点 86 ℃，沸点 100.8 ℃。酸性很强，有腐蚀性，溶于水、乙酸、乙醚和甘油。有还原性，易被氧化成水和二氧化碳 | 在陶瓷修复清洁工艺中，稀释后的盐酸用于清除器物表面的碱性污垢 | |
| | 过氧化氢（$H_2O_2$） | 是无色的重液体。比重 1.438（20/4 ℃），熔点 -0.43 ℃，沸点 150.2 ℃，能与水、乙醚或乙醇以任何比例混合 | 在陶瓷修复清洁工艺中用作消毒剂、氧化剂和漂白剂等，修复古陶瓷一般用 30%水溶液 | |
| | 氢氧化钠（NaOH） | 是无色透明的晶体，比重 2.130，对皮肤、织物、纸张等有强腐蚀性 | 在陶瓷修复清洁工艺中，可用它的水溶液清洗瓷器表面的油性污垢 | |
| | 碳酸氢钠（$NaHCO_3$） | 白色单斜晶体，比重 2.20。在热空气中，能缓慢失去一部分二氧化碳，加热至 270 ℃时，可失去全部二氧化碳 | 在陶瓷修复清洁工艺中，可用它清洗遭碱性物质严重腐蚀后器物上的油性污垢 | |
| | 漂白粉（$CaOCl_2$） | 白色粉末状物质，有氯臭味，暴露于空气中，遇水或乙醇易分解，需密封贮存。漂白粉一般含有效氧约 35% | 在陶瓷修复清洁工艺中可用作消毒剂和漂白剂 | |
| | 瓷净和洗洁精 | 市场上出售的洗涤剂，其毒性小，洗涤效果理想 | 是一种很好的陶瓷清洁剂 | |

① 毛晓沪.古陶瓷修复［M］.北京:文物出版社,1993:22 - 50.

续表 16-1

| 种类 | 名称 | 性质 | 作用 | 备注 |
|---|---|---|---|---|
| 黏合剂 | E-44环氧树脂黏合剂 | 是含有环氧基（—CH—CH—）的人工合成树脂。它具有黏结牢度大、机械强度高、收缩性小和化学稳定性好等优点。只要在环氧树脂中加入一定数量的固化剂，搅拌均匀后即可使用。与E-44环氧树脂黏合剂配套的固化剂可选用乙二胺、羟基乙基乙二胺、二乙稀三胺或聚酰胺树脂等 | 在配补工艺中使用环氧树脂做填补材料时，还需加入相当数量的填充料，提高固化物的硬度、强度、耐磨性和耐收缩性。常用填充料有石英粉、滑石粉、硫酸钡、高岭土、白炭黑和碳酸钙等 | 是指用于黏接、配补、加固等工艺中的各种黏合剂 |
| 环氧树脂黏合剂（由环氧树脂和固化剂配合而成） | JC-311黏合剂 | 是一种双组分环氧树脂黏合剂。黄色、透明度高，无毒，耐老化性能好，并耐150℃以上的高温，适合于后道工序需要烘烤处理的器物的黏结 | 双组配比是1：1，常温24小时固化，100℃2小时可固化，若150℃1小时即可固化。若需高温固化时，必须先将黏结好的器物在常温下放置2小时后，方可置于高处 | |
| | 914黏合剂 | 一种双组分聚酰胺环氧树脂黏合剂。黄白色，其最大特点是固化速度较快，室温条件下几小时可固化，稍加热数分钟即可固化，但耐热性能较差 | | |
| | DC-2胶 | 是一种双组分环氧树脂黏合剂。它的最大特点是耐200℃的高温，这对后道工序使用热固型涂料加工提供了保障 | 它固化时间较长，室温下需放置七天，但加热至60℃时放置四小时即可 | |
| | 三甲树脂 | 透明无色，或略显淡黄色，比较耐老化和耐水，并有较高强度 | 稠厚的液体用于黏接，稀释后可用于加固 | |
| | 虫胶 | 是一种天然树脂，制成品为黄色或棕色的虫胶片和白色的白虫胶，主要成分是光桐酸（9·10·6-三羟基软脂酸）的脂类 | 溶于乙醇和碱性溶液，微溶于脂类和烃类 | |
| | "502"黏合剂 | 无色透明的稀薄液体，比重1.06，使用温度范围-50—+70℃，不需加压加热，在室温下数秒钟至数分钟即可固化，24小时后强度达到最大值，具有较高的黏接力，是一种优良的瞬间黏合剂 | 适宜小面积粘接、修补。缺点是由于固化速度太快，不宜黏接大面积破碎严重的器物；且黏合剂稀薄，容易流散，耐水、耐碱和耐高温等性能均较差 | |

续表 16 - 1

| 种类 | 名称 | | 性质 | 作用 | 备注 |
|---|---|---|---|---|---|
| 黏合剂 | J - 39 室温快速固化黏合剂和 J - 59 快干胶 | | J - 39 室温快速固化黏合剂主要由(甲组)甲基丙烯酸甲酯或丙烯酸双脂、橡胶和(乙组)引发剂等配制而成。分为 2A、2B、2C 及底胶型四种型号。使用时将甲、乙二组分分别涂于黏接处或按比例配比混匀后涂胶均可。指压合拢,温度在 8—25 ℃时 10—20 分钟固定,24 小时完全固化。J - 59 快干胶也具有 J - 39 的黏接性能,而且固化速度更快 | 室温固化快,不需要严格计量配比,黏接性、韧性和耐热性能好,并具有易去除性和填充性,使用方便,适用期较长和毒性较小 | 是指用于黏接、配补、加固等工艺中的各种黏合剂 |
| | C - 2 胶 | | 主要成分是硅铝酸盐,它的特点是操作简易,耐酸、耐水、耐有机溶剂,尤其耐高温。使用温度范围最高可达 1300 ℃ | | |
| | "107" 黏合剂 | | 主要成分是聚乙烯醇甲醛等,无色透明胶状液体,有热塑性,软化点约 190 ℃,热变形温度 65—70 ℃,比重 1.2,可溶于水 | 古陶瓷修复工艺中一般不用其直接黏接,而是添加在填补材料中用于配补工艺,以提高填补材料的强度 | |
| | 乳胶 | | 乳白色黏稠状液体,干燥后趋于半透明、无色、无嗅、无味、无毒。固体比重 1.19(20 ℃),吸水性大(2%—5%),可用水作稀释剂。遇潮后易软化,具有热塑性。耐稀酸和稀碱 | 在古陶瓷修复工艺中一般不直接用它进行黏接。使用 "502" 黏接陶器时可用它作偶联剂,对接口表面进行处理;也可加在填料中,其作用与 "107" 胶相同 | |
| | 热溶胶 | HM - 1 热溶胶 | 主要由乙烯—醋酸乙烯共聚树脂和松香、甘油酯组成。呈土黄色,软化温度 >70 ℃,使用温度范围 -30—+50 ℃。特点是使用方便,无毒,无溶剂,冷却后瞬间固化 | 在古陶瓷修复工艺中,热溶胶只作为黏接定位时的辅助用胶 | |
| | | HE - R 热溶胶 | 由聚烯烃树脂组成,淡黄色块状固体。软化温度 80 ± 10 ℃,使用温度范围 -8—+60 ℃。特点是快速固化,无溶剂 | | |

续表 16 - 1

| 种类 | 名称 | 性质 | 作用 | 备注 |
|---|---|---|---|---|
| 颜料 | 白色颜料 钛白粉 | 其化学成分为二氧化钛($TO_2$),有很好的着色力和遮盖力,一种是锐钛型,另一种是金红石型,锐钛型制成涂料后易粉化,而金红石型则不易粉化,具有组织紧密、比较稳定的结晶形态,其耐光性最为优异。在陶瓷修复工艺中最好使用金红石型钛白粉 | | 是用于陶瓷修复中作色和仿釉工艺中的基本材料 |
| | 锌钡白 | 是由硫酸锌及硫酸钡溶液相互作用而生成的等分子化合物。其颜色发白,遮盖力强,着色力高。它的缺点是不耐酸,遇酸生成硫化氢气体。耐热性好,但在阳光下则有变色的现象 | | |
| | 锑白 | 以 $Sb_2O_3$ 占主要成分。对人体无毒,比重较大。外观洁白,遮盖力略次于钛白,与锌钡白相近,耐候性优于锌钡白。锑白粉化性小,故耐光和耐热性均佳 | | |
| | 氧化锌 | 是一种白色粉末,由不定形或针状的小颗粒组成。比重为 5.5。它不溶于苯、醇、200 号油漆溶剂油,而溶解于硫酸、盐酸、硝酸。其颜色纯白,遮盖力和着色力不如锌钡白、钛白,但它不粉化,具有良好的耐光、耐热和耐候性 | | |
| | 黑色颜料 炭黑 | 是粉末状的黑色颜料,古陶瓷修复中使用的为着色炭黑,绝大部分由槽法和灯烟法两种方式生产。炭黑的颗粒是最小的晶体,其构造类似石墨。炭黑的粒子直径一般与其黑度成比例关系,即粒径越小,黑度越好,着色力越大,但分散性也相应变差,絮凝现象增多 | | |
| | 无机彩色颜料 铬黄 | 主要成分是铬酸铅,或铬酸铅和各种比例的硫酸铅的混合晶体。颜色介于柠檬色与深黄色之间,颜色深浅随着混合晶体的铬酸铅含量而定。铬酸铅含量愈多,其颜色愈深,遮盖力愈好 | | |
| | 锶黄 | 即铬酸锶($SrCrO_4$),呈艳丽的柠檬色,具有较高的耐光性,对高温作用也较稳定。质地松软,但着色力和遮盖力较低。它微溶于水,在无机酸中能完会溶解,遇碱分解 | | |
| | 镉黄 | 化学成分硫化镉($CdS$)。其颜色非常鲜艳,颜色随着制备条件不同,介于柠檬色至橙色之间。镉黄耐光、耐热、耐碱,但不耐酸。遇潮气粉化。着色力及遮盖力不如铬黄 | | |
| | 铅铬橙和铅铬红 | 成分都是碱式铬酸铅($PbCrO_4 \cdot PbO$)。在化学成分相同的情况下,以颗粒大小不同而使颜色有所区分。铅铬橙由高度分散的颗粒组成,而铅铬红则由结晶相当大的颗粒组成。它们都具有耐高温性,在 600 ℃温度时变化仍较小,耐光性也较好。铅铬红的遮盖力和着色力差 | | |
| | 钼铬红 | 是红色无机颜料中颜色较为鲜艳的品种,具有较高的着色力及很好的耐光性和耐热性。它可以同有机颜料混合使用,而且能得到相等的红色彩。它的主要成分是由铬酸铅、钼酸铅及硫酸铅以不同比例组成的结晶 | | |

续表 16 – 1

| 种类 | 名称 | | 性质 | 作用 | 备注 |
|---|---|---|---|---|---|
| 颜料 | 无机彩色颜料 | 镉红 | 其成分为硫化镉与硒化镉,通常硫化物占 55%,硒化物占 45%。其色泽鲜红,着色力、遮盖力、耐光、耐热、耐硫酸性均很好,但红色深时着色力弱 | | 是用于陶瓷修复中作色和仿釉工艺中的基本材料 |
| | | 铁蓝 | 化学成分并不是简单的化合物 $Fe_4[Fe(CN)]_3$,铁蓝色谱因其所含成分不一样,变动于带有铜色闪光的暗蓝色和亮蓝色之间。铁蓝的遮盖力不如酞菁蓝,质地有的坚硬,不易研磨。它的着色力好,不溶于油和水,能耐光、耐候、耐弱酸,但不耐碱,即使是稀碱也能使其分解。因此不能与碱性颜料和基料共用。在强酸作用下也会分解。遇釉极易引起自燃,受热和氧的作用分解,或因燃烧而放出氨和氢氰酸等有毒气体。但当颗粒全部被釉润湿后,则安全 | | |
| | | 群青 | 含有多硫化钠且具有特殊结构的硅酸铝的蓝色颜料,无机颜料中蓝色彩较为鲜明的品种。能耐碱、耐光、耐候,但遇酸变黄,着色力、遮盖力也弱,可代替铁蓝应用于碱性介质中 | | |
| | | 铅铬绿 | 是铬黄与铁蓝的混合物,其颜色的鲜艳程度与前二者组分比例有关。它的遮盖力、着色力、耐光和耐候性均很好。但经长时间曝晒后,其色光也会改变。铁蓝遇碱分解,铬黄遇酸分解,因而酸和碱均能影响铬绿的颜色 | | |
| | | 氧化铬绿 | 成分为 $Cr_2O_3$。色泽不光亮,随生产工艺不同彩度有差异。遮盖力、着色力均较铅铬绿差。但其耐光,在强阳光下不变色,特别是与白颜料和耐久黄配色时更为明显。耐酸碱性好,一般浓度的酸和碱或硫化氢气对其均无影响。也耐高温 | | |
| | | 铁黄 | 化学成分为 $Fe_2O_3 \cdot H_2O$ 或 $Fe_3O_3 \cdot nH_2O$。它是针状形的含水化合物,其色泽呈鲜明而纯洁的赭黄色,色光变动于柠檬黄到橘黄之间。具有很高的颜料品质,遮盖力强、着色力好,耐光和耐碱性均佳。但不耐酸和高温,当温度达到 150 ℃—200 ℃时便脱水变色,尤其在 275 ℃—300 ℃时变色非常快,转变为铁红颜料 | | |
| | | 铁红 | 化学成分是纯 $Fe_2O_3$。有天然和人造两种成品。其色泽变动于橘光、蓝光至紫光之间。遮盖力和着色力都很大,比重 5.5—5.25,具有优越的耐光、耐高温性能,并耐气候影响,耐碱。在浓酸中经加热条件下会逐渐被溶解。其颜色红中带黑,不够鲜艳 | | |
| | | 铁黑 | 分子式为 $Fe_3O_4$。由氧化铁和氧化亚铁组成,呈黑色粉末状,具有饱和的蓝光黑色,遮盖力大,着色力高,但不及炭黑。对光和大气的作用都很稳定,耐碱,能溶于酸。在有充分的氧气条件下易燃烧,氧化成为铁红 | | |

续表 16-1

| 种类 | | 名称 | 性质 | 作用 | 备注 |
|---|---|---|---|---|---|
| 颜料 | 无机彩色颜料 | 矿物质颜料 | 由天然矿物质经研磨提纯后制成的各种颜料。品种有石青、石绿、石黄、朱砂、赭石、土红、土黄等,均具有优良的耐光性、耐候性、耐温性。因它们化学性质稳定,色彩都能保持长期不变,但粒度较粗,比重大,着色力和遮盖力大部分较差,色彩的鲜艳度不高 | 是用于陶瓷修复中作色和仿釉工艺中的基本材料 | |
| | 有机颜料 | 酞菁蓝 | 是一种色泽鲜艳、着色力强、耐化学反应、品质优异的蓝色颜料。商品酞菁蓝分三种,即 B 型稳定型酞菁蓝、d 型稳定型酞菁蓝和型非稳定酞菁蓝。前两者均属抗结晶品种,B 型色光蓝绿、抗絮凝及分散性好,而 d 型色光偏红蓝相,着色力强,但分散性及抗絮凝性不如 B 型。型非稳定酞菁蓝遇芳香族溶剂易转变成 B 型,着色力大幅度下降,色调变暗,因此使用时应注意不能和芳香族溶剂同时使用 | | |
| | | 耐晒黄 | 又称汉沙黄,呈略带绿光的柠檬黄色,由间硝基对甲苯胺氨化后与乙酰苯胺偶合而成。具有色泽鲜艳、耐热、耐晒等性能,着色力比铬黄高 4—5 倍,遮盖力也好。无毒,可以替代有毒的铬黄使用 | | |
| | | 3132大红粉 | 其组成为不溶性偶氨颜料。鲜红色粗粒状粉末。质轻、软,不溶于水、油、乙醇和石蜡等。有优良的耐酸、耐碱、耐光、耐热性能 | | |
| | | 甲苯胺红 | 又名猩红,也叫吐鲁定红。为鲜红色粉末,质地松软,易于研磨,具有高度的耐光、耐水、耐油和良好的耐酸、碱以及遮盖力强等性能,是一种品质良好的红色颜料 | | |
| | 金颜料 | 铝粉 | 俗称银粉。它是经铝熔化后喷成细雾,再经球磨机研细而成。使用中为了减少因其表面氧化而失光的现象,常加入溶剂等物质。铝粉比重较小,对光的反射性能好。铝粉遇酸产生氢气,因而要防止它与酸作用发生反应,而失去其颜料性能。根据铝粉粒度大小不同等级,在古陶瓷修复中要选用粒度在 800 目以上的高级铝粉 | | |
| | | 铜粉 | 具有金色光泽,又叫"金粉",是由锌铜合金冲碾制成的鳞片状粉末。用不同比例配合可制成不同色光的金粉。锌铜比例为 15∶85,呈淡金色;锌铜比例为 25∶75,呈浓金色;锌铜比例为 30∶70,呈绿金色。与铝粉相比,铜粉质地较重,遮盖力较弱。在古陶瓷修复中要选用粒度在 800 目以上的高级铜粉 | | |

续表 16 - 1

| 种类 | 名称 | | 性质 | 作用 | 备注 |
|------|------|------|------|------|------|
| 颜料 | 体质颜料（用于增加涂层的厚度和体质） | 沉淀硫酸钡 | 是由硫化钡、氯化钡等钡盐与硫酸钠的溶液相互作用而产生的白色沉淀物，再经水洗、过滤、干燥和粉碎处理而得。它质地细软，色白粒均，并有较高的不透明性。它具有耐化学性，能与任何漆料、颜料和黏合剂共同使用，可以增强涂层和固化物的硬度 | | 是用于陶瓷修复中作色和仿釉工艺中的基本材料 |
| | | 滑石粉 | 化学成分主要是 $3MgO \cdot 4S_2 \cdot O_2 \cdot H_2O$。白色、淡色或淡黄色，比重 2.7—2.8，硬度 1，有滑腻感，化学性质稳定，用途广泛。在古陶瓷修复工艺中使用的滑石粉要求无杂质粒度为 200—400 目。将滑石粉添加在基料中，可以吸收伸缩应力，使基料免于发生裂缝和空隙的病态 | | |
| | | 高岭土 | 由天然产高岭石铝硅酸矿物经风化或水热变化而成，主要成分是 $Al_2O_3SiO_32H_2O$。采出的物质易捏碎成粉。经水漂、干燥加工后的成品，质地松软、洁白，加适量水后有较好的可塑性，并耐稀酸、稀碱 | | |
| | | 碳酸钙 | 其成分为 $CaCO_3$。用作颜料的碳酸钙有天然与人造两种，前者也称重体碳酸钙，后者又叫轻体碳酸钙。重体碳酸钙又称石粉、胡粉、白垩等，均为石灰石的粉末。用它制成的产品质地粗糙，比重大。在古陶瓷修复中使用较多者是轻体碳酸钙。它品质纯正，体质较轻，颗粒细，但当水中含碳酸气时，可有微溶现象，溶于酸，具有吸湿性，呈微碱性，不宜与不耐碱的颜料共用 | | |
| | | 云母粉 | 成分为 $K_2O \cdot 3HC_2O_36SiO_2H_2O$。把云母矿研磨成粉末，再漂洗去氧化铁等杂质，经过滤，干燥而成为极细的具珍珠光的细片。它弹性很大，能增强涂层的韧性，防止色裂，延迟涂层粉化，并能阻止紫外线和水分穿透，增强涂层的耐久性和耐候性，云母粉与彩色颜料共用，可提高颜料的光彩，而不影响颜色 | | |
| | | 石英粉 | 为天然产的二氧化硅，自然界分布很广。成品是把石英矿去除杂质，再研磨成粉末，经水漂或风漂而成。它质地坚硬、耐磨 | | |
| | | 白炭黑 | 其主要成分为 $S_2O_2nH_2O$，是一种白色颗粒极其微细的产品。它的表面积和分散能力都较大，机械强度也很高 | | |
| | 成品颜料 | 陶瓷玻璃颜料 | 这是一种用于陶瓷或玻璃表面进行美术创作的颜料，一般有 12 种颜色。颜料内所含基料为醇酸树脂，在使用中还可用醇酸稀料作稀释剂。这种颜料对陶瓷表面有很好的附着力 | | |
| | | 免烧搪瓷颜料 | 这是一种以环氧树脂为基料的美术颜料。它分甲、乙两个组分，使用时将其按照 2:1 的比例进行混合，并可用乙醇进行稀释。混合后半小时左右即开始固化，它对陶瓷表面有极好的黏力。固化后有物质，不但硬度高，而且质感好，看上去与真正的陶瓷釉面及釉上彩几乎没有区别 | | |
| | | 喷笔颜料 | 可供喷笔使用的颜料或涂料，品种广泛，性质各异，该用哪一种需按施工要求而定 | | |

续表 16 – 1

| 种类 | 名称 | 性质 | 作用 | 备注 |
|------|------|------|------|------|
| 仿釉涂料和基料 | 醇酸树脂漆 | 醇酸树脂漆品种很多,根据其含油量,可分为长油度、中油度和短油度三类。在仿釉工艺中多采用中油度醇酸漆,其品种有 CO1 – 1 醇酸清漆、CO1 – 5 醇酸清漆以及 CO4 – 2 各色醇酸磁漆 | 国内文物修复工作者广泛采用的一种传统仿釉涂料 | 古陶瓷修复中仿釉工艺的基本材料 |
|  | 硝基漆 | 它是以硝化棉为主体,再加合成树脂、增塑剂、溶剂与稀释剂等成分组成的一种涂料。清漆透明光亮、微泛黄色,磁漆色泽鲜艳,品种繁多。古陶瓷修复工艺中常用硝基漆品种有 QO1 – 1、QO1 – 2、HG2 – 608 – 74 硝基清漆和 QO4 – 2、HG2 – 610 – 74 各色硝基磁漆 | 国内文物修复界普遍采用的一种仿釉涂料 |  |
|  | 丙烯酸漆 | 主要是用甲基丙烯酸与丙烯酸酯的共聚物制成。由于制造树脂时选用的单体不同,丙烯酸漆可分为热塑型和热固型两大类。常用丙烯酸漆品种有 BO1 – 30 丙烯酸烘干清漆、BO4 – 54 各色丙烯酸烘干磁漆和 B22 – 3 丙烯酸漆,以及丙烯酸彩色透明涂料等 | 一种新型的仿釉涂料 |  |
|  | 无机仿釉涂料 | 以硅酸盐类为主要成膜物质的后固型仿釉涂料 | 用水作稀释剂,涂层干燥后还需用固化剂进行固化处理,使用它制作的仿釉涂层有其独特之处 |  |
|  | 虫胶漆 | 用乙醇溶化虫胶漆片后制成的一种涂料 | 它是一种较原始的传统仿釉涂料,目前由于其他涂料在性能上远优于它,因此在仿釉工艺中已很少使用,只是在陶器的应急修复和做旧工艺中使用 |  |

续表 16－1

| 种类 | 名称 | 性质 | 作用 | 备注 |
|---|---|---|---|---|
| 有机溶剂 | 烃类溶剂 | 包括脂肪烃和芳香烃两个系统的溶剂,它们是古陶瓷修复工艺中使用得最广泛的溶剂之一。其中有 120 号汽油、200 号油漆溶剂油(松香水)、苯(有显著毒性)、甲苯、二甲苯、200 号煤焦溶剂和重质苯等品种 | | 在仿釉工艺中稀释醇酸漆、硝基漆或丙烯酸漆时,均可选取有机溶剂 |
| | 酯类溶剂 | 在古陶瓷修复中常用的酯类溶剂有醋酸丁酯、醋酸乙酯、醋酸戊酯。使用时根据它们的溶解力大小,挥发速度快慢,搭配在硝基漆和丙烯酸漆中 | | |
| | 酮类溶剂 | 对合成树脂有很强的溶解力,常用品种有丙酮、丁酮、甲基异丁酮、环乙酮等。其中环乙酮由于其挥发较慢,溶解性好,在仿釉工艺中,能使涂层在干燥中起到流平作用,形成光滑的表面 | | |
| | 醇类溶剂 | 有乙醇、甲醇、丁醇等。这类溶剂对涂料的溶解力差,仅能溶解虫胶,甲醇还能溶解硝化棉。将它们与脂类、酮类溶剂配合使用,可增加其溶解力。乙醇多用在清洁工艺中,也可用来稀释环氧树脂 | | |
| | 萜烯类溶剂 | 绝大多数出自松树分泌物。常用品种有松节油、双戊烯。双戊烯的挥发速度比松节油慢两倍,故具有流平剂的作用,可用来改善醇酸漆的流平性 | | |
| | 醇类溶剂 | 这类溶剂有乙二醇－乙醚、乙二醇－丁醚、二乙二醇－乙醚等。它们是很好的溶剂,多用于环氧树脂的稀释 | | |
| 其他材料 | 石膏粉($CaSO_4 \cdot 1/2H_2O$) | 由石膏加热至 150 ℃脱水而制成,其粉末混水后具有可塑性,但不久即固化 | 在古陶瓷修复中主要用作制模和配补 | 陶瓷修复中的其他辅助性材料 |
| | 水泥 | 是粉状的矿物质胶凝材料,与水等拌和后能在空气或水中逐渐硬化。根据采用原料和制法不同,有硅酸盐水泥、矿渣酸盐水泥、火山山灰质硅酸盐水泥、高铝水泥、膨胀水泥、白水泥等。水泥产品按其性能的不同强度划分等级标号,我国有 200、250、300、400、500、600 六种等级标号,其数字越大级就越高 | 在古陶瓷修复中水泥主要用作配补工艺中的填补材料,应当选用高标号产品 | |
| | 打样膏 | 在常温下为固体,在温度 70 ℃左右时软化,具有很好的可塑性,是热塑性材料 | 在古陶瓷修复的配补工花中作为压印模具使用 | |

续表 16－1

| 种类 | 名称 | 性质 | 作用 | 备注 |
|---|---|---|---|---|
| 其他材料 | 橡皮泥 | 是用白石蜡、火漆、生橡胶、陶土、石青等材料,掺和颜料制成的泥状物,品质柔软,富有韧性,不易干固 | 在古陶瓷修复的黏接、配补等工艺中用作辅助材料 | 陶瓷修复中的其他辅助性材料 |
| | 脱模剂 | 又称脱模润滑剂或离模润滑剂。常用脱模剂有硅油、矿物油、油酸、肥皂液、甘油和葡萄糖液等。对脱模剂的基本要求是不能溶于树脂 | 用于涂刷模具内壁,防止树脂或填补材料与模具黏结,而使制品容易脱离 | |
| | 偶联剂 | 又称表面处理剂,是一种含有功能基的有机硅化合物。适用于各种被黏合材料的断口表面处理,以增大黏合物(如环氧树脂)与被粘物表面之间的黏结力 | 在古陶瓷修复中,使用的偶联剂有 KH－550 处理剂(r－胺丙基三乙氧基硅烷)。用它处理陶瓷断口,可提高环氧树脂黏接强度 60% 左右,并增强耐水性 | |
| | 消光剂 | 常用的消光剂有硬脂酸铝 $[CH_3(CH_2)_{16}COO]_3$,又称十八酸铝,呈纯粹的白色粉状。硬脂酸铝不溶于水、乙醇、乙醚等有机溶剂,溶于碱溶液、煤油和松节油,遇强酸分解成硬脂酸和相应的四铝盐。它还用作涂料中的防沉淀剂。此外,在基料中加大颜料的比例,特别是加大体质颜料的比例均可起到消光的作用 | 用来消除仿釉涂层表面强烈光泽的药剂。具有与涂料中的基料不同的折射率,因而能减小涂层的反射力 | |
| | 研磨膏与抛光膏 | 其种类很多,可用于古陶瓷修复的有#800 和#1000 碳化硅研磨膏,M5—M7 的白钢玉粉以及自行车或高级轿车用的抛光膏等 | 用于抛磨修复器物的辅助材料,以提高修复部位的光洁度 | |

## (二)现代陶瓷修复工具与机械设备

"工欲善其事,必先利其器。"现代陶瓷修复需要用到大量的修复工具与机械设备,由于古陶瓷修复工作工序较多,工艺繁杂,因此所需工具和机械设备多种多样。

表 16 - 2　陶瓷修复工具与机械设备一览表①

| 分类 | 名称 | 种类 | 作用 |
|---|---|---|---|
| 修复常用工具 | 毛笔 | 从小的描笔、狼圭,到大的排笔、板刷,狼毫、羊毫、兼毫、书画笔、油画笔和化妆笔都应备有。但使用最多的还是小楷和中楷的狼毫笔与羊毫笔 | 毛笔是修复工作中最常用的工具之一,清洁、配补加固、作色、仿釉和作画,几乎所有工序中都要用到它。在古陶瓷修复中,根据各种需要需选用不同种类的毛笔 |
| | 刷子 | 常用刷子品种有牙刷、油刷、铜刷等。牙刷最好选用骨柄鬃毛制品,因为塑料制品易被某些有机溶剂溶解。铜刷一般用于除锈,在清洁工艺中主要用于清除出土器物上的各类土锈 | 也是常用工具,特别是在清洁工艺中,基本离不开它们 |
| | 刀具 | 常用刀具主要有塑刀和刻刀两大类。刻刀分为普通篆刻刀和异形木刻刀 | 主要用于配补工艺 |
| | 砂纸 | 品种有水砂纸、干磨砂纸、金相砂纸和砂布。修复工作最好选用水砂纸,根据砂纸表面砂粒的粗细分成多种型号。常用型号有 #1、#200、#400、#600 和 #800 等 | 是配补、上色和仿釉等工艺中不可缺少的工具 |
| | 调色刀、调色板和调色杯 | 调色刀可用牛角自制,刀头略宽而薄,富有弹性,刀长 150—200 mm,刀头宽 5—20 mm,不同规格的刀各准备一把。调色板一般使用白色卫生瓷板,调色杯可以用陶瓷烧杯,也可以用小玻璃酒盅 | 是作色、仿釉工艺中调制颜料和基料的基本工具,有时也用于调制各类黏合剂 |
| | 喷笔和喷枪 | 喷笔(喷枪)有多种型号规格,施工者可根据实际需要进行选择 | 喷涂工艺中的必备工具 |
| | 容器 | 容器包括盆、碗、盘、盅以及各类瓶子等 | 容器除用作盛放各种液体和粉状固体原材料外,在施工中还用于调制各种修复材料 |
| | 转盘 | 由固定板、中心轴和转动板三部分组成。固定板规格一般为边长 70 厘米的方板,活动板为直径 60 厘米的圆板,在两板之间的中心位置安装有活动转轴,使活动板能在固定板上左右平稳旋转。把器物安置其上进行修复时可左右任意转动,方便灵活,省力安全 | 是为修复大件器物时减少搬动的一种工具 |

① 毛晓沪. 古陶瓷修复[M]. 北京:文物出版社,1993:8 - 17.

续表 16-2

| 分类 | 名称 | 种类 | 作用 |
|---|---|---|---|
| 修复常用工具 | 酒精灯和热吹风机 | 修复古陶瓷器使用的热吹风机要选用功率较大、风力足的品种 | 主要用于修复部位的局部加热 |
| | 热溶胶枪和电烙铁 | 使用热溶胶枪,事先把热溶胶棒装入枪内,使用时接通电源,胶棒遇热溶化并从枪口自动流出。如果没有热溶胶枪也可用普通45 W 或 75 W 电烙铁代替 | 热溶胶枪是采用热溶胶进行修复的作业工具 |
| | 砂箱、夹板 | 砂箱用较浅的木箱装上粗砂即可。夹板可以根据需要,用木板或金属制成各种规格和形状 | 是用于固定修复器物各部位的辅助工具 |
| | 其他工具 | 天平(500 g 规格)、量杯、镊子、吸管、砂轮片、注射器、棉布、棉丝、脱脂棉、吸水纸等 | 修复辅助工具 |
| 修复机械设备 | 空气压缩机 | 主要由电机、气缸和储气罐三部分组成,有多种规格品种,可根据工作需要选定 | 是喷涂施工中必不可少的机械设备 |
| | 小型无级调速电动搅拌机 | 主要由直流电机、调速箱、支架、叶轮和调料缸这几部分组成,使用时把材料倒入调料缸内,将搅拌机固定在支架卡爪上,把叶轮插入调料缸内,然后起动电机缓缓加速,直至叶轮速合适为止 | 在修复量较大、用料较多的地方和单位,可购置一台小型无级调速电动搅拌机。用它拌料速度快、质量好 |
| | 自动恒温烘干箱 | 对干燥箱的性能要求是:加温过程中,箱内温度要均衡,最高烘烤温度为 200 ℃,恒温温差不超过 ±2% | 是采用热固型丙烯酸涂料施工中不可缺少的干燥固化设备,另外,用它可以缩短环氧树脂等复合材料在黏接和配补工艺中的固化时间,加快施工速度 |
| | 高速涡轮牙钻机和技工打磨机 | 高速涡轮牙钻机和技工打磨机都属于牙科医疗机械,将它们应用于古陶瓷修复工艺中不但可以大大提高工作效率,而且能进一步提高修复质量 | 用它们可在修复部位进行开槽、钻孔、打磨和抛光等机械化作业 |
| | 卤钨灯光照射器 | | 是使用新型光敏固化复合树脂材料修复古陶瓷器必不可少的设备 |

### (三)现代陶瓷修复步骤①

陶瓷修复要求修复者根据陶瓷器物的背景信息、文化价值以及材质和受损状况,对修复物进行全面的掌握和评估后,制定出针对其"病症"的处方,而后选择合适的材料和技术来进行恢复,一般包括检查、清洗、拼接、配补、加固、作色等一系列步骤。

1. 检查

在实施陶瓷修复工作之前,首先要对修复对象进行检查,全面仔细地观察和分析,以确定正确有效的修复方法和步骤。检查分析内容包括以下几个方面。

(1)确认修复物胎质性质,即确认修复物是瓷胎还是陶胎。如果是陶胎,应注重检查其风化腐蚀程度,是否有较严重的风化、粉化、酸咬碱蚀等现象。根据胎质致密程度,估算出大概吸水率。

(2)明确釉面性质。检查器物釉面情况,表面是否光滑,有无龟裂,釉层附着力如何,以及其剥落情况等,明确釉面性质。

(3)辨别器物上的纹饰情况和性质。确认修复物是釉上、釉下、釉中彩绘还是彩陶与彩绘陶,观察釉彩剥落现象是否严重,并找出在清洁修复中防止继续剥落的方法。

(4)研究分析器物表面及断面上的污染情况。确定器物上泥土、杂质和污垢的性质、种类、附着力大小以及对器物本身的侵蚀情况。如果发现器物表面附有重要历史遗迹,在清洁修复时要加以保护,取得资料后可用三甲树脂封涂,以使其不受损伤。

(5)制订修复方案。通过对以上几个方面的观察和分析后,根据检查分析情况,确定器物的可修复性,制订出正确有效的修复方案,选择合适的修复材料和方法。

2. 清洗

清洗是修复的第一步。清洗是在对器物进行了基本的检查后,选择合适的材料和方法去除古陶瓷表面或内部的各类杂质和异物。清洗不仅能令茬口清洁,器物色泽清晰,为后续的碎片拼接、上色等修复操作做好基础,而且能尽可能地清除损害器物胎釉的有害物质,停止或延缓败坏的发生,从而对器物有更

---

① 毛晓沪.古陶瓷修复[M].北京:文物出版社,1993:56-171.

好、更长久的保护。瓷器清洗的方法很多,基本上与青铜器清洗一致。

①人工干洗,即用毛刷或细铜刷,对器物表面施行干刷,去除覆在其上的泥土和杂物。对于较坚硬或存在于沟缝内的土锈、杂物,则可用刀锥、竹签等尖利工具将其剔除,但要特别注意不可损伤器物。对于胎质松软或风化严重的器物禁止用铜刷去刷,以免损伤器物。一般来讲,出土文物都要先采用此方法进行初步的清洁处理,然后采用其他方法做进一步的清洁。特别是对于那些不宜采用水洗、酸洗和浸泡方法进行清洁处理的器物,更要认真仔细地用此方法进行清洁。

②皂液洗涤,即用肥皂水或洗净剂等溶液,浸泡刷洗修复器物,去除其表面的污垢和杂物。特别是去除器物表面的油性污垢,此方法十分有效。用皂液刷洗后,要用清水将器物冲洗干净。大部分古陶瓷器物都可以采用此方法进行清洁。值得注意的是,低温烧制的陶器、彩绘陶器、风化粉化严重的器物不能用此方法,因为这些器物遇水后易酥解,彩绘陶器上的彩绘纹饰也会因水洗而遭毁坏。

③机械去污,即对有些坚硬的附着物,用小型超声波清洗机或电动刻字笔等清洗。

④化学去污,是用化学药剂来清除古陶瓷器物表面的碳酸钙、镁盐等锈碱和二氧化铁等的污染。对器物表面的碳酸钙、镁盐等锈碱,可用稀释3%—15%的盐酸或甲酸溶液进行清除。对从大量氧化铁和其他有色物质的土壤里出土的陶瓷文物,其表面往往被氧化铁和有色物质所污染,对于这类污物可用毛笔蘸取1%—3%的高锰酸钾水溶液,涂刷在器物被污染的部位,待高锰酸钾溶液由紫红色变为茶色,过15分钟左右后,再用5%的草酸水溶液反复涂刷数次,使茶色褪净后,立即用清水淋洗。

⑤对于"冲口"和"炸底"的清洗,可先用棉花搓成条状,蘸水固定两端,覆在"冲口""炸底"上,用滴管将浓硝酸滴到棉花条上,饱浸度为80%—90%即可,再用塑料膜封上,隔日开封即可,一次不行可重复几次。有些带冲口的瓷器可用"84消毒液"等溶液浸泡,使冲口内的黄浸泡出来。对于曾修复过的瓷器进行拆洗重修时,加温或浸入热水中,加少许碱,使其软化拆洗。另外,釉上彩绝对忌用强酸、强碱清洗,以免脱彩。

3. 拼接

拼接是将清洗干净待修复的陶瓷碎片进行拼对,用黏结剂将这些碎片重新黏接在一起。拼接时要尽可能准确,拼接不良会对器物造成损坏,甚至无法进行之后的修复操作。

①拼对。根据器物的形状、纹饰、颜色进行试拼编排,用笔写上记号,并计划好黏接的顺序。

②黏接。黏接前要用有机溶剂对接口部位进行清洗,以提高黏接牢度。然后根据具体情况选用不同性质的偶联剂处理接口。修复瓷器时黏合剂的选择是关键,只有选用黏接强度高、耐老化力强,而且固化时间适中的黏合剂才能够修复出质量高的瓷器。一般选用既无色透明,又黏结强度高,而且耐老化,在室温条件下便于操作的树脂胶。黏接是修复瓷器中难度较高的工序,操作时要按照事前定的方案照顾到上下左右,碎得较多的可以从底部开始黏,有些可从口沿开始黏,必须做到每一块不能有丝毫的差错。如果一块错位,最后将无法合严。黏接时还要注意不要涂胶太多,要将胶涂在瓷片中心,合对时一定要加压,并用白布带捆绑好,流出的胶马上用丙酮擦净。

### 4. 配补

在将陶瓷碎片进行拼接后,许多古陶瓷的器物整体仍然不完整,这时候就需要根据文物的材质、器型、修复的要求来选择合适的材料、方法进行补缺。

对瓷器残缺部位,修复补配时可用石膏、石粉、钛白粉、白炭黑、水泥、补牙粉、瓷粉等与环氧树脂黏合剂、AAA 胶等调和,有时可加入与釉色相同的颜料,采用石膏补配、树脂补配、环氧树脂补配、瓷片补配、软陶补配、烧瓷牙材料补配等方法,按陶瓷损坏的程度进行填补、塑补和模补。有些残缺部位用软陶,捏塑成型后加热烧成陶质即可。

### 5. 加固

加固是在古陶瓷修复中对器物的表面或某一部位,采取必要的技术处理,以提高其强度、硬度和牢度的工艺。陶瓷器物的加固可分为机械加固和黏接加固两类,应根据不同加固对象,采用不同的加固方法。常用加固方法有喷涂加固法、滴注加固法、浸泡加固法、玻璃钢加固法和拓槽灌铸加固法。

①喷涂加固是将黏合剂或涂料稀释后,直接喷洒或涂覆在加固处的表面。它适用于风化较轻的器壁,欲剥落的彩绘和釉层,以及对配补部位的强化处理。喷涂加固使用的材料有环氧树脂黏合剂、丙烯酸清漆或三甲树脂等。环氧树脂多用于配补部位的强化处理,而丙烯酸清漆和三甲树脂,则用于各类陶瓷器的风化部位彩绘和釉层的加固。

②滴注加固是利用"502"黏合剂渗透性强这一特点,对器物上的非受力部位的裂缝、冲口以及黏接修补后尚不牢固者进行加固的一种方法。其方法是用"502"黏合剂的塑料瓶嘴,对准裂纹或修补部位一点一点地滴注,待胶液渗入缝隙后,取干净的脱脂棉球蘸丙酮溶液并挤成半干,把滴注部位表面残留的胶液擦拭干净。待黏合剂完全固化后,可轻轻敲击器物,如果原破裂之声减小或消失,说明加固效果较好。

③浸泡加固是把整个器物直接放入涂料液中浸泡一段时间,然后将器物取出,放到一个装有少量溶剂的加盖玻璃容器中,使其在饱和的溶剂蒸气的条件下缓缓干燥。此方法主要用于器物风化侵蚀严重的低温陶器的加固。加固涂料可用三甲树脂稀释剂或丙烯酸清漆。溶剂为 1∶1 的甲苯、丙酮溶液。用苯毒性较大,也可使用毒性较小的二甲苯代替。

④玻璃钢加固是采用压层工艺把环氧树脂黏合剂和玻璃纤维布制成性能优良的玻璃钢,利用玻璃钢来加固大型易损的陶器,使之在运输和展览中不至破损。

⑤拓槽灌铸加固适用于体积大、不易搬动的大型陶器上的非完全性断折部位的加固。特别是在陶体上缝隙较窄而无法用灌注法进行黏接的情况下,可采用此方法进行黏接加固。

6. 作色

经黏结、配补和加固等道工艺修复后的古陶瓷,其修复部位的颜色往往与原物颜色存在一定差距,在展览修复和商品修复中需要按照器物表面的原有色彩或纹饰,对修复部位进行作色处理,使其与原部位色调和纹饰一致,甚至不留修复痕迹,这就是修复中的作色工艺。作色是瓷器修复中最难的一道工序,修复水平高低主要看所作之色是否与原物一致。目前作色颜料主要是化工涂料,以丙烯酸快干色涂料为主,与其他颜料一起使用,这种涂料有附着力好、耐老化、强度高、光色鲜明等优点。但瓷器的颜色大都很丰富,必须调配,只有调配的颜色与原物一致,修复出来的瓷器才能逼真。

瓷器作色要求修复者要有较高的鉴赏水平及审美能力,还要有美术知识,接笔要与原物画意相符,线条要流畅。作色时先按照原物多变的底色调配好涂料,再运用喷笔和手工描绘相结合的工艺,喷涂底色。喷涂出来的底色粗细均匀,层次分明,有与原瓷器融为一体之感。底色饰好后,接着就开始纹饰接笔。动笔前先要研究瓷器表面花纹的构图与绘画风格,绘画颜色要先调配好,要调配得浓淡适宜,以便于运笔。笔法线条要流畅,一气呵成。最终使修复后的瓷器,底色、纹色、光泽都与原物一致,不露一丝痕迹。

作色的方法很多,主要有:

①喷笔(喷枪)喷涂法,这是目前所采用的较为实用的机械操作方法,适用于小型器物或破损细小的部位。因此,喷色的地方要小而准,然后再喷上丙烯漆上釉。在喷色之前对调好的颜料也要用喷笔试色,以防偏色。此两种方法也适用于其他品种瓷器的作色和做釉。

②刷涂法,即使用笔刷等工具蘸取色浆或涂料,在被涂物表面涂敷着色的方法。刷涂法使用的工具以各号羊毫毛笔为主,有时大面积施工,也需要使用羊毫板刷或排笔。涂刷时,用毛笔、毛刷蘸取色浆或涂料,根据情况掌握蘸量,下笔要稳准,起落笔要轻快,运笔中途可稍重,可用直锋,也可用侧锋,一笔挨一笔均匀涂敷,每笔的蘸液要均匀。随时注意不要刷花流挂,如出现这些毛病应及时消除。

③擦涂法,就是用纱布包裹脱脂棉球,蘸取浆液擦涂器物表面的施工方法。擦涂施工,要求色浆或涂料干燥速度较快,固体成分含量低,较稀薄。使用时手拿棉球,蘸取料液,轻轻挤压棉球,使适量的料液从棉球内渗出,在修复部位表面往复平涂几下,然后采用圆涂法,即手捏棉球在器物表面作圆圈状移动揩擦。整个擦涂过程中,棉球要平稳连续移动,有规律、有顺序地从表面一端擦到另一端,不要无规则乱擦,也不能固定在一点上来回擦,更不能移动缓慢或中途停顿,否则会引起原来涂层的局部溶解,从而破坏涂层。

④勾画法,即用毛笔勾勒描绘器物上的各种彩绘纹饰。勾画用笔一般多选用狼毫或兼毫国画毛笔,根据情况有时也需采用秃头毛笔,甚至自制竹笔。陶瓷器物上的彩绘纹饰品种不同,特征各异,要在修复部位准确地勾画出来并做到神形兼备,就必须对器物上尚存的纹饰进行细致的观察和分析。一方面应注意纹饰的内容,勾画时尽可能反映当时的社会文化特征;另一方面要分析纹饰的用笔,使修复部位的纹饰勾画得惟妙惟肖,神形兼备;此外,还需要了解并掌握纹饰的颜色对比和着色的先后。勾勒描绘时,必须握笔要稳,落笔要准,行笔要自然流畅,线条要有变化,线的粗细要得当。为了勾画准确,可先用铅笔在修复部位轻轻打上底稿,审视无误后再上料液勾画。

⑤蹾拍法,是用硬毛刷、秃头笔或小拓包等工具,蘸取料液往着色部位扑打蹾拍的上色方法,以求产生各种不规则的色块或色斑。蘸色时,可选择一块干

净的调色板,用毛笔把料液平涂在调色板上,然后再用蹾拍工具从调色板上蘸取使用。施行时料色要蘸得少而匀,不宜多,蹾拍方法类似传拓中的扑墨,操作时要利用手腕上下运动进行蹾拍,全靠腕力。蹾拍的手对着色面呈上下垂直运动,不应横擦或平涂,其走向应从左到右、从上往下依顺序进行。

⑥掸拨法,是使用狼毫笔或硬毛刷蘸取稀薄的色液,再在调色刀或细木棍上拨动笔毛,利用笔毛反弹的作用力,把色液掸成雾状小点并落于着色部位的上色方法。掸拨法所用色液要稀薄,黏度不宜大,用毛笔或毛刷蘸色液量要少,不宜蘸得过饱,否则掸出来的斑点既大又不均匀,还可能出现滴落污染器物。使用毛笔与调色刀进行掸拨时,刀尖要对准着色部位,持笔的手靠手腕运动,使笔头在调色刀上向前掸动,这样掸拨出来的色点比较集中而且细小。使用毛刷和细木棍进行掸拨时,着色部位要水平放置,刷毛在器物上方 10 厘米左右不动,用木棍拨动刷毛掸出色点并溅落在着色部位。此方法掸拨出的色点较分散,而且颗粒较粗。

⑦渲染法,是使用稀释剂把点染在着色部位的颜料晕开的方法。渲染法除常用于明清彩绘器上图案纹饰的绘制外,在消除着色接痕和色彩推移变化的制作中也经常使用。渲染方法有两种。一种是操作时手持两支笔,一支笔蘸有色液,另一支笔蘸有稀释剂。先用蘸有色液的毛笔进行点染,不等色液在着色处干燥,立即用蘸有稀释剂的毛笔沿其边沿进行渲晕,将着色部位四周的色液晕开,使其同底色之间有一个过渡带。这种方法多用于色彩推移变化的制作。另一种是先在着色部位涂上稀释剂,在稀释剂未全部挥发之前,用毛笔蘸取色液在其上进行勾勒点染,当色液与器物上的稀释剂接触后,自然向外扩散,达到渲晕的效果。此方法多用于彩绘图案的绘制。

⑧虱点法,即用毛笔蘸色液在器物着色部位随意点染,以获得分布不均和形状不规则的色点和色斑。此方法由中国画的虱点技法移植而来。

⑨粘贴法,即用黏合剂粘贴金箔和银箔于器物表面。此方法用于描金彩绘器物的描金银纹饰的制作。

⑩吹扑法,是吹法和扑法两种方法的合称。其制作方法有两种:一种是用毛笔或毛刷等工具蘸取稀薄液,以气吹其锋,使着色部位滴溅上大小不同的色点;另一种是先在着色部位上一层色液或胶液,不等干燥即用嘴吹粉状颜料,使粉状颜料飞落在着色部位,或用棉球、毛笔等工具蘸取粉状颜料向上扑打,待色液或胶液干燥后,用软毛刷将浮在表面的余粉掸掉即可。前一种方法主要用于

制作器物上的不规则色点,后一种方法多用于陶器的着色和做旧。

除上述十种着色方法外,还有转移法、丝印法等,有的不常用而且技术复杂,有的甚至还需要一些印刷制版的专用设备。

7.仿釉

陶瓷器物表面的色釉是在特定气氛和高温条件下焙烧而成的,在古陶瓷器物的展览修复和商品修复中,如何修补表面部位被破坏的釉色和质感,并同整个器物浑然一体,给人以完好如初之感,是陶瓷修复仿釉的重要内容。仿釉材料主要由两部分组成,一是颜料,指"釉层"的呈色物质;二是基料,指"釉层"的成膜物质。目前,在国内的陶瓷文物修复界中,使用最普遍的仿釉基料是醇酸清漆、硝基清漆、丙烯酸涂料、无机仿釉涂料。仿釉颜料基本上离不开着色工艺中所使用的各种颜料,但为了使用方便,提高质量,在调色时可以根据基料的性质选用油漆厂生产的各类色浆或成品磁漆。例如:使用硝基清漆做基料,在调色时可使用与之相匹配的硝基色浆或硝基磁漆;使用丙烯酸漆做基料,可使用丙烯酸色浆或丙烯酸磁漆进行调色。仿釉工艺的基本操作方法和步骤主要有:

①调制仿釉涂料。包括调色和配制基料两个方面。调制釉色时,要考虑仿釉基料和辅料对色彩效果的影响。特别是在基料比例增加的情况下,要注意避免浮色现象,必要时可加入少量悬浮剂,如在丙烯酸漆或硝基漆中加千分之一的硅油来调整。调制基料时,在选择好所需的涂料后,调整涂料的黏稠度和溶剂的挥发速度。一般在采用毛笔和毛刷施工时,涂料的黏稠度可高一些,为60秒左右;采用喷笔施工时,涂料要稀一些,为10—50秒,溶剂的挥发速度多要求快一些。调制仿釉涂料时,要掌握好颜料与基料的比例,这需根据所采用的工艺和釉面的质地情况而定。对于光泽好或玻璃质感强的釉面,在调料时就应提高基料比例;反之,对于光泽差或乳浊感强的釉面以及打底工艺,则要减少基料,加大颜料比例。

②制作试板。在正式对修复部位进行仿釉实施前,可通过制作试板进一步检验仿釉涂料的调制质量和施工工艺的正确与否。这样做如发现问题可以及时纠正,以免造成返工和浪费。试板的制作方法是把调制好的仿釉涂料,按照事先拟定的工艺要求在试验板上实施。试验板可以用普通白瓷板,也可选择其他适合的材料。

③打底。打底就是在涂敷仿釉涂料之前,对仿釉部位进行的表面处理,要达到两个目的:一是进一步提高仿釉部位的平整程度,二是提高改善修复部位

表面材料与仿釉涂层的结合力。打底采用打底泥,在修复部位表面进行刮涂或点涂加工。打底泥的主要成分是清漆、体质颜料、彩色颜料和稀释剂。常用于调制打底泥子的体质颜料有硫酸钡、白炭黑或碳酸钙等。对修复部位表面平整度较差的器物,在打第一遍泥子时所用泥子要调稠一些;反之,修复部位表面的平整度较好,或在打第二遍和第三遍泥子时泥子就要调得稀一些。颜料是用于调整泥子的颜色,泥子的颜色要以釉面上最浅部位的颜色为标准进行调制(不包括釉上彩的颜色),色彩要调得准确,不能调深。打底泥调好后,用小牛角刮刀一层层地刮涂上去,每刮涂一层要等待其干燥后用细水磨砂纸打磨一次,一直刮涂到细缝填平为止。

④施"釉"。即在修复部位涂以仿釉涂料,使其呈现出与原釉相同的色彩和质感的工艺。施"釉"方法主要有刷涂、喷涂、擦涂等。施"釉"操作中要把握快、均、节、净四个标准,确保釉面均匀自然。

8. 做旧

古陶瓷由于年深日久,受到自然界各种物质的长期侵蚀,其表面会呈现出一些自然形成的旧貌,给人一种沧桑感。古陶瓷修复工作一方面要使损坏严重的部位复原,另一方面又要使其保持一定的旧貌特征。一般除附着在器物表面的脏物和一部分锈蚀需要在修复工作的清洁工艺中将其清除掉外,其余者应当保留。做旧工艺就是要使被修复部位呈现出与原器物整体相同的自然旧貌的特征,使其与整个器物浑然一致,达到"仿古暗合,与真无二"的艺术效果。

(1)光泽处理。陶瓷釉面光泽变化是一种自然现象,新瓷器人称"火强",就是表面非常光亮。古陶瓷因受环境、日光、风雨等长期作用光泽变得温润柔和;而出土的陶瓷器物长期在地下埋藏,遭受到了地下自然侵蚀,大多失去光泽,年代越久,光泽差异越大。有些瓷器表面有一层极薄的透明膜,俗称"蛤蜊光",观其釉色有一种散光现象,这是在地下自然形成的。陶瓷釉面光泽处理有多种方法,针对无釉陶器表面的上光,可采取压光法,即先用热吹风机把作色部位加热到 60—70 ℃,涂上一层石蜡或川蜡,然后用光滑坚硬的工具在其表面擦压,直至出现理想光泽,最后再用绸布擦拭。对于恢复釉面光泽,常采用抛光法,即在将要修复的地方涂擦一些蜡或研磨膏,用手工或机械抛光。手工抛光即先用麻布擦,再用绸布擦,也可用牙刷来抛打,有些需要亮光的可采用玛瑙压子捞光,直至修复后的釉面与原物相同为止。另一种光泽处理方法叫"罩光法",就是在仿釉涂层表面喷涂一层上光涂料,烘干固化,再进行抛光打磨。

（2）水锈制作。水锈是长期埋藏在土中的瓷器由于受土中的碳酸钙、镁盐类及氧化铁、碳酸铜等物质的侵蚀，器物表面附着了一些灰白色的沉积物，有些颜色呈铁红或铜绿色。明清以后的瓷器上很少有水锈，故明清以后的近代瓷器多不做水锈和土锈。做人造水锈的主要对象是距今年代较远的出土陶瓷器。做水锈的方法很多，常用的有三种。①扑撒法：用毛笔蘸取适量稀释的硝基清漆，在需要做水锈的部位薄薄地涂盖一层。待涂层未干燥前，将滑石粉或其他体质颜料粉末扑撒在上面。等涂层完全干燥后，清除干净浮粉即成。②复分解法：在需要做水锈的部位涂一层硅酸钠水溶液，待水分挥发涂层干燥后，用5%的稀盐酸在涂层表面刷涂一遍，盐酸遇硅酸钠后发生复分解反应，生成白色盐类物质并附在器壁上，最后用清水冲洗一下做锈部位，把没有反应的化学物质和多余的盐分洗掉即可。③"502"胶制锈法：在需要做水锈的器壁上，涂上或滴少量"502"黏合剂，在胶液未固化前，用水及时喷撒或冲洗有胶部位，"502"黏合剂遇水后即泛白并固化，即可形成人造"水锈"。

（3）土锈制作。土锈是因为陶器长期在地下埋藏，受到土中水和酸碱盐的侵蚀，器物上附着了坚硬牢固的泥土。制作土锈可以采用上述扑撒法，只是扑撒上去的不是体质颜料而是黏土。做土锈常用的黏合剂有"502"胶、虫胶漆或硝基漆等。使用"502"胶做出的土锈色淡，但质地紧固，使用虫胶做出的土锈颜色较深但坚固程度不如"502"胶。此外，还可以将土与胶液事先混合成泥浆，根据实际情况采用掸拨法。蹾拍法或虱点法等方法制作出点状或斑块状土锈。在做上去的泥浆未干之前，往上撒一层干土粉，等胶液干透再用清水洗掉浮土即可。

（4）"银釉"制作。出土的汉代器物中常会发现一层银白色金属光泽的物质，这主要是釉色中的铅受地下环境的影响而生成的金属氧化物，它是年代久远的象征。"银釉"制作可采用清漆中加银粉刷喷的方法，也可采用云母粉、硅酸钠溶液刷涂，然后再涂稀盐酸，硅酸钠与稀盐酸发生分解反应产生一层带有云母光泽的盐类物质，反复做几次，即可出现银釉的效果。还有一种方法是利用"银镜反应"制取出氧化银中的银，也可采用银箔中的银粉，然后用清漆调匀，喷刷在器物上，有些部分在未干时可吹上一点黄土，这种方法做出的银釉效果逼真。

# 第十七章　景德镇陶瓷科技交流

自古以来，无论是文化还是技术，都呈现出从发源地或者是相对先进地区向相对落后地区进行转移的趋势。景德镇制瓷业的迅速崛起离不开景德镇古代劳动人们对制瓷技术的创新，但更离不开向其他窑口的技术学习与交流。景德镇陶瓷技术主要是对北方窑口的学习，以及受南方其他一些窑口的影响。在发展过程中，景德镇成熟的制瓷技艺又反过来对国内其他窑口和国外其他国家和地区陶瓷产生深远影响。正是这种陶瓷技艺的双向交流，相互影响，推动了世界陶瓷技艺的不断发展。

## 第一节　唐代景德镇陶瓷科技交流

就目前的考古资料来看，景德镇最早出现的窑业遗存时间应该定为中晚唐时期。景德镇目前发现了两座唐代窑址，一是位于景德镇乐平市接渡镇的南窑唐代遗址，一是位于景德镇浮梁县湘湖镇兰田村的兰田窑唐代遗址。从考古发掘出的器物造型、胎釉、艺术表现、工艺、窑体结构等多方面分析，我们不难看出唐代景德镇各窑口与其他周边窑口，如江西洪州窑、湖南长沙窑、浙江越窑，甚至与河南鲁山窑等北方窑口之间的交流与联系。

兰田窑出土产品主要为青绿釉、青灰釉和白釉碗、盘、执壶、罐等器物，还有一些十分罕见的器物，如腰鼓、茶槽子、茶碾子、瓷权、瓷网坠等。青绿釉、青灰釉、白釉等各类器物在所有有效的层组中均同时出土，并发现有青灰釉器物与白釉器物、青绿釉器物与青灰釉器物一柱叠烧粘连在一起的遗物，表明这三类器物始终是同时生产的。以往学界根据这三类器物表现出的制作工艺的先进与落后、精致与粗率，主观地认为其存在早晚关系，青绿釉最早，青灰釉次之，白釉瓷器出现最晚。而此次发掘的地层中青绿釉、青灰釉与白釉器物共出的情况，表明其是同时生产的，与时代早晚无关，器物制作上的精粗程度，体现的是同时生产的不同等级或质量的器物，以满足不同的需求。同时，从这三类器物的胎釉特征、制作工艺、器物造型等观察，这三种产品分别受到了江西洪州窑、浙江越窑和北方地区白瓷生产技术的影响,也有少量长沙窑的工艺特征。特别是白瓷器的生产,万窑坞的精致白瓷产品,其造型、胎体的利坯加工等都与定窑的同期产品十分相似,质量上完全可以分庭抗礼,这使我们对景德镇制瓷业产生的历史背景和工艺来源有了新的认识①。

　　南窑所出器物时代特征鲜明,大多具有盛唐及中晚唐的特征,如碗、盘类器具有比较多的实圆饼足、玉璧底足及少量圈足的中晚唐特征。此外,南窑所出的一件青釉贯耳钵与余干黄金埠窑出土的"贞元"纪年款青釉罐的造型完全一样,而夹耳盖罐和穿带壶也是具有重要断代意义的器型②。景德镇南窑遗址出土瓷器亦符合中国陶瓷史发展特点,属于南方青瓷体系,又吸收了同时的江西洪州窑、湖南长沙窑、浙江越窑,甚至北方地区河南鲁山窑等多个唐代名窑的特点。如其中的釉下褐彩瓷、大块褐斑壶以及模印方形系罐风格与制作工艺都与长沙窑如出一辙,酱釉器则类似同时的洪州窑③。全留洋通过对南窑出土瓷器标本的对比分析研究,发现南窑出土瓷器标本同洪州窑、鲁山窑、越窑中晚唐时期的产品具有一定的关联性。乐平南窑青瓷和唐代越窑青瓷釉中 RO 含量接近,南窑青瓷釉中 MgO 的含量均高于越窑青瓷,这反映了乐平南窑与唐代越窑在制釉配方上具有较高的相似度④。南窑出土的青釉及酱釉腰鼓和器型硕大的大碗器,是唐代赣地与西域地区交流史实的一种反映,而夹耳盖罐是公元 800 年前后出现的新产品,是随着唐代海上陶瓷之路的兴起而出现的。南窑出土的一件夹耳盖罐与 1998 年在印尼唐代黑石号沉船出水的夹耳罐相似,表明该产品可能具有外销性质,显示了南窑产品具有外销中亚与西亚的极大可能性,或者是为满足胡人所需而专门烧造或订烧的,彰显了唐代赣鄱与西域地区文化交流频繁的史实。

　　在兰田窑万金坞所有的工艺来源中,越窑的工艺来源表现得更为强烈。因为最能表现器物工艺来源的装烧方法都采用了"泥点支烧"的方法,即用不规则的泥饼间隔器物进行叠烧。这种泥点支烧的方法正是越窑最典型的特征。这

---

　　① 秦大树,刘静,江小民,等.景德镇早期窑业的探索:兰田窑发掘的主要收获[J].南方文物.2015(2):128−137.

　　② 饶华松,何国良,邬书荣,等.江西乐平南窑窑址调查报告[J].中国国家博物馆馆刊,2013(10):11−37.

　　③ 陈燕华.唐代景德镇早期窑业探索[J].东南文化,2017(2):87−92.

　　④ 全留洋.多学科视角下的乐平南窑青瓷初探[D].景德镇:景德镇陶瓷大学,2016:19−29.

又可能喻示了一种更深层次的分工与交流:在当时的生产分工当中,窑户,即拥有窑炉、负责烧制的人户可能来自越窑,或主要接受越窑的影响,其影响也体现在窑炉的营建方面;而坯户,即负责生产用于烧制的坯件的人户可能接受了不同地方的影响,包括接受了北方地区的影响,甚至有北方的工匠直接参与了生产。这些人户承担了最多的工艺技术内涵,包括原料的选择、成型、装饰和施釉。这种工艺技术的传播、交流与影响,是陶瓷考古研究的重要内容①。

腰鼓的发现是证明景德镇唐代窑业与河南中西部地区存在工艺交流的重要一点。南方出土的腰鼓,其时代大多在北宋以后,而唐代的腰鼓主要发现于北方,北方地区中晚唐的遗址中就多有出土腰鼓的,如河南鲁山段店窑、禹州神垕下白峪窑等。同时,关于花釉瓷最重要的文献记载是唐人南卓《羯鼓录》中所记宋璟在开元四年至二十年(716—720年)为相时与唐玄宗论鼓的对话:"不是青州石末,就是鲁山花瓷。"这表明北方鲁山窑花釉腰鼓的生产甚至早于开元、天宝年间。2001年河南神垕下白峪窑址出土的腰鼓也可早到中唐时期,而目前南方地区发现的陶瓷腰鼓最早的实例就是大金坞和乐平南窑出土的腰鼓。这说明中晚唐时期南北陶瓷工艺的交流当中,景德镇窑区是与河南中西部地区最早有直接的工艺交流的地区之一,也说明景德镇窑业肇始阶段的一个重要的工艺来源是河南中西部地区②。

**图 17 - 1  景德镇兰田窑出土的腰鼓**

① 秦大树,刘静,江小民,等.景德镇早期窑业的探索:兰田窑发掘的主要收获[J].南方文物.2015(2):128 - 137.

② 江建新,秦大树,江小民,等.景德镇市兰田村大金坞窑址调查与试掘[J].南方文物,2015(2):67 - 77.

景德镇早期窑业的窑炉主要有两类：一类是长条的龙窑，建造技术主要受到浙江越窑的影响；另一类是短宽的马蹄形窑，十分接近北方地区的馒头形窑。其中龙窑的变化趋势就是从较长变得较短，坡度从较平缓变得较陡。古代，北方多馒头形窑，而南方根据山多的特点，多龙窑①。

唐代景德镇窑产品具有鲜明的时代特点，同时在装烧工艺、胎釉、造型和种类方面受到黄金埠窑、长沙窑、洪州窑等这几个窑口的影响，故产品风貌具有趋同性。长沙窑的一些标志性产品，比如横柄壶、夹耳盖罐、模印方形系罐、穿带壶等，在唐代景德镇窑也有生产，风格类似，制作工艺雷同。另外，如釉下褐彩瓷和釉下褐斑瓷是长沙窑的特色，也出现在景德镇窑的产品中。

# 第二节　宋代景德镇陶瓷科技交流

景德镇青白瓷的起源及早期制瓷工艺技术的发展演变一直都是学术界关注的热点问题，湘湖兰田窑的发现让景德镇有考究的制瓷史可追溯到唐代，但景德镇最早的青白瓷依旧尚待考究，可以确定的是景德镇在五代时期就已经烧制出了真正意义的青白瓷。也就是从宋代开始，景德镇便以其成熟的成型和装饰工艺、晶莹如玉的釉色，在中国瓷业一举成名，成为中国宋代青白瓷窑系的领军窑口。

### 一、宋代其他窑口制瓷技术对景德镇的影响

一直以来，都说景德镇烧制出白瓷打破了自唐以来的"南青北白"局面，但是繁昌窑青白瓷的发现似乎打破了这一说法，甚至景德镇青白瓷的迅速崛起也很有可能是受到繁昌窑的影响。"现代考古发掘证实，繁昌窑青白瓷首创'二元配方'制瓷工艺和'一钵一匣'烧造方法。'二元配方'工艺打破了'一元配方'制瓷技术的限制。"②繁昌窑在南唐时期以皖南为中心向周边扩散，打破传统的"南青北白"的陶瓷格局，并在皖南地区建立起了一个青白瓷窑系。而景德镇目前发现较早的青白瓷是在五代后期，"在湖田窑五代后期的白瓷遗存中，发现了一种近似白瓷，而有别于白瓷的新的瓷器品种……认为它在釉面呈色和玻璃相

---

① 李兵，刘永红.解析唐代时期的景德镇窑[J].中国陶瓷,2015,51(12):116-118.
② 高峰，周稳.繁昌窑青白瓷审美意趣及兴衰原因探究[J].金陵科技学院报(社会科学版),2021,35(3):56.

上更酷似青白瓷,故由此推理出'湖田窑创烧于五代'的论断"①。且景德镇在北宋初期才开始普遍采用"一匣一钵"的装烧工艺。无论是青白瓷发现的最早时间还是"一匣一钵"的装烧工艺,景德镇都晚于繁昌窑,且景德镇青白瓷的兴盛与"一匣一钵"的装烧工艺出现的时期相差不远。另外,景德镇与安徽繁昌相距仅300公里,五代十国分裂割据的局面,窑工逃难很有可能将繁昌窑的青白瓷技术带到景德镇。

宋中期以后,景德镇窑大量采用的支圈组合装烧方法和刻花装饰技法,明显受到河北曲阳县定窑的影响。

宋代北方窑炉一般较小,为了充分利用窑炉的空间容量,定窑的窑工改变了传统的单件匣钵仰烧的烧制工艺,换成了覆烧法,创造出了"垫圈组合式"匣钵。支圈覆烧工艺大大提高了产量,降低了烧制成本,满足了一般百姓所需要的碗、盘等日常用瓷,提高了市场竞争力。随着覆烧工艺的成功实行,其他窑口也慢慢学习起来。北宋晚期,金人南侵,窑工们往南方逃难,同时将覆烧工艺和印花技术一并带到了南方的许多瓷窑,其中也包括了景德镇。景德镇当时接纳了很多来自北方定窑的窑工,随之带来的是定窑的印花装烧和覆烧工艺。景德镇窑口也是在这个时候结合自身所拥有的瓷窑特点加以改进覆烧技术,呈现垫钵覆烧法与匣钵仰烧法并存的情况。"南宋初期……瓷石矿区优质瓷石经长年开采而被采掘殆尽……耐火度低,烧出的瓷器容易变形……实行……'兴烧之际,按籍纳金'窑税制度。"②原料危机增加了制瓷难度,再加上不论成败与否一律在烧制之前按窑的体积来交纳窑税的苛刻的窑税制度,让景德镇的很多窑厂纷纷倒闭,当时大型窑厂湖田窑不得已采用北方定窑窑工带来的覆烧、装烧工艺来增大产量才得以勉强存活。整个南宋时期刻花、划花和印花三者并存,前期以刻花为主,中、后期则以印花为主,印花纹样极为丰富,并出现了人物故事题材,构图繁缛,层次较多③。南宋以后印花装饰又大为盛行,传世与墓葬出土物之中有此类印花盘、碗不少,盘多覆烧,纹饰题材、布局方法与河北曲阳定窑颇多近似之处,明显受到了定窑的影响。蒋祈的《陶记》中也有对南宋当时景德镇瓷业分工的描绘:"陶工、匣工、土工之有其局;利坯、车坯、釉坯之有其法;印

---

① 何俊,景德镇民窑博物馆.湖田古窑[M].北京:科学出版社,2015:36.

② 何俊,景德镇民窑博物馆.湖田古窑[M].北京:科学出版社,2015:44.

③ 冯先铭.中国陶瓷[M].上海:上海古籍出版社,2001:405.

花、画花、雕花之有其技,秩然规制,各不相紊。"①

11世纪末到12世纪初,宋室南迁,政治、经济重心南移,制瓷技艺更向景德镇集中。景德镇集南北名窑技艺之大成,工艺水平有突破性进展,生产规模逐日壮大,景德镇制瓷业进入大发展时期,成为"业陶都会"。

**图17－2　宋代青白釉酒台**

**二、景德镇制瓷技术对南方各窑口的影响**

景德镇青白瓷烧制成功后深受当时统治者赵恒及广大人民群众的喜爱。为满足当时外销的需求,福建、广东、四川、湖北、浙江、安徽、云南、广西等省区纷纷仿制起了景德镇的青白瓷。蒋祈在《陶记》中记载:"江、湖、川、广,器尚青白,出于镇之窑者也。"②而且近代考古也在各地出土发现了青白瓷的踪影,"50年代以来(除江西外)已有15个省和自治区出土了景德镇的青白瓷"③,包括江苏、浙江、湖南、湖北、四川、安徽、陕西、山东、山西、河南、河北、辽宁、吉林、新疆和内蒙古。仿制景德镇青白瓷的窑口有江西的南丰、吉州、宁都、赣州、金溪和贵溪窑;福建的德化、泉州、同安、永春、安溪、南安、莆田、福清、闽清、仙游、连江、浦城、崇安、光泽、建宁窑;广东的潮州、广州、惠州窑;广西的藤县、容县、桂平及北流窑;湖北的鄂城及武汉窑;湖南的益阳、衡阳窑;浙江的江山、泰顺窑,共7个省34个县,它们形成了以景德镇为中心的青白瓷系。

宋代景德镇所用的还是原始的"一元配方",采掘湘湖进坑、三宝蓬等地的瓷石作为单一原料,蒋祈《陶记》中记载:"进坑石泥,制之精巧。湖坑、岭背、界

①　熊寥,熊微.中国陶瓷古籍集成[M].上海:上海文化出版社,2006:178.
②　熊寥,熊微.中国陶瓷古籍集成[M].上海:上海文化出版社,2006:177.
③　冯先铭.中国陶瓷[M].上海:上海古籍出版社,2001:403.

田之所产已为次矣。"①但只用单一原料瓷石导致坯胎的 Al 含量较低,瓷器的耐火性能较差,容易产生变形、烧塌等情况,所以继续沿用五代"放大足径、加厚足壁"的做法减轻来自上面的重压,以减少变形率,同时还将盘、碗做成了外撇的口沿。但也正是寻找到的优质瓷土矿源,提高了烧制瓷器的质量,烧出了胎质洁白、温润如玉的青白瓷。北宋中期,景德镇瓷业发展越加鼎盛,在这个时期还开始生产青白褐彩瓷,开启了景德镇釉下彩绘的新时代,为元代创作出青花瓷奠定了基础。② 在这个背景下,景德镇窑在器物器型上也在不断创新,器型样式日益增多,出现了过去不曾出现过的"高圈足唇口碗、斗笠碗、侈口碗、折沿碗、瓜棱罐、八棱罐、盘口壶、凤首壶……以及狗、马、牛、羊塑像和人物塑像等器型"③。

景德镇在北宋时期就已经掌握了成熟的还原焰烧成机制,以 $Fe_2O_3$ 为着色剂,烧制出釉色温润如玉、晶莹碧绿的青白瓷釉,其釉料的配制技术结合"半刀泥"的装饰技术让青白瓷短时间举世闻名。"釉灰是景德镇独特的传统釉料助熔剂,也是景德镇瓷器釉面'白里泛青'风格形成的重要工艺因素"④,俗称"无灰不成釉"。除了釉色的影响就是装饰技术了,北宋初期,景德镇的刻划技术还处于初级阶段,"半刀泥"尚未出现。到了北宋中期,景德镇普遍使用刻划、压印、雕塑、褐彩、镂空等多种工艺相结合的方法对器物进行装烧,且此时的"半刀泥"刻花装烧技术已经达到了至精至美的艺术境界,形成了景德镇特有的艺术风格。

### 三、景德镇陶瓷技术对外输出

1126 年,东京汴梁被金军攻破,靖康之难致宋室南迁,导致陆上丝绸之路无论是东端还是西端都被阻塞,迫使宋王朝不得不通过海洋与周边国家开展贸易及交流,海上丝绸之路逐渐取代古老的陆上丝绸之路,成为对外贸易的主要通道。

福建、广东、江西、浙江的瓷器开始不断地从海上丝绸之路远销世界各地。正如《中国海洋发展史论文集》中所说:"宋元时期的海洋中国已经超过了作为国际市场交换陆上主要通道的丝绸之路。虽然宋代中国的繁荣不是在全国经

---

① 熊寥,熊微. 中国陶瓷古籍集成[M]. 上海:上海文化出版社,2006:148.
② 何俊,景德镇民窑博物馆. 湖田古窑[M]. 北京:科学出版社,2015:39.
③ 何俊,景德镇民窑博物馆. 湖田古窑[M]. 北京:科学出版社,2015:39.
④ 何俊,景德镇民窑博物馆. 湖田古窑[M]. 北京:科学出版社,2015:20.

济发展的唯一源头,但毫无疑问海洋贸易对中国的经济发展做出了主要贡献,而陶瓷也是贸易商品中拉动经济互通有无的一辆马车。"

此时宋朝海上丝绸之路的路线主要有四条:一是沿用唐朝从广州通往越南、印度等地,再往阿拉伯;二是自渤海通往登州;三是哲宗朝开始的泉州至南海通往阿拉伯;四是从明州、福州、杭州通往日本及韩国。

在清代之前,陶瓷的技术中心主流依旧在中国,在宋代的历史背景下,景德镇的制瓷技术还只停留依附在作为商品和礼品的陶瓷上对外进行单向输出,并没有过多重视外来国家的陶瓷反馈信息。此外,此时的陶瓷技术仍是停留在工匠技术的层面,并没有形成完整的制瓷技术体系,没有上升到科学制瓷技术的层面。

宋代有资料记载"迪功郎浮梁县丞张昴措置监造",有专门的官员负责监制和管理瓷窑的生产等事务;而韩国也有文献资料记载,高丽国也将制瓷生产业纳入朝廷的管理之中,从《高丽史》"睿宗三年二月,判京畿州县,常常徭役繁重……瓷器杂所,别贡物色……"可以看出,高丽国吸纳中国宋代的地方贡瓷、官员督瓷的瓷业管理制度,形成了自己的官府瓷业管理制度。在此时期,国外主要是单向接收中国的制瓷技术,对于技术的学习集中在元、明、清时期。

日本早期通过学习朝鲜制陶技术,间接受到中国陶瓷的影响。5 世纪中国陶瓷技术传入日本,开始使用辘护成型,造型更加规整,引进还原焰烧制,须惠陶技术迅速普及,反映了唐代艺术特征。奈良三彩陶仿唐三彩,而定窑白瓷、越窑青瓷、长沙彩纹瓷成为日本陶瓷的标本。跟随高僧道元和荣西的工匠从宋朝带回制陶技术,打破了平安时代的停滞状态,镰仓时代为日本的陶瓷之国奠定了基础,尤其是濑户加藤四郎将中国的陶瓷技术传到日本,被尊为"陶祖"。

公元 1000 年开始,日本出现了著名的濑户、常滑、信乐、越前、丹波、备前六大古窑,成为各地的制陶中心①。

---

① 詹嘉. 日本陶瓷受中国文化影响的演进[J]. 中国陶瓷,2001,37(3):51 – 52.

# 第三节　元代景德镇陶瓷科技交流

景德镇地区的陶瓷无论是胎体、釉色、花纹、造型还是其他设计,都离不开两点,一是自身的创造与设计,二是与其他地区瓷器的交流与发展。进入元代后,景德镇地区不再局限于自宋代开始烧造的青白瓷,而是更加充满活力,产品变得多样化、多元化。尤其是在明代初期,景德镇的制瓷水平已空前提高,外来制瓷技术对景德镇制瓷业产生了重大影响,促进了制瓷技术的改进,催生了许多瓷器新品种的诞生。

**一、元代景德镇陶瓷技术与吉州窑的技术交流**

吉州窑是古代江南地区著名的民间综合性瓷窑,它始于晚唐,兴于五代、北宋,极盛于南宋,而衰于元末,与定、磁、耀、建等窑齐名[①]。吉州窑产品具有浓厚的地方特色和民族艺术色彩,所烧瓷器种类多,纹样精美生动,釉色齐全,有青釉、酱褐釉、乳白釉、黑釉、釉下彩绘、绿釉、碎纹瓷和雕塑瓷等,且造型丰富精巧,装饰技法独特[②]。吉州窑在中国陶瓷发展史上具有十分重要的地位,为中国陶瓷的发展、陶瓷技术的创新、制瓷业的发展等做出了重要的贡献。

吉州窑位于江西省吉安市,与同在江西的景德镇地理位置较为临近,这为它们二者的交流提供了极大的便利。我们将景德镇窑口烧制的瓷器与吉州窑瓷器做对比,从它们的花纹来看,装饰纹样大致分为三大类,即动物纹、人物纹、花卉纹。细分下来又有龙纹、鱼纹、菊花纹、牡丹纹、人物故事纹等。这是它们纹饰主题的相似之处,然而同样的纹饰在不同的地区所展现出来的样式又是有所不同的。将这些绘有相同题材纹饰的瓷器做对比,我们可以发现,景德镇所生产的元青花与吉州窑所生产的陶瓷器,其绘画的风格或者说绘画出来的装饰纹样,具有一定的相似性。元代时期,景德镇窑口作为全国的制瓷中心,它的元青花装饰艺术与技法是非常熟练的,但这些技法又在吉州窑所生产的瓷器上有所体现。

对比完二者所生产的瓷器的主要纹样,我们再看看其纹样的布局,可以发现景德镇窑口的瓷器和吉州窑的瓷器装饰纹样大多是分层布局的。一般上下层为规则的装饰纹样,中间层为主题纹样的图案,如龙纹、牡丹纹等,旁边还会有

---

① 王琼. 宋吉州窑陶瓷刻划花装饰的工艺特征[J]. 文物天地,2019(3):23－28.

② 彭舟,秦慧. 吉州窑瓷釉种类及其装饰技法[J]. 东方收藏,2019(3):13－18.

**图 17 - 3　元代青花碗**

其他的附属装饰纹样,如缠绕花枝纹等。相对来说,景德镇的元青花装饰纹样更为复杂,且画工更为精细,装饰纹样更为精美,而吉州窑在这方面的随意性相对更大,它们的装饰纹样下笔较为粗犷,不会刻意追求如此精细的绘画。总的来说,元青花的装饰精美繁复,装饰的题材种类繁多,装饰的布局结构紧密,为中国陶瓷发展史添上了浓墨重彩的一笔。

　　吉州窑的断烧,或许也与景德镇窑有着莫大的关系。正是与景德镇窑争夺彩绘瓷市场行为的失利直接导致了吉州窑的断烧。吉州窑作为民间窑口,生产瓷器的最大目的是市场盈利,这样一个窑口的断烧极有可能是因为盈利能力下降,抢占不到市场。首先,吉州窑衰败时间为元末,而景德镇窑的瓷器在元代极为兴盛;其次,从上文中我们可以得知,吉州窑瓷器与景德镇窑瓷器在造型、花纹方面都有相似之处,并且二者都位于江西省。由此我们不难推断出,吉州窑衰败的原因之一,就是被景德镇元青花挤占了市场份额。在这场竞争中,吉州窑最终断烧了①。

　　我们再回过头来看吉州窑后期的瓷器,它的纹样与景德镇窑口的瓷器有许多相似之处,但却没有原版那么精细,或许这是在景德镇窑口崛起后,吉州窑发现原来所生产的黑釉瓷器不足以支撑他们所期待的利润。为了提高盈利能力、抢占市场份额,吉州窑进行创新,其学习对象就是当时极为兴盛的景德镇窑口。这一原因或许能够解释,为什么吉州窑后期烧造的瓷器与景德镇元青花有相似之处却又不如其精细。

---

　　① 彭志军,戴子荣.吉州窑断烧原因新探[J].中国陶瓷,2021,57(8):101 - 108.

### 二、元代景德镇陶瓷技术与龙泉窑的技术交流

龙泉窑是宋代六大窑系之一,位于浙江省龙泉市,因地而得名。龙泉窑生产瓷器的历史长达 1600 多年,是中国制瓷历史上最长的一个瓷窑系。龙泉窑始烧于三国,晋唐时期各处铺开烧制,唐末五代积极创新初具特色,兴旺于北宋,盛烧于南宋。青瓷烧制技艺在历代的创新中得到不断发展,烧制的瓷器胎质坚硬细腻、吸水率低、釉层透光性较好、釉色青绿或青黄、釉层均匀、如玉似冰①。

宋朝时期的龙泉窑受越窑、瓯窑、婺州窑的影响较大,但因社会、战争、自身等多方面因素的影响,这些瓷窑都相继没落,浙江地区的瓷窑格局也发生变化。而位于南方的龙泉窑在元代时期扩大生产规模,在青瓷的基础上不断创新发展,再加上外来民族的影响,龙泉窑融入了北方少数民族的文化风格,成功创烧了具有鲜明时代风格和民族社会文化特色的龙泉窑青瓷。

北宋时期龙泉窑已经能够烧造出精美的"秘色瓷",并且供奉给朝廷,说明龙泉窑的工艺技术在北宋已经达到较高水平。南宋嘉定四年(1211 年)叶寘在《坦斋笔衡》中记载:"本朝以定州白瓷器有芒,不堪用,遂命汝州造青窑器,故河北、唐、邓、耀州悉有之,汝窑为魁,江南则处州龙泉县窑,质颇相厚。"②这句话里面提及北宋时龙泉窑与北方的定窑、邓窑、耀州窑一起作为"贡瓷"被送往朝廷。在这一时期,越窑因各种原因,如原材料匮乏、自身故步自封一直没有创新发展,而逐渐没落,龙泉窑取代了越窑的"贡瓷"地位,且成为江南第一名窑,拥有较高的知名度,对全国各地的窑口都产生了一定的影响。景德镇的窑口当然也在其中。

在景德镇明初设置的御窑厂窑口遗址中,发掘出了大批量景德镇窑口仿龙泉窑的瓷器,这些瓷器都制作精湛。若是这一时期才开始仿制,仿得极好的可能性是较小的,这就可以说明早在明代之前,龙泉窑就对景德镇的制瓷技术产生了影响,这个影响甚至可以追溯到元代。这也说明当时的景德镇已开始学习龙泉青瓷技术,并且在此基础上精益求精。

其实景德镇窑口对龙泉窑瓷器的仿制持续了相当长的一段时间,从元代到清代这种仿制一直都存在。宋元时期的龙泉窑烧造的瓷器精美优越,但它们的

①　李林.从青瓷烧制历史简议龙泉青瓷技艺发展创新历程[J].陶瓷科学与艺术,2021,55(9):12-13.

②　熊寥,熊微.中国陶瓷古籍集成[M].上海:上海文化出版社,2006:173.

品种却十分单一,只烧造青釉瓷器。景德镇窑口不仅依靠地理位置优势有着高质量的瓷土矿,还在长期的制瓷历史中发展出了高超的制瓷技术,它们仿制龙泉窑的瓷器大多制作精美,并且仿烧的瓷器品种非常丰富。景德镇窑口对龙泉窑的仿制不是机械地对其瓷器进行模仿与照搬,而是在龙泉窑产品的基础上进行创新发展。例如,景德镇窑口注重对龙泉窑青瓷釉色的模仿,然后在保证其釉色的基础上再对产品的造型、花纹等进行创新,从而达到自己想要的效果。景德镇窑口既吸收了龙泉窑釉色精美、颜色剔透的优点,又对其造型、花纹进行创新改良,使得自身的产品更加优秀精美。

### 三、元代景德镇陶瓷技术与磁州窑的技术交流

磁州窑位于河北省邯郸地区磁县彭城一带,是我国古代北方著名的民间瓷窑。早在 4 世纪(隋代)这里已开始生产青瓷器,到了 10 世纪(宋代),制瓷已很精美。元、明、清各代继续烧造[①]。磁州窑烧造历史悠久,具有很强的生命力,流传下来的遗物也多。磁州窑以质朴、实用的造型,潇洒、豪放、明快、生动的装饰著称。其装饰的基本特点是具有强烈的黑白反差,其中以"白地黑花"装饰的反差最为强烈[②]。磁州窑最基本的特点是在白度不高且比较粗糙的器胎上施一层化妆土,以达到粗瓷细作的效果。同时,在这层化妆土上,窑工们创造了一系列的装饰手法,剔去化妆土,形成胎色与化妆土的对比,在白色化妆土上画黑花,或再加上一层黑色化妆土,剔黑留白等等,都形成了一种黑白对比强烈,明快、生动的装饰效果。它具有鲜明的民窑特色,以质朴、挺拔的造型,豪放、生动的装饰而驰名中外[③]。

自古以来,各个窑址都不是独立发展、闭门造车而生产制作瓷器的,它们之间有着紧密的联系,不管是造型、纹饰还是其他,"制瓷"这一泥土的艺术在大家的相互交流中得到了传承与发展。磁州窑与景德镇窑,因其所处的地理位置不同,所受当地的社会因素不同,都有着属于自己的鲜明特征,但由于经济交流、交通便利、社会战乱、社会发展等原因,二者又有了新的交流。冯先铭认为:"磁州窑釉下彩绘可以说是青花瓷器的直接祖先,两者的区别只是使用不同的呈色金属。可以说景德镇青花瓷器不仅继承了磁州窑的釉下彩绘传统技法,在器型

---

① 魏之骝.磁州窑的历史概况[J].河北学刊,1982(1):160.

② 秦大树.磁州窑白地黑花装饰的产生与发展[J].文物,1994(10):48 – 55,42.

③ 秦大树.磁州窑的研究史[J].文物春秋,1990(4):26 – 31,20.

与纹饰方面也有很多的借鉴。"①

　　景德镇元青花纹饰的最初形成,应该有以下几种情况:一是磁州窑窑工南迁到吉州窑,再从吉州窑影响到景德镇,从而形成成熟的绘画技巧;二是磁州窑画工直接转到景德镇的青花瓷绘制工艺上来②。

　　从瓷器纹饰来看,磁州窑的"白地黑花"表现手法与景德镇元青花的"白地蓝花"极为相似。但是磁州窑对元青花纹饰的影响应该不仅仅局限于画工们把这种釉下彩技术直接如同复制粘贴一般使用到元青花之上,而是将这一技术与景德镇本地窑口的技术相结合,二者相辅相成、相互影响,使景德镇元青花的纹饰不断发展与创新,从而形成更为完善的纹饰绘画艺术。

　　另外,元代景德镇成功地使用氧化铜为着色剂,烧出红釉和釉里红瓷,这是仿用河南禹县宋代钧窑铜红釉技术的结果。

**四、元代景德镇陶瓷技术对国外的影响**

　　元代,中外交通发达,交流频繁,海上丝绸之路便是其交流通道之一。那时,海上航行的各国商船便是载着一批又一批瓷器去往各国。根据各类实物资料以及文献资料,我们可以发现,无论是近在西亚的伊朗、土耳其,东南亚的菲律宾、印度尼西亚,东亚的日本,还是远在另一半球的非洲、欧洲国家,都出现了元青花的身影。在伊朗、土耳其、日本等国家的博物馆中,保留有元代青花瓷器,而在东非海岸如格迪、奔巴岛、桑给巴尔岛、坦噶尼喀和基尔瓦群岛等地区,考古学家们发现了许多属于中国元代时期的瓷器及瓷器碎片。由此我们可以看出,元代景德镇地区生产的元青花也是外销瓷的一大热门品种,元代的青花瓷远销亚非国家,广受当地人民的喜爱。

　　元代景德镇青花瓷制作工业发达,再加上青花瓷出口外销的需求较大,景德镇便专门制作了瓷器用以外销。这些外销青花瓷有的是中国化的纹样与造型,有的则是为迎合国外市场而专门设计制作的其他纹样与造型。例如,出口至菲律宾描东岸省的无底瓷碟,据称这种无底瓷碟未曾在中国本土出现,仅在菲律宾、苏拉威西和婆罗洲出土,可能是当时中国单为出口而制造的。还有专为东南亚制造的青花瓷,这类青花瓷为适应东南亚伊斯兰教徒的需要而产生,其上有阿拉伯等伊斯兰国家的文字。印尼雅加达博物院所藏书阿拉伯文字的青花中碗,其文意就是:"除安拉及其先知,无其他上帝。"据此,韩槐准认为它是

---

① 秦大树.磁州窑的研究史[J].文物春秋,1990(4):26-31,20.
② 井明.元青花与磁州窑、吉州窑相似纹饰探讨[J].东方收藏,2020(15):23-27.

一种"传播回教的工具"。

当然,国内也出土过元代景德镇的外销瓷,并且有部分文献资料提及过外销瓷。汪大渊在元至正年间附舶海外数国,回国后于至正元年(1341年)到至正十一年(1351年)间撰写了《岛夷志略》一书,这本书中便记载了大量的中国瓷器对外贸易的案例以及器物样式。

景德镇的元青花不仅供国内销售使用,还有很大一部分用于外销至其他国家。这不仅仅体现了元青花的优越,更是我国与他国友好交流的证明。

### (一)元代景德镇陶瓷技术与西亚陶瓷技术交流

西亚大致范围为阿富汗至土耳其一带,包括伊朗、土耳其、沙特阿拉伯等国家。西亚是丝绸之路的一个重要节点,丝绸之路由中国西安沿河西走廊至新疆,再经过巴基斯坦,经由西亚到达欧洲。西亚处在联系三大洲、沟通两洋五海的海陆空交通枢纽地带,无论是过去的丝绸之路还是现代的三路交通,它都处于其中的重要一环。

所以,每当我们提及中国古代瓷器外销,就不得不提及丝绸之路。这条道路是连通中国与亚洲、非洲及欧洲的重要通道。在陆上丝绸之路因战争等原因而逐渐衰败之时,海上丝绸之路凭借着其独特的优势一跃而上。中国北方因战争而导致生灵涂炭、民不聊生,陶瓷、丝绸、茶叶等物品生产下降。北方大量的手工业生产者为了生计逃向南方,又在南宋时期,经济中心南移,且北方地区的贸易道路被其他势力侵占,阻绝了通往西域、通向国外的道路,陆上丝绸之路逐渐衰败。若想进行对外贸易便只能靠南方的沿海城市,依靠海上贸易来维持对外经济,由此南方的海上丝绸之路也渐渐被开辟、被投入使用,它登上了中国对外交流的历史舞台。

在元代时期,景德镇窑口已成功烧制出了青花、釉里红、红釉等品种,景德镇逐渐成为全国的制瓷中心。当时,大量国内国外的商人聚集在中国南方,元代景德镇的陶瓷便吸引了他们的注意,这种制作精美的器物,受到他们的喜爱。彼时,景德镇窑口制作的瓷器,不仅仅是我国独创的青花瓷、釉里红瓷等,更有为了迎合西亚市场所创作的带有西亚风格的,受西亚文化、艺术、生活习惯、宗教等因素影响的瓷器。

我们查看西亚国家的瓷器,可以发现许多国家的瓷器为元代瓷器,如伊朗阿尔德比特神庙藏有37件元青花,这些青花瓷中有青花麒麟纹盘、青花飞鹤纹钵,还有枢府瓷和蓝釉瓷。在土耳其,伊斯坦布尔托普卡帕博物馆藏着八十多件在世界上被珍重的元代青花瓷。这些元代青花瓷在漂亮的白瓷大碟和大钵上面,描绘了牵牛花、菊花、牡丹,还有草木、山水、人物、池鱼以及麒麟、凤凰、龙等动物组成的画。

从上面两个例子中,我们可以看出,这些外销至西亚的陶瓷,有许多是我们中国的器型与纹样,这是我们陶瓷外销的证明,当然也有可能是我国陶瓷外销至其他国家,他们再对我们的陶瓷进行仿制,从而生产出来的。这类陶瓷的出现,体现了元代时期景德镇窑口对西亚国家制瓷业的影响。

但细究我国青花瓷的来源,或许它极有可能受到了西亚蓝陶的影响,每个地区窑口产物的创新,并不是完全依靠自身能够彻底完成的。8世纪至10世纪,海上丝绸之路的繁茂将邢窑、定窑白瓷和长沙窑釉下彩、唐三彩等陶瓷器输入伊斯兰国家,为其陶瓷产业的产生与发展提供了基础,西亚白地蓝彩陶器便是其中的产物。这种陶瓷器最早出现在9至10世纪的波斯以及美索不达米亚地区,它是以钴为颜料、以锡白釉为地的陶器。它最早受到中国白瓷的影响,以陶器来仿制瓷器,在陶器上施釉,制作成为釉陶器。这一釉陶技法显然受到了唐三彩的影响,后又受长沙窑瓷器的影响,在陶器上彩绘装饰,从而形成了白釉蓝彩陶器等品种。但这些陶器学习的是中国瓷器的技法,花纹更多的是与这些国家自身的文化有关。从观感上来说,这种白釉蓝彩陶与我们的青花瓷极为相近,且它出现的时间较青花瓷更早,再加之海上丝绸之路促进了我国与西亚的贸易往来,我们可以合理推测,伊斯兰国家的白釉蓝彩陶通过这种方法流入我国,我国的青花瓷或许受到了它的影响而生产、改进、发展,又或者是从其发展而来。景德镇元青花的一大特点,就是它那白地青花的纹饰,这一纹饰离不开一种颜色——钴蓝色。这种颜色与伊斯兰国家的白釉蓝彩陶的花纹颜色有着异曲同工之妙,至少在纹饰的色彩方面,它们二者的相似之处足以证明景德镇元青花受到了伊斯兰国家白釉蓝彩陶的影响。景德镇的窑工学习了西亚蓝陶的装饰花纹等,对西亚蓝陶进行改进与创新,融合中国窑口自己的技术,关注到中国的文化特色和社会需求,生产出青花瓷①。

从后期出土文物来看,西亚有许多瓷器是他们那边惯用的器物器型以及常用纹饰,如双耳扁瓶、以当地文字为装饰等。究其原因,或许是为了迎合国外市

———————

① 紫玉.伊斯兰陶瓷文化中的中国元素:西亚白地蓝彩陶器赏[J].收藏界,2011(11):73–77.

场,迎合他们的文化、宗教、社会习俗等,而生产出来外销给他们①。西亚的陶瓷器促进了景德镇青花瓷的产生和发展,二者相互促进,相互学习,相互发展。

**(二)元代景德镇陶瓷技术对安南窑的影响**

安南为越南古称,包括现广西一带。安南窑瓷器,即越南烧造瓷器。早期的安南窑青花瓷一般为小件器物,如碗、盘、罐等。纹样一般为缠枝卷草等,绘制简单迅捷,风格质朴,胎质较灰。

此前我们谈到过元代景德镇陶瓷的外销,东南亚地区便是其外销地之一。在东南亚一带,越南的陶瓷业是最为成熟的。越南因其地理位置较好,地理环境优渥,具有丰富的天然资源,并且越南掌握了较为先进的制瓷技术,所以他们生产的陶瓷大多较为精美,且取得了较高的成就。

想要探索安南窑瓷器的奥秘,就不得不谈谈越南的地理位置。越南位于东南亚中南半岛的东部,与中国相距较近,且在那边一带也有许多瓷器制造业较为发达的国家,因此,越南的制瓷业受到中国及周围其他国家的影响。在16世纪以前,越南北方长期服膺中国儒家文化,南方则受到印度文化影响。越南与中国广东、广西相连,邻近的柬埔寨也是陶瓷生产国,同时越南绵长的海岸是阿拉伯和印度船只的必经途径。因此,结合越南的地理位置及其文化来说,安南窑青花瓷的产生,是多地区技术交流的结果,它的成因离不开区域与区域之间的相互影响。

谈及中国对越南制瓷业的影响,可以追溯到14世纪。越南在中国的影响下,于14世纪晚期开始烧制青花瓷器,这一时期,中国正处于元、明两代,也正是中国青花瓷器高度繁荣发展的时期。且在14世纪,世界上只有中国与越南能够烧制出青花瓷。有进口自然也会有出口,在青花瓷短缺的情况下,越南青花瓷通过对外贸易也被运输到世界各地。到了十五六世纪,越南青花瓷的烧制达到了黄金时期,又因元末明初,中国战乱频繁,安南窑填补因战争而导致的空白,占据中东及印度市场,在东南亚陶瓷贸易市场上,安南窑青花瓷有了一席之地。到17世纪,中国的青花瓷又在东南亚市场重新回到巅峰,挤占了越南的市场,使得安南窑瓷器在中国瓷器的大力冲击之下最终失去了竞争力,从而逐渐退出东南亚陶瓷贸易市场。

---

① 王瑜.长沙窑陶瓷艺术和西亚文化交流[D].景德镇:景德镇陶瓷学院,2014.

图 17－4　越南青花荷叶盘

归根结底,安南窑青花瓷的生产与制造都是受元青花的影响。安南窑所生产的青花瓷,大多为仿制元青花。但是面对高度发达的中国陶瓷器制作技术,安南窑并没有简单地复制模仿或直接完全照搬,而是有选择地对优秀的工艺进行学习与改进;在学习其他文化之时融入了自身的文化,使其体现于青花瓷的造型、纹饰之中,拥有了自身的特色。

### (三)元代景德镇陶瓷技术对东亚的影响

景德镇陶瓷对东亚的影响主要是对日本、朝鲜的影响,日本早在战国时期就与中国有了往来。在公元前 2 世纪,中国与日本的海上通道开通,中国和日本的交流日益密切,其中就包括陶瓷器的输出。但日本却是东亚地区最晚产生瓷器的国家,日本瓷器的真正创烧始于 17 世纪初,并于 17 世纪中叶繁荣发展且参与到世界市场之中。日本瓷器的出现受到了中国极大的影响,之所以这么说,一是日本瓷器在这一时期基本是对中国瓷器进行模仿,从纹样到造型,从材料到工艺,甚至可以说,这是日本瓷器模仿最像的时期;二是它的繁荣发展源于日本社会对中国瓷器的需求,由于大量进口的难度较大,日本选择了模仿中国,从而极大地促进了日本瓷器的发展。

早在唐中后期,中国就已向日本输出陶瓷,如唐三彩、越窑青瓷、白瓷和釉下彩瓷等。7 世纪末唐三彩的输入对日本制陶业有着革命性的影响,他们运用此技术烧制了大量日用陶器,且多施绿釉。9 世纪,唐朝越窑青瓷和白瓷传入日本,日本又开始模仿青瓷制品。以日本当时的技术,他们只能在三彩的技术上融入灰釉技术,烧制灰釉陶器,但灰釉陶器与越州青瓷相比较为粗糙。镰仓时代(1185—1333年)日本从中国引入技术,烧制陶器,这些技术使日本的六大古窑得以诞生。这一时期与中国的宋元时期重合,此时宋代青白瓷与景德镇元青花在全国陶瓷市场有着重要地位。青花瓷在元代中期兴盛,为适应海外需求,景德镇有一大批瓷器用于外销,日本就是中国销售瓷器的重要地区之一,这使得景德镇元青花对日本的陶瓷制造业有着重大影响,且从考古情况看,日本出土了大量中国瓷器,其中就包括景德镇窑口的瓷器。中国与日本之间的贸易往来和文化交流,使得日本的陶瓷烧造技术又上一层楼。在室町时代,日本窑口的烧窑技术取得了一定的进步,控制空气在烧制过程中进入窑内,控制窑内的温度与火候大小,利用氧化还原反应使得瓷器的质量、釉色等皆有所提高。就是这样,中日两国不断地贸易、交流,使得日本制瓷业一步一步发展,最终烧制出了真正意义上的瓷器,也使其在近代得以参与到世界市场之中。

朝鲜早在公元918年,即高丽时代就向中国学习陶瓷制作技术,此时中国正处于五代时期。但在1450年至1460年,即元代生产青花瓷后的一个多世纪朝鲜才开始生产制造青花瓷。元朝陶瓷对朝鲜陶瓷的影响,体现在器型与纹样等多个方面。13世纪中后期至14世纪初,高丽王朝与蒙古在社会、经济、文化等方面来往密切,朝鲜至此受到元朝的极大影响。14世纪前期,高丽王朝与元朝的陶瓷制造业交流也更加频繁。

根据文献记载,高丽王朝的元朝瓷器以王室、贵族、寺院为中心流入,这些陶瓷器的流入,大多由两国使臣的来往带动。14世纪后期,高丽与元朝的外交关系日益稳定,双方的贸易交流也逐渐增多,其中陶瓷贸易为一大宗。再加上高丽王朝的手工业和商业不断发展,从而带动了其瓷器的产业化、商品化。从出土文物来看,有龙泉窑青瓷、景德镇影青、景德镇元青花、景德镇釉里红等多个品种,由此可以看出,元代多种类型的瓷器已经输出到高丽,且尤以景德镇窑口的瓷器为盛。

1323年的元代新安船遗物中,以缠枝莲花纹为例,有枢府系菊花缠枝莲花纹盘、枢府系牡丹缠枝莲花纹碗,与上海博物馆缠枝莲花纹"枢府"铭盘的缠枝莲花纹非常类似,与内蒙古集宁路窖藏的遗物上面的菊花缠枝莲花纹盘也非常类似。这些缠枝莲花纹与景德镇出土的元代缠枝莲花纹瓷片非常相似,我们可以看出,14世纪以后元朝与高丽王朝日益密切的交流,使元朝各式瓷器流入高丽王朝,从而对高丽王朝的制瓷业产生巨大影响①。

在那个时代,朝鲜最为著名的是朝鲜白瓷,而它的渊源可以追溯到高丽白瓷。高丽白瓷的制作受到元代枢府白瓷和青花瓷的影响,形成了自己的纹样与造型。在这一时期,生产瓷器一方面是出于礼仪法制的需求,《五礼仪》一书中收录了大量白瓷与青花瓷器,可以看出,朝鲜当时对白瓷和青花瓷器的需求之大;另一方面是皇宫内部的需求增加,这一需求包括上贡给明王朝以及朝鲜皇室自身使用。由此我们可以看出,朝鲜的白瓷或间接或直接受到元朝白瓷的影响,而其生产的青花瓷器,从新安船打捞上来的瓷器以及后续朝鲜出土的瓷器来看,也必然离不开元代青花瓷对高丽与朝鲜的输入②。

总的来说,东亚地区的日本与朝鲜,都或多或少受到元代陶瓷的影响,且都离不开景德镇元青花的生产与发展。通过双方贸易、文化等交流,元代景德镇对其输出陶瓷器,它们进行学习模仿、生产制造,从而开启了自己的陶瓷器生产之路。

## 第四节　明代景德镇陶瓷科技交流

元末明初时景德镇综合了南北方窑炉结构的优点,发展出葫芦窑,这种窑炉结构是在龙窑和马蹄形窑的基础上结合景德镇的地势特点发展起来的,葫芦窑是马蹄形窑的优化。葫芦窑身前大后小,容量相对较小,窑内温差较大,适合烧制含氧化钾成分较高、釉在高温下黏度大的瓷器。到了明末清初,景德镇又在葫芦形窑的基础上,发展演变成了蛋形窑(镇窑),其形如半个鸭蛋,因其以松柴为燃料,俗称"柴窑"。窑炉与装烧技术的成熟,使得景德镇成为全国制瓷中心。

**一、明代景德镇陶瓷技术对国内其他产瓷区的影响**

明万历时期,由于海外市场需求增多,漳州利用其独特的海外贸易港口的有利位置,发展了漳州窑,模仿烧造景德镇青花瓷,作为景德镇外销瓷器的补充。漳州窑的产品以青花瓷器为主,兼烧五彩瓷器、青瓷、单色釉瓷器等品种,主要器型包括大盘、碗、碟、盒子、壶、瓶等,装饰模仿景德镇,题材丰富,有动植物、仙道人物、山水风景、吉祥文字等,又分主题纹样和辅助边饰,开光装饰手法

---

① 李伶美.元代瓷器与朝鲜早期青花瓷的关系研究[J].南京艺术学院学报(美术与设计版),2008(4):74-80,161.

② 李伶美.元代瓷器与朝鲜早期青花瓷的关系研究[J].南京艺术学院学报(美术与设计版),2008(4):74-80,161.

非常流行。

明代的龙泉窑发展整体呈衰落的趋势。文献记载,在明天顺八年(1464年)以前,明王朝曾几次派内官到处州府监烧龙泉窑青瓷,供皇宫使用。大窑枫洞岩窑址的发掘为明初龙泉窑继续为宫廷烧制瓷器提供了强有力的证据。龙泉窑以及龙泉窑系瓷器的传统特色是在胎中加入较多的紫金土原料。紫金土的含铁量较高,因而只可作为胎的着色原料,使釉面呈色效果更好。景德镇瓷器作为官窑瓷,代表了官方审美标准,从而引起其他窑口模仿。可能受景德镇窑瓷器胎体洁白的影响,龙泉枫洞岩窑也开始追求更为白皙的胎体,导致器物胎中含铁量显著降低,胎的白度较以前有所提高。

明代,景德镇的矾红彩、青花红彩、青花斗彩、五彩等釉上彩绘装饰技法及彩料是在宋代河北磁州窑釉上红绿彩的影响下产生、发展和演变的。嘉靖年间出现的珐华彩,则与山西晋南地区生产的珐华彩一脉相承。明代中后期出现的纹片釉及冬青釉,其技术直接仿照浙江哥窑和龙泉窑。还有孔雀蓝等低温铅釉,其配制的基本技法则源于北方的低温铅釉。

## 二、明代景德镇陶瓷技术对亚洲窑业的影响

明初早期,明政府曾沿袭宋元时期的对外政策,在广州、泉州、明州设置市舶司,负责海外贸易。永乐年间郑和七下西洋,将中国瓷器带到更多国家,促进了明朝与其他国家的交流,刺激了中国瓷器外销市场。

### (一)明代景德镇陶瓷技术对朝鲜窑业的影响

明代景德镇的青花瓷器,朝鲜史籍称之为"青画白瓷器"。明永乐年间(1403—1424年),朝廷派使节出访朝鲜,并赠送景德镇御器厂生产的永乐甜白瓷。朝鲜皇帝李世宗当即下旨在全罗南道、全罗北道和平安北道的新义州等地仿制烧造。烧造技术皆取法于景德镇。明宣德至景泰之间,朝廷曾3次派使节出访朝鲜,并送去景德镇御器厂制作的青花大小盘、碗、杯等瓷器。朝鲜世宗诏官窑仿造,采用中国的青花料,模仿景德镇青花釉色花面、吉祥图案,大量烧造李朝青花瓷器。现存最早的李朝青花瓷,其器型、胎釉、器边纹饰及绘画风格与中国明代永宣青花难分伯仲。成伣在《慵斋丛话》中记载:"世宗朝御器专用白瓷,至世祖朝杂用彩瓷,求回回青于中国,画樽、杯、觞,与中国无异。"当时,朝鲜所用的青花料都是从中国进口,价格非常昂贵,每斤白银80两。由于景德镇回青来源困难,不可能大批让售。为此朝鲜派人到中国了解,才知道景德镇确实缺少回青,便禁民窑烧造青花瓷器。15世纪晚期,在朝鲜全罗南道的顺天、平安

南道的成川等地相继发现类似回青的颜料,李朝的工匠开始用本地的青料烧制青花瓷,但烧制出的青花色调偏蓝黑,所画图案也很草率。除青花外,朝鲜还仿造一种类似景德镇宣德年间烧造的釉里红瓷,称"辰砂瓷器",也称"真红砂器""鲜红砂器""朱红砂器",窑址主要在永兴、开城、江华岛沿岸等地。这些瓷器,造型、纹饰与景德镇宣德釉里红瓷器也很接近。

**(二)明代景德镇陶瓷技术对日本窑业的影响**

明代前期,景德镇的青花瓷器流传到日本,被誉为"青肌玉骨"。明正德六年(1511年),日本陶艺家伊藤五郎太夫到景德镇学习求艺,取了一个中文名"吴祥瑞"。他回国后创办了伊万里窑。他掌握了青花料的运用和烧成温度,并按照景德镇烧造青花瓷的方法,模仿景德镇烧造大件青花瓷,形成了祥瑞派,所制作品书"吴祥瑞"或"五郎太夫祥瑞"款识,无论造型、纹饰、釉色等,明显地受明代景德镇青花瓷的影响。日本青花瓷使用的釉下颜料称为"吴须",从中国云南的吴州进口,因数量有限极为珍贵,这种色料烧成之后没有中国青花那样艳丽,仅仅是淡淡的色调。天狗谷、白川谷、稗古场等瓷窑仿制中国的青花瓷,通称"初期伊万里青花瓷",此后到宽永年间,中国明末的青花瓷不断通过海路运到日本,肥前青花瓷受中国影响更大。

**图 17-5　伊万里青花五彩花口盘**

景德镇明代创造的宣德祭红、成化斗彩和嘉靖、万历五彩以及素三彩、描金等制作技法也流传到日本,对日本瓷器产生了很大的影响,形成了日本瓷器色绘(彩绘)、豆彩(斗彩)和釉里红等装饰技法。

1592年和1598年,丰臣秀吉发动二次侵朝战争,又称"陶瓷战争",失败撤退时挟持大批朝鲜陶工到日本。归化陶工李参平受封建领主的保护在九州及周围创建康津窑、高取窑、上野窑、萨摩窑,在有田发现了制造瓷器的原料,并成功地烧制出瓷器。初期的作品是仿制景德镇民窑的瓷器,特别是仿粗制古青花瓷很多,以后逐渐形成日本式的风格。

清顺治年间(1644—1661 年),日本前田利治在九谷开窑,称九谷窑,烧制类似景德镇明末清初风格的青花、五彩、素三彩和描金的精细瓷器,其制瓷技法明显受景德镇影响。九谷窑的优秀匠师、技师长后藤才次郎曾渡海到中国景德镇学习。柿右卫门也曾来中国学习,他所用的青花色彩比较清新,画工细腻,所绘翎毛花卉很细致,纹饰构图疏简,与雍正青花画意雷同,笔法勾画平涂,以浅托深,阴阳互现,立体感强,还有仿万历景德镇青花的瓷器。

明末清初,战争频繁,禁海令的颁行,使得景德镇向欧洲供应的外销瓷受到影响。东印度公司开始转向处于通商口岸的日本伊万里窑,有田窑以仿制中国产品为主,特别是"克拉克"瓷标有欧洲东印度公司字母"V·O·C"。东印度公司从日本大量贩运到欧洲进行贸易,大有取代中国瓷器在欧洲市场之势。

**(三)明代景德镇陶瓷技术对越南窑业的影响**

15 世纪时,越南曾聘请中国技师教其制瓷,在河内近郊创办瓷器工场,生产模仿景德镇的青花瓷器。1936 年在伦敦举办的中国艺术展览会的作品中,越南有一件釉里红大天球瓶,腹部横书"大和八年匠人南策州庄氏戏笔"13 字,据说就是中国制瓷技师在越南烧的。14 到 15 世纪,越南以元明青花,尤其是云南青花为典范,结合本土的原料、燃料和地形条件,探索出一套本土化的工艺流程,并形成了民族风格。越南青花多灰胎,胎质粗糙,缺少标准瓷胎那种半透明的特性,产品以盘、瓶、罐等日用品为主。早期越南青花以仿景德镇窑缠枝花卉、卷草纹等为主要装饰题材,类似于景德镇元朝的民窑,从纹饰、器型等方面都能看到景德镇瓷器的影子;而后流行莲瓣纹、开窗纹等纹样,既有造型简约、线条粗犷的民间用瓷,也有构图丰富、纹饰繁密的外销瓷。

越南青花从创烧时起,就成为中国青花的竞争对手,远销日本、东南亚、西亚等地,土耳其的托普卡帕宫至今仍珍藏着越南青花瓷。明朝海禁之后,中国出海的船舶日趋减少,越南青花却在此时填补了海外青花瓷市场的空白,并发展到巅峰。

**(四)明代景德镇陶瓷技术对中亚、西亚的影响**

14 世纪前后,中国的青花瓷已经远销伊斯兰世界,并为上流社会所珍视。

伊朗阿达比尔陵寺、土耳其托普卡帕宫都收藏有传世的元青花,分别是萨法维王朝的阿拔斯大帝(1588—1629年)和土耳其苏丹赛利姆一世(1467--1520年)的藏品。15世纪帖木儿王朝时代的细密画中,也经常见到正在使用的青花瓷器,与蓝色的民族服饰和帐顶装饰一起,构成了一幅具有蒙古风情的宴会图景。

**图17-6 土耳其伊兹尼克窑青花**

14世纪起,叙利亚、伊朗、埃及、土耳其等国都曾仿制过青花,但以土耳其的青花陶最为著名。其对中国青花的仿制,除莲子碗、折沿大盘、敞口曲腹盘、笔盒等器型外,主要集中在对中国装饰体系的借鉴、吸收与再创新。根据考古学家马文宽的总结,土耳其陶器上模仿的中国纹饰主要有13种,包括葡萄纹、束莲纹、刻花缠枝莲纹、印花菊瓣纹、缠枝花叶纹、青花狮纹、帖花螭纹、小螺旋纹地与莲花纹、变形牡丹花、莲瓣及灵芝纹、盆花或盆景、海浪波涛纹及由大莲瓣纹引申出的抽象纹饰等。这些瓷器不仅是对中国装饰元素的全面吸收,也是对中国装饰体系的系统学习,打破了中东地区以几何纹饰为主导的装饰体系。近年打捞的中国南海沉船中,就有16世纪以后伊朗模仿景德镇明代宣德青花瓷款式的瓷器。

**三、明代景德镇陶瓷技术对欧洲的影响**

大航海时代,葡萄牙人东来,大量青花瓷器运销欧洲,在葡萄牙与荷兰之间,还展开了一场贸易争夺战。由于中国瓷器价格高昂,且当时中国国内局势动荡,进口量锐减,一些欧洲国家便开始仿制中国瓷器。

15世纪前后,阿拉伯的中国匠师烧制成功中国形样的软质瓷,并在西班牙建瓷厂。其烧瓷技术很快传播到意大利。意大利的炼金士于明成化六年(1470年)制成仿中国样式的软质瓷,称为"中国瓷器的仿制品"。不久中国的烧瓷技术传播到荷兰和法国,他们刻意模仿景德镇的青花纹饰和孔雀绿釉,在软质瓷上绘制青花龙凤、麒麟、花鸟、山水等,很受欧洲顾客欢迎。

荷兰拥有悠久的制陶传统,17世纪已十分兴盛,代尔夫特是最重要的制陶中心之一。丰厚的利润也刺激了代尔夫特地区制陶业的发展。当地工匠采用锡白釉陶技术,取法于景德镇青花瓷的装饰风格,生产各种仿青花器物和瓷砖,创造了代尔夫特白釉蓝彩陶器。荷兰成为较早开始仿制景德镇瓷器的欧洲国家。

最初的代尔夫特白釉蓝彩陶器,深受文艺复兴的影响。一方面,它从中国与中东装饰体系中吸收了蔓藤翻卷的艺术形式,从古罗马的艺术中访求粗犷有力的结构,借鉴古代建筑的对称性,使纹样借助明暗法而产生立体效果,独具特色;另一方面,它因色彩的纯净与简洁而引人注目。瓜尔塔·贝雅敏在《贝尔林的童年时代》一书中记述了其对青花瓷器的感受:"典雅清丽的青花瓷器冲击着我的眼睛;我的目光紧紧盯住纹样的分枝、细线、花纹,寻找着舒卷的纹样形成的秘密,并从纯青的色调中获得精神上的愉悦。"在明代的时候虽然代尔夫特尚未完美仿制出景德镇青花瓷,但其对景德镇青花的研究模仿促进了当地陶瓷业的发展,以至于今天代尔夫特成为荷兰重要的制瓷中心。

图 17-7　代尔夫特白釉蓝彩陶器

**四、伊斯兰文化对景德镇陶瓷的影响①**

伊斯兰文化随着阿拉伯和波斯商人的到来在中国广为传播,直接或间接影响着中国陶瓷,其纹饰、图案、造型、色彩成为景德镇陶瓷借鉴或仿制的范例。自明代开始,景德镇陶瓷以阿拉伯文、波斯文作为装饰纹样,宣扬着善有善报的圣训。同心圆形成了一种装饰风格,阿拉伯人的鼓腹瓶、扁肚葫芦瓶、双耳瓶、双耳折方瓶也成了景德镇陶瓷仿制的范例。

明代中国瓷器以阿拉伯文、波斯文为装饰纹样开始于永乐青花瓷器,以后宣德、天顺、成化、正德等朝均有此类传世品,其中正德朝最多,表明了当时伊斯兰教的社会影响。瓷器上的阿拉伯文、波斯文内容主要为《古兰经》语、圣训格言以及赞颂真主安拉和先知穆罕默德的文字,也有所书的只是器物名称以及梵文、八思巴文等。

伊斯兰文化对中国陶瓷的影响不仅体现在瓷器的装饰上,在造型上也有所表现。中国人使用的瓷盘大小比较适中,而阿拉伯人使用的瓷盘常常比中国的瓷盘要大,有的甚至要大几倍。再如梨形瓶上鼓腹、鼓腹小底折边碗都是受伊斯兰造型影响而产生的。特别是15世纪前期流行的扁肚葫芦瓶,可以从叙利亚和阿富汗常用的素烧扁肚子葫芦瓶中直接找到其踪迹。永乐、宣德时期还有很多新的器型,如双耳扁瓶、双耳折方瓶等,这在以前中国的器物中见不到,显然不是我国瓷器固有的器型。这与郑和出航西亚国家有很大关系。有的器型甚至就是为了当时的外销而特地制造的,如双耳瓶、天球瓶等。

**图 17-8 青花阿拉伯文烛台**

伊斯兰国家喜爱用连续一致的线条拼成各种眼花缭乱的图案,其镶嵌艺术的高超使人叹为观止,从中可以看出受拜占庭镶嵌艺术的影响。从单独的纹样到复杂庞大的建筑装饰,有连续、间隔、穿插、组织严密、挥洒自如、色彩单纯的特点,以蓝绿色为主。色彩和线型节奏的原则如下:复杂的色调适宜于曲折的节奏;单纯的色调适宜于单调反复的节奏;透明的色调适宜于重叠的节奏;渐浓

---

① 詹嘉.伊斯兰教对景德镇陶瓷文化的影响[J].河北陶瓷,2000(1):33-34.

或渐淡的色调适宜于回旋的节奏。景德镇的青花瓷在色调性质上属于第二、第四两种情形。其所采用的图形线型节奏也是单调反复的节奏,能够配合相互发挥美感功能。对于线型中曲线的节奏,尤其是水平波状线型,景德镇青花瓷更是情有独钟。青花瓷中的云线、雷纹、龙纹、火焰纹、水波纹较多,具有一种行云流水的感觉,配合曲线的造型,表现出一种和谐、柔和的节奏,令人内心生起飘逸高超的感觉。

# 第五节 清代景德镇瓷器科技交流

清代是中国陶瓷外销的黄金时期,陶瓷输出范围更加广阔,集实用、美观于一体的陶瓷器皿在国外受到广泛喜爱与推崇。在贸易交往过程中,外国的绘画技法、异域色彩也对中国陶瓷业产生了一定的影响;中国瓷器在国外售价不菲,使得不少国家并不满足于直接从中国输入成品瓷,外国商人在采购中国瓷器的同时也在设法破解中国的制瓷技术。18 世纪左右,外国对中国制瓷工艺的研究进展迅速,取得了重大突破。

## 一、清代陶瓷技术交流的形式与载体

对其他名窑产品的仿制是清代陶瓷技术交流的重要形式。清雍正年间,唐英督陶时,为了仿制各大名釉,曾派吴尧圃前往河南禹县探查烧制钧窑器的古方,终于成功研制出鲜艳悦目的仿钧窑变釉。据唐英《陶成纪事碑》记载,仅雍正八年至九年间,景德镇御窑厂仿造各名窑釉色以及其他方面技法而制成的产品就有 57 种。

明清时期海外贸易仍然是中外陶瓷交流的主要形式,随着康熙二十三年(1684 年)海禁的开放,陶瓷输出规模持续增大,输出类型以官方行为为主、民间行为为辅;外销瓷器大都为民窑产品,是这一时期对外输出的显著特征之一。清代的外销瓷器中有相当一部分是按照订货合同,根据国外市场的需要而特制的,所谓"式样奇巧,岁无定样"①。在打捞发现的沉船文物中,常常出现来自景德镇民窑的产品,例如于越南南部槟榔岛附近发现的头顿号沉船,该沉船上有 9 个水密舱,满载康熙时期的青花瓷,约 6 万多件。这些青花瓷 70% 为景德镇民窑产品,包括杯、罐、瓶等,大多数瓷器的造型风格是为了欧洲的市场而专门制

---

① 詹嘉.伊斯兰教对景德镇陶瓷文化的影响[J].河北陶瓷,2000(1):33-34.

作的,有些还装饰了西洋宫苑等题材,外销特征非常明显①。

传教士入华也是清代陶瓷技术交流的方式之一,由传教士整理邮寄的书信成为交流的重要载体。明代中叶以后,由于地理大发现的进展,东西新航路畅通无阻,天主教耶稣会派遣大批传教士来华。法国传教士殷弘绪在这段历程中为中国陶瓷技术外传做了很多的工作。康熙年间,殷弘绪入华,除了传教之外,他还受法国科学院委托在华进行科技考察,向西方介绍中国的科技成果。殷弘绪围绕瓷器制作技艺展开的多年考察使得他成为中国古陶瓷技术西传最为翔实的传播使者,尤其是在景德镇窑制瓷技术方面。

当时,殷弘绪在久居景德镇的过程中接触到了很多从事瓷器生产的基督徒,继而对陶瓷制作有了基本的了解,经过多年考证,他对制瓷技术有了更加全面的认识。1712年9月和1722年1月,由景德镇寄往法国的两封有关景德镇瓷器制造的书信十分细致地介绍了景德镇窑的制瓷工序,包括窑厂的建设、制瓷原料、釉的制作。他在信中详细说明了瓷土的制作比例,并指出高岭土在制作瓷器中有绝对的重要性,由坯胎子土和高岭土混合而制作出的瓷器更加精细,将景德镇制瓷原料的秘方传到了西方;并且通过列举一个杯子的制作过程来说明瓷器的制作,简单易懂。这些从制瓷原产地所获得的秘方,经过整合传到了欧洲,直接推动了欧洲对中国陶瓷的模仿,对欧洲硬质陶瓷的发展起了推波助澜的作用。从此以后,法国、英国、意大利、丹麦、奥地利、俄国、西班牙、波兰、捷克、保加利亚、匈牙利、罗马尼亚等国,都在这些技术资料的指导下发展了硬质瓷。

同治八年(1869年)十月,德国著名地质学家、国际地理学会会长、柏林大学校长李希霍芬教授访问了景德镇和安徽祁门,考察了景德镇举世闻名的高岭土,并在他的名著《中国》第三卷中,对瓷石和高岭土做了详细的阐述,还根据汉语“高岭”读音译成“Kaolin”。“高岭”这一名词从此成为国际矿物学的专用名词。

光绪三十三年(1907年),日本农商省技师北村一郎来到中国,到景德镇地区专门考察陶瓷制作,写了《清国窑业考察》一书,该书的第四章论述了景德镇瓷业。

---

① 杨天源.中国东南沿海及东南亚地区沉船中的明清贸易瓷器[J].博物院,2021(4):84-95.

## 二、景德镇陶瓷技术与国外陶瓷技术的双向交流

### (一)景德镇陶瓷技术对欧洲地区的影响

明清时期,大量流入欧洲的景德镇瓷器是传播中国艺术风格的重要媒介,淡雅朴素、精巧秀丽、质地坚硬、光洁莹润的瓷器,让欧洲人看到了与西方截然不同的东方艺术风格,从而激发了欧洲艺术家对东方情调的想象力。

欧洲洛可可艺术的最初动力是对中国瓷器等东方工艺品的借鉴和模仿,中国瓷器在洛可可艺术形成过程中起了关键性作用。洛可可艺术中使用的蚌壳、花草、鸟兽、假山等纹饰是中国瓷器常用的装饰图案。洛可可艺术喜用温润光泽的象牙色、淡蓝色和金黄色,这和乳白莹润、淡雅明朗、飘逸雅致的中国瓷器色调一致。洛可可艺术的特征与纤细、精致、淡雅、光洁的中国瓷器特性极其相似。中国瓷器还是洛可可艺术装饰中使用最广泛的材料,华瓷片被镶嵌在家具、墙壁、天花板、窗台上,瓷片装饰成为欧洲洛可可艺术时期装饰的风潮。华瓷的材质、造型和装饰图案给予了洛可可艺术设计大师们灵感和启迪。洛可可艺术兴起之时正是中国瓷器风靡欧洲的时期,所以说,中国瓷器是洛可可艺术的源泉①。

**图 17-9　英国"蓝柳纹"青花瓷盘**

"杨柳式"是欧美瓷器中曾较为流行的一种"中国风格"的瓷器装饰画式样。这种装饰手法随着中国瓷器在欧洲的热传和早期模仿,成为欧洲陶瓷装饰

---

① 余张红.17 世纪中期至 19 世纪中期中西陶瓷贸易[D].宁波:宁波大学,2013:48.

较为重要的装饰图案之一。这种装饰图案在 18 世纪的英国由雕刻工人仿自中国瓷器,是英国瓷器中较为典型的"中国风格"图案,并成为中国传统装饰艺术在欧洲传播的一个典型案例。"杨柳式"有其相对固定的基本内容,主要景物有一棵垂柳、古塔、弯曲的篱笆、结果实的树、桥上有三个或四个人、一条船、一对嬉戏的鸳鸯。欧洲各瓷器生产地虽然均有对中国瓷器艺术的模仿或借鉴,但呈现出各自不同的特点。英国瓷器装饰中常出现的是"杨柳式",在德国迈森瓷器装饰中则主要表现为著名的"蓝洋葱式"。"起初他们(指欧洲人)尽可能地模仿中国的(瓷器)设计,但不久以后他们开始有了自己的样式。荷兰的代尔夫特以生产青花瓷而闻名。较早的瓷器体现出受中国范式的影响,后期(瓷器)作品的装饰图像则呈现出船、风车等。一些迈森窑青花瓷器就饰以著名的'洋葱式'。英国的青花瓷与南京的瓷器(风格)非常接近——著名的'杨柳式'风格。虽然此类瓷盘是由著名的英国艺术家特纳所设计,但这是一种带有中国人传说故事的纯正中国风格"①。

**图 17 - 10　德国迈森"洋葱纹"青花瓷盘**

景德镇瓷器影响欧洲艺术文化的同时,也从西方艺术中吸取了养分。18 世纪以前销往欧洲的华瓷大多装饰着花卉、吉祥纹饰、人禽走兽等中国传统图案。随着景德镇瓷器在西方的热销,中国商人开始留意西方人的生活和艺术习惯。为了使景德镇瓷器在欧洲适销对路,欧洲商人对中国外销瓷的造型、图案、釉

---

① 张宁. 欧洲瓷器装饰中的"杨柳式"风格考[J]. 装饰,2013(3):76 - 77.

彩、装饰等方面也提出了特殊要求,有的还将欧洲陶器样本或名画家的画印成画册带到中国让景德镇工匠仿制。因此,中国瓷业按照欧洲需要特别制作了一批符合西方人审美情趣的瓷器。《景德镇陶录》记载:"洋器有滑洋器、泥洋器之分;一用滑石制作,器骨工值重,是为滑洋器;一用不泥作,器质工值稍次,是为粗洋器。"[①]此外,流入中国的西方工艺品、玻璃器皿、陶器、金银器、绘画、往来信函和外币图案等也为景德镇瓷器生产提供了参考资料。外销瓷的造型、图案、装饰、釉彩逐渐西化。造型上有带盖的高脚杯、高脚蒸盘、高脚啤酒杯、啤酒壶、剃须盆、长筒盖罐、带盖茶杯、带盖细高杯、军持、汤锅、吐痰杯、糖罐、奶罐、烛台、果篮、漏盆、沙拉盆,各种形式的葫芦瓶,各种奇怪形状的带盖和不带盖的花瓶,各种带把芥菜罐,带把和盖的大茶杯,带盖水壶、束腰小香料尊、小圆药盒,带盖观音瓶,各种奇形怪状的花觚,等等。这些都是仿照欧洲的金银器、木器、玻璃、陶器制作的,器型和内销瓷有明显差别。外销瓷的图案纹饰也越来越西化。《圣经》故事、希腊罗马神话传说、欧美船舶和建筑、风景名胜、西方花卉、西洋人物画、各式纹章、重要历史事件等被描绘在销往西方的盘、托碟、瓶、茶壶、咖啡杯等瓷器上。这些瓷器有的用来盛放东西,有的摆在桌案上供观赏[②]。

　　如克拉克瓷、纹章瓷、巴达维亚瓷、中国伊万里瓷、广彩瓷均是"来样加工"的"订烧瓷",都深受西方艺术风格的影响。

　　克拉克瓷,日本学者称其为"芙蓉手",是指从明代万历时期至清代初期,景德镇地区窑场生产的以外销葡萄牙、西班牙、荷兰、日本、土耳其及东南亚和南亚的一些国家为主的青花瓷。由于这类瓷器最初是在被荷兰捕获的葡萄牙克拉克商船中发现的,所以被称为"克拉克瓷"。克拉克瓷主要以盘、碗、瓶、军持等为主,以盘为多,且具典型性,器物一般胎体较薄,盘口有圆口和菱花口两类。克拉克瓷最主要的艺术特征表现在布局和纹饰上。如碗、盘类器物中心多饰以花舟、杂宝、动物等主题纹饰,盘内壁或碗、杯外壁一般为六个或八个扇形或椭圆形开光,开光内绘杂宝、风景、花卉等图案,有的盘壁还模印出花瓣或开光的轮廓。克拉克瓷的生产主要集中在明代万历年间,及至清代前期渐渐绝迹。

---

① 傅振伦.《景德镇陶录》详注[M].北京:书目文献出版社,1993:53-54.

② 余张红.17世纪中期至19世纪中期中西陶瓷贸易[D].宁波:宁波大学,2013:49-51.

图 17 – 11 克拉克瓷

　　纹章瓷,是来样加工的订烧瓷,它由景德镇的工匠们按照欧洲订购商提供的种类、造型、式样、纹饰、工期等进行彩绘烧制。纹章瓷是把纹章即欧洲诸国贵族、都市、团体等的特殊标志烧在瓷器上,故名。在所有订烧的欧洲风格纹饰的瓷器中,徽章瓷是最早的一类,它是带有明显的西方王室、家族、公司或城市徽记的高档订制瓷。徽章瓷通常瓷质细腻,釉色丰润,画工精细,是明清时期景德镇生产的高档外销瓷的代表。最初景德镇只烧制青花徽章瓷器,到了清康熙年间,外销的纹章瓷达到了鼎盛,很多王公贵族、富商巨贾、公司团体都纷纷托当时著名的东印度公司到中国来订购一些中华纹章瓷。纹章瓷分为彩色纹章瓷和青花纹章瓷两种。

图 17 – 12 纹章瓷

巴达维亚瓷,大约出现于 17 世纪,是以酱釉与青花或酱釉与彩绘相结合的一种外销瓷品类。它的特点是以釉下褐彩或酱釉施于茶壶、茶杯和茶托等器物的外部,未施酱釉的地方呈扇形、叶形、圆形等形式的开光,开光内以青花或釉上彩绘制花草、风景、人物等纹饰。也有器物外部施酱釉或褐彩,内部绘青花及彩绘的装饰形式。这种瓷器首先由中国商人销往东南亚的巴达维亚,欧洲客商由此购得,又因酱釉或褐彩呈棕色,得名"巴达维亚棕色瓷"或"卡普辛器"。巴达维亚瓷的总体质量不高,在欧洲的普通家庭中作为餐具和装饰房间之用,或是作为咖啡馆用具,因而荷兰东印度公司的记录上称这类瓷器为"咖啡室瓷"。

中国伊万里,是仿制日本伊万里瓷的一种外销瓷。清康熙二十三年(1684年)海禁解除,由于日本"伊万里瓷器"在欧洲逐渐受到欢迎,景德镇开始仿制当时畅销欧洲的伊万里瓷外销,称为"中国伊万里"瓷器。这类瓷器模仿日本伊万里陶瓷的器物造型特征和装饰风格,以青花、铁红彩和五彩为主要色彩装饰,描金是其显著的装饰特征。从中国的景德镇到日本有田,从中国技术到日本风格,百年来的中日伊万里瓷相互借鉴、相互影响,在相互超越中不断发展,演绎了一场精彩的贸易角逐,也成为古代海上丝绸之路文化、技术交流与融合的见证。

**图17-13　清青花矾红描金牡丹纹瓷八角肉盘**

广彩,全称是广州织金彩瓷,源于景德镇。广彩的装饰设计,吸收五彩、粉彩等艺术精华,以花鸟、人物、鱼虫、走兽图案为题材,为了外销,还多考虑外商的要求,多仿照西方的艺术形式,图案装饰性强,金彩多,施对比强烈的大红、大绿等色,还给外商订绘一些外国商标及纪念性饰样。装饰器皿时丰满紧凑,层次丰富,有时在一个器皿上有人物、鱼虫、花鸟、走兽等多种内容。《竹园陶说》中记载:"清代中叶,海舶云集,商务繁盛,欧土重华瓷,我国商人投其所好,乃于景德镇烧造白器,运至粤垣,另雇工匠,仿照西洋画法,加以彩绘,于珠江南岸之河南,开炉烘染,制成彩瓷,然后售之西商。盖其器购自景德镇,彩绘则粤之河南厂所加也。"故又说:"今日粤中出售之烧瓷尚有于粤垣加彩者,固其杂用洋彩与烧瓷五彩稍异,间有画工极工,彩亦绚烂夺目,与乾隆粉彩似者。"广彩早期师傅来自景德镇,他们将传统的五彩和新创的粉彩、珐琅彩的技术及彩料吸收到广彩中来。

景德镇陶瓷技术不仅影响了欧洲的艺术,还直接推动了欧洲陶瓷产业的诞生。

殷弘绪的《中国陶瓷见闻录》《中国陶瓷见闻录补遗》这两封信传入欧洲后,被刊登在欧洲的《专家杂志》上。1717 年,殷弘绪又将高岭土寄往欧洲,在欧洲掀起了一股寻找高岭土、仿制中国瓷器的热潮。

1750 年,英国在康瓦尔发现瓷土,开始仿造中国瓷器。1768 年,英国在博屋设立新广州瓷厂,从广州运去中国制瓷设备,仿造出瓷器;自 18 世纪中叶英国开始大规模生产瓷器之时,英国陶工就模仿中国青花瓷的器型和装饰,其仿造的中国青花瓷和德化白瓷,受到普遍欢迎。当时著名的仿制瓷厂有"弓"(Bow)、"新广州"(New Canton)、"沃切斯特"(Worcester)和"利物浦"(Liverpool)等。18 世纪下半叶,英国人在本土找到了高岭土,并通过设立陶瓷促进机构、发明制瓷工具、革新瓷器产品、改善生产组织程序等方式,促使制瓷业长足发展,还创造出了骨质瓷这一新的瓷器品种。这些成就的获得与他们早期在造型、纹饰上模仿中国瓷器是分不开的①。

1750 年法国杜尔列昂公爵下令在法国勘察和开发瓷土,于 1755 年在爱陵岗附近发现了类似景德镇高岭土的瓷土层,并在 1768 年制作出真正的瓷器;1759 年,西班牙国王查理斯三世从意大利芒特角带回瓷土,并设立"中国瓷厂";18 世纪法国的仿瓷技术进步显著,已能够将中国瓷的设计、装饰、彩绘与西方软瓷的烧造工艺有机地结合在一起,欧洲国家纷纷效仿。由此可见,中国的制瓷技术对当时整个欧洲的瓷器工业起到了极其重要的作用,中国瓷器及制瓷技术的传入在一定程度上影响了欧洲制瓷工业的建立和发展。这些国家在中国制瓷技术的启迪下开始发展本国的制瓷业,借助科技的翅膀,西欧国家逐渐占据了瓷器对外贸易的主导权。正如美国历史学家阿谢德所言:"18 世纪耶

---

① 徐胤娜,侯铁军.从他者之物到自我之物:论 18 世纪英国对中国瓷器的挪用[J].景德镇陶瓷,2017(6):1−4.

稣会士带回更多的中国技术资料并被采用,欧洲才生产出真正的瓷器。"①

**（二）景德镇陶瓷技术对东南亚地区的影响**

东南亚不仅是中国瓷器的重要消费市场,也是我国古瓷器销往欧洲、中东及非洲、美洲等地区的中转站。与外销欧洲的精美瓷器不同,销往东南亚的日用瓷器大多为普通民窑粗瓷。康熙之后,各类彩瓷大量生产,釉上彩瓷成为清代外销东南亚的最大宗瓷器品种。在16至18世纪的200年间,大批中国商船运载着包括景德镇瓷器在内的精美瓷器驶抵东南亚各国,或是满足当地市场需要,或是经由马六甲、巴达维亚、马尼拉和巨港等重要中转站运向非洲、欧洲和美洲地区。由于欧洲市场对陶瓷的要求较高,随着大量陶瓷输往欧洲市场,作为中转站的东南亚也迎来品种更丰富、质量更高的中国瓷器,满足了当地民众的审美需求。

15世纪以后,泰国生产一种模仿景德镇的青花蓝釉陶器,其造型和纹饰,明显受明初景德镇瓷的影响。在清代,泰国从中国进购大量素白瓷,由泰国艺术家、工艺师专门设计具有泰国民族色彩的图案纹饰和造型,进行彩绘以后,再运回中国让中国工匠在景德镇烧制,这类瓷器被称为"宾乍隆",取丰富釉彩之意。之后泰国受到中国雍正时期景德镇粉彩、珐琅彩的影响出现了一种名为"莱南通"的瓷器,是王室交由景德镇窑特制,多用金色描绘,并以粉彩的技法饰绘其他的花草,有的器物底

图17-14　泰国"宾乍隆"瓷器

足写有中国纪年款,画工细致、色彩艳丽。泰国信奉佛教的信仰在其彩瓷中也有所表现,如莲瓣、佛花等彩绘,连枝花卉、圆点等纹饰②。

印度尼西亚生产的白瓷,其加工技法也明显受景德镇影响。

① 李梦芝.明清时期中国瓷器对欧洲的影响[J].历史教学,1997(4):53.

② 王晰博.古代中国外销瓷与东南亚陶瓷发展关系研究[D].昆明:云南大学,2015:149.

### （三）欧洲珐琅彩工艺对景德镇釉上彩的影响

中国陶瓷业的"洋彩"是指采用西洋画法、以西洋画面为装饰的彩绘瓷，诸如此类的文化交流事例在中国陶瓷工艺史上有很多。康熙二十三年（1684年），随着清政府海禁令的废弛，西方商人来华贸易将欧洲的画珐琅及其装饰品带入中国；康熙五十四年（1715年），由于意大利传教士郎世宁携带来的一箱珐琅器受到了清朝统治者的喜爱，中国制瓷业萌生了对西洋珐琅彩的探索。随着中西方贸易往来的逐渐恢复，西方的画珐琅制作工匠与能烧造珐琅物件的广东工匠进入了宫廷内部参与造办处画珐琅器的制作，于清康熙年间创制了瓷器新品种——珐琅彩瓷。

康熙晚期在珐琅彩瓷制作的基础上开始出现镇窑烧制的粉彩瓷，它是由珐琅彩瓷器蜕化而来，所用的部分彩料是外来的，用油调彩。瓷器以油上彩，也是受到了西洋的影响，早期的珐琅彩料均为进口，直到雍正六年（1728年）以后才逐渐为国产料所取代。

## 第六节 民国景德镇陶瓷技术交流

晚清民国时期，随着西方国家工业革命的进行，特别是晚清民国以来西方国家逐渐学习并掌握了中国的陶瓷生产技术，西方国家的制瓷技术成功地实现了由手工业向机械化生产的转变，向现代化制瓷迈进。这一时期，西方列强凭借着特权关税与机器大生产的优势，将其制造的瓷器运来中国内地市场倾销，洋瓷价格低廉，人们竞相购买，严重挤压了景德镇瓷器在国内的市场份额。向焯在《景德镇陶业纪事》中说："近年风气渐开，奢侈日甚，人民喜购外货，如中狂迷。即如瓷器一宗，凡京、津、沪、汉以及各繁荣商埠，无不为东洋瓷之尾闾。如蓝边式之餐具杯盘及桶杯式之茶盏，自茶楼酒馆以及社会交际场，几非此不为美观，以至穷乡僻壤，贩卖小商，无不陈列灿烂之舶来品瓷，可知其普及已至日常用品，为珐琅瓷（亦系东洋产，于中国独占霸权，每年出口额约六七百万元）所独占者，则如澡堂之浴具，旅行之食盒，家中之面洗漱盂，此品之来，不过数十年，而昔日之瓷盆遂绝迹也。"①

由于以往景德镇的陶瓷生产都处于封建朝廷的控制下，陶瓷生产缺乏技术

---

① 向焯.景德镇陶业纪事[M].景德镇:汉熙印刷所景德镇开智印刷局,1920:16.

上的创新,生产方式仍为手制,生产效率低下,且生产的陶瓷产品的形式与种类不符合当时大众的审美需要,难以与价格低廉、款式新颖的洋瓷媲美。因此,这一时期的景德镇陶瓷产业几乎受到了灭顶的打击。

在这样的社会背景之下,中国民族工业就此觉醒,有识之士们深刻意识到中国的瓷器生产必须转型,要引进国外的先进技术,创办新式窑业。他们纷纷倡议集股开办瓷业公司,将传统的手工制瓷由一家一户的作坊形式,向机械化制瓷的资本企业转变,以抵制洋瓷的冲击。在民国初年的十余年间,景德镇陶瓷业将传统的民间手工业制瓷由千百年来一家一户的家庭传统小作坊生产形式,逐渐向工业化机械制瓷的企业资本化生产方式转变。随着社会的转型,景德镇民国传统陶瓷生产也逐步向现代新式制瓷业转变。

**一、模仿西方创办瓷业公司和陶业学堂**

为了促进陶瓷业的改革,1910 年,张謇、康达等人通过集股方式创立了江西瓷业公司。公司采取官商合办的模式,采用新型公司管理制度,力图改变景德镇制瓷工业墨守成规的陋习。公司实行生产、流通一条龙的新方法,防止中间商的盘剥,扩大了景德镇瓷器的销量,为民国陶瓷带来了新的生机与活力。

江西瓷业公司成立之初,在不同的地点开设下属瓷厂,制造精品细瓷,并在饶州设立分厂,拟用新法制瓷。此外,江西瓷业公司还注重瓷业新式人才培养,创办了中国历史上第一所陶瓷职业学校"中国陶业学堂",其办学宗旨为"养成明白学理、精进技术之人才,以改良陶业"。陶业学堂培养新式陶业人才,开创了中国近现代陶瓷教育的先河。中国瓷业学堂、省立陶瓷工业学校、省立陶专等陶瓷专业学校,在从日本学成回国的张浩等有识之士的倡议下,先后引进煤窑窑炉设计及烧成技术,新法选矿及粉碎技术,机械练泥、成型和吹釉技术等作为传授的主要内容。

随着江西瓷业公司的创立与民营窑作坊的逐渐兴起,以及国外先进设备和技术人力的引进,清末以来,濒临衰微的景德镇瓷业又重新焕发生机,景德镇瓷器生产也开始呈现恢复景象。

**二、原料处理采用机械化**

民国时期景德镇开始尝试使用机械进行制瓷原料的加工。瓷石粉碎方法分为"干式"和"湿式"两种。干式的粉碎方法使用的是瓷土原石破碎机。先用瓷土原石破碎机将石块压碎成粗粒碎末,经过了这粗粉碎后再进行细粉。细粉是将已经由瓷土原石破碎机压碎的粗粒原料,倒入石轮粉碎机的石槽内碾碎,碾成极细的粉末再使用细筛将细末筛出,便可用于调配制瓷,剩下的较粗原料则继续进行粉碎①。

湿式的粉碎方法,使用的机器是鼓形粉碎机,外面是铁制的转铜,外表附以石砖,其方法是:将粗粒石粉,由上面的洞口多量加入,再放入多量大块石英球,然后加水,将口封紧,由皮带转动使之旋转,表面的石子与石粉不断地碰磨,将粗粒石粉磨成了极细的湖泥浆后取出,用布袋装好放入黏土压榨机内压去多量的水分,使之成适用的湿泥。数种瓷土粉好之后,配好分量和水倒入黏土溶解调合机里进行搅拌。搅拌好了的再入压榨机压去水分,然后再将半湿的黏土放入黏土捏练机里捏练,以便增加黏性。这种练泥方法极大地提高了生产效率,练出的泥比采用传统方法练出的泥质量要好,使得制成的产品质量得以提高。

**三、尝试半机械成型**

民国时期景德镇的瓷器成型主要采用半机械式辘轳车拉坯、压坯和注浆的成型方式。民国时期对辘轳车的构造做了很大的改进,由木质的脚踏辘轳车改成了依靠引擎带动的半机械式辘轳车。其主轴为长约四尺的尖状棒,一端埋于地下,另一端放置圆形车盘,车盘直径约三尺,厚两寸半,车盘底面的中央装一瓷顶碗,此碗内径与棒的尖端相等,即将此装有瓷顶碗之处置于棒的尖端,利用其圆滑使车盘旋转,顶碗的四边装木杆厚约二寸,长与车盘之径相等,此杆下方较上方稍为放开,与车盘成直角。此四杆的轴线与车盘成垂直位置,其下端嵌一瓷制的轮环,俗名荡箍,其内径的大小适合棒的粗细,使其保持平正位置,不至于倾斜,另以麻绳束四杆使荡箍不至于动摇倾斜。机械辘轳车的出现,提高了瓷器成型的效率。其他如揉泥、制坯等工序则与过去一致。

注浆成型法是民国时期景德镇特有的成型方法,即采用石膏模具注浆成型。石膏在清末开始运用到陶瓷生产中,当时,时任陶业学堂校长的张浩先生从日本带回了石膏制模技术,之后推广至景德镇,成为一种新型的瓷器成型方式。制模主要是对模种(即母模)的制作。模种是浇注石膏模的模型,它的形状要和产品外形一致,其尺寸要根据坯体的总收缩和加工余量加以放大。民国时期主要是采用石膏来制模。做好的母模工作面常涂上一层洋干漆(又称虫胶片)的酒精溶液。使用时,母模表面要涂一层隔离剂,如机油、花生油或肥皂水,以方便脱模。注浆成型方法较辘轳车成型方法来说更为先进,但其制作的难度

---

① 黎浩亭.景德镇陶瓷概况[M].南京:正中书局,1938:88 - 89.

也比较大。其注浆的具体方法一般分为空心注浆和实心注浆两种。空心注浆是将泥浆注入模具内,静置一段时间后,石膏模内会产生泥坯厚层,之后再将多余的泥浆倒出。空心注浆适于浇筑器型较小且器壁较薄的产品,如坩埚、花瓶、管件等。这种方法所用的泥浆较稀,否则空浆后坯体内表面会产生泥缕且触感不光滑。坯体厚度决定于吸浆的时间、模型的湿度与温度,也和泥浆的性质有关。实心注浆是将泥浆注入外模与模芯之间,让模具内充满泥浆,不留空隙,最后形成固化的实体状。坯体的内部形状由模芯决定。实心注浆法适用于浇筑两面的形状和花纹不同、大型、壁厚、异形的产品。实心注浆常用较浓的泥浆,以缩短吸浆时间。形成坯体的过程中,模型从两个方向吸取泥浆中的水分。靠近模壁处坯体较致密,坯体中心部分较疏松,因此对泥浆性能和注浆操作的要求较严[1]。

注浆法成型方式是一门综合性的技术,它综合了车削、浇铸技术、雕刻等工艺,是一门技术与艺术紧密结合的成型工艺。民国时期石膏模具在景德镇陶瓷成型技术中的应用为景德镇陶瓷产品的更新和陶瓷向机械化生产的发展做出了卓越的贡献。

### 四、机械喷釉

民国时期开始使用机械喷釉,即雾吹器喷釉。雾吹器施釉是利用压缩机制造气压,通过雾吹器使釉浆成雾化状态,黏附于坯体表面。使用雾吹器喷釉,不仅速度快,而且釉面厚薄均匀美观。

### 五、试烧煤窑

景德镇以松柴为燃料烧炼出来的瓷器,历数千年有余。因松柴的火焰较长,又不含硫黄等有害杂质,因此瓷器的色面呈现一种幽菁雅致的色泽,形成景德镇瓷器所具有的特殊风格。但松柴的再生缓慢,因而产量少、价格高,不仅使瓷器成本增高,而且也无法适应现代化生产的需要。一些外国的先进制瓷工业部门,均在设法谋求以其他矿物燃料来代替松柴。德、法等国的制瓷工业,最早开始以煤烧瓷。稍后,亚洲的日本也相继使用煤来烧炼瓷器。景德镇在清光绪年间,曾经选送学生张浩、邹如圭、舒信伟等,先后赴日本,在东京高等工业学堂窑科学习机械制瓷和煤窑烧炼技术。学成归来后,他们开始尝试设计煤窑,将煤窑这一新型烧窑方式带入景德镇。1925 年设立的陶务局在景德镇建立了两

---

① 华南工学院,南京化工学院,武汉建筑材料工学院.陶瓷工艺学[M].北京:中国建筑工业出版社,1981:95.

座煤窑,最初采用的是煤柴合烧的方式。黎浩亭在《景德镇陶瓷概况》一书中介绍:"现有之窑炉过大,且不合理,古时多有倒窑,因之产品成本高贵,难以销售。欲谋改进,此为其最善者,可申官方筑新式窑数座,分设各处,供各厂商之搭烧,取费低廉,且负倒窑赔偿之责任,以压其价。其窑式予意以柴、煤两用之坡级窑为适宜。如此办法,可使成本减轻及半,且可以将烧窑业之恶习扫除。"[①]

　　柴窑改煤窑是民国时期景德镇制瓷业的一大进步,为改良国瓷起到了关键性的作用。煤窑代替柴窑减少了松柴的使用,节省了制瓷的成本,保护了景德镇周边的自然资源。

### 六、彩绘装饰机械化

　　贴花装饰自 1921 年由日本的田中株式会社首次传入我国。贴花纸样式美观,很受当时人们的欢迎。当时贴花纸多从外国引进,其中以日本的居多,最初应用于搪瓷装饰上,后来才运用到陶瓷装饰领域。贴花装饰在中国兴起后,国内陆续有企业开始自行印制贴花纸,但旧时的雕版印刷技术显然已不能适应人们的大量需求,于是开始采用手摇印刷机和铅印技术。1897 年和 1912 年上海商务印书馆和上海中华书局在铅印和石印基础上引进国外的珂罗版和三色铜版印刷术,20 世纪 20 年代又引进胶印技术,比彩色石印技术前进了一大步。先进印刷术的采用,极大地提升了画纸生产的数量和质量。民国时期景德镇开设的印刷店主要采用石板印刷和铅印的方法。其中铅印的引进摆脱了印刷术的全手工操作,使其向机械化迈进,大大提高了生产效率,促进了日用瓷的发展。

　　刷花是新彩的一种工艺装饰风格,受西方传入的搪瓷喷洒画的影响而产生。刷花技术的形成与发展,大体和洋彩同步或略晚一点,即始于清末,盛行于民国。刷花工艺由张晓耕从日本引进,冯完白将刷花技艺推广到景德镇,并在生产中得到不断改进和提高。

　　刷花为日本方法,亦由日本传入景德镇。其方法是将绘有花纹轮廓之纸,用胶水贴瓷胎表面,以小刀依其轮廓切划之,除去须着色之切划纸块。左手持铜丝布做成之小筛,右手持毛制之平头小刷,将刷浸取以水调好之颜色于小筛上,先向他处试刷之,以免刷下颜色之粒分过粗,再向已除去纸块露出瓷胎之表面,刷之以色。其需要之浓淡,可随意定之,浓者多刷几下,淡者少刷几下便可。如此逐渐将划切之纸块取去,逐渐刷色。全部完成之后,将其余粘着之纸除去,

---

　　① 黎浩亭.景德镇陶瓷概况[M].南京:正中书局,1938:190.

添以花蕾数笔,便告完成①。

刷花装饰在民国期间最为盛行。最初,刷花主要是针对花卉装饰并用于装饰普通日用瓷,其构图完整、色彩悦目、层次分明、风韵浓厚,具有强烈的民间艺术特色。刷花的效果极具特色,有洗染细致、匀称的艺术效果,在艺术表现上注重色彩的浓淡变化或两种和两种以上颜色的过渡与衔接,并通过刷绘的形式达到色级连接柔和、自然的艺术效果。陶瓷釉上刷花技艺流行虽然短暂,但却拓宽了陶瓷釉上装饰的表现力。此为前朝所没有,"刷花"被誉为景德镇陶瓷艺坛中的奇葩。

新彩,亦称洋彩,瓷器釉上彩品种。清末由国外引进,属于釉上彩绘,采用西洋颜料,先在白瓷表层用笔蘸取五彩色料,绘以各种画面或图案,再入彩壶烘烤,成品称为新彩瓷。新彩采用刷花、喷彩、贴花等工艺,色彩丰富明快,表现力强,生产效率高,成本低,使用大批量生产。新粉彩创作不拘泥于国内绘画的创作技法,将西方绘画技法中的比例、远近透视、转折等绘画技法运用在新粉彩瓷器绘画的创作中,为景德镇彩瓷发展注入了新鲜血液。

# 第七节　新中国成立后景德镇陶瓷技术交流

新中国成立后,为了实现陶瓷业生产的复兴,景德镇开始了艰难的陶瓷业生产改革之路,逐步确立了自身的陶瓷工业生产体系与生产模式。陶瓷技术和设备的引进、出国访问考察、请外国专家来景德镇做学术报告日趋频繁,并于1954年成立了景德镇市人民委员会交际处,当年就接待了外国专家、学者31人。

### 一、陶瓷技术交流②

1954年,应朝鲜政府建材工业省的要求,景德镇市派出江西省陶瓷专科学校教师、陶瓷工艺工程师谢谷初和陶瓷工艺师邹建金去朝鲜帮助恢复建设。谢、邹在朝鲜窑业工厂工作期间,研制成功瓷砖白釉32种、坯体配方20种、色釉配方52种、耐酸瓶坯体配方15种、日用瓷11种、化学用瓷9种,并装制机械辘轳车、制作全套模具,使生产效率提高400%,同时,还为工厂培养技术人才

---

① 黎浩亭.景德镇陶瓷概况[M].南京:正中书局,1938:190.

② 景德镇市地方志办公室.中国瓷都·景德镇市瓷业志:市志·2卷[M].北京:方志出版社,2004:568-569.

47 人。回国前夕,朝鲜政府建材工业省为他俩颁发了劳动模范勋章。

1955 年 6 月,景德镇市派市陶瓷研究所高耀祖等 8 名制瓷技术人员,应邀赴蒙古人民共和国乌兰巴托市陶瓷厂进行援建工作,帮助其设计厂房、窑炉和营建厂房,并教会蒙古工人制瓷技能。

1954—1955 年,东欧德意志、捷克斯洛伐克、波兰、阿尔巴尼亚和保加利亚等民主共和国,先后向景德镇请求提供制瓷的技术资料。经轻工业部及省、市委的应允和支持,全市共动员科技人员和有丰富实践经验的老艺人及有关干部495 人,在实践的基础上进行资料搜集、整理和经验总结,分别向上述国家提供所要求的资料。这些资料,包括制瓷方面的坯体成分、制作方法(薄胎、大件、陈设瓷、餐具、茶具等瓷的制作和实物样品、原料及辅助材料)、坯釉料配制方法、施釉方法、烧成过程等。装饰方面有瓷器的色料,釉上、釉下的彩饰方法,所用颜料的化学成分,配方以及景德镇传统色釉的配方。

1956 年 5 月 13 日,波兰陶瓷专家毕盛基、查依可夫斯基、塞斯卡、卡尔瓦夫斯基四人结束对景德镇制瓷技术为期一个月零七天的考察,此间举行了三次技术座谈会和两次技术报告会。

1956 年 7 月,景德镇市瓷用化工厂接受培训一位来自朝鲜民主主义人民共和国的实习生姜锡意。在短短的一年时间内,他掌握了制作釉上贴花花纸、新彩颜料、粉彩颜料及瓷用金水的全部技术,并能单独操作。姜锡意于 1957 年 8月 24 日离开景德镇市回国。

1956 年 8 月,市陶研所工程师谢谷初及赵灵武去越南支援陶瓷工业建设,荣获越南民主共和国政府的奖状和奖章,于 1957 年 3 月完成任务回国。

1956 年 9 月—1957 年 2 月,阿尔巴尼亚社会主义共和国陶瓷实习团在达维尔乔乔里工程师的带领下,一行 18 人到景德镇市学习制瓷技术,且重点学习了以下项目:(1)白色瓷器的原料加工和坯釉结合;(2)机械辘轳压坯成型;(3)注浆成型;(4)彩绘;(5)烧窑;(6)匣钵制作。在实习期间,阿尔巴尼亚实习团中 3位较高水平的学员重点学习了颜色釉。

1958 年,景德镇先后两次为苏联培训颜色釉方面的人员,一次是为苏联的杜了夫工厂培训 6 名技术人员,一次是为苏联的留学生培训,使其掌握了多种颜色釉的制作工艺过程。

1958 年下半年至 1959 年底,以黄明亮为组长的越南民主主义人民共和国留学生实习团景德镇市实习组一行 18 人,在景德镇陶瓷学院及有关瓷厂实习 1

年多,分别学会了制作瓷雕、彩绘、设计器型以及纹饰等方面的技术。1959 年 10 月 20 日,在景德镇市实习的留学生受越南驻华使馆的委托,将胡志明主席赠送的 1 枚金质纪念章献给当时的中共景德镇市委书记、景德镇陶瓷学院院长赵渊,以表感谢。

1958—1961 年,波兰、保加利亚先后派留学生,到景德镇陶瓷学院学习制瓷技艺。

1974 年,陶瓷美术家张松茂赴日本考察,在东京做现场技术表演。

1974 年,新西兰陶瓷工业技术考察小组一行 5 人到景德镇考察。

1975 年,澳大利亚陶瓷代表团一行 10 人到景德镇考察。

1975 年 7 月,罗马尼亚粗细瓷餐具组派员来景德镇市学习考察制瓷技术,学习考察范围广,涉及陶瓷原料性能,生产粗、细瓷餐具坯料制作方法及颜料配方,制品彩绘所用颜料,产品按质分级标准,产品包装方法。

1979—1980 年,英国前任驻华大使艾惕斯曾三次来景进行陶瓷考古专业性参观,先后到陶瓷馆、陶研所、瓷石矿、建国瓷厂和古窑窑址等处。

1981 年 3 月,应轻工业部邀请,英国陶瓷第三次访华团在景德镇举行技术报告会,来自重点产瓷区 37 个单位 88 名工程技术人员参加了报告会。

1982 年,英国 9 家公司负责人和技术专家组成的英国陶瓷代表团专程来访,与景市科技人员交流陶瓷机械、工艺技术等情况,会后参观景德镇陶机厂、景德镇陶瓷学院等单位。

1983 年,捷克斯洛伐克布拉格地质局局长、彼得维克博士和克谢利拉博士专程来景考察高岭土成矿和高岭村遗址。

1984 年 4—5 月,日本陶瓷艺术旅游团 3 批人员到景德镇考察陶瓷艺术,他们参观了陶瓷馆、古窑、艺术瓷厂和雕塑瓷厂,对景市陶艺赞叹不已。同年 7 月,日本东海总局事务局次长石井隆等 6 人到景德镇,对匣钵、石膏等生产状况进行考察,并与景市有关技术人员做了技术交流。

1985 年,市红星瓷厂高级工艺美术师黄卖九、市艺术瓷厂工艺美术师王淑凝、市古密瓷厂技师向国平赴日本考察,应邀在高岛屋做薄胎瓷拉坯成型、上釉和釉下彩绘技术表演,受到参观者的热烈赞赏。

1986 年,江西省陶瓷公司派员参加在法国里摩日市召开的国际陶瓷学术会议,派员赴美国新泽西州罗格斯大学陶瓷系、陶瓷研究中心进修,赴西德克脑夫工程公司进行设计联络和技术培训。

1990 年 6 月,应中国硅酸盐学会邀请,美国陶瓷学会代表团一行 17 人来景德镇参观交流。

1991—1992 年,景德镇陶瓷考古研究所刘新园应邀赴日本东京和英国伦敦参加学术交流。

1992 年,轻工业部陶研所戴荣华应邀赴日本"大中国展"进行现场技术表演。

**二、陶冶技术协作①**

1953 年,景德镇陶瓷研究所成立,首先请进了东欧国家的陶瓷科技工作者,对景德镇陶瓷技术进行了科学分析和合作,同时派出一批青年学者赴东欧国家学习。

20 世纪 50 年代的景德镇曾以"陶研所"为中心,向十余个国家提供了包括精细瓷制作、颜色釉、色釉配方、一次烧成、窑炉建造等传统优势技术,与这些国家建立了深厚友谊。

1954 年 6 月,德意志民主共和国同中国签订了技术合作协定,要求中国为其提供陶瓷生产资料。此协定经国家计划委员会批准后,由轻工业部交给景德镇具体执行,同时请中国科学院上海冶金陶瓷研究所、第一机械工业部湘潭电器学校、江西省工业厅等单位协助。景德镇市成立了以市委书记赵渊为主任的执行专职机构"陶瓷工作委员会",将技术总结工作与中外技术交流合作的工作相结合,广揽人才,系统地把原料、坯釉、成型、烧炼、彩绘等技艺人员的实践经验上升到理论阶段,成功恢复了 19 种高温颜色釉名贵品种,并将各种釉料的化学组成、制作工艺进行科学总结,写成新中国成立后第一部系统研究景德镇传统颜色釉工艺的技术汇编——《景德镇传统颜色釉工艺技术资料汇编》。通过对 2000 多年所积累起来的而又分散在民间艺人中的最优秀的陶瓷技术成果进行收集整理,景德镇编印出《景德镇制瓷技术总结》《景德镇陶瓷史稿》《景德镇瓷业资料》《瓷器的彩绘》书籍。景德镇当年 11 月完成"中德技术合作协定"的瓷器样品生产任务,12 月完成了中德技术合作陶瓷技术资料任务。至 1959 年 10 月,景德镇装饰陶瓷的高低温颜色釉品种达 100 余种,广泛应用于日用瓷、陈设瓷、卫生瓷及建筑瓷的艺术装饰,居国内领先水平。同年 12 月 4 日,景德镇陶瓷研究所配制成纯正高温黑釉,成品率高达 90% 以上。

---

① 景德镇市地方志办公室. 中国瓷都·景德镇市瓷业志:市志·2 卷[M]. 北京:方志出版社,2004:570 – 571.

1955 年 4 月 6 日，波兰陶瓷专家毕盛基、查依可夫斯基、塞斯卡、卡尔瓦夫斯基一行 4 人，专程到景德镇，与景德镇市陶瓷研究所的技术人员进行合作，为期 33 天，完成了对景德镇市陶瓷企业情况和制瓷原料性能的调研。他们还学习和记录了青花、釉里红等颜料的制作方法。

1955 年，按中捷技术合作协定，捷克斯洛伐克专家巴苏斯和波热佐夫斯基到景德镇陶瓷研究所考察学习颜料的制作，烧出了钧红颜色釉百件天球瓶。

随后，景德镇还陆续接受和完成了中共中央交给的与阿尔巴尼亚、保加利亚等 11 个国家的技术合作任务，编写了技术合作资料，并为其烧制精细瓷器、颜色釉、釉上彩等全套陶瓷实物样品。

1982 年 6 月 14—17 日，美国雷诺克斯公司陶瓷代表团董事长兼总经理约翰·张伯伦一行 5 人，到景德镇考察陶瓷产区和出口质量，探讨合作的可能性，并就建立长期的技术合作关系进行了原则性的谈判。

1985 年 7 月 21 日，根据中泰科技合作混合委员会第六届会议纪要第二附件第 162 页内容，泰国陶瓷工艺考察组胡达卡玛拉·查莱姆女士一行 2 人在轻工业部有关人员的陪同下，到景德镇进行为期 3 天的考察访问，并同陶瓷美术设计人员进行了技术座谈和交流。

景德镇市电子工业企业中的电子陶瓷产品是 20 世纪 60 年代后期开始建设的，但发展迅速，不仅能向国际市场输出大量的产品，而且已经开始对外输出技术和设备。国营七四〇厂于 1983 年与美国 REL 公司签订了在美国联合生产金属陶瓷管的协议。由七四〇厂做技术总承包，提供 6 个产品的整条生产装配线，包括生产线上的专用测试设备 13 台，并在 3 年内向美国提供 6 个产品价值250 万美元的金属陶瓷管散件。该生产线已于 1984 年安装在美国芝加哥市REL 公司的下属单位 National 工厂，经中方人员调试后，于 1985 年 3 月一次投产成功，美国厂方验收合格，交付使用。这是中国电子行业首次对美国的技术输出。

### 三、陶瓷技术引进①

景德镇在对其他国家加以援助时，也在积极引进国外技术，接受其他国家的援助，但与景德镇陶研所对捷克斯洛伐克、民主德国等社会主义国家的援助形式不同。由于陶瓷技术一直以来就是中国的传统优势技术领域，因此中国对

---

① 景德镇市地方志办公室. 中国瓷都·景德镇市瓷业志：市志·2 卷［M］. 北京：方志出版社，2004：571－572.

外的援助形式是以技术资料、技术经验为主。而上述国家,尤其是中东、东欧国家受二战洗礼有着相当完备的工业基础,因此上述国家对景德镇的技术援助主要以技术设备及其附带的管理经验为主,其中又以捷克斯洛伐克、苏联对景德镇的技术援助成果最为丰硕。

1955年,中共景德镇市委书记赵渊率市陶研所工程师一行3人,赴捷克斯洛伐克进行技术考察。

1957年3月21日,景德镇抽调陶瓷厂长、技术人员、技工、工人共11人赴捷克斯洛伐克学习陶瓷科学技术、隧道窑的建造及烧成方法和理论、机械化的厂房建设及成型方法、原料精制、陶瓷装饰、技术管理等。中捷两国的技术合作自1954年开始不断深入,并签订了《中捷经济合作协定》。根据该协定,1958年捷克斯洛伐克派出陶瓷专家潘道夫·里斯契克等4人到景德镇市帮助设计并筹建第一个机械化瓷厂——景德镇瓷厂。捷克斯洛伐克布拉格英威斯特公司生产并有偿提供了部分陶瓷机械设备。1958年初,景德镇又派出了曾朴、方综等7名技术人员赴捷克斯洛伐克学习机械使用方法以及管理经验。景德镇瓷厂是当时世界一流的现代化全能瓷厂,从1955年开始筹建,到1967年停止生产,不仅引进了捷克斯洛伐克先进的工艺技术,还通过各项工序的联合化生产推动景德镇陶瓷工业由手工业孤立生产向机械联动生产、自动化生产转变,对之后景德镇的陶瓷工厂建设有明显影响。此外,苏联专家也提供了瓷石开采、原料分析、注浆成型等当时较为先进的陶瓷技术。这些瓷厂的建立及技术的援助,不仅为景德镇瓷业开拓了机械化视野,还带来了现代化的生产管理经验,后来也一直影响着景德镇瓷业的技术发展思路。

1965年,景德镇瓷厂利用捷克斯洛伐克的技术,建成链式干燥器与机械成型机配套,率先实现成型、干燥一条龙作业,实现了从自然干燥到人工干燥的改造。

1965—1978年,景瓷有关厂、所技术人员曾3次赴日、英和北欧7国进行考察。

1966年,从英国和日本共引进陶瓷生产设备18台,其中原料设备7台、成型设备7台、花纸设备4台。从英国引进的有1台榨泥机和2台振动筛,其余的均从日本引进。从日本引进的高效除铁器,磁感应强度为一万高斯,为国产盆式除铁器的20倍,生产能力每小时3—4吨,为国产的6倍。景德镇市陶瓷机械二厂通过改进造出的新机,向全国推广,获轻工业部科技成果四等奖。从日本引进的真空练泥机,每小时练泥 5 吨,红星瓷厂制泥任务 83% 由此机完成。

1979 年,应日本濑户市长加藤繁太郎邀请,以市革委主任杨永峰为团长的景德镇市陶瓷友好访问团一行 10 人(以科技人员为主),赴日本濑户市进行为期 7 天的友好访问和对陶瓷工艺技术考察,并将考察成果分别在玉风、宇宙、为民、红星等瓷厂进行推广。此后,景德镇还从日本先后引进一批设备和技术,经过消化、吸收、应用,取得成果的有:阳模滚压工艺、真空脱泡压力注浆工艺,使美卡莎鱼盘特优级品率达 40%;对异型注浆品种采用低温素烧工艺,使产品质量大幅度提升;采用干燥和烧成二次垫饼制,使鱼盘变形率由 43% 降到 3%;采用链式小气流喷射干燥工艺、"小膜移花"贴花工艺,提高装饰效果;采用二次烤花工艺,提高烤花质量。此外,当时还仿制和推广了一批日本进口的高强度除铁器、双真空不锈钢练泥机、单缸泵、阳模自动滚压成型机、泥浆真空脱泡搅拌机等等,并引进日本先进经验,设计了 TCYCT 型大截面烤花辊道窑。

1979—1985 年,景德镇先后派员赴英国考察陶瓷生产设备;赴美考察花面装饰、造型设计流向和生产工艺;赴西德考察陶瓷装饰材料的生产现状和技术水平,以及等静压成型和无匣烧成技术;赴南斯拉夫马其顿共和国考察日用陶瓷、建筑卫生陶瓷的制瓷工艺、机械设备等。

1979 年,景德镇陶瓷厂率先引进意大利萨克米公司的 PH550 全自动油压压砖机压制釉面砖,紧接着 1982 年又引进四套萨克米公司的 PH650 全自动油压压砖机。

1986 年 8 月,光明瓷厂与雷德哈姆公司签订合同,从德国引进的 82 米焦炉煤气隧道窑点火投产并采用微机控制烧成程序。

1987 年 11 月,景德镇光明瓷厂从联邦德国引进了 82 米烧焦化煤气的隧道窑,该窑每公斤瓷耗能 5550 大卡,比油烧隧道窑节能 50%。

1987 年 9 月,"4369 工程"(景德镇瓷厂)开始实施,计划投资 4369 万元,实际完成投资 5828 万元,用汇 715 万元。该项目从德国引进全套以等静压成型为主体,以素烧、本烧燃气隧道窑各一条相配套的日用高档瓷生产线。该套引进设备可年产高档日用瓷 600 万件。经过 4 年时间工程完工,1991 年 10 月 25 日点火投产。以后的实践证明,该工程是"七五"技改比较成功的引进项目。"4369 工程"后定名为中国景德镇瓷厂,再由此组建景德镇陶瓷股份有限公司。

1984 年,为民瓷厂从德国引进高档釉中彩生产线,原料加工采用配比容量配料和喷雾干燥技术,为成型制备粉料。成型采用等静压作业线,坯体制成后直接入窑素烧,不须干燥,烧后采用旋转施釉机上釉,入窑高温烧成,再人工贴花,进入釉中彩高温快速烤花炉烧成的全自动现代化生产线。

1988 年,景德镇为民瓷厂从德国进口一条 50 米的素烧隧道窑和 8 米的釉烧隧道窑。

1990 年,雕塑瓷厂率先引进澳大利亚波特欧肯公司的液化石油气梭式窑一台。

1992 年,华风瓷厂引进了磨光瓷板生产线。

1992—1995 年,光明瓷厂技改项目"高档青花玲珑瓷技术改造工程"引进了日本 SKK 公司的全自动盘碟成型线,可从泥料的供给、练泥、切泥、阳模滚压、带模干燥、脱模到白坯干燥形成全自动生产过程。原料精制引进德国内奇公司 2 台压滤机、万能滚压成型机 1 台和高压注浆机 2 台,引进日本樱津公司丝网印花纸机 4 台。

1992—1994 年,红星瓷厂从德国引进了高档釉中彩强化瓷生产线,引进德国内奇公司的等静压机 900.10 型和 900.12 型各一台、盘类施釉线和杯子施釉线各一台、万能滚压机等设备,还有德国雷德哈姆公司的 36 米高温烤花窑等,集成型、烧炼、彩绘于一体。

进入 21 世纪,景德镇陶瓷科技交流更加活跃,人员来往更加频繁,通过景德镇国际陶瓷博览会、研讨会、论坛、展览、展销等形式,加强与世界各国和地区的沟通交流。景德镇成为国家陶瓷文化传承创新试验区,正在成为一座与世界对话的城市,陶瓷产业迎来新的发展机遇。

# 第十八章　景德镇科技陶瓷

科技陶瓷是指在原料、工艺方面有别于传统陶瓷,以高纯、超细人工合成的无机化合物为原料,采用精密控制的制备工艺烧结,具有远胜过以往传统陶瓷性能的新一代陶瓷。科技陶瓷又称工业陶瓷、先进陶瓷、精细陶瓷、新型陶瓷、高技术陶瓷或高性能陶瓷。

## 第一节　景德镇科技陶瓷发展概况

景德镇科技陶瓷发展较晚,景德镇最早出现的科技陶瓷是 20 世纪 20 年代末开始生产的电瓷和纺织瓷。电瓷主要生产夹板、先令和各式直脚、弯脚、电碗等小件产品,纺织瓷主要生产瓷元宝、线筒、纱筒等,产量都很少。新中国成立后,随着工业发展的需要,陆续出现一些工业陶瓷。景德镇科技陶瓷主要是电工陶瓷、电子陶瓷和其他工业陶瓷。

### 一、景德镇电工陶瓷

景德镇电瓷工业,最早启建于 1919 年,景耀电灯公司成立,当初只能生产一小部分低压布线用的先令、夹板等,景德镇电瓷业从此诞生。1941 年,驻扎在上饶的抗日战争第三战区司令部需 30 万只三号电瓷头,由景德镇粉定业大户杨福生瓷号生产,而后为浙江金溪做了一批二号电瓷头,为景德镇邮电局做了一批大号电瓷头,同时还做了一批避雷器。1946 年,上海华电总厂董志卿来景德镇创设景德镇华电瓷厂,用干粉压制成坯,生产低压电瓷先令、夹板、开关、瓷头等。瓷件烧成后运往上海总厂,安装金属配件,销往全国各地及东南亚各国。新中国成立后,电瓷有了更大发展。经过几十年的发展,景德镇电瓷工业产品已从低压发展到高压、超高压产品;从用途来看,已从单一的布线用瓷夹板发展到高、低压输电线路用瓷绝缘子和高、低压电站电器用瓷绝缘子,品种达 240 多种。绝缘子年产量达 1 万吨,居全国第二位。

图 18 - 1　景德镇电瓷厂电瓷产品

## （一）景德镇高压电瓷

景德镇生产的高压电瓷,主要是高压线路瓷绝缘子,共有 8 个类型 17 个型号 123 个品种,产品产量由 20 世纪 50 年代的几十吨发展到 20 世纪 80 年代年产 2000 吨以上。

表 18 - 1　景德镇高压电瓷产品一览表①

| 产品名称 | 生产时间 | 种类 | 产品用途 | 销售情况 |
|---|---|---|---|---|
| 针式绝缘子 | 试制、投产于 1956 年,到 1958 年形成批量生产 | PQ1—10 高压线路针式瓷绝缘子获江西省优质产品奖 | 在高压架空输配电力线路中作绝缘和支持固定导线用。适用于周围环境温度为零下 40 ℃至 40 ℃,海拔不超过 1000 米 | 产品销售全国各省、市、地区并出口伊朗、伊拉克、泰国等地区 |
| 盘形悬式瓷绝缘子 | 品种试制投产于 50 年代中期,50 年代末期形成大批量生产 | 共 4 个型号 21 个品种 | 在高压架空输配电力线路悬垂串中起悬挂、张紧导线并超绝缘的作用,适用于额定电压高于 1000 伏,频率不超过 100 赫,周围环境温度应在零下 40 ℃至 40 ℃之间 | 产品销售全国各省、市、地区 |

---

① 景德镇市地方志办公室.中国瓷都·景德镇市瓷业志:市志·2 卷[M].北京:方志出版社,2004:404 - 405.

续表 18 – 1

| 产品名称 | 生产时间 | 种类 | 产品用途 | 销售情况 |
|---|---|---|---|---|
| 瓷横担绝缘子 | 1978 年已批量生产 | 有 2 个型号共 35 个品种,35 千伏全瓷式瓷横担绝缘子 1982 年获江西省优秀产品奖 | 适用于三相电力系统标准电压 35 千伏及以下、频率不超过 100 赫、海拔不超过 1000 米的高压架空电力线路中作绝缘和支持导线用,安排地点环境温度为零下 40 ℃ 至 40 ℃,安装方式为水平式(边相用)和直立式(顶相用)两种 | 产品销售全国各省、市、地区 |
| 蝴蝶形绝缘子 | 1982 年产量达 780 吨 | 品种为 1 个型号 8 个品种 | 适用于周围环境温度为零下 40 ℃ 至 40 ℃,海拔不超过 1000 米,1 千伏及以上高压架空电力线路终端,在耐张和转角杆上作绝缘和固定导线用 | 产品销售全国各省、市、地区 |
| 架空电力线路用拉紧绝缘子 | 投产于 1954 年,80 年代初,年产量达 500 吨以上 | 可分为蛋形、四角和八角三种 | 用于工频交流或直流架空电力线路中作电杆拉线或张紧导线和绝缘用 | 产品销售全国各省、市、地区,出口澳大利亚、伊朗、伊拉克、泰国等 32 个国家和地区 |
| 瓷拉棒绝缘子 | 70 年代初批量生产 | | 用于 10 千伏及 10 千伏以下架空电力线路的转角杆上,作为绝缘和悬挂导线用 | |
| 铁道棒型瓷绝缘子 | 1985 年小批量生产 | 有 4 个型号 14 个品种 | 用于电气化铁路接触网接触导线绝缘和固定导线,适用于工频单相 25 千伏,海拔不超过 1000 米,环境温度为零下 40 ℃ 至 40 ℃。按使用场所和连接方式分为腕臂支撑和隧道悬挂、定位两类 | |

续表 18 - 1

| 产品名称 | 生产时间 | 种类 | 产品用途 | 销售情况 |
|---|---|---|---|---|
| 高压线路柱式绝缘子 | 80年代初批量生产 | 型号2个,品种9个 | 用于高压架空输配电力线路起绝缘和支持固定导线用,其适用于海拔不超过1000米,周围环境温度为零下40℃至40℃ | 主要是出口泰国、印尼等国家 |
| 电站电器类绝缘子 | 60年代年产量只有1500吨左右,1978年产量6000多吨 | 主要产品规格有6个,品种达245个。1982年公司已研制出500千伏超高压耐污型高强度棒式支柱瓷绝缘子元件,属国内首创,填补了国内空白,并受到国家科委、计委、冶金部、财政部的联合表彰和国务院重大装备办公室的嘉奖 | | |
| 高压支柱瓷绝缘子 | 起步于1958年,1982年产量达4200吨 | 产品型号有12个,品种120个。1984年获省优奖、省科研二等奖。1983年获省优秀科技奖和科技进步奖。ZSW - 220/400棒式支柱绝缘子1985年获省新产品奖。ZSW - 220/8耐污加强棒式支柱绝缘子获省科技进步三等奖,国家科委、机械部和行业科技进步奖。ZS - 220/400棒式支柱绝缘子获景市科技进步奖、省新产品奖 | 适用于额定电压高于1000伏、频率不大于100赫的交流系统中运行的电力设备和装置。安装地点环境温度在零下40℃至40℃之间,海拔高度不超过1000米。耐污型户外棒式支柱瓷绝缘子适用于污秽等级Ⅱ级及以上 | |
| 跌落式支柱瓷绝缘子 | 1956年开发的高压瓷 | | 用于6千伏—11千伏高压跌开式熔断器及配电装置上的绝缘元件 | 产品销售全国各省、市、地区 |

续表 18 - 1

| 产品名称 | 生产时间 | 种类 | 产品用途 | 销售情况 |
|---|---|---|---|---|
| 高压电器瓷套 | 生产始于1958年,年产量1000吨左右 | 有12个型号54个品种。DWS - 11008 少油断路器瓷套于1984年获江西省优质产品奖称号,1985年又获机械部优质产品奖称号 | | |
| 高压穿墙瓷套管 | 1956年开始试制投产,1978年产量达820吨 | 产品主要有8个型号共41个品种 | | |
| 电气除尘器用绝缘子 | 产品开发设计于1964年,1972年产量540吨 | 分为瓷转轴绝缘子、支柱绝缘子,支持瓷套及管墙套管,主要产品有4个型号12个品种 | | 主要出口泰国、印尼和西欧一些国家和地区 |
| 35千伏及以下变压器瓷套 | 生产于1958年,1978年产量1000吨左右 | 结构形式有对夹式、穿缆式和导杆式3种,产品有5个型号36个品种 | | |

## (二)景德镇低压电瓷

景德镇生产的低压电瓷,主要是低压绝缘子、电器用瓷件和电瓷杂件。

表 18 - 2　景德镇低压电瓷产品一览表①

| 产品名称 | 生产时间 | 种类 | 产品用途 | 销售情况 |
|---|---|---|---|---|
| 低压架空电力线路瓷绝缘子 | 设计于1954年,盛产于五六十年代,1963年产低压电瓷1831.80吨,年产量达1300多吨 | 产品型号有3个,品种有13个,包括低压线路针式绝缘子、低压线路蝶式绝缘子、低压线路轴式绝缘子和低压架空电力线路绝缘子 | 用于工频或直流电压为1000伏以下架空电力线路中作绝缘和固定导线用 | |

---

① 景德镇市地方志办公室. 中国瓷都·景德镇市瓷业志:市志·2 卷[M]. 北京:方志出版社,2004:405 - 406.

续表 18－2

| 产品名称 | 生产时间 | 种类 | 产品用途 | 销售情况 |
|---|---|---|---|---|
| 低压布线用绝缘子 | 设计制造于 1946 年,年产量约 100 吨左右,1963 年产电瓷约 300 吨 | 产品型号有 6 个,品种有 31 个。包括低压布线用鼓形绝缘子、低压布线用瓷夹板、低压布线用瓷套 | 用于工频交流或直流电压为 1000 伏以下户内配电线路中作绝缘和固定导线用 | |
| 电车线路用绝缘子 | 产品 1954 年设计制造 | 产品共 2 个型号,4 个品种 | 用于电车线路或吊车滑触线路上作绝缘及固定导电部分用 | |
| 低压电器用瓷件 | 产品生产始于 1948 年 | 共 35 个品种。其主要产品有开启式负荷开关瓷件、封闭式负荷开关瓷件、瓷插式熔断器瓷件、螺旋式熔断器瓷件、封闭管式熔断瓷件和保安器瓷件等 | 用于电压等级在 1000 伏及以下的绝缘元件 | |
| 电瓷杂件 | 1946 年设计生产 | 主要有拉杆绝缘子、小支柱绝缘子、电瓷杂件。产品有瓷吊线盒、开关板瓷座等共 11 个品种 | | |

### (三)景德镇电瓷生产情况

景德镇在 20 世纪 20 年代末开始生产电瓷,品种有夹板、先令和各式直脚、弯脚、电碗等小件产品。1947 年产销低压电瓷 100 多吨。1949 年创办的华电分厂有较大批量生产。1950—1956 年,高低压电瓷品种扩大到 240 多种(其中试制成功的 10 千伏至 35 千伏等级高压线路电瓷),年销量递增到 400 多吨。

1978 年,原景南、景北两区所办的电瓷厂,归口景德镇市电瓷厂,组建成立景德镇市电瓷电器工业公司,生产规模扩大,生产能力得到提高。1980 年 12 月,电瓷电器工业公司研制成功"500 千伏棒型支柱绝缘子"。市电瓷电器研究所在研究高强度瓷质配方、成型、烧成工艺方法等方面都有突破,是当时国内最大的棒式支柱绝缘子,达到国内外同类产品的先进水平,为中国电瓷行业增添了一个新品种,荣获 1980 年度江西省政府优秀科技成果二等奖。1981 年 7 月,电瓷电器工业公司又试制成功 YA－27.5 型电气铁道专用无间隙氧化锌避雷器。此产品比原碳化硅避雷器更具有优异的非线性特性和大的通流容量,保护性能优良,耐污性能强,体积小,重量轻,使用寿命长,能满足发电厂、变电所

（站）和配电系统电气设备过电压保护要求，1983 年荣获省政府优秀新产品二等奖。1985 年 6 月，试制的"CW4 – 220（DW）/1250 高压隔离开关"通过了江西省机械工业厅组织的鉴定。此产品投产后缓和了国家急需，同时填补了省内空白，成为江西省电压等级最高的开关产品。

景德镇市电瓷电器工业公司主要生产 500 千伏及以下高压电瓷、200 千伏及以上高压隔离开关和 220 千伏以下无间隙氧化锌避雷器三大类共 24 个系列 185 个规格品种，产品行销全国并出口远销 40 多个国家和地区。1985 年，全公司所属电瓷厂生产电瓷 11114 吨，产量居全国第二。

表 18 – 3　景德镇市 1952—1985 年电瓷产量（单位：吨）①

| 年份 | 产量 | 年份 | 产量 | 年份 | 产量 | 年份 | 产量 |
|------|------|------|------|------|------|------|------|
| 1952 | 339 | 1961 | 3827 | 1970 | 8374 | 1979 | 10445 |
| 1953 | 392 | 1962 | 2444 | 1971 | 9843 | 1980 | 10312 |
| 1954 | 561 | 1963 | 4210 | 1972 | 6104 | 1981 | 8537 |
| 1955 | 526 | 1964 | 4000 | 1973 | 8041 | 1982 | 8694 |
| 1956 | 1383 | 1965 | 5112 | 1974 | 5340 | 1983 | 10258 |
| 1957 | 2976 | 1966 | 7278 | 1975 | 5764 | 1984 | 13353 |
| 1958 | 947 | 1967 | 4264 | 1976 | 7415 | 1985 | 11114 |
| 1959 | 8285 | 1968 | 4332 | 1977 | 10078 | | |
| 1960 | 10177 | 1969 | 5515 | 1978 | 10915 | | |

### 二、景德镇电子陶瓷

景德镇电子陶瓷起步于 20 世纪 60 年代。当时因三线建设的需要，归属于电子工业部管辖的一批军工企业落户景德镇，如国营第九九九厂、七四〇厂、八九七厂、五二三厂、八五九厂、四三二一厂、七一三厂等，生产军工和企业需要的电子陶瓷。景德镇电子陶瓷主要有结构陶瓷、压电陶瓷、介质陶瓷。

### （一）景德镇结构陶瓷

结构陶瓷是景德镇市生产电子陶瓷最早的产品之一，始于 1965 年，主要生产厂家为景华无线电器材厂（国营第九九九厂）。主要品种有滑石瓷、被银瓷、高铝瓷。该产品不仅产量稳定，品种规格也有所发展。除原有滑石瓷、75% 氧

① 景德镇市地方志办公室. 中国瓷都·景德镇市瓷业志：市志·2 卷［M］. 北京：方志出版社，2004：355.

化铝瓷件,包括板座、骨架、瓷轴等外,1966 年,景德镇开始生产真空管内的多孔高铝瓷件和代云母瓷片,1973 年开始生产 95% 氧化铝瓷件,次年开始生产 99AL2O3 微带基片,1982 年生产调谐配套的瓷柱电容器。

表 18−4　景德镇结构陶瓷产品一览表①

| 产品名称 | 生产时间 | 种类 | 产品用途 | 产品特点 |
|---|---|---|---|---|
| 高铝瓷 | 1971 年试制,1973 年生产定型,年产 175 万件 | 共有两种型号:95% 氧化铝陶瓷和 75% 氧化铝陶瓷 | 95% 氧化铝陶瓷零件主要用于电真空器件、发射管、大小坩埚、绝缘板、电容器等。75% 氧化铝陶瓷零件主要用于无线电装置器件、电真空器件、厚膜混合集成电路基片、石油化工耐酸泵等 | 95% 氧化铝陶瓷主要特点是:致密度高,表面粗糙度好,产品金属化联结强度高,可根据用户需要生产具有良好吸潮性能的多孔性氧化铝瓷件及各种几何尺寸的产品。75% 氧化铝陶瓷主要特点是:机械强度高,耐化腐蚀性能好,可根据要求对产品进行金属化,并生产出各种几何形状的产品 |
| 滑石瓷零件 | 1955 年试制,1965 年生产定型,年产量 900 万件 | 共有几百个型号、规格 | 主要用于各种电器无线电设备 | 绝缘性好,无粉化现象,可根据需要对产品进行金属化,并生产各种几何形状的产品 |
| 被银陶瓷零件 | 于 1955 年试制,1965 年生产定型,年产量 195 万件 | 共有几十个型号、规格 | 主要用于各种无线电设备,高频通信设备,仪器、仪表、电视和高频头等 | 被银瓷件由于采用釉银浆打底,性能稳定可靠,机械强度高,绝缘性、联结性、可焊性好,几何形状多样化,金属化后附着力强。景德镇市景华瓷厂是当时国内唯一生产被银线圈的厂家 |

① 景德镇市地方志办公室.中国瓷都·景德镇市瓷业志:市志·2 卷[M].北京:方志出版社,2004:400−401.

图 18 - 2　结构陶瓷

### （二）景德镇压电陶瓷

压电陶瓷是景德镇市最早生产的电子陶瓷产品之一。1965 年景华无线电器材厂开始试制中频滤波器,并在国内首先建立中间试验生产线,1969 年投入大量生产。开始只为硅两瓦机配套,后来又为多路载波通信机配套,生产高可靠性的低频(40 千赫—172 千赫)、中频(2520 千赫—612 千赫)、高频(1.116 千赫—1.612 兆赫及 13.2 兆赫)滤波器。1979 年试制压电蜂鸣片电子发声元件,1982 年开始为电视机配套大量生产 6.5 兆赫陶瓷滤波器、陶瓷鉴频器、陶瓷陷波器,1984 年引进村田生产线,其质量、品种和数量方面均处于国内领先地位。

表 18 - 5　景德镇压电陶瓷产品一览表①

| 名称 | 种类 | 生产时间 | 产品用途 | 产品特点 |
|---|---|---|---|---|
| 陶瓷滤波器 | LT420 千赫压电陶瓷滤波器 | 1965 年开始试制,1969 年投产。1981 年获电子工业部优质产品称号,1982 年获国家银质奖 | 是 12 路、300 路、960 路载波机用 40 千赫—3200 千赫压电陶瓷滤波器系列中的一种 | 稳定性好,选择性好,可靠性高 |
| | LT6.5MB 压电陶瓷滤波器 | 1978 年试制,1981 年 7 月生产定型,1984 年获江西省优质产品称号,1985 年获电子工业部优质产品称号。该产品采用村田生产线生产,年产 2000 万只 | 是电视机用 LT4.5MB—6.742MB 压电陶瓷滤波器系列中的一种 | 体积小,可靠性高,选择性好,无须频率调整 |
| | LT10.7MA5 型压电陶瓷滤波器 | 1981 年开始试制,该产品年产 1800 万只 | 是调频收录机用 LT10.7MA5—LT10.7MS3 压电陶瓷滤波器系列中的一种 | 选择性好,可靠性高,体积小 |

① 景德镇市地方志办公室. 中国瓷都·景德镇市瓷业志:市志·2 卷[M]. 北京:方志出版社,2004:401 - 402.

续表 18 - 5

| 名称 | 种类 | 生产时间 | 产品用途 | 产品特点 |
|------|------|----------|----------|----------|
| 陶瓷陷波器 | XT 压电陶瓷陷波器 | 1978 年试制,1981 年生产定型,采用日本村田引进的生产线,年产 1800 万只。1984 年获江西省优质产品称号,1985 年获电子工业部优质产品称号 | 共有 14 种型号、规格。主要品种 XT6.5MB 压电陶瓷陷波器系列中的一种 | 产品体积小,可靠性好,无须调整 |
| 陶瓷鉴频器 | JT 陶瓷鉴频器 | 1978 年试制,1981 年 7 月生产定型,采用日本村田引进的生产线,年产 45 万只。1984 年获江西省优质产品称号,1985 年获电子工业部优质产品称号 | 共有 15 种型号、规格。主要品种 T6.5MC 压电陶瓷鉴频器是电视机用 JT4.5MC—6.742MC 压电陶瓷鉴频器系列中的一种 | 体积小,可靠性高,鉴频灵敏度高,无须调整 |
| 陶瓷蜂鸣片 | FT 压电陶瓷蜂鸣片 | 1975 年试制,1980 年正式投产,1983 年年产量 1000 万只。投产后至 1985 年底已生产 4600 万件,其中 90% 以上外销,主要供外贸出口 | 为电子发声元件,品种规格有 Φ20、Φ27 和全电极、反馈电极等 | 频响好,可靠性高,体积小 |
| | FT - 27T—41B1 型压电陶瓷蜂鸣片 | 1982 年该品种获电子工业部优质产品称号,1983 年获国家银质奖 | 是多种报警发声器用 FT - 10T—FT - 41T; FT - 106—FT - 41G 压电陶瓷蜂鸣片系列中的一种 | |
| 陶瓷谐振器 | XZT455B 型压电陶瓷谐振器 | 1983 年研制,1985 年投产 | 是电子设备遥控用 XZT76THZ—30MHZ 系列谐振器中的一种 | 体积小,无须频率调整,可靠性高 |

### (三)景德镇介质陶瓷

景德镇介质陶瓷是全国首例品种,始产于 1955 年,主要品种有低、中、高压瓷介电容,介质陶瓷微调电容器,为 714、713、750 等单位的无线电通信配套。随着军用通信装备向集成化、小型化发展,产品的品种、型号亦有了变化,如圆片、管形、密封等瓷介电容器或转产或停产、改产。从 1982 年起,主要生产 Φ5 和彩电用 Φ7 小型微调电容器。Φ5 在全国属首例产品。

表 18－6　景德镇介质陶瓷产品一览表①

| 名称 | 种类 | 生产时间 | 产品用途 | 产品特点 |
|---|---|---|---|---|
| 介质陶瓷微调电容器 | CCW7－2型介质陶瓷微调电容器 | 该品种年产 1000万只 | 是电视机、通讯机等电子设备用 CCW12－3—CCW4 型系列产品中的一种 | 其特点是：体积小，可靠性高，容量误差小。主要技术指标为：（1）容量范围 2/7、3/10 等；（2）电容温度系数 0 ± 300 PPm/℃；（3）Q 值：10 mMZ ≥ 300，100 MHZ ≥ 200；（4）使用环境温度－55—85 ℃ |
| 瓷柱电容器 | 金三角蚌瓷柱电容器 | 1980 年试制，1984 年定型，同年投产。1985 年获江西省优质产品奖 | 是电视机高频头用 CC1—CC6 型瓷柱电容器系列中的一种，用于电视机 CHF 频段机械调谐器上，起支撑和电容补偿作用 | 其特点是：体积小，重量轻，容量小，损耗低，可焊性、耐焊性好，联结强度高 |
| | CT81－2千伏型低损耗、中高压瓷介电容器 | 该系列产品年产 1500 万件 | 是电视机等而耐压电子设备用 CT81－500 伏—CT81－10 千伏、CC81－500 伏—CC81－10 千伏型中高压瓷介电容器系列中的一种 | 其特点是：体积小，耐压高，损耗小 |

**（四）景德镇电子陶瓷生产情况**

九九九厂开发的压电陶瓷技术在全国同行业中居领先地位，品种之多，质之优，为全国之首。九九九厂 1968 年在全国最先研制和大量生产中低频窄带压电陶瓷滤波器、线性厚膜混合集成电路和代云母片；1970 年，为全国重点工程配套试制声表面波滤波器；1979 年研制和生产为电视配套 37MAZ 声表面滤波器，6.5MC 电陶瓷鉴频器、滤波器；1980 年研制投产压电蜂鸣片，大量销往中国香港和欧美一些国家，并于 1983 年荣获国家银质奖；1981 年研制生产全国首创 Φ5 超小型瓷介微调电容器，300 路载波机用滤波器于 1982 年荣获国家银质奖，研制生产的 37MC 声表面滤波器于 1983 年荣获国家经委科技成果"金龙奖"，960 路载波机用滤波器于 1983 年荣获国家科技进步一等奖。该厂生产多种压电陶瓷滤波器系列产品、压电换能器件、厚膜混合集成电路、声表面滤波器件、瓷介电容器、电子结构瓷件和大量出口的蜂鸣片。1985 年，九九九厂产量达

---

① 景德镇市地方志办公室.中国瓷都·景德镇市瓷业志:市志·2 卷[M].北京:方志出版社,2004:402.

2547 万件,产值 2045.7 万元,上交利税 163 万元。

图 18 - 3　电子陶瓷

八九七厂于 1970 年和 1974 年由鲍昭庆工程师设计的陶瓷真空可变电容器和陶瓷真空固定电容器是国内产量大、品种多、质量最优的产品,CKTB 陶瓷真空可变电容器于 1982 年荣获国家银质奖。所研制的陶瓷真空继电器、陶瓷快速真空断路器、微波微调电容器、薄膜介质电容器均为国内首创。其中陶瓷真空继电器达到美国杰宁公司标准。陶瓷快速真空断路器和微波微调电容器于 1983 年荣获国家经委科技成果"金龙奖"。全厂产品有陶瓷真空电容器、空气介质微波微调电容器、薄膜介质微调电容器等 14 个大类 285 个品种,产品行销全国,远销香港和欧美市场。1985 年,八九七厂产量 1330 万只,产值 2008 万元,上交利税 120 万元,出口创汇 156 万美元,累计创汇 1000 多万美元。

七四〇厂于 1975 年在国内首先开发米波电视发射机配套用的 FC－1OFT 发射管,荣获 1984 年国家银质奖;1983 年分别试制成功 4CX250B、4CX1000A 金属陶瓷发射管;大批量生产出 50 瓦、100 瓦、300 瓦、1000 瓦及 10 千瓦前级米波、分米波电视发射机和差转机配套用的各种金属陶瓷发射管。1983 年,与美国 REL 公司签订协议,在美国联合生产金属陶瓷管,由七四〇厂做技术总承包,提出 6 个产品的整条生产装配线,包括生产线上的 13 台专用测试设备,3 年中向美国提供 6 个产品价值 250 万美元的金属陶瓷管散件。1984 年生产线安装,1985 年一次投产成功,是全国电子行业首次对美国的技术输出。全厂产品有金属陶瓷发射管、微波小陶瓷管、超高频子电管、激光管、激光及应用 5 大类计 130 多个品种,产品行销全国,远销欧美市场。1985 年,七四〇厂产值 1908.1 万元,上交利税 480 万元。

无线电元器件有多种压电陶瓷滤波器、瓷介电容、电子结构瓷件、陶瓷真空继电器、陶瓷真空电容器、陶瓷真空开关、金属陶瓷发射管、陶瓷滤波器等产品。

1985 年电子陶瓷生产发展到多门类、多品种和品种系列化,经历了从低频到高频、从低压到高压、从低温到高温、从小功率到大功率、从小容量到大容量、从体积小到体积大的发展过程。执行产品质量标准,由开始执行部颁标准,逐步发展到执行国际标准,产品的可靠性、稳定性、一致性不断提高,并出现一批高质量、长寿命的优质产品。产品由建厂初期主要为军工和国家重点工程的设备仪器配套,逐步扩展到广播、电视、通信、科技、气象等工程设备、仪器配套。产品除销往国内,已逐步进入国际市场。

表 18 – 7　景德镇市 1965—1985 年电子陶瓷主要产品经营情况①

| 序号 | 类别 | 产品名称 | 试制时间 | 投产时间 | 停产时间 | 用途 |
|---|---|---|---|---|---|---|
| 1 | 结构瓷件 | 滑石瓷 | 1955 年 | 1965 年 7 月 | 未停 | 无线电设备、电真空器件发射量、绝缘板、电容器石油化工等 |
| 2 | | 高铝瓷 | 1971 年 | 1973 年 | 未停 | |
| 3 | | 被银瓷 | 1955 年 | 1955 年 7 月 | 未停 | |
| 4 | | 电真空瓷 | 1965 年 | 1966 年 | | |
| 5 | | 代云母片 | 1969 年 | 1970 年 | 1979 年 9 月 | |
| 6 | 压电陶瓷 | 465 kHz 滤波器 | 1965 年 | 1969 年 | 未停 | 收音机,通讯机,12 路、300 路、960 路载波机,电视机,录音机 |
| 7 | | 高频滤波器 | 1965 年 | 1969 年 | 未停 | |
| 8 | | 中频滤波器 | 1966 年 | 1969 年 | 未停 | |
| 9 | | 低频滤波器 | 1966 年 | 1969 年 | 未停 | |
| 10 | | 6·5 兆赫滤波器 | 1977 年 | 1982 年 | 未停 | |
| 11 | | 6·5 兆赫鉴频器 | 1977 年 | 1982 年 | 未停 | |
| 12 | | 6·5 兆赫陷波器 | 1978 年 | 1982 年 | 未停 | |
| 13 | | 低频宽带滤波器 | 1971 年 | 1972 年 | 1973 年 | |
| 14 | 压电蜂鸣片 | Φ27AT 型 | 1979 年 | 1980 年 | 未停 | 各种发声器件、玩具、BP 机、电话、门铃代喇叭 |
| 15 | | Φ27AG 型 | 1979 年 | 1981 年 | 未停 | |
| 16 | | Φ20AT 型 | 1979 年 | 1982 年 | 未停 | |
| 17 | | Φ20AG | 1979 年 | 1981 年 | 未停 | |
| 18 | | 其他型号 | 1979 年 | 1981 年 | 未停 | |
| 19 | 瓷介电容器 | 密封电容器 | 1956 年 | 1965 年 7 月 | 1980 年 12 月 | 电子设备、仪器仪表通讯和电视机等 |
| 20 | | 管形电容器 | 1956 年 | 1965 年 7 月 | 1980 年 12 月 | |
| 21 | | 元片电容器 | 1965 年 7 月 | 1980 年 12 月 | | |
| 22 | | 拉线微调 | 1956 年 | 1965 年 7 月 | 1970 年 | |
| 23 | | 管形微调 | 1969 年 | 1971 年 | 未停 | |
| 24 | | 独石电容器 | 1970 年 | 1970 年 | 1985 年 | |
| 25 | | Φ5 小型微调 | 1979 年 | 1980 年 | 未停 | |

① 景德镇市地方志办公室.中国瓷都·景德镇市瓷业志:市志·2 卷[M].北京:方志出版社,2004:403.

表 18 – 8　景德镇市 1965—1985 年电子陶瓷主要产品产量①

| 产品名称 | 生产起止年份 | 单位 | 产量 |
|---|---|---|---|
| 陶瓷滤波器 | 1970—1985 | 万件 | 38.47 |
| 各种陶瓷滤波器 | 1968—1985 | 万件 | 100.58 |
| 6.5mc 压电器件 | 1982—1985 | 万件 | 304.06 |
| 各种瓷介电容器 | 1965—1985 | 万件 | 3098.07 |
| 电子陶瓷结构零件 | 1965—1985 | 万件 | 15781.91 |
| 中小功率金属陶瓷发射管 | 1972—1985 | 只 | 33358 |
| 大功率金属陶瓷发射管 | 1972—1985 | 只 | 5230 |
| 微波陶瓷三、四级管 | 1971—1985 | 只 | 31268 |
| 小陶瓷管 | 1971—1985 | 只 | 12700 |

### 三、景德镇其他工业用瓷

景德镇科技陶瓷除电子陶瓷、电工陶瓷有专业生产厂家外,其他产品均无专业厂家生产,多为应一时之需,没有形成规模。但所涉及产品众多,有沼气灯头、热风管、纺织瓷、熔断管、陶瓷波纹板、高铝瓷喷沙嘴、耐酸瓷砖、球磨坛、瓷手、炉管、可控硅瓷环、防弹衣瓷片等。

表 18 – 9　景德镇其他工业用瓷产品一览表②

| 产品名称 | 生产时间 | 产品用途 | 产品特点 |
|---|---|---|---|
| 纺织瓷 | 民国时期景德镇开始生产纺织瓷,产量极少,新中国成立后产量也不多,景德镇市曙光瓷厂和一些民营小厂生产过该项产品 | 纺织工业中的小件用瓷,如瓷元宝、线筒、纱筒等 | |
| 喷沙嘴 | 1972 年试制生产 | 铁路桥梁工程、化工防腐工程、机械制造工程中的重要机械零件,安装在喷沙机上作为耐磨具 | 该项产品以氧化铝为主要原料,经适当加工压成坚实坯体,再经高温烧结而试制成高铝瓷喷沙嘴,经实际使用,其寿命一般为 5.5 小时—30 小时(视规格不同而异) |

---

① 景德镇市地方志办公室. 中国瓷都·景德镇市瓷业志:市志·2 卷[M]. 北京:方志出版社,2004:359.

② 景德镇市地方志办公室. 中国瓷都·景德镇市瓷业志:市志·2 卷[M]. 北京:方志出版社,2004:409 – 410.

续表 18 - 9

| 产品名称 | 生产时间 | 产品用途 | 产品特点 |
|---|---|---|---|
| 耐酸瓷 | 1958 年开始试制 | 有耐酸瓷缸、发酵缸、蒸馏塔、耐酸瓷砖等品种 | 经测定,抗蚀性为 99.74%,达到国际标准水平(国际抗蚀标准为 98.86%) |
| 球磨坛 | 始制于民国时期 | 是中小规模制釉的主要工具,各瓷厂和制瓷作坊普遍使用 | 直桶状,壁厚,大小规格不一。内置球磨子和需粉碎的物料,靠手旋转带动球磨磨碎物体,后改电动 |
| 沙芯 | | 主要用于化工、卫生工业作饮料和制剂过滤之用 | |
| 瓷手 | | 用于制造薄膜手套的模型。该产品是利用陶瓷手模代替钢质手模的一种新型产品 | 具有耐酸、耐碱、耐腐蚀、热稳定性好、吸水率小等特点。是国内乳胶行业先进的模具 |

图 18 - 4　纺织用瓷

## 第二节　景德镇科技陶瓷生产企业

### 一、景德镇电工陶瓷生产企业[①]

景德镇市电瓷厂:1946 年,重庆永安电瓷有限公司、上海华电总厂在景德镇创办华电分厂。1955 年实行公私合营,改名为华电瓷厂。1958 年 9 月转为国营企业,生产电瓷及日用瓷。1961 年 8 月,电瓷和日用瓷分开进行生产,更名为华电第一、第二瓷厂。1962 年,华电第二瓷厂易名景兴瓷厂。1966 年,华电瓷厂更名为景德镇市电瓷厂。1978 年,根据市委、市政府统一安排,景德镇市电瓷厂电瓷车间,原景南、景北区的两家区办电瓷厂归口景德镇市电瓷厂,成立景德镇市电瓷电器工业公司,公司的主体即景德镇市电瓷厂。该厂主要生产 500 千伏及以下高压电瓷、220 千伏及以上高压隔离开关和 220 千伏以下无间隙氧化锌避雷器三大类共 24 个系列 185 个规格品种的产品,是江西省规模最大、品种最多、产品等级最高的主导厂。产品行销全国并出口远销 40 多个国家和地区。到 1985 年,全厂设有 23 个科室、4 个分厂,有固定职工和合同制职工共 1350人,其中工程技术人员 65 人、管理人员 261 人、服务及其他人员 140 人。企业占地面积 180742 平方米,生产用房建筑面积 66338 平方米,有金切、锻压、电器、起重运输等动力设备,动力机械总能力 7657 千瓦,拥有固定资产原值 1203.1 万元。景德镇市电瓷厂逐步发展为生产电瓷电器配套企业,由原来分散的手工小作坊生产方式发展到厂房集中、实行半机械化和机械化生产,被国家机械电子工业部批准为机电产品出口扩权企业,被国家经贸部、物资部、建设部、机电部列为机电出口产品定点生产单位。

景德镇市昌平电瓷厂:创建于 1981 年,隶属景德镇市机械工业公司集体所有制企业,主要生产高压、低压电瓷,年产高压电瓷 1136 吨,低压电瓷 200 吨。1985 年,全厂有职工 948 人,其中工程技术人员 6 人、管理人员 68 人。企业占地面积 13400 平方米,生产用房建筑面积 3400 平方米,有动力机械总能力 354千瓦,拥有固定资产原值 13.9 万元。

景德镇市昌江电瓷厂:创建于 1958 年,隶属景德镇市机械工业公司集体所有制企业,主要生产高压、低压电瓷,年产高压电瓷 2593 吨,低压电瓷 200 吨。

---

① 景德镇市地方志办公室.中国瓷都·景德镇市瓷业志:市志·2 卷[M].北京:方志出版社,2004:508 – 509.

到 1985 年,全厂有职工 715 人,其中工程技术人员 2 人、管理人员 77 人。企业占地面积 76820 平方米,生产用房建筑面积 18123 平方米,有动力机械总能力 1071 千瓦,拥有固定资产原值 191.2 万元。

景德镇市昌化电瓷厂:创建于 1965 年,隶属景德镇市机械工业公司集体所有制企业,主要生产低压电瓷、低压电器,年产低压电瓷 5340 吨,低压电器一般元件 79 万件。到 1985 年,全厂有职工 251 人,其中管理人员 45 人。企业占地面积 36000 平方米,生产用房建筑面积 8075 平方米,有动力机械总能力 349 千瓦,拥有固定资产原值 81.1 万元。

景德镇市电瓷电器公司劳动服务公司:创办于 1981 年,隶属市电瓷电器工业公司集体所有制企业,主要生产低压电瓷、低压电器,年产低压电瓷 90 吨。到 1985 年,全公司有职工 327 人,其中管理人员 11 人。企业占地面积 2510 平方米,生产用房建筑面积 2309 平方米,拥有固定资产原值 33 万元。

景德镇市竞成工业瓷厂:创建于 1976 年,隶属景德镇市昌江区竞成乡集体所有制企业,主要生产低压电瓷、日用陶瓷和耐火材料制品。到 1985 年,全厂有职工 297 人,其中管理人员 14 人。企业占地面积 14349 平方米,生产用房建筑面积 7162 平方米,有动力机械总能力 534 千瓦,拥有固定资产原值 59.3 万元。

**二、景德镇电子陶瓷生产企业①**

国营景华无线电器材厂(国营第九九九厂):1964 年 6 月,国家第四机械工业部投资改造景德镇市东郊何家桥的江西高压电瓷厂,易名为江西高频瓷厂,代号为九九九厂。同年 9 月,南京七一四厂高频瓷车间迁来并入,组建景华瓷件厂,1965 年 12 月经国家验收合格正式投入生产,是全国第一个开拓电子陶瓷生产的专业厂。1985 年,先后参加以南京无线电厂为主体的熊猫集团、以重庆无线电厂为主体的重庆电子集团、以绵阳长虹机械厂为主体的长虹集团、以杭州电机厂为主体的西湖集团以及以天津无线电厂为主体的华夏电子产品出口集团等横向经济联合体组织。主要生产品种有高、中、低频压电陶瓷滤波器系列产品,压电换能器件、监频器、陷波器、声表面滤波器件、小型微调瓷介电容器、厚膜混合集成电路、衰减器、压电蜂鸣片和各种高铝瓷、滑石瓷等,品种规格达 520 个。1979—1985 年,有 300 路载波机用陶瓷滤波器、压电陶瓷蜂鸣片,均

---

① 景德镇市地方志办公室.中国瓷都·景德镇市瓷业志:市志·2 卷[M].北京:方志出版社,2004:511−513.

为国优产品;JT6.5MC 陶瓷监频器是电子工业部部优产品;EBN 型声表面滤波器、CC6 型瓷柱电容器、LT6.5MB 型压电陶瓷滤波器等产品是江西省省优产品。研制生产的 37 个声表面滤波器于 1983 年荣获国家经委科技金龙奖,960 路载波机用滤波器于 1983 年荣获国家科技进步一等奖。产品销售全国 27 个省市,用户 300 多家。蜂鸣片远销欧美。到 1985 年,全厂设科室 32 个、生产车间 9 个、产品研究所 2 个,有固定职工和合同制职工 1586 人,其中工程技术人员 207 人、管理人员 229 人、服务及其他人员 206 人。企业占地面积 398000 平方米,生产用房建筑面积 32954 平方米,有金属切削机床 114 台、锻压设备 33 台、动力设备 213 台、电子专用设备 358 台、电子测量仪器 570 台,拥有固定资产原值 2120.8 万元。

国营景光电工厂(又称七四〇厂):1966 年,由南京华东电子管厂(741 厂)包建,1970 年建成,并由国家验收正式投产,是以生产电真空器件为主的电子工业企业。1975 年以来,国营景光电工厂逐年扩大生产规模,发展成为我国电真空器件制造行业的大型骨干企业,被国家列为第一批机电产品出口的基地企业,厂址在鹅湖区湘湖乡龙船洲。主要生产的产品有金属陶瓷发射管、微波小陶瓷管、超高频子电管、激光管、激光及应用 5 大类计 130 多个品种。产品畅销国内 29 个省、市、自治区,并远销欧美市场。该厂生产的景光牌产品,自 1978 年以来,连续有 12 个产品获江西省、电子工业部优质产品称号,FC – 10FT 金属陶瓷荣获国家银质奖。该厂为国家运载火箭、科学实验卫星等重大科研项目提供高可靠的优质产品,受到国防工委、电子工业部的多次嘉奖。1984 年,该厂生产的 4CX 系列产品进入美国市场,全部采用美国军用标准(MIL 标准),同年,还为美国 REL 公司包建一条 4CX 系列金属陶瓷发射管装配生产线,在国内电子行业中第一家实现对外技术输出。1985 年,全厂设科室 25 个、生产车间 8 个,有固定职工和合同制人员 1500 人,其中工程技术人员 242 人、管理人员 177 人、服务及其他人员 174 人。企业占地面积 435336 平方米,生产用房建筑面积 46724 平方米,拥有电子专用设备 339 台、电子测量仪 682 台、金属切削设备 155 台,拥有固定资产原值 2914.7 万元。厂部在北京、上海、南京等大城市设有办事处。

国营万平无线电器材厂(又称八九七厂):1966 年 8 月,南京无线电厂第 18 车间(可变容器车间)从南京搬迁到景德镇市建立八九七厂,是电子工业部原部属唯一生产可变电容器的专业厂。该厂科研、生产设备先进,技术力量雄厚,担负着各类可变电容器(包括空气、真空、玻璃、塑料薄膜等有机和无机介质主调、微调、预调电容器)和真空继电器、真空接触器、真空开关管的研究、设计、试制和生产任务,厂址在鹅湖区新平乡樟树坑。该厂生产的各种薄膜介质可变电容器容量曲线有国际通用的 A、B、C、D、E、F、P、Q 等多种,外形尺寸有 16 毫米 × 16 毫米、20 毫米 ×20 毫米、25 毫米 ×25 毫米焊片和正、反插入等各种安装形式的 50 多个品种,产品质量达到国际标准(IEC 标准)。各种空气、玻璃、真空介质可变电容器均按国际先进标准(美国军用的 MIL 标准)进行生产和质量控制,品种齐全。各种陶瓷真空继电器品种有 23 个,质量达到 MIL 标准。产品有 300 多品种和 1000 多个规格型号。其中生产的快速真空断路器和薄膜介质真空电容器在 1983 年获国家金龙奖,陶瓷真空电容器在 1982 年获国家银质奖。有 2 个产品系列在全国同行业评比中获第一名,有 14 个产品系列先后 30 次获电子工业部、江西省优质产品称号。产品不仅在国内市场占有很大比重,而且在国际市场上享有较高声誉。自 1973 年产品进入国际市场以来,该厂年出口量逐步增大,由一两个品种,逐步发展到薄膜介质可变电容器系列、薄膜介质微调电容器系列、陶瓷真空电容器系列、陶瓷真空继电器系列、陶瓷真空开关系列 5 大类 15 个品种的产品出口。产品销往中国香港和美国,并由香港转销泰国等东南亚国家和欧洲市场。到 1985 年,全厂设 24 个科室、生产车间 7 个,有固定职工和合同制职工 1185 人,其中工程技术人员 151 人、管理人员 131 人、服务及其他人员 282 人。企业占地面积 42 万平方米,生产用房建筑面积 36286 平方米,有电子专用设备 165 台、电子测量仪器 597 台、金属切削设备 124 台,拥有固定资产原值 1347.8 万元。企业为满足国内外市场的需要,先后在省内外建立 20 多个加工、装配厂点,建立跨地区的万平电容器公司,万平(WP)牌产品集团已成为世界知名电子企业之一。

邮电部景德镇通信设备厂:1958 年,邮电部在黄泥头建电讯瓷厂;1969 年,电讯瓷厂改建,易名电信总局五二三厂;1973 年,为邮电部五二三厂;1979 年,更名邮电部景德镇通信设备厂。1958 年以来,该厂以生产电讯用瓷为主;1979 年,从生产隔电子改为半导体器件、陶瓷滤波器、继电器等电子元器件,进入电子工业行列。该厂主要产品 HPX 系列配件、架箱陶瓷滤波器达到国内外先进水平,12KC、16KC、20KC 和 116KC 压电陶瓷滤波器于 1983 年、1985 年分别获部优产品。1985 年,全厂设科室 10 个、生产车间 7 个,有固定职工、合同制职工 837 人,其中工程技术人员 98 人、管理人员 106 人、服务及其他人员 121 人。企业占地面积 155538 平方米,生产用房建筑面积 22567 平方米,有电子专用设备 17 台、金属切削设备 99 台,拥有固定资产原值 761 万元。该厂是国内邮电通信配件设备的主要厂家之一。

**三、景德镇其他工业陶瓷生产企业①**

景德镇市纺织瓷件厂:1976 年创建,属景德镇市珠山区街办集体所有制企业,主要生产纺织工业用瓷,年产纺织瓷 15 吨。1985 年,全厂有职工 102 人,其中管理人员 6 人。企业占地面积 369 平方米,生产用房建筑面积 670 平方米,拥有固定资产原值 5.7 万元。

景德镇市珠山纺织瓷厂:1981 年创建,属景德镇市珠山区街办集体所有制企业,主要生产纺织工业用瓷,年生产纺织瓷 2 吨。1985 年,全厂有职工 34 人,其中管理人员 5 人。企业占地面积 160 平方米,生产用房建筑面积 150 平方米,拥有固定资产原值 2000 元。

景德镇市新虹瓷厂:1985 年创建,属景德镇市珠山区街办集体所有制企业,主要生产工业用陶瓷,年生产工业用瓷 3 吨。全厂有职工 20 人,其中管理人员 3 人。企业占地面积 71 平方米,生产用房建筑面积 112 平方米。

景德镇市珠山陶瓷工艺纺织瓷厂:1985 年创建,属景德镇市珠山区运输公司集体所有制企业,年生产工业用瓷 20 吨。全厂有职工 85 人,其中管理人员 5 人。企业占地面积 300 平方米,生产用房建筑面积 220 平方米。

景德镇市珠山区劳动服务公司纺织瓷厂:1983 年创建,属景德镇市珠山劳动服务公司集体所有制企业,主要生产纺织工业用瓷及美术瓷,年生产纺织瓷 8 吨。1985 年,全厂有职工 31 人,其中管理人员 3 人。企业占地面积 385 平方米,生产用房建筑面积 260 平方米,拥有固定资产原值 2000 元。

景德镇市昌盛瓷厂:1979 年创建,属景德镇市昌江区太白园街道办事处的集体所有制企业,主要生产纺织工业用瓷及日用瓷加工。1985 年,全厂有职工 67 人,其中管理人员 6 人。企业占地面积 508 平方米,生产用房建筑面积 387 平方米,有动力机械总能力 120 千瓦,拥有固定资产原值 2.1 万元。

景德镇市曙光纺织瓷厂:1979 年创建,属江西省陶瓷工业公司集体所有制企业,主要生产纺织工业用瓷,年生产纺织瓷 4 吨。1985 年,全厂有职工 58 人,其中管理人员 2 人。企业占地面积 861 平方米,生产用房建筑面积 785 平方米,

---

① 景德镇市地方志办公室.中国瓷都·景德镇市瓷业志:市志·2 卷[M].北京:方志出版社,2004:509 - 510.

有动力机械总能力 15 千瓦,拥有固定资产原值 5.6 万元。

景德镇市兴龙瓷厂:主要生产高铝瓷球磨子和普通瓷质球磨子,普通瓷质球子的年产量 8000 多吨。它是景德镇唯一专业生产瓷质球磨子的乡镇企业,有职工 500 多人,其中工程技术人员 68 人。

# 第三节　景德镇先进陶瓷的发展

先进陶瓷是指采用高纯度、超细人工合成或精选的无机化合物为原料,具有精确的化学组成、精密的制造加工技术和结构设计,并具有优异特性的陶瓷。先进陶瓷按种类可分为具有高强度、高硬度、耐高温、耐腐蚀、抗氧化等特点的结构陶瓷,以及具有电气性能、磁性、生物特性、热敏性和光学特性等特点的功能陶瓷。先进陶瓷广泛应用于高温、腐蚀、电子、光学领域,作为一种新兴材料,以其优异的性能,在航天航空、国防军工、机械化工、生物医疗、信息电子、核电与新能源等领域得到越来越多的应用,已成为国家重大工程和尖端技术中不可或缺的关键材料,因此具有重要的科学价值和国家战略意义,在未来的社会中发挥着越来越重要的作用。

## 一、景德镇先进陶瓷发展状况

景德镇市先进陶瓷起步于 20 世纪 60 年代,当时因三线建设的需要,归属于电子工业部管辖的一批军工企业落户景德镇,如国营第九九九厂、七四〇厂、八九七厂、五二三厂、八五九厂、四三二一厂、七一三厂以及八零零仓库,电子陶瓷工业迅速兴起,形成了"七厂一库"的电子陶瓷元件产业基础。20 世纪 90 年代末,随着国家由计划经济向市场经济的转变,一大批三线企业失去了军品计划,被迫转产民品。这些企业由于体制、机制僵化,人才流失,产品研发创新不足,企业包袱沉重等突出问题,导致生产经营困难,难以为继,一些企业历经搬迁、重组的阵痛,有的破产、关停,有的进行民营化改制,催生出一批中小先进陶瓷企业。

2003 年以来,景德镇市对外加大招商引资力度,先后引进了和川粉体、百特威尔、兴勤电子、日盛电子、江丰电子等一批先进陶瓷企业;对内扶优扶强,涌现出景华特陶、景龙特陶、柏莱德电子、鑫惠康电子等一批骨干先进陶瓷企业,初步形成了一定的先进陶瓷产业分布。目前通过加强科研平台建设,促进科技成果转化,创新赋能发展,全市具有一定规模的先进陶瓷企业有 100 余家,总产值约 45 亿元(统计值);建有国家日用及建筑陶瓷工程技术研究中心、轻工业陶瓷研究所、景德镇特种工业陶瓷研究院等一批科研创新平台,省级以上重点实验室、工程技术研究中心达到 22 家;战略性新兴产业、高新技术产业增加值占规上工业比重分别达到 28.1%、31.5%①。

目前,景德镇先进陶瓷企业主要集中在 95 氧化铝陶瓷、压电陶瓷等产品领域,约占全市先进陶瓷企业总数的 70%;95 氧化铝电真空陶瓷产品具有较强的市场优势,占据国内约 1/3 的细分市场;在压电陶瓷大功率换能元件、雾化片、美容片、胎心片、超声传感器等产品上具有较强的竞争实力。景华特陶公司生产的氧化铝陶瓷被应用于"嫦娥三号"探月工程的专用部件上,华迅特陶公司生产的碳化硼防弹陶瓷被应用于国防航空领域,兴勤电子公司的压敏、热敏电阻器产品和日盛电子公司的压电陶瓷的产销量,在全国乃至于世界处于领先地位。景德镇景龙特陶、景华特陶、海川特陶和品安特陶等企业是 $Al_2O_3$ 电真空管壳、新能源汽车绝缘瓷件、压电陶瓷、蜂窝陶瓷、$B_4C$ 防弹陶瓷、$ZrO_2$ 陶瓷插芯等精密陶瓷的生产企业。

但景德镇先进陶瓷产业总体规模不够,主要集中在陶瓷元件制造环节,产业链条偏短,上下游产业协作配套能力不足,产业链话语权较弱,在国内先进陶瓷产业体系的地位有待提高。

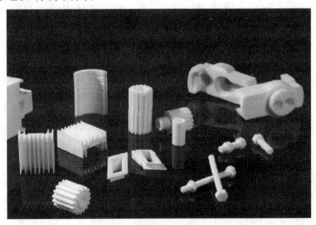

图 18 - 5　景华特陶的结构陶瓷系列产品

## 二、景德镇先进陶瓷科研平台与企业

经过多年的积累发展,景德镇已经形成昌南新区、浮梁县、高新区三大先进

① 吴浪.新时期下努力让景德镇陶瓷研究院成为国际瓷都先进陶瓷产业的研发新名片[J].景德镇陶瓷,2021(6):21 - 24.

陶瓷产业集聚区,以及国家日用及建筑陶瓷工程技术研究中心、陶瓷产业产学研技术创新战略联盟、邑山综合体、景德镇特种工业陶瓷技术研究院等平台,拥有一批持续创新能力强、规模经营效益好、市场占有率高的小巨人企业。产品包括氧化铝、氧化锆、氮化硼、蜂窝陶瓷、电绝缘陶瓷等结构陶瓷,压电、压敏、热敏、介质、半导体、远红外等功能陶瓷,以及粉体原材料、装备制造等,形成了多品类齐头并进的发展格局。

### (一)景德镇先进陶瓷科研平台

国家日用及建筑陶瓷工程技术研究中心:2003年12月5日,国家科技部批准以景德镇陶瓷学院(今景德镇陶瓷大学)为依托单位,通过整合科技资源,组建国家日用及建筑陶瓷工程技术研究中心。以研究开发日用及建筑陶瓷行业基础性、关键共性技术为重点,通过自主创新和产学研结合,开展先进实用的工程化技术研究,为行业提供新材料、新技术、新工艺、新产品和新装备,通过以现代先进技术改造传统的陶瓷产业,推进陶瓷产业升级换代。研究中心现有固定资产11528万元,其中场地面积30913平方米(价值5540万元),仪器设备5842万元。现有各类人员87名,其中新世纪百千万人才工程国家级人选1名、享受"国贴"专家8名、教育部新世纪优秀人才4名、江西省跨世纪学术和技术带头人1名、省新世纪百千万人才工程人选6名、江西省中青年学科带头人8名,博士32名,硕士13名,高级职称者43名。

江西省陶瓷产业产学研技术创新战略联盟:2010年4月成立,由景德镇、新余、萍乡、井冈山等江西省重要产瓷区的陶瓷企业,景德镇陶瓷学院、南昌大学、江西师范大学等高校,以及江西省陶瓷研究所、国家日用及建筑陶瓷工程技术研究中心等科研院所共42家单位组成。联盟致力于江西省陶瓷产业技术的创新与技术进步,聚集并整合省内外相关科技资源,形成联盟内成员优势互补和协同创新的机制,以创造知识产权和重要标准为目标,以创新产品、改进工艺、节能减排为重点领域,解决江西省陶瓷产业发展中的重大关键技术及共性问题,提升联盟成员技术创新能力,推进江西省陶瓷产业技术进步与升级,全面提升江西省陶瓷产业的核心竞争力。联盟将领衔编制陶瓷科技规划和陶瓷发展规划,着手绘制"日用陶瓷技术路线图""工业陶瓷技术路线图""建筑陶瓷技术路线图",加快陶瓷生产节能、降耗、减排等共性关键技术的研究开发,并积极组织力量,参与江西省重大科技项目的研发。

景德镇特种工业陶瓷技术研究院:2020年5月20日,景德镇市昌南新区管理委员会与宁波江丰电子材料股份有限公司签订协议,共同成立景德镇特种工业陶瓷研究院和工业陶瓷技术产业研发及生产基地。特种工业陶瓷技术研究院由昌南新区政府、江丰电子关联企业(上海戎创铠迅)、景德镇特陶股权产投基金共同出资设立,投资规模1亿元,2021年4月全面投产。研究院聚焦军用增韧度抗弹陶瓷、透明陶瓷、轻量化复合装甲、超细超纯增韧粉体、半导体用高纯陶瓷材料、碳化硼耐磨陶瓷制品、核能源工业用碳化硼制品等领域研发,计划5年内落地孵化产业化项目10个,未来形成百亿级高科技特种工业陶瓷产业集聚基地。引进以宁波江丰电子股份有限公司董事长兼首席技术官姚力军博士、江丰电子总经理潘杰博士、韩刚博士、吴景晖博士为首的核心技术团队,另外还计划引进大型冷等静压机、大型热等静压机、超高温真空热压机等关键设备,并建立分析检测中心,制定特种陶瓷国家标准,服务于陶瓷工业发展。

景德镇特种工业陶瓷技术研究院暨高科技陶瓷产业化基地(江丰电子材料股份有限公司):2020年5月成立,位于景德镇市昌南新区唐英大道科创中心。目前产业基地已落户项目7个,包含超纯超细特种陶瓷粉末制备及产业化、超高纯金属粉末的提纯与制备、新型透明陶瓷研发及产业化、核能源工业用碳化硼制品研发及产业化、碳化硼耐磨陶瓷制品研发及产业化、半导体用陶瓷部件研发及产业化等。聚焦高科技工业陶瓷产品研发及传统日用陶瓷材料增强增韧改造,在透明陶瓷等应用领域,攻克核心技术,开拓核心产品,培育一批工业陶瓷领军企业,计划5年内落地孵化产业化项目10个,未来形成百亿级高科技特种工业陶瓷产业。

中科院上海硅酸盐研究所陶瓷基板项目:2021年11月落户景德镇。项目主要从事陶瓷基板的研发、生产及销售业务,主要产品为氮化硅陶瓷基板以及氮化铝陶瓷基板,属于高新技术企业和战略新兴产业。项目一期拟建设年产70万片陶瓷基板生产线,项目二期拟建设年产300万片陶瓷基板生产线。这是中国科学院上海硅酸盐研究所核心技术成果转化项目,项目的技术团队是由上海硅酸盐研究所曾宇平教授领衔的技术团队。曾宇平教授在高性能陶瓷的研究及产业化方面拥有国内顶尖的项目经验。

日本AT陶瓷平板膜项目:2021年落户景德镇。项目主要从事高端污水处理设备和系统的研发、设计、生产、销售和维护及各类高端环境保护系统工程的承建与维护。主要技术为陶瓷平版膜MBR系统、电化学水处理技术,属于高新技术企业和战略新兴产业。日本澳蓝亚特株式会社(简称"AQUATECH")已拥有 40 项陶瓷平板膜 MBR、电化学水处理、综合污水处理等领域的技术专利,另有 8 项申请中的技术专利、12 项授权专利。项目一期拟建设年产 55 万平方米陶瓷平板膜生产线、年产 200 套电分解水处理生产线、年产 50 套成套环保水处理系统生产线,并设立研发中心。二期建设年产 50 万平方米陶瓷平板膜生产线、年产 300 套电分解水处理生产线、年产 80 套成套环保水处理系统生产线。AQUATECH 是一家高科技环保集团,拥有 3 名院士级专家、21 名博士、41 名高级工程师、156 名员工、13 名外聘院士级专家,并与日本技术振兴会、日本工业协会、日本国际推进协会、日本能源协会、韩国国家环境科学院、韩国国家能源协会、韩国国家科技大学等单位持续合作。

中日陶瓷科技创新中心:成立于 2021 年。中心将打造以功率半导体封装、射频器件及传感器、电池为三大核心产业,以生物陶瓷、耐高温结构陶瓷为两大重要补充的"3+2 中日合作高科技陶瓷产业集群"。围绕景德镇市高科技陶瓷产业的战略布局,以景德镇国家陶瓷文化传承创新示范区为战略支撑,以创建国家级中日(景德镇)地方发展合作示范区为战略目标,助力景德镇打造千亿级高科技陶瓷及下游应用产业集群。

中日先进陶瓷产业合作园:2021 年规划建设,总用地面积约 184 亩,总建筑面积约 12.6 万平方米,总投资约 6 亿元。园区采用 3+2 产业总体定位,目前已储备日本项目 18 个、国内项目 20 个,与 5 家大学研究机构达成合作意向。

浮梁县先进陶瓷产业园项目:2019 年 12 月 24 日被江西省政府批复为省级产业园,位于浮梁县三龙镇,总规划面积 4.346 平方公里,规划审批面积 3.38 平方公里。园区设立景德镇先进陶瓷粉体技术开发及应用研究中心,打造开放的公共技术服务平台,与本地企业合作,开展高端陶瓷粉体的制备及应用成果的试验和孵化,打破生产技术壁垒和供应瓶颈,促进先进陶瓷产业发展。由景德镇市科技局牵头,陶瓷大学、浮梁产业园区管委会和万微粉体有限公司共同搭建先进陶瓷研发平台。现落户先进陶瓷粉体应用及开发研究中心、万微先进陶瓷粉体、万平真空 3 家先进陶瓷企业。发展定位是新材料、先进陶瓷、电子信息和智能制造。产业园聚焦先进陶瓷材料产业集群,重点发展包括 5G 滤波器陶瓷、高分导热陶瓷基板与 IGBT、高性能陶瓷粉体、3D 打印陶瓷材料、陶瓷密封腔体、氧化锆陶瓷轴承等在内的先进陶瓷材料产业,逐渐形成新基建先进陶瓷材料产业集群。

湘湖工业基地:2007 年 5 月正式启动建设,总规划面积 2000 亩。基地策划包装了一批先进陶瓷产业项目,举办先进陶瓷产业发展论坛,积极拓展生物陶瓷等先进陶瓷产品的应用场景,组建先进陶瓷产业发展基金,推广"资本＋产业"的孵化模式,推动"产、学、研、用、金"深度融合。基地现有落户企业 25 家,20 家已投产,5 家在建。发展定位为先进电子陶瓷产业,希望成为精密铸造、产学研用一体、产城融合的发展平台。基地瞄准高端前沿科技,打造特色化、智能化、集聚化的先进陶瓷产业生态链和陶瓷产业高地,构建起产业发展的生态共同体。

景德镇先进陶瓷粉体技术开发应用研究中心:中心成立于 2021 年 9 月,是景德镇市先进陶瓷一室三中心的组成部分。研究中心设立于浮梁产业园区先进陶瓷产业园内,主要从事先进陶瓷粉体的生产技术研究和先进陶瓷粉体成型应用技术研究。内设先进陶瓷粉体开发研究中心和先进陶瓷粉体应用研究中心,分别研究高性能氧化铝粉体、高强度玻璃陶瓷粉体、生物陶瓷粉体、钛酸钡等电子陶瓷粉体和最先进的粉体应用技术。其中,高精度注射成型配方和工艺的研究,有效巩固和提升了景德镇市在国内外陶瓷注射成型领域的领先地位;高压力环境下的等静压工艺和相关的装备,使景德镇等静压成型的行业水平达到国内外领先水平;多孔陶瓷的挤出工艺,将填补景德镇在先进陶瓷领域挤出成型的空白。研究中心由浮梁县负责建设和管理,景德镇市科技局提供政策指导和项目支持,景德镇陶瓷大学提供技术和人才支持。

国际先进陶瓷产业园:2021 年规划建设,含中日先进陶瓷产业园,总占地面积约 2680 亩,建设标准化厂房等配套设施投资约 14 亿元。产业园重点聚焦先进陶瓷在新能源、5G 通信与电子、环保等方面的项目,目前,已落户"AT 陶瓷平板膜"和"氮化硅/氮化铝陶瓷基板"两个项目。产业园以"管委会＋平台"的模式招引项目,充分发挥国资平台的资金优势,实现资本招商,通过平台对接国际产业资源及人才资源,通过基金开展资本运作及落地扶持,最终围绕着景德镇市先进陶瓷产业规划,打造景德镇先进陶瓷产业链。

氮化硅/氮化铝陶瓷基板项目:2021 年落户景德镇。一期建设用地约 44 亩,投产后可生产氮化硅陶瓷基板约 70 万片/年。二期建设用地约 56 亩,达产后可生产氮化硅陶瓷基板约 300 万片/年。陶瓷基板作为半导体封装的重要材料,近年在国内市场快速增长。

乐珠先进陶瓷产业聚集区:2021 年规划建设,聚集区总规划面积 2 平方公里,分两期开发建设,其中一期规划用地 1200 亩,选址为涌山镇,东起沿沟煤矿工业广场、南起乐浩电厂、西沿矿区环境工程维护道路,项目总投资 53.8 亿元人民币,建设周期为三年。对接先进陶瓷企业,力争三年引进 10 家以上先进陶瓷产业项目和"旗舰型"先进陶瓷企业。目前已落户凯丰电子项目、景德镇陶瓷大学牵头研发的陶瓷净水芯片生产富氢水杯和富氢水项目。该聚集区是在乐平涌山循环经济产业园区的基础上筹建的,主要依托园区内乐浩发电厂提供的充足用电、用气、用地等生产要素优势,主动承接景德镇市区陶瓷产业和陶瓷文化项目,加强与珠山、浮梁友好对接,做大做强乐平先进陶瓷产业。

　　鱼丽工业平台:2011 年规划建设,总面积约 1920 亩。平台瞄准生物医药、电子信息、先进陶瓷等领域,不断夯实生物医药、电子信息产业,积极发展先进陶瓷及配套产业,力争实现三大产业集群发展。

　　洛客国际设计谷:珠山区政府 2021 年 9 月联手洛可可集团,全力打造景德镇地域文化新地标——洛客设计谷,项目已纳入景德镇国家陶瓷文化传承创新试验区发展规划。项目总投资 7.87 亿元,占地面积 109 亩,建筑面积 66927 $m^2$。谷内设有文化交流、创新设计、陶瓷智造、产品营销及美学教育五大业态中心,为入驻企业、设计师创造良好的营商环境,提供优质专业的服务,并在园区内打造以陶瓷产业为主轴,涵盖泛文化创意领域的商业流转闭环。高品质建设"陶瓷打样中心""版权交易中心",整合优化辖区各类设计资源,旨在带动一批全国有影响、有实力的陶瓷生产企业研发总部落户珠山,推动"大师"向"大设计师"转变、"作品"向"产品"延伸,让洛客设计谷真正成为景德镇陶瓷"学美学、出美样、选美品,开展完美交易"的"四美"平台。下一步,景德镇将依托洛客设计谷,建设中国陶瓷设计中心,加快培育、着力打造工业设计等高端生产性服务业集群。

**图 18 - 6　华迅特陶的防弹插板**

景德镇市特种陶瓷研究所:成立于 2009 年。研究所形成了以堇青石蜂窝瓷与蜂窝状稀土催化剂、蜂窝状活性炭、无机超滤膜滤水器、陶瓷滤环、氧敏传感器为代表的五大产品系列。特种陶瓷研究所是从事特种陶瓷研究与生产的基地,先后完成了国家重点科技项目 2 项、省级重点项目 6 项、市级重点项目 15 项,开发出许多深受欢迎的工业陶瓷和环保产品,并获得发明专利、实用新型专利多项,国家级、省级新产品奖 4 项,省科技进步一等奖 1 项。

**(二)景德镇先进陶瓷企业**

景德镇景华特种陶瓷有限公司:2003 年 5 月由江西景华电子有限责任公司特种陶瓷分厂改制后组建的民营股份制公司。公司产品主要有 95、99、75 氧化铝陶瓷系列,还有上釉金属化陶瓷、被银瓷、滑石瓷等。产品品质、生产规模及新品研发能力在国内同行业中名列前茅。景华特种陶瓷有限公司是目前国内特种陶瓷行业中一家同时具有热压铸、等静压、注浆和陶瓷上釉金属化生产线的企业。2013 年公司为航天配套的产品被用于"嫦娥三号",为我国的探月工程做出了贡献。

景德镇华迅特种陶瓷有限公司:公司成立于 2000 年 6 月,注册资金 2000 万元。华迅特种陶瓷有限公司是国内较早专业从事特种陶瓷材料及制品、防弹陶瓷材料和复合防护装甲材料的研究开发与生产销售的高科技现代化企业,年生产加工能力达到 500 吨防弹陶瓷材料及复合装甲。公司拥有 20 余项碳化硼陶瓷相关专利,开发生产的高强、增韧碳化硼陶瓷防弹材料是中国第一款成功列装我国某型号武装直升机的开创产品。公司获得国家级高新技术企业认证,拥有国家相关领域的全部准入资质。产品荣获"2019 中国先进技术转化应用大赛"铜奖,承担过××型号的碳化硼防弹陶瓷研制任务,为我国碳化硼产业做出了很大贡献。公司目前拥有各类生产设备 160 余台套、测量检验仪器设备 70 余台套。

江西景光电子有限公司:原为电子工业部国营第七四〇厂,是原电子工业部部属军工企业,于 2017 年 9 月改组为有限责任公司,是国家大二型企业、江西省区外高新技术企业、安全生产标准化三级企业,拥有自主对外出口经营贸易权。公司主要研制生产金属陶瓷发射管、超高频电子管、微波小陶瓷管、工业高频加热管、中高压真空灭弧室、特种陶瓷等产品,广泛应用于广播、电视、通信、导航、电力、冶金、矿山、化工、工业高频加热等领域,曾为国家卫星导弹发射、北京正负电子对撞机等尖端工程做出了贡献。公司先后有 45 个产品获省、部级以上优质产品称号,其中 4 个产品获国家质量银奖,1 个产品获国家质量金奖,8 个产品获江西省优秀新产品一等奖,3 个产品获江西省科学进步二等奖。"景光"牌商标一直被评为江西省著名商标,金属陶瓷发射管被评为江西省名牌产品。电子管、真空开关管产品通过 ISO9001:2000 版质量体系认证。景光电子有限公司是江西省高新技术企业、江西省优秀企业。

江西万平真空电器有限公司:2005 年 12 月由江西万平电子有限责任公司(八九七厂)的主营部分改制组建而成,隶属于江西省电子集团公司。主要产品有可变与固定陶瓷真空电容器、真空继电器、真空开关管、真空接触器、真空断路器、同轴继电器 6 大类 300 多个品种规格。公司从美国引进真空电容器成套技术、关键生产设备和测试仪器,并与瑞士的 comet 公司、美国杰宁公司和国内院所建立长期合作关系。国营八九七厂参与制定《真空电容器通用技术条件》(GB/T 3788—1995)、《真空继电器总规范》(GJB 1434—92)、《真空电容器总规范》(SJ 20030—1992)等标准。产品通过了 ISO9002 质量体系认证,真空系列产品先后 45 次获部、省产品称号,水冷式真空电容器十几个品种获得专利。ckt 固定陶瓷真空电容器获科委科技成果证书,cktb 可变陶瓷真空电容器荣获银质奖,真空断路器获金龙奖。

景德镇景光精盛电器有限公司:公司成立于 2007 年,其前身为江西景光电子有限公司真空开关管分厂。主要产品有真空灭弧室、陶瓷金属化、真空电容器、真空继电器、真空断路器、接触器等。现有真空灭弧室 100 余个品种,真空开关管 30 余个品种,已成为国内较大的真空灭弧室及真空开关管生产厂家。公司拥有 2 项发明专利、19 项实用新型发明专利,共有 21 项新产品通过省级鉴定。现有真空灭弧室总装一次封排生产线、陶瓷金属化一次烧成生产线以及真空开关管总装生产线。所有产品均满足国标或 IEC 标准要求,独有的银碳化钨触头技术、用于真空接触器的电保持结合永磁保持双保持技术均处于较高水平。

浮梁县景龙特种陶瓷有限公司:公司成立于 2013 年 3 月 15 日,注册资本486.5 万元,位于江西景德镇浮梁县浮梁镇查大工业园,占地面积 7 亩,其中厂房面积 2000 余平方米。产品主要包括新能源汽车高压直流继电器、真空灭弧室、电子管、高频加热管、真空电容器、真空继电器等电子元器件及陶瓷关键零部件。在新能源汽车高压直流继电器方面,公司已配套出 HFE18、HFE82、HFE85、HFE86 等系列陶瓷产品,主要应用于新能源汽车、光伏发电、储能和工业电源等领域,是国内市场上少数几家能够批量供应新能源汽车用高压直流配套陶瓷的厂家。公司拥有等静压、热铸压、干压成型生产线；取得"ISO9001：2015 质量管理体系认证证书""高新技术企业证书"；自主研发 15 个项目，完成了 15 项科技成果转化，掌握了"热压铸成型坯体致密的温等静压""真空密封大容量直流继电器陶瓷罩制备"等关键技术，应用于"高压继电器用金属化陶瓷罩""新能源汽车用真空陶瓷继电器"两款高新技术产品。并且所有研究开发的科技成果全部进行了产业转化。

江西透光陶瓷新材料有限公司：公司成立于 2021 年 1 月 7 日，注册资本5000 万元，位于江西省景德镇市昌南新区铁炉片区，是一家专业从事陶瓷新材料、光伏玻璃、特种玻璃、超白玻璃、超薄玻璃、陶瓷制品等产品研发、生产、加工及销售的高科技企业。公司购置安装了日熔化量 1200 吨级熔窑 2 座、原料混合输送系统、成型设备、退火窑及冷端系统等主要设备，以及清洗、磨边、镀膜、丝印、激光打孔打眼、钢化炉、机械手等深加工设备，形成了 8 条深加工生产线，另建设天然气系统、给排水工程、电气工程、脱硫脱硝系统、污水处理系统、9MW 余热发电系统、20 MW 屋顶光伏发电系统等配套设施，项目建成后可形成75 万吨陶瓷新材料光伏板的生产能力，年产成品光伏板 1.05 亿平方米。

江西赫宸科技有限公司：公司成立于 2021 年 6 月 16 日，由北京赫宸智慧能源科技股份有限公司、中微纳新材料（广州）科技有限公司共同发起的一家专注于高效传热、换热及重防腐涂层协同创新的公司。公司主要从事依托"超导传热技术＋金属轧制翅片管换热技术＋石墨烯纳米沉积重防腐技术"的复合创新，解决 5G 换热及超导换热的腐蚀及特种行业的减重技术难点，实现了超导技术热传导效率最高、金属轧制翅片管换热效率最优、石墨烯纳米涂层解决"重防腐＋高耐磨＋不结垢＋强化散热"的综合效果。联合创始人赵健飞，毕业于哈尔滨工业大学，为教授级高级工程师，享受国务院特殊津贴，是国家"万人计划"专家，科技部科技创业领军人才，中关村高聚人才，拥有核心专利 21 件，其中发明专利 6 件，并获得北京市发明二等奖、北京市科学技术进步奖等 5 个省部级奖励。联合创始人薛国旺，毕业于景德镇陶瓷大学，是"中微纳"体系创始人兼核心股东，参与（第一发明人）和拥有新材料、新工艺、新能源核心专利 23 项，其中发明专利 10 项，是"中微纳"石墨烯复合纳米陶瓷纳米沉积系统（材料、工艺、核心设备、工装）核心发明人，该系统实现了功能纳米涂层全覆盖零瑕疵高品位突破，稳定高性价比量产。

上海国材未来能源科技有限公司固体氧化物燃料电池（Solid Oxide Fuel

Cell,简称 SOFC)项目:2021 年 8 月落户于新区南苑文创园内,厂区面积 1.2 万平方米,通过 3 年时间完成产品中试,实现 SOFC 项目电池产品小批量投放市场。固体氧化物燃料电池项目是由昌南新区、城投集团、国家级工业陶瓷研究院(山东工业陶瓷研究院)、中科研宁波所、上海国材等多单位合作落地的最新一代燃料电池项目。项目总投资 10 亿元,一期为产品研发、中试及建设 10 MW试生产基地;二期建设产能 2000 MW 规模的 SOFC 燃料电池生产基地,达产后实现产值 80 亿元,综合税赋约 4 亿元,并同步引进产业链上下游资源入驻昌南新区。固体氧化物燃料电池是一种在中高温下通过电化学反应将储存在氢气、烃类等燃料中的化学能转变成电能的全固态发电器件。SOFC 在所有燃料电池中能量转化效率最高,热电联用时效率可达到 90% 以上;制造成本低,无须使用贵金属;燃料适应范围广,常用的碳氢类燃料均可使用,是当前国际燃料电池领域最主要的发展方向。

爱司凯科技股份有限公司(AMSKY):公司成立于 2006 年,在深圳证券交易所创业板挂牌上市。AMSKY 是一家致力于工业 3D 打印核心技术研发和多技术(微机电系统 MEMS、大功率激光、精密制作及智能控制)融合的国家级高新技术企业。公司 2021 年 8 月与景德镇市昌南新区达成合作意向,2022 年落地景德镇,争取在技术创新、学术科研等更深层次、更宽领域取得合作成果。AMSKY 与日本 AGC 集团(世界 500 强企业)旗下陶瓷分公司 AGCC 合作开发微瓷浮雕项目。引进日本全新陶瓷材料"铂丽砂",使用爱司凯 3D 机喷墨黏接技术打印成型,在 1350 ℃的高温烧结成瓷,瓷器产品只有 0.6% 的收缩率,针对这一特性,公司制作开发了复杂镂空结构的陶瓷艺术新品类。公司旨在结合中国陶瓷传统工艺与 3D 技术推出一个全新的陶瓷新品类,向世界展示中国传承千年的陶瓷文化。

江西奥福精细陶瓷有限公司:公司由景德镇黑猫集团下属子公司——江西高环陶瓷科技股份有限公司和山东奥福环保科技股份有限公司共同出资组建。公司成立于 2020 年 7 月,落户于景德镇高新区,注册资本 5699 万元。公司主要产品有蜂窝陶瓷催化剂载体、柴油车碳烟颗粒捕集器 DPF、汽油车颗粒捕集器GPF 三大类数千个品种,主要销售市场为机动车和船机主机厂、催化剂企业、机动车船升级改造后市场等,产品应用于节能、环保等多个领域。公司主要专注于蜂窝陶瓷技术的研发与应用,生产的蜂窝陶瓷载体主要应用于汽、柴油车尾气处理。

智合（深圳）新材科技有限公司景德镇特种陶瓷研发生产制造中心：公司成立于2018年8月，是深圳市重大引进项目。公司由中国航天火箭研究院、哈尔滨工业大学、民营企业联合成立和经营管理，集科研、核心技术专利、市场客户和灵活的民营经营管理模式于一身。景德镇特种陶瓷研发生产制造中心项目，开展新型多功能航天防热新材料、军民两用高性能功能性陶瓷涂层、高性能防护材料、壳聚糖材料等研发与生产。景德镇高新区作为智合高性能防护产品深圳外唯一生产基地，可结合本地陶瓷、航空产业与哈工大特陶所，开展广泛的产学研合作。项目总投资3.5亿元，产值可达10亿元。公司依托哈尔滨工业大学工信部重点实验室及特种陶瓷研究所，以国防领域重大需求为牵引，结合国家科技发展战略部署，致力于国防急需的新型多功能陶瓷材料、高温涂层等技术的研发及产业孵化；同时，响应军民融合国家战略，着力将现有技术成果向民用高端装备、化工环保、核电能源、医药等领域转化。公司基于哈工大特种陶瓷研究所技术基础，除导弹天线罩外，在其他航天及民用产品新材料领域亦多有布局。公司目前已与航天五院合作，为不同种类卫星提供电推进器陶瓷喷管、燃烧室等产品，单个卫星配套价格从几万到几百万不等，并已有产品搭载上天；与蓝思科技、比亚迪合作的手机曲面屏氮化硼基陶瓷模具，将高强石墨模具寿命从500小时提升至4500小时以上，并大幅降低生产环境的特殊要求，目前已开展第三轮验证；同时，在陶瓷天线滤波器集成构件、工业乙烯裂解传输管道等多个产品上开展验证及研究。

景德镇海川特种陶瓷有限公司：公司于2009年7月17日成立，位于景德镇市浮梁县景德镇陶瓷工业园，主营特种陶瓷、工业陶瓷及器件的加工、制造、销售等。

景德镇品安特陶有限公司：公司于2012年2月16日成立，位于景德镇市浮梁县湘湖工业园，主营陶瓷制造（不含梭式窑）、销售；陶瓷技术转让；新能源技术的开发、咨询、服务、转让；环保节能设备、化工产品（除危险品）销售；新能源科技产品的制造、销售；等等。

江西兴勤电子有限公司：公司于2009年11月20日成立，位于景德镇市浮梁县陶瓷工业园区，从事电阻器、真空器、传感器系列产品及模具材料、小五金、工量刃具、陶瓷发射管、高频加热管、磁控管等系列电子管的制造与销售。

景德镇和川粉体技术有限公司：公司于2007年7月11日成立，位于景德镇市浮梁县景德镇陶瓷工业园，主营陶瓷粉体（含纳米陶瓷粉体）、陶瓷材料、陶瓷插芯及精密陶瓷件的生产和销售,建成年产纳米氧化锆粉体 100 吨、注射成型专用颗粒 100 吨、氧化锆陶瓷插芯毛坯 1 亿只。

景德镇百特威尔新材料有限公司:公司于 2011 年 8 月成立,位于江西省景德镇市高新区,主营纳米陶瓷球、陶瓷结构件、特种陶瓷及其原材料的研发、制造、销售(不含使用梭式窑)等。公司目前已通过 ISO9001 - 2008 论证,2016 年第四季度通过了国家高新企业的评选。纳米陶瓷球的设计、生产和销售已获得 IAF 认可,并已获得发明专利 2 项,已受理专利发明 7 项。公司自主研发的纳米陶瓷材料为独有技术,制成的研磨球和结构件同比市场普通材料,其耐磨性能大幅提升;与耐磨材料完美结合,能为客户提供全方位的服务方案。

江西日盛电子科技有限公司:公司于 2019 年 12 月 6 日成立,位于江西省景德镇市昌南新区,主营电子元器件制造、电子专用材料制造、电子元器件及电子专用材料销售。

景德镇柏莱德电子有限公司:公司于 2016 年 6 月 27 日成立,位于景德镇市陶瓷园区,主要产品有 KHZ 压电陶瓷材料及元器件、中高功率压电陶瓷材料与元件、压电水泵压电材料与元件、高压点火用压电陶瓷材料与瓷柱、收发兼用压电材料与元件、高灵敏度接收型压电材料与元件和其他压电陶瓷材料与元件。该公司是一家集研发与生产压电陶瓷于一体的科技型企业,在原同惠公司的基础上经过近 15 年技术的创造与完善,形成了压电研发与生产规模的国内比较优势。公司先后获得了科技部创新项目基金、省重大产业化项目基金的无偿资助,独家承担了国防科工委十二号重点工程中的远程导弹导引头中超小型机械滤波器用压电陶瓷的生产与供应。

景德镇市鑫惠康电子有限责任公司:公司成立于 2007 年,位于千年瓷都江西景德镇市珠山区景华工业园内,主营压电陶瓷片、超声波传感器、汽车倒车雷达、超声波高灵敏度数字探头、汽车驾驶辅助系统等。这是一家专业研究、生产及销售压电陶瓷超声波传感片、超声波传感器件、倒车雷达、汽车驾驶辅助系统等产品的专业化企业。

景德镇邑山陶瓷智造有限公司:公司成立于 2014 年 5 月,位于瓷都景德镇陶瓷工业园区。定位为孵化型先进陶瓷企业基地,主打 1360 ℃ 高温日用瓷产品,包括餐具、茶具、马克杯等,并且提供陶瓷餐具原料生产、成型、加工、包装、发货一站式服务。公司引进了 20 余套世界顶尖的自动化设备,包括德国 SAMA 公司的等静压设备、自动杯子成型线、高压注浆机、空心注浆线、自动施釉机、自动磨底机及日本的 SKK 辊压生产线等,同时集成了 ERP、MES、WMS 等先进的软件系统,采用先进陶瓷装备技术与本土传统技术相结合的模式,打造了一座集电气化、自动化、信息化于一体的工业 4.0 智能工厂。

景德镇万微新材料有限公司:2021 年 8 月落户浮梁县先进陶瓷产业园,建设氧化锆粉体生产线 40 条、氧化铝粉体生产线 10 条。投产后可形成年产齿科氧化锆粉体 500 吨、高烧结活性氧化铝粉体 50 吨、年产值 20000 万元的生产规模,创税 2000 万元,为国内外氧化锆陶瓷牙齿和氧化铝陶瓷的生产提供优质粉体,为促进我市生物陶瓷、精密结构陶瓷和电真空陶瓷的发展打下坚实的材料基础。这是一家创新型高科技企业,通过多年的试验和探索,生产齿科氧化锆粉体和高烧结活性氧化铝粉体的技术已经成熟,形成了具有自主知识产权的先进陶瓷粉体的生产工艺技术,实现了产、学、研的良好结合。

景德镇晶达新材料有限公司:公司成立于 2011 年,坐落于瓷都景德镇陶瓷工业园区。产品主要包括 95 氧化铝结构陶瓷、电真空陶瓷管壳、交流接触器、氮化硅陶瓷、耐磨陶瓷等。这是一家以“氧化铝、氮化硅陶瓷”为核心产品,致力于工业精密陶瓷的研发与制作的陶瓷材料公司。

江西戎创铠迅特种材料有限公司:2020 年 9 月成立,地址在景德镇昌南新区唐英大道科创园。公司已落地超纯超细特种陶瓷粉体制备及产业化项目,主要从事新材料技术研发、特种陶瓷制品制造、特种陶瓷制品销售等。

景德镇旭晨半导体科技有限公司:2021 年开启旭晨化合物半导体产业项目,落户昌南新区,项目总投资 50 亿元,主要是研发、生产和销售砷化镓、氮化镓化合物半导体芯片,及半导体芯片封装测试和模组。旭晨化合物半导体项目是 5G 时代具有广阔前景的高科技产业项目。

## 第四节　景德镇先进陶瓷未来发展

2019 年 8 月 26 日,国家发展改革委正式印发《景德镇国家陶瓷文化传承创新试验区实施方案》,开启了景德镇国家陶瓷文化传承创新试验区建设新征程。发展先进陶瓷,是建设景德镇国家陶瓷文化传承创新试验区这一国家使命的核心要义,是创新发展的具体体现。

### 一、未来景德镇先进陶瓷产业发展目标

景德镇市第十二次党代会做重要决策部署,把低能耗、低物耗、高科技高附

加值的先进陶瓷作为产业发展的主攻方向,紧紧围绕"特色产业发展新高地"目标,坚持产业链与创新链、人才链、政策链、要素链的"五链联动",注重集群发展、科技引领、数字赋能,构建"一极引领,两带支撑,三点错位"的产业布局,形成"创新体系较为完备,产业集群初步建成,部分领域行业领先"的产业发展态势,努力成为国家先进陶瓷发展样板区,为建好景德镇国家陶瓷文化传承创新试验区、全面建设社会主义现代化国际瓷都提供强力支撑。

为此,景德镇市制定了《景德镇市先进陶瓷产业发展规划(2022—2025年)》,成立了景德镇市先进陶瓷产业发展推进领导小组,全面推进景德镇先进陶瓷产业发展。

1. 打造先进陶瓷创新研究集群,建设"一室三中心"高端先进陶瓷产业化技术研究平台。建成上硅所陶文旅先进陶瓷材料联合实验室、先进材料与绿色制造技术工信部重点实验室景德镇研究中心、哈工大特种陶瓷研究所景德镇研究中心、景德镇先进陶瓷粉体开发及应用研究中心等"一室三中心"高端产业化技术研究平台,形成较为完备的创新体系。培育建设省级创新平台 10 家,力争建成国家级创新平台 1 家,国家级企业技术平台达到 2 家,引进、创建高水平科技创新和孵化载体 10 家以上,企业研发经费投入占主营业务收入比例达到 3% 以上,打造先进陶瓷创新研究院集群。

2. 打造先进陶瓷研发制造基地,形成先进陶瓷产业集群。构建产业链条较为完备的先进陶瓷产业体系,主攻"通信电子、新能源"两大应用领域,培育"航空航天、生物医疗、节能环保、国防军工"四大应用领域,初步建成"2+4"先进陶瓷产业集群,成为国内重要的先进陶瓷研发制造基地。

3. 发挥先进陶瓷产业集群优势,实现部分领域行业领先。在具有一定产业基础的氧化铝陶瓷、压电陶瓷等产品领域,产业集群优势更加明显,引领行业发展;在高性能氧化物陶瓷、碳化物陶瓷、氮化物陶瓷等关键基础材料粉体制备和部分产品上替代进口,自主保障。

**二、未来景德镇先进陶瓷产业发展重点**

未来景德镇先进陶瓷产业以市场需求为导向,瞄准进口替代,主攻"通信电子、新能源"两大应用领域,培育"航空航天、生物医疗、节能环保、国防军工"四大应用领域,错位发展。

**(一)主攻"通信电子、新能源"两大应用领域**

1. 通信电子领域重点发展片式电容、片式电阻、片式电感等片式陶瓷元器件及陶瓷基板、陶瓷线路板等关联压电陶瓷产品,把片式电容、片式电阻、片式电感三大片式被动元器件项目作为先进陶瓷主攻方向,形成片式陶瓷元器件产业集聚,打造国内技术领先的压电陶瓷产业集群。

2. 新能源领域重点发展新能源用氧化铝陶瓷组件、透光陶瓷新材料、固体氧化物燃料电池(SOFC)等,围绕太阳能光伏电池、燃料电池、锂电池等新能源领域应用,形成新能源用氧化铝陶瓷组件产业集聚,构建氧化铝陶瓷产业链。

**(二)培育"航空航天、生物医疗、节能环保、国防军工"四大应用领域**

1. 航空航天领域重点发展陶瓷复合材料、高温先进陶瓷涂层等,围绕航空零部件产业及下游航空产业配套,推动陶瓷复合材料、高温先进陶瓷涂层产业化项目转化,形成陶瓷航空航天产业聚集。

2. 生物医疗领域重点发展口腔修复用氧化锆陶瓷、人工关节、人工骨等生物陶瓷,围绕齿科氧化锆陶瓷形成产业,重点培育生物陶瓷材料可产业化技术项目转化,形成生物陶瓷的局部产业集聚。

3. 节能环保领域重点发展石墨烯散热材料、多孔陶瓷、陶瓷膜等环保陶瓷,围绕汽车尾气处理、高温烟气处理、水处理等,提升现有活性炭制备企业技术水平,形成环保陶瓷的局部产业集聚。

4. 国防军工领域重点发展碳化硼防弹陶瓷片、防弹陶瓷插板、防弹复合材料、碳化硅、碳化硼、氮化硅陶瓷制品等,围绕防弹陶瓷军民两用技术开发,形成防弹陶瓷产业的局部集聚。

**三、未来景德镇先进陶瓷产业发展空间、时间布局**

**(一)"一极引领,两带支撑,三点错位"的先进陶瓷产业空间布局**

未来景德镇将进一步优化先进陶瓷产业布局,按照先进陶瓷产业集群化发展思路,形成"一极引领,两带支撑,三点错位"的产业空间布局。

1. 以昌南新区一极引领,打造景德镇先进陶瓷产业发展战略增长极

昌南新区突出"瓷业高地、产业新城"的发展定位,主攻先进陶瓷,强化创新驱动,加速产城融合,做强实体经济,重点建设上硅所陶文旅先进陶瓷材料联合实验室、景德镇特种工业陶瓷研究院、山东工陶院景德镇分院、先进陶瓷检验检测中心等先进陶瓷公共创新和服务平台,形成"产业化技术中心—孵化器—加速器—产业园"完整的科研成果产业化链条,成为景德镇先进陶瓷产业发展的战略增长极。

2. 以高新区、浮梁陶瓷产业园先进陶瓷产业为支撑,形成景德镇先进陶瓷

两个产业集聚带

高新区将围绕航空产业的高精尖配套需求牵引,发展陶瓷复合材料、高温先进陶瓷涂层等产品;发挥电镀集控中心的产业集聚效能,围绕通信电子应用领域,重点发展片式陶瓷元器件下游的陶瓷线路板、印刷电路板、电子封装等产业,形成高精尖先进陶瓷局部产业集聚。

浮梁产业园依托现有氧化铝陶瓷企业集中的优势,引导企业强强联合,招引上下游关联企业,完善产业链配套,重点围绕新能源应用领域,在湘湖片区打造国内最大、技术领先的氧化铝陶瓷产业集群;依托先进陶瓷粉体开发及应用研究中心,在三龙片区打造高性能氧化铝粉体制备基地,在浮梁县形成较为完备的氧化铝陶瓷产业链体系。

3.乐平市、昌江区、珠山区依据各自产业发展基础条件,围绕全市先进陶瓷产业体系,形成三点错位差异化发展

乐平市围绕医药、精细化工等主导产业的配套需求,重点发展相关联的生物陶瓷、环保陶瓷及环保设备等产品,发挥规范化工园区的资质优势,招引规模化先进陶瓷粉体制备(含化工生产工艺)项目,形成局部产业集聚。

昌江区发挥与高新区融合发展优势,重点围绕电子信息、生物医药等主导产业配套需求,错位发展相关的电子陶瓷元件、生物陶瓷等产品,形成一定的局部规模。

珠山区发挥国家试验区政策集成及主城区的区位优势,重点发展先进陶瓷总部经济,搭建先进陶瓷高端研发、设计平台,发展相关的产业电商、咨询、品牌运营、知识产权等专业配套服务业;积极与其他县区、园区合作发展先进陶瓷"飞地经济",实现资源互补,互利共赢。

**图18-7 景光精盛公司的产品**

**（二）两个阶段、十大举措的先进陶瓷产业时间布局**

按照《景德镇市先进陶瓷产业发展规划》要求，未来景德镇先进陶瓷产业发展在时间布局上分两个阶段。

第一阶段到 2023 年，全市先进陶瓷产业区域布局初步形成、创新体系初步建立、产业链初具雏形，产业规模超过 150 亿元。

第二阶段到 2025 年，全市先进陶瓷产业形成创新体系较为完备、区域布局较为合理、上下游协同的发展格局，产业规模超过 350 亿元。

为实现两个阶段目标，《规划》提出强化项目对接服务、统筹产业关键要素、推进专业园区建设、打造标志产业链群、搭建高端创新平台、优化产业发展环境、促进产业英才汇聚、加强企业梯队培育、推进绿色低碳发展、深化对外交流合作十大举措，全力推进景德镇市先进陶瓷产业发展，实现景德镇市先进陶瓷产业发展战略目标。

# 第十九章　景德镇陶瓷科研机构与科研成果

在景德镇陶瓷发展过程中,陶瓷科研发挥着重要作用,先后成立了一批陶瓷科研院所、学会协会、文博机构、研究中心,创办了一批学术刊物,产生了一大批陶瓷科研成果和文献出版物,形成了完整的现代陶瓷科研、文博体系,为景德镇陶瓷发展提供了科技支撑。

## 第一节　景德镇陶瓷科研机构

### 一、民国时期景德镇陶瓷科研机构

**景德镇瓷业美术研究社**:1919 年,浮梁县县长徐仲亭,知事何心澄,陶瓷名家汪晓棠、王琦、吴霭生、王大凡、汪野亭、饶华阶等倡建瓷业美术研究社,组织彩瓷名家与陶业有关人员二百多人,在景德镇佛印湖畔(今莲花塘)逸心公园的景德阁,成立景德镇瓷业美术研究社,以促进瓷艺与画艺的发展。陶瓷实业家吴霭生为社长,汪晓棠、王琦等人为副社长。美术研究社以改良和振兴瓷业为宗旨,经常举办观展会,主办师生、社员画展数次,并出版石印画稿《瓷业美术研究社图画》二十余期。美术研究社经常组织社员研习历代名家画技画论,并针对陶瓷绘画中不讲画理、不分阴阳、不分远近的弊端,用中国画理论典籍《林泉高致》等来提高红店艺人的艺术修养,探讨瓷艺的发展。至 1925 年,社员发展至 300 余人,聚集了一批绘制高手和瓷绘艺人。1926 年 10 月,北洋军阀孙传芳部署刘宝缇师团经过景德镇,将美术研究社所展陶瓷精品抢劫一空,研究社的艺人们因此遭到了巨大的打击,同时也失去了谈瓷论画的场所,美术社不宣而散。

**江西省陶业管理局**:1925 年江西省政府决定设立江西省陶务局,以加强对陶瓷生产工艺改良和推广工作,委任张浩为局长。1929 年 1 月,江西省政府建设厅提请省政府会议通过在景德镇设立景德镇陶务局,办理关于瓷业的指导及改良事项,张浩任局长。张浩从日本订购新式制瓷机械,在莲花塘北侧试制煤窑,并邀请日本烧煤窑技士来景德镇指导,后在陶务局原址开办陶业试验所,负责指导、研究陶瓷工业的发展。同年11月又经省政府通过《整理并发展本省瓷业方案》。1930年陶务局并入江西省立工业试验所的陶业股。1934年,江西省政府决定在景德镇设立江西省陶业管理局,局址迁到莲花塘畔。由杜重远主持,创立陶业人员训练所,制订陶瓷工业的改革措施,张浩受杜重远之聘,任工务科科长兼养成所教师。在当时著名的工业改革家杜重远的主持下,景德镇瓷业进行了整顿改良,用机器制坯代替手工捏坯,改筑煤窑代替柴窑,以印刷彩饰取代手工笔绘,这些措施对恢复景德镇陶瓷生产起到重要促进作用。但不久杜重远被迫离镇,改革未能成功。1935年,张浩任江西省陶业管理局局长。1937年,抗日战争爆发,不久九江、景德镇告急,陶业管理局迁往萍乡上埠,与同时迁来的江西省立陶业学校、江西省立工业试验所并入萍乡瓷厂,更名为江西省陶业管理局萍乡瓷厂,汪璠任厂长,邹如圭为电瓷部主任,彭友贤任美术部主任,汪探任普通瓷部主任。一年后,江西陶业管理局撤销,先后归属江西建设厅、江西工商业管理局领导。

**图 19 - 1　江西陶业管理局旧址**

**江西省工业试验所窑业股:**江西省工业试验所设立于1929年,以研究工业原料、改良制造方法、规定检测标准、鉴别工商物品为其主要职能,熊正琨为所长。1931年,江西陶务局并入,试验所设化学股和陶业股,并附设制瓷工厂,张浩任陶业股股长(技正),舒信伟为技士,程宗瑜为技佐。张浩、舒信伟均毕业于日本东京高等工业学校窑业科,程宗瑜毕业于江西省立窑业学校。1932年8月,省政府决定将位于南昌的江西工业试验所中的陶业股单列出来,成立江西省陶业实验所。

**江西省陶业实验所**：其前身为江西工业试验所窑业股，1932 年 8 月，江西省政府决定将位于南昌的江西工业试验所中的陶业股单列出来，成立江西省陶业实验所，省政府陶业专员邵德辉任所长，所址位于南昌德西门外原南昌铜元厂旧址。实验所设研究股和指导股，设技士 1 名，技佐、司务员各 4 名，工人 10 名，练习生 30 名，以练习制造。实验所每年经常经费 17736 元、事业费 5500 元，一切制造设备均采用最新科学方法。实验所有柴油动力机 1 部、压榨机 1 部、研磨机 1 部、制瓷辘轳 2 部、颜料粉碎机 2 部、粉碎机 1 部、坯土精练机 1 部、滚拌机 1 部、连续机 1 部、瓷窑 2 座、石膏炉 1 座、干燥室 1 间，聘请 2 名日本技师做指导。当时实验所成功试制电器化学用瓷一寸、二寸、三寸半碾子，二寸双线、三寸半三线瓷制夹板，螺形保险瓷盒，电碗，蒸发器等 15 种产品，投产第一年就生产大小碾子 10 余万件，改变了我国电瓷完全依靠进口的局面。1934 年，省政府决定将江西省陶业实验所与江西省立陶业学校合并，陶业实验所停办。

**月圆会**：1928 年，曾任美术社副社长的王琦等名家，念及瓷业美术研究社的一些活动，欲恢复以图强，但又无力重建，拟议邀请几位同道艺友组织一些小范围研究活动，并相约当年中秋节之日每人自带一件作品，相聚在景德镇文明酒馆二楼。他们品茗论画，品评画理，相互观摩，切磋技艺。此后，参加此活动的画友公认此种形式很好，人员不多，聚会便利，便约定日后每月月圆之时雅聚一次，共同探讨瓷绘艺术，并定名为"月圆会"。日后，镇民或瓷商就把参加月圆会，常常在一起作画配画者称之为"珠山八友"或"八大名家"，这些瓷画家就是近现代景德镇陶瓷史上著名的"珠山八友"。这里需说明的是，虽然后世称其为"八友"，实则参加过月圆会的共有十位新粉彩绘画名家。其时接受邀请参加月圆会并经常为瓷板画成堂配画的画家是王琦、王大凡、汪野亭、邓碧珊、程意亭、刘雨岑、田鹤仙、徐仲南八位画家。最早参加月圆会聚会的是王琦、王大凡、汪野亭、邓碧珊、程意亭、刘雨岑、何许人、毕伯涛八位画家。月圆会一直延续到1940 年左右。

**二、新中国成立后景德镇陶瓷科研机构**

**中国轻工业陶瓷研究所**：其前身为 1954 年 8 月成立的景德镇市陶瓷试验研究所，张凤歧同志任所长，所址在莲花塘。9 月中共景德镇市委成立陶瓷研究委员会，陶研所直属其领导。1955 年，景德镇市陶瓷试验研究所改名为景德镇市陶瓷研究所。1957 年 6 月全所搬迁到新厂新所办公，并划归江西省轻工业厅管理，改名为江西省轻工业厅陶瓷研究所。10 月 30 日接江西省轻工业厅文件，

**图 19 – 2　中国轻工业陶瓷研究所大门**

将所名冠以所在地地名,改为江西省轻工业厅景德镇陶瓷研究所。1965 年根据上级决定将中国科学院上海硅酸盐研究所陶瓷室迁并景德镇陶研所,改名为第一轻工业部景德镇陶瓷工业科学研究所,李曼任党委书记,许信如任所长。1968 年,根据省革命委员会的指示决定撤销陶研所,并与被撤销的陶瓷学院合并,成立景德镇市向阳瓷厂。1970 年省革委会决定将江西理工科大学搬迁陶研所。1971 年下半年开始筹备陶研所恢复工作,1972 年 7 月经中共江西省委批准,恢复成立江西省陶瓷工业科学研究所,行政上由省轻化局、市革委双重领导,以省轻化局领导为主,干部管理由中共景德镇市委负责,张国华任党委书记,方综任副所长。1978 年 6 月根据《关于调整轻工业科研机构领导体制的函》(〔轻科字〕1978 第 056 号),江西省陶瓷工业科学研究所改名为轻工业部陶瓷工业科学研究所,实行轻工业部与省市双重领导,以轻工业部领导为主,市委常委王元芝兼任轻工业部陶瓷工业科学研究所党委书记,钟起煌任党委副书记、副所长。1999 年由中国轻工总会陶瓷研究所更名为轻工业陶瓷研究所。2000 年并入景德镇陶瓷学院,根据中央机构编制委员会办公室 57 号文件轻工业陶瓷研究所更名为中国轻工业陶瓷研究所。创所近七十年来,中国轻工业陶瓷研究所开展了一系列陶瓷技术改造和技术创新,进行"机械制瓷""注浆成型""新渣饼""匣钵新配方""印坯模型""新器型""瓷雕研制""倒焰式煤窑""隧道锦窑"等改造,完成"精细瓷坯釉配方""天青釉堆白花""透明釉配方""耐火匣钵配方""日用瓷石膏模注浆""釉下彩使用试验"创新,试制国家用瓷,成立全国日用陶瓷科研、标准化测试和科技情报"三中心",制定国家日用陶瓷器系列标准,开展陶瓷科技培训和交流,产生一大批科研成果,成为国家陶瓷行业集科技开发、公益技术服务与艺术创作为一体的专业研究所。目前中国轻工业陶瓷研究所下设艺术陶瓷、传统陶瓷、特种陶瓷、装饰材料、机电热工 5 个研创中心,建有"国家日用陶瓷产品质量监督检测中心""全国日用陶瓷标准化中心""全国陶瓷工业信息中心",出版中文科技核心期刊《中国陶瓷》杂志。现为国际标准化组织/接触食品的陶瓷器皿、玻璃器皿和玻璃陶瓷器皿技术委员会(ISO/TC166)秘书处单位。

**国家日用陶瓷质量监督检验中心**:其前身为中国轻工业部陶瓷科学研究所陶瓷检验室,创建于1954年。1988年国家质量监督局授权为国家日用陶瓷质量监督检验中心,同年,中国轻工业部授权为轻工业部陶瓷质量监督检测中心,1995年通过中国实验室国家认可委员会(CNACL)认可,是我国第一批通过国家实验室认可的陶瓷实验室。1995年国家科委授权中心为科技成果检测鉴定国家级检测机构。2001年国家贸易部等五部委向社会公布本中心为商品质量仲裁检测机构,可为陶瓷企业、陶瓷经销商及消费者提供具有法律效力的商品质量仲裁检测服务。2006年,以国家日用陶瓷质量监督检验中心为主体整合国家日用及建筑陶瓷工程技术研究中心分析测试中心(景德镇)、江西省工业陶瓷质量监督检验站(萍乡)两单位的优质资源,组建国家陶瓷产品质量监督检验中心(江西省陶瓷检测中心),下设国家日用及建筑陶瓷工程技术研究中心分析测试中心与国家日用及建筑陶瓷工程技术研究中心,形成了集日用陶瓷、建筑陶瓷、卫生陶瓷、工业陶瓷及陶瓷原辅材料测试为一体的具有独立事业法人资格的陶瓷测试机构。该中心2007年获得授权并通过国家认证认可监督管理委员会资质认定,获质量监督检验授权证书和计量认证证书;2009年通过中国合格评定国家认可委员会实验室认可;2012年,被认定为国家中小企业公共服务示范平台和江西省级中小企业公共服务示范平台;2012年被景德镇市工信委、市中小企业局评为中小企业创业服务优秀单位;2014年被江西省中小企业局评为首届五星级"中小企业星级服务机构"。该中心共有54人,具有高级职称13人、中级职称18人、初级职称15人,具有博士学位者4人、硕士学位13人。该中心成立以来,一直从事陶瓷产品及其原材料、辅助材料的理化性能、显微结构和化学成分的分析测试工作,对日用陶瓷产品、建筑陶瓷产品及陶瓷辅助材料产品进行检测,检测结果在国内具有权威性,并与CNACL互认的亚太13个国家实验室(包括美国、日本、澳大利亚、新西兰、韩国、新加坡等国)有效。

**景德镇陶瓷工业设计研究院**:其前身为1982年2月成立的江西省陶瓷工业公司设计室,1994年更名为景德镇陶瓷工业设计研究院,设置陶瓷工艺科、陶瓷设备科、陶瓷窑炉科等10个科室,承担全市日用陶瓷、建筑卫生陶瓷等陶瓷工业设计、新建、扩建、改造、安装等工程项目,以及调试、生产等技术咨询服务。研究院先后承担国内外陶瓷工程项目500余项,景德镇华风瓷厂设计获国家优秀工程设计银奖,景德镇艺术瓷厂隧道窑设计获中国轻工业部优秀工程奖。研究院先后获江西省优秀工程奖52项、江西省科学技术进步奖2项、景德镇优秀工程奖10项。

**江西省陶瓷研究所:**1984年5月,经江西省人民政府163号文件批准,由原江西省陶瓷工业公司陶瓷工业科学技术中心试验所、陶瓷美术研究所和所属玉风瓷厂合并组建江西省陶瓷研究所,隶属省轻工业厅,秦锡麟任党委书记、所长。研究所内设艺术研究室、技术研究室、理化测试室等7室和玉风瓷厂,创办《陶瓷研究》(季刊)杂志,建有江西省陶瓷科技情报中心站和江西省陶瓷质量监督检测站。科学研究以日用陶瓷为主,工业和现代陶瓷为辅;以工艺技术和装饰艺术为主,陶瓷设备和瓷用材料为辅。其主要任务是陶瓷新产品、新技术、新工艺研究;陶瓷产品测试、校验计量仪表、提供成套技术、转让科研成果、接受技术咨询、承包技术服务。研究所创立了"海泰"窑炉品牌,研制的中高温燃气节能间歇窑、双窑道燃气节能隧道窑、精细陶瓷连续式烧结炉及新型蓄热式烟气净化装置获得12项国家实用新型专利,获省科技进步三等奖4项、全国发明博览会金奖及省新产品、市科技进步奖等多项。研究所先后承担国家部委、省级科研课题近百项,对企业开展横向技术服务400余项,先后荣获部省级科技进步奖12项,其他科技成果奖24项,获国家发明专利、实用新型专利等25项,

**图19-3 江西省陶瓷研究所大门**

曾完成国家"八五"重点科技攻关项目、国家中小企业创新基金项目、省科技厅火炬计划项目、省社会发展科技计划项目、省优秀新产品项目等。

**景德镇市特种陶瓷研究所**：创办于 1984 年，是特种陶瓷研究、中试与生产基地，在特种陶瓷研究方面取得一系列可喜成绩，先后完成国家重点科技项目 2 项、省级重点项目 6 项、市级重点项目 15 项，开发出许多深受欢迎的工业陶瓷和环保产品，形成了以堇青石蜂窝瓷与蜂窝状稀土催化剂、蜂窝状活性炭、无机超滤膜滤水器、陶瓷滤环、氧敏传感器为代表的五大产品系列，并获得发明专利、实用新型专利多项与国家级、省级新产品奖 4 项、省科技进步一等奖 1 项。

**景德镇陶瓷考古研究所**：1989 年 6 月经江西省人民政府批准，成立景德镇陶瓷考古研究所，所址设在国家级重点文物保护单位——祥集弄民宅内（景德镇市祥集上弄 11 号、3 号），下设考古资料陈列馆、田野考古工作室，对景德镇境内的 10 世纪至 17 世纪古瓷窑遗址进行了全面的考察，为配合城市基建对珠山官窑遗址进行抢救性发掘清理，精细修复数千计难得的瓷器珍品，成为收藏家、鉴赏家最权威的断代标尺，为文化史学家提供最可靠的实物史料。1989 年以来，研究所先后 9 次应邀赴英国、日本举办展览，并出版《景德镇珠山出土永乐宣德官窑瓷》《景德镇出土陶瓷》《成窑遗珍》《皇帝的瓷器》《成化官窑重建》《景德镇出土明初官窑瓷器》《景德镇出土宣德官窑瓷器》《景德镇出土元明官窑瓷器》等大型学术图录，参加国家文物局在北京举办的"全国近年来重大考古发现汇报展"。1999 年，该所考古成果被选入《中华人民共和国重大考古发现》大型图录。

**图 19-4　景德镇陶瓷考古研究所**

**景德镇市陶瓷研究所**：研究所成立于1993年，是一所从事陈设艺术陶瓷和实用艺术陶瓷创作设计及工艺研究的科研事业单位，现有专业技术人员34人，其中中国工艺美术大师5名、国务院特殊津贴专家5名、中国陶瓷艺术大师7名、江西省工艺美术大师15名、江西省政府特殊津贴专家3名、全国劳模1名、江西省劳模3名。主办学术性期刊《景德镇陶瓷》，创作设计的艺术陶瓷作品曾获国家、省、市陶瓷艺术创作设计评比金、银、铜奖或一、二、三等奖近200项，近百件作品被国内外重点艺术院、馆收藏。研究所多次承担并完成国家、省市下达的重大创作设计任务。

图19-5 景德镇市陶瓷研究所大门

**国家日用及建筑陶瓷工程技术研究中心**：2003年12月5日，国家科技部批准以景德镇陶瓷学院为依托单位，通过整合科技资源，组建国家日用及建筑陶瓷工程技术研究中心。该中心以研究开发日用及建筑陶瓷行业基础性、关键共性技术为重点，通过自主创新和产学研结合，开展先进实用的工程化技术研究，为行业提供新材料、新技术、新工艺、新产品和新装备，通过以现代先进技术改造传统的陶瓷产业，推进陶瓷产业升级换代。该中心于2007年12月通过了科技部验收评估，并获得优秀。由于该中心在科技成果转化和推广应用方面成绩突出，国家科技部于2008年8月批准该中心为首批76个国家技术转移示范机构之一。2016年3月，该中心成功入选国家科技部第二批科技服务业行业试点单位（面向陶瓷产业集群的科技服务业试点）。该中心荣获国家科技部颁发的"'十一五'国家科技计划执行优秀团队奖"、"2009—2010年度江西省科技创新'六个一'工程先进单位"、"优秀科技创新研发平台"、"第五届中国技术市场协会金桥奖先进集体奖"、2014 年江西省首届五星级"中小企业星级服务机构"等荣誉。该中心的建立,为我国传统陶瓷行业构筑了一个集工程化技术研发、科技成果转化与孵化、标准化与检测、知识产权与咨询、人才培训与信息及学术交流为一体的科技创新平台。

图 19-6  国家日用及建筑陶瓷工程技术研究中心大楼

**中国陶瓷知识产权信息中心:**国家知识产权局 2006 年 9 月批准成立中国陶瓷知识产权信息中心,该中心由江西省人民政府与国家知识产权局共同建设,江西省知识产权局、景德镇市人民政府与景德镇陶瓷学院共同承建。该中心为我国陶瓷行业唯一的国家级陶瓷知识产权信息中心,也是江西省唯一的国家级知识产权信息中心。2008 年江西省机构编制委员会办公室批准成立江西省陶瓷知识产权信息中心,2012 年经国家知识产权局考察批准成为全国第一批认定的地方专利信息服务中心——江西省专利信息服务中心。因此,中国陶瓷知识产权信息中心、江西省陶瓷知识产权信息中心、江西省专利信息服务中心三块牌子、一套人马,是目前江西省唯一的知识产权专利信息服务机构。该中心为全国陶瓷行业及江西省企事业机构提供国内外专利的检索、咨询、专利代理、转让与推广实施中介、专利统计与分析、专利专题数据库建设等服务,受委托开展相关知识产权培训、行业与企业知识产权战略研究等。近五年来,该中心举办了 20 余次针对全国陶瓷行业及江西省企事业单位的大中型知识产权与专利信息培训,培训学员 3000 余人;建成各类专题专利数据库 50 多个;撰写完成 20 多份专利信息分析报告;承担专利检索查新 30 余项;完成 20 多家企业委托的《企业知识产权管理规范》贯标咨询服务工作;承担包括国家科技部"火炬计划"在内的市厅级以上课题 30 余项。该中心成立以来,知识产权服务工作得到国家知识产权局、江西省科技厅、江西省知识产权局和景德镇市科技局(知识产权局)的充分肯定和高度评价。2010年该中心进入全国专利保护重点联系机制,2011年获国家知识产权局颁发的"全国知识产权培训工作先进集体"称号,被江西省科技厅认定为省级科技查新机构,获江西省科技厅颁发的"全省知识产权系统2011年度专利工作先进集体"称号;2012年入选国家知识产权局全国首批"知识产权服务品牌机构培育单位"。该中心负责管理与运行的"中国知识产权远程教育景德镇陶瓷学院分站"被中国知识产权培训中心评为优秀分站,获国家知识产权局"全国知识产权人才培养先进单位"称号。2013年该中心被江西省中小企业局认定为"江西省中小企业公共服务示范平台",被国家工信部认定为"国家中小企业公共服务示范平台";2014年被国家知识产权局评为"全国首批知识产权服务品牌机构;2015年被江西省中小企业局评为"首届江西省五星级服务机构"。

图19-7　中国陶瓷知识产权信息中心大楼

**全国日用陶瓷标准化技术委员会**:成立于2008年,是由国家标准化管理委员会和中国轻工业联合会领导的从事全国日用陶瓷标准化工作的标准化技术组织,秘书处承担单位为中国轻工业陶瓷研究所。标委会主要负责与食品接触的日用陶瓷等领域的国家标准制定、修订工作,对口的国际标准化组织是 ISO/TC166 与食物接触的陶瓷制品、玻璃制品和玻璃陶瓷制品技术委员会。2012年中国轻工业陶瓷研究所成为国际标准化组织 ISO/TC166 与食物接触的陶瓷制品、玻璃制品和玻璃陶瓷制品技术委员会秘书处承担单位。标委会现归口的日用陶瓷标准共107项,其中国家标准48项、行业标准59项。标委会可提供国内外标准信息,代查、代译各类标准资料;帮助制定地方和企业标准;提供日用陶瓷国际标准、国外先进标准、国家标准和行业标准的咨询服务。

**江西省陶瓷企业信息化工程技术研究中心**:该中心为景德镇陶瓷大学2011

年经江西省教育厅批准组建的省级科研平台,重点打造"陶瓷电子商务平台""陶瓷产品云设计服务平台""陶瓷产业集群科技服务集成平台"三大服务平台。该中心 2015 年 4 月通过验收,并被评为"优秀"。该中心针对我国陶瓷产业优势科技资源高度集中、资源利用率不高的现状,围绕陶瓷产业集群发展和集群内企业技术创新和公共科技服务需求,整合全国陶瓷产业的可服务资源,以互联网为载体,以信息化平台为媒介,面向全国陶瓷企业提供多层次科技服务,完善陶瓷产业集群科技创新体系和产业支撑体系,推动陶瓷产业的健康发展,同时加强学校和企业的联系与合作,尝试"互联网+"模式促进陶瓷产业转型升级,进一步强化学校在陶瓷行业的引领作用和服务职能。

### 三、景德镇陶瓷社会组织

**景德镇市硅酸盐学会**:成立于 1979 年 9 月,挂靠江西省陶瓷工业公司,个人会员 71 人、团体会员 53 个,会员先后发表论文 300 余篇,其中 208 篇获省、市优秀论文奖。历年来,学会接待国内外陶瓷领域专家学者 200 余人次。

**景德镇窑炉学会**:成立于 1987 年,是以景德镇市窑炉科技人员为主体,自愿结成的一个学术性的具有法人资格的民间组织。学会自成立以来,主要会员单位先后参加和承担了国家、省、部级"八五""九五"攻关课题等重大科研项目 20 余项,荣获"省部级科技进步奖"和"优秀新产品奖"15 项,获得国家专利 50 多项,同时还参加了景德镇窑炉煤改气技改项目、窑炉的热能测试及节能项目的研发等工作。近年来学会参与了国家《陶瓷工业窑炉施工及验收规范》行业标准的制定,承担了景德镇古窑民俗博览区历代古窑"复活"的图纸设计工作以及参加陶瓷文化产业园建设等重大项目,同时在学术交流、技术培训和对外技术服务各方面都做了大量和卓有成效的工作,多次被市科协评为先进学会。

**江西省陶瓷行业协会**:成立于 2012 年 6 月,是江西省跨地区、跨部门,不分所有制的从事陶瓷行业及相关产品的生产、设计、科研、教育、流通、收藏及其他服务活动的企业、事业单位、院校、地方性社团组织及个人会员自愿组成的非营利性行业社会团体。其业务主管部门为江西省轻工行业管理办公室。协会发挥联系政府与企业之间的桥梁和纽带作用,以维护本行业和会员的合法权益,协调会员间的关系,监督企业自觉自律,为会员服务,为振兴江西省陶瓷行业服务。协会积极制定行业规划及行规行约,调查、收集、整理和统计行业的基础资料,研究行业发展方向,做好行业有关情况的调研工作,及时反映企业的实际困难和问题,为会员提供信息、法律和技术咨询服务。同时,协会还承担政府及有关部门委托的其他事项。协会积极开展省内外及国际间交流与合作,不断加强与国内外陶瓷同行之间的联系与交流,致力于促进陶瓷行业的技术进步、扩大贸易往来,并且在这一领域中发挥着日益重要的作用。

**"陶瓷文化:保护与创新"教席:**为进一步推进陶瓷文化传承创新,推进陶瓷文化国际合作交流,景德镇学院向联合国教科文组织申请"陶瓷文化:保护与创新"教席。2017年5月13日联合国教科文组织总干事伊琳娜·博科娃女士与景德镇学院在北京钓鱼台国宾馆签订"陶瓷文化:保护与创新"教席建立协议,标志着联合国教科文组织"陶瓷文化:保护与创新"教席正式落户景德镇学院,世界陶瓷领域唯一一个教席由此诞生。联合国教科文组织"陶瓷文化:保护与创新"教席,聚焦联合国千年目标和联合国教科文组织"保护、促进和传承遗产"与"促进创造力和文化表现形式的多样性"两个中期战略目标,在联合国教科文组织的指导下,在中国教科文组织全国委员会的支持下,携手国内外陶瓷领域战略合作伙伴,在中国、亚洲和太平洋地区及世界其他地区陶瓷相关科研院所、协会和国际组织与企业之间搭建多边合作桥梁。学校充分利用联合国教科文组织"陶瓷文化:保护与创新"教席这一国际学术平台,开展国际陶瓷文化交流与对话,先后举办"传承与创新——景德镇学院陶瓷艺术教育成果展"、"瓷国之光——一路一带新篇章"景德镇学院师生陶艺作品系列成果展,举办"传承与超越——'一带一路'瓷都再出发国际研讨会"、"传承与创新:学校的使命与担当——首届中国陶瓷艺术教育论坛"、"陶瓷文化传承与创新——景德镇工匠精神"国际学术研讨会、"陶瓷文化:传承与创新"——景德镇国际研讨会,出版《景

图19-8 联合国教科文组织"陶瓷文化:保护与创新"教席签约仪式

德镇陶瓷史》《景德镇陶瓷文化》《景德镇陶瓷史话》等学术著作及教材,创办《中国景德镇学》学刊,打造国际陶瓷文化艺术领域人才培养、学术研究、文化交流多边合作的新范式,搭建景德镇陶瓷文化世界对话平台,构筑景德镇陶瓷文化世界对话高地,更好地传承创新景德镇陶瓷文化,促进景德镇陶瓷文化世界交流传播,扩大景德镇陶瓷文化世界影响力。

**"陶瓷文化"传承基地:**2018 年景德镇学院成功申报获批教育部第一批中华优秀传统文化"陶瓷文化"传承基地,开展陶瓷文化传承创新。学校积极探索构建陶瓷文化传承发展体系,开展陶瓷文化教育普及、保护传承、创新发展、传播交流等方面工作,发挥"陶瓷文化传承基地"的平台和纽带作用,创新建设方式和管理模式,探索政府、学校、社会共建共享的陶瓷文化传承长效机制,充分激发内生动力和发展活力,让陶瓷文化拥有更多的传承载体、传播渠道和传习人群。基地推进陶瓷文化进校园活动,设计一系列陶瓷文化研学课程,开发一系列陶瓷文化文创产品,出版陶瓷文化研学成果,编写一套陶瓷文化主题教材,策划一系列陶瓷文化原创展览,主办一系列陶瓷文化大赛,让学生学习、感受璀璨的中华陶瓷文化,传承中华陶瓷文化精髓,提高学生的观察力、想象力、创造力,培养学生热爱美、感知美、欣赏美的能力,同时也激发学生热爱中华民族的情感。基地以社区"生活"为圆心,借助"陶瓷+"的理念,以特色陶瓷文化+深度社区陶艺创作,激活社区文化创造潜力,鼓励特色陶瓷文创产品与社区特色资源结合,体现社区人文精神,实现陶瓷文化从"小众"体验走向"大众"体验,丰富社区文化生活。基地充分发挥陶瓷文化在国家文化战略中的重要优势,推进陶瓷文化与"一带一路"沿线国家交流合作,广泛开展国际陶瓷学术研修、游学培训、陶瓷文化论坛等活动,助力中华优秀传统文化走向世界。

## 第二节　景德镇陶瓷学术刊物

**《瓷业美术研究社图画》:**1919 年,景德镇瓷业美术研究社成立。美术研究社以改良和振兴瓷业为宗旨,以陶瓷美术创新、瓷器器型设计、颜色釉恢复创新为发展目标,定期出版发行《瓷业美术研究社图画》进行交流。1921 年,《瓷业美术研究社图画》第一期由景华书社印行,此后陆续出版石印画稿《瓷业美术研究社图画》二十余期,有力地提高了景德镇陶瓷艺人的艺术修养,探讨瓷艺的发展。1927 年,因北洋军阀过境,美术研究社遭受破坏而解散,《瓷业美术研究社图画》停刊。

《**陶业日报**》：1934年12月，《陶业日报》创刊，报道景德镇陶业发展状况和陶业相关信息。在抗日救亡运动影响下，江西陶业人员养成所学生胡绵芳（胡明）、潘炯乐（潘田）、张三圭（张云樵）等7人秘密成立"前哨社"组织，在《陶业日报》上开辟《前哨》副刊，以陶业管理局的名义，发表抗日救亡的言论和进步作品，向职工群众传播科学文化知识与进步思想。1940年，《陶业日报》停刊。

《**民众月刊**》：江西陶业管理局定期刊物，1935年10月创刊，杜重远亲自题写刊名，每月一期，设有论著（短论、专论、著述）、专载（讲演、专载、通讯、统计、调查、科学知识）、生活写实、文艺（创作、小品、随笔、诗歌、杂俎）、一月纪事五个栏目。刊物发行的目的是简述改进瓷业生产的措施，刊载有关陶瓷生产的新闻、国内外瓷业概况、陶业管理局内的工作调查报告等，以述明陶瓷改良动向及工作方针，同时利用刊物广泛宣传抗日救亡的道理。《民众月刊》成为景德镇市民争相阅读的期刊，在人民群众中有广泛深入的影响。刊物作者多为养成所学员，发行量达2000册。《民众月刊》对工人进行技术教育、阶级教育和抗战爱国教育，积极参与陶业管理局反封建陋规斗争，推动了制瓷技术和规章制度的改革。至1936年8月，《民众月刊》共发行9期，因资金困难，加上"《新生》周刊事件"，杜重远被捕入狱，陶业人员养成所停办，《民众月刊》也被迫停刊。

**图19-9　《民众月刊》封面**

《**陶瓷半月刊**》：为振兴景德镇瓷业，有效提升从业者素质，改良社会结构，促进景德镇瓷业发展，1945年9月3日，吴仁敬协助江西省立陶瓷科职业学校校长汪璠合作创办《陶瓷半月刊》。《陶瓷半月刊》以国内各大产瓷区瓷厂、各大城市瓷器商店和陶瓷界知名人士为读者对象，宣传陶瓷知识与新型生产技术,并介绍新型瓷业生产理念和世界瓷业发展大的格局,报道陶瓷市场信息,对提升景德镇瓷业工人技术以及加深对陶瓷市场的了解,产生积极作用。《陶瓷半月刊》出版发行近百期,1948 年停刊。

《陶瓷美术》:1958 年创刊,景德镇市陶瓷美术工作者协会主办,为双月刊。自 1958 年发行创刊号到 1966 年停刊共发行了 39 期,主要是以宣传景德镇陶瓷科技成就、繁荣陶瓷美术创作为宗旨,反映新中国景德镇陶瓷艺术辉煌成就,报道有关景德镇陶瓷美术动态和信息,刊登陶瓷美术作品,见证和记录了景德镇地区在 1949—1966 年间制瓷业的迅速复苏和蓬勃发展。

图 19－10　《陶瓷美术》杂志

《陶瓷简报》:中国轻工业陶瓷研究所内部刊物。1959 年 5 月,中国轻工业陶瓷研究所与全国陶瓷工业信息中心共同创办《陶瓷简报》,期刊信息篇幅总数不足 10 篇,出版周期为季刊形式,共出版 15 期,是业内较早以陶瓷应用为宗旨,集科学性与专业性的陶瓷期刊。《陶瓷简报》报道和介绍中国轻工业陶瓷研究所的研究成果和研究动态,以及国内外有推广价值的资料。1963 年《陶瓷简报》改为《瓷器》。

《瓷器》:1963 年由中国轻工业陶瓷研究所与全国陶瓷工业信息中心共同创办的《陶瓷简报》改为《瓷器》。期刊信息篇幅总数 15 篇左右,出版周期由季刊改为双月刊形式。《瓷器》发表有关陶瓷理论研究文章,报道和介绍国内外陶瓷研究成果和动态。1981 年《瓷器》改为《中国陶瓷》。

《中国陶瓷》：中国轻工业陶瓷研究所所刊，其前身为 1959 年创刊的《陶瓷简报》，1963 年更名为《瓷器》，1981 年正式更名为《中国陶瓷》，月刊。《中国陶瓷》聚焦陶瓷创新性科研成果、行业发展及学术交流，设有"先进陶瓷""建筑卫生陶瓷""日用陶瓷""艺术陶瓷"四大栏目，历获"中文核心期刊（北大）""中国学术期刊综合评价数据库来源期刊""中国期刊全文数据库来源期刊""华东地区优秀期刊""江西省优秀期刊"等荣誉。期刊科技论文具有较高科研价值，在国内外享有极高声誉。

《景德镇陶瓷》：景德镇市陶瓷研究所主办的学术性期刊，创刊于 1973 年，双月刊，为省级期刊，由景德镇市人民政府主管、景德镇市陶瓷研究所主办。《景德镇陶瓷》设有陶瓷工业技术、陶瓷文化、古陶瓷研究、陶瓷收藏、陶瓷教育、作品赏析、研究与探讨、商情信息等栏目，开展景德镇陶瓷研究，在国内外具有重要影响。期刊已被上海图书馆馆藏、万方收录（中）、国家图书馆馆藏、知网收录（中）、维普收录（中），被中国期刊全文数据库（CJFD）、中国核心期刊（遴选）数据库收录。

《陶瓷学报》：景德镇陶瓷大学校刊。1980 年创刊，创刊名为《景德镇陶瓷学院学报》，1995 年更名为《陶瓷学报》，现为双月刊。《陶瓷学报》刊发陶瓷材料、陶瓷机械、陶瓷窑炉及陶瓷艺术类学术论文，包括陶瓷材料及工艺、陶瓷机械、陶瓷标准与检测、陶瓷艺术及理论等，涵盖先进陶瓷、日用陶瓷、建筑卫生陶瓷、古陶瓷、艺术陶瓷等诸多领域。《陶瓷学报》现为中文核心期刊、中国科技核心期刊，同时被美国乌利希期刊指南（网络版）、美国化学文摘（CA）、美国科学引文索引等收录，2004 年被评为江西省优秀期刊和重点期刊。

《陶瓷研究》：江西省陶瓷研究所主办的学术性陶瓷科技期刊，创刊于 1986 年，原为季刊，现为双月刊。该刊侧重刊发陶瓷科技论文，兼及陶瓷艺术类学术论文。稿件包括陶瓷材料及工艺、陶瓷机械、陶瓷标准与检测、陶瓷艺术及理论等，涵盖先进陶瓷、日用陶瓷、建筑卫生陶瓷、古陶瓷、艺术陶瓷等诸多领域，是了解国内外陶瓷科技成果、生产动态、经营管理、市场行情及传递各企业产、供、销信息的窗口。《陶瓷研究》是杂志学术数据库优秀期刊、中文科技期刊数据库来源期刊。

《中国陶瓷工业》：其前身为 1990 年创办的《陶瓷导刊》，1993 年成为中国陶瓷工业协会会刊，1994 年更名为《中国陶瓷工业》，双月刊，由景德镇陶瓷大学主管,中国陶瓷工业协会、景德镇陶瓷大学联合主办。该刊设有发展战略、专题评述、科研与生产、高技术陶瓷、技术开发、陶瓷艺术、古瓷研究、技术引进与改造、企业管理、信息总汇等栏目,刊登有关传统陶瓷、结构陶瓷、功能陶瓷、微晶玻璃、耐火材料、无机涂层、复合陶瓷材料、人工晶体等相关领域的研究报告、综合评述等,已被中国核心期刊(遴选)数据库、中国期刊全文数据库(CJFD)、中国学术期刊综合评价数据库(CAJCED)、中国学术期刊(光盘版)(CAJ——CD)和中国期刊网(CNKI)、万方数据库、中文科技期刊数据库全文收录,并被中国科学技术信息研究所列为核心期刊(遴选)数据库收录期刊。

# 第三节　景德镇陶瓷文献

## 一、古代(1911 年以前)景德镇陶瓷研究文献

1911 年以前有关景德镇陶瓷的文字记载分为两类:一是景德镇陶瓷专论文献;二是史书古籍、地方志、宫廷档案中有关景德镇陶瓷史料的记载。

### (一)景德镇陶瓷专论文献

1911 年以前,比较重要的景德镇陶瓷专论文献不过 20 余种,包括唐代柳宗元的《代人进瓷器状》,南宋蒋祈的《陶记》、汪肩吾的《昌江风土记》,明代宋应星的《天工开物·陶埏》、詹珊《师主祐陶庙碑记》,清代唐英的《陶务叙略》《陶成纪事》《陶冶图说》《烧造瓷器则例章程》《龙缸记》《火神传》《重修风火神庙碑记》《陶人心语》、朱琰的《陶说》、张九钺的《南窑笔记》、蓝浦的《景德镇陶录》、程哲的《窑器说》、龚鉽的《景德镇陶歌》、郑廷桂的《陶阳竹枝词》、陈浏的《匋雅》等。这些陶瓷文献记述了景德镇古代陶瓷的生产场地、制作工艺、风格特点等,还涉及与陶瓷有关的人物事迹、社会习俗、经济贸易、审美取向等。它们对于梳理和明晰景德镇古代陶瓷生产的发展脉络,对于传承和保护景德镇传统的陶瓷技艺,对于发展和弘扬景德镇传统的陶瓷文化等,具有重要的现实意义。

### (二)史书古籍、地方志、宫廷档案中的景德镇陶瓷史料记载

中国史书古籍、地方志、宫廷档案源远流长,浩如烟海,在这些史书古籍、地方志、宫廷档案中,有大量陶瓷史料记载,是研究陶瓷历史文化的史料宝库。景德镇的陶瓷史料,也大量记载于这些史书古籍、地方志、宫廷档案中。

#### 1. 史书古籍中有关景德镇陶瓷史料的记载

我国史书古籍卷帙浩繁,种类繁多,在这些历代史书古籍中,有大量关于景

德镇陶瓷史料的记载。如《宋史》《宋会要》《元史》《元典章》《明史·食货六·烧造》《大明会典》《明实录》、洪迈《容斋随笔·浮梁陶器》、孔齐《至正直记·饶州御土》、曹昭《格古要论》、王世懋《窥天外乘》、高濂《遵生八笺》、张应文《清秘藏》、黄一正《事物绀珠》、谷应泰《博物要览》、屠隆《考盘余事》等,这些史书古籍是研究景德镇陶瓷历史的重要文献资料。

2. 地方志中有关景德镇陶瓷史料的记载

编修地方志是中华民族悠久的文化传统,现存的卷帙浩繁的地方志,不仅是取之不尽的历史文化史料宝库,而且是丰富的历史人文信息矿藏。景德镇的陶瓷史料大量记载于各种地方志中,其中比较集中的记载于《江西通志》《江西省大志》《鄱阳县志》《饶州府志》《浮梁县志》《浮梁陶政志》中。

3. 宫廷档案中有关景德镇陶瓷史料的记载

清代以前的宫廷档案已经遗失,《明实录》可以看成是明代历朝宫廷历史档案,它以朝廷诸司部院所呈缴的章奏、批件等为本,又以遣往各省的官员收辑的先朝事迹做补充,逐年记录各个皇帝的诏敕、律令,以及政治、经济、文化等大事,记录了从明太祖朱元璋到明熹宗朱由校共 15 代皇帝、约 250 年的大量资料,具有重要史学价值,是研究明朝历史的基础史籍之一。特别是《明宣宗实录》《明英宗实录》《明宪宗实录》《明孝宗实录》《明武宗实录》《明世宗实录》《明穆宗实录》《明神宗实录》中有大量景德镇陶瓷史料记载,是研究景德镇明代御器厂陶瓷史的很重要文献资料。

清代宫廷档案保存完整,故宫博物院、中国第一历史档案馆、台北故宫博物院保存有大量的清宫旧藏瓷器档案。清宫档案为清代历史事件发生过程中形成的原始文件,为当事人亲历和直接记录,以清宫内务府造办处活计清档为主,所涉档案有奏折、奏案、奏片、行文、来文、咨文、领文、呈文、进单、贡档、上传档、上谕档、奏销档、杂录档、赏用档、活计档、陈设档、库储册、宫中各项簿册等等。其涉及范围包括皇权政治、典章制度、婚嫁赐赍、祭祀供奉、烧造工艺、工料成本、大运解交、督陶官吏等诸多方面,均有详细记载。通过清代宫廷档案我们可以了解清廷瓷器烧造的政策,包括对督陶及协办官员的任免、职责权限,烧造瓷器的资金来源、工料成本,瓷器烧造的纸样木样,款识制度,烧造工艺,选瓷、运瓷及烧造,陵寝用瓷和庆典用瓷等,集中反映了清代皇家对瓷器生产的管理,是研究清代御窑制度宝贵的第一手资料。

**二、民国时期(1911—1949 年)景德镇陶瓷研究文献**

民国时期虽然时间不长,但在"提倡民主、科学、新道德、新文学"新文化运动思想和"五四运动"的影响下,景德镇的一批社会贤达、有识之士、爱国实业家和陶瓷艺术家们提出"研究陶业,教导工人,改良制造,以完善商品",力图建立和发展自己的民族工业,陶瓷产业、艺术创作和陶瓷文化研究呈现出一派新景象,因此有不少学者对景德镇瓷业进行调查和研究。民国时期就有很多学者在这领域发表了大量著作,出现一批陶瓷文化研究成果,比较典型的有许之衡的《饮流斋说瓷》、向焯的《景德镇陶业纪事》、刘子芬的《竹园陶说》、张裴然的《江西陶瓷沿革》、杨歗谷的《古月轩瓷考》、杜重远的《景德镇瓷业调查记》、郭葆昌的《瓷器概说》、江思清的《景德镇瓷业史》、黎浩亭的《景德镇陶瓷概况》、吴仁敬与辛安潮的《中国陶瓷史》、吴仁敬的《绘瓷学》、《景德镇陶图记》、江西省政府统计处编印的《景德镇瓷业调查报告》、彭友贤的《景德镇瓷业技术杂记》等,这些著作对景德陶瓷沿革、制瓷原料、制瓷方法、制瓷业生产情况、烧窑业生产情况、彩瓷红店业之状况、匣钵业之状况、瓷业工人与工资、瓷器运销、镇瓷前途之展望等进行了深入研究,有重要研究价值。

### 三、新中国成立后(1949年以后)景德镇陶瓷研究文献

新中国成立以后,伴随着考古发掘的进展、古窑址的相继发现,以及陶瓷工业的发展,景德镇本土陶瓷研究迎来历史上空前未有的兴盛局面,研究人员众多,内容形式丰富多样,可谓百花齐放、百家争鸣,出版了一批质量较高的陶瓷研究的综合性著作和论集。新中国成立以后,景德镇本土陶瓷研究可分为两个阶段:一是从新中国成立到20世纪80年代,为景德镇本土陶瓷基础研究阶段;二是20世纪90年代以来,为景德镇本土陶瓷研究井喷式发展阶段。

### (一)景德镇本土陶瓷基础研究阶段

从新中国成立到20世纪80年代,是景德镇本土陶瓷基础研究阶段,这一阶段以1982年中国硅酸盐协会主编的《中国陶瓷史》问世为标志,景德镇本土陶瓷历史研究蓬勃发展,出现了一批研究成果。

表19-1  新中国成立到20世纪80年代部分景德镇本土陶瓷基础研究成果一览表

| 序号 | 名称 | 作者 | 出版机构及时间 |
| --- | --- | --- | --- |
| 1 | 《中国伟大的发明——瓷器》 | 傅振伦 | 生活·读书·新知三联书店,1955年 |
| 2 | 《明代瓷器工艺》 | 傅振伦 | 朝花美术出版社,1955年 |
| 3 | 《明代民间青花瓷器》 | 傅扬 | 中国古典艺术出版社,1957年 |
| 4 | 《中国瓷器史论丛》 | 童书业、史学通 | 上海人民出版社,1958年 |
| 5 | 《景德镇瓷器的研究》 | 周仁 | 科学出版社,1958年 |

续表 19 – 1

| 序号 | 名称 | 作者 | 出版机构及时间 |
|---|---|---|---|
| 6 | 《景德镇陶瓷史稿》 | 江西省轻工业厅陶瓷研究所 | 生活・读书・新知三联书店，1959 年 |
| 7 | 《中国的瓷器》 | 江西省轻工业厅陶瓷研究所 | 中国财政经济出版社,1963 年 |
| 8 | 《景德镇的青花瓷》 | 江西省陶瓷工业公司 | 江西人民出版社,1977 年 |
| 9 | 《陶瓷史话》 | 本书编写组 | 上海科学技术出版社,1982 年 |
| 10 | 《中国陶瓷史》 | 中国硅酸盐学会 | 文物出版社,1982 年 |
| 11 | 《高岭土史考》 | 刘新园、白焜 | 《中国陶瓷》杂志，1982 年第 7 期 |
| 12 | 《中国陶瓷》 | 华石 | 文物出版社,1985 年 |
| 13 | 《景德镇陶瓷工业年鉴》 | 江西省陶瓷工业公司 | 《景德镇陶瓷》杂志，1985、1986、1987 年 |
| 14 | 《景德镇的颜色釉》 | 潘文锦、潘兆鸿 | 江西教育出版社,1986 年 |
| 15 | 《瓷国及其高峰》 | 吴海云 | 人民日报出版社,1986 年 |
| 16 | 《中国陶瓷漫话》 | 赵宜生 | 上海人民美术出版社,1989 年 |
| 17 | 《中国陶瓷史纲要》 | 叶喆民 | 轻工业出版社,1989 年 |
| 18 | 《景德镇史话》 | 周銮书 | 上海人民出版社,1989 年 |

**（二）景德镇本土陶瓷研究井喷式发展阶段**

从 20 世纪 90 年代以来,景德镇陶瓷研究迎来历史上空前未有的兴盛局面。研究人数之众,层次之丰富,论文不算,单是各种专著可达 200 多种。这一时期陶瓷研究有两个特点:一是景德镇本土陶瓷研究更加深入,陶瓷研究朝微观的专题化、纵深化方向发展;二是陶瓷历史文献研究兴起,一些学者开始专注陶瓷文献的汇集整理和校注研究。

1. 景德镇本土陶瓷文化研究更加深入,陶瓷文化研究朝微观的专题化、纵深化方向发展。陶瓷文化研究出现跨学科的综合研究、陶瓷文化史的研究、陶瓷专题研究,甚至出版陶瓷工具书。

表 19 – 2　20 世纪 90 年代以来部分景德镇本土陶瓷基础研究成果一览表

| 序号 | 名称 | 作者 | 出版机构及时间 |
|---|---|---|---|
| 1 | 《中国陶瓷》 | 冯先铭 | 上海古籍出版社,1990 年 |
| 2 | 《景德镇瓷艺纵观》 | 郑鹏 | 江西科学技术出版社,1990 年 |
| 3 | 《瓷都明珠》 | 刘汉文 | 《景德镇陶瓷》杂志,1990 年 |
| 4 | 《中国瓷都景德镇陶瓷》 | 徐希祉 | 香港中国文化发展公司,1990 年 |

续表 19 – 2

| 序号 | 名称 | 作者 | 出版机构及时间 |
|---|---|---|---|
| 5 | 《明清景德镇城市经济研究》 | 梁淼泰 | 江西人民出版社,1991 年 |
| 6 | 《景德镇陶瓷古今谈》 | 杨永峰 | 中国文史出版社,1991 年 |
| 7 | 《明清瓷器鉴定》 | 耿宝昌 | 紫禁城出版社,1993 年 |
| 8 | 《景德镇陶瓷艺术　古代部分》 | 熊寥 | 江西美术出版社,1994 年 |
| 9 | 《景德镇瓷俗》 | 邱国珍 | 江西高校出版社,1994 年 |
| 10 | 《现代景德镇陶瓷经济史:1949—1993》 | 汪宗达、尹承国 | 中国书籍出版社,1994 年 |
| 11 | 《江西陶瓷史》 | 余家栋 | 河南大学出版社,1997 年 |
| 12 | 《景德镇传统制瓷工艺》 | 白明 | 江西美术出版社,2002 年 |
| 13 | 《景德镇民窑》 | 方李莉 | 人民美术出版社,2002 年 |
| 14 | 《瓷都史话》 | 林景悟 | 百花洲文艺出版社,2004 年 |
| 15 | 《珠山八友》 | 耿宝昌、秦锡麟 | 江西美术出版社,2004 年 |
| 16 | 《景德镇瓷录》 | 陈海澄 | 《中国陶瓷》杂志,2004 年 |
| 17 | 《中国瓷都·景德镇市瓷业志:市志·2 卷》 | 景德镇市地方志办公室 | 方志出版社,2004 年 |
| 18 | 《景德镇陶瓷文化概论》 | 陈雨前、郑乃章、李兴华 | 江西高校出版社,2004 年 |
| 19 | 《景德镇陶瓷传统工艺》 | 祝桂洪 | 江西高校出版社,2004 年 |
| 20 | 《景德镇粉彩瓷绘艺术》 | 李文跃 | 江西高校出版社,2004 年 |
| 21 | 《景德镇陶瓷古彩装饰》 | 方复 | 江西高校出版社,2004 年 |
| 22 | 《景德镇传统陶瓷雕塑》 | 余祖球、梁爱莲 | 江西高校出版社,2004 年 |
| 23 | 《景德镇陶瓷习俗》 | 周荣林 | 江西高校出版社,2004 年 |
| 24 | 《中国陶瓷史》 | 叶喆民 | 生活·读书·新知三联书店,2006 年 |
| 25 | 《宋代景德镇青白瓷与审美》 | 陈雨前 | 江西高校出版社,2006 年 |
| 26 | 《景德镇湖田窑址:1988—1999 年考古发掘报告》 | 江西省文物考古研究所、景德镇民窑博物馆 | 文物出版社,2007 年 |
| 27 | 《景德镇珠山出土永乐官窑瓷器》 | 首都博物馆 | 文物出版社,2007 年 |
| 28 | 《景德镇学——景德镇之魂》 | 陈雨前 | 世界图书出版公司,2007 年 |

续表 19 – 2

| 序号 | 名称 | 作者 | 出版机构及时间 |
|---|---|---|---|
| 29 | 《督陶官唐英》 | 张德山 | 中国社会出版社,2007 年 |
| 30 | 《景德镇雕塑瓷艺》 | 曹春生、陈丽萍 | 华南理工大学出版社,2008 年 |
| 31 | 《景德镇青花瓷器艺术发展史研究》 | 曹建文 | 山东美术出版社,2008 年 |
| 32 | 《景德镇出土明代御窑瓷器》 | 北京大学考古文博学院、江西省文物考古研究所、景德镇市陶瓷考古研究所 | 文物出版社,2009 年 |
| 33 | 《皇帝的瓷器:景德镇"明三代"出土官窑图录》 | 赵月汀 | 东方出版中心,2010 年 |
| 34 | 《明清以来景德镇瓷业与社会》 | 刘朝晖 | 上海书店出版社,2010 年 |
| 35 | 《景德镇明代御窑遗址出土瓷器分析研究》 | 胡东波、张红燕、刘树林 | 科学出版社,2011 年 |
| 36 | 《高岭文化研究——景德镇陶瓷渊源探微》 | 冯云龙 | 江西科学技术出版社,2012 年 |
| 37 | 《宋代景德镇陶瓷窑业状况——蒋祈〈陶记〉研究》 | 余勇、邓和清 | 江西美术出版社,2012 年 |
| 38 | 《传承与变迁:民国景德镇瓷器发展研究》 | 吴秀梅 | 光明日报出版社,2012 年 |
| 39 | 《中国陶瓷史》 | 方李莉 | 齐鲁书社,2013 年 |
| 40 | 《康雍乾景德镇官窑瓷器设计艺术研究》 | 宁钢 | 清华大学出版社,2013 年 |
| 41 | 《景德镇陶瓷考古研究》 | 江建新 | 科学出版社,2013 年 |
| 42 | 《瓷都拾遗:景德镇瓷业习俗》 | 刘爱华 | 中州古籍出版社,2015 年 |
| 43 | 《中国陶瓷设计史》 | 张亚林、江岸飞 | 江西美术出版社,2016 年 |
| 44 | 《景德镇陶瓷史》 | 钟健华、陈雨前 | 江西人民出版社,2016 年 |
| 45 | 《瓷行天下》 | 胡辛 | 江西美术出版社,2017 年 |
| 46 | 《景德镇陶瓷史料》 | 景德镇陶瓷史料编委会 | 江西人民出版社,2019 年 |
| 47 | 《景德镇老窑轶事》 | 陈振中 | 江西人民出版社,2019 年 |
| 48 | 《图像景德镇》 | 张德山、程云 | 江西高校出版社,2021 年 |

2. 陶瓷历史文献研究兴起。为方便阅读,古为今用,从 20 世纪 80 年代开始,一些陶瓷历史学者对陶瓷文献进行汇集整理和校注研究,出现了一批研究成果。这些成果为中国古代陶瓷文献的整理与研究做出了积极贡献,为陶瓷历史文化研究提供了重要参考。

表 19 - 3　部分景德镇陶瓷历史文献研究成果一览表

| 序号 | 名称 | 作者 | 出版机构及时间 |
|---|---|---|---|
| 1 | 《蒋祈〈陶记略〉译注》 | 傅振伦 | 《湖南陶瓷》,1979 年第 1 期 |
| 2 | 《宋·蒋祈〈陶记〉校注》 | 白焜 | 《景德镇陶瓷》,1981 年 |
| 3 | 《朱琰〈陶说〉译注》 | 傅振伦 | 轻工业出版社,1984 年 |
| 4 | 《陶瓷谱录》 | 杨家骆 | 世界书局,1988 年 |
| 5 | 《唐英集》 | 张发颖 | 辽沈书社,1991 年 |
| 6 | 《中国陶瓷文献指南》 | 徐荣 | 轻工业出版社,1988 年 |
| 7 | 《〈景德镇陶录〉详注》 | 傅振伦 | 文献出版社,1993 年 |
| 8 | 《中国古陶瓷文献集释》 | 冯先铭 | 艺术家出版社,2000 年 |
| 9 | 《中国古代陶瓷文献辑录》 | 全国图书馆文献缩微复制中心 | 国家图书馆出版社,2003 年 |
| 10 | 《养心殿造办处史料辑览》 | 朱家溍 | 紫禁城出版社,2003 年 |
| 11 | 《景德镇陶录图说》 | 蓝浦、郑廷桂著,连冕注 | 山东画报出版社,2004 年 |
| 12 | 《饮流斋说瓷译注》 | 叶喆民 | 紫禁城出版社,2005 年 |
| 13 | 《中国陶瓷古籍集成》 | 熊寥、熊微 | 上海文化出版社,2006 年 |
| 14 | 《中国地方志中的陶瓷史料》 | 梁宪华、翁连溪 | 学苑出版社,2008 年 |
| 15 | 《唐英督陶文档》 | 张发颖 | 学苑出版社,2008 年 |
| 16 | 《唐英全集》 | 张发颖 | 学苑出版社,2008 年 |
| 17 | 《清宫内务府造办处档案总汇》 | 中国第一历史档案馆、香港中文大学文物馆 | 人民出版社,2009 年 |
| 18 | 《陶说》 | 朱琰撰,杜斌校注 | 山东画报出版社,2010 年 |
| 19 | 《匋雅》 | 寂园叟著,杜斌校注 | 山东画报出版社,2010 年 |
| 20 | 《饮流斋说瓷》 | 许之衡撰,杜斌校注 | 山东画报出版社,2010 年 |
| 21 | 《匋雅》 | 陈浏著,赵菁编 | 金城出版社,2011 年 |
| 22 | 《格古要论》 | 曹昭、王佐著,赵菁编 | 金城出版社,2012 年 |

续表 19 - 3

| 序号 | 名称 | 作者 | 出版机构及时间 |
|---|---|---|---|
| 23 | 《考槃馀事》 | 屠隆著、赵菁编 | 金城出版社,2012 年 |
| 24 | 《阳羡茗壶》 | 周高起、吴骞著,赵菁编 | 金城出版社,2012 年 |
| 25 | 《中国古代陶瓷文献影印辑刊》 | 中国陶瓷文化研究所 | 世界图书出版公司,2012 年 |
| 26 | 《清宫瓷器档案全集》 | 铁源、李国荣 | 中国画报出版社,2012 年 |
| 27 | 《中国陶瓷经典名著选读》 | 周思中 | 武汉大学出版社,2013 年 |
| 28 | 《景德镇陶瓷词典》 | 石奎济、石玮 | 江西人民出版社,2014 年 |
| 29 | 《中华大典・艺术典・陶瓷艺术分典》 | 《中华大典》工作委员会、《中华大典》编纂委员会、陈雨前 | 岳麓书社,2015 年 |
| 30 | 《中国古陶瓷文献校注》 | 陈雨前 | 岳麓书社,2015 年 |
| 31 | 《珠山八友题画诗注译》 | 韩晓光 | 江西人民出版社,2019 年 |

# 第四节　景德镇陶瓷科研成果

## 一、景德镇陶瓷工艺技术革新成果

表 19 - 4　部分景德镇陶瓷工艺技术革新成果一览表

| 序号 | 项目名称 | 完成单位 | 成果年度 |
|---|---|---|---|
| 1 | 8 立方米倒焰式方形煤窑 | 江西瓷业公司(鄱阳窑业学堂) | 1904 年 |
| 2 | 景德镇一座方形煤窑 | 江西陶务管理局 | 1925 年 |
| 3 | 第一瓶瓷用金水试制成功 | 瓷用化工厂 | 1953 年 4 月 |
| 4 | 木质脚踏辘轳车试制成功 | 建国瓷厂 | 1953 年 |
| 5 | 第一个机械化成型车间建成 | 建国瓷厂 | 1954 年 3 月 |
| 6 | 第一座煤烧方形倒焰窑建成 | 建国瓷厂 | 1954 年 3 月 |
| 7 | 第一部脚踏旋坯车试制成功 | 人民铁工厂 | 1954 年 8 月 |
| 8 | 铁板补炉法工艺试制成功 | 第四瓷厂 | 1954 年 |
| 9 | 流水作业线试制成功 | 第四瓷厂 | 1954 年 |
| 10 | 双手沾釉法试制成功 | 第四瓷厂 | 1954 年 |

续表 19 – 4

| 序号 | 项目名称 | 完成单位 | 成果年度 |
|---|---|---|---|
| 11 | 混水促釉法试制成功 | 第四瓷厂 | 1954 年 |
| 12 | 双笔画坯法试制成功 | 第四瓷厂 | 1954 年 |
| 13 | 木机灌泥法试制成功 | 第四瓷厂 | 1954 年 |
| 14 | 碱水配釉法试制成功 | 第四瓷厂 | 1954 年 |
| 15 | 第一台双刀自动剐坯机研制成功 | 红星瓷厂 | 1954 年 12 月 |
| 16 | 1.2 尺鱼盘注浆成型研制成功 | 景德镇陶瓷研究所 | 1955 年 7 月 |
| 17 | 木制脚踏压饼机试制成功 | 华光瓷厂 | 1955 年 10 月 |
| 18 | 第一部注浆机试制成功 | 第九瓷厂 | 1955 年 12 月 |
| 19 | 第一座倒焰式圆形煤窑试烧成功 | 宇宙瓷厂 | 1955 年 |
| 20 | 注浆暗花工艺试制成功 | 试验瓷厂 | 1956 年 3 月 |
| 21 | 模型刻花印坯操作法研制成功 | 建国瓷厂 | 1956 年 5 月 |
| 22 | 第一座机械化瓷土加工厂兴建 | | 1956 年 6 月 |
| 23 | 注浆瓷瓶倒花法试制成功 | 景德镇瓷厂 | 1956 年 7 月 |
| 24 | 移花花纸研制成功 | 瓷用化工厂 | 1956 年 9 月 |
| 25 | 第一批国家用瓷试制成功 | 建国瓷厂 | 1956 年 9 月 |
| 26 | 大型煤烧圆窑试烧成功 | 第二陶瓷生产合作社、第四瓷厂 | 1957 年 10 月 |
| 27 | 第一座隧道锦窑试制成功 | 轻工业陶瓷研究所、工艺美术合作社 | 1957 年 12 月 |
| 28 | 釉下贴花纸研制成功 | 瓷用化工厂 | 1957 年 12 月 |
| 29 | 青花贴花纸研制成功 | 第四瓷厂 | 1957 年 12 月 |
| 30 | 蓝电光水试制成功 | 瓷用化工厂 | 1958 年 3 月 |
| 31 | 瓷器沼气灯头试制成功 | 第十六瓷厂 | 1958 年 7 月 |
| 32 | 第一座真空练泥机试制成功 | 市机械厂 | 1958 年 7 月 |
| 33 | 高级耐酸瓷试制成功 | 第九瓷厂 | 1958 年 7 月 |
| 34 | 第一座简易煤窑建成 | 马鞍山瓷厂 | 1958 年 8 月 |
| 35 | 第一台半自动铁木结构双刀压坯机 | 红星瓷厂 | 1958 年 9 月 |
| 36 | 隔石西红瓷用颜料试制成功 | 瓷用化工厂 | 1958 年 10 月 |
| 37 | 自动剐坯刀片试制成功 | 红星瓷厂 | 1959 年 3 月 |

续表 19－4

| 序号 | 项目名称 | 完成单位 | 成果年度 |
|---|---|---|---|
| 38 | 磨光金水试制成功 | 瓷用化工厂 | 1959 年 5 月 |
| 39 | 原料精制大型水波池建成 | 宇宙瓷厂 | 1959 年 5 月 |
| 40 | 电动木质打浆机试制成功 | 宇宙瓷厂 | 1959 年 5 月 |
| 41 | 腐蚀法装饰瓷器试制成功 | 轻工业陶瓷研究所 | 1959 年 6 月 |
| 42 | 注浆法制作天青釉堆花 | 建国瓷厂 | 1959 年 7 月 |
| 43 | 快速控制可塑测定仪、自动控制抗折强度仪、泥浆粘冲击仪试制成功 | 景德镇陶瓷研究所 | 1959 年 8 月 |
| 44 | 身高八尺九寸万件柳叶瓶制作成功 | 新平瓷厂 | 1959 年 12 月 |
| 45 | 半自动施釉机试制成功 | 轻工业陶瓷研究所 | 1959 年 9 月 |
| 46 | 高温黄釉试制成功 | 轻工业陶瓷研究所 | 1959 年 12 月 |
| 47 | 第一台双刀自动剐坯机试制成功 | 红星瓷厂 | 1959 年 12 月 |
| 48 | 高温黑釉试制成功 | 轻工业陶瓷研究所 | 1959 年 12 月 |
| 49 | "平面金线粉彩"新式饰瓷法试制成功 | 艺术瓷厂 | 1960 年 2 月 |
| 50 | 高位槽实心注浆法（简称压力注浆）成型鱼盘试验成功 | 东风瓷厂 | 1960 年 2 月 |
| 51 | 双管施釉机试制成功 | 红星瓷厂 | 1961 年 |
| 52 | 颜色釉五彩堆雕工艺试制成功 | 建国瓷厂 | 1962 年 9 月 |
| 53 | 软硬合适的玲珑釉配方试制"玲珑蝴蝶品锅"成功 | 光明瓷厂 | 1963 年 1 月 |
| 54 | 克服粉彩瓷花面颜色"犯惊"的"绝惊粉"试制成功 | 陶瓷彩绘合作工厂 | 1964 年 2 月 |
| 55 | 用隧道锦窑代替园炉烧粉彩瓷成功 | 艺术瓷厂 | 1964 年 5 月 |
| 56 | 煤窑烧成玲珑瓷成功 | 陶瓷合作工厂 | 1964 年 5 月 |
| 57 | "Ｖ－64 型"半自动双刀压坯机试制成功 | 红星瓷厂 | 1964 年 8 月 |
| 58 | "16#洗花溶液"试制成功 | 宇宙瓷厂 | 1964 年 10 月 |
| 59 | 排气喷釉机试制成功 | 陶瓷工业局技术室 | 1964 年 10 月 |
| 60 | 沾浆接甩新操作法研制成功 | 宇宙瓷厂 | 1964 年 12 月 |
| 61 | 红外线干燥烘坯技术研制成功 | 陶瓷研究所 | 1965 年 2 月 |
| 62 | 离心注浆生产气球壶试验成功 | 东风瓷厂 | 1965 年 7 月 |

续表 19 - 4

| 序号 | 项目名称 | 完成单位 | 成果年度 |
|---|---|---|---|
| 63 | 第一条离心旋浆生产线建成 | 东风瓷厂 | 1965 年 7 月 |
| 64 | 机压茶杯和茶盘一次上釉成功 | 东风瓷厂 | 1965 年 7 月 |
| 65 | 捷克斯洛伐克设计的煤气隧道窑 | 景德镇瓷厂 | 1965 年 |
| 66 | 阳、阴模合压生产平盘、斗碗试验成功 | 红星瓷厂 | 1965 年 12 月 |
| 67 | L290 型双头循环挖底机试制成功 | 红星瓷厂 | 1965 年 12 月 |
| 68 | 4 火门隧道锦窑烤火成功 | 宇宙瓷厂 | 1966 年 1 月 |
| 69 | 高温口埃釉试制成功 | 红星瓷厂 | 1966 年 2 月 |
| 70 | 玲珑打眼器试制成功 | 红星瓷厂、红光瓷厂 | 1966 年 3 月 |
| 71 | 薄炉层烧窑新技术试验成功 | 东风瓷厂 | 1966 年 3 月 |
| 72 | 鱼盘压坯机试制成功 | 红星瓷厂 | 1966 年 9 月 |
| 73 | 第一座 97 米隧道窑竣工 | 景德镇瓷厂 | 1966 年 11 月 |
| 74 | 第一座 77 米煤烧隧道窑投产 | 光明瓷厂 | 1966 年 12 月 |
| 75 | 半自动三管施釉机试制成功 | 红星瓷厂 | 1966 年 |
| 76 | 八种造型的毛主席像、毛主席语录和毛主席像章试制成功 | 艺术、建国、雕塑瓷厂 | 1967 年 7 月 |
| 77 | 65 型瓷用金水试制成功 | 新华瓷厂 | 1967 年 8 月 |
| 78 | 不子原料化浆过筛新工艺试验成功 | 人民瓷厂 | 1967 年 |
| 79 | 70 型自动精坯机试制成功 | 红星瓷厂 | 1970 年 12 月 |
| 80 | 调墨印刷技术试验成功 | 瓷用化工厂 | 1971 年 12 月 |
| 81 | W - B 型单头滚压联动成型机 | 为民瓷厂 | 1972 年 10 月 |
| 82 | 第一座油烧锦窑试制成功 | 新华瓷厂 | 1972 年 12 月 |
| 83 | L - 450 型双头滚压成型机试制成功 | 陶瓷机械修配厂、红光瓷厂 | 1972 年 |
| 84 | 电子数字程序控制自动注浆机试制成功 | 东风瓷厂 | 1974 年 10 月 |
| 85 | 煤窑焙烧大件青花陈设瓷成功 | 人民瓷厂 | 1974 年 11 月 |
| 86 | 第一幅大型瓷制壁画《漓江新春》烧制成功 | 建国瓷厂 | 1974 年 |
| 87 | 第一座重油烧隧道窑试制成功 | 宇宙瓷厂、光明瓷厂 | 1976 年 8 月 |
| 88 | 滚压成型快速干燥自动作业线试制成功 | 红星瓷厂 | 1976 年 10 月 |
| 89 | DT400 - 2 型青花花纸印刷机研制成功 | 人民瓷厂 | 1976 年 |

**续表 19 – 4**

| 序号 | 项目名称 | 完成单位 | 成果年度 |
|---|---|---|---|
| 90 | 首批毛主席纪念堂用瓷研制成功 | 红旗、光明、宇宙、人民、建国瓷厂和陶瓷研究所 | 1977 年 7 月 |
| 91 | 湿式吸铁器研制成功 | 陶瓷机械厂 | 1978 年 11 月 |
| 92 | 油煤铜红釉研制成功 | 建国瓷厂 | 1978 年 |
| 93 | 干粉练泥新工艺研制成功 | 为民瓷厂 | 1978 年 |
| 94 | 品锅无匣快速烧成技术研制成功 | 光明瓷厂 | 1978 年 |
| 95 | 倒焰窑烟气净化技术研制成功 | 景兴瓷厂 | 1978 年 |
| 96 | 青花带水贴花技术研制成功 | 新华瓷厂 | 1978 年 |
| 97 | 双头循环挖坯机研制成功 | 红光瓷厂 | 1978 年 |
| 98 | 陶瓷粉彩花纸研制成功 | 艺术瓷厂 | 1978 年 |
| 99 | 青花直接印饰新工艺研制成功 | 瓷用化工厂 | 1978 年 |
| 100 | 瓷用钯金水研制成功 | 瓷用化工厂 | 1978 年 |
| 101 | 腐植酸钠在陶瓷生产中应用研制成功 | 新华瓷厂 | 1978 年 |
| 102 | 瓷釉新配方研制成功 | 江西省陶瓷研究所 | 1978 年 |
| 103 | 陶瓷人工关节材料研制成功 | 江西省陶瓷研究所 | 1978 年 |
| 104 | 釉下网印全贴花花纸研制成功 | 红旗瓷厂 | 1978 年 |
| 105 | 英碗扎坝机研制成功 | 新华瓷厂 | 1978 年 |
| 106 | 泥浆电磁振动筛研制成功 | 电瓷厂 | 1978 年 |
| 107 | 压电陶瓷滤波器研制成功 | 九九九厂 | 1978 年 |
| 108 | 陶瓷真空高压继电器研制成功 | 五二三厂 | 1978 年 |
| 109 | 鱼盘真空脱气压力注浆工艺研制成功 | 江西省陶瓷研究所、人民瓷厂 | 1978 年 |
| 110 | 针匙压力注浆工艺研制成功 | 东风瓷厂 | 1978 年 |
| 111 | 大型花瓶成型旋浆工艺研制成功 | 艺术瓷厂、建国瓷厂 | 1978 年 |
| 112 | 薄膜贴花纸研制成功 | 瓷用化工厂 | 1978 年 |
| 113 | L – 6120 型自动修坯机研制成功 | 红光瓷厂 | 1978 年 |
| 114 | 景德镇陶瓷工业设计院设计的焦化煤气隧道窑 | 红星瓷厂 | 1988 年 |

续表 19－4

| 序号 | 项目名称 | 完成单位 | 成果年度 |
|---|---|---|---|
| 115 | 景德镇第一座澳大利亚燃气梭式窑试烧成功 | 景德镇雕塑瓷厂 | 1991 年 |
| 116 | 成功研制第一座国产燃气梭式窑 | 景德镇陶瓷工业设计院 | 1993 年 9 月 |

### 二、景德镇陶瓷科技成果获奖

#### 1. 景德镇陶瓷科技成果国家发明奖

表 19－5　部分景德镇陶瓷科技成果国家发明奖一览表

| 序号 | 名称 | 单位(个人) | 等级 | 年份 |
|---|---|---|---|---|
| 1 | BTW 新工艺 | 红旗瓷厂(刘水龙) | 国家发明四等奖 | 1980 年 |
| 2 | 氧化钽坩埚 | 红星瓷厂(王应民、江民德) | 国家发明四等奖 | 1987 年 |
| 3 | 微晶陶瓷人工关节生物材料 | 轻工业陶瓷研究所、江西医学院 | 国家发明四等奖 | 1987 年 |
| 4 | 陶瓷传感器 | 陶瓷传感器研究所 | 国家发明四等奖 | 1988 年 |
| 5 | 陶瓷彩红釉 | 建国瓷厂(邓希平) | 国家发明四等奖 | 1989 年 |
| 6 | 瓷石湿敏电阻元件 | 陶瓷传感器研究所(陈建国) | 国家发明四等奖 | 1991 年 |
| 7 | 吸振式系列 | 陶瓷学院(包忠有、汪达) | 国家发明四等奖 | 1993 年 |

#### 2. 景德镇陶瓷科技成果省级科技进步奖

表 19－6　部分景德镇陶瓷科技成果省级科技进步奖一览表

| 序号 | 名称 | 单位(个人) | 等级 | 年份 |
|---|---|---|---|---|
| 1 | BTW 新工艺 | 红旗瓷厂(刘水龙) | 科技成果一等奖 | 1979 年 |
| 2 | 陶瓷釉下彩花纸印刷机 | 红旗瓷厂 | 科技成果四等奖 | 1979 年 |
| 3 | 大件郎红釉新配方 | 建国瓷厂(邓希平) | 科技成果三等奖 | 1979 年 |
| 4 | 碳化硅质窑具 | 市匣钵厂(余林细) | 科技成果四等奖 | 1979 年 |
| 5 | 釉中彩 | 轻工业陶瓷研究所 | 科技成果一等奖 | 1979 年 |
| 6 | 高抗酸碱性陶瓷釉上颜料 | 瓷用化工厂 | 科技成果二等奖 | 1979 年 |
| 7 | 腐植酸钠在陶瓷工业中的应用 | 江西省陶瓷公司(孟宪良) | 科技成果三等奖 | 1979 年 |

续表 19－6

| 序号 | 名称 | 单位（个人） | 等级 | 年份 |
|---|---|---|---|---|
| 8 | 陶瓷贴花纸丝网印刷新材料 | 瓷用化工厂 | 科技成果三等奖 | 1979 年 |
| 9 | 丝网印刷用金水 | 瓷用化工厂 | 科技成果四等奖 | 1979 年 |
| 10 | 彩瓷彩金贴花纸 | 瓷用化工厂 | 科技成果四等奖 | 1979 年 |
| 11 | 新型熔融石英质匣钵 | 轻工业陶瓷研究所 | 科技成果四等奖 | 1979 年 |
| 12 | D400－2 釉下彩花纸印刷机 | 人民瓷厂（余金林） | 科技成果四等奖 | 1979 年 |
| 13 | 500KV 棒式支柱绝缘子 | 市电瓷电器公司研究所 | 科技成果二等奖 | 1980 年 |
| 14 | 釉上耐酸颜料、8018 白色颜料 | 瓷用化工厂 | 科技成果二等奖 | 1980 年 |
| 15 | 釉中青花 | 轻工业陶瓷研究所、江西省陶瓷公司 | 科技成果二等奖 | 1980 年 |
| 16 | 降低粉彩瓷铅溶出量（中试） | 轻工业陶瓷研究所、江西省陶瓷公司、瓷用化工厂、新光瓷厂（张俊声、孟宪良、张忠铭） | 科技成果二等奖 | 1980 年 |
| 17 | α 型半水石膏模具研制 | 轻工业陶瓷研究所、江西省陶瓷公司 | 科技成果三等奖 | 1980 年 |
| 18 | 5.14 立方米日用瓷还原焰台车窑 | 轻工业陶瓷研究所、江西省陶瓷公司 | 科技成果三等奖 | 1980 年 |
| 19 | 铁红釉液相分离及其应用 | 轻工业陶瓷研究所 | 科技成果三等奖 | 1980 年 |
| 20 | 台车窑烧炼过程自动控制研究 | 轻工业陶瓷研究所、江西省陶瓷公司（孙锡铭） | 科技成果三等奖 | 1980 年 |
| 21 | "腐蚀金"贴花纸 | 瓷用化工厂 | 科技成果三等奖 | 1980 年 |
| 22 | 玻璃薄膜贴花纸 | 瓷用化工厂 | 科技成果四等奖 | 1980 年 |
| 23 | 丝网印刷釉下青花贴花纸 | 瓷用化工厂 | 科技成果四等奖 | 1980 年 |
| 24 | 磨光金水 | 瓷用化工厂 | 科技成果四等奖 | 1980 年 |
| 25 | MC06 型自动排渣振动筛 | 人民瓷厂（余金林、吴志尼） | 科技成果四等奖 | 1980 年 |
| 26 | TCZ750×1085 快速干燥器 | 红星瓷厂（徐国祥） | 科技成果四等奖 | 1980 年 |

续表 19 – 6

| 序号 | 名称 | 单位(个人) | 等级 | 年份 |
|---|---|---|---|---|
| 27 | 陶瓷盘类远红外线干燥作业线 | 为民瓷厂 | 科技成果四等奖 | 1980 年 |
| 28 | 特大型装配式匣钵 | 艺术瓷厂(钟心维) | 科技成果四等奖 | 1980 年 |
| 29 | 微晶陶瓷人工关节生物材料研究与应用 | 江西医学院、轻工业陶瓷研究所 | 科技成果二等奖 | 1981 年 |
| 30 | TCYG32 – 1 型辊道烤花窑 | 江西省陶瓷公司(黄伯美) | 科技成果二等奖 | 1981 年 |
| 31 | 陶瓷釉上平印颜料通用熔剂 | 瓷用化工厂 | 科技成果二等奖 | 1981 年 |
| 32 | 无间隙式氧化锌避雷器 | 市电瓷电器公司研究所 | 科技成果四等奖 | 1981 年 |
| 33 | 高白釉水晶刻花 500 件皮灯制作工艺 | 红星瓷厂(罗晓涛) | 科技成果三等奖 | 1981 年 |
| 34 | "煤烧隧道窑袋式除尘"工业性试验 | 景兴、新华瓷厂 | 科技成果四等奖 | 1981 年 |
| 35 | TCD6 型石骨真空搅拌机 | 陶瓷机械厂(胡祥龙、李茂福) | 科技成果四等奖 | 1981 年 |
| 36 | TCBD 型单缸隔膜泵 | 陶瓷机械厂(王庆华、贺兴昊) | 科技成果四等奖 | 1981 年 |
| 37 | TCMD250A 不锈钢练泥机 | 陶瓷机械厂(秦映林、鄂文辉) | 科技成果四等奖 | 1981 年 |
| 38 | M4201 型自动上膜机 | 瓷用化工厂 | 科技成果四等奖 | 1981 年 |
| 39 | "细炻器"研制 | 轻工业陶瓷研究所 | 科技成果四等奖 | 1981 年 |
| 40 | 陶瓷法制作高纯氧化侧坩埚 | 红星瓷厂 | 嘉奖 | 1982—1983 年 |
| 41 | 彩色玲珑釉研制 | 艺术瓷厂 | 二等奖 | 1982—1983 年 |
| 42 | 旋纹高档成套餐具研制 | 玉风瓷厂 | 二等奖 | 1982—1983 年 |
| 43 | 腐植酸钠在陶瓷工业中的应用试验 | 江西省陶瓷公司 | 二等奖 | 1982—1983 年 |
| 44 | 500 KV 耐污棒式支柱绝缘子 | 市电瓷电器公司研究所 | 三等奖 | |
| 45 | 高岭牌 45 头凤凰西餐具 | 宇宙瓷厂 | | |

# 参 考 文 献

［1］林庭楷,周广.江西通志［M］.刻本,1560(明嘉靖三十九年).

［2］刘子芬.竹园陶说［M］.铅印本.上海:神州国光社,1920.

［3］向焜.景德镇陶业纪事［M］.景德镇:汉熙印刷所景德镇开智印刷局,1920.

［4］张裴然.江西陶瓷沿革［M］.上海:启智书局,1930.

［5］黎浩亭.景德镇陶瓷概况［M］.南京:正中书局,1938.

［6］沈德符.万历野获编［M］.北京:中华书局,1958.

［7］江思清.瓷器包装及其有关问题［M］.北京:轻工业出版社,1959.

［8］潘文锦,潘兆鸿.景德镇的颜色釉［M］.南昌:江西教育出版社,1969.

［9］宋濂,王祎.元史［M］.北京:中华书局,1976.

［10］脱脱,等.宋史［M］.北京:中华书局,1977.

［11］江西省陶瓷工业公司.景德镇的青花瓷［M］.南昌:江西人民出版社,1977.

［12］利玛窦,金尼阁.利玛窦中国札记［M］.何高济,等译.北京:中华书局,1983.

［13］朱琰.《陶说》译注［M］.傅振伦,译注.北京:轻工业出版社,1984.

［14］轻工部第一轻工业局.日用陶瓷工业手册［M］.北京:轻工业出版社,1984.

［15］吴允嘉.浮梁陶政志［M］.北京:中华书局,1985.

［16］马士.东印度公司对华贸易编年史:1635—1834 年:第 1、2 卷［M］.区宗华,译.广州:中山大学出版社,1991.

［17］胡作恒,周崇政,周则尧.景德镇市交通志［M］.上海:上海社会科学院出版社,1991.

［18］傅振伦.《景德镇陶录》详注［M］.北京:书目文献出版社,1993.

［19］毛晓沪.古陶瓷修复［M］.北京:文物出版社,1993.

［20］江西省地方志编纂委员会.江西省交通志［M］.北京:人民交通出版社,1994.

［21］卢嘉锡,李家治.中国科学技术史:陶瓷卷［M］.北京:科学出版社,1998.

［22］成伣.慵斋丛话［M］.韩国庆山:庆山大学出版部,2000.

［23］冯先铭.中国陶瓷［M］.上海:上海古籍出版社,2001.

［24］景德镇市地方志办公室.中国瓷都·景德镇市瓷业志:市志·2 卷［M］.北京:方志出版社,2004.

［25］陈海澄.景德镇瓷录［M］.景德镇:《中国陶瓷》杂志社,2004.

［26］中国硅酸盐学会.中国陶瓷史［M］.北京:文物出版社,1982.

［27］杨永善.中国传统工艺全集:陶瓷［M］.郑州:大象出版社,2004.

［28］熊寥,熊微.中国陶瓷古籍集成［M］.上海:上海文化出版社,2006.

［29］江西省文物考古研究所,景德镇民窑博物馆.景德镇湖田窑址:1988—1999 年考古发掘报告［M］.北京:文物出版社,2007.

［30］铁源,李国荣.清宫瓷器档案全集［M］.北京:中国画报出版社,2008.

［31］刘朝晖.明清以来景德镇瓷业与社会［M］.上海:上海书店出版社,2010.

［32］许之衡.饮流斋说瓷［M］.杜斌,校注.济南:山东画报出版社,2010.

［33］吴隽,张茂林,李其江,等.陶瓷科技考古［M］.北京:高等教育出版社,2012.

［34］中国陶瓷文化研究所.中国古代陶瓷文献影印辑刊［M］.北京:中国出版集团、世界图书出版公司,2012.

［35］汪大渊.岛夷志略［M］.北京:商务印书馆,2013.

［36］江建新.景德镇陶瓷考古研究［M］.北京:科学出版社,2013.

［37］马铁成.陶瓷工艺学［M］.2 版.北京:中国轻工业出版社,2013.

［38］熊寥.中国古代制瓷工程技术史［M］.太原:山西教育出版社,2014.

［39］曹春生.景德镇宋代影青瓷雕塑技艺研究［M］.石家庄:河北美术出版社,2015.

［40］芬雷.青花瓷的故事:中国瓷的时代［M］.郑明萱,译.海口:海南出版社,2015.

［41］何俊,景德镇民窑博物馆.湖田古窑［M］.北京:科学出版社,2015.

［42］黄云鹏,黄滨,黄青.元青花探究与工艺再现［M］.南昌:江西美术出版社,2017.

［43］景德镇陶瓷史料编委会.景德镇陶瓷史料:1949—2019:上［M］.南昌:江西人民出版社,2019.

# 后　记

在人类物质文明和精神文明的发展进程中,景德镇陶瓷发挥着巨大的推动作用,日用瓷极大地方便了人们的生活,提升了人们的生活品质;陈设瓷装点美化人居环境,丰富了人们的精神生活。中国是世界上最早生产瓷器的国家,景德镇又集中国陶瓷之大成,元明以后成为全国制瓷中心,并逐渐成为世界闻名的瓷都。景德镇对世人的影响,古往今来,都是通过瓷器展现的。陶瓷文化深深扎根于世人的心中,成为中华民族优秀文化不可或缺的重要组成部分。

早在清末,陈浏在《匋雅》一书中就提出"居瓷国"应立"瓷学"的观点,大声疾呼:"居瓷国而不通瓷学,又使环球之人嗤其生长于瓷国而并不知其国之瓷之所以显名,则吾党之耻也。"①陶瓷作为一门科学,必须要有一本陶瓷科技史来诠释陶瓷科技发展。

景德镇自宋代青白瓷的突破,到元、明、清时期颜色釉瓷、彩绘瓷和雕塑陶瓷的辉煌,无一不是科学技术的结晶,无一不是对人类科技文化的重大贡献。但长期以来,景德镇缺少对陶瓷科技史料的完整梳理和系统研究,缺乏一部全面探讨景德镇陶瓷科学技术史的专著。多年来,人们对景德镇陶瓷材料、陶瓷生产工艺技术、窑炉与烧成工艺的沿革和变化、釉料与颜色釉料的配制等方面的问题和奥秘,抱有浓厚兴趣,渴望了解。为传承发展景德镇灿烂的陶瓷文化和陶瓷科技,揭示其经久不衰的奥秘,满足人们了解景德镇陶瓷科技的期盼,在景德镇市科技局的支持下,我们对《景德镇陶瓷科技史》进行立项。经过各方面的共同努力,这本《景德镇陶瓷科技史》终于问世。它是以全面探讨景德镇陶瓷科学技术史为主的第一部专著,成为景德镇陶瓷科技独一无二的读本。

本书共分十九章,第一、二、三、四、五、六、七、十、十一、十二、十四、十五、十六、十八、十九章为张德山撰写,第八章为邵建春撰写,第九章为李伟信撰写,第十三章为季方、赵娟撰写,第十七章为于欢撰写。

本书是论述景德镇陶瓷科学技术史的专著,重点在论述陶瓷材料开采与加

---

① 陈浏. 匋雅[M]. 北京:金城出版社,2011:1.

工、陶瓷色料釉料的配制、窑炉的演变与改进、成型与装饰工艺、制瓷工具的使用、包装与运输、陶瓷科技等,讨论景德镇陶瓷科技与工艺发展,着重阐述陶瓷胎釉的物理化学基础、形成机理及烧制工艺的进步历程,总结其科技成就和对世界陶瓷发展的影响。本书可供陶瓷研究、陶瓷教育、陶瓷生产人员和陶瓷科技史工作者阅读。

本书在写作过程中参考了相关研究资料,并使用了相关图片,在此对相关作者表示感谢。

虽然本书作者都长期从事陶瓷研究、教学工作,但由于陶瓷科技博大精深,史料浩繁,数据丰富,工艺技术复杂,全面掌握非常之难,在取舍和论述方面都可能出现取材不当或有待商榷之处;加上作者相关陶瓷科技学术水平、科学修养及陶瓷工艺技术的实践和掌握都是有限和不足的,因而,书中图文不足之处在所难免,敬请广大读者、专家前辈不吝赐教,以期不断完善和改进。